中文版GraphPad Prism 10科技绘图与数据分析
从入门到精通（实战案例版）
本书部分案例

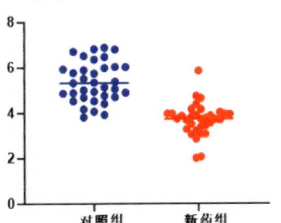
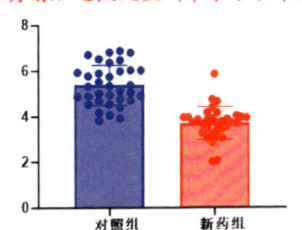
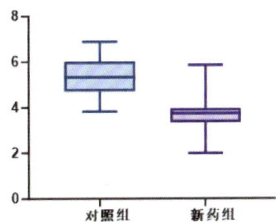
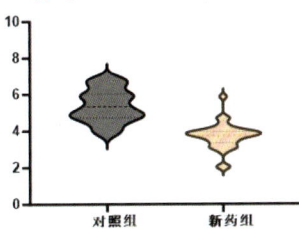
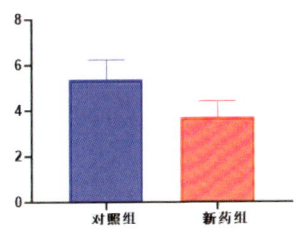
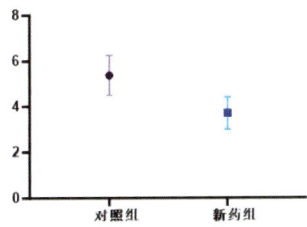

▶ 肺炎新药治疗前后退热天数组合图

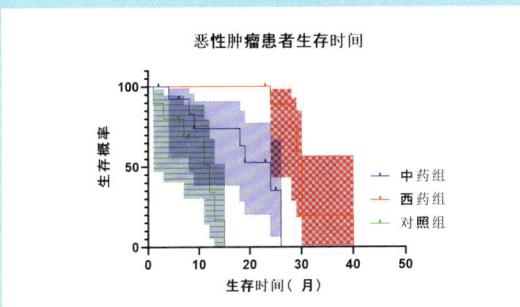

▶ 恶性肿瘤三种疗法对数秩检验

▶ 绘制大气相关性数据散点图

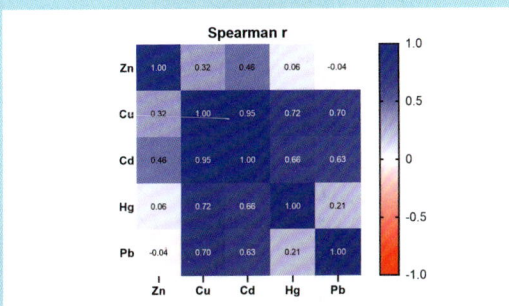
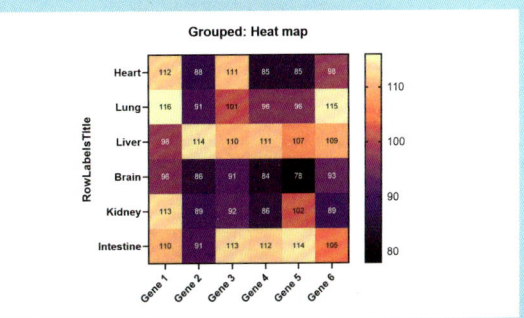

▶ 重金属中毒检测指数数据相关性分析

▶ 基因器官表达量热图

中文版GraphPad Prism 10科技绘图与数据分析
从入门到精通（实战案例版）

本书部分案例

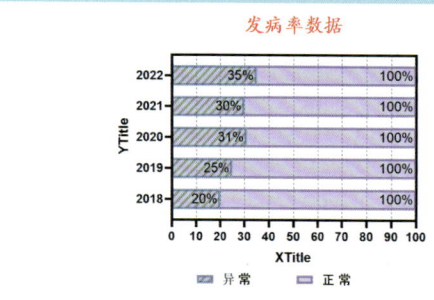
▶ 发病率随着时间的变化水平条形图

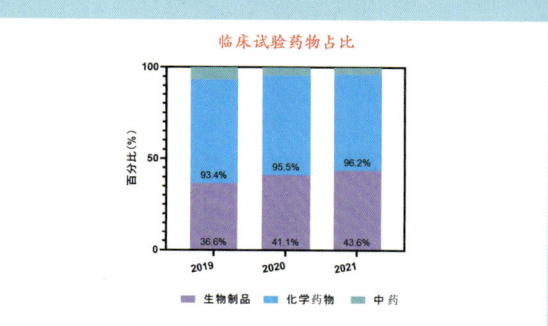
▶ 临床试验药物占比百分比堆叠柱形图

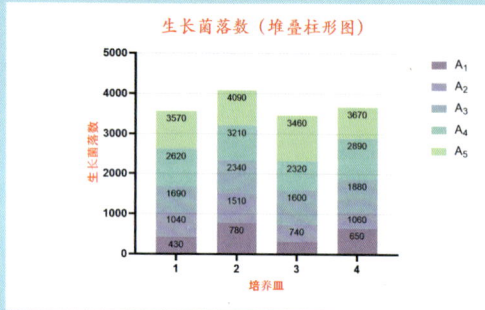
▶ 生长菌落数堆叠柱形图

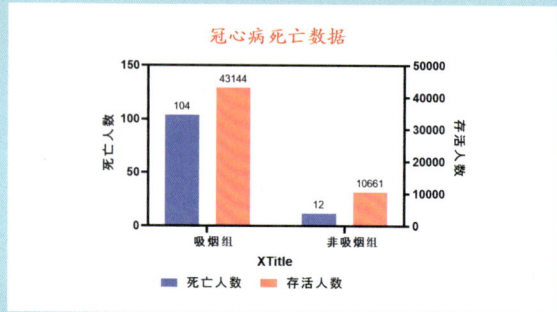
▶ 男性冠心病吸烟死亡率垂直交错条形图

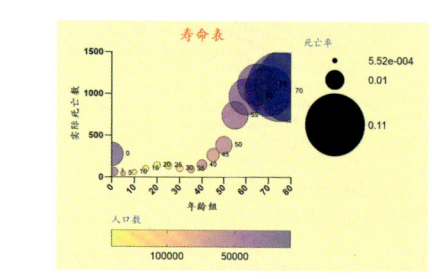
▶ 居民寿命数据气泡图

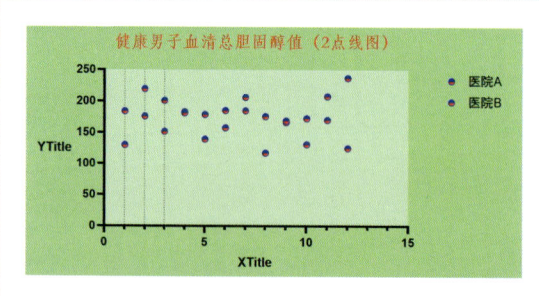
▶ 利用"魔法"命令设置健康男子血清总胆固醇值图表

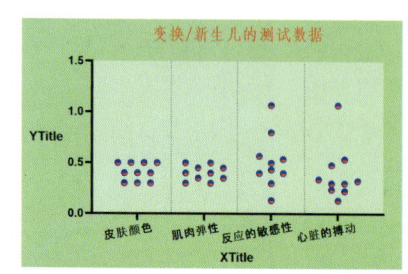
▶ 设置新生儿的测试数据坐标轴格式

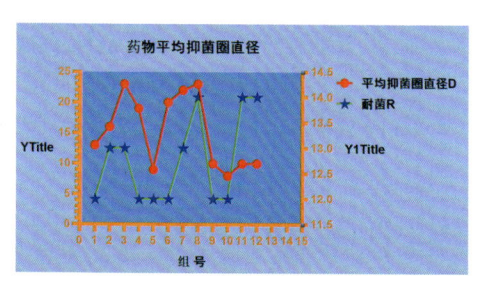
▶ 设置药物平均抑菌数据图表样式

中文版GraphPad Prism 10科技绘图与数据分析
从入门到精通（实战案例版）
本书部分案例

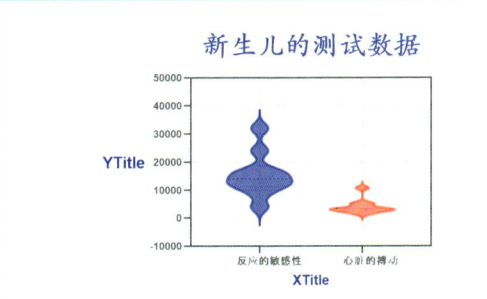
新生儿的测试数据图表坐标轴元素设置

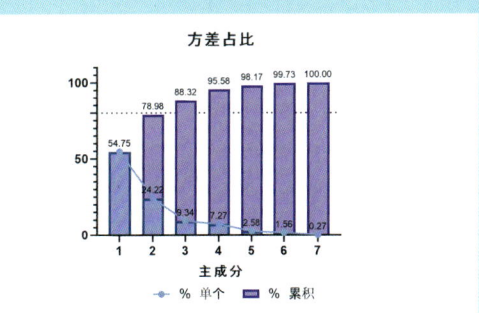
水体理化指标方差占比图

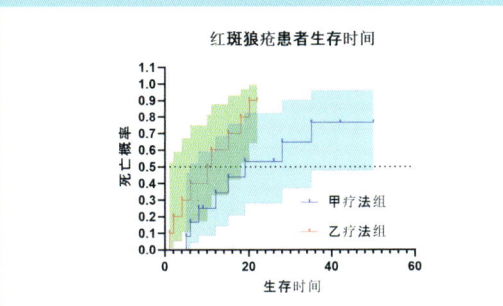
两种疗法生存曲线

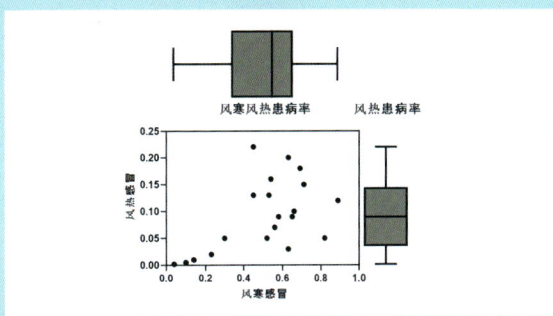
风寒风热感冒的患病率边际图

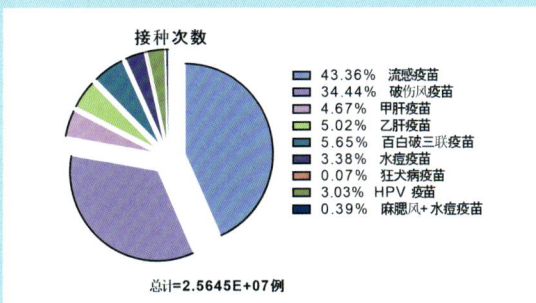
疫苗超敏反应整体饼图

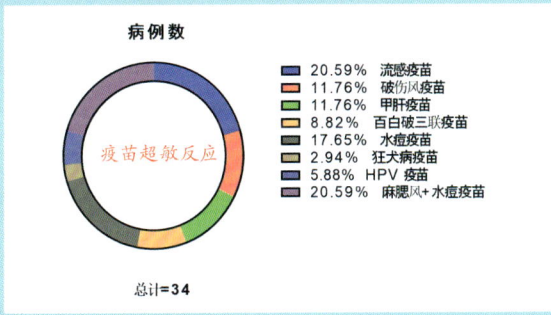
疫苗超敏反应整体环形图

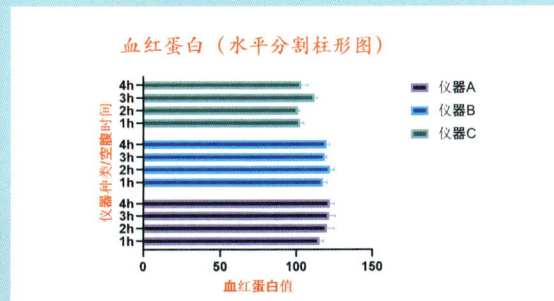
血红蛋白数据分割柱形图 1

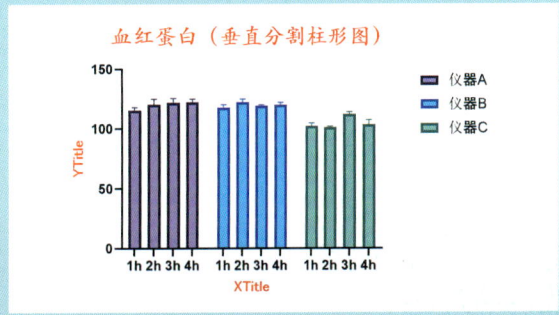
血红蛋白数据分割柱形图 2

中文版GraphPad Prism 10科技绘图与数据分析从入门到精通（实战案例版）

本书部分案例

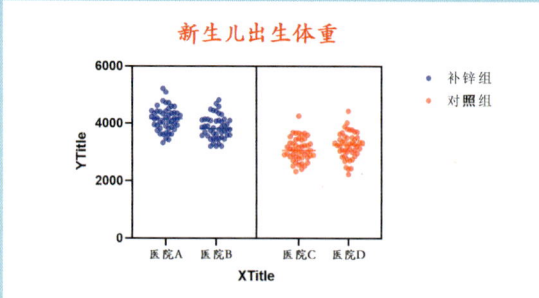

▶ 新生儿出生体重嵌套图表1

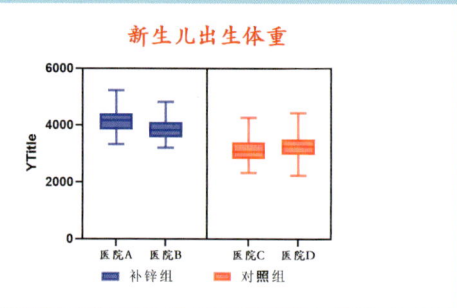

▶ 新生儿出生体重嵌套图表2

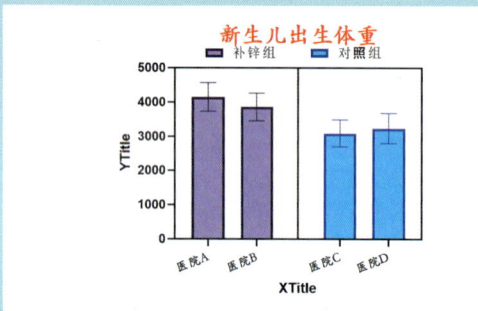

▶ 新生儿出生体重嵌套图表3

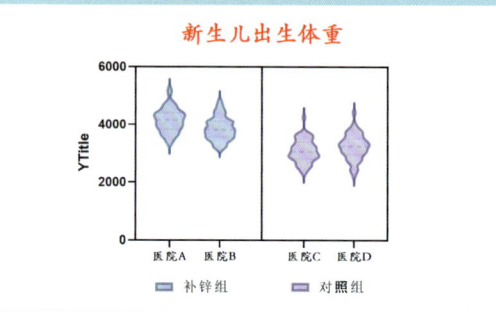

▶ 新生儿出生体重嵌套图表4

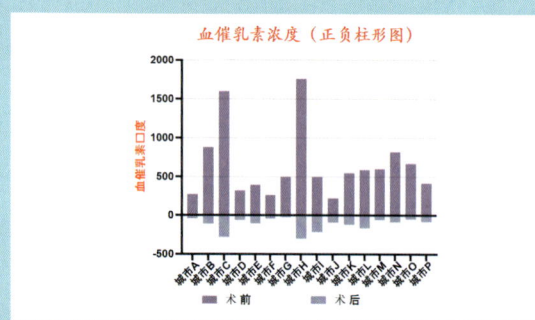

▶ 手术前后血催乳素浓度正负柱形图

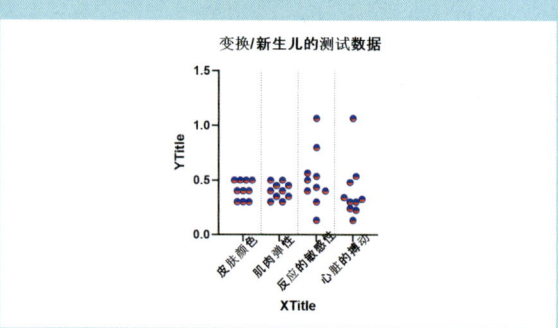

▶ 设置新生儿的测试数据图表格式

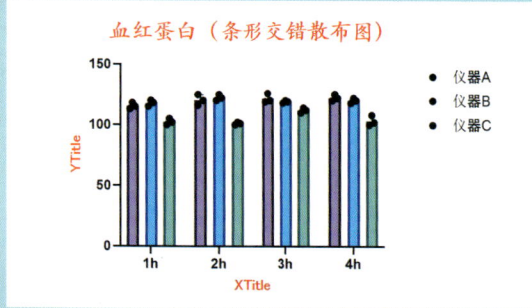

▶ 血红蛋白数据交错柱形图1

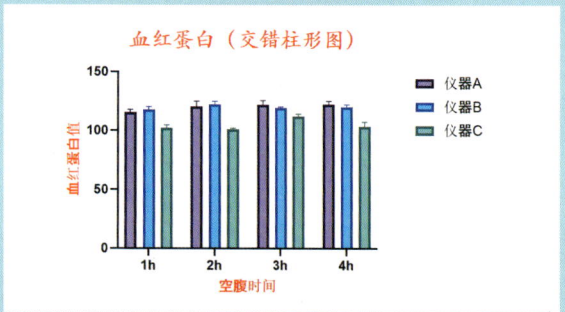

▶ 血红蛋白数据交错柱形图2

数据科学与技术应用系列丛书

中文版 GraphPad Prism 10 科技绘图与数据分析从入门到精通（实战案例版）

391 分钟同步微视频讲解　144 个实例案例分析

☑XY 数据表图表分析　☑XY 数据表数学分析　☑列表和列图表分析　☑列表显著性分析
☑分组表数据统计分析　☑列联表数据统计分析　☑生存表数据统计分析　☑整体分解表数据统计分析
☑多变量表数据统计分析　☑嵌套表数据统计分析　☑图形布局

天工在线　编著

·北京·

内 容 提 要

《中文版 GraphPad Prism 10 科技绘图与数据分析从入门到精通（实战案例版）》是一本 GraphPad Prism 视频教程、基础教程。它融合了数据编辑、图表绘制、图表分析、数据分析等必备的基础知识，以实用为出发点，系统全面地介绍了 GraphPad Prism 10 软件在科技绘图和数据分析等方面的基础知识与应用技巧。全书共 17 章，包括 GraphPad Prism 入门、GraphPad Prism 文件管理、认识工作表、数据编辑、设置数据图表格式、图表外观设置、XY 数据表和 XY 图表分析、XY 数据表数学分析、列表和列图表分析、列表显著性分析、分组表数据统计分析、列联表数据统计分析、生存表数据统计分析、整体分解表数据统计分析、多变量表数据统计分析、嵌套表数据统计分析和图形布局等。在讲解过程中，每个重要知识点均配有实例讲解，既能提高读者的动手能力，又能加深读者对知识点的理解。

《中文版 GraphPad Prism 10 科技绘图与数据分析从入门到精通（实战案例版）》一书配有极为丰富的学习资源，包括：① 391 分钟同步微视频讲解，扫描二维码，可以随时随地看视频，十分方便；② 全书实例的源文件和初始文件，可以直接调用、查看和对比学习，效率更高；③ 赠送 20 套行业案例，包括 102 分钟同步视频讲解源文件。

《中文版 GraphPad Prism 10 科技绘图与数据分析从入门到精通（实战案例版）》适合 GraphPad Prism 从入门到精通各层次的读者使用，也适合作为应用型高校或相关培训机构的教材。此外，本书还可供 GraphPad Prism 9、GraphPad Prism 8、GraphPad Prism 7 等低版本的读者参考学习。

图书在版编目（CIP）数据

中文版 GraphPad Prism 10 科技绘图与数据分析从入门到精通：实战案例版 / 天工在线编著. -- 北京：中国水利水电出版社, 2025.8. -- (数据科学与技术应用系列丛书). -- ISBN 978-7-5226-3172-1

Ⅰ. TP391.412

中国国家版本馆 CIP 数据核字第 2025885UH9 号

丛 书 名	数据科学与技术应用系列丛书
书 名	中文版 GraphPad Prism 10 科技绘图与数据分析从入门到精通（实战案例版） ZHONGWENBAN GraphPad Prism 10 KEJI HUITU YU SHUJU FENXI CONG RUMEN DAO JINGTONG
作 者	天工在线 编著
出版发行	中国水利水电出版社 （北京市海淀区玉渊潭南路 1 号 D 座　100038） 网址：www.waterpub.com.cn E-mail：zhiboshangshu@163.com 电话：（010）62572966-2205/2266/2201（营销中心）
经 售	北京科水图书销售有限公司 电话：（010）68545874、63202643 全国各地新华书店和相关出版物销售网点
排 版	北京智博尚书文化传媒有限公司
印 刷	河北文福旺印刷有限公司
规 格	190mm×235mm　16 开本　30.5 印张　776 千字　2 插页
版 次	2025 年 8 月第 1 版　2025 年 8 月第 1 次印刷
印 数	0001—3000 册
定 价	108.00 元

凡购买我社图书，如有缺页、倒页、脱页的，本社营销中心负责调换

版权所有·侵权必究

前 言
Preface

　　GraphPad Prism 是一款功能强大且简单易用的医学绘图与分析软件，最初专为医学院校和制药公司的实验生物学家量身打造，如今被各种生物学家以及社会和物理科学家广泛使用。全球超过 110 个国家的 20 多万名科学家依靠 GraphPad Prism 来分析、绘制和展示他们的科学数据。

　　相较于其他统计绘图软件（如 R 语言），GraphPad Prism 的显著优势在于其直观的操作界面，用户可以直接输入原始数据，软件便能自动进行基本的数据统计，并生成高质量的科学图表。

本书内容设计

> **结构合理，适合自学**

　　本书在编写时充分考虑初学者的特点，内容讲解由浅入深，循序渐进，能引导初学者快速入门。在知识点的安排上不求面面俱到，而是够用即可。学好本书，读者能掌握实际工作中需要的各项技术。

> **视频讲解，通俗易懂**

　　为了提高学习效率，本书为部分实例配备了相应的教学视频。视频录制时采用实际授课的形式，在各知识点的关键处给出解释、提醒和注意事项，这些内容都是专业知识和经验的提炼，可帮助读者高效学习，让读者能更多地体会绘图的乐趣。

> **知识全面，实例丰富**

　　本书详细介绍了 GraphPad Prism 10 软件在科技绘图和数据分析等方面的基础知识与应用技巧。全书共 17 章，包括 GraphPad Prism 入门、GraphPad Prism 文件管理、认识工作表、数据编辑、设置数据图表格式、图表外观设置、XY 数据表和 XY 图表分析、XY 数据表数学分析、列表和列图表分析、列表显著性分析、分组表数据统计分析、列联表数据统计分析、生存表数据统计分析、整体分解表数据统计分析、多变量表数据统计分析、嵌套表数据统计分析和图形布局等知识。在介绍知识点时辅以大量的实例，并提供具体的设计过程和大量的图示帮助读者快速理解并掌握所学知识点。

> **栏目设置，关键实用**

　　本书根据需要并结合实际工作经验，穿插了大量的"注意""技巧""思路点拨"等小栏目，在关键处给读者以提示。为了让读者有更多的机会动手操作，本书还设置了"动手练"栏目，读者在快速理解相关知识点后动手练习，可以达到举一反三的高效学习效果。

本书特点

- **体验好，随时随地学习**

  二维码扫一扫，随时随地看视频。本书大部分实例提供二维码，读者可以通过手机"扫一扫"功能，随时随地观看相关的教学视频（若个别手机不能播放，请参考前言中的"本书学习资源列表及获取方式"在计算机上下载后观看）。

- **资源多，全方位辅助学习**

  从配套到拓展，资源库一应俱全。本书提供了部分实例的配套视频和源文件。

- **实例多，用实例学习更高效**

  案例丰富详尽，边做边学更快捷。跟着大量实例去学习，能边学边做，并从做中学，可以使学习更深入、更高效。

- **入门易，全力为初学者着想**

  遵循学习规律，入门实战相结合。本书采用"基础知识+实例"的编写形式，内容由浅入深，循序渐进，入门知识与实战经验相结合，使学习效率更高。

- **服务快，学习无后顾之忧**

  提供在线服务，可随时随地交流。提供公众号、QQ群等多种服务渠道，为方便读者学习提供最大限度的帮助。

本书学习资源列表及获取方式

为了让读者在最短的时间内学会并精通GraphPad Prism 10科技绘图和数据分析技术，本书提供了极为丰富的学习配套资源，具体如下。

- **配套资源**

（1）为方便读者学习，本书部分实例录制了视频讲解文件，共391分钟（可扫描二维码直接观看或通过以下介绍的方法下载后观看）。

（2）本书包含144个中小实例（素材和源文件可通过以下介绍的方法下载后使用）。

以上资源的获取及联系方式如下（注意：**本书不配光盘，以上提到的所有资源均需通过以下方法下载后使用**）。

（1）扫描并关注下面的微信公众号，然后发送"GP3172"到公众号后台，获取本书资源下载链接，将该链接复制到计算机浏览器的地址栏中，根据提示进行下载即可。

（2）读者可加入 QQ 群 1041712847（**若群满，则会创建新群，请根据加群时的提示加入对应的群**），作者不定时在线答疑，读者间也可互相交流学习。

特别说明（新手必读）

读者在学习本书或按照本书上的实例进行操作时，请先在计算机中安装 GraphPad Prism 10 中文版操作软件，可以在 GraphPad Prism 官网下载该软件试用版本，也可以购买正版软件安装。

关于作者

本书由天工在线组织编写。天工在线是一个 CAD/CAM/CAE/EDA 技术研讨、工程开发、培训咨询和图书创作的工程技术人员协作联盟，包含 40 多位专职和众多兼职 CAD/CAM/CAE/EDA 工程技术专家。其创作的很多教材成为国内具有引导性的旗帜作品，在国内相关专业的图书创作领域具有举足轻重的地位。

致谢

本书能够顺利出版，是作者、编辑和所有审校人员共同努力的结果，在此表示深深的感谢。同时，祝福所有读者在通往优秀工程师的道路上一帆风顺。

编　者

目 录
Contents

第1章 GraphPad Prism 入门 ············ 1
  1.1 统计概述 ························· 1
    1.1.1 统计的含义 ················ 1
    1.1.2 统计学的基本概念 ········ 2
    1.1.3 生物统计学 ················ 3
    1.1.4 生物统计学工具 ·········· 3
  1.2 GraphPad Prism 简介 ········· 4
    1.2.1 GraphPad Prism 的特点 ··· 4
    1.2.2 GraphPad Prism 10 新功能 ···························· 5
    1.2.3 启动 GraphPad Prism 10 ··· 6
  1.3 GraphPad Prism 10 工作界面 ··· 7
    1.3.1 菜单栏 ······················ 8
    1.3.2 工具栏 ······················ 8
    1.3.3 导航器 ······················ 9
    1.3.4 工作区 ···················· 10
    1.3.5 状态栏 ···················· 10
  1.4 使用帮助 ······················ 10

第2章 GraphPad Prism 文件管理 ···· 12
    🎬 视频讲解：7 分钟
  2.1 文件管理系统 ················ 12
    2.1.1 项目文件 ·················· 12
    2.1.2 项目中的工作表 ········ 13
    2.1.3 关联工作表 ·············· 15
  2.2 项目的基本操作 ············· 16
    2.2.1 新建项目 ················· 16
    2.2.2 保存项目 ················· 21
    ★动手学——药物平均抑菌数据表 ·············· 23
    ★动手学——大气相关性数据表 ·············· 24
    ★动手练——克隆大气相关性数据表 ·············· 26
    2.2.3 打开项目 ················· 27
    2.2.4 关闭项目 ················· 28
    2.2.5 合并项目 ················· 28
    ★动手练——合并大气相关性数据表 ·············· 29
  2.3 工作表的基本操作 ············ 30
    2.3.1 新建数据表和图表 ······ 30
    2.3.2 新建图表 ················· 31
    2.3.3 新建数据表 ·············· 32
    ★动手学——健康女性的测量数据表 ·············· 33
    2.3.4 删除工作表 ·············· 35
    2.3.5 工作表的显示 ··········· 36
  2.4 设置首选项 ···················· 37
    2.4.1 "视图"选项卡 ··········· 37
    2.4.2 "文件与打印机"选项卡 ···························· 39
    2.4.3 "新建图表"选项卡 ··· 40
    2.4.4 "分析"选项卡 ··········· 42
    2.4.5 "信息表"选项卡 ······ 42
    2.4.6 "文件位置"选项卡 ··· 43

第3章 认识工作表 ···················· 44
    🎬 视频讲解：21 分钟
  3.1 设置工作表的工作环境 ······ 44

  3.1.1 设置工作表数值格式…45
  3.1.2 设置图形编辑环境
     参数…………………45
 3.2 工作表的管理………………46
  3.2.1 搜索工作表…………46
  3.2.2 选择工作表…………47
  3.2.3 切换工作表…………48
  3.2.4 重命名工作表………49
  ★动手练——重命名健康女性
   的测量数据表………50
  3.2.5 突出显示工作表……51
  3.2.6 移动工作表…………51
  3.2.7 复制工作表…………53
  3.2.8 冻结工作表…………54
 3.3 数据录入……………………55
  3.3.1 数据输入……………55
  3.3.2 填充序列数据………57
  ★动手学——创建血糖指标
   变化结果对比
   数据表………………57
  3.3.3 将文件导入工作表…59
  ★动手学——导入药物平均
   抑菌数据表…………64
  3.3.4 复制数据到工作表…66
  ★动手学——复制健康女性的
   测量数据……………68
  ★动手练——录入健康男子血
   清总胆固醇值………72
 3.4 设置工作表格式……………73
  3.4.1 "表格式"选项卡…74
  3.4.2 "列标题"选项卡…75
  3.4.3 "子列标题"选项卡…77
  ★动手学——设置血糖指标
   变化结果对比
   数据表格式…………78

  ★动手练——编辑健康女性的
   测量数据标题………79
第4章 数据编辑……………………81
   视频讲解：21分钟
 4.1 数据存储区域编辑…………81
  4.1.1 单元格编辑…………82
  4.1.2 行列编辑……………84
  4.1.3 浮动注释编辑………87
  ★动手学——药物平均抑菌数
   据表数据编辑………88
 4.2 数据清洗……………………90
  4.2.1 小数数据……………90
  4.2.2 排除值………………91
  4.2.3 数据排序……………91
  4.2.4 数据突出显示………92
  ★动手练——大气相关性数据
   表数据清洗…………93
 4.3 数据提取……………………93
  4.3.1 删除行………………93
  ★动手学——提取大气相关性
   数据…………………94
  4.3.2 转置X和Y…………97
  ★动手练——转置健康女性的
   测量数据……………98
 4.4 数据转换……………………99
  4.4.1 使用公式进行数据
   变换…………………99
  4.4.2 数据归一化…………105
  ★动手学——转换新生儿的
   测试数据……………106
  4.4.3 数据输出……………109
  ★动手学——输出新生儿的
   测试数据……………111
第5章 设置数据图表格式…………114
   视频讲解：17分钟
 5.1 图表格式设置………………114

5.1.1　格式化图表··············114
　　　★动手学——设置新生儿的
　　　　　　测试数据图表
　　　　　　格式············119
　　5.1.2　格式化坐标轴···········122
　　　★动手学——设置新生儿的
　　　　　　测试数据坐标
　　　　　　轴格式···········130
5.2　配色方案设置·················132
　　5.2.1　定义配色方案···········132
　　5.2.2　选择配色方案···········134
5.3　更改图形类型和数据···········135
　　5.3.1　更改图表类型···········135
　　　★动手学——绘制小儿出牙
　　　　　　时间图表·······135
　　5.3.2　图表数据集编辑·········139
　　　★动手练——设置健康男子
　　　　　　血清总胆固醇
　　　　　　值图表类型和
　　　　　　数据集··········140
5.4　绘图设置·····················141
　　5.4.1　设置图表数据点·········141
　　5.4.2　设置工作表数据点·······142
　　　★动手学——绘制大气相关
　　　　　　性数据散点图···142

第6章　图表外观设置·············146
　　🎬 视频讲解：16分钟
6.1　图表结构·····················146
　　6.1.1　缩放图表视图···········147
　　6.1.2　调整图表尺寸···········147
　　　★动手练——调整健康男子
　　　　　　血清总胆固醇
　　　　　　值图表的尺寸···148
　　6.1.3　设置图表背景色·········149
　　6.1.4　网格线的显示/隐藏·····150

　　6.1.5　标尺的显示/隐藏·······150
　　　★动手学——设置小儿出牙时
　　　　　　间数据图表·····151
　　6.1.6　设置图表魔法棒········152
　　　★动手练——利用"魔法"命
　　　　　　令设置健康男子
　　　　　　血清总胆固醇值
　　　　　　图表············153
6.2　设置坐标轴···················154
　　6.2.1　设置坐标轴的长度·····154
　　　★动手练——设置新生儿的
　　　　　　测试数据图表
　　　　　　样式············154
　　6.2.2　设置坐标轴元素
　　　　　　样式··············155
　　　★动手练——新生儿的测试
　　　　　　数据图表坐标
　　　　　　轴元素设置·····156
　　6.2.3　设置坐标区颜色········157
　　　★动手学——设置药物平均
　　　　　　抑菌数据图表
　　　　　　样式············157
6.3　图形注释·····················160
　　6.3.1　添加图形对象··········160
　　6.3.2　插入文本··············161
　　6.3.3　插入文本框············163
　　　★动手学——小儿出牙时间
　　　　　　数据图表文本
　　　　　　标注············165
　　6.3.4　添加嵌入式对象········167
　　　★动手学——小儿出牙时间
　　　　　　数据图表Word
　　　　　　注释············167
　　　★动手学——药物平均抑菌
　　　　　　数据图表Excel
　　　　　　注释············169

6.3.5 插入信息常数 ……… 171
★动手练——新生儿的测试
数据图表图形
注释 ……… 171
6.3.6 插入图像 ……… 172
★动手练——小儿出牙时间
数据图表图像
注释 ……… 172
6.3.7 排列图形对象 ……… 173
★动手练——美化新生儿的
测试数据图表 ……… 174

第7章 XY数据表和XY图表分析 … 175
视频讲解：31分钟
7.1 创建XY数据表 ……… 175
7.1.1 输入或导入数据
到新表 ……… 175
★动手学——微生物存活时间
XY数据表 ……… 177
7.1.2 从示例数据开始 ……… 179
7.1.3 模拟XY数据 ……… 179
★动手学——模拟链球菌咽
喉炎患者的病
例数数据 ……… 182
7.1.4 创建XY图表 ……… 184
7.2 XY图表分析 ……… 186
7.2.1 散点图 ……… 186
★动手练——绘制体检血糖
值数据表散
点图 ……… 186
7.2.2 折线图 ……… 187
★动手学——绘制健康女性
的测量数据折
线图 ……… 188
7.2.3 点线图 ……… 190
★动手学——绘制患病率数
据点线图 ……… 190

7.2.4 条形图 ……… 192
★动手学——慢性支气管炎治
疗数据条形图 … 193
7.2.5 面积图 ……… 196
★动手练——慢性支气管炎治
疗数据面积图 … 196
7.3 相关性分析 ……… 197
7.3.1 相关图分析 ……… 197
★动手学——维生素B12参考
摄入量相关性
分析 ……… 198
7.3.2 相关系数分析 ……… 200
★动手练——维生素B12参考
摄入量相关性
分析 ……… 201

第8章 XY数据表数学分析 ……… 203
视频讲解：29分钟
8.1 曲线计算 ……… 203
8.1.1 平滑、微分或积分
曲线 ……… 203
★动手学——平滑处理健康
女性的测量数
据折线图 ……… 204
8.1.2 曲线下面积 ……… 206
★动手练——计算健康女性
的测量数据
面积 ……… 207
8.2 拟合分析 ……… 207
8.2.1 内插标准曲线 ……… 207
★动手学——链球菌咽喉炎
患者的病例数
曲线拟合 ……… 209
8.2.2 拟合样条/LOWESS …… 210
★动手练——链球菌咽喉炎
患者的病例数
插值拟合 ……… 211

8.3 线性回归分析……………212
　　8.3.1 普通线性回归………212
　　　★动手学——阳转率数据线
　　　　　　　性回归分析……214
　　8.3.2 置信带与预测带……215
　　　★动手练——绘制阳转率数
　　　　　　　据置信带或预
　　　　　　　测带…………216
　　8.3.3 残差图分析…………217
　　　★动手学——阳转率数据线
　　　　　　　性回归检验……217
　　8.3.4 Deming（模型 II）线性
　　　　　回归………………218
　　　★动手学——饮水量与 ALT
　　　　　　　线性正交回归
　　　　　　　分析……………219
8.4 非线性回归分析……………221
　　8.4.1 非线性回归模型………221
　　　★动手学——体重与脉搏次
　　　　　　　数非线性回归
　　　　　　　分析……………224
　　8.4.2 拟合方法处理………227
　　　★动手学——体重与脉搏次数
　　　　　　　离群点分析……228
　　　★动手练——体重与脉搏次数
　　　　　　　稳健回归分析…230
　　8.4.3 最优模型拟合………230
　　　★动手学——阳转率数据非线
　　　　　　　性回归分析
　　　　　　　比较……………231
　　8.4.4 置信带与预测带……232
　　　★动手练——体重与脉搏次
　　　　　　　数置信带………233
　　8.4.5 残差分析……………233
　　　★动手练——学员健身数据
　　　　　　　非线性残差
　　　　　　　分析……………236

第 9 章 列表和列图表分析…………238
　　　🎬 视频讲解：25 分钟
9.1 生成列数据……………………238
　　9.1.1 创建列数据表…………238
　　　★动手练——运动后最大心
　　　　　　　率列数据表……240
　　9.1.2 模拟列数据……………241
　　　★动手学——模拟肺炎新药
　　　　　　　治疗前后退热
　　　　　　　天数数据表……242
9.2 探索性分析……………………245
　　9.2.1 识别离群值……………245
　　　★动手学——肺炎新药治疗
　　　　　　　前后退热天数
　　　　　　　离群值分析……246
　　9.2.2 分析一堆 P 值………247
9.3 列图表绘图……………………248
　　9.3.1 散布图…………………249
　　　★动手学——肺炎新药治疗
　　　　　　　前后退热天数
　　　　　　　散布图…………249
　　9.3.2 箱线图与小提琴图……252
　　　★动手练——肺炎新药治疗
　　　　　　　前后退热天数
　　　　　　　箱线图与小提
　　　　　　　琴图……………252
　　9.3.3 平均值/中位数与
　　　　　误差………………253
　　　★动手练——肺炎新药治疗
　　　　　　　前后退热天数
　　　　　　　误差图…………253
9.4 描述性统计分析………………254
　　9.4.1 计算描述性统计量……254
　　　★动手学——计算运动后最
　　　　　　　大心率数据统
　　　　　　　计量……………255
　　　★动手练——计算平均滴度…256

9.4.2 频数分布⋯⋯⋯⋯⋯⋯ 256
★动手学——计算运动后最
　　大心率数据
　　频数⋯⋯⋯⋯ 258
9.4.3 正态性与对数正态性
　　检验⋯⋯⋯⋯⋯⋯ 259
★动手练——最大心率数据
　　正态性检验⋯⋯ 261

第10章　列表显著性分析⋯⋯⋯⋯⋯ 263
🎬 视频讲解：36分钟
10.1 单样本t检验⋯⋯⋯⋯⋯ 263
10.1.1 单样本t检验简介⋯ 263
★动手学——运动后最大心
　　率数据均值
　　比较⋯⋯⋯⋯ 264
10.1.2 Wilcoxon符号秩
　　检验⋯⋯⋯⋯⋯⋯ 266
★动手练——运动前最大心率
　　数据Wilcoxon
　　符号秩检验⋯ 266
10.2 双样本t检验⋯⋯⋯⋯⋯ 267
10.2.1 配对t检验⋯⋯⋯ 267
★动手学——抗抑郁药物治
　　疗前后体重配
　　对t检验⋯⋯⋯ 269
★动手练——男性运动前后
　　最大心率数据
　　比值配对
　　t检验⋯⋯⋯⋯ 272
10.2.2 非配对t检验⋯⋯ 272
★动手学——运动后男女最
　　大心率数据
　　Welch校正
　　t检验⋯⋯⋯⋯ 273
★动手练——肺炎新药治疗
　　前后退热天数
　　非参数t检验⋯ 275

10.3 单因素方差分析⋯⋯⋯⋯ 275
10.3.1 方差分析简介⋯⋯ 276
10.3.2 普通单因素方差
　　分析⋯⋯⋯⋯⋯⋯ 277
★动手学——单因素方差分
　　析郁金对小鼠
　　存活时间的
　　影响⋯⋯⋯⋯ 279
★动手学——大鼠心肌Ⅰ型
　　胶原蛋白非参
　　数检验方差
　　分析⋯⋯⋯⋯ 282
10.3.3 多重比较⋯⋯⋯⋯ 285
★动手练——多重比较郁金
　　对小鼠存活时
　　间的影响⋯⋯ 287
10.3.4 重复测量单因素
　　方差分析⋯⋯⋯⋯ 288
★动手学——血清载脂蛋白
　　重复测量单因
　　素方差分析⋯ 290
10.4 诊断分析⋯⋯⋯⋯⋯⋯⋯ 293
10.4.1 Bland-Altman方法
　　比较⋯⋯⋯⋯⋯⋯ 294
★动手学——大鼠急性炎症
　　的疗效一致性
　　比较⋯⋯⋯⋯ 294
10.4.2 受试者工作特征
　　曲线⋯⋯⋯⋯⋯⋯ 297
★动手练——大鼠急性炎症
　　的疗效ROC
　　曲线比较⋯⋯ 298

第11章　分组表数据统计分析⋯⋯⋯ 300
🎬 视频讲解：46分钟
11.1 生成分组数据⋯⋯⋯⋯⋯ 300
11.1.1 创建分组表⋯⋯⋯ 300

★动手学——生长菌落数分组数据表……301

★动手学——血红蛋白数据分组数据表…303

11.1.2　行统计……304

★动手练——血红蛋白数据行统计……305

11.2　分组图表绘图……306

11.2.1　交错柱形图……307

★动手学——血红蛋白数据交错柱形图…307

11.2.2　分割柱形图……310

★动手练——血红蛋白数据分割柱形图…310

11.2.3　堆叠柱形图……310

★动手学——生长菌落数堆叠柱形图……311

★动手练——临床试验药物占比百分比堆叠柱形图……313

11.2.4　正负柱形图……314

★动手学——手术前后血催乳素浓度正负柱形图……314

11.2.5　热图……317

★动手练——基因器官表达量热图……317

11.3　多重 t 检验……318

11.3.1　多重 t 检验（和非参数检验）……318

★动手学——t 检验饲料对鼠肝中铁的含量的影响……319

11.3.2　多重比较……322

★动手练——饲料对鼠肝中铁的含量影响多重比较……323

11.4　多因素方差分析……324

11.4.1　双因素方差分析（或混合模型）……324

★动手学——生长菌落数双因素方差分析……325

★动手练——多重比较生长菌落数的影响因素……328

★动手学——血红蛋白全模型双因素重复测量方差分析……329

★动手练——血红蛋白混合效应模型方差分析……331

11.4.2　三因素方差分析（或混合模型）……332

★动手学——感冒患者平均体温多因素方差分析……334

第12章　列联表数据统计分析……337

　　视频讲解：25分钟

12.1　生成列联表数据……337

12.1.1　列联表的结构……337

12.1.2　列联表数据……338

12.1.3　创建列联表……339

★动手练——金黄色葡萄球菌阳性率列联表……340

12.1.4　模拟2×2列联表…342

★动手学——模拟男性大生超重率列联表……343

12.1.5　占总数的比例……344

★动手学——计算男性吸烟组和非吸烟组的冠心病年死亡率............344
12.2 列联表绘图............346
　12.2.1 垂直条形图............346
　★动手学——男性冠心病吸烟死亡率垂直交错条形图...346
　★动手练——男性冠心病吸烟死亡率垂直条形图............348
　12.2.2 水平条形图............349
　★动手学——发病率随着时间的变化水平条形图............349
12.3 列联表卡方检验............352
　12.3.1 皮尔森卡方检验......353
　★动手学——卡方检验估计吸烟的相对危险度............354
　12.3.2 Fisher 精确概率检验............356
　★动手练——Fisher 精确检验估计吸烟的相对危险度......356
　12.3.3 Yates 连续性校正卡方检验............356
　★动手学——大学男生超重率校正卡方检验............357
　12.3.4 趋势卡方检验............358
　★动手学——胃病患病程度对高血压的患病率的影响......358

第 13 章 生存表数据统计分析............361
　　视频讲解：27 分钟
13.1 生存分析的基本概念............361
13.2 生存表数据............362
　13.2.1 生成生存表............362
　★动手学——百草枯患者生存分析............363
　★动手练——创建治疗组的生存表............367
　13.2.2 删失数据............368
　★动手学——两种疗法生存分析............368
13.3 生存表绘图............370
　13.3.1 自定义生存图............371
　★动手学——百草枯患者生存曲线............372
　13.3.2 累积发生率图............374
　★动手学——两种疗法生存曲线............374
13.4 Kaplan-Meier 生存分析............377
　13.4.1 Log-Rank 检验............377
　★动手学——恶性肿瘤三种疗法对数秩检验............378
　★动手练——恶性肿瘤生存时间趋势对数秩检验............380
　13.4.2 Breslow 检验............381
　★动手练——恶性肿瘤生存时间 Gehan-Breslow-Wilcoxon 检验............381

第 14 章 整体分解表数据统计分析...383
　　视频讲解：15 分钟
14.1 整体分解表数据和图表......383

14.1.1 整体分解表……383
★动手学——疫苗超敏反应
整体分解表…384
14.1.2 整体分解图表……385
★动手学——疫苗超敏反应
整体饼图……386
★动手学——疫苗超敏反应
整体环形图…387
★动手练——疫苗超敏反应
整体切片图…389
14.2 比较观察到的分布与预期
分布……390
14.2.1 二项式检验……390
★动手学——血清甘油三酯
含量二项式
检验……391
14.2.2 卡方检验拟合优度…392
★动手学——芹菜籽提取物
临床实验卡方
检验……392

第15章 多变量表数据统计分析……396
视频讲解：47分钟
15.1 多变量表……396
15.1.1 创建多变量表……396
★动手学——重金属中毒检
测指数多变
量表……397
15.1.2 选择与变换……399
★动手学——居民寿命数据
计算……400
15.1.3 提取与重新排列……402
★动手练——野生大豆抗感
反应数据
排列……403
15.1.4 多变量图表……404

★动手学——居民寿命数据
气泡图……405
15.2 多元相关分析……408
15.2.1 相关矩阵分析……408
★动手学——重金属中毒检
测指数数据相
关性分析……409
15.2.2 主成分分析……411
★动手学——水体健康理化
指标主成分
分析……414
★动手练——水体理化指标
方差占比图…418
15.3 多重回归分析……418
15.3.1 多重线性回归分析…418
★动手学——胆固醇含量多
重线性回归
分析……421
15.3.2 多重共线性分析……424
★动手练——胆固醇含量多
重共线性
分析……424
15.3.3 多重逻辑回归分析…425
★动手学——体重关系多重
逻辑回归
分析……428
15.3.4 变量间的交互作用…432
★动手练——体重关系多重
逻辑回归交互
作用分析……432
★动手练——体重关系多重
逻辑回归逻辑
图分析……433
15.4 Cox比例风险回归分析……434
15.4.1 Cox回归模型……434

★动手学——术后生存时间 Cox 比例风险 回归分析……437
15.4.2 Cox 比例风险回归 假设检验……442
★动手练——术后生存时间 Cox 回归假设 检验……443
15.4.3 残差分析……444
★动手练——术后生存时间 Cox 回归残差 分析……445

第 16 章 嵌套表数据统计分析……447
视频讲解：14 分钟
16.1 嵌套表……447
16.1.1 嵌套表数据……447
★动手学——新生儿出生体 重嵌套表……448
16.1.2 嵌套表图表……451
★动手练——新生儿出生体 重嵌套图表……451
16.2 嵌套表分析……452
16.2.1 嵌套 t 检验……452
★动手学——补锌对胎儿生 长发育影响嵌 套 t 检验……453
16.2.2 嵌套单因素方差 分析……455

★动手练——家兔肺纤维化 影响因素嵌套 方差分析……455

第 17 章 图形布局……459
视频讲解：14 分钟
17.1 页面布局……459
17.1.1 创建布局表……459
★动手学——肺炎新药治疗 前后退热天数 组合图……460
17.1.2 添加布局对象……462
★动手练——疫苗超敏反应 组合图……463
17.2 布局设置……464
17.2.1 设置布局方向……464
17.2.2 设置布局格式……465
17.2.3 均衡缩放系数……465
★动手练——疫苗超敏反应 组合图布局……466
17.3 常用组合图……466
17.3.1 重叠图……466
★动手学——新生儿出生 体重重叠图……466
17.3.2 边际图……467
★动手学——风寒风热感冒 的患病率边 际图……468

第 1 章 GraphPad Prism 入门

内容简介

GraphPad Prism 是一款集生物统计学、曲线拟合、科学绘图于一体的科研和医学生物数据处理与绘图的专业软件。它可以准确分析各种数据，将收集到的数据信息快速转换为数字表格进行分类，最后以多样化的图表形式呈现。

本章介绍了 GraphPad Prism 软件的特点和用户界面，旨在帮助读者尽快熟悉 GraphPad Prism 10 的基本技能。这些都是后面章节深入学习 GraphPad Prism 10 分析操作的基础，建议读者认真学习并熟练掌握。

内容要点

- 统计概述
- GraphPad Prism 简介
- GraphPad Prism 10 工作界面
- 使用帮助

1.1 统 计 概 述

GraphPad Prism 具有全面的分析和强大的统计能力，是一款专为科学研究设计的分析和绘图软件。

1.1.1 统计的含义

统计具有三种含义（统计工作、统计数据、统计学）、两重关系（实践与理论的关系、工作与工作成果的关系）。

1. 统计工作

统计工作是对统计数据进行搜集、整理和分析的过程，是在一定的统计理论的指导下，采用科学的方法搜集、整理、分析统计资料的一系列活动过程。它是随着人类社会的发展及治国和管理的需要而产生和发展起来的，已有四五千年的历史。现实生活中，统计工作作为一种认识社会经济现象总体和自然现象总体的实践过程，一般包括统计设计、统计调查、统计整理和统计分析四个环节。

2. 统计数据

（1）统计数据是统计工作所产生的成果，用于描述所研究现象的属性和特征，如统计图表、统计分析报告等。

（2）统计数据是对现象进行测量的结果。例如，对经济活动总量的测量可以得到国内生产总值（GDP）数据；对股票价格变动水平的测量可以得到股票价格指数的数据；对人口性别的测量可以得到男或女这样的数据。

（3）统计数据是采用某种计量尺度对事物进行计量的结果，采用不同的计量尺度会得到不同类型的统计数据。从计量尺度计量的结果来看，可以将统计数据分为以下四种类型。

1）定类数据：表现为类别，但不区分顺序，是由定类尺度计量形成的。
2）定序数据：表现为类别，但有顺序，是由定序尺度计量形成的。
3）定距数据：表现为数值，可进行加、减运算，是由定距尺度计量形成的。
4）定比数据：表现为数值，可进行加、减、乘、除运算，是由定比尺度计量形成的。

3. 统计学

统计学（statistics）是一门研究总体数量特征的方法论科学，用于收集、分析、表述和解释数据。具体而言，统计学是关于数据的科学，其内容包括数据收集、数据整理、数据分析和数据解释等。

（1）数据收集即获取统计数据。
（2）数据整理是将数据用图表等形式展示出来。
（3）数据分析则是通过统计方法研究数据，其所用的方法可分为描述统计方法和推断统计方法。
（4）数据解释是对分析的结果进行说明。

统计学包含以下两方面内容。

（1）描述统计：关于搜集、展示一批数据，并反映这批数据特征的各种方法，其目的是正确地反映总体的数量特点。

（2）推断统计：根据样本统计量估计和推断总体参数的技术和方法。

其中，描述统计是推断统计的前提，推断统计是描述统计的发展。

1.1.2 统计学的基本概念

统计学是搜索、分析、表述和解释数据的方法，通过该方法，可以认识客观现象背后的数量规律。统计学的基本概念是学习使用 GraphPad Prism 的基础，在介绍数据和图表的各项操作之前，先介绍一下 GraphPad Prism 中的一些基本概念。

（1）总体：根据研究目的而确定的同质个体的全部。

（2）样本：按随机化原则从总体中抽取部分观察单位的某一变量值的集合。

（3）抽样误差：抽取的样本只包含总体的一部分观察单位，因此样本指标不一定恰好等于相应的总体指标，这种样本指标与总体指标的差异称为抽样误差。抽样误差越小，用样本推断总体的精确度越高。

（4）参数：总体的统计指标数值，如总体均数、总体标准差、总体率。

（5）统计量：依据样本观察值所定出的量，如样本均数、样本标准差、样本率。

（6）变量的类型。

1）数值变量：其变量值是定量的，表现为数值的大小，一般有度量衡单位，如身高、体重、浓度。

2）分类变量：其变量值是定性的，表现为互不相容的类别或属性。

1.1.3 生物统计学

统计学原理与方法应用在生物医学科学研究中，就衍生出了医学统计学（medical statistics），或更广义地称为生物统计学（biostatistics）。国际统计学界通常把生命科学研究、临床医学研究和预防医学研究中的统计学内容统称为生物统计学。

生物统计学已经广泛地应用在医学科学研究中。在文献复习与研究设计、实验或观察实施、数据收集与记录、资料整理与分析、结果表达与解释、报告撰写与论文发表等环节无不涉及统计问题。对于一个临床试验研究，如果缺乏规范的统计学指导，包括周密的统计设计、严格的对照设置、恰当的样本含量估算、正确的统计分析、合理的统计学解释，其学术价值和认可度将大打折扣。

生物统计学的内容包括试验设计和统计分析两个方面。

（1）试验设计是指应用数理统计的原理与方法制订试验方案，选择合适的试验材料，进行合理的分组，降低试验误差，使我们可以利用较少的人力、物力和时间，获得丰富而可靠的数据资料。

（2）统计分析是指应用数理统计的原理与方法对数据资料进行分析与推断，认识客观事物的本质和规律性，使我们对所研究的资料得出合理的结论。由于事物都是相互联系的，统计不能孤立地研究各种现象，而必须通过一定数量的观察，从这些观察结果中研究事物间的相互关系。

为了揭示事物的客观规律，统计分析与试验设计是不可分割的。试验设计须以统计分析的原理和方法为基础，而正确设计的试验又为统计分析提供了丰富、可靠的信息。两者紧密结合有助于我们推断出合理的结论，不断推动应用生物科学研究的发展。

1.1.4 生物统计学工具

生物统计学是应用统计学在生物学领域的一个分支，主要用于分析和解释生物数据。以下是一些常用的生物统计学工具。

（1）R 语言。R 是一个开源的统计分析软件，广泛应用于生物统计学领域。它提供了丰富的统计分析和绘图功能，并拥有大量的社区支持和文档资料。

（2）Python 语言。Python 是一种广泛使用的编程语言，也有许多生物统计学库和工具，如 NumPy、SciPy 和 Pandas 等，可以用于数据分析、统计建模和机器学习等方面。

（3）SPSS。SPSS 是一种常用的商业统计分析软件，可以进行基本的统计分析、线性回归、ANOVA 等分析。

（4）SAS。SAS 是另一种常用的商业统计分析软件，也可以进行各种基本的统计分析和数据挖掘等。

（5）Excel。Excel 是一种常见的电子表格软件，也可以进行基本的统计分析，如描述统计、t 检验、方差分析等。

（6）GraphPad Prism。GraphPad Prism 是一种专门针对生物学和医学研究的统计分析软件，可以进行多种数据分析和绘图。

（7）SPIDER。SPIDER 是一种用于生物学和结构生物学的统计分析软件，可以进行图像处理、图像分类、三维重构等。

（8）Bioconductor。Bioconductor 是一个 R 语言的生物信息学软件包，提供了多种用于生物学数据分析的工具和方法。

1.2 GraphPad Prism 简介

GraphPad Prism 将科学图形与综合曲线拟合（非线性回归），再将统计数据、预测数据组织结合在一起，帮助用户组织、分析和标注重复性的实验结果。

1.2.1 GraphPad Prism 的特点

GraphPad Prism 是一款专为科学家设计的多功能统计工具，旨在简化研究工作流程，提高分析准确性，并轻松生成符合出版质量要求的图表。它支持多种数据格式的导入，如 Excel、CSV 等，并提供了丰富的数据处理功能，包括数据清洗、数据转换和数据筛选等，帮助用户快速整理和分析数据。

相较于其他统计绘图软件（如 R 语言），GraphPad Prism 的显著优势在于其直观的操作界面，用户可以直接输入原始数据，软件便能自动进行基本的数据统计，并生成高质量的科学图表。下面具体介绍 GraphPad Prism 独有的特点。

1. 有效组织数据

GraphPad Prism 为数据分析进行了特别的设计：定量数据分析和分类数据分析，使得正确输入数据、选择合适的分析方法和创建精美的图表变得更加容易。

2. 进行正确的分析

避免使用统计术语。GraphPad Prism 使用清晰的语言提供大量的分析库，涵盖从普通到高度特定的分析，包括非线性回归、t 检验、非参数比较、方差分析（单因素、双因素和三因素）、列联表分析、生存分析等。每项分析都列有一个清单，以帮助用户了解所需的统计假设并确认用户选择了适当的检验。

3. 随时获得可操作的帮助

降低统计数据的复杂性。GraphPad Prism 的在线帮助超出了用户的预期。在几乎每一步，用户都可以访问数千页的 Prism 用户指南，并通过 Prism Academy 学习视频课程、指南和培训材料，浏览图形组合并学习如何制作各种图形类型。此外，GraphPad Prism 提供的教程数据集可以帮助用户理解为什么应该执行某些分析以及如何解释结果。

4. 工作更智能

（1）一键式回归分析让曲线拟合变得更简单。选择一个方程式，GraphPad Prism 将自动完成剩余的曲线拟合工作，显示结果和函数参数表，在图表上绘制曲线，并插入未知值。

（2）专注于研究，图表和结果会实时自动更新。对数据和分析的任何更改，如添加遗漏数据、省略错误数据、更正拼写错误或更改分析选择，都会立即反映在结果、图形和布局中。

（3）无须编程即可自动完成工作。通过创建模板、复制系列或克隆图表可以轻松复制工作，从而节省设置时间。使用 GraphPad Prism 一键单击，可以对一组图形应用一致的外观。

1.2.2 GraphPad Prism 10 新功能

GraphPad Prism 软件最新版本为 GraphPad Prism 10，它具有增强的数据可视化和图形自定义能力，可进行更直观的导航和更复杂的统计分析，适合绝大部分医学科研绘图的实现。

1．增强数据可视化功能

（1）气泡图：直接通过表示位置（x 坐标和 y 坐标）、颜色和尺寸变量的原始数据即可创建气泡图。

（2）小提琴图：与箱线图或简单的条形图相比，小提琴图可更清晰地显示大数据集的分布。

（3）估计图：自动显示分析结果。

（4）平滑样条：通过 Akima 样条和平滑样条显示一般数据的趋势，并改进了对节点或拐点数量的控制。

2．增强制图和自定义选项

（1）图形上的星号：自动添加多个比较结果到图表。可从各种 P 值摘要样式中进行选择，包括适用于任何 alpha 水平的响应方法。

（2）改进的图形自定义设置：比以前更快、更容易、更直观地绘制出气泡图，实时交互和自定义多变量数据中的图表。

（3）自动标注条形图：在条形图上标注均值、中位数或样本量，以强调重点。

（4）增强的分组图：轻松创建同时显示单个点（散点）、均值（或中值）线和误差线的图表。

3．更有效、更高效的研究

（1）添加更开放的可访问文件的格式：通过使用行业标准格式（CSV、PNG、JSON 等）项目可以在 GraphPad Prism 之外使用，并为数据工作流程和集成开辟新的可能性。

（2）扩展的数据表功能：根据需要打开任意多个窗口，数据最多可分为 2048 列，每个列中有 512 个子列。扩展的分析常量对话框允许链接到所有类型分析的更多结果。

（3）更智能的整理数据：提供全新升级的一系列工具准备数据进行分析。覆盖多变量表、选择和转换分析、提取和重新排列功能。

（4）Hook 常量对话框升级：在 GraphPad Prism 中建立不同元素之间连接的方便方法。一个新的易于导航的树状结构覆盖了整个 GraphPad Prism 分析库。

4．操作系统的要求

GraphPad Prism 10 支持 Windows 和 Mac 系统，下面介绍 GraphPad Prism 10 对计算机操作系统的要求。

（1）Windows 系统要求。

1）操作系统：在 64 位版本的 Windows 10 和 Windows 11 操作系统下运行。GraphPad Prism 10 不支持 32 位版本的 Windows。

2）CPU（处理器）：x86-64 兼容。

3）RAM（内存）：为了确保舒适的性能体验和顺畅的响应能力，GraphPad Prism 需要以下 RAM 配置数据。

> 2GB RAM 至多可容纳 200 万个数据单元。
> 4GB RAM 可容纳 200 万～800 万个数据单元。
> 8GB RAM 可容纳 800 万～1600 万个数据单元。
> 16GB RAM 支持容纳 1600 万个以上的数据单元。

4）显示：支持最小分辨率为 800px×600px，但推荐显示舒适的分辨率为 1366px×768px。

5）HDD（硬盘驱动器）：在硬盘上需要约 100MB 的空间。

6）网络：GraphPad Prism 在首次激活时必须连接到互联网以检验许可证。它还将在每次启动时尝试连接网络，如果程序未关闭，将每 24 小时尝试连接一次。为确保正常使用，请务必每 30 天成功连接网络一次（或至少在 20 次尝试连接网络内成功连网一次，以前者为准）。

此外，GraphPad Prism 要求安装 Microsoft Edge WebView2 渲染组件，以便在欢迎对话框中正确显示页面。Microsoft 已经在大多数新设备上安装了该组件，但是如果缺少该组件，将在 GraphPad Prism 中安装。

（2）Mac 系统要求。

1）操作系统：在 macOS X 10.15（Catalina）或更高版本下运行。如果使用的是 macOS 10.14，则 GraphPad Prism 将启动并运行正常，但没有在这个版本的 macOS 下彻底测试 GraphPad Prism，因此不能提供太多支持。如果使用的是 10.14 版本，强烈建议更新 macOS。

2）CPU（处理器）：Prism Mac 是通用二进制文件，可以在苹果的硅芯片和英特尔的 Mac 计算机上运行。

3）RAM（内存）：对 Mac 计算机的 RAM 没有特别的要求。GraphPad Prism 在苹果制造的所有标准配置的 Mac 计算机上都能正常运行。

4）显示：要求显示器分辨率至少为 1024px×768px。

5）HDD（硬盘驱动器）：在硬盘上需要大约 130MB 的空间。

6）网络：GraphPad Prism 在首次激活时必须连接到互联网以检验许可证。它还将在每次启动时尝试连接网络，如果程序未关闭，将每 24 小时尝试连接一次。为确保正常使用，请务必每 30 天成功连接网络一次（或至少在 20 次尝试连接网络内成功连网一次，以前者为准）。

1.2.3　启动 GraphPad Prism 10

安装 GraphPad Prism 10 之后，即可在操作系统中启动 GraphPad Prism 10。在 Windows 10 中启动 GraphPad Prism 10 有以下几种方法。

（1）单击桌面左下角的"开始"按钮，在"开始"菜单的程序列表中单击 GraphPad Prism 10，如图 1.1 所示。

（2）双击桌面上的快捷方式，启动 GraphPad Prism 10 应用程序，如图 1.2 所示。

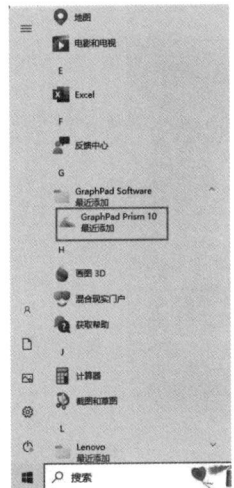

图 1.1　启动 GraphPad Prism 10

图 1.2　快捷方式

执行上述步骤，即可启动 GraphPad Prism 10 应用程序，将显示"欢迎使用 GraphPad Prism"对话框，如图 1.3 所示。

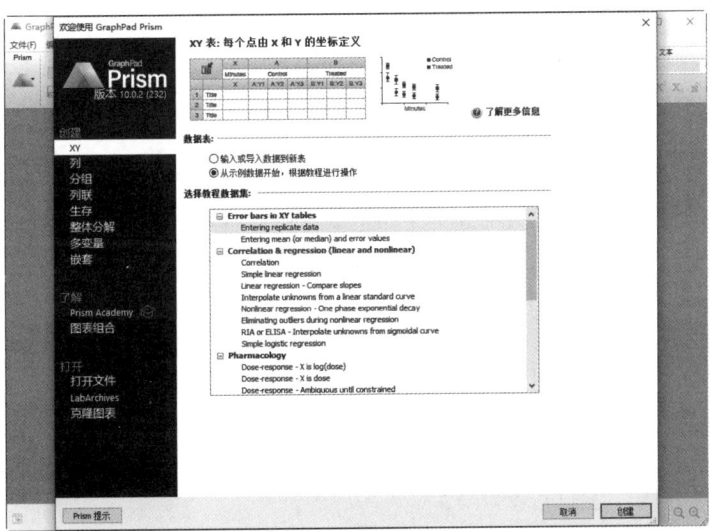

图 1.3　"欢迎使用 GraphPad Prism 10"对话框

1.3　GraphPad Prism 10 工作界面

启动 GraphPad Prism 10 后，单击"创建"按钮，自动根据模板创建示例模板项目，进入 GraphPad Prism 10 的工作界面，如图 1.4 所示。

GraphPad Prism 10 的工作界面由标题栏、菜单栏、工具栏、工作区、导航器、状态栏、注释提示窗口组成。

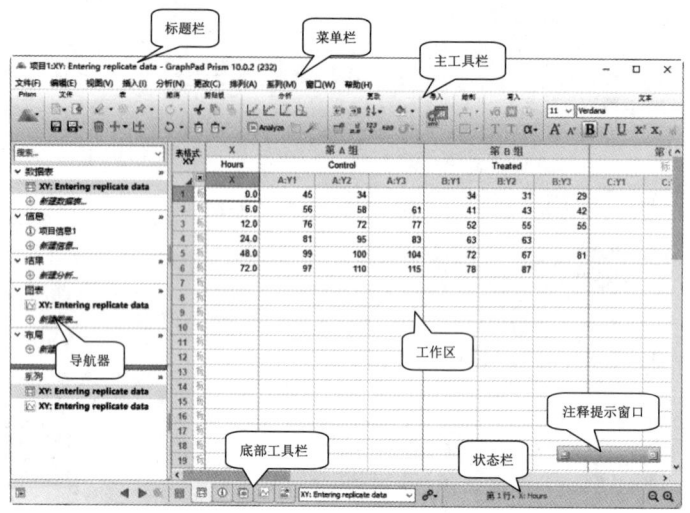

图 1.4　GraphPad Prism 10 工作界面

1.3.1　菜单栏

菜单栏位于标题栏的下方，使用菜单栏中的命令可以执行 GraphPad Prism 的所有操作。

1.3.2　工具栏

工具栏是一组组具有一定功能的操作按钮的集合。工具栏位于工作区上方和下方，分别为主工具栏和底部工具栏，工具栏中包含大部分常用的菜单命令。有别于其他软件，GraphPad Prism 不能添加或删除工具栏中的按钮，只能控制工具栏的显示或隐藏。

默认情况下，用户界面中显示主工具栏和底部工具栏，下面介绍两种显示或隐藏主工具栏的方法。

（1）选择菜单栏中的"视图"→"主工具栏"命令，"主工具栏"命令名称前显示√符号，表示用户界面中显示主工具栏，如图 1.5 所示。选择"主工具栏"命令，隐藏该工具栏。此时，"主工具栏"命令名称前不显示√符号。

（2）在任意工具栏中右击，弹出快捷菜单，如图 1.6 所示。选择"隐藏主工具栏"命令，隐藏相应的工具栏。

图 1.5　菜单命令

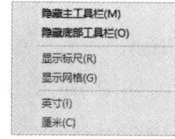

图 1.6　快捷菜单

底部工具栏的显示或隐藏的方法与主工具栏相同，这里不再赘述。

1.3.3　导航器

在 GraphPad Prism 10 中，使用导航器便于设计过程中对文件内容的操作，导航器位于工作区左侧固定显示。

选择菜单栏中的"视图"→"导航器"命令，或单击底部工具栏中的"显示/隐藏导航器面板"按钮，隐藏该导航器，如图 1.7 所示。再次单击该按钮，显示该导航器。

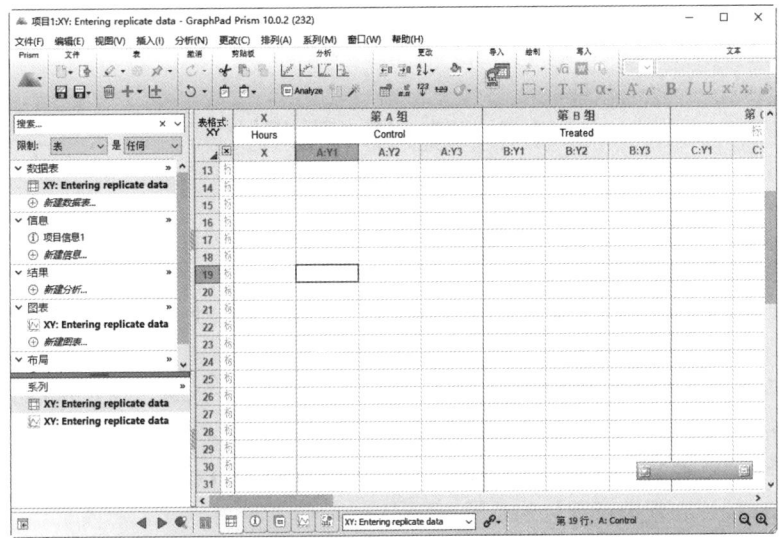

（a）默认显示

（b）隐藏

图 1.7　导航器的显示/隐藏

1.3.4 工作区

工作区是用户编辑各种文件、输入和显示数据的主要工作区域，占据了 GraphPad Prism 窗口的绝大部分区域。

1.3.5 状态栏

状态栏位于应用程序窗口底部，用于显示与当前操作有关的状态信息。在状态栏中默认显示底部工具栏。

1.4 使用帮助

帮助系统以查询为驱动，GraphPad Prism 10 提供了强大、便捷的帮助系统，可帮助用户快速了解 GraphPad Prism 各项功能和操作方式。

GraphPad Prism 10 的"帮助"菜单，可以帮助用户快速获取关于 GraphPad Prism 10 操作使用的帮助，并查看在线培训和学习内容，如图 1.8 所示。

（1）选择"帮助"菜单中的 Prism Academy 命令，打开 Prism Academy-GraphPad 页面，如图 1.9 所示。在该页面中可以探索教育资源 Beginners Guide（初学者向导）、Advanced Guide（高级向导）、Learning Paths（学习路径）、Latest Resources in Prism Academy（Prism 社区最新资源），加深用户对 GraphPad Prism 统计和数据可视化的了解。

图 1.8 "帮助"菜单

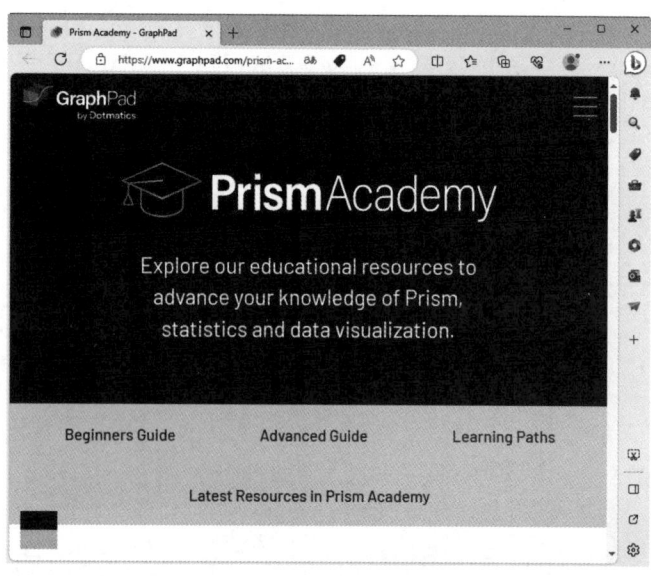

图 1.9 Prism Academy-GraphPad 页面

（2）选择"帮助"菜单栏中的"Prism 用户指南"命令，或按 F1 键，可以打开 GraphPad 页面，如图 1.10 所示。单击 Search Topics（搜索主题）按钮 , 用户可以在搜索框中输入要查询的内容；单击 Table of Contents（内容列表）按钮 , 在弹出的列表中选择常用的帮助主题。

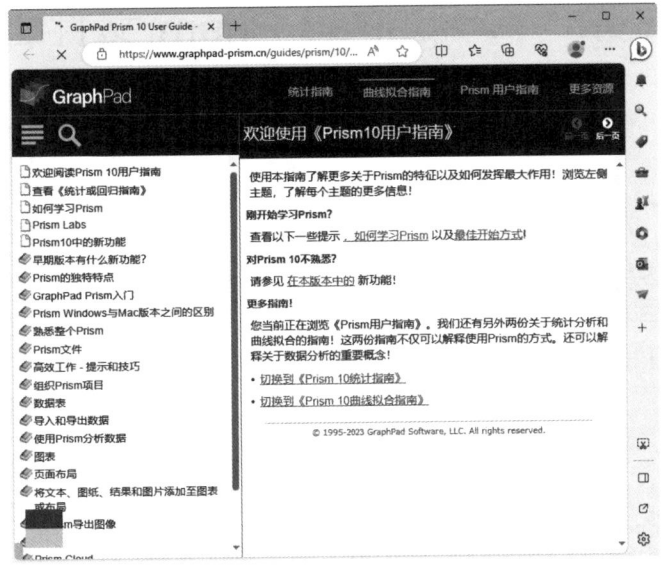

图 1.10　GraphPad 页面

选择其余帮助命令，打开 GraphPad 页面，会自动定位到相关的内容位置处，方便读者快速查找对应的帮助内容，具体步骤这里不再赘述。

第 2 章　GraphPad Prism 文件管理

内容简介

GraphPad Prism 支持项目级别的文件管理，一个项目文件中包括设计中生成的一切文件。将所有工作表放在一个项目文件中，便于对文件的管理。本章详细讲解 GraphPad Prism 中的文件管理系统与对应的功能区设置。

内容要点

➢ 文件管理系统
➢ 项目的基本操作
➢ 工作表的基本操作
➢ 设置首选项

2.1　文件管理系统

对于一个成功的公司来说，技术是核心，健全的管理体制则是关键。同样，评价一个软件的好坏，文件的管理也是很重要的一个方面。

2.1.1　项目文件

进入 GraphPad Prism 10 用户界面，在左侧的导航器中对当前项目中的文件进行管理。GraphPad Prism 的导航器提供了两种文件——项目文件和工作表文件。

在 GraphPad Prism 中，项目是由单个或多个数据表和图表组成的集合，如图 2.1 所示。图中项目名称为"牛群血液样本数据.prism"，打开的数据表名称为"数据 1"。

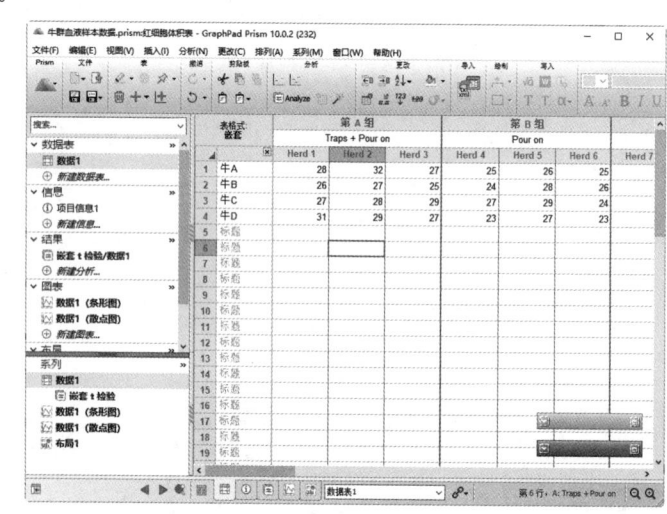

图 2.1　项目文件

2.1.2 项目中的工作表

导航器中包含 5 个选项组，每个选项组对应一个部分（一种类型的工作表）：数据表、信息、结果、图表及布局。每个选项组类似一个文件夹，在该文件夹下包含一个或多个同类的工作表，如图 2.2 所示。

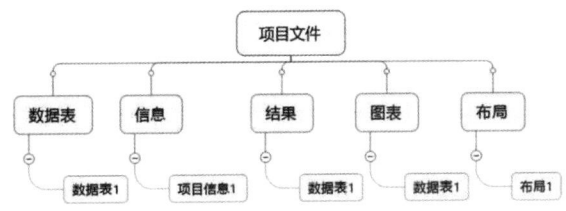

图 2.2　项目结构关系图

1. 数据表

数据表用于输入并整理数据，以备分析或绘制图表，如图 2.3 所示。在该选项组下显示项目中的数据表列表，名称格式为"数据 N"，编号 N 按照创建数据表的个数依次递增，默认创建"数据 1"。

默认情况下，创建的每张数据表自动创建一张图表。同时，数据表和图表具有相同的名称。

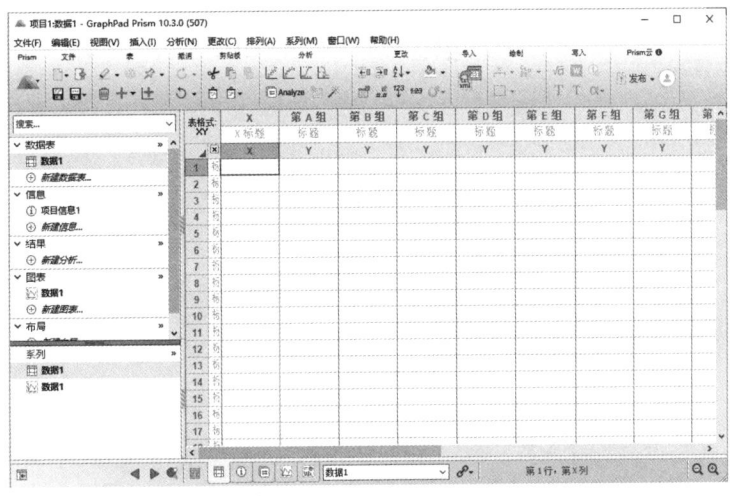

图 2.3　"数据表"选项组

2. 信息

在该选项组下显示项目中的信息表列表，名称格式为"项目信息 N"。信息表用于记录实验细节，或者在分析中使用的常数，如图 2.4 所示。

3. 结果

在该选项组下显示项目中的分析结果表，名称格式为"结果 N"。结果表用于显示分析结果，可以从表格中复制并粘贴部分结果到图表上，并根据分析的方法（如嵌套 t 检验）进行命名，如图 2.5 所示。

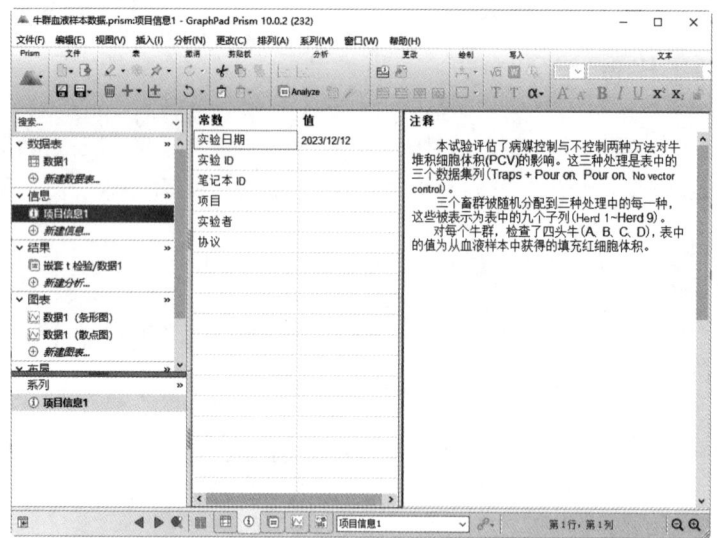

图 2.4　项目信息 1

图 2.5　嵌套 t 检验/数据 1

4．图表

在该选项组下显示项目中的数据表列表，名称格式为"数据 N"。在数据表中输入数据后，GraphPad Prism 会自动创建一张图表，以图形的方式描绘数据，在图表中可以自定义图表的任何部分，如图 2.6 所示。

5．布局

在该选项组下显示项目中的布局表列表，名称格式为"布局 N"。布局表可以将几张图表或其他页面组合到一个布局中，以便打印或发布，如图 2.7 所示。

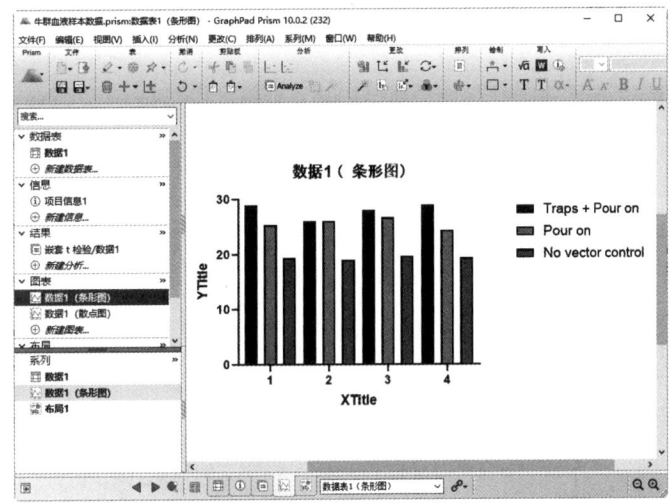

图 2.6 "图表"选项组

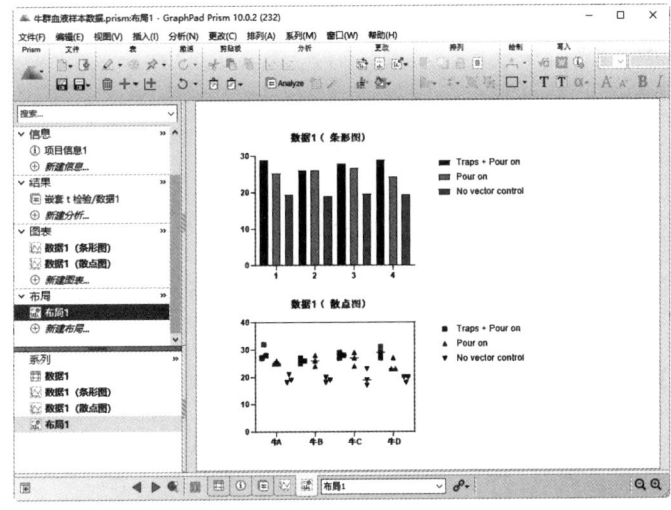

图 2.7 布局表

2.1.3 关联工作表

在 GraphPad Prism 中记录工作表之间（如数据表、信息工作表、分析、图表与布局之间）的链接，替换或编辑数据表，关联的分析表和图表将会更新。一般将当前工作表和与之关联的所有工作表统称为工作表系列。

系列文件下显示每个项目中相关联的工作表。例如，图 2.8 中的"系列"选项组下包含关联的数据表和图表，如数据 1、数据 1（条形图）、数据 1（散点图）、布局 1。图表是根据数据表中的数据进行绘制的，布局表是根据图表进行绘制的，因此，两者是关联的。

在导航器任意工作表上右击，在弹出的快捷菜单中选择"转至关联的表"命令，则立即从当前工作表跳转到与之相关联的工作表。

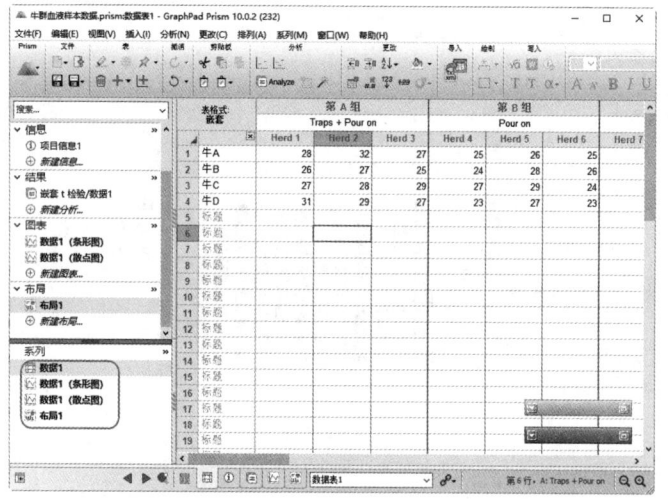

（a）数据表

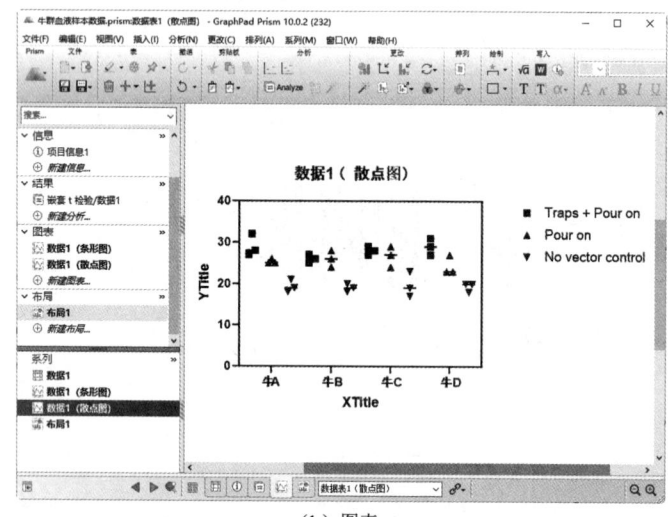

（b）图表

图2.8 "系列"选项组

2.2 项目的基本操作

项目是 GraphPad Prism 系统进行数据管理、存储的基本文件，掌握项目的基本操作是进行各种数据管理操作的基础。本节将对项目的创建、保存设置进行详细介绍。

2.2.1 新建项目

进行一个新的设计之前，必须新建一个项目。在 GraphPad Prism 10 中新建项目主要有两种方式：

输入或导入数据到新表和从示例数据开始,根据教程进行操作。

【执行方式】
- 菜单栏:选择菜单栏中的"文件"→"新建"→"新建项目文件"命令。
- 功能区:单击 Prism 功能区中的"新建项目文件"命令,或单击"文件"功能区中的"创建项目文件"按钮下的"新建项目文件"命令。
- 快捷键:按 Ctrl+N 组合键。

【操作步骤】

执行此命令,系统会弹出"欢迎使用 GraphPad Prism"对话框,如图 2.9 所示。一个项目文件类似于 Windows 系统中的"文件夹",在 GraphPad Prism 中不可以单独创建一个空白的项目文件,需要创建包含工作表的项目文件。因此,需要在该对话框中选择项目文件下的工作表的类型,并设置工作表的参数。

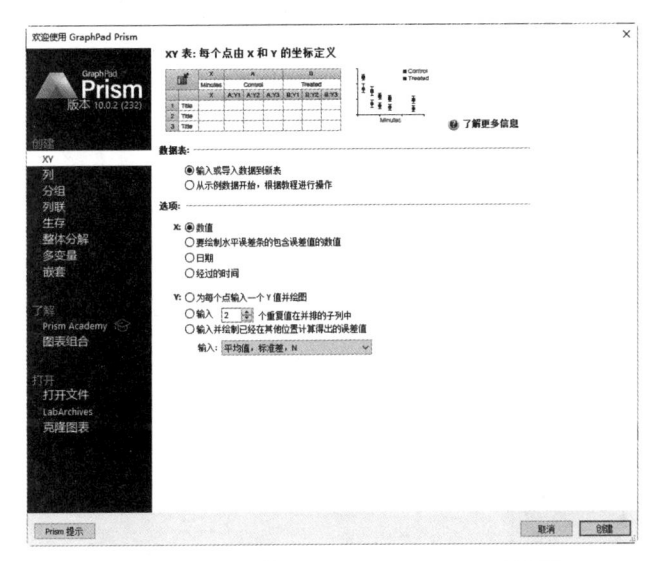

图 2.9 "欢迎使用 GraphPad Prism"对话框

指定数据表的类型和格式后,单击"创建"按钮,创建项目文件。项目文件默认名称为"项目 N.prism"。按照创建项目的个数,项目名称中的编号 N 从 1 开始计数,依次为项目 1、项目 2,……

【选项说明】

1. "创建"选项组

(1)在该选项组下显示八种数据表类型,每种数据表对应一个选项卡,选择不同的数据表类型可以创建包含不同类型数据表的项目文件。

(2)选择对应的数据表选项卡,在右侧区域显示数据表的参数。需要注意的是,选择不同的数据表类型,右侧显示的数据表参数不同。

2. "了解"选项组

(1) Prism Academy：选择该选项，弹出 PrismAcademy 文档，探索 GraphPad Prism 教育资源，提高对 GraphPad Prism 统计和数据可视化的了解，如图 2.10 所示。

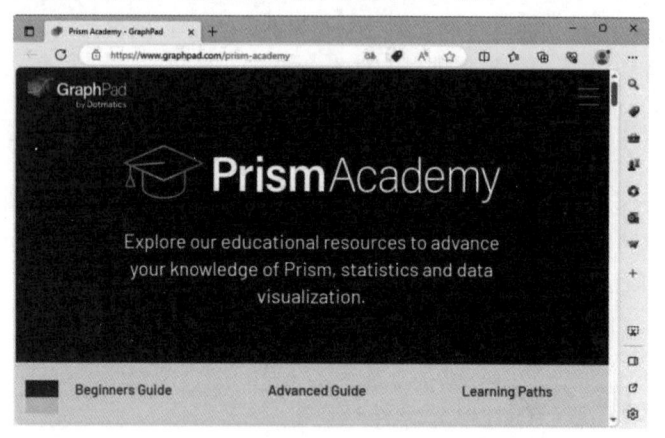

图 2.10　Prism Academy 文档

(2) 图表组合：选择该选项，在右侧打开界面，以列表目录的形式显示图表相关的图形信息，如图 2.11 所示。

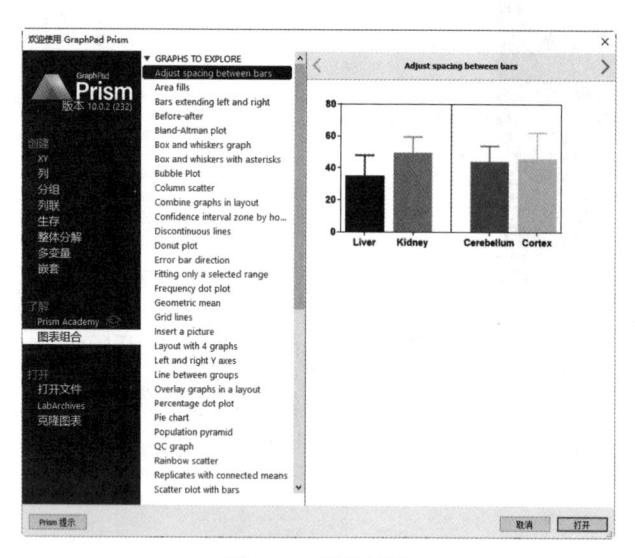

图 2.11　列表目录

3. "打开"选项组

(1) 打开文件：选择该选项，在右侧界面中显示最近打开的文件列表，选择其中一个文件，即可打开该文件，如图 2.12 所示。

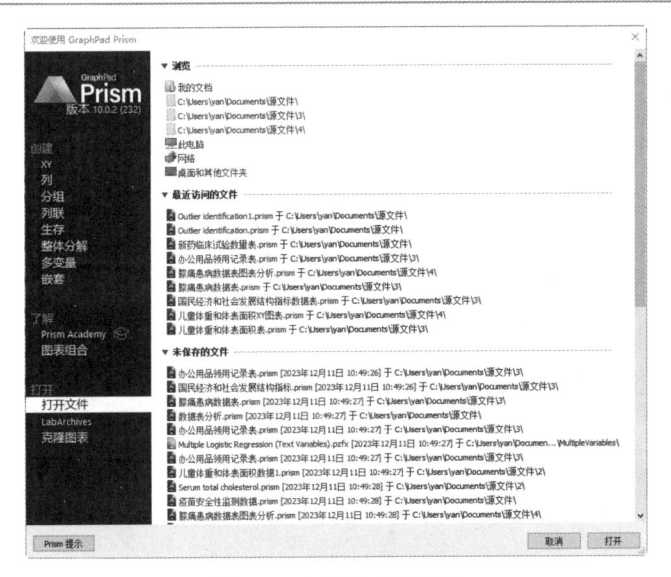

图 2.12　打开的文件列表

（2）LabArchives：选择该选项，链接到 LabArchives，获得额外的免费存储空间，GraphPad Prism 的注册用户可以在 LabArchives 上获得一个免费账户。LabArchives 是一个基于网络的系统，可以帮助用户存储、组织和共享所有实验室数据，如图 2.13 所示。

图 2.13　选择 LabArchives 选项

（3）克隆图表：选择该选项，在右侧界面中显示要克隆的数据表模板，包含 4 个选项卡：打开的项目、最近的项目、保存的示例、共享的示例，如图 2.14 所示。

从图 2.14 所示的选项卡中选择要克隆的图表，从当前项目、最近的项目或保存的示例文件中进行克隆，如图 2.15 所示。

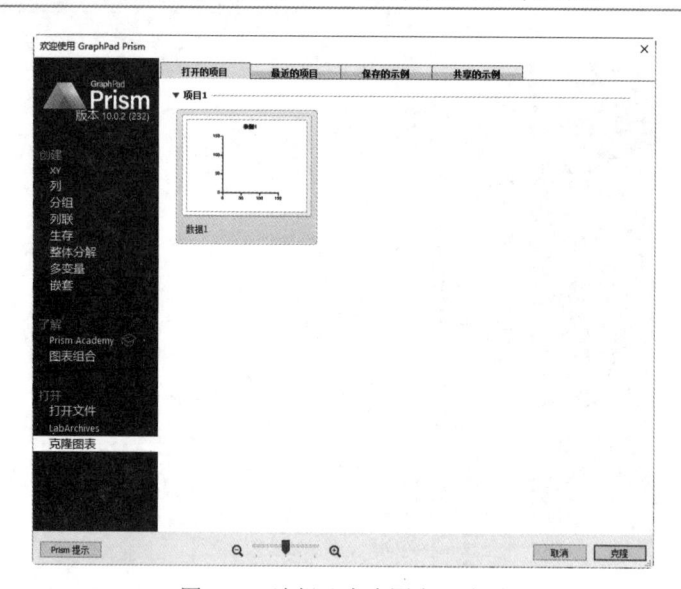

图 2.14　选择"克隆图表"选项

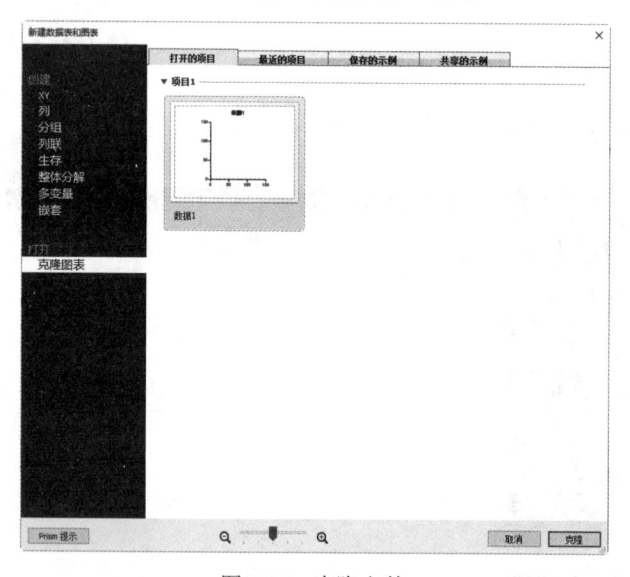

图 2.15　克隆文件

单击"克隆"按钮，弹出"克隆示例"对话框，如图 2.16 所示。

1）在"示例数据"选项卡中设置是否要删除新数据表中的数据（或部分数据）。
- 在"示例数据"选项组中包括对部分工作表中数据的删除操作：删除 Y 值、删除 X 值、删除列（数据集）标题、删除行标题。
- 在"克隆的表的标题"文本框内输入克隆后的工作表的标题。

2）在"子列格式"选项卡中设置工作表中子列数据的参数。
- 重复项或误差条的 Y 子列：定义子列数据的三种输入方式，与工作表中数据的输入方法相同。
- X 误差条：勾选"输入 X 误差值以绘制水平误差条"复选框，根据误差值绘制误差条。

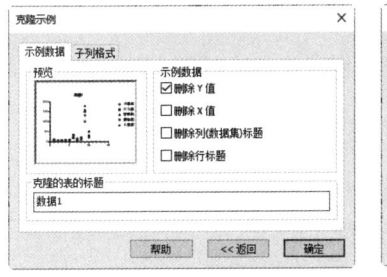

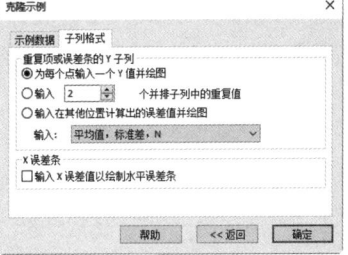

图 2.16 "克隆示例"对话框

2.2.2 保存项目

完成一个项目的数据输入和编辑之后，需要将项目进行保存，以保存工作结果。保存项目的另一个意义在于可以避免由于断电等意外情况造成的文档丢失。

1. 直接保存项目

【执行方式】

- 菜单栏：选择菜单栏中的"文件"→"保存"命令。
- 功能区：单击"文件"功能区中的"保存"按钮 。
- 快捷键：按 Ctrl+S 组合键。

【操作步骤】

执行此命令，直接保存.prism 格式的项目文件。

2. 另存项目

【执行方式】

- 菜单栏：选择菜单栏中的"文件"→"另存为"命令。
- 功能区：选择"文件"功能区中"保存命令"按钮 下的"另存为"命令。

【操作步骤】

执行此命令，弹出如图 2.17 所示的"保存"对话框，用户可以指定项目的保存名称和路径。在"保存类型"下拉列表中选择项目类型，除了可以保存为常用的 Prism 文件（*.prism）外，还可以保存为 Prism 文件（旧版格式，*.pzfx）或 Prism 文件（旧版格式，*.pzf）。

【选项说明】

在"保存类型"下拉列表中显示 Prism 项目文件的格式。

（1）Prism 文件（*.prism）：Prism 10

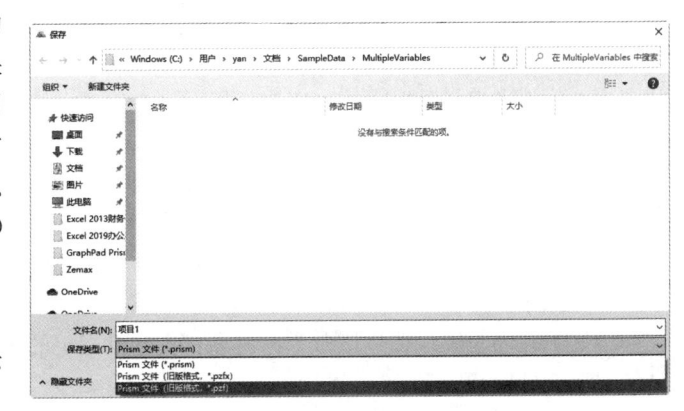

图 2.17 "保存"对话框

的默认文件格式，新 Prism 文件格式（带有.prism 文件扩展名）。

（2）有些情况下希望以 Prism 的旧版文件格式保存文件，以便与其他使用旧版本软件的用户保持兼容。

1）Prism 文件（旧版格式，*.pzfx）：只能由 GraphPad Prism 5 或更高版本打开的格式。文件的第一部分包含其他程序可以查看的纯文本（XML）格式的所有数据表和信息工作表；接着是关于结果、图表和布局的信息，其格式只能通过 GraphPad Prism 读取，其他任何程序均无法读取。

2）Prism 文件（旧版格式，*.pzf）：二进制格式文件，可使用 GraphPad Prism 4 或更高版本打开，但不能使用其他应用程序打开。

3．选择性保存

如果项目文件非常大，则可以考虑细分成更小的项目，将工作表保存为指定的文件。

【执行方式】

- ➢ 菜单栏：选择菜单栏中的"文件"→"选择性保存"命令，弹出的子菜单如图 2.18 所示。
- ➢ 功能区：选择"文件"功能区中"保存命令"按钮下的下拉菜单中的命令，如图 2.19 所示。

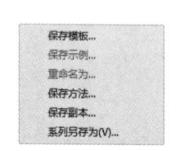

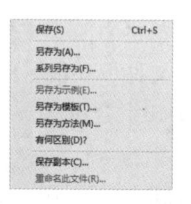

图 2.18　子菜单　　　　图 2.19　下拉菜单

【选项说明】

执行此命令，在子菜单和下拉菜单中包含多个选择性保存的命令，下面分别进行介绍。

（1）保存示例：选择该命令，将项目文件以当前名称保存，以便日后进行克隆文件等操作。

（2）保存副本：选择该命令，将项目副本以指定的名称保存，GraphPad Prism 不会重命名正在处理的文件。建议保存为.pzfx 格式（而非.pzf），该格式提供更安全的备份。即使文件遭到损坏或截断，也可能在不使用 GraphPad Prism 的情况下从这些文件中提取数据。

（3）保存模板：选择该命令，将项目文件以当前名称保存，自动为添加的新数据创建所有分析和图表。模板文件属于旧功能，建议使用示例文件或方法文件。

（4）保存方法：选择该命令，将项目文件以当前名称保存，以便日后应用于已输入的新数据。当应用方法时，将方法文件中的分析和图表应用至已输入的数据表中。

（5）系列另存为：选择该命令，从当前项目中的工作表以及所有链接工作表中创建一个新文件。

（6）另存为示例：选择该命令，将项目文件以指定的名称保存在特殊的位置，以便日后进行克隆文件等操作。

（7）另存为模板：选择该命令，将项目文件以指定的名称保存至指定位置，自动为添加的新数据创建所有分析和图表。

（8）另存为方法：选择该命令，将项目文件保存在特殊的位置，以便日后应用于已输入的新数据。

★动手学——药物平均抑菌数据表

本实例创建一个包含药物平均抑菌圈直径和耐菌 R 数据的项目文件，用于之后的统计分析。

操作步骤

1. 启动软件

双击"开始"菜单中的 GraphPad Prism 10 图标，启动 GraphPad Prism 10，自动弹出"欢迎使用 GraphPad Prism"对话框。

2. 创建项目

（1）在"创建"选项组下默认选择 XY 选项，在右侧界面的"数据表"选项组下选中"输入或导入数据到新表"单选按钮，表示创建一个空白项目，如图 2.20 所示。

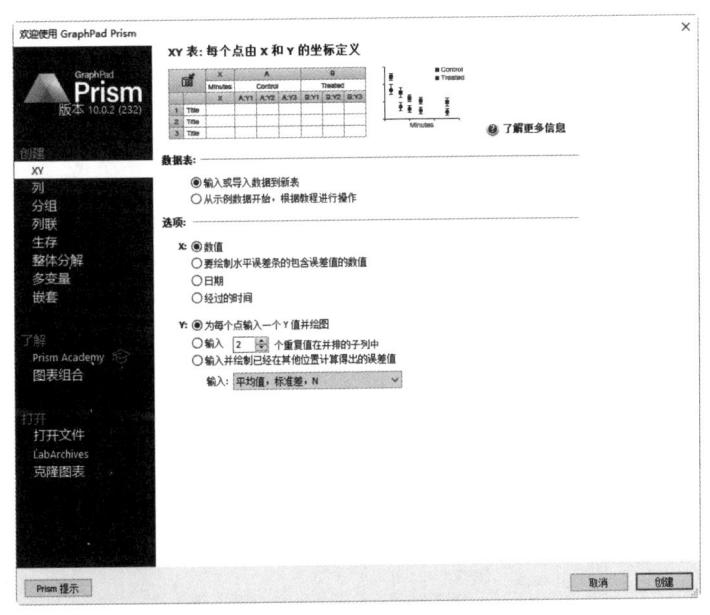

图 2.20 "欢迎使用 GraphPad Prism"对话框

（2）在"选项"选项组的 X 选项下默认选中"数值"单选按钮，Y 选项下选中"为每个点输入一个 Y 值并绘图"单选按钮。

（3）单击"创建"按钮，创建项目文件，同时在该项目文件下自动创建一个数据表"数据 1"和关联的图表"数据 1"，如图 2.21 所示。

3. 保存文件

选择菜单栏中的"文件"→"另存为"命令，或选择"文件"功能区中"保存命令"按钮下的"另存为"命令，弹出"保存"对话框，输入项目名称"药物平均抑菌数据表"，如图 2.22 所示。单击"保存"按钮，GraphPad Prism 标题栏名称自动变为"药物平均抑菌数据表.prism"，如图 2.23 所示。

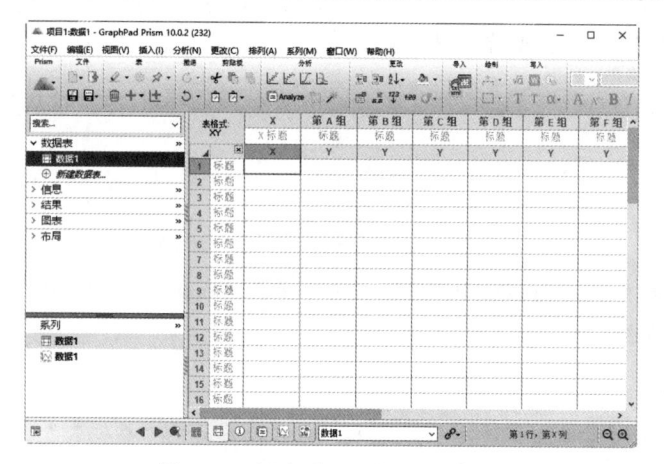

图 2.21　创建项目文件"数据 1"

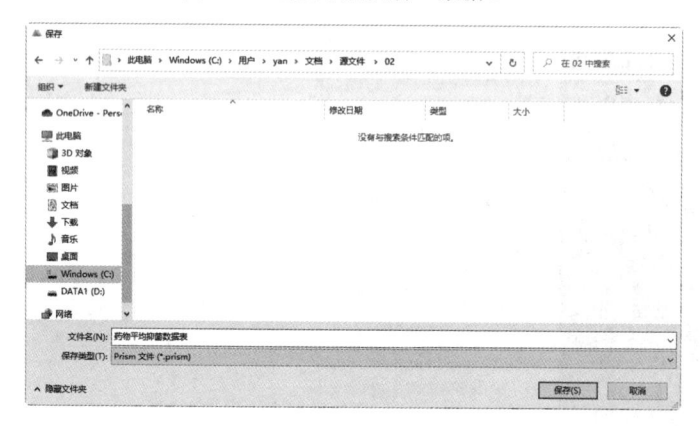

图 2.22　"保存"对话框

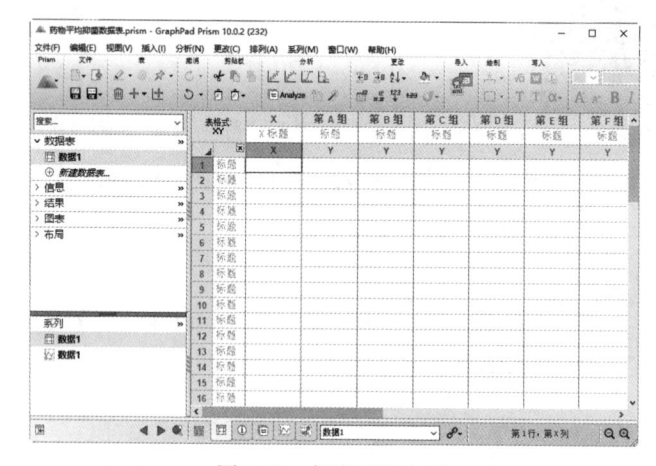

图 2.23　保存项目文件

★动手学——大气相关性数据表

GraphPad Prism 10 为用户提供了一些系统数据集，如 Correlation & regression (linear and nonlinear)，

显示关于相关与回归（线性与非线性）的示例数据表。本实例演示创建一个检测不同臭氧水平下太阳辐射、风和温度的示例数据表的项目文件。

操作步骤

1. 启动软件

（1）双击"开始"菜单的 GraphPad Prism 10 图标，启动 GraphPad Prism 10，进入编辑界面。

（2）选择菜单栏中的"文件"→"新建"→"新建项目文件"命令，或选择 Prism 功能区中的"新建项目文件"命令，或选择"文件"功能区中"创建项目文件"按钮下的"新建项目文件"命令，或按 Ctrl+N 组合键，系统会弹出"欢迎使用 GraphPad Prism"对话框，在"创建"选项组下默认选择 XY 选项。

2. 创建项目

（1）在"数据表"选项组下选中"从示例数据开始，根据教程进行操作"单选按钮，在"选择教程数据集"列表框中选择内置的系统数据集 Correlation（相关），如图 2.24 所示。

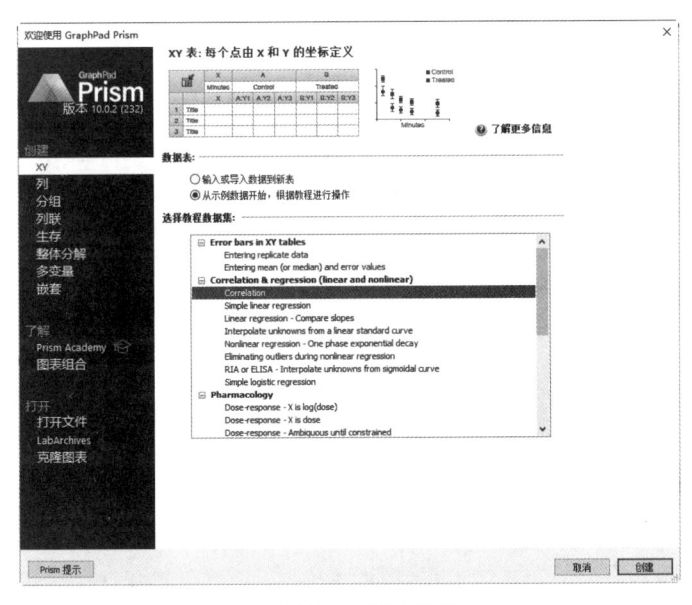

图 2.24　选择数据集

（2）单击"创建"按钮，创建使用系统数据集的项目文件"项目 2"（当前已经打开一个项目文件），如图 2.25 所示。这些系统数据集是已经设置好数据和格式的项目，打开这些系统数据集便可直接使用模板中设置的各种工作表。

3. 保存文件

选择菜单栏中的"文件"→"另存为"命令，或选择"文件"功能区中"保存命令"按钮下的"另存为"命令，弹出"保存"对话框，输入项目名称"大气相关性数据表"。单击"保存"按钮，GraphPad Prism 标题栏名称自动变为"大气相关性数据表.prism"，如图 2.26 所示。

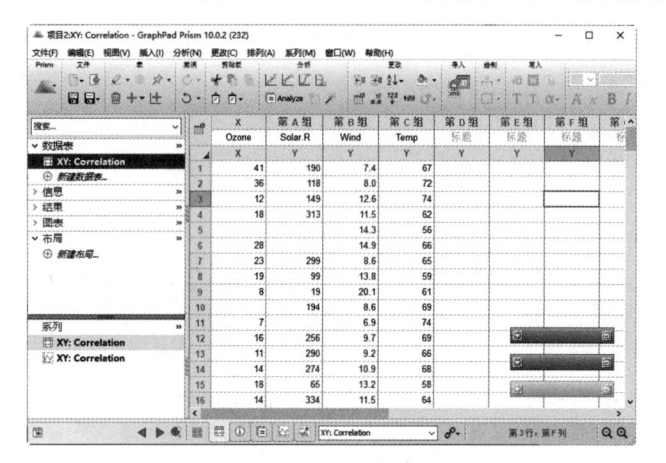

图 2.25 创建使用系统数据集的项目文件

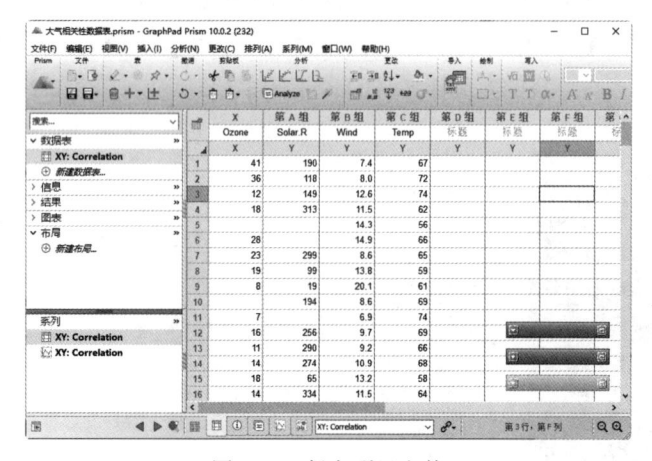

图 2.26 保存项目文件

★动手练——克隆大气相关性数据表

本实例利用 GraphPad Prism 在项目文件中克隆不同格式的大气相关性数据表，如图 2.27 所示。

（a）原始工作表　　（b）克隆工作表（删除 Y 值）　　（c）克隆工作表（删除 X 值）　　（d）克隆工作表[删除列（数据集）标题]

图 2.27 克隆大气相关性数据表

思路点拨

源文件：源文件\02\大气相关性数据表.prism

（1）新建一个项目文件。

（2）选择"克隆图表"选项，在"打开的项目"选项卡中选择"大气相关性数据表.prism"项目文件，单击"克隆"按钮。

（3）在"克隆示例"对话框中选择对部分工作表中数据的删除操作：删除 Y 值、删除 X 值、删除列（数据集）标题。

（4）保存文件为"克隆大气相关性数据表 1.prism""克隆大气相关性数据表 2.prism""克隆大气相关性数据表 3.prism"。

2.2.3 打开项目

在本地硬盘或网络上打开项目的方法有多种，下面简述打开项目的常用方法。

【执行方式】
- 菜单栏：选择菜单栏中的"文件"→"打开"命令。
- 功能区：单击 Prism 功能区中的"打开项目文件"命令，或单击"文件"功能区中的"打开项目文件"按钮 。
- 快捷键：按 Ctrl+O 组合键。

【操作步骤】

执行此命令，弹出"打开"对话框，如图 2.28 所示。选择需要打开的项目文件，单击"打开"按钮即可。

提示：

如果要一次打开多个项目，可在"打开"对话框中单击一个文件名，按住 Ctrl 键后单击要打开的其他项目文件。如果这些项目文件是相邻的，可以按住 Shift 键后单击最后一个项目文件。

在"文件"菜单栏最下方显示了最近使用的项目列表，单击对应的项目名称，即可打开，如图 2.29 所示。

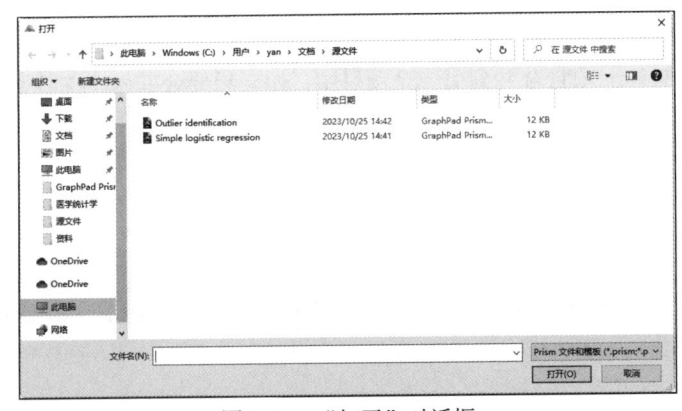

图 2.28　"打开"对话框

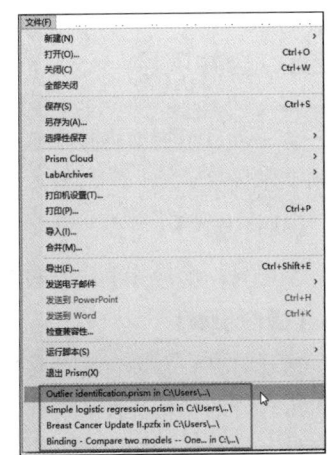

图 2.29　最近使用的项目文件列表

2.2.4 关闭项目

完成对一个项目的操作后，应将它关闭，以释放该项目所占用的内存空间。

1. 关闭当前项目

【执行方式】

- 菜单栏：选择菜单栏中的"文件"→"关闭"命令。
- 功能区：单击 Prism 功能区中的"关闭"命令。
- 快捷键：按 Ctrl+W 组合键。

【操作步骤】

执行此命令，弹出如图 2.30 所示的 GraphPad Prism 对话框，提示是否需要对要关闭的项目进行保存。

单击"是"按钮，保存并关闭当前项目。弹出"保存"对话框，默认为当前项目的名称，保存当前的项目；也可以输入新的名称，保存为另外的项目。

单击"否"按钮，取消保存并关闭当前项目。自动打开"欢迎使用 GraphPad Prism"对话框，用于创建新的项目。

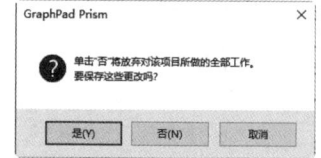

图 2.30　GraphPad Prism 对话框

单击"取消"按钮，取消关闭当前项目的操作，返回 GraphPad Prism 用户界面。

2. 关闭所有项目

【执行方式】

- 菜单栏：选择菜单栏中的"文件"→"全部关闭"命令。
- 功能区：单击 Prism 功能区中的"全部关闭"命令。

【操作步骤】

执行此命令，可以同时关闭所有打开的项目。

2.2.5 合并项目

合并项目是指要将整个 GraphPad Prism 项目合并到另一个项目中，如果想要合并两个文件，步骤则非常简单。

【执行方式】

菜单栏：选择菜单栏中的"文件"→"合并"命令。

【操作步骤】

默认打开一个项目文件（项目 1），执行此命令，弹出"合并"对话框，如图 2.31 所示。选择一个未打开的项目文件（项目 2），单击"打开"按钮，直接在当前项目（项目 1）中导入选中的项目文件（项目 2）中的所有工作表，结果如图 2.32 所示。

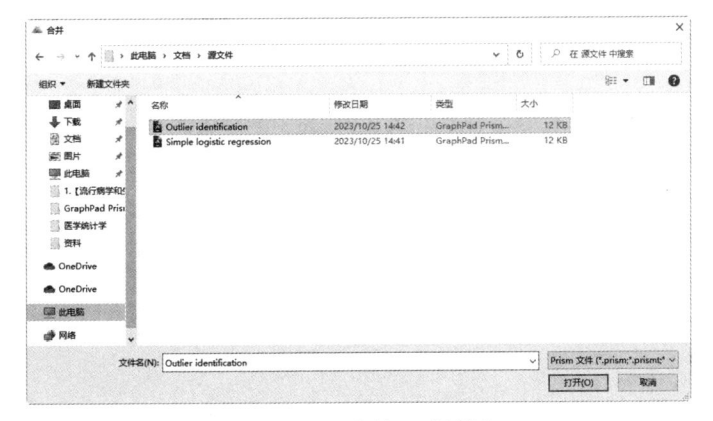

图 2.31 "合并"对话框

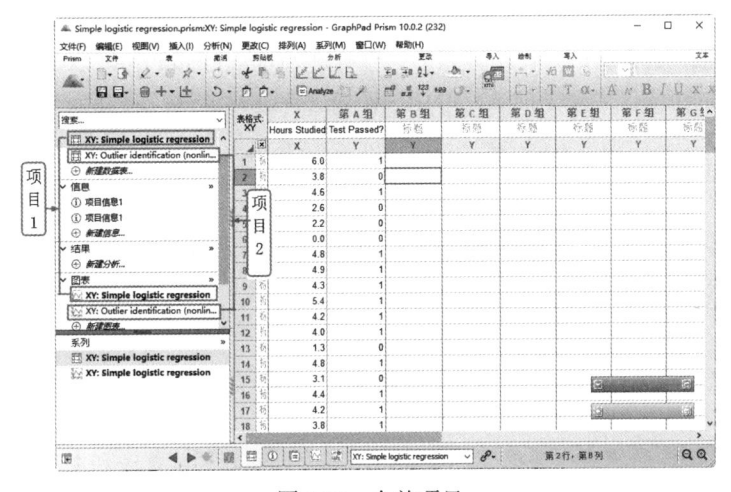

图 2.32 合并项目

★动手练——合并大气相关性数据表

本实例演示将 3 个不同格式的克隆图表合并为一个项目文件,如图 2.33 所示。

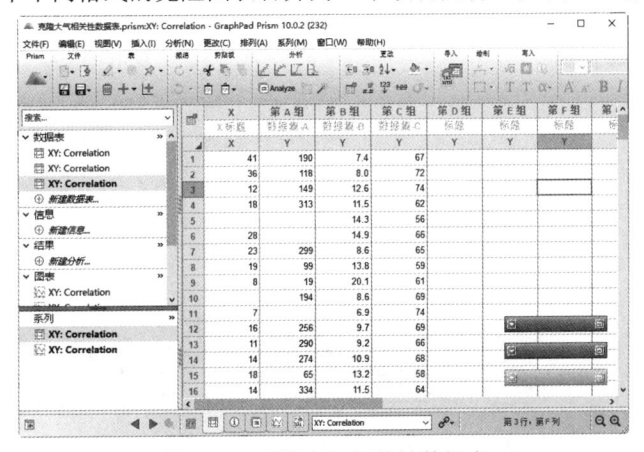

图 2.33 合并大气相关性数据表

思路点拨

源文件：源文件\02\克隆大气相关性数据表 1.prism、克隆大气相关性数据表 2.prism、克隆大气相关性数据表 3.prism

（1）打开项目文件"克隆大气相关性数据表 1.prism"。

（2）选择"合并"命令，选择合并项目文件"克隆大气相关性数据表 2.prism"。

（3）选择"合并"命令，选择合并项目文件"克隆大气相关性数据表 3.prism"。

（4）保存文件为"克隆大气相关性数据表.prism"。

2.3 工作表的基本操作

创建项目文件后，会自动创建一个数据表，直接进入 GraphPad Prism 10 数据表编辑界面，在左侧的导航器和右侧的工作区中对当前项目中的工作表文件进行管理。

2.3.1 新建数据表和图表

默认状态下，每个项目中只有 1 张数据表（数据 1）和与之对应的 1 张图表（数据 1），用户可以根据需要增加更多的工作表。

【执行方式】

➤ 菜单栏：选择菜单栏中的"文件"→"新建"→"新建数据表和图表"命令，或者选择菜单栏中的"插入"→"新建数据表和图表"命令。

➤ 导航器：单击导航器中"数据表"选项组下的"创建新的数据表和图表"按钮 ⊕，如图 2.34 所示。

➤ 功能区：选择"文件"功能区中"创建新项目"按钮下的"新建数据表和图表"命令，如图 2.35 所示；或者选择"表"功能区中"创建新表"按钮 ± 下的"新建数据表与图表"命令，如图 2.36 所示。

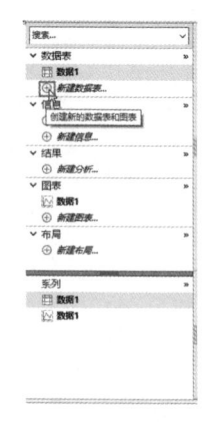

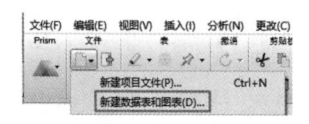

图 2.34　导航器命令　　　　图 2.35　"文件"功能区命令　　　　图 2.36　"表"功能区命令

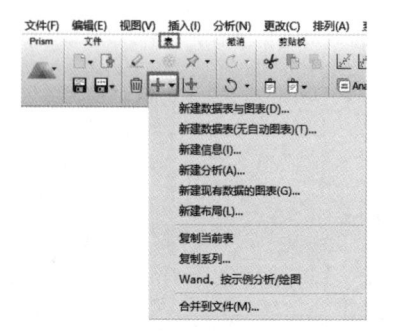

【操作步骤】

（1）执行此命令，弹出"新建数据表和图表"对话框，选择要创建的工作表的类型，如图 2.37 所示。该对话框与"欢迎使用 GraphPad Prism"对话框类似，这里不再赘述。

（2）完成选项设置，单击"创建"按钮，即可在导航器中"数据表"选项组下的工作表列表中插入一个新的数据表。新工作表的表名根据项目中工作表的数量自动命名，如"数据 2"，如图 2.38 所示。同时，导航器中"图表"选项组下自动创建一个名为"数据 2"的图表。

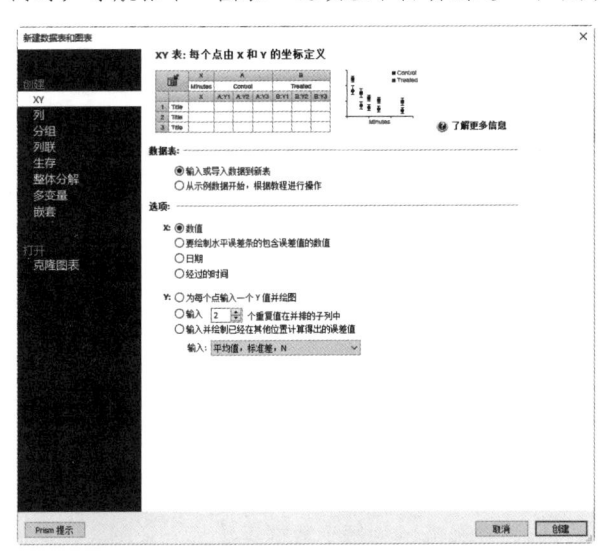

图 2.37 "新建数据表和图表"对话框   图 2.38 新建一个数据表和图表

2.3.2 新建图表

创建新数据表时，GraphPad Prism 会自动创建一个图表。特殊情况下，一个数据表需要链接多个图表时，就需要新建图表。

【执行方式】
- 菜单栏：选择菜单栏中的"插入"→"新建现有数据的图表"命令。
- 导航器：单击导航器中"图表"选项组下的"新建图表"按钮⊕。
- 功能区：单击"表"功能区中的"根据现有数据创建新图"按钮。

【操作步骤】

（1）执行此命令，弹出"创建新图表"对话框，如图 2.39 所示。GraphPad Prism 数据表的格式决定了可绘制哪种类型的图表，以及可执行哪种类型的分析。为数据选择合适类型的数据表非常重要。

（2）单击"确定"按钮，即可在图表文件中显示创建的图表。

【选项说明】

1. "要绘图的数据集"选项组

（1）表：在该下拉列表中选择要绘制图表的数据文件名称，默认在图表上绘制数据文件中的所有数据。

（2）仅绘制选定的数据集：如果不想在图表上绘制所有数据，则勾选该复选框，单击"选择"按钮，弹出"选择数据集"对话框，选择需要绘制的数据集，如图 2.40 所示。需要注意的是，只能选择数据集列，不能选择行。

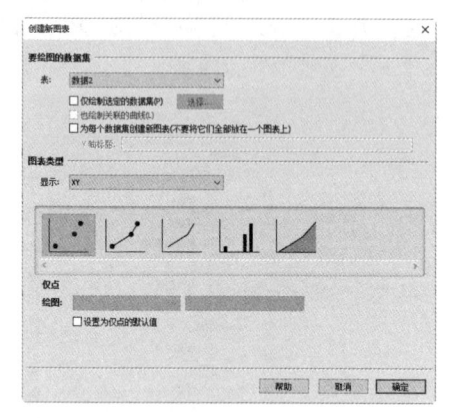

图 2.39　"创建新图表"对话框

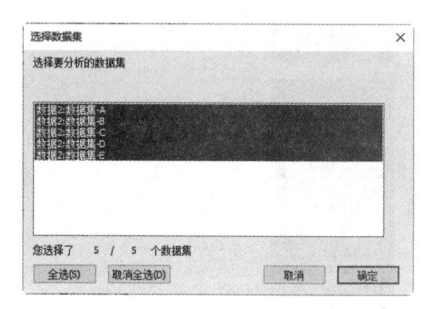

图 2.40　"选择数据集"对话框

（3）也绘制关联的曲线：如果已知数据为一张 XY 表格，并且已经拟合成一条直线或曲线，勾选该复选框，则在新图表上绘制已知数据单位的曲线或直线。

（4）为每个数据集创建新图表（不要将它们全部放在一个图表上）：默认情况下，GraphPad Prism 会根据整个数据集创建一张图表。勾选该复选框，为每个数据集绘制一张图表。此时需要指定 Y 轴标题。

2. "图表类型"选项组

在"显示"下拉列表中选择图表类型，可以在 XY、"列""分组"等图表选项之间进行选择，得到与数据表匹配的图表类型。需要注意的是，数据表类型和图表类型之间并非一对一匹配，XY 数据表可以绘制 XY 图表，还可以绘制"列""分组"等图表。

3. "绘图"选项组

在该下拉列表中选择要绘制的数据集的参数值，如平均值、中位数等。

2.3.3　新建数据表

【执行方式】

- 菜单栏：选择菜单栏中的"插入"→"新建数据表（无自动图表）"命令。
- 功能区：选择"表"功能区中的"创建新表"按钮 下的"新建数据表（无自动图表）"命令。

【操作步骤】

（1）执行此命令，弹出"新建数据表和图表"对话框，选择要创建的工作表的类型，单击"创建"按钮，即可在当前数据表下的工作表列表中插入一个新的数据表。此时，导航器中"图表"选项组下不创建图表。

（2）选择"新建信息""新建分析""新建现有数据的图表""新建布局"命令，可以在当前项目中新建信息表、分析表、图表和布局表。

★ 动手学——健康女性的测量数据表

表 2.1 是 20 位 25～34 周岁健康女性的测量数据。本实例创建一个数据表项目，包含三头肌皮褶厚度、大腿围长、中臂围长和身体脂肪数据。

表 2.1 测量数据

受试验者 i	三头肌皮褶厚度 x_1/cm	大腿围长 x_2/cm	中臂围长 x_3/cm	身体脂肪 y/%
1	19.5	43.1	29.1	11.9
2	24.7	49.8	28.2	22.8
3	30.7	51.9	37	18.7
4	29.8	54.3	31.1	20.1
5	19.1	42.2	30.9	12.9
6	25.6	53.9	23.7	21.7
7	31.4	58.6	27.6	27.1
8	27.9	52.1	30.6	25.4
9	22.1	49.9	23.2	21.3
10	25.5	53.5	24.8	19.3
11	31.1	56.6	30	25.4
12	30.4	56.7	28.3	27.2
13	18.7	46.5	23	11.7
14	19.7	44.2	28.6	17.8
15	14.6	42.7	21.3	12.8
16	29.5	54.4	30.1	23.9
17	27.7	55.3	25.6	22.6
18	30.2	58.6	24.6	25.4
19	22.7	48.2	27.1	14.8
20	25.2	51	27.5	21.1

操作步骤

1. 启动软件

双击"开始"菜单中的 GraphPad Prism 10 图标，启动 GraphPad Prism 10，自动弹出"欢迎使用 GraphPad Prism"对话框。

2. 创建项目

（1）在"创建"选项组下默认选择 XY 选项，在右侧界面的"数据表"选项组下选中"输入或导入数据到新表"单选按钮，表示创建一个空白项目。

（2）在"选项"选项组的 X 选项下默认选中"数值"单选按钮，Y 选项下选中"为每个点输入一个 Y 值并绘图"单选按钮。

（3）单击"创建"按钮，创建项目文件，同时该项目下自动创建一个数据表"数据 1"和关联的图表"数据 1"。

3. 保存文件

选择菜单栏中的"文件"→"另存为"命令，或选择"文件"功能区中的"保存命令"按钮下的"另存为"命令，弹出"保存"对话框，输入项目名称"健康女性的测量数据表"。单击"保存"按钮，GraphPad Prism 标题栏名称自动变为"健康女性的测量数据表.prism"，如图 2.41 所示。

4. 新建工作表

选择菜单栏中的"插入"命令，在弹出的菜单中显示一系列新建工作表的命令，如图 2.42 所示。

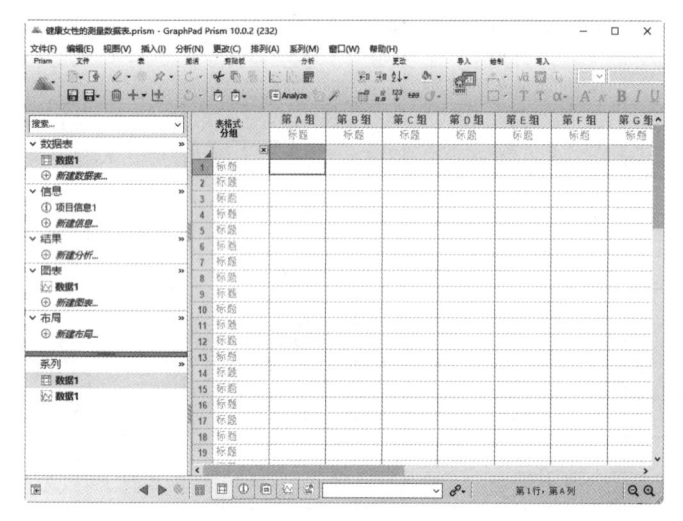

图 2.41　保存项目文件

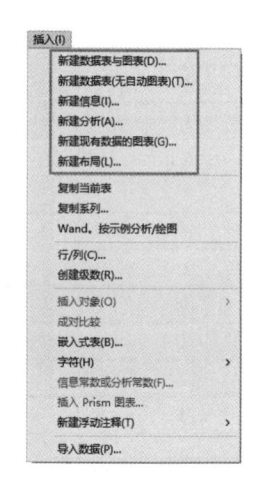

图 2.42　"插入"菜单

（1）选择"新建数据表与图表"命令，或单击导航器中"数据表"选项组下的"创建新的数据表和图表"按钮⊕，弹出"新建数据表和图表"对话框，在"创建"选项组下默认选择 XY 选项，在右侧界面的"数据表"选项组下选中"输入或导入数据到新表"单选按钮。此时，右侧的 XY 表参数设置界面如图 2.43 所示。

（2）在"选项"选项组下 X 选项下默认选中"数值"单选按钮，Y 选项下选中"为每个点输入一个 Y 值并绘图"单选按钮。

（3）单击"创建"按钮，新建一个数据表"数据 2"，同时还新建一个与数据表相关联的图表"数据 2"，如图 2.44 所示。

（4）选择"新建数据表（无自动图表）"命

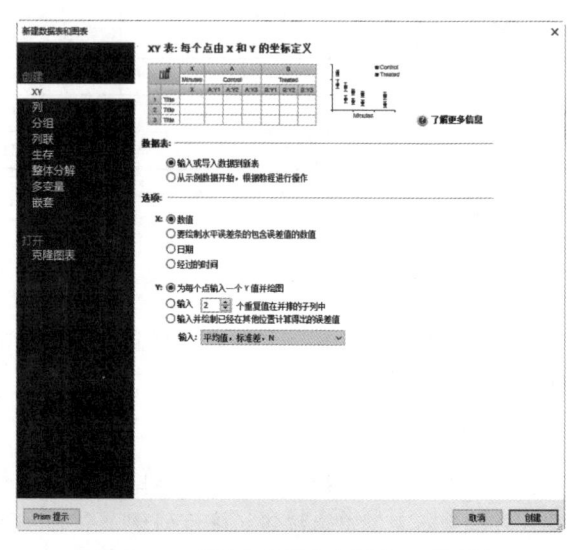

图 2.43　"新建数据表和图表"对话框

令，单独新建一个数据表"数据 3"，如图 2.45 所示。

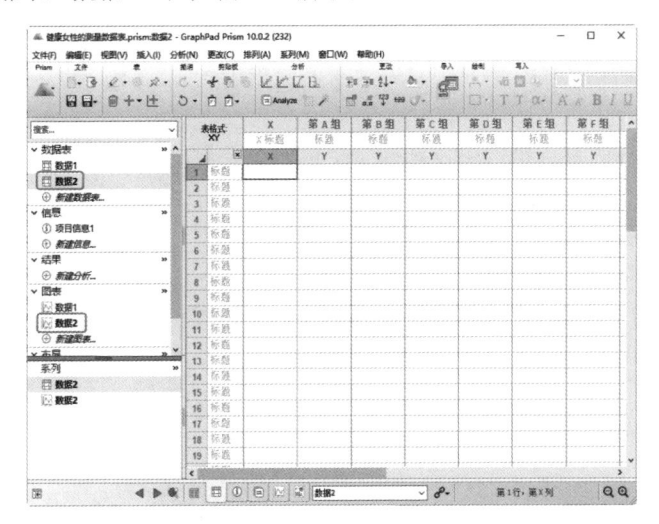

图 2.44　新建数据表和图表"数据 2"

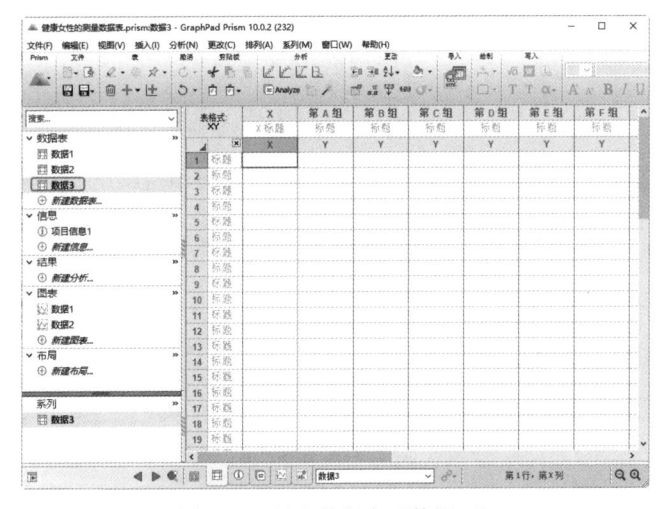

图 2.45　新建数据表"数据 3"

2.3.4　删除工作表

在处理项目时，可能会产生一些不需要的图表和分析。将这些图表和分析保存在项目中会增加项目的复杂性，并且使查找想要的工作表变得更加困难，因此可以删除这些不需要的图表和分析。

【执行方式】

- ➢ 菜单栏：选择菜单栏中的"编辑"→"删除"命令。
- ➢ 导航器：在导航器中右击，在弹出的快捷菜单中选择"删除表"命令。
- ➢ 功能区：单击"表"功能区中的"删除表"按钮 🗑。
- ➢ 快捷键：按 Delete 键。

【操作步骤】

在导航器中选中待删除的工作表的名称标签，执行此命令，弹出"删除表"对话框，显示当前项目中所有的数据表，如图2.46所示。

➢ 勾选数据表名称的复选框，可以选择一个或多个要删除的表。

➢ 勾选"同时删除所有关联的表"复选框，删除选中的工作表和与之关联的工作表。

删除多个工作表的方法与上类似，不同的是在选定工作表时要按住 Ctrl 键或 Shift 键以选择多个工作表。

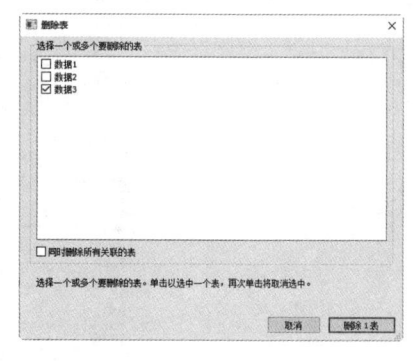

图2.46 "删除表"对话框

2.3.5 工作表的显示

每个 Prism 项目都有五种工作表：数据表、信息工作表、结果、图表及布局。

1. 工作表在导航器中显示

在导航器中包含 5 个选项组，每个选项组对应一个部分（一种工作表），每个选项组类似一个文件夹，在该文件夹下包含一个或多个同类的工作表。

【执行方式】

导航器：在导航器任意工作表上右击，在弹出的快捷菜单中选择"展开所有的文件夹"命令、"折叠所有的文件夹"命令。

【操作步骤】

执行此命令，展开每个选项组，显示、折叠选项组下的所有工作表，如图2.47所示。

2. 工作表在工作区中显示

GraphPad Prism 的右侧工作区中包含两种工作表的显示形式：表和库。默认情况下，工作表以表的形式显示在工作区，方便数据的输入和查看。若工作表以库的形式显示，则在工作区中显示一个项目中所有工作表的缩略图（小图像）。

【执行方式】

➢ 菜单栏：选择菜单栏中的"视图"→"库"命令。

➢ 功能区：单击"导航器"中的上级选项（如数据表、信息、结果、图表、布局、系列）。

➢ 快捷键：在状态栏的"底部功能区"中单击"查看库"按钮。

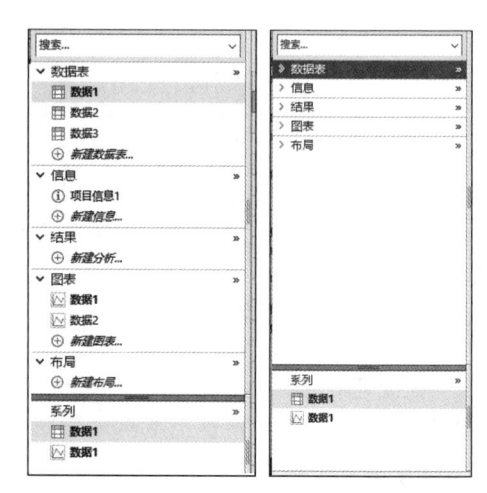

图2.47 显示、折叠所有工作表

【操作步骤】

执行此命令，单击工作表标签，即可以缩略图的形式显示该选项组下所有的工作表，如图 2.48 所示。

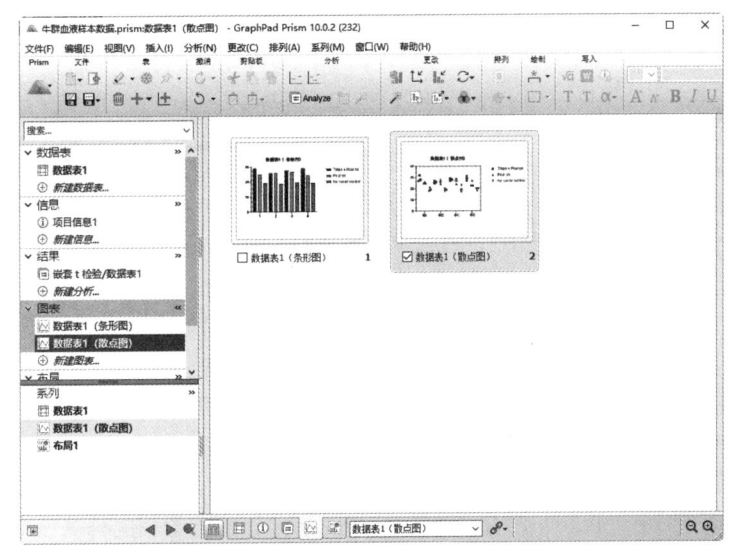

图 2.48　工作表库显示

2.4　设置首选项

在"首选项"对话框中可以对一些与项目文件相关的系统参数进行设置。设置后的系统参数将用于当前项目文件的设计环境，并且不会随项目文件的改变而改变。

【执行方式】

- 菜单栏：选择菜单栏中的"编辑"→"首选项"命令。
- 功能区：选择 Prism 功能区中的"首选项"命令。

【操作步骤】

执行此命令，弹出"首选项"对话框，如图 2.49 所示。在该对话框中有 9 个选项卡页面，即信息表、文件位置、发送到 MS Office、服务、视图、文件与打印机、新建图表、分析和账户。

下面对常用的页面进行具体介绍，服务、发送到 MS Office、账户 3 个选项卡不常用，本节不再赘述。

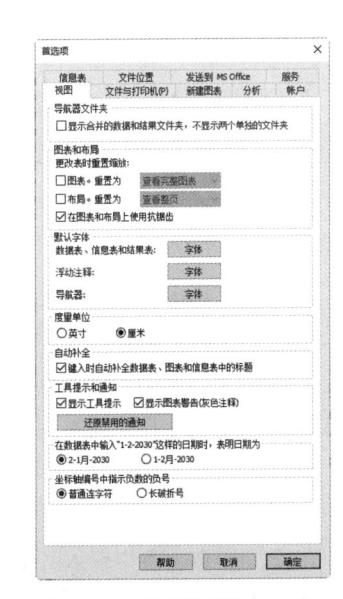

图 2.49　"首选项"对话框

2.4.1　"视图"选项卡

切换到"视图"选项卡，如图 2.49 所示。下面介绍该选项卡中的选项。

1. "导航器文件夹"选项组

勾选"显示合并的数据和结果文件夹,不显示两个单独的文件夹"复选框,导航器中"数据表"选项卡自动更名为"包含结果的数据"选项卡,如图 2.50 所示。

2. "图表和布局"选项组

(1)图表:勾选该复选框,选择使用缩放更改图表大小时图表的显示方式,可以选择查看完整图表,也可以选择按照比例显示(75%、100%、150%、200%)。

(2)布局:勾选该复选框,选择使用缩放更改布局图大小时布局图的显示方式,可以选择查看整页,也可以选择按照比例显示(75%、100%、150%、200%)。

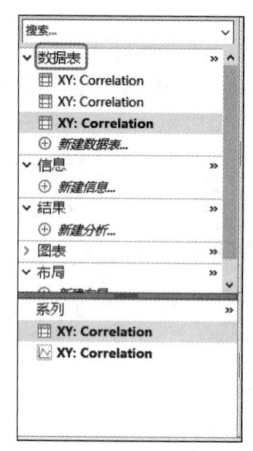

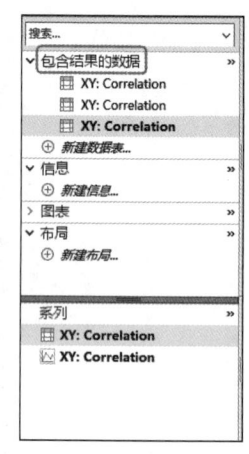

图 2.50 显示合并的数据和结果文件夹

(3)在图表和布局上使用抗锯齿:勾选该复选框,则 GraphPad Prism 使用抗锯齿改善图表在屏幕上的外观。当曲线或线条以黑色绘制在白色背景上时,抗锯齿会在角落处填充灰色像素,以减少锯齿状外观。抗锯齿仅影响以 EMF+格式导出或复制的图表和布局在屏幕上的外观,但对打印的图表或以 WMF、EMF(旧)、PDF、EPS、PNG 或 JPG 格式导出的图表的外观没有影响。

3. "默认字体"选项组

单击"字体"按钮,弹出"字体"对话框,分别设置数据表、信息表和结果表,浮动注释,导航器的字体、字形和大小,如图 2.51 所示。

4. "度量单位"选项组

选择 GraphPad Prism 中使用的单位:英寸或厘米。

5. "自动补全"选项组

勾选"键入时自动补全数据表、图表和信息表中的标题"复选框,在输入前几个字符后自动补全标题。

6. "工具提示和通知"选项组

(1)显示工具提示:勾选该复选框,显示工具提示注释栏。

(2)显示图表警告(灰色注释):勾选该复选框,显示图表警告(灰色注释)注释栏。

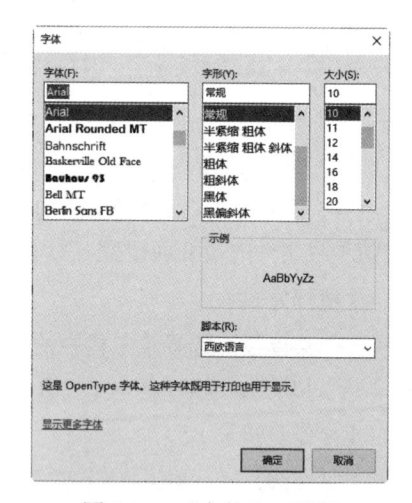

图 2.51 "字体"对话框

(3)还原禁用的通知:单击该按钮,将启用通知,GraphPad Prism 中禁用的所有通知都将再次显示。

7. "在数据表中输入"1-2-2030"这样的日期时,表明日期为"选项组

选择两种日期显示格式。

8. "坐标轴编号中指示负数的负号"选项组

选择表示坐标轴编号中指示负数的负号符号：普通连字符或长破折号。

2.4.2 "文件与打印机"选项卡

切换到"文件与打印机"选项卡，如图 2.52 所示。下面介绍该选项卡中的选项。

1. "自动备份"选项组

GraphPad Prism 提供了"自动备份"的功能，用户可以设置在指定的时间间隔后自动保存项目文件的内容。

（1）每次查看不同表时：勾选该复选框，每次切换工作表只能在当前工作窗口中显示一个工作表。在打开下一个工作表的同时，保存上一个查看的工作表。

（2）每隔 5 分钟：勾选该复选框，正常工作时，每隔 5 分钟保存项目文件，将当前项目文件中的数据信息自动覆盖在原始项目文件上。

（3）允许从"欢迎"对话框中恢复未保存的文件：勾选该复选框，若出现意外关闭软件的情况，在启动时自动打开的"欢迎使用 GraphPad Prism"对话框中显示未保存的文件并进行恢复。

2. "打印选项"选项组

当打印表格时，选择是否打印网格线和行列标签。对于所有文件，选择是否打印文件名称、日期和时间的表头。

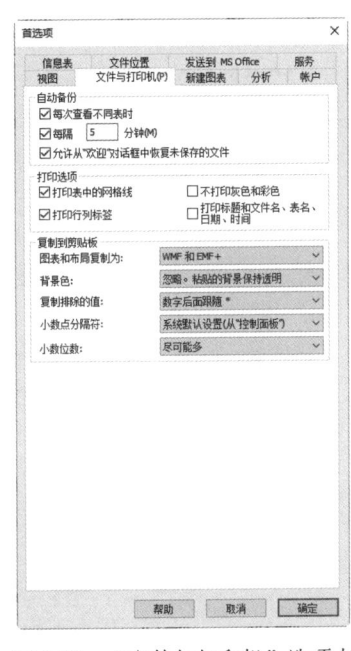

图 2.52 "文件与打印机"选项卡

3. "复制到剪贴板"选项组

（1）图表和布局复制为：GraphPad Prism 提供了三种格式的选项，即 WMF、EMF（旧）和 EMF+。在下拉列表中选择三种文件的不同组合方式，默认选择"WMF 和 EMF+"。

（2）背景色：当复制图表或布局时，选择是否包括背景色。

1）复制时包含：当将图表或布局复制到剪贴板时，选择包括背景颜色。

2）忽略。粘贴的背景保持透明：选择不包括背景颜色，将消除背景（通透）。

（3）复制排除的值：复制数字时，选择如何处理缺失值。

1）数值：复制数字时，将缺失值粘贴为常规数字。

2）数字后面跟随*：复制数字时，将缺失值粘贴为后跟星号的数字。

3）空白（缺少值）：复制数字时，将缺失值留空。

（4）小数点分隔符：使用逗号或句号作为小数点分隔符，也可以选择"系统默认设置（从"控制面板"）"选项。

（5）小数位数：当复制数字时，如果小数位数多于屏幕上显示的小数位数，则可以选择粘贴所有数位或只粘贴屏幕上显示的数位。

2.4.3 "新建图表"选项卡

切换到"新建图表"选项卡，为图表中的坐标轴、误差条、符号和线条、配色方案、图表和数据表字体、图表轴标题位置等设置默认值，如图 2.53 所示。这些默认值适用于新创建的图表，但不会更改现有图表。下面介绍该选项卡中的选项。

1."坐标轴"选项组

设置图表中坐标轴的高度、形状、坐标框、粗细、刻度、千位数和小数（样式）。

2."字体"选项组

设置图表元素的字体，包括主标题、坐标轴标题、编号、图例与标签、嵌入式表格、行标题。单击任意按钮（如单击"主标题"按钮），弹出"字体"对话框，设置该图表元素的字体、字形和大小，如图 2.54 所示。

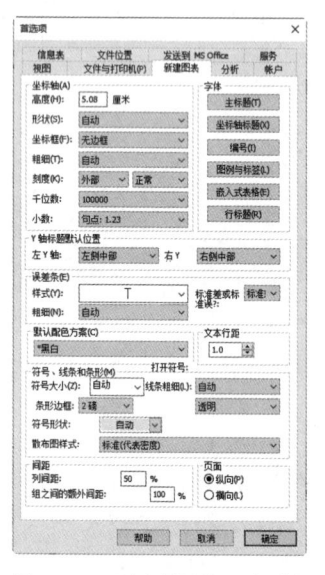

图 2.53 "新建图表"选项卡

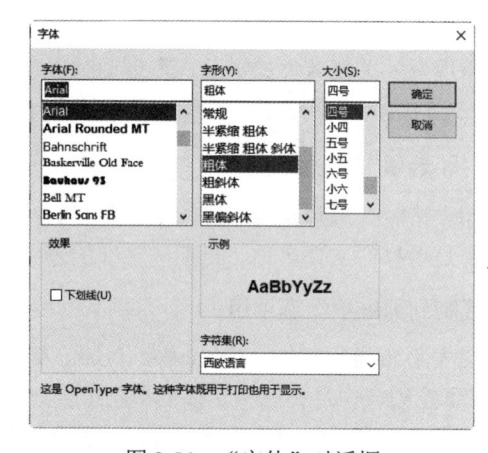

图 2.54 "字体"对话框

3."Y 轴标题默认位置"选项组

设置左 Y 轴、右 Y 轴的默认位置。

4."误差条"选项组

选择图表中误差条的默认样式、粗细和显示值 [标准差或标准误（差）]。

5."默认配色方案"选项组

在下拉列表中选择系统内置的配色方案，默认为黑白。

6. "文本行距"选项组

选择文本行距值,默认为 1.0。

7. "打开符号"选项组

选择图表中的符号大小、线条粗细、条形边框、符号形状、散布图样式。

8. "间距"选项组

以百分比的形式设置列间距和组之间的额外间距,如图 2.55 所示。其中,❶❷之间的间距是列间距,❷❸之间的间距是组之间的额外间距。

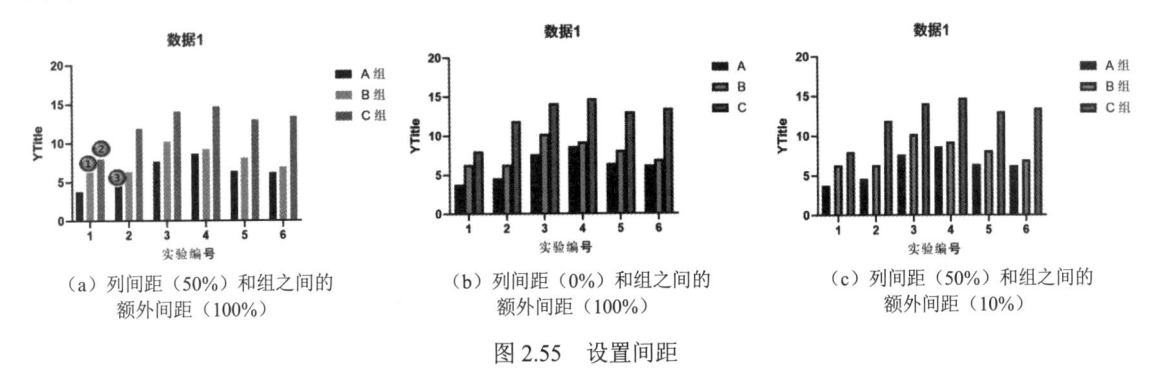

(a) 列间距(50%)和组之间的额外间距(100%)

(b) 列间距(0%)和组之间的额外间距(100%)

(c) 列间距(50%)和组之间的额外间距(10%)

图 2.55 设置间距

9. "页面"选项组

选择图表页面为横向或纵向,如图 2.56 所示。

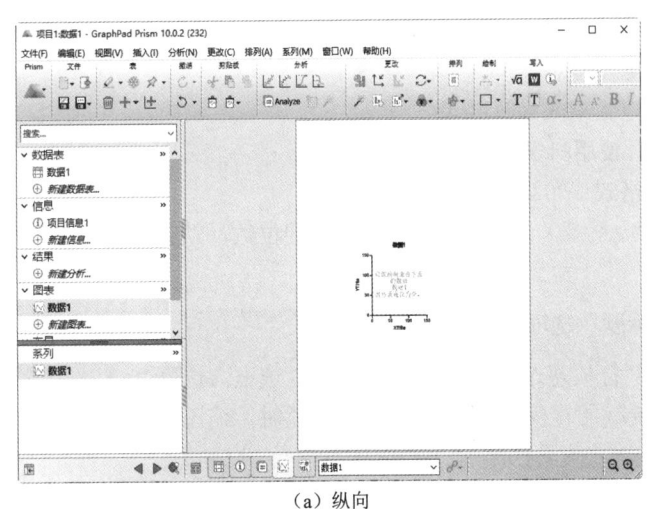

(a) 纵向

图 2.56 页面显示

(b) 横向

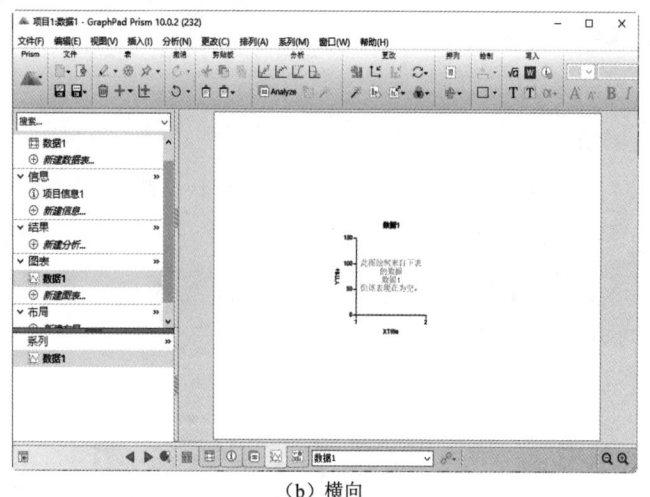

图 2.56（续）

2.4.4 "分析"选项卡

切换到"分析"选项卡，设置分析表选项，如图 2.57 所示。下面介绍该选项卡中的选项。

1. "P 值报告"选项组

提供设置 P 值格式的选项。

（1）报告"完整"P 值时（"在小数点后显示 N 位…"），包括如下三种方式：

1）始终使用科学记数格式（"1.234e-6"）。

2）P 值小于此值时使用科学记数格式。

3）始终使用小数格式（"0.0000000000345"）。

（2）小数点后的默认位数：输入 P 值小数点后的位数，默认显示 6 位。

2. "报告长行/列标题"选项组

勾选"行/列标题字符数超过此值时缩短标题"复选框，选择最长的字符数 30，当一行的行/列标题字符数超过此值时，缩短为第 3 行或第 C 列。

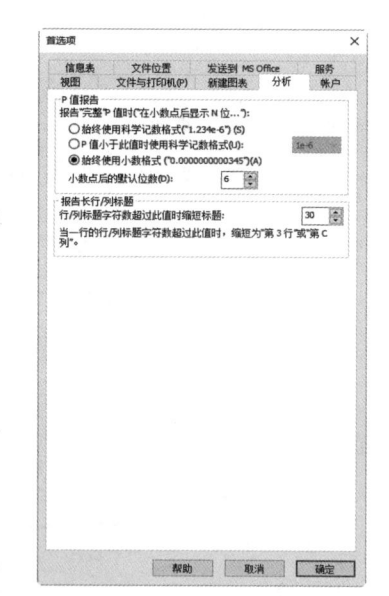

图 2.57 "分析"选项卡

2.4.5 "信息表"选项卡

切换到"信息表"选项卡，选择是否为每个新数据表创建信息表，如图 2.58 所示。下面介绍该选项卡中的选项。

1. "为每个新数据表自动创建信息表"复选框

勾选该复选框,为每个新数据表创建信息表(对于输入元数据和注释)。

2. "信息表常数的默认值"列表框

在该列表框中显示默认情况下包含的项目,通过单击"添加""删除"按钮添加或删除项目,设置项目的名称和值,还可以通过单击"上移""下移"按钮排列项目的顺序。

2.4.6 "文件位置"选项卡

切换到"文件位置"选项卡,显示 Prism 项目、手动备份文件、导入/导出数据文件、导入/导出图表文件、Prism 脚本文件、Prism 模板文件的默认保存位置,如图 2.59 所示。

在"默认为保存至"下拉列表中选择"定义位置"选项,显示新的文件保存路径文本框,单击"浏览"按钮,弹出"选择文件夹"对话框,选择新的保存位置,如图 2.60 所示。

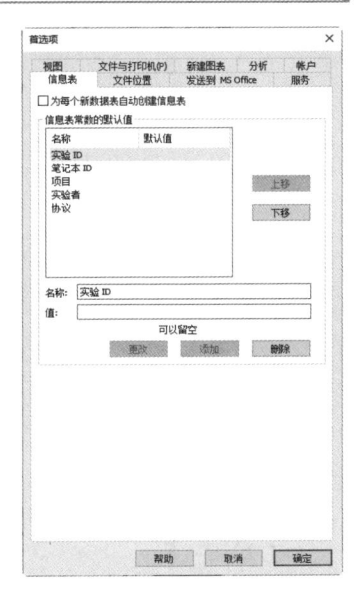

图 2.58 "信息表"选项卡

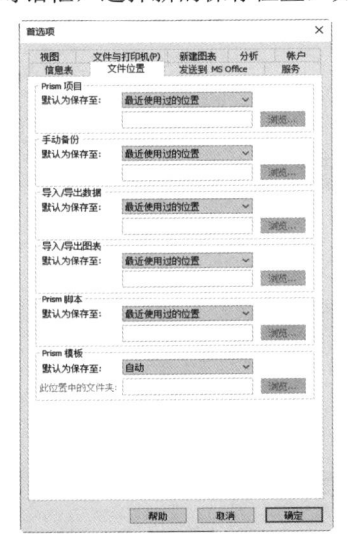

图 2.59 "文件位置"选项卡

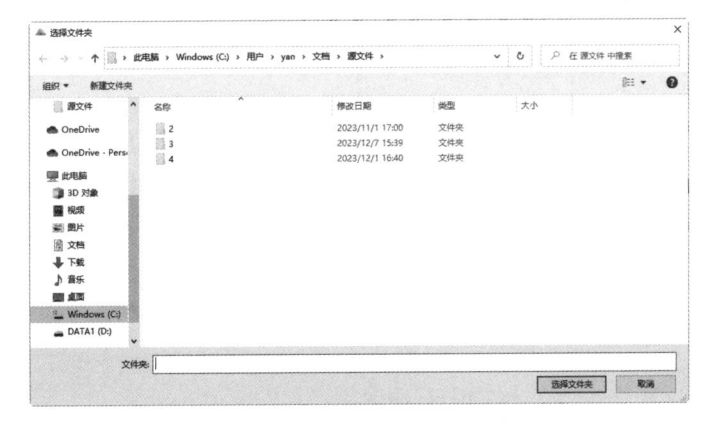

图 2.60 "选择文件夹"对话框

第 3 章　认识工作表

内容简介

在 GraphPad Prism 中，工作表主要用于录入原始资料、存储统计信息和图表等，使用工作表可以显示和分析资料。在某些情况下，不同类型的工作表可以具有相同的名称，需要通过每个名称前面的图标来区分它们。本章详细介绍每种工作表的管理操作。

内容要点

- 设置工作表的工作环境
- 工作表的管理
- 数据录入
- 设置工作表格式

3.1　设置工作表的工作环境

在数据统计分析和曲线拟合过程中，其效率和正确性往往与数据文件的工作环境的设置有着十分密切的联系。本节将详细介绍工作表工作环境的设置，使读者能熟悉这些设置，为后面的数据分析打下一个良好的基础。

【执行方式】

- 菜单栏：选择菜单栏中的"设置"→"选项"命令。
- 快捷键：按 Ctrl+U 组合键。

【操作步骤】

执行此命令，打开"选项"对话框，如图 3.1 所示。在该对话框中有 10 个选项卡页面，即数值格式、文件位置、坐标轴、图形、文本字体、页面、其他、Excel、打开/关闭和系统路径。下面对常用的两个选项卡页面进行具体介绍。

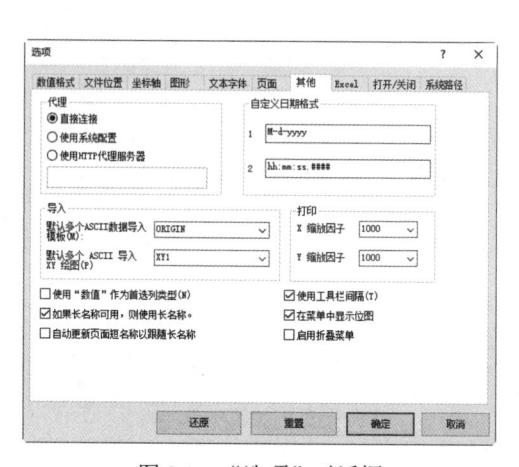

图 3.1　"选项"对话框

3.1.1 设置工作表数值格式

工作表中数据的参数设置通过"数值格式"选项卡实现，如图 3.2 所示。

（1）转换为科学记数法：当数字为科学记数法格式时，设置指数位数的上下限。

（2）位数：设置小数位数或有效位数。

（3）分隔符：选择数字的书写形式是 Windows 设置还是其他。

（4）ACSII 导入分隔符：选择 ACSII 数字的书写形式是 Windows 设置还是其他。

（5）数据库导入使用的日期格式：选择日期的格式。

（6）使用英文版报告表以及图表：勾选该复选框，则创建的报告表及图表中的文字为英文；不勾选该复选框，则输出中文报告和图表。

（7）角度单位：选择角度的单位为弧度、角度或百分度。

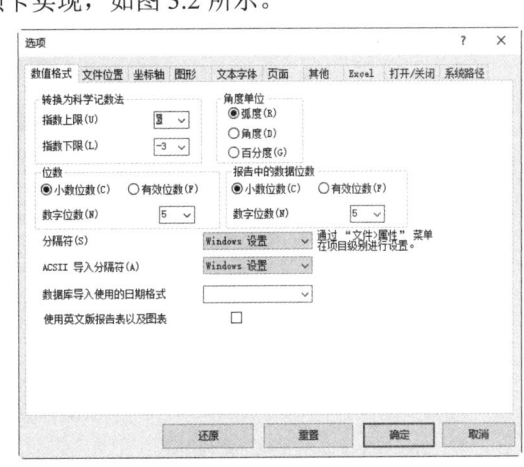

图 3.2 "数值格式"选项卡

（8）报告中的数据位数：设置输出报告中的小数位数或有效位数。

3.1.2 设置图形编辑环境参数

图形编辑环境的参数设置通过"图形"选项卡实现，如图 3.3 所示。

1."符号"选项组

（1）符号边框宽度(%)：设定图像中点的方框大小，按点的百分比计算。

（2）默认符号的填充颜色：设定默认点的颜色。

（3）线符号间距(%)：设定在线条+符号图像中点与线之间的距离，按点的百分比计算。

（4）符号库中提供字符选项：设定在设定数据点样式时是否可选字体。

2."Origin 划线"选项组

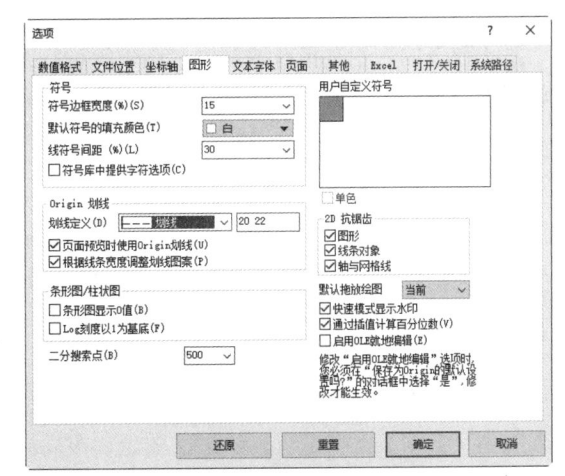

图 3.3 "图形"选项卡

（1）划线定义：设置虚线的格式。选择虚线的种类后，可以在后面设置格式。

（2）页面预览时使用 Origin 划线：勾选该复选框，在页面视图模式下显示虚线。

（3）根据线条宽度调整划线图案：勾选该复选框，依据虚线后的空隙按比例缩放虚线。

3. "条形图/柱状图"选项组

(1) 条形图显示 0 值：勾选该复选框，在图像的 Y=0 处显示一条线。

(2) Log 刻度以 1 为基底：勾选该复选框，在坐标轴刻度以 Log 方式显示时，以 1 为底数，用于对数值小于 1 时的柱形数据图中。

4. 二分搜索点

选择是否以对分法搜索点的标准，以提高搜索速度。当该值大于图像中点的数目时，使用连续搜索；否则使用对分法搜索。默认值为 500。

5. "用户自定义符号"选项组

用于自定义图标。其中，Ctrl+X 为删除，Ctrl+C 为复制，Ctrl+V 为粘贴。可以先把图标复制到剪贴板，再粘贴到列表框中，这些图标可以用于表示数据点。

6. "2D 抗锯齿"选项组

选择应用消除锯齿效果的对象，包括图形、线条对象和轴与网格线。

7. "默认拖放绘图"选项组

(1) 快速模式显示水印：勾选该复选框，在快速模式下显示水印。

(2) 通过插值计算百分位数：勾选该复选框，在统计分析中使百分数的分布平滑。

(3) 启用 OLE 就地编辑：勾选该复选框，激活嵌入式修改其他文件的功能（一般不推荐使用）。

3.2 工作表的管理

工作表的管理是指对数据表、图表等进行组织和分析，数据表是最基本的工作表，是用于存储和管理数据的二维表格。这里以数据表为例，介绍工作表的基本管理操作。

3.2.1 搜索工作表

在导航器顶端的"搜索"框内输入要搜索的文件关键词，自动在下面的列表框内显示符合条件的文件。同时，在右侧工作区中显示搜索结果对应的文件缩略图，如图 3.4 所示。

在"限制"下拉列表中选择搜索对象的范围，如图 3.5 所示。

(1) 默认选择"表"选项，将在工作表中进行搜索，在"是"下拉列表中显示更精确的分类。选择"任何"选项，表示搜索所有类型的工作表。除此之外，"是"下拉列表中还包括指定的工作表类型（数据表、信息表、结果、图表、布局），表示选择该类型的对象。

(2) 选择"突出显示"选项，将在突出显示的工作表中进行搜索。此时，在"是"下拉列表中显示要突出显示的颜色。选择"任何颜色"选项，表示搜索使用任意颜色突出显示的工作表；选择"无"选项，表示搜索没有突出显示的工作表，作用与直接选择"表"选项相同。除此之外，"是"下拉列表中还包括具体突出显示的颜色（黄色、红色、蓝色、绿色、紫色、橙色、灰色）。

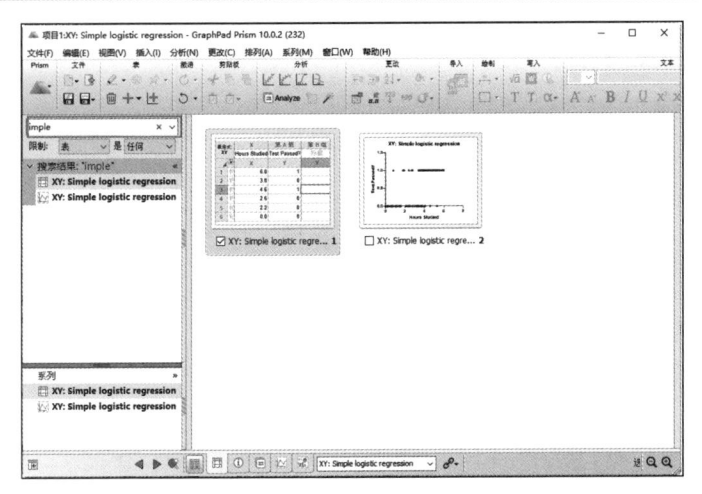

图 3.4　搜索工作表　　　　　　　　　　　图 3.5　"限制"下拉列表

3.2.2　选择工作表

默认情况下，GraphPad Prism 10 在新建一个项目时会自动新建 1 个空白工作表"数据 1"。实际应用中，1 个项目通常包含多张工作表。

对工作表的选择包含下面几种方法。

1. 选择单个工作表

（1）在导航器的工作表选项组中单击工作表标签，在右侧工作区中显示该工作表的编辑界面，如图 3.6 所示。其中，导航器中高亮显示的工作表为当前选择的工作表。在"系列"选项组下显示选择的工作表（数据表"数据 1"）和与之关联的工作表（图表"数据 1"）。

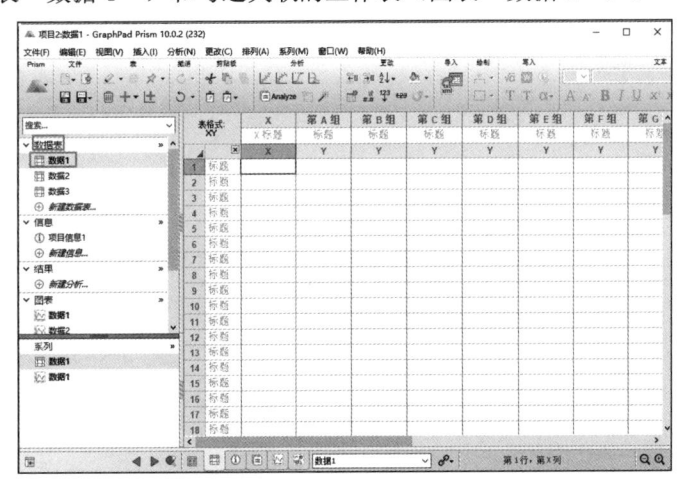

图 3.6　选择工作表标签

（2）在导航器的工作表选项组中单击工作表的名称时按住 Ctrl 键或 Shift 键以选择多个工作表（如"数据 1""数据 2"），此时工作区显示所有同类型工作表的缩略图，如图 3.7 所示。此时，缩略图中自动勾选"数据 1""数据 2"名称前的复选框，表示选择"数据 1""数据 2"这两个工作表。

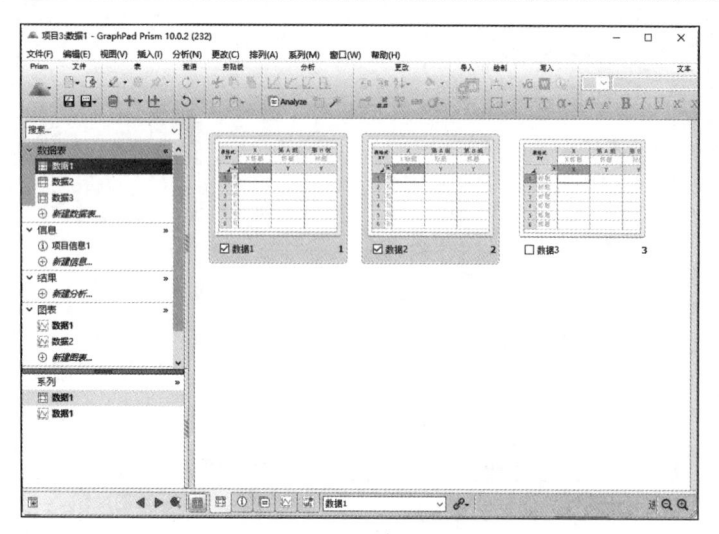

图 3.7　工作表的缩略图

2. 选择同类型的工作表

在状态栏中的底部功能区中单击工作表下拉列表，选择一个工作表名称，即可选中该工作表，进入对应的工作表编辑界面，如图 3.8 所示。使用这种方法，只能在相同类型的工作表之间进行选择和切换。

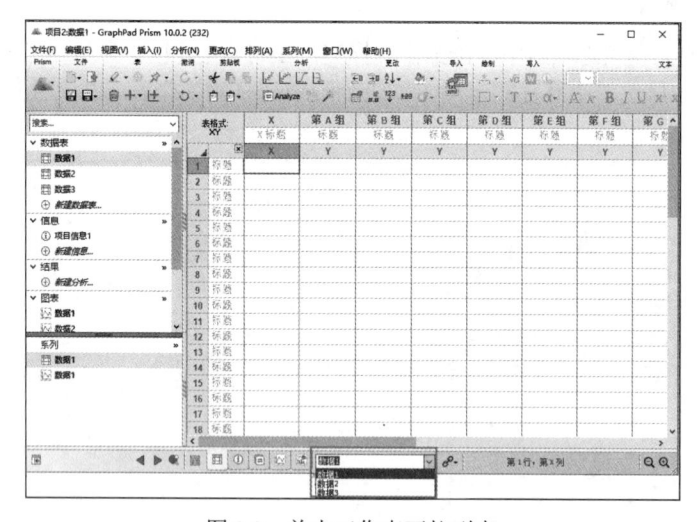

图 3.8　单击工作表下拉列表

3.2.3　切换工作表

在不同的工作表之间进行切换包含下面几种方法。

1. 选择所有工作表

（1）在导航器的工作表选项组中单击不同工作表的名称，即可自动在工作表之间进行切换，进入对应的工作表编辑界面。

（2）在状态栏中的底部功能区中包含按照顺序切换工作表的按钮，可快速在不同工作表之间进行切换，下面简单进行介绍。

1）◀：单击该按钮，转至项目中的上一个表，也可按 Ctrl+PgUp 组合键。

2）▶：单击该按钮，转至项目中的下一个表，也可按 Ctrl+PgDn 组合键。

3）：单击该按钮，在查看此表和以前查看的表之间来回切换，也可按 Ctrl+Alt+Z 组合键。

2．选择相同类型的工作表

【执行方式】

菜单栏：选择菜单栏中的"视图"→"转至表"命令。

【操作步骤】

执行此命令，弹出如图 3.9 所示的子菜单，显示当前项目中同类型的所有工作表名称。当前打开的工作表为数据表，名称为"数据 1"，因此"数据 1"命令前显示黑色圆点。选择其他的数据表名称命令，即可切换到对应数据表的编辑窗口。若打开的是其他类型的工作表，当前命令同样适用。

3．选择不同类型的工作表

（1）在状态栏中的底部功能区中包含按照工作表类型切换工作表的按钮，可快速在不同类型的工作表之间进行切换，如图 3.10 所示。

（2）选择菜单栏中的"视图"→"转至部分"命令，弹出如图 3.11 所示的子菜单，显示不同的工作表类型。当前打开的为数据表，因此"数据"命令前显示黑色圆点。选择不同的命令，即可切换到对应类型的工作表编辑窗口。

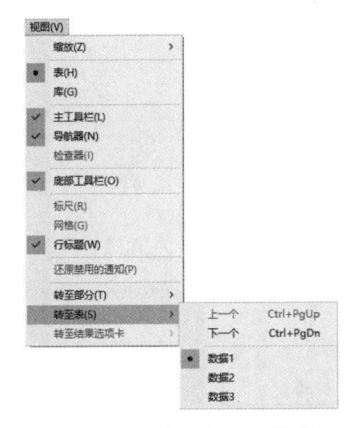

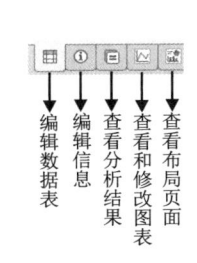

图 3.9 "转至表"子菜单　　图 3.10 按照类型切换按钮　　图 3.11 "转至部分"子菜单

3.2.4 重命名工作表

如果一个项目中包含多张工作表，都用"数据 1""数据 2""数据 3"来命名显然很不直观。为了方便用户的工作，给每个工作表指定一个具有代表意义的名称很有必要。这可以通过重命名工作表来实现。

【执行方式】

- 菜单栏：选择菜单栏中的"编辑"→"重命名表"命令。
- 导航器：在导航器中双击要重命名的工作表标签，或者右击，在弹出的快捷菜单中选择"重命名表"命令。
- 快捷键：按 F2 键。

【操作步骤】

在导航器中选中要重命名的工作表标签，执行此命令，工作表名称进入编辑框状态，输入新的名称后按 Enter 键即可，如图 3.12 所示。

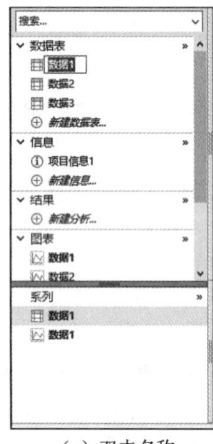

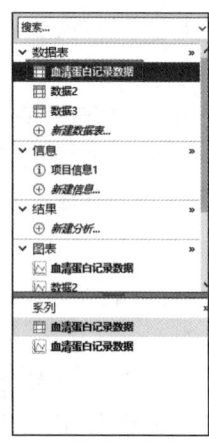

（a）双击名称　　　　　　（b）编辑名称

图 3.12　重命名工作表（1）

★动手练——重命名健康女性的测量数据表

本实例演示对健康女性的测量数据表中的工作表进行重命名，如图 3.13 所示。

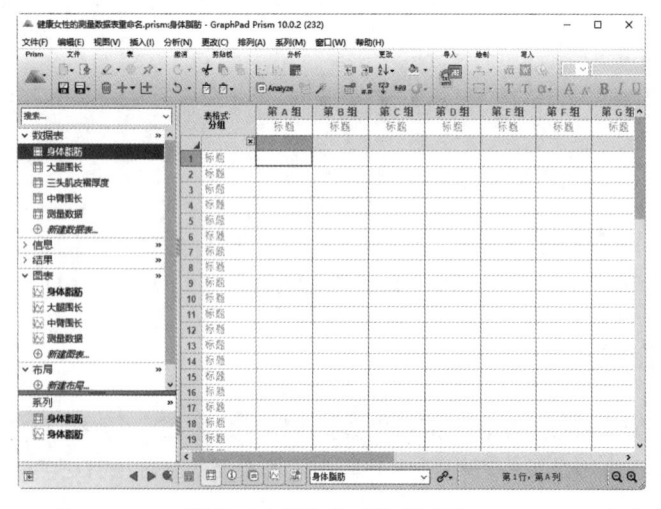

图 3.13　重命名工作表（2）

思路点拨

源文件：源文件\03\健康女性的测量数据表.prism
（1）打开项目文件"健康女性的测量数据表.prism"。
（2）选择"新建工作表和图表"命令，新建数据表 4 和数据表 5。
（3）选择"重命名表"命令，将项目文件中的数据表 1 至数据表 5 重新命名。
（4）保存文件为"健康女性的测量数据表重命名.prism"。

3.2.5 突出显示工作表

GraphPad Prism 10 中还有一项非常有用的功能，即给工作表名称添加颜色突出显示，以方便用户组织工作。

【执行方式】
- 菜单栏：选择菜单栏中的"编辑"→"突出显示表"命令。
- 功能区：单击"文件"功能区中的 ◢ 按钮。
- 导航器：右击，在弹出的快捷菜单中选择"突出显示表"命令。

【操作步骤】
在导航器中选中要添加颜色的工作表名称，执行此命令，在弹出的子菜单中选择工作表名称颜色选项，如图 3.14 所示。选择需要的颜色，即可改变工作表名称的颜色（默认选择黄色），效果如图 3.15 所示。

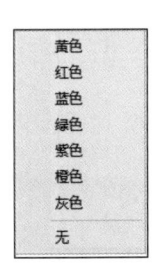

图 3.14 工作表名称颜色子菜单 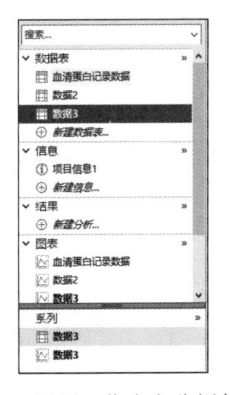　　图 3.15 设置工作表名称颜色效果

3.2.6 移动工作表

为了更直观地对比数据，可以在同一个项目中移动工作表的位置，这种操作相当于对同一个项目中的工作表进行排序，下面介绍具体方法。

1. 指定方法排序

【执行方式】
- 菜单栏：选择菜单栏中的"编辑"→"表重新排序"命令。
- 导航器：右击，在弹出的快捷菜单中选择"表重新排序"命令。

【操作步骤】

在导航器中选中要排序的工作表名称，执行此命令，弹出"表重新排序"对话框，如图3.16所示。

【选项说明】

该对话框中，左侧列表中显示当前项目下所有同类型的工作表，右侧部分显示两种工作表排序的方法，下面分别进行介绍。

2. 手动排序

（1）"移动选定的表"选项组中显示手动排序的4个按钮。

1）到顶部：单击该按钮，将选择的工作表移动到顶部（第一行）。

图3.16 "表重新排序"对话框

2）向上：单击该按钮，将选择的工作表向上移动一行。

3）向下：单击该按钮，将选择的工作表向下移动一行。

4）到底部：单击该按钮，将选择的工作表移动到底部（最后一行）。如图3.17所示，将"数据1"移动到最底部。

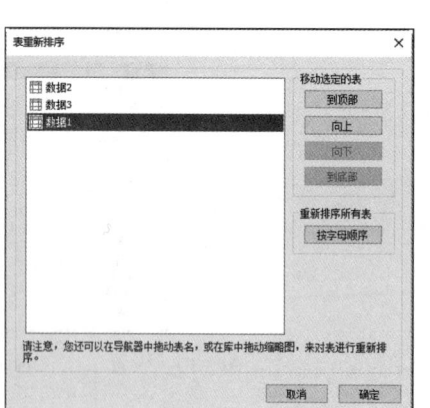

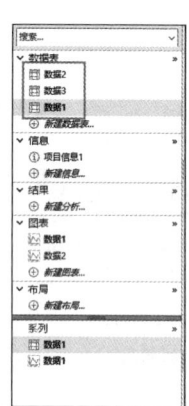

图3.17 工作表手动排序

（2）单击"确定"按钮，关闭该对话框，导航器中"数据表"选项组下的工作表排序发生变化，按照"数据2-数据3-数据1"的顺序进行排列，结果如图3.17所示。

3. 自动排序

在"重新排序所有表"选项组中单击"按字母顺序"按钮，将按照工作表名称中的字母对所有

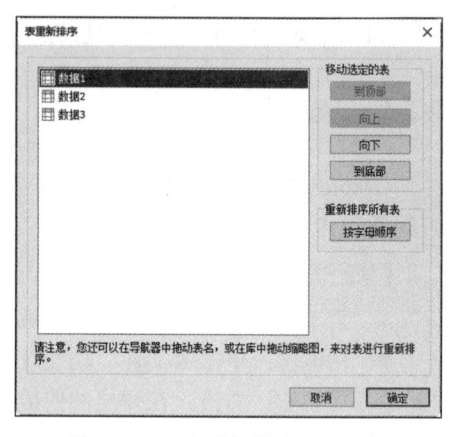

工作表进行自动排序。将图 3.17 中"数据 2-数据 3-数据 1"的顺序进行重新排列，变为"数据 1-数据 2-数据 3"，结果如图 3.18 所示。

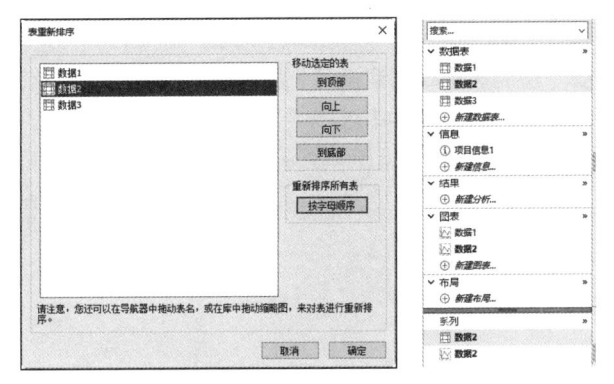

图 3.18　工作表自动排序

4．拖动移动

用户还可以使用鼠标拖放的方式移动工作表。操作方法如下。

（1）在导航器中用鼠标选中要移动的工作表标签（"数据 1"），并在该工作表标签上按住鼠标左键不放，则鼠标所在位置会出现 ▦ 图标，在该工作表标签的左上方出现一个黑色圆圈标志，如图 3.19 所示。

（2）按住鼠标左键不放，在工作表标签间移动鼠标，▦ 和黑色圆圈会随鼠标移动。将鼠标移到工作表所要移动的目的位置，如移动到"数据 2"标签之前，如图 3.20 所示；释放鼠标左键，工作表即可移动到指定位置，如图 3.21 所示。

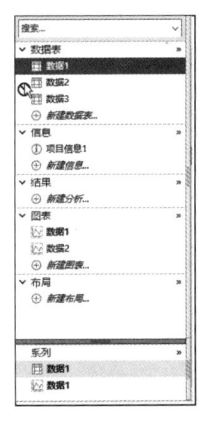

图 3.19　按住鼠标左键选取工作表标签　　图 3.20　用鼠标移动工作表标签　　图 3.21　移动后的工作表标签

3.2.7　复制工作表

有时需要将同一个项目中的工作表进行复制，还可以复制与工作表相关联的工作表。下面分别简要介绍这两种情况的操作方法。

1. 复制工作表

【执行方式】

- 菜单栏：选择菜单栏中的"插入"→"复制当前表"命令。
- 功能区：选择"表"功能区中"创建新表"按钮 ╋▾ 下的"复制当前表"命令。
- 导航器：右击，从弹出的快捷菜单中选择"复制当前表"命令。

【操作步骤】

在导航器中选择要复制的工作表标签（"数据1"），执行此命令，直接创建选择工作表的副本（"副本数据1"），如图3.22所示。

2. 复制关联工作表

【执行方式】

- 菜单栏：选择菜单栏中的"插入"→"复制系列"命令。
- 功能区：选择"表"功能区中"创建新表"按钮 ╋▾ 下的"复制系列"命令。
- 导航器：右击，从弹出的快捷菜单中选择"复制系列"命令。

【操作步骤】

（1）在导航器中选择要复制的工作表标签（"数据2"），执行此命令，弹出"复制系列表"对话框，如图3.23所示。

1）仅复制这一张表：选中该单选按钮，仅复制选择的工作表。

2）也复制关联的表（系列）：选中该单选按钮，不仅复制选择的工作表，还复制与之关联的工作表。默认选中该单选按钮，在导航器的"系列"选项组下显示选中工作表和与之关联的工作表。

3）复制布局：勾选该复选框，复制布局页面。

（2）单击"确定"按钮，创建选择工作表（"数据2"）和与之关联的工作表（数据表"数据2"、信息表"项目信息1"和图表"数据2"），如图3.24所示。

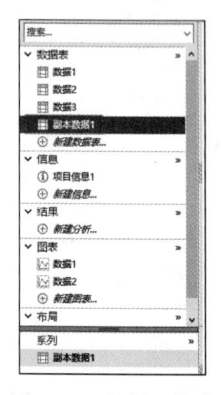

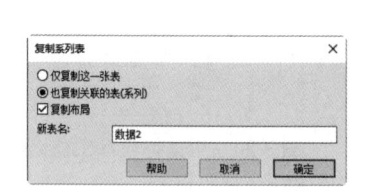

图3.22 复制工作表　　　　图3.23 "复制系列表"对话框　　　　图3.24 复制关联工作表

3.2.8 冻结工作表

为了保护工作表中的数据不受损坏，可以对工作表进行冻结。冻结后的工作表无法进行更改，并且更改关联数据后也不会更新。

【执行方式】
- 菜单栏：选择菜单栏中的"编辑"→"冻结表"命令。
- 功能区：单击"表"功能区中的"冻结表"按钮 。
- 导航器：右击，从弹出的快捷菜单中选择"冻结表"命令。

【操作步骤】

在导航器中选择要复制的工作表标签（图表"数据1"），执行此命令，将冻结选中的工作表（图表"数据1"），如图3.25所示。此时，冻结的工作表名称显示为斜体。

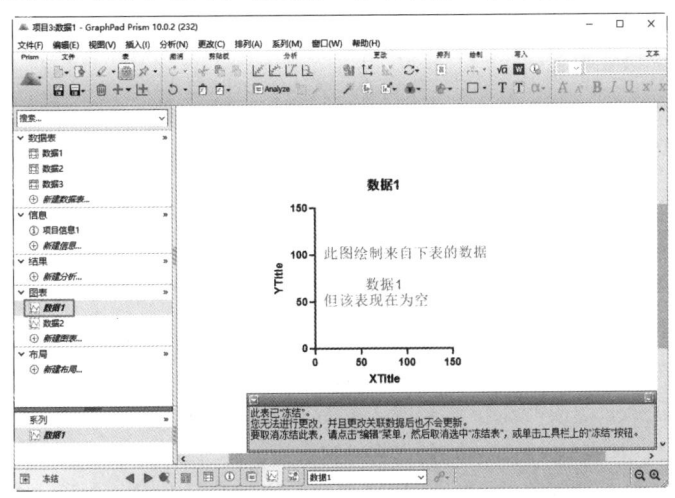

图 3.25　冻结工作表

从图3.25的注释中可以看出，用户可以非常详细地设置对工作表的哪些方面进行冻结，并且可以取消冻结设置。

如果要恢复被冻结的工作表，再次执行"冻结表"命令，取消该命令，即可取消冻结操作。

3.3　数 据 录 入

GraphPad Prism 具有强大的数据录入功能，不但可以直接输入数据，还支持多种格式的数据，包括 ASCII、Excel、NI TDM、DIADem、NetCDF、SPC 等。

3.3.1　数据输入

数据表中数据单元格（X、Y 列）中只能输入数字，在行标题、列标题单元格中可以输文本、数字、时间等数据内容。

默认情况下，未输入任何数据的空白数据表中的行标题显示灰色的"标题"字样，列标题中显示"X 标题"和"标题"字样，如图3.26所示。

1. 输入文本

行标题、列标题单元格中通常会包含文本，如汉字、英文字母、数字、空格，以及其他键盘能输入的合法符号。

（1）直接输入文本。

1）单击要输入文本的单元格（行标题或列标题），然后在单元格编辑状态下输入文本，如图3.27所示。

2）单击"换行"按钮，或按Shift+Enter组合键，自动进入下一行，如图3.28所示。

图3.26　空白数据表　　　　图3.27　输入文本　　　　图3.28　换行

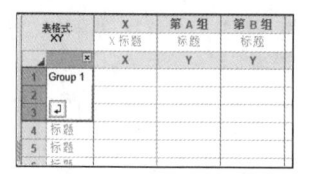

3）文本输入完成后，按Enter键或单击空白处结束输入。输入的文本在单元格中默认左对齐，如图3.29所示。

4）在"文本"功能区中包含一系列按钮，用于设置单元格字体格式，如字体、字号、加粗、倾斜、下划线、颜色、居中等，如图3.30所示。

（2）修改输入的文本。如果要修改单元格中的内容，单击单元格，在单元格编辑框中选中要修改的字符后，按Backspace键或Delete键删除，然后重新输入即可。

（3）处理超长文本。如果输入的文本超过了列的宽度，将自动进入右侧的单元格显示，如图3.31所示。如果右侧相邻的单元格中有内容，则超出列宽的字符自动隐藏，如图3.32所示。调整列宽到合适宽度，即可显示全部内容。

图3.29　输入多行文本　　　图3.30　设置字体格式　　　图3.31　文本超宽时自动　　　图3.32　超出列宽的
　　　　　　　　　　　　　　　　　　　　　　　　　　　　　　进入右侧单元格　　　　　　字符自动隐藏

2. 输入数字

在单元格中输入数字的方法与输入文本相同，不同的是数字默认在单元格中右对齐，如图3.33所示。GraphPad Prism把范围介于0和9的数字，以及小数点，视为数字类型。此时，输入数字的数据单元格中列标题显示为"数据集-A""数据集-B"等。

图3.33　数字自动右对齐

3. 空值处理

输入数据时，GraphPad Prism不会将空的单元格视为已经输入0，它始终认为空的单元格是一个缺失值。同样地，它不会将 0 视为缺失值。只需为任何缺失值留空即可。排除值与缺失值的处理方式完全相同。

3.3.2 填充序列数据

有时需要填充的数据是具有相关信息的集合，称为一个系列，如行号系列、数字系列等。使用 GraphPad Prism 的序列填充功能，可以很便捷地填充有规律的数据。

【执行方式】
- 菜单栏：选择菜单栏中的"插入"→"创建级数"命令。
- 功能区：在功能区的"更改"选项卡下单击"插入数字序列"按钮。

【操作步骤】

执行此命令，弹出"创建级数"对话框，如图 3.34 所示。

【选项说明】

（1）创建级数，其中 10 个值垂直排列：输入序列的数据个数。
（2）第一个值：输入序列初始值。
（3）计算每个值：选择每个序列的运算符号，包括加、减、乘、除。单击"确定"按钮，关闭"创建级数"对话框，在选择的单元格内插入包含 10 个等差数列的序列，如图 3.35 所示。

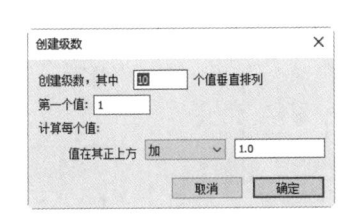

图 3.34 "创建级数"对话框   图 3.35 插入等差序列

★动手学——创建血糖指标变化结果对比数据表

糖尿病患者采用新的治疗方法能够使糖代谢指标得到一定改善，表 3.1 是两组糖尿病患者血糖指标变化结果的对比数据。本实例创建一个血糖指标变化数据项目，包含空腹血糖（mmol/L）、餐后 2h 血糖（mmol/L）、糖化血红蛋白（%）数据。

表 3.1 两组糖尿病患者血糖指标变化结果对比

组别	空腹血糖（mmol/L）		餐后 2h 血糖（mmol/L）		糖化血红蛋白（%）	
	治疗前	治疗后	治疗前	治疗后	治疗前	治疗后
实验组（$n=60$）	10.6	6.6	13.0	6.1	10.7	6.0
参照组（$n=60$）	10.7	10.1	13.0	12.3	10.7	10.5

操作步骤

1. 启动软件

双击"开始"菜单中的 GraphPad Prism 10 图标,启动 GraphPad Prism 10,自动弹出"欢迎使用 GraphPad Prism"对话框。

2. 创建项目

(1) 在"创建"选项组中默认选择 XY 选项,在右侧界面的"数据表"选项组中选中"输入或导入数据到新表"单选按钮,表示创建一个空白项目。

(2) 在"选项"选项组的 X 选项下默认选中"数值"单选按钮,Y 选项下选中"输入 2 个重复值在并排的子列中"单选按钮。

(3) 单击"创建"按钮,创建项目文件,同时该项目文件中自动创建一个数据表"数据 1"和关联的图表"数据 1"。

(4) 选择菜单栏中的"文件"→"另存为"命令,或选择"文件"功能区中"保存命令"按钮 下的"另存为"命令,弹出"保存"对话框,输入项目名称"血糖指标变化结果对比数据表"。单击"保存"按钮,GraphPad Prism 标题栏名称自动变为"血糖指标变化结果对比数据表.prism",如图 3.36 所示。

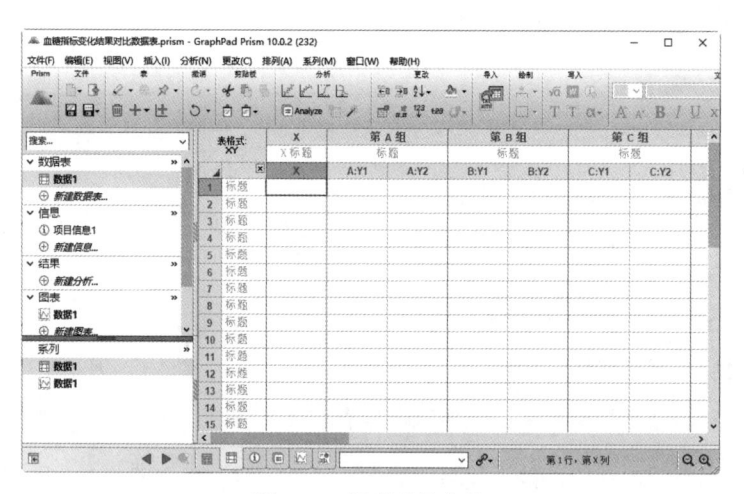

图 3.36 保存项目文件

3. 输入数据

(1) 在导航器中单击选择"数据 1",右侧工作区直接进入该数据表的编辑界面。该数据表中包含 X 列、第 A 组(A:Y1、A:Y2)、第 B 组(B:Y1、B:Y2)、第 C 组(C:Y1、C:Y2)等。

(2) 激活第 1 行标题列单元格,输入"实验组(n=60)",如图 3.37 所示。在单元格外单击,结束数据编辑操作。激活第 2 行标题列单元格,输入"参照组(n=60)",结果如图 3.38 所示。

(3) 根据表中的数据,在第 A 组(A:Y1、A:Y2)、第 B 组(B:Y1、B:Y2)、第 C 组(C:Y1、C:Y2)列数据区输入数据,结果如图 3.39 所示。

图 3.37　输入第 1 行标题　　图 3.38　输入第 2 行标题　　图 3.39　输入列数据

4．填充 X 序列数据

（1）激活第 1 行第 X 列单元格，选择菜单栏中的"插入"→"创建级数"命令，或在功能区的"更改"选项卡中单击"插入数字序列"按钮，弹出"创建级数"对话框。默认设置 2 个值垂直排列，"第一个值"为 1；计算每个值时，值在其正上方"加""1.0"，如图 3.40 所示。

（2）单击"确定"按钮，关闭该对话框，在选择的单元格内插入包含 2 个等差数列的序列，如图 3.41 所示。

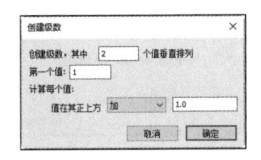

图 3.40　"创建级数"对话框　　　　　　图 3.41　插入等差序列

（3）在数据表中 X 列的标题单元格中输入"组号"，结果如图 3.42 所示。

图 3.42　输入 X 列的标题

5．保存项目

单击"文件"功能区中的"保存"按钮，或按 Ctrl+S 组合键，保存项目文件。

3.3.3　将文件导入工作表

很多情况下，需要将文本文件（*.txt、*.dat、*.csv）、Excel 文件（*.xls、*.xlsx、*.wk、*.wb）等具有丰富的公式和数据处理功能的数据文件嵌入企业管理系统中，如财务数据模型、风险分析、保险计算、工程应用等。所以需要把文本文件/Excel 文件等文件数据导入 GraphPad Prism 项目文件中，或者从系统导入到各种格式的数据文件中。

【执行方式】

- 菜单栏：选择菜单栏中的"文件"→"导入"命令。
- 功能区：在功能区的"导入"选项卡中单击"导入文件"按钮。
- 快捷命令：右击，在弹出的快捷菜单中选择"导入数据"命令。

【操作步骤】

（1）执行此命令，弹出"导入"对话框，在指定目录下选择要导入的文件，在"文件名"右侧的下拉列表中显示可以导入的文件类型，如图3.43所示。

（2）单击"打开"按钮，弹出"导入和粘贴选择的特定内容"对话框，用于设置导入文件中数据粘贴过程中格式的定义，如图3.44所示。

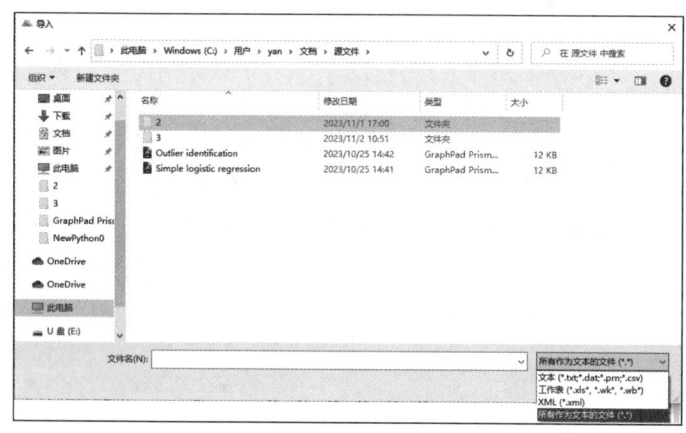

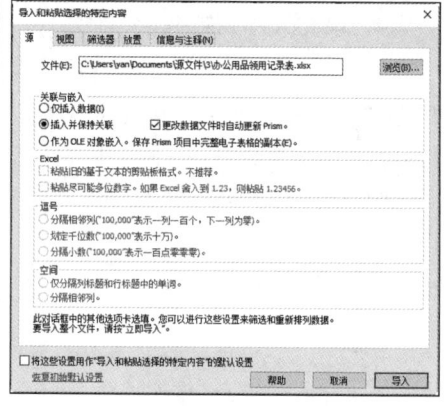

图3.43 "导入"对话框

图3.44 "导入和粘贴选择的特定内容"对话框

【选项说明】

该对话框中包含5个选项卡，下面分别进行介绍。

1."源"选项卡

在仅导入或粘贴值、链接到文件或嵌入数据对象之间进行选择。

（1）文件：在该文本框中显示要导入的文件（路径和名称），单击"浏览"按钮，打开"导入"对话框，重新选择要导入的文件。

（2）关联与嵌入：设置导入文件中数据关联与数据嵌入的格式。导入Excel文件需要GraphPad Prism和Excel之间的OLE（对象链接与嵌入）连接，该过程需要协调Excel、GraphPad Prism和各种Windows组件。

1）仅插入数据：选中该单选按钮，GraphPad Prism只粘贴文件中的数据值，不保留返回到原始文件（Excel电子表格或文本文件）的链接。这种方法是最简单的数据导入方法。

2）插入并保持关联：选中该单选按钮，将文件中的数据值"粘贴"或"导入"到GraphPad Prism数据表中，但同样创建一个返回到原始文件（Excel电子表格或文本文件）的链接。勾选"更改数据文件时自动更新Prism"复选框，如果编辑或替换原始数据文件中的数据，GraphPad Prism将更新分析和图表。每当查看GraphPad Prism数据表、图表、结果工作表或布局时，如果链接的Excel文件已被更改，则GraphPad Prism将更新该表格。

3）作为OLE对象嵌入、保存Prism项目中完整电子表格的副本：选中该单选按钮，将所选数据值"粘贴"或"导入"GraphPad Prism数据表中，并将整个原始电子表格或文本文件的副本粘贴到 GraphPad Prism 项目中。经过这样的操作后，可在 GraphPad Prism 中打开 Excel 编辑数据，而不需要单独保存电子表格文件（除作为备份外）。

（3）Excel 选项：Excel Windows 2003 和 Excel Mac 2008 能够以两种格式将数据复制到剪贴板，即纯文本和 HTML。

1）粘贴旧的基于文本的剪贴板格式。不推荐使用。

2）粘贴尽可能多位数字。如果 Excel 舍入到 1.23，则粘贴 1.23456。

（4）逗号：导入.csv/.dat 文件时，激活该选项组，设置逗号分隔的文本文件的格式与数据的排列。

1）分隔相邻列（"100,000"表示一列 100 个，下一列为 0）。

2）划定千位数（"100,000"表示十万）。

3）分隔小数（"100,000"表示 100.000）。

（5）空间：导入.txt/.dat 文件时，激活该选项组，设置制表符分隔的文本文件的格式与数据的排列。

1）仅分隔列标题和行标题中的单词。

2）分隔相邻列。

2. "视图"选项卡

在该选项卡下查看所导入或粘贴的文件内容，在列表框内显示导入文件的预览数据，显示将其分成几列。快速查看可了解列的格式是否正确，如图 3.45 所示。

单击"打开"按钮，可直接打开并编辑数据文件。如果是一个 Excel 文件，将打开 Excel；如果是一个文本文件，将打开一个文本编辑器。

3. "筛选器"选项卡

在该选项卡下选择导入数据文件的哪些部分，如图 3.46 所示。

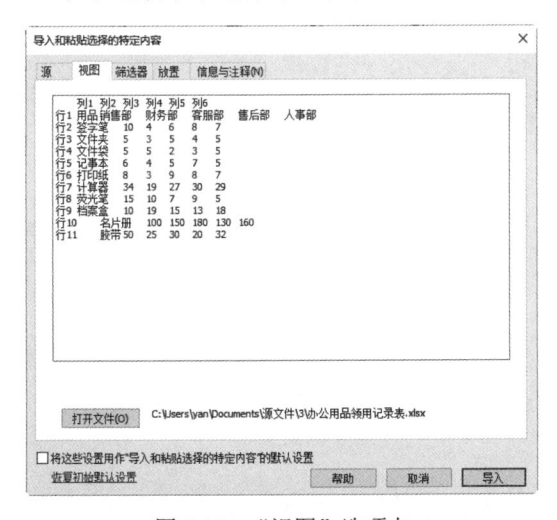

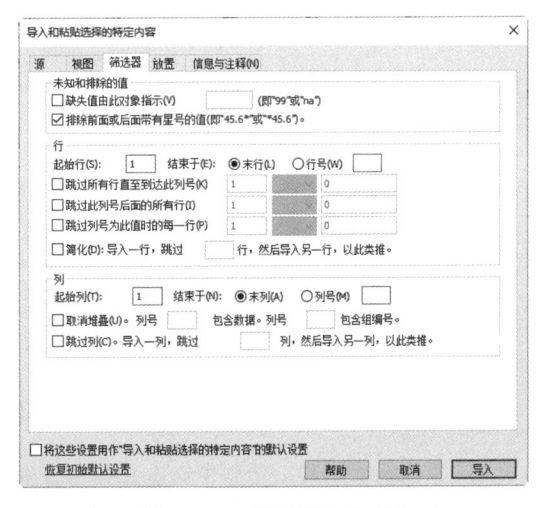

图 3.45 "视图"选项卡　　　　　图 3.46 "筛选器"选项卡

（1）未知和排除的值：输入数据时，数据表中可能出现留空现象，GraphPad Prism 会自动计算出如何处理缺失值。导入文本文件时，GraphPad Prism 会自动处理缺失值。

1）缺失值由此对象指示（即"99"或"na"）：勾选该复选框，则一些程序使用一个代码（如 99）来表示缺失值。如果从这一程序中导入数据，需要输入该代码值。

2）排除前面或后面带有星号的值（即"45.6*"或"*45.6"）：勾选该复选框，在文本文件（或在 Excel）中表示排除的值，该值后面紧跟一个星号。

（2）行：一般情况下，很少将整个 Excel 电子表格导入 GraphPad Prism，因此可以在该选项组下定义导入的行和列，但在大多数情况下，仅复制和粘贴适当范围的数据更容易。

1）起始行：选择行数据的起始范围，默认输入行号。其中行“1”是带有数据的第一行，而非文件中的第一行。

2）结束于：选择行数据的结束范围，可选择末行或指定的行号。

3）跳过所有行直至到达此列号：勾选该复选框，跳过所有行，直至符合标准。通过检查列中每行的值是否小于或等于（<=）、小于（<）、等于（=）、大于（>）、大于或等于（>=）及不等于（<>），与输入的值进行比较。

4）跳过此列号后面的所有行：勾选该复选框，符合标准后，跳过所有行。

5）跳过列号为此值时的每一行：勾选该复选框，跳过符合标准的每一行。

6）简化：导入一行，跳过行，然后导入另一行，以此类推。勾选该复选框，设置特殊的导入格式，导入一行，跳过指定的行数，再进行循环导入。

（3）列。

1）起始列、结束于：选择列数据的范围。

2）取消堆叠：有时程序以索引格式（堆叠格式）保存数据，如图 3.47 所示。勾选该复选框，可取消堆叠索引数据，指定哪一列包含数据以及哪一列包含组标识符，如图 3.48 所示。组标识符必须是整数（而非文本），但不必从 1 开始，也不必是连续的。

小组	产品种类	产品
1	产品A	35
2	产品A	24
3	产品A	30
4	产品A	33
5	产品A	23
1	产品B	32
2	产品B	36
3	产品B	28
4	产品B	32
5	产品B	29
1	产品C	40
2	产品C	35
3	产品C	38
4	产品C	39
5	产品C	37

图 3.47　堆叠格式数据

小组	产品A	产品B	产品C	评定
1	35	32	40	TRUE
2	24	36	35	FALSE
3	30	28	38	FALSE
4	33	32	39	TRUE
5	23	29	37	FALSE

图 3.48　取消堆叠

4.“放置”选项卡

在该选项卡下设置将数据导入/粘贴到 GraphPad Prism 时重新排列数据，如图 3.49 所示。

（1）名称。

1）重命名数据表，使用中：选择数据表的名称。

➢ 导入的文件名：选中该单选按钮，选择使用导入文件的名称作为数据表的名称。

➢ 行中文本：选中该单选按钮，使用从该文件的指定行导入的文本数据表的名称。

2）列标题：选择 GraphPad Prism 列标题，包括自动选择、不导入列标题、使用行中的值、使用导入的文件名（仅第一列）。

（2）Prism 中所插入数据的左上位置。

1）插入点的当前位置：选中该单选按钮，指定插入点的位置为 GraphPad Prism 中数据对象的左上角。

2）行、列：选中该单选按钮，根据指定的行列数定义插入点的位置。

（3）行列排列方式。

1）保持数据源的行列排列方式：选中该单选按钮，根据数据源的顺序进行排列。

2）转置。每行成为一列：选中该单选按钮，数据源中的第一行将成为 GraphPad Prism 中的第一列，数据源中的第二行将成为 GraphPad Prism 中的第二列，以此类推。

图 3.49 "放置"选项卡

3）按行。放置 N 个值到每一行：选中该单选按钮，GraphPad Prism 可在其导入时重新按行排列数据。指定在 N 行后，开始新的一列。

4）按列。堆叠 N 个值在每一列中：选中该单选按钮，GraphPad Prism 可在其导入时重新按行排列数据。

> **注意：**
>
> 如果选择"按行"或"按列"排列数据，则 GraphPad Prism 会从数据源文件中逐行读取值，但会忽略所有换行符。其将数据视为来自一列或一行。

（4）空行：设置如果一行中的所有值均为空，GraphPad Prism 的处理方法：在 Prism 中保留一空行或跳过该行。

5. "信息与注释"选项卡

在该选项卡下设置是否将文本文件的信息与注释信息导入 GraphPad Prism 信息工作表，如图 3.50 所示。

文本文件开头的结构化部分包含信息常量和注释，规则如下：

（1）将任何想要导入到信息工作表中用作常量的值标记为<Info>。

（2）将想要转入信息工作表的自由格式注释区域的部分标记为<Notes>。

（3）将用作信息工作表标题的部分标记为<Title>。

如果可以控制文本文件格式，则可在文本文件开头的结构化部分包含信息常量和注释。使用<>变量名称，标记文本文件中的部分。

图 3.50 "信息与注释"选项卡

★动手学——导入药物平均抑菌数据表

源文件：源文件\03\药物平均抑菌数据表.xlsx、药物平均抑菌数据表.prism

现有12种药敏纸片药物平均抑菌数据（见图3.51），用于检查生长激素释放激素 GHRH 在一个健康的个体中持续5年的安全性和有效性。本实例演示如何在项目文件中导入 xlsx 文件中的数据（平均抑菌圈直径 D 和耐菌 R），并对数据格式进行编辑。

图 3.51　药物平均抑菌数据表

操作步骤

1. 设置工作环境

（1）双击 GraphPad Prism 10 图标，启动 GraphPad Prism。

（2）选择菜单栏中的"文件"→"打开"命令，或选择 Prism 功能区中的"打开项目文件"命令，或单击"文件"功能区中的"打开项目文件"按钮，或按 Ctrl+O 组合键，弹出"打开"对话框，选择需要打开的文件"药物平均抑菌数据表.prism"，单击"打开"按钮，即可打开项目文件。

（3）选择菜单栏中的"文件"→"另存为"命令，或选择"文件"功能区中"保存命令"按钮下的"另存为"命令，弹出"保存"对话框，输入项目名称"导入药物平均抑菌数据表.prism"。单击"保存"按钮，在源文件目录下保存新的项目文件。

2. 导入 xlsx 文件 1

（1）选择菜单栏中的"文件"→"导入"命令，或在功能区的"导入"选项卡中单击"导入文件"按钮，或右击，在弹出的快捷菜单中选择"导入数据"命令，弹出"导入"对话框。在"文件名"右侧的下拉列表中选择"工作表（*.xls*,*.wk*,*.wb*）"，在指定目录下选择要导入的文件"药物平均抑菌数据表.xlsx"。

（2）单击"打开"按钮，弹出"导入和粘贴选择的特定内容"对话框。打开"源"选项卡，在"关联与嵌入"选项组中选中"仅插入数据"单选按钮，如图3.52所示。GraphPad Prism 只粘贴文件中的数据值，不保留返回到 Excel 电子表格的链接。

（3）打开"视图"选项卡，在列表框内显示导入文件的预览数据，发现导入的行数据的格式不正确，如图 3.53 所示。Excel 表格第 1 行为表格名称"药物平均抑菌圈直径"，导入数据过程中自动识别为"行 1"，需要跳过该行（第 1 行）。

（4）打开"筛选器"选项卡，选择导入数据文件的哪些部分，如图 3.54 所示。

1）在"行"选项组中选择行数据的范围，设置"起始行"为 2，"结束于"为"末行"，表示从数据的第 2 行开始导入直到最后一行。

2）在"列"选项组中选择列数据的范围，设置"起始列"为 1，"结束于"为"列号 3"，表示导入数据文件的第 1～3 列。

（5）打开"放置"选项卡，在"名称"选项组中勾选"重命名数据表"复选框，选中"行中文本"单选按钮，选择使用导入文件的第 1 行的文本"药物平均抑菌圈直径"作为数据表的名称；在

"列标题"下拉列表中选择"自动选择",将导入的第 2 行数据自动识别为列标题。其余选项保持默认值,如图 3.55 所示。

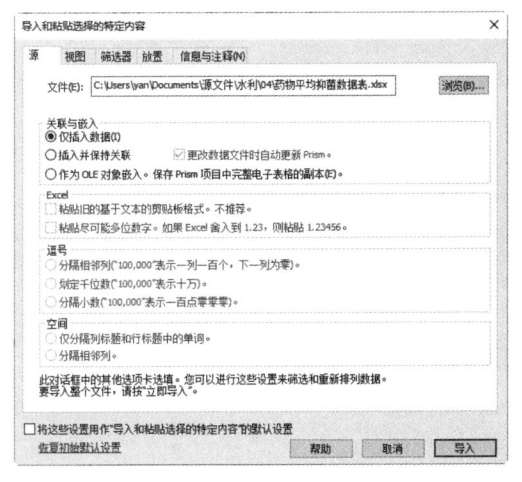

图 3.52 "导入和粘贴选择的特定内容"对话框

图 3.53 "视图"选项卡

图 3.54 "筛选器"选项卡

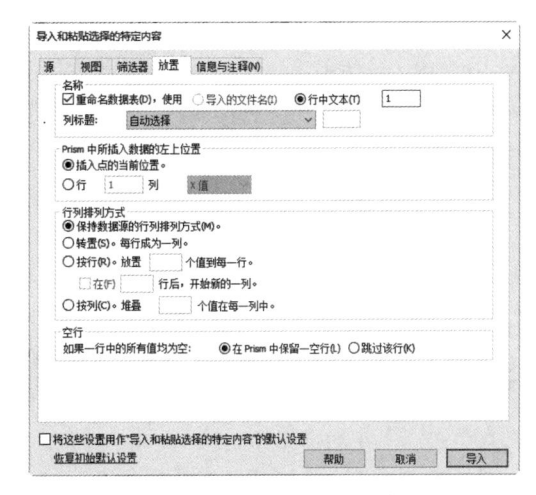

图 3.55 "放置"选项卡

(6)单击"导入"按钮,在数据表"药物平均抑菌圈直径"中导入 Excel 中的数据,结果如图 3.56 所示。导入的数据出现显示不全的现象,需要进行设置。

3. 导入 xlsx 文件 2

(1)选择菜单栏中的"文件"→"导入"命令,或在功能区的"导入"选项卡中单击"导入文件"按钮,或右击,在弹出的快捷菜单中选择"导入数据"命令,弹出"导入"对话框。在"文件名"右侧的下拉列表中选择"工作表(*.xls*,*.wk*,*.wb*)",在指定目录下选择要导入的文件"药物平均抑菌数据表.xlsx"。

(2)单击"打开"按钮,弹出"导入和粘贴选择的特定内容"对话框。打开"源"选项卡,在"关联与嵌入"选项组中选中"仅插入数据"单选按钮。

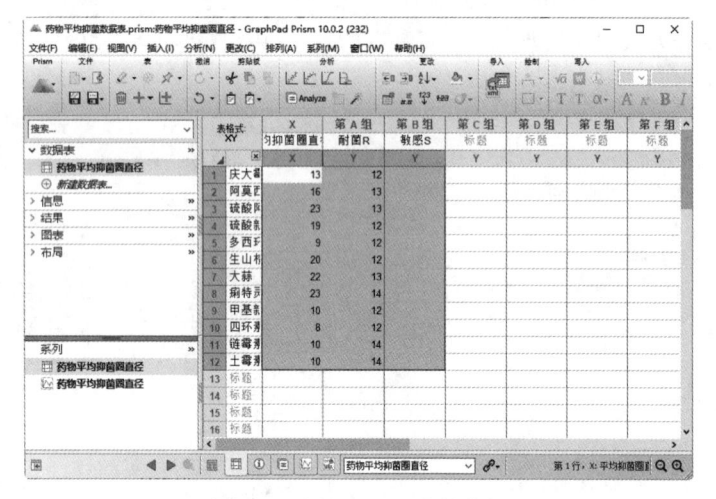

图 3.56　导入 Excel 中的数据

（3）打开"筛选器"选项卡，在"行"选项组中选择行数据的范围，设置"起始行"为 3，"结束于"为"末行"，表示从数据的第 3 行开始导入直到最后一行。在"列"选项组中选择列数据的范围，设置"起始列"为 1，"结束于"为"末列"，表示导入数据文件的第 1 列到最后一列。

（4）打开"放置"选项卡，如图 3.57 所示。

1）在"名称"选项组中勾选"重命名数据表"复选框，选中"导入的文件名"单选按钮，使用导入文件的名称"药物平均抑菌数据表"作为数据表的名称。

2）在"列标题"下拉列表中选择"自动选择"。

3）在"行列排列方式"选项组中选中"转置。每行成为一列。"单选按钮。

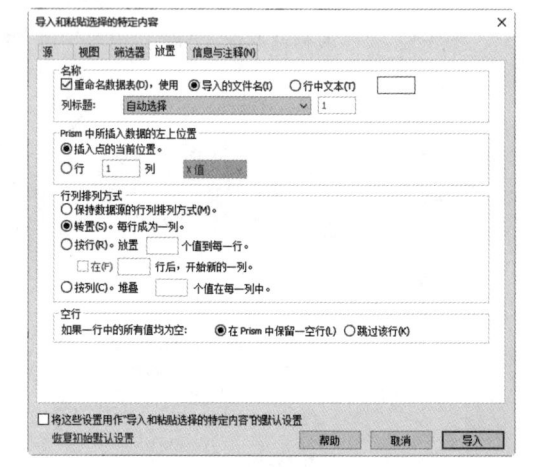

图 3.57　"放置"选项卡

（5）单击"导入"按钮，在数据表"药物平均抑菌数据表"中导入 Excel 中的数据，结果如图 3.58 所示。

图 3.58　导入转置的 Excel 中的数据

3.3.4　复制数据到工作表

GraphPad Prism 可以从 Excel 或文本文件中复制数据到工作表中。

1. 复制数据

【执行方式】

- 菜单栏：选择菜单栏中的"编辑"→"复制"命令。
- 快捷命令：右击，在弹出的快捷菜单中选择"复制"命令。
- 快捷键：按 Ctrl+C 组合键。

【操作步骤】

选中要复制的数据，执行此命令，即可将选中的数据复制到系统粘贴板中。

2. 粘贴数据

复制（剪切）和粘贴是同时出现的一组命令，是指当前内容不变，在另外一个位置生成一个副本，副本的内容因粘贴方式的不同而不同。

（1）粘贴数据：粘贴数据表示选择仅粘贴数据表中的值。

【执行方式】

- 菜单栏：选择菜单栏中的"编辑"→"粘贴"→"粘贴数据"命令。
- 功能区：在功能区的"剪贴板"选项卡中选择"从剪贴板粘贴"按钮 。在功能区的"剪贴板"选项卡中选择"选择性粘贴"按钮 下的"粘贴数据"命令。
- 快捷命令：在工作区右击，在弹出的快捷菜单中选择"粘贴"→"粘贴数据"命令。
- 快捷键：按 Ctrl+V 组合键。

【操作步骤】

执行此命令，在要粘贴单元格区域的位置粘贴复制的数据。

（2）嵌入粘贴：当从 Excel 文件或文本文件处复制和粘贴数据到 GraphPad Prism 数据表中时，不但粘贴数据表中的值，还可以保留原始文件的有效链接，以便在更改和保存原始文件时，GraphPad Prism 图表和分析将会更新。

【执行方式】

- 菜单栏：选择菜单栏中的"编辑"→"粘贴"→"嵌入粘贴"命令。
- 功能区：在功能区的"剪贴板"选项卡中选择"选择性粘贴"按钮 下的"嵌入粘贴"命令。
- 快捷命令：在工作区右击，在弹出的快捷菜单中选择"粘贴"→"嵌入粘贴"命令。

【操作步骤】

执行此命令，在要粘贴单元格区域的位置粘贴复制的数据（包含链接关系）。粘贴的数据区域称为"数据对象"，数据对象链接到文本文件或嵌入式电子表格，其外围显示黑色边框。

（3）粘贴链接：粘贴链接是指将复制的数据粘贴到数据表中，但同样创建一个返回到 Excel 文件的链接。链接有两个功能：跟踪（并记录）数据源，从而保持有序；如果在 Excel 中编辑或替换数据，GraphPad Prism 将更新分析和图表。

【执行方式】

- 菜单栏：选择菜单栏中的"编辑"→"粘贴"→"粘贴链接"命令。
- 功能区：在功能区的"剪贴板"选项卡中选择"选择性粘贴"按钮 下的"粘贴链接"命令。

> 快捷命令：在工作区右击，在弹出的快捷菜单中选择"粘贴"→"粘贴链接"命令。

【操作步骤】

执行此命令，在要粘贴单元格区域的位置粘贴复制的数据（包含链接关系）。此时，导航器中数据表名称由原来的"数据3"变为Excel文件名称。通过编辑文件中的数据，可以更新GraphPad Prism中的分析和图表。

3. 粘贴转置数据

粘贴转置是选择性粘贴中的一种，指在粘贴数据的过程中，将列切换为行，将行切换为列的输入方法。

（1）粘贴数据转置：将Excel行中的数据转换为GraphPad Prism中的列。

（2）粘贴嵌入转置：将Excel行中的数据转换为GraphPad Prism中的列，反之亦然。该操作可选择仅粘贴数据，并在GraphPad Prism中嵌入Excel表的副本。

（3）粘贴链接转置：将Excel行中的数据转换为GraphPad Prism中的列，反之亦然。该操作保留原始Excel表的链接。

4. 选择性粘贴

选择性粘贴是粘贴操作的高级设置命令，与导入数据文件命令类似。

【执行方式】

> 菜单栏：选择菜单栏中的"编辑"→"选择性粘贴"命令。
> 功能区：在功能区的"剪贴板"选项卡中选择"选择性粘贴"按钮 下的"选择性粘贴"命令。
> 快捷命令：在工作区右击，在弹出的快捷菜单中选择"粘贴"→"选择性粘贴"命令。

【操作步骤】

执行此命令，弹出"导入和粘贴选择的特定内容"对话框，用于设置导入数据粘贴过程中格式的定义。该对话框前面已经介绍过，这里不再赘述。

★动手学——复制健康女性的测量数据

源文件：源文件\03\健康女性的测量数据表.xlsx、健康女性的测量数据表重命名.prism

本实例通过从图3.59所示的Excel文件中复制数据，练习复制健康女性的测量数据，统计20名受试验者的三头肌皮褶厚度、大腿围长、中臂围长和身体脂肪数据。

	A	B	C	D	E	F	G	H	I	J	K
1	受试验者	1	2	3	4	5	6	7	8	9	10
2	三头肌皮褶厚度	19.5	24.7	30.7	29.8	19.1	25.6	31.4	27.9	22.1	25.5
3	大腿围长	43.1	49.8	51.9	54.3	42.2	53.9	58.6	52.1	49.9	53.5
4	中臂围长	29.1	28.2	37	31.1	30.9	23.7	27.6	30.6	23.2	24.8
5	身体脂肪	11.9	22.8	18.7	20.1	12.9	21.1	27.1	25.4	21.3	19.3
6	受试验者	11	12	13	14	15	16	17	18	19	20
7	三头肌皮褶厚度	31.1	30.4	18.7	19.7	14.6	29.5	27.7	30.2	22.7	25.2
8	大腿围长	56.6	56.7	46.5	44.2	42.7	54.4	55.3	58.6	48.2	51
9	中臂围长	30	28.3	23	28.6	21.3	30.1	25.6	24.6	27.1	27.5
10	身体脂肪	25.4	27.2	11.7	17.8	12.8	23.9	22.6	25.4	14.8	21.1

图3.59 健康女性的测量数据表

操作步骤

1. 设置工作环境

(1) 双击 GraphPad Prism 10 图标，启动 GraphPad Prism。

(2) 选择菜单栏中的"文件"→"打开"命令，或选择 Prism 功能区中的"打开项目文件"命令，或单击"文件"功能区中的"打开项目文件"按钮，或按 Ctrl+O 组合键，弹出"打开"对话框，如图 3.60 所示。选择需要打开的文件"健康女性的测量数据表重命名"，单击"打开"按钮，即可打开项目文件"健康女性的测量数据表重命名.prism"。

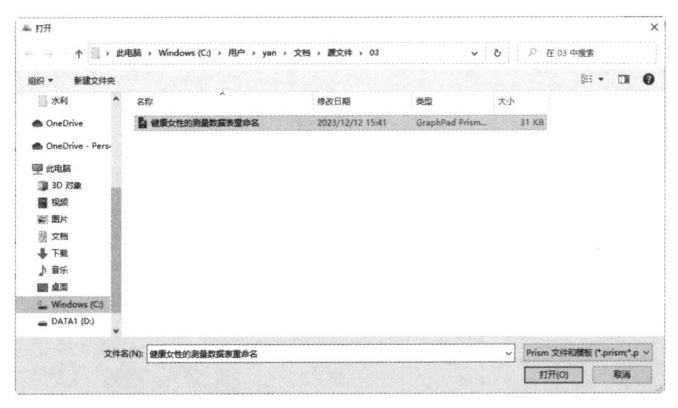

图 3.60 "打开"对话框

(3) 选择菜单栏中的"文件"→"另存为"命令，或选择"文件"功能区中"保存命令"按钮下的"另存为"命令，弹出"保存"对话框，输入项目名称"复制健康女性的测量数据"。单击"保存"按钮，在源文件目录下自动创建项目文件"复制健康女性的测量数据.prism"，如图 3.61 所示。

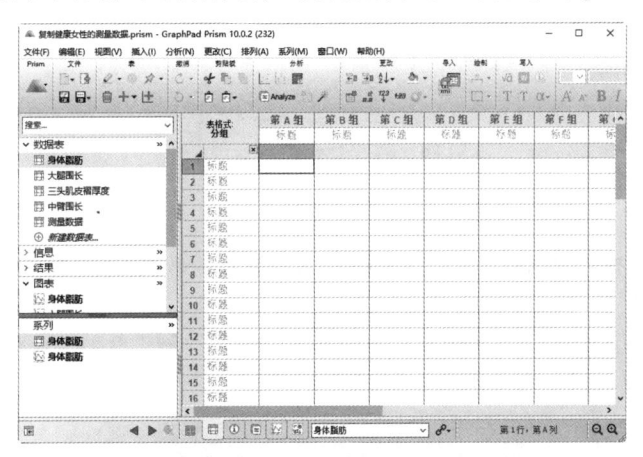

图 3.61 保存项目文件

2. 复制粘贴数据

(1) 打开 Excel 文件"健康女性的测量数据表.xlsx"，选中 A1:K10 单元格中的数据，按 Ctrl+C

组合键，复制表格数据，如图 3.62 所示。

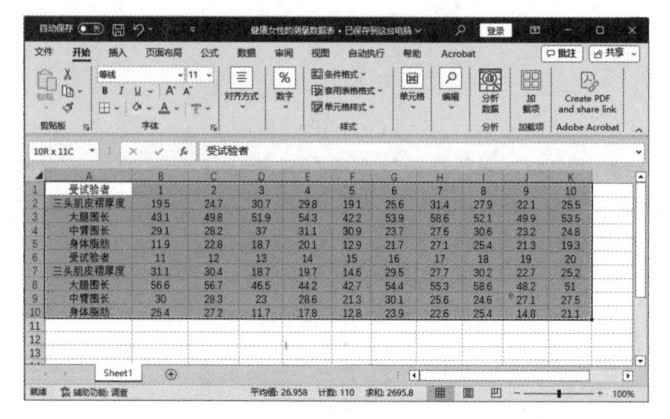

图 3.62　Excel 文件

（2）打开 GraphPad Prism 编辑界面，在导航器中选择"测量数据"数据表，单击第 1 行第 X 列单元格，选择菜单栏中的"编辑"→"粘贴"命令，将从 Excel 表格中复制的数据粘贴到"测量数据"数据表中，结果如图 3.63 所示。

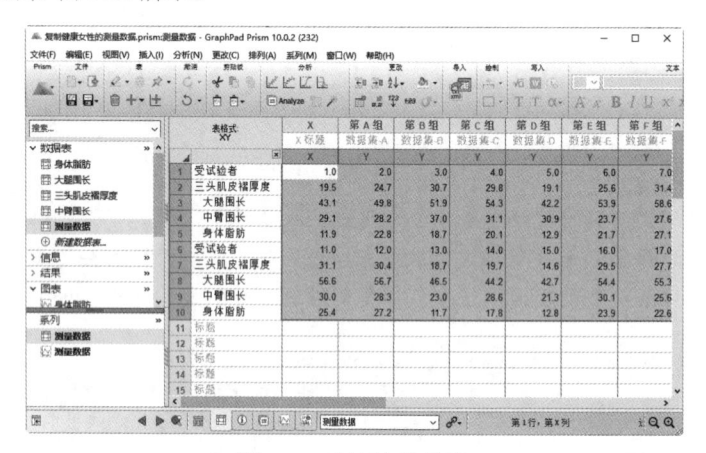

图 3.63　复制表格数据

3．转置粘贴数据

（1）打开"测量数据"数据表，选中 6～10 行单元格中的数据，按 Ctrl+X 组合键，剪切数据表数据。

（2）选择第 1 行第 J 列单元格，选择菜单栏中的"编辑"→"粘贴"命令，粘贴剪切数据，结果如图 3.64 所示（数据过多，图中无法截全）。

图 3.64　粘贴数据

（3）单击工作表左上角的“全选”按钮◢，按 Ctrl+X 组合键，剪切数据表中的所有数据。

（4）选择第 1 行第 X 列单元格，选择菜单栏中的“编辑”→“粘贴转置”命令，将剪切数据表的数据进行转置并粘贴，结果如图 3.65 所示。

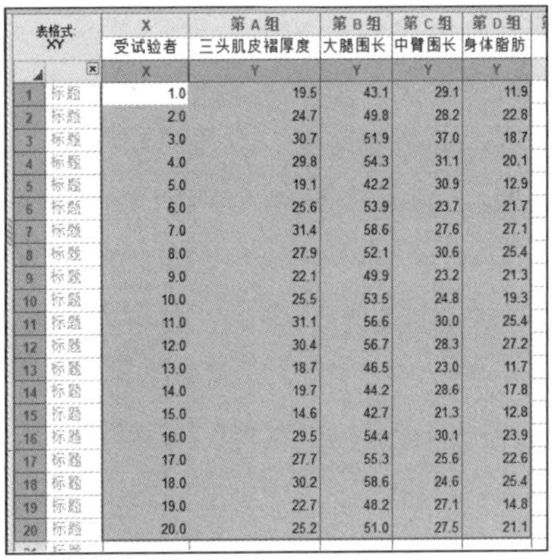

表格式: XY		X	第 A 组	第 B 组	第 C 组	第 D 组
		受试验者	三头肌皮褶厚度	大腿围长	中臂围长	身体脂肪
		X	Y	Y	Y	Y
1	标题	1.0	19.5	43.1	29.1	11.9
2	标题	2.0	24.7	49.8	28.2	22.8
3	标题	3.0	30.7	51.9	37.0	18.7
4	标题	4.0	29.8	54.3	31.1	20.1
5	标题	5.0	19.1	42.2	30.9	12.9
6	标题	6.0	25.6	53.9	23.7	21.7
7	标题	7.0	31.4	58.6	27.6	27.1
8	标题	8.0	27.9	52.1	30.6	25.4
9	标题	9.0	22.1	49.9	23.2	21.3
10	标题	10.0	25.5	53.5	24.8	19.3
11	标题	11.0	31.1	56.6	30.0	25.4
12	标题	12.0	30.4	56.7	28.3	27.2
13	标题	13.0	18.7	46.5	23.0	11.7
14	标题	14.0	19.7	44.2	28.6	17.8
15	标题	15.0	14.6	42.7	21.3	12.8
16	标题	16.0	29.5	54.4	30.1	23.9
17	标题	17.0	27.7	55.3	25.6	22.6
18	标题	18.0	30.2	58.6	24.6	25.4
19	标题	19.0	22.7	48.2	27.1	14.8
20	标题	20.0	25.2	51.0	27.5	21.1

图 3.65　粘贴转置数据

4．粘贴链接

（1）在导航器中选择并打开“测量数据”数据表，选择第 D 列，按 Ctrl+C 组合键，复制表格数据。

（2）在导航器中选择并打开“身体脂肪”数据表，选择第 1 行第 A 列单元格。选择菜单栏中的“编辑”→“粘贴”→“粘贴链接”命令，或在功能区的“剪贴板”选项卡中选择“选择性粘贴”按钮📋▾下的“粘贴链接”命令，粘贴复制的数据（包含链接关系），如图 3.66 所示。

（3）粘贴的数据区域其外围将显示蓝色边框，将鼠标放置在边框内的数据上，会显示链接路径。在 GraphPad Prism 中打开链接到数据表表格中的数据（打开的是原本的数据表），如图 3.67 所示。通过编辑文件中的数据，可以更新 GraphPad Prism 中的分析和图表。

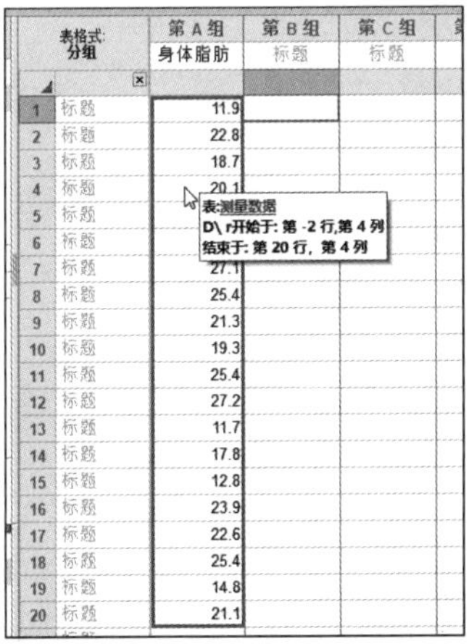

表格式: 分组		第 A 组	第 B 组	第 C 组
		身体脂肪	标题	标题
1	标题	11.9		
2	标题	22.8		
3	标题	18.7		
4	标题	20.1		
5	标题			
6	标题			
7	标题	27.1		
8	标题	25.4		
9	标题	21.3		
10	标题	19.3		
11	标题	25.4		
12	标题	27.2		
13	标题	11.7		
14	标题	17.8		
15	标题	12.8		
16	标题	23.9		
17	标题	22.6		
18	标题	25.4		
19	标题	14.8		
20	标题	21.1		

图 3.66　粘贴链接数据

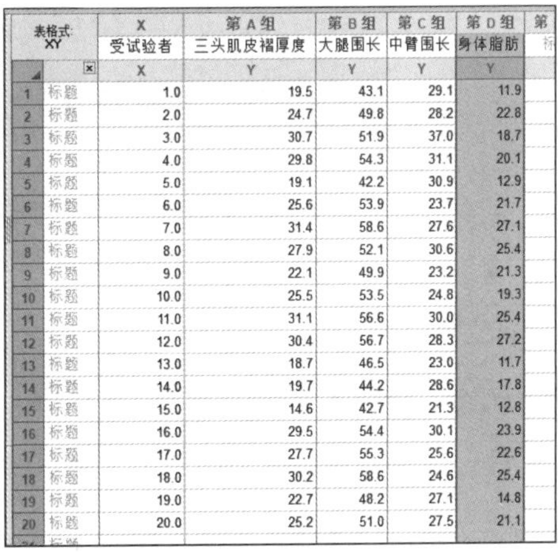

表格式: XY		X	第 A 组	第 B 组	第 C 组	第 D 组
		受试验者	三头肌皮褶厚度	大腿围长	中臂围长	身体脂肪
		X	Y	Y	Y	Y
1	标题	1.0	19.5	43.1	29.1	11.9
2	标题	2.0	24.7	49.8	28.2	22.8
3	标题	3.0	30.7	51.9	37.0	18.7
4	标题	4.0	29.8	54.3	31.1	20.1
5	标题	5.0	19.1	42.2	30.9	12.9
6	标题	6.0	25.6	53.9	23.7	21.7
7	标题	7.0	31.4	58.6	27.6	27.1
8	标题	8.0	27.9	52.1	30.6	25.4
9	标题	9.0	22.1	49.9	23.2	21.3
10	标题	10.0	25.5	53.5	24.8	19.3
11	标题	11.0	31.1	56.6	30.0	25.4
12	标题	12.0	30.4	56.7	28.3	27.2
13	标题	13.0	18.7	46.5	23.0	11.7
14	标题	14.0	19.7	44.2	28.6	17.8
15	标题	15.0	14.6	42.7	21.3	12.8
16	标题	16.0	29.5	54.4	30.1	23.9
17	标题	17.0	27.7	55.3	25.6	22.6
18	标题	18.0	30.2	58.6	24.6	25.4
19	标题	19.0	22.7	48.2	27.1	14.8
20	标题	20.0	25.2	51.0	27.5	21.1

图 3.67　打开链接的数据表

5．嵌入粘贴

（1）打开 Excel 文件“健康女性的测量数据表.xlsx”，选中 A1:K10 单元格中的数据，按 Ctrl+C 组合键，复制表格数据。

（2）在导航器中选择并打开“大腿围长”数据表，选择第 1 行第 X 列单元格。在功能区的“剪贴板”选项卡中选择“选择性粘贴”按钮📋▾下的“嵌入粘贴”命令，或右击，在弹出的快捷菜单中选择“粘贴转置”→“嵌入粘贴”命令，在要粘贴单元格区域的位置粘贴复制的转置数据（包含链接关系），如图 3.68 所示。

（3）粘贴的数据对象链接到文本文件或嵌入式电子表格，其外围显示黑色边框。将鼠标放置在黑色边框内的数据上，显示"嵌入式数据对象"的字样。单击该字样，在 GraphPad Prism 中打开链接到文本文件或嵌入式电子表格中的数据文件"工作表 在 范围 Sheet1!R1C1 R10C11"（打开的不是原本的数据表），如图 3.69 所示。通过编辑文件中的数据，可以更新 GraphPad Prism 中的分析和图表。

图 3.68 嵌入粘贴数据

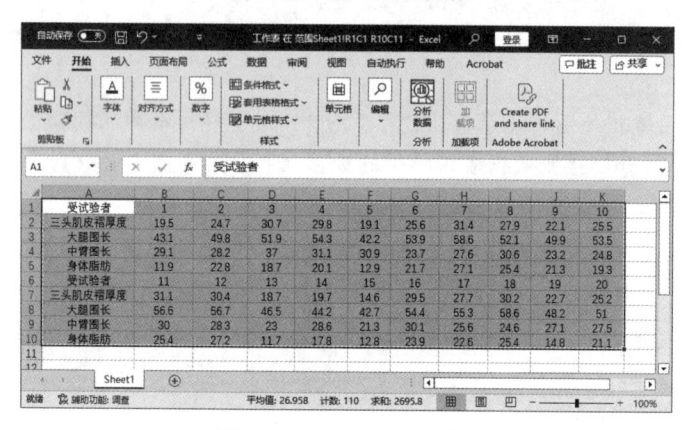

图 3.69 打开链接的文件

6. 保存文件

单击"文件"功能区中的"保存"按钮，或按 Ctrl+S 组合键，保存项目文件。

★动手练——录入健康男子血清总胆固醇值

本实例介绍如何通过导入文件（见图 3.70）、复制粘贴的方法录入健康男子血清总胆固醇值，如图 3.71 所示。由于数据庞大，不建议使用直接输入数据的方法。

图 3.70 "健康男子血清总胆固醇值.txt"文件

图 3.71 录入数据表结果

思路点拨

源文件：源文件\03\健康男子血清总胆固醇值.txt

（1）新建项目文件"录入健康男子血清总胆固醇值.prism"，自动新建数据表"数据1"。

（2）选择"导入文件"命令，在Y列导入"健康男子血清总胆固醇值.txt"文件，创建数据表"健康男子血清总胆固醇值"；在X列输入序列值（1~12）。

（3）新建数据表"数据2"，复制"健康男子血清总胆固醇值.txt"文件中的数据，重命名数据表为"复制健康男子血清总胆固醇值"；在X列输入序列值（1~12）。

（4）保存文件为"录入健康男子血清总胆固醇值.prism"。

3.4 设置工作表格式

设置数据表格式是数据表工作中不可或缺的步骤，GraphPad Prism 10 提供了强大的格式化功能。

【执行方式】

- 菜单栏：选择菜单栏中的"编辑"→"格式化工作表"命令。
- 功能区：在功能区的"更改"选项卡中单击"更改数据表格式（种类、重复项、误差值）"按钮。
- 快捷操作：单击工作区左上角的"表格式"单元格（见图 3.72）。

【操作步骤】

执行此命令，弹出如图 3.73 所示的"格式化数据表"对话框。该对话框包含三个选项卡，可以对工作表、列标题和子列标题的格式进行设置。

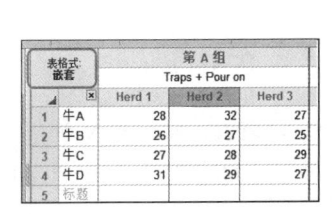

图 3.72 "表格式"单元格

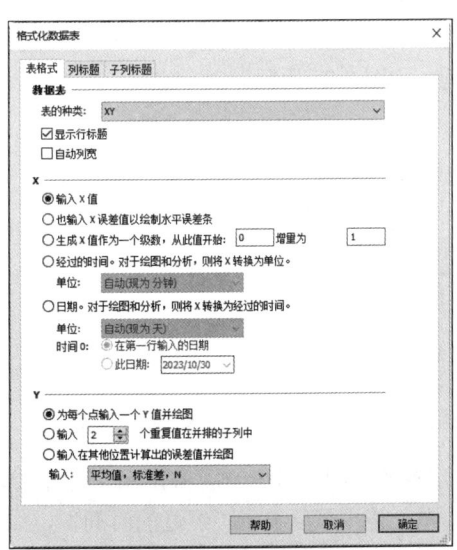

图 3.73 "格式化数据表"对话框

3.4.1 "表格式"选项卡

在该选项卡中可以设置数据表格式,包括数据表的类型、X 列数据、Y 列数据的格式。

(1) "数据表"选项组。

1) 表的种类:在该下拉列表中选择七种数据表类型:XY、列、分组、列联表、生存、整体分解、嵌套。其中不包含多变量表。

2) 显示行标题:勾选该复选框,数据表中默认显示行标题列;取消勾选该复选框,隐藏行标题列,如图 3.74 所示。

3) 自动列宽:勾选该复选框,单元格自动根据内容设置适当的列宽,以显示所有内容。

(a) 显示行标题列　　　(b) 隐藏行标题列

图 3.74　显示行标题

(2) X 选项组:设置数据表中 X 列中 X 的取值方法,包括以下几种。

1) 输入 X 值:选中该单选按钮,通过在 X 列单元格中输入数值来定义 X 值。

2) 也输入 X 误差值以绘制水平误差条:选中该单选按钮,在 X 列下添加子数据列。除了原始的 X 子列,增加了"误差条"子列,如图 3.75 所示。

3) 生成 X 值作为一个级数:选中该单选按钮,定义"从此值开始"和"增量为",创建一组等差数列,如图 3.76 所示。

图 3.75　添加子数据列(X、误差条)　　　图 3.76　生成 X 值作为一个级数

4) 经过的时间。对于绘图和分析,则将 X 转换为单位:选中该单选按钮,将 X 列定义为经过的时间。单元格中默认显示"经过的时间",如图 3.77 所示。通过"单位"下拉列表定义时间数据的单位,包括自动(现为分钟)、毫秒、秒、分钟、小时、天、周、年。

5) 日期。对于绘图和分析,则将 X 转换为经过的时间:选中该单选按钮,将 X 列定义为自某

天以来的第 1 行中的日期。通过"单位"下拉列表定义时间数据的单位,包括自动(现为天)、天、周、年。定义"时间 0"包含以下两种设置方法。

> 在第一行输入的日期:根据输入定义开始的时间,如图 3.78 所示。
> 此日期:通过在该选项下选择的日期定义开始的时间。

(3)Y 选项组。

1)为每个点输入一个 Y 值并绘图:选中该单选按钮,通过在 X 列之外的单元格中输入数值来定义 Y 值。

2)输入 2 个重复值在并排的子列中:选中该单选按钮,在每个 Y 列下添加子列的个数,默认包含 2 列。

3)输入在其他位置计算出的误差值并绘图:选中该单选按钮,定义在 Y 列下添加子列的类型。在"输入"下拉列表中默认选择"平均值,标准差,N"选项,则添加 3 个子列,即平均值、标准差、N,如图 3.79 所示。

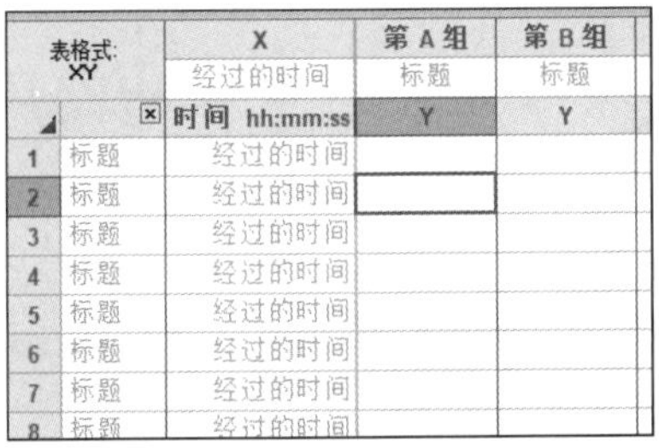

图 3.77 定义经过的时间

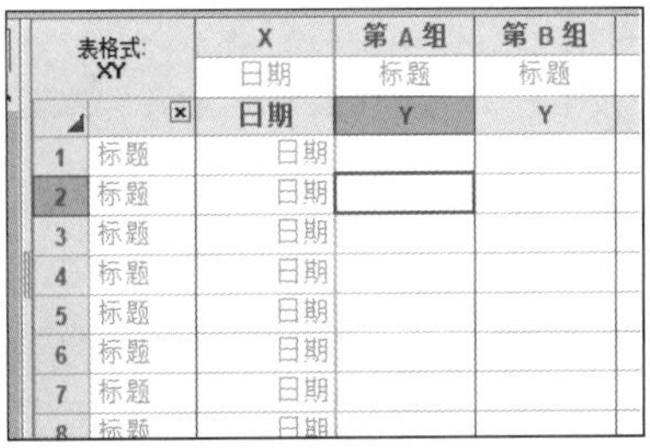

图 3.78 定义经过的时间(日期)

图 3.79 添加指定子列

3.4.2 "列标题"选项卡

列标题可用于识别数据表中的数据集、在选择分析和查看结果时识别数据集、标注列图和(有时)分组图的 X 轴、为 XY 图和分组图创建图例。

单击打开"列标题"选项卡,可在列表中一次性查看和编辑多个列标题,如图 3.80 所示。

(1)在列表的每一组(A、B、…)文本框中单击,进入编辑状态,输入一行文本后,单击"换行"按钮 ,或按 Shift+Enter 组合键,自动进入下一行,如图 3.81 所示。可以为每个列标题输入两行或多行文本,结果如图 3.82 所示。

(2)输入文本作为标题名称后,还可以通过列表上的一系列工具栏按钮设置列标题中文本的格式,下面分别进行介绍。

1）α：单击该按钮，弹出"插入字符"对话框，如图 3.83 所示，选择希腊字母，插入标题名称中。

图 3.80　"列标题"选项卡

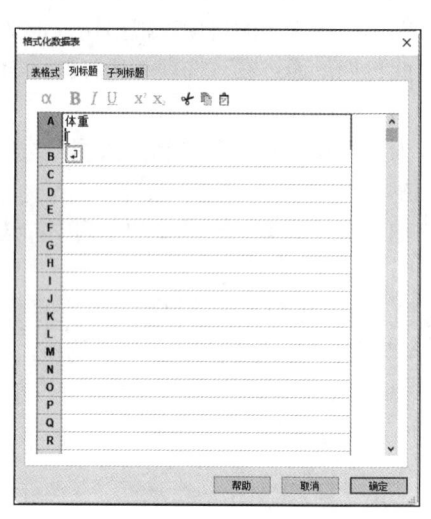

图 3.81　进入下一行

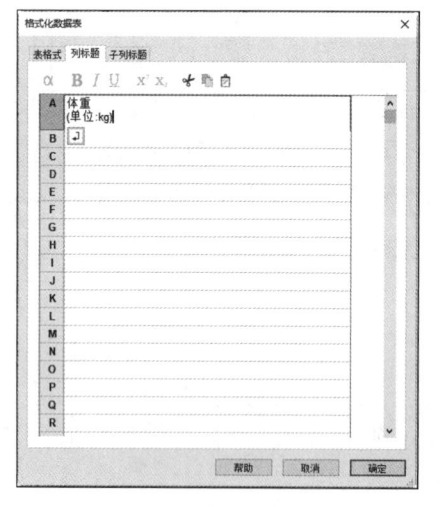

图 3.82　输入多行文本

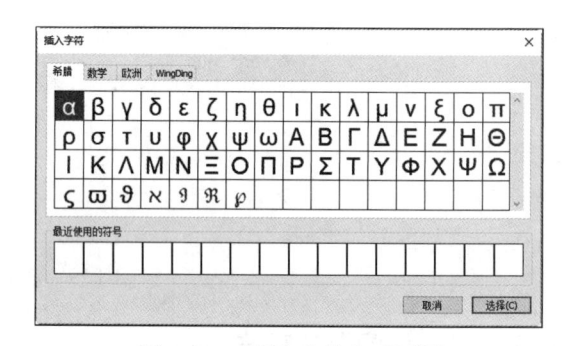

图 3.83　"插入字符"对话框

2）**B**：单击该按钮，选中的标题文本加粗，效果如图 3.84 所示。
3）*I*：单击该按钮，选中的标题文本斜体，效果如图 3.85 所示。
4）U：单击该按钮，选中的标题文本下加下划线，效果如图 3.86 所示。

图 3.84　加粗效果

图 3.85　斜体效果

图 3.86　下划线效果

5）X^2：单击该按钮，选中的标题文本变为上角标，效果如图 3.87 所示。
6）X_2：单击该按钮，选中的标题文本变为下角标，效果如图 3.88 所示。

第 B 组	第 C 组	第 D 组
Y_1 5 μM^2	Y_2 15 μM^2	Y_3 50 μM^2

图 3.87　上角标效果图

第 B 组	第 C 组	第 D 组
Y_1 5 μM	Y_2 15 μM	Y_3 50 μM

图 3.88　下角标效果

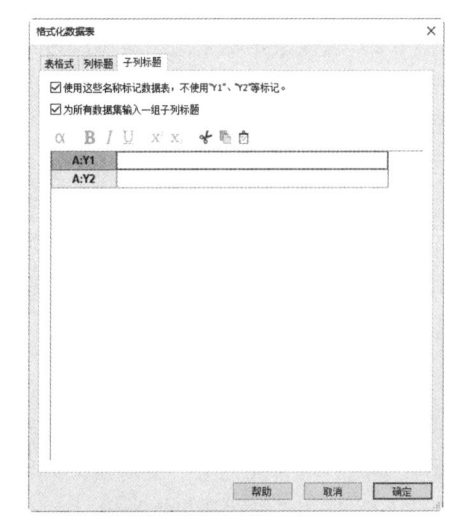

7）✂：单击该按钮，剪切选中的标题文本。

8）▭：单击该按钮，复制选中的标题文本。

9）▭：单击该按钮，粘贴选中的标题文本。

3.4.3　"子列标题"选项卡

如果表格具有多个子列，则在"子列标题"选项卡中编辑子列标题，在为每个数据集列的每个子列输入一个标题或者只输入一组适用于所有数据集的子列标题之间进行选择，如图 3.89 所示。默认情况下，并排子列分别标记为 Y1、Y2 等。

（1）使用这些名称标记数据表，不使用 Y1、Y2 等标记：勾选该复选框，使用下面列表中输入的文本定义列标题；反之，使用默认的 Y1、Y2 作为子列标题。例如，列标题"第 A 组"下的子标题为 A:Y1、A:Y2，如图 3.90 所示。其余列标题下的子标题名称以此类推。

（2）为所有数据集输入一组子列标题：勾选该复选框，只需要输入一组子列标题（A:Y1、A:Y2），其余所有列组的子列标题使用相同的子列标题名称。取消勾选该复选框，显示所有组列标题下子列标题选项，需要一一进行定义，如图 3.91 所示。

图 3.89　"子列标题"选项卡

图 3.90　默认子列标题名

图 3.91　输入多组子列标题

★动手学——设置血糖指标变化结果对比数据表格式

源文件：源文件\03\血糖指标变化结果对比数据表.prism

本实例在血糖指标变化数据表中设置工作表格，添加数据列的标题：空腹血糖（mmol/L）、餐后2h血糖（mmol/L）、糖化血红蛋白（%）数据。

操作步骤

1. 设置工作环境

（1）双击 GraphPad Prism 10 图标，启动 GraphPad Prism。

（2）选择菜单栏中的"文件"→"打开"命令，或选择 Prism 功能区中的"打开项目文件"命令，或单击"文件"功能区中的"打开项目文件"按钮，或按 Ctrl+O 组合键，弹出"打开"对话框，选择需要打开的文件"血糖指标变化结果对比数据表.prism"，单击"打开"按钮，即可打开项目文件。

（3）选择菜单栏中的"文件"→"另存为"命令，或选择"文件"功能区中"保存命令"按钮下的"另存为"命令，弹出"保存"对话框，输入项目名称"设置血糖指标变化结果对比数据表格式.prism"。单击"保存"按钮，在源文件目录下保存新的项目文件。

2. 格式化图表

（1）单击工作区左上角的"表格式"单元格，弹出"格式化数据表"对话框，打开"表格式"选项卡，勾选"显示行标题""自动列宽"复选框，如图3.92所示。

（2）打开"列标题"选项卡，在 A 行输入列标题"空腹血糖（mmol/L）"、B 行输入列标题"餐后2h血糖（mmol/L）"、C 行输入列标题"糖化血红蛋白（%）"，如图3.93所示。

（3）打开"子列标题"选项卡，勾选"为所有数据集输入一组子列标题"复选框，显示所有列组的子列标题，在 A:Y1 行输入子列标题"治疗前"、A:Y2 行输入子列标题"治疗后"，如图3.94所示。

（4）单击"确定"按钮，关闭"格式化数据表"对话框，在数据表中显示表格格式设置结果，结果如图3.95所示。

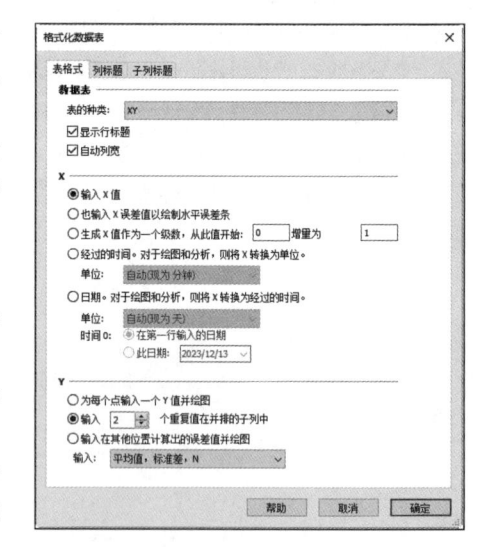

图3.92 "格式化数据表"对话框

3. 保存项目

单击"文件"功能区中的"保存"按钮，或按 Ctrl+S 组合键，保存项目文件。

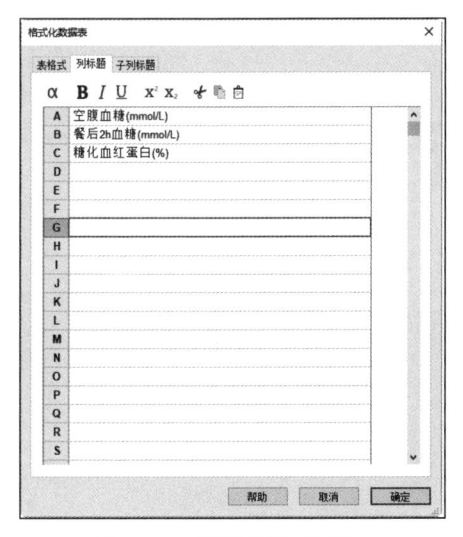

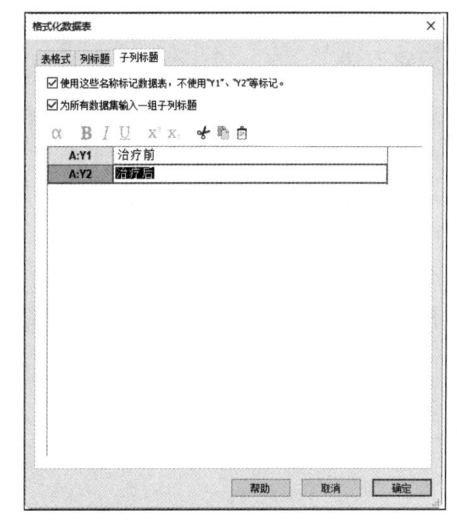

图 3.93 "列标题"选项卡　　　　　图 3.94 "子列标题"选项卡

图 3.95 设置子列标题名

★动手练——编辑健康女性的测量数据标题

本实例演示复制健康女性的测量数据后,如何对数据表的格式进行设置,如列标题名称,如图 3.96 所示。

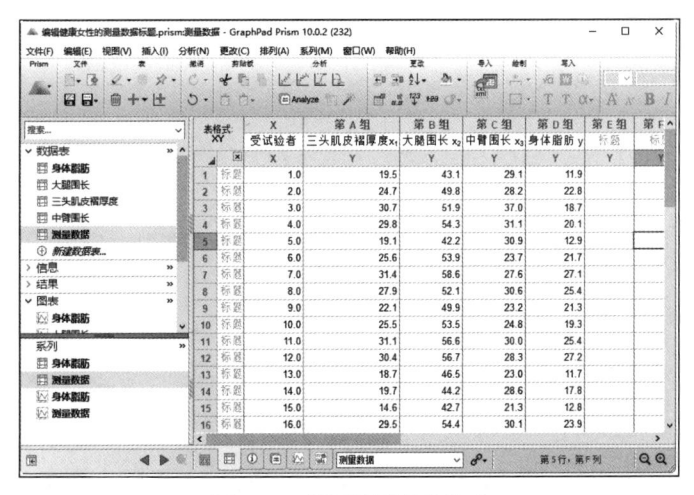

图 3.96 设置数据表的格式

思路点拨

源文件：源文件\03\复制健康女性的测量数据.prism

（1）打开项目文件"复制健康女性的测量数据.prism"。

（2）打开"格式化数据表"对话框，取消勾选"显示行标题"复选框，勾选"自动列宽"复选框。

（3）打开"列标题"选项卡，编辑列标题名称。

（4）保存文件为"编辑健康女性的测量数据标题.prism"。

第 4 章 数 据 编 辑

内容简介

数据编辑是 GraphPad Prism 进行数据分析的关键步骤。面对大量杂乱的数据，为了方便后期的分析与处理，需要对收集到的数据进行初步筛选和整理，以确保数据的准确性和可靠性。

本章从最简单的数据存储和区域编辑开始，逐步介绍数据清洗、提取和转换的方法，为后续的绘图和统计分析打下坚实的基础。

内容要点

- ➤ 数据存储区域编辑
- ➤ 数据清洗
- ➤ 数据提取
- ➤ 数据转换

4.1 数据存储区域编辑

数据是存储在数据表中的数值或字符，编辑数据之前需要先了解存储数据的数据区域。一个数据表是一个二维表格，由行和列构成，行和列相交形成的方格称为单元格，如图 4.1 所示。行、列、单元格是组成数据表的基本元素，行还包括行号、行标题，列还包括列号、列标题、子列标题。除此之外，还可以在数据表中添加浮动注释。

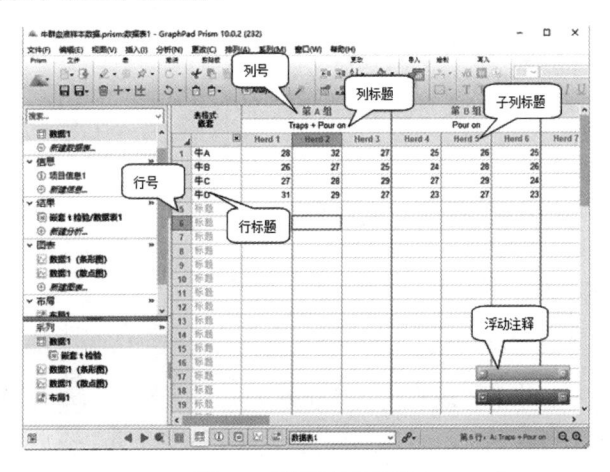

图 4.1 数据表的结构

4.1.1 单元格编辑

在输入和编辑内容之前，必须使单元格处于活动状态。所谓活动单元格，是指可以进行数据输入的选定单元格，特征是被蓝色粗边框围绕的单元格。

选择单元格区域时，在状态栏中可以查看选中单元格对应的行数和列数，如图 4.2 所示的"第 1 行，第 X 列"单元格。

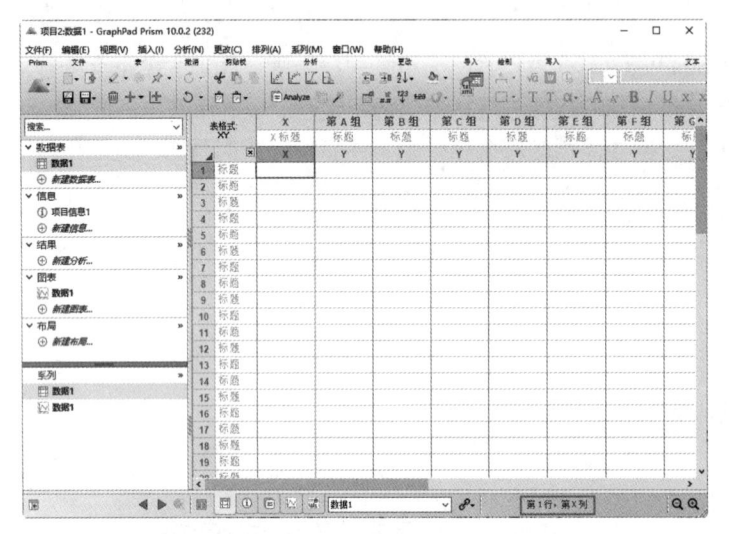

图 4.2　活动单元格

1. 选中单个单元格

【执行方式】

快捷方式：在单元格上单击。

【操作步骤】

执行此操作，即可选中相应的单元格，选中单元格的边框将变为蓝色粗实线，单元格内容进入编辑状态，数据变为左对齐，内容自动靠近左侧边框，如图 4.3 所示。

此时，选中单元格所在的行号和子列标题将自动高亮显示（蓝色底色）；未选中的单元格内数据右对齐（内容自动靠近右侧边框）。

图 4.3　选中单元格

2. 选中所有单元格

【执行方式】

➢ 菜单栏：选择菜单栏中的"编辑"→"选择"→"全部"命令，如图 4.4 所示。
➢ 快捷方式：单击工作表左上角的"全选"按钮◢，或者右击，在弹出的快捷菜单中选择"选择"→"全部"命令，如图 4.5 所示。

【操作步骤】

执行此命令，选中工作表中的所有单元格，如图 4.6 所示。

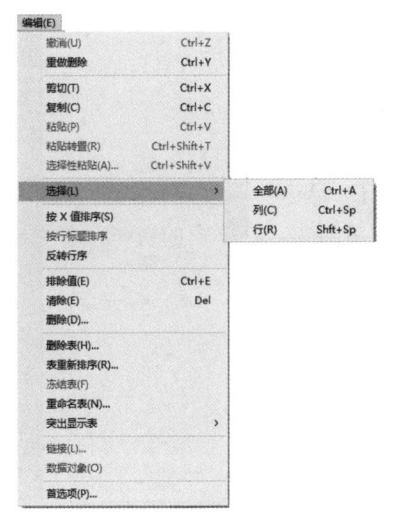

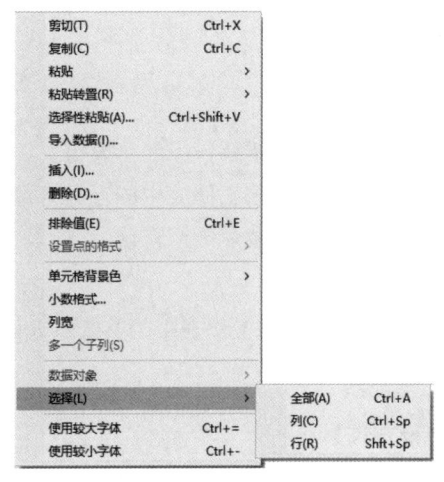

图 4.4　"选择"子菜单

图 4.5　快捷菜单

图 4.6　选中所有单元格

3. 清除单元格内容

清除单元格内容只是删除单元格中的内容、格式，单元格仍然保留在工作表中。

【执行方式】

- 菜单栏：选择菜单栏中的"编辑"→"清除"命令。
- 快捷键：按 Delete 键。

【操作步骤】

选中要清除的单元格区域（见图 4.7），执行此命令，即可清除指定单元格区域的内容，如图 4.8 所示。

图 4.7　选中单元格区域

图 4.8　清除单元格

4.1.2 行列编辑

行、列是组成数据表的基本元素，行和列实际上是一组单元格的集合。

1. 选中行

【执行方式】

- 菜单栏：选择菜单栏中的"编辑"→"选择"→"行"命令。
- 快捷方式：单击工作表中的行号（数字"2"），或者右击，在弹出的快捷菜单中选择"选择"→"行"命令。

【操作步骤】

执行此命令，选中工作表中的整行单元格，如图 4.9 所示。

2. 选中列

【执行方式】

- 菜单栏：选择菜单栏中的"编辑"→"选择"→"列"命令。
- 快捷方式：单击工作表中的列号（名称"第 A 组"），或者右击，在弹出的快捷菜单中选择"选择"→"列"命令。

【操作步骤】

执行此命令，选中工作表中的整列单元格，如图 4.10 所示。

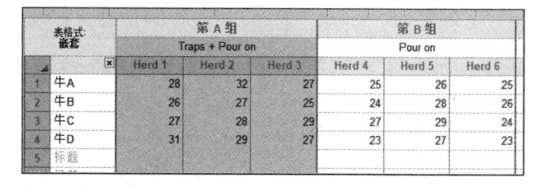

图 4.9　选中整行单元格　　　　图 4.10　选中整列单元格

3. 插入行/列

插入行/列可以分为插入一行、一列或嵌入表，这样可以避免覆盖原有的内容。

【执行方式】

- 菜单栏：选择菜单栏中的"插入"→"行/列"命令。
- 功能区：单击"更改"功能区中的"插入"按钮 ↤。
- 快捷命令：右击，在弹出的快捷菜单中选择"插入"命令。

【操作步骤】

在需要插入单元格的位置选择相应的单元格或行、列，执行此命令，弹出如图 4.11 所示的"插入行和数据集"对话框。单击"确定"按钮，即可插入行或数据集。

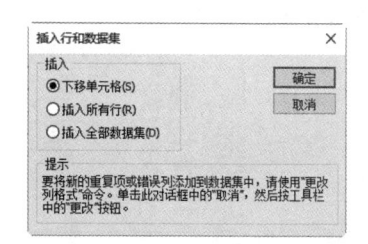

图 4.11　"插入行和数据集"对话框

【选项说明】

下面介绍“插入行和数据集”对话框中的选项。

（1）下移单元格：默认选中该单选按钮，在该单元格上插入一个空白单元格，该单元格及下方单元格整体下移一行，效果如图 4.12 所示。

（2）插入所有行：选中该单选按钮，在该单元格上插入一行空白单元格，效果如图 4.13 所示。

（3）插入全部数据集：选中该单选按钮，在该单元格左侧插入一列空白单元格，效果如图 4.14 所示。若选择的是 X 列，则在右侧插入一列空白单元格，如图 4.15 所示。

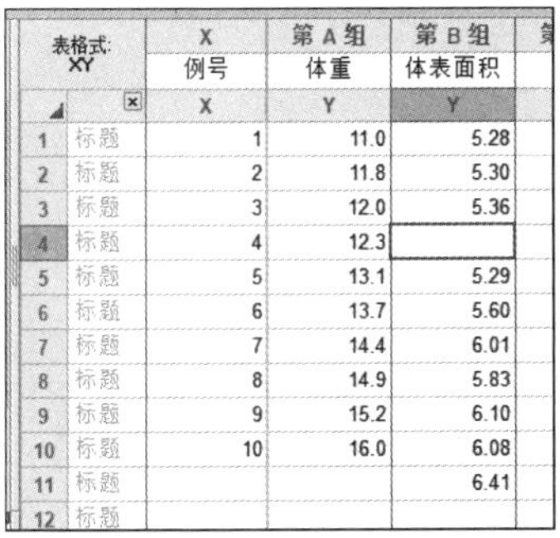

表格式: XY		X 例号	第 A 组 体重	第 B 组 体表面积
		X	Y	Y
1	标题	1	11.0	5.28
2	标题	2	11.8	5.30
3	标题	3	12.0	5.36
4	标题	4	12.3	
5	标题	5	13.1	5.29
6	标题	6	13.7	5.60
7	标题	7	14.4	6.01
8	标题	8	14.9	5.83
9	标题	9	15.2	6.10
10	标题	10	16.0	6.08
11	标题			6.41
12	标题			

图 4.12　下移单元格

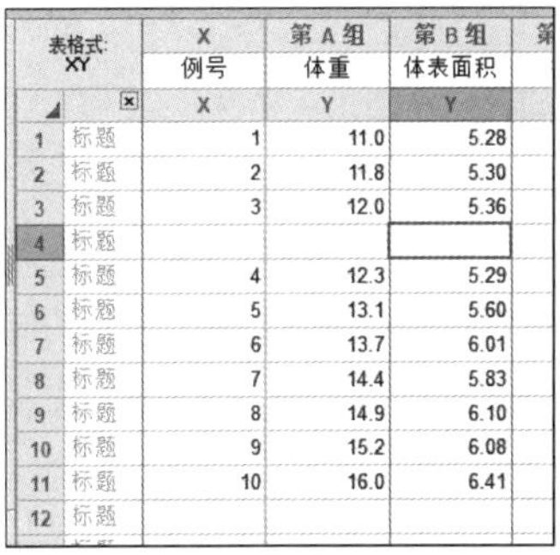

表格式: XY		X 例号	第 A 组 体重	第 B 组 体表面积
		X	Y	Y
1	标题	1	11.0	5.28
2	标题	2	11.8	5.30
3	标题	3	12.0	5.36
4	标题			
5	标题	4	12.3	5.29
6	标题	5	13.1	5.60
7	标题	6	13.7	6.01
8	标题	7	14.4	5.83
9	标题	8	14.9	6.10
10	标题	9	15.2	6.08
11	标题	10	16.0	6.41
12	标题			

图 4.13　插入所有行

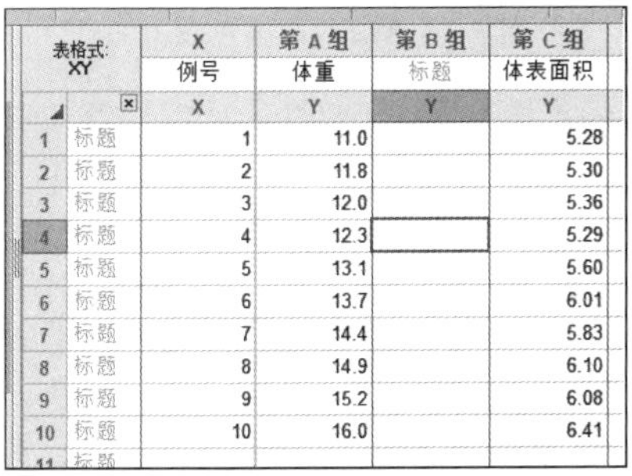

表格式: XY		X 例号	第 A 组 体重	第 B 组 标题	第 C 组 体表面积
		X	Y	Y	Y
1	标题	1	11.0		5.28
2	标题	2	11.8		5.30
3	标题	3	12.0		5.36
4	标题	4	12.3		5.29
5	标题	5	13.1		5.60
6	标题	6	13.7		6.01
7	标题	7	14.4		5.83
8	标题	8	14.9		6.10
9	标题	9	15.2		6.08
10	标题	10	16.0		6.41

图 4.14　插入全部数据集

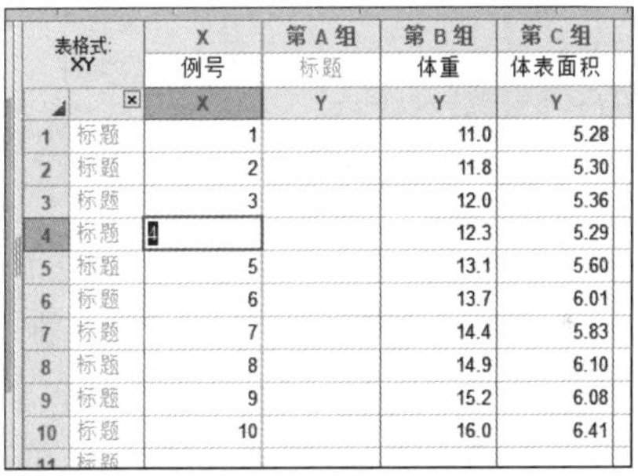

表格式: XY		X 例号	第 A 组 标题	第 B 组 体重	第 C 组 体表面积
		X	Y	Y	Y
1	标题	1		11.0	5.28
2	标题	2		11.8	5.30
3	标题	3		12.0	5.36
4	标题	4		12.3	5.29
5	标题	5		13.1	5.60
6	标题	6		13.7	6.01
7	标题	7		14.4	5.83
8	标题	8		14.9	6.10
9	标题	9		15.2	6.08
10	标题	10		16.0	6.41

图 4.15　在 X 列右侧插入一列

4．删除行、列

删除是从工作表中移除这些行、列中的单元格，并调整周围的单元格的位置，填补删除后的空缺。

【执行方式】

➢ 菜单栏：选择菜单栏中的“编辑”→“删除”命令。
➢ 功能区：在功能区的“更改”选项卡中单击“删除”按钮。
➢ 快捷命令：右击，在弹出的快捷菜单中选择“删除”命令。

【操作步骤】

选中要删除的行或列（见图 4.16），执行此命令，弹出如图 4.17 所示的“删除行和列（数据集）”对话框，可以选择删除活动单元格后其他单元格的排列方式。

图 4.16 选中行列区域

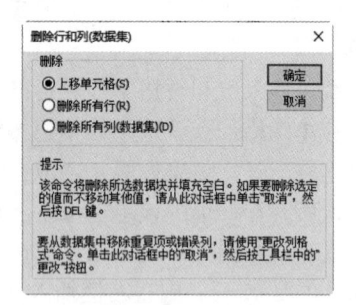

图 4.17 "删除行和列（数据集）"对话框

【选项说明】

下面介绍"删除行和列（数据集）"对话框中的选项。

（1）默认选中"上移单元格"单选按钮，删除选中单元格（见图 4.18）后，将该单元格下方的单元格上移，填补删除单元格位置上的缺失，结果如图 4.19 所示。

图 4.18 选中单元格

图 4.19 上移单元格

（2）选中"删除所有行"单选按钮，删除活动单元格所在行，下面的行自动向上填补删除单元格所在行位置上的缺失（如 10 行变为 9 行），结果如图 4.20 所示。

（3）选中"删除所有列（数据集）"单选按钮，删除活动单元格所在列，右侧的列自动向左填补删除单元格所在列位置上的缺失，结果如图 4.21 所示。

图 4.20 删除整行单元格

图 4.21 删除整列单元格

5. 手动调整列宽

数据表中的所有单元格默认拥有相同的行高和列宽，如果要在单元格中容纳不同大小和类型的内容，就需要调整列宽。如果对列宽的要求不高，可以利用鼠标拖动进行调整。

将鼠标指针移到列标的右边界上，当指针显示为横向双向箭头 ↔ 时，按下左键拖动到合适位置释放，可改变指定列的宽度，如图 4.22 所示。

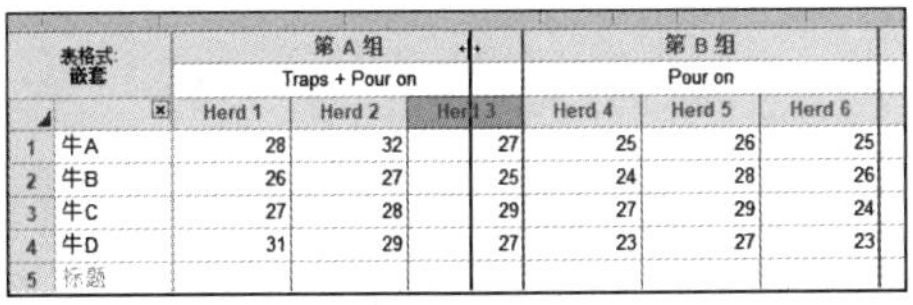

(a) 调整前　　　　　　　　　　　　　　(b) 调整后

图 4.22　调整列宽

需要注意的是，GraphPad Prism 自动确定子列（重复值）的宽度，无法单独更改子列的宽度。

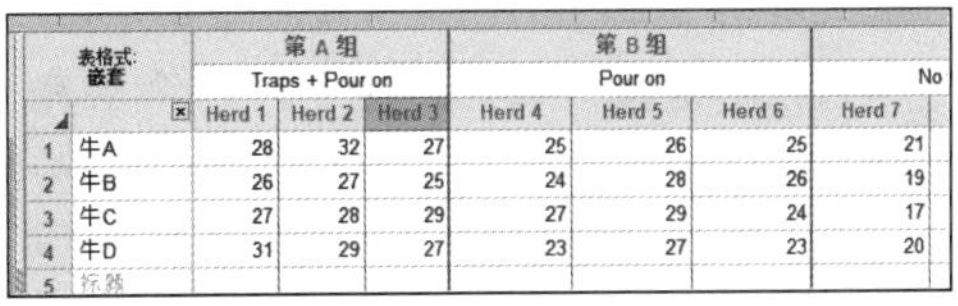

4.1.3　浮动注释编辑

GraphPad Prism 提供了一系列不同颜色的浮动注释窗口，在浮动注释窗口中显示与要执行的操作相关的内容，可以获取与要执行的内容相关的帮助。

【执行方式】

菜单栏：选择菜单栏中的"插入"→"新建浮动注释"命令。

【操作步骤】

执行此命令，弹出如图 4.23 所示的子菜单，显示不同颜色注释命令。选择对应的命令，创建空白浮动注释窗口，如图 4.24 所示。

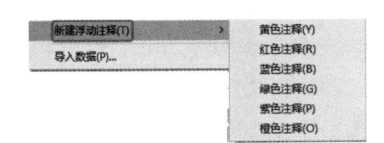

图 4.23　"新建浮动注释"子菜单 　　　　图 4.24　空白黄色浮动注释窗口

【选项说明】

单击浮动注释窗口中的 ▼ 按钮，弹出下拉菜单，出现相关的命令，如图 4.25 所示。

（1）恢复注释：选择该命令，将浮动注释窗口恢复为正常大小，如图 4.26 所示。在该窗口中输入与数据安排相关的注释内容。

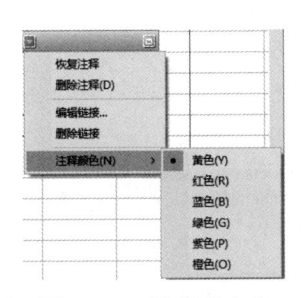

图 4.25　下拉菜单命令 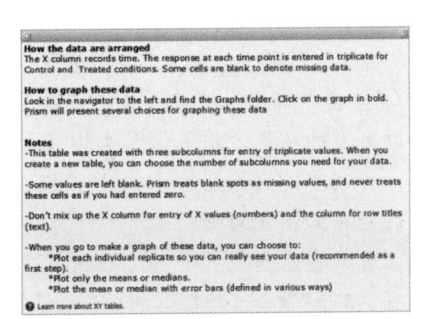　　　　　　　　图 4.26　浮动注释窗口恢复大小

(2) 删除注释：选择该命令，删除浮动注释窗口。

(3) 编辑链接：选择该命令，弹出"编辑 Web 链接"对话框，输入链接文本和 URL，如图 4.27 所示。

(4) 删除链接：选择该命令，删除 Web 链接。

(5) 注释颜色：选择该命令，弹出颜色下拉菜单，选择指定的颜色，可以切换浮动注释窗口的颜色。

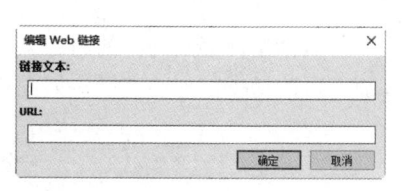

图 4.27　"编辑 Web 链接"对话框

★动手学——药物平均抑菌数据表数据编辑

源文件：源文件\04\药物平均抑菌数据表.xlsx、药物平均抑菌数据表.prism

现有 12 种药敏纸片药物平均抑菌数据（见图 4.28），用于检查生长激素释放激素 GHRH 在一个健康的个体中持续 5 年的安全性和有效性。本实例演示如何在项目文件中导入 xlsx 文件中的数据（平均抑菌圈直径 D 和耐菌 R），并对数据格式进行编辑。

	A	B	C	D	E
1	药物平均抑菌圈直径				
2	药敏纸片	平均抑菌圈直径D	耐菌R	敏感S	结果判定
3	庆大霉素	13	12	15	中介
4	阿莫西林	16	13	18	中介
5	硫酸阿米卡星	23	13	18	敏感
6	硫酸新霉素	19	12	17	敏感
7	多西环素	9	12	16	耐药
8	生山楂	20	12	16	敏感
9	大蒜	22	13	17	敏感
10	痢特灵	23	14	19	敏感
11	甲基新诺明	10	12	17	耐药
12	四环素	8	12	16	耐药
13	链霉素	10	14	17	耐药
14	土霉素	10	14	19	耐药

图 4.28　药物平均抑菌数据表

操作步骤

1. 设置工作环境

（1）双击 GraphPad Prism 10 图标，启动 GraphPad Prism。

（2）选择菜单栏中的"文件"→"打开"命令，或选择 Prism 功能区中的"打开项目文件"命令，或单击"文件"功能区中的"打开项目文件"按钮，或按 Ctrl+O 组合键，弹出"打开"对话框，选择需要打开的文件"导入药物平均抑菌数据表.prism"，单击"打开"按钮，即可打开项目文件。

（3）选择菜单栏中的"文件"→"另存为"命令，或选择"文件"功能区中"保存命令"按钮下的"另存为"命令，弹出"保存"对话框，输入项目名称"药物平均抑菌数据表数据编辑.prism"。单击"保存"按钮，在源文件目录下保存新的项目文件。

2. 设置数据格式

（1）打开数据表"药物平均抑菌圈直径"，单击工作区左上角的"表格式"单元格，弹出"格式化数据表"对话框，打开"表格式"选项卡，勾选"自动列宽"复选框，如图 4.29 所示。单击"确定"按钮，关闭该对话框，在数据表中显示自动列宽的结果，结果如图 4.30 所示。

（2）单击工作表中的列号（第 B 组），按 Delete 键，删除该列数据，结果如图 4.31 所示。

（3）单击工作表左上角的"全选"按钮，选中整个数据表中的数据。单击"文本"功能区中的"粗体"按钮，将行标题和列标题中的文本加粗。单击 下拉列表中的

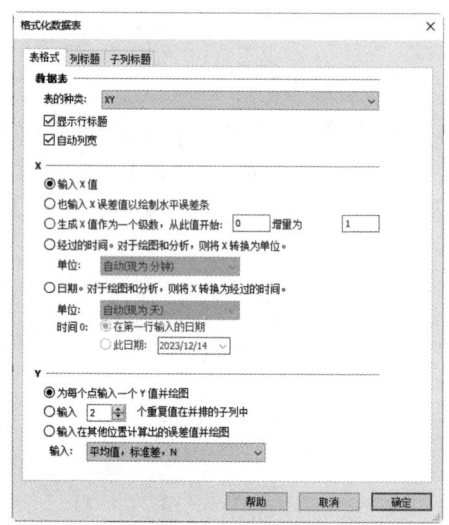

图 4.29　"格式化数据表"对话框

"居中对齐文本"按钮，将行标题和列标题中的文本居中对齐，如图 4.32 所示。

图 4.30　设置工作表格式　　　　图 4.31　删除列数据　　　　图 4.32　设置文本格式

3. 插入列

（1）单击选择工作表中的 X 列，单击"更改"功能区中的"插入"按钮，即可在 X 列插入 Y 列（第 A 组），原始的 Y 列（第 A 组）自动右移，变为 Y 列（第 B 组），如图 4.33 所示。

（2）单击选择工作表中的 X 列，按 Ctrl+X 组合键，单击选择工作表中的 Y 列（第 A 组）列，按 Ctrl+V 组合键，剪切数据，结果如图 4.34 所示。

图 4.33　插入列　　　　　　　　　　　图 4.34　剪切数据

（3）单击选择工作表中的 X 列，在功能区的"更改"选项卡中单击"插入数字序列"按钮，弹出"创建级数"对话框。默认设置 12 个值垂直排列，"第一个值"为 1，计算每个值时，值在其正上方"加""1.0"。单击"确定"按钮，关闭该对话框，在选择的单元格内插入包含 12 个值的序列。

（4）在数据表中 X 列的标题单元格中输入"组号"，结果如图 4.35 所示。

4. 新建浮动注释

（1）选择菜单栏中的"插入"→"新建浮动注释"→"黄色"命令，创建黄色浮动注释窗口，输入说明文字，结果如图 4.36 所示。

（2）为了不影响数据表的数据显示和操作，单击浮动注释窗口右上角的按钮，最小化该窗口，并自动移动到数据表工作区的右下角，结果如图 4.37 所示。

图 4.35　插入序列

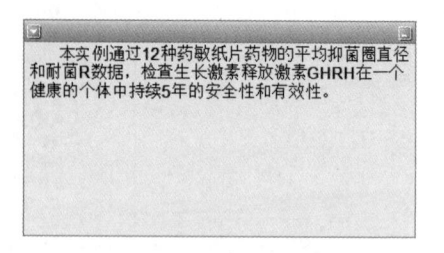

图 4.36　创建黄色浮动注释窗口

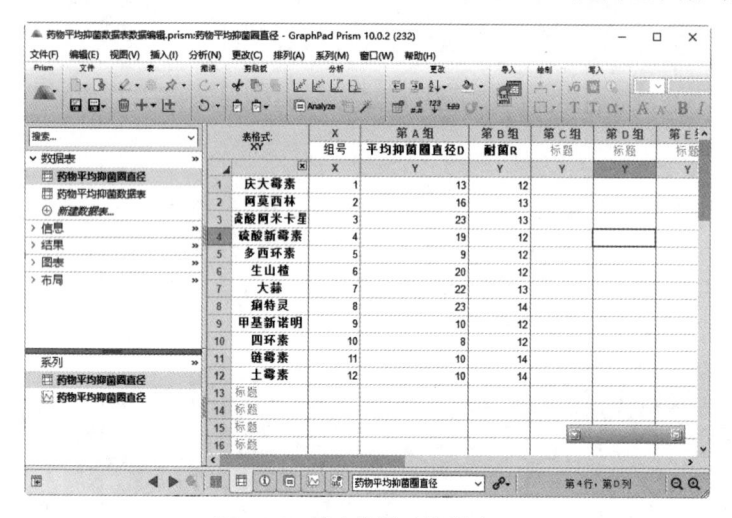

图 4.37　最小化浮动注释窗口

5. 保存项目

单击"文件"功能区中的"保存"按钮，或按 Ctrl+S 组合键，保存项目文件。

4.2　数据清洗

　　数据清洗是对一些没有用的数据进行处理的过程。在数据分析工作中，很多数据集存在数据缺失、数据格式错误、错误数据或重复数据的情况，如果要使数据分析结果更加准确，就需要对这些没有用的数据进行处理。

4.2.1　小数数据

　　设置带小数点的数据的格式可以增强数据表的可读性，如统一数据的小数点位数，应用的格式并不会影响 GraphPad Prism 用于进行计算的实际单元格数值。

【执行方式】

➢ 菜单栏：选择菜单栏中的"更改"→"小数格式"命令。

> 功能区：在功能区的"更改"选项卡中单击"更改小数格式（小数点后的位数）"按钮。
> 快捷命令：在工作区右击，在弹出的快捷菜单中选择"小数格式"命令。

【操作步骤】

选中要编辑的单元格，执行此命令，弹出如图 4.38 所示的"小数格式"对话框，显示选中单元格中数据的小数格式。

【选项说明】

1. "小数点后的位数"选项组

GraphPad Prism 将自动根据输入的数值选择数据表中显示的小数位数。也可以根据下面的选项进行设置。

（1）最小位数：在该选项后输入指定的位数。

图 4.38 "小数格式"对话框

（2）视需要自动增加：勾选该复选框，若修改单元格中的数据（小数点后的位数变化），则忽视指定的位数，根据数值自动增加小数点后的位数。若未勾选该复选框，则修改后的数据依旧按照指定的位数定义。

2. "使用科学记数法，即 3.04e-08"选项组

在该选项组中可以设置数字计数规则。

（1）总是：选中该单选按钮，按照 3.04e-08 格式进行计数。

（2）当小数点前的位数：如果想真正将数值舍入到小数点后的某个位数，需要将数字四舍五入到指定的位数。在"超过此数量时"指定数字四舍五入的位数，默认值为 7，即输入数字的位数超过 7 时使用科学记数法显示。

4.2.2 排除值

如果有些数据的值过高或过低且不可信，则可以排除。排除值虽然仍然在数据表上以蓝色斜体显示，但不参与数据分析，也不在图表上显示。从分析和图表的角度来看，等同于删除了该值，但该值仍保留在数据表中以记录其值。

【执行方式】

> 功能区：在功能区的"更改"选项卡中单击"排除所选值"按钮。
> 快捷命令：在工作区右击，在弹出的快捷菜单中选择"排除值"命令。
> 快捷键：按 Ctrl+E 组合键。

【操作步骤】

选中包含要排除的数据所在的单元格，执行此命令，排除单元格中的数据，排除值以蓝色斜体显示，数值右上角显示"*"，如图 4.39 所示。

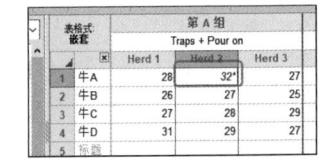

图 4.39 显示排除值

4.2.3 数据排序

使用 GraphPad Prism 的数据排序功能，可以使数据按照用户的需要进行排列。在进行排序之前，

有必要了解 GraphPad Prism 的默认排列顺序。

1. 排序规则

GraphPad Prism 默认根据单元格中的数据进行排序，在按升序排序时，遵循以下规则。

（1）数字从最小的负数到最大的正数进行排序。

（2）文本及包含数字的文本按 0~9~a~z~A~Z 的顺序排序，即 0、1、2、3、4、5、6、7、8、9（空格）、!、"、#、$、%、&、(、)、*、,、.、/、:、;、?、@、[、\、]、^、_、`、{、|、}、~、+、<、=、>、A、B、C、D、E、F、G、H、I、J、K、L、M、N、O、P、Q、R、S、T、U、V、W、X、Y、Z、撇号（'）和连字符（-）会被忽略。

注意：如果两个文本字符串除了连字符不同，其余字符都相同，则带连字符的文本排在后面。

（3）在按字母先后顺序对文本进行排序时，从左到右逐个字符进行排序。例如，如果一个单元格中含有文本 A100，则这个单元格将排在含有 A1 的单元格的后面，排在含有 A11 的单元格的前面。

（4）在逻辑值中，False 排在 True 前面。

（5）所有错误值的优先级相同。

（6）空格始终排在最后。

（7）排序时不区分大小写。

（8）在对汉字进行排序时，既可以根据汉语拼音的字母顺序进行排序，也可以根据汉字的笔画顺序进行排序。

2. 排序方法

在排序时可以使用三种方法：按 X 值排序、按行标题排序、反转行序。

【执行方式】

➢ 菜单栏：选择菜单栏中的"编辑"命令。

➢ 功能区：在功能区的"更改"选项卡中单击"更改行序"按钮 。

【操作步骤】

执行此命令，显示三种排序方法，如图 4.40 所示。

（1）按 X 值排序：按数据区域中 X 列的数值进行排序。该方法是排序中最常用也是最简单的一种排序方法。

（2）按行标题排序：按数据区域中行标题列的数值进行排序。

（3）反转行序：指按照翻转的行号进行排序，除了空白单元格总是在最后外，其他的排列次序反转。

图 4.40 排序命令

4.2.4 数据突出显示

在 GraphPad Prism 中，有时需要将重点数据进行突出显示。

【执行方式】

➢ 菜单栏：选择菜单栏中的"更改"→"单元格背景色"命令。

➢ 功能区：在功能区的"更改"选项卡中单击"突出显示选定的单元格"按钮 。

➢ 快捷命令：在工作区右击，在弹出的快捷菜单中选择"单元格背景色"命令。

【操作步骤】

选中包含要突出显示的单元格，执行此命令，弹出如图 4.41 所示的颜色子菜单，将选中单元格背景色设置为指定的颜色，如图 4.42 所示。

★动手练——大气相关性数据表数据清洗

本实例演示如何清洗不同臭氧水平下太阳辐射、风和温度的数据表，如删除缺失值、突出显示排除值，结果如图 4.43 所示。

图 4.41　颜色子菜单　　　　图 4.42　数据突出显示　　　　图 4.43　数据清洗结果

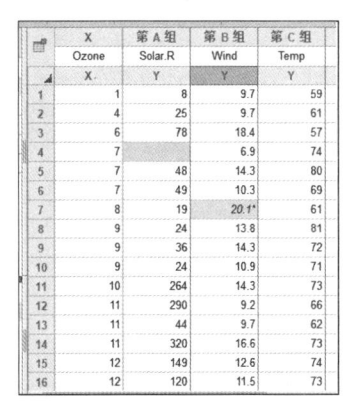

思路点拨

源文件：源文件\04\大气相关性数据表.prism

（1）打开项目文件"大气相关性数据表.prism"。

（2）选择"按 X 值排序"命令，对 X 列（Ozone）数据进行排序，空白缺失值显示在前面行，删除 X 列（Ozone）的缺失值。

（3）将 Y 列（Solar.R）数据中的空白缺失值突出显示为红色。

（4）将 Y 列（Wind）数据中的过高值（大于 20）设置为排除值并突出显示为橙色。

（5）保存文件为"大气相关性数据表数据清洗.prism"。

4.3　数 据 提 取

数据分析过程中，并不是所有的数据都是需要的，此时需要提取部分数据，从源数据中抽取部分或全部数据到目标系统、删除指定数据、转置数据，从而在目标系统中再进行数据加工与利用。

4.3.1　删除行

删除行是指在一个大的数据表中，根据需要删除指定的行数据，创建一个更小的数据表输出，这样更容易进行分析。执行该操作后，原始的大的数据表并未被删除。

【执行方式】

菜单栏：选择菜单栏中的"分析"→"数据处理"→"删除行"命令。

【操作步骤】

执行此命令，弹出"分析数据"对话框。在左侧列表中选择指定的分析方法"删除行"，在右侧显示需要分析的数据集和数据列，如图 4.44 所示。

单击"确定"按钮，关闭该对话框，弹出"参数：删除行"对话框，定义数据集中要删除的数据条件，如图 4.45 所示。

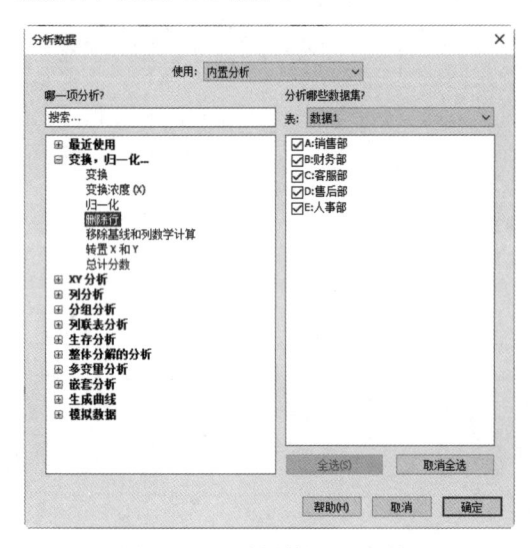

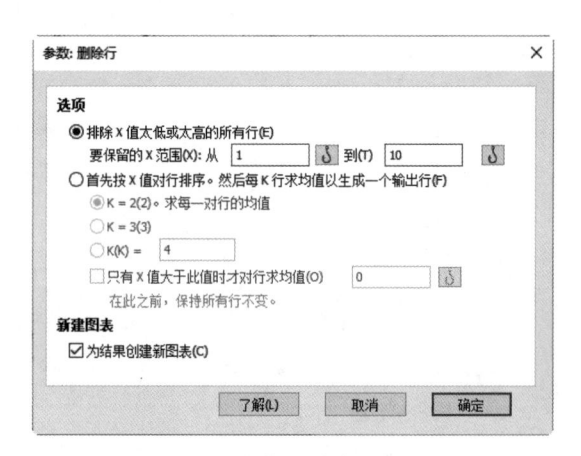

图 4.44 "分析数据"对话框　　　　　图 4.45 "参数：删除行"对话框

【选项说明】

1. "选项"选项组

（1）排除 X 值太低或太高的所有行：选中该单选按钮，设置要保留的 X 范围。

（2）首先按 X 值对行排序。然后每 K 行求均值以生成一个输出行：选中该单选按钮，通过不同的方法定义 K 值。

2. "新建图表"选项组

为结果创建新图表：勾选该复选框，在新的数据表中输出删除行后的数据的同时，创建与输出数据表关联的图表。

★动手学——提取大气相关性数据

源文件：源文件\04\大气相关性数据表.prism

现有 153 组大气监测数据，检查发现记录过程中由于书写疏漏，包含一些缺失值，为了不影响数据分析，本实例演示如何删除不符合规定的数据。

操作步骤

1. 设置工作环境

（1）双击 GraphPad Prism 10 图标，启动 GraphPad Prism。

（2）选择菜单栏中的"文件"→"打开"命令，或选择 Prism 功能区中的"打开项目文件"命令，或单击"文件"功能区中的"打开项目文件"按钮，或按 Ctrl+O 组合键，弹出"打开"对话框。选择需要打开的文件"大气相关性数据表.prism"，单击"打开"按钮，即可打开项目文件。

（3）选择菜单栏中的"文件"→"另存为"命令，或选择"文件"功能区中"保存命令"按钮下的"另存为"命令，弹出"保存"对话框，输入项目名称"提取大气相关性数据.prism"。单击"保存"按钮，在源文件目录下保存新的项目文件。

2. 删除缺失值数据

（1）选择菜单栏中的"分析"→"数据处理"→"删除行"命令，弹出"分析数据"对话框。在左侧列表中选择指定的分析方法"删除行"，在右侧显示需要分析的数据集和数据列，如图 4.46 所示。

（2）单击"确定"按钮，关闭该对话框，弹出"参数：删除行"对话框。在"选项"选项组中选中"排除 X 值太低或太高的所有行"单选按钮，自动设置要保留的 X 范围；在"新建图表"选项组中取消勾选"为结果创建新图表"复选框，如图 4.47 所示。

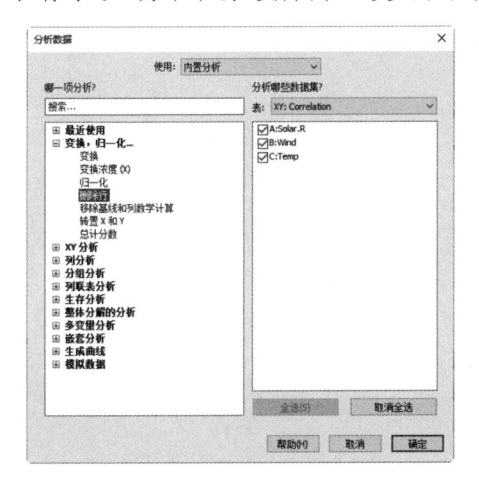

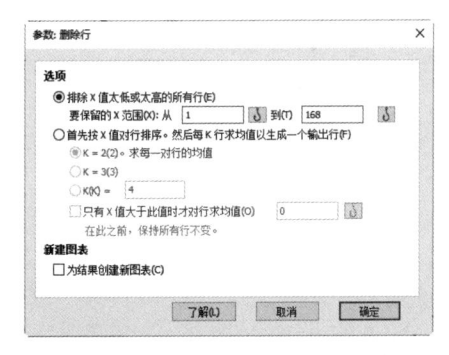

图 4.46 "分析数据"对话框　　　　图 4.47 "参数：删除行"对话框

（3）单击"确定"按钮，创建结果表"删除行/XY：Correlation"，删除 X 列（Ozone）中臭氧水平为空的数据行，如图 4.48 所示。

3. 设置小数格式

（1）打开结果表"删除行/XY：Correlation"，选中要编辑的列（X 列和 A 列），选择菜单栏中的"更改"→"小数格式"命令，或在功能区的"更改"选项卡中单击"更改小数格式（小数点后的位数）"按钮，或右击，在弹出的快捷菜单中选择"小数格式"命令，弹出"小数格式"对话框，设置"最小位数"为 0，如图 4.49 所示。

图 4.48 创建结果表"删除行/XY：Correlation"

（2）单击"确定"按钮，关闭该对话框，设置 X 列和 A 列中数据的小数位数为 0。

（3）使用同样的方法，设置 B 列中数据的小数位数为 1，设置 C 列中数据的小数位数为 0，结果如图 4.50 所示（由于篇幅有限，图中无法显示所有数据，此处显示部分数据以作示意）。

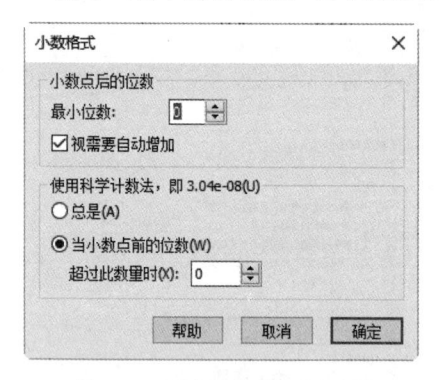

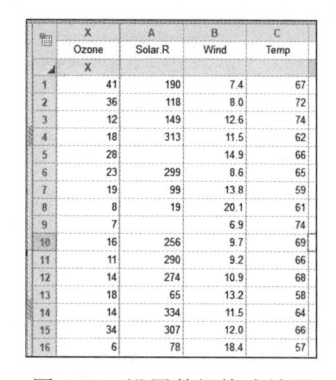

图 4.49 "小数格式"对话框   图 4.50 设置数据格式结果

4. 设置结果表格式

（1）打开结果表"删除行/XY：Correlation"。按 Shift 键，选择多个列标题单元格（X～C），选择菜单栏中的"更改"→"单元格背景色"→"蓝色"命令，将选中的多个列标题单元格背景色设置为蓝色，如图 4.51 所示。

图 4.51 设置列标题颜色

（2）按 Shift 键，选择（1～116）行数据单元格，在功能区的“更改”选项卡中单击“突出显示选定的单元格”按钮下的“红色”命令，将选中的行数据单元格背景色设置为红色，如图 4.52 所示。

（3）由于“第 A 组”数据出现数据缺失的情况，需要突出显示。按 Shift 键，选择空白单元格，右击，在弹出的快捷菜单中选择“单元格背景色”→“黄色”命令，将选中的单元格背景色设置为黄色，如图 4.53 所示。

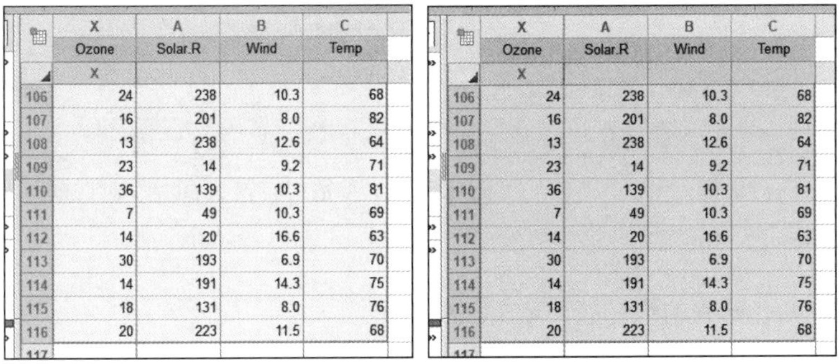

	X Ozone	A Solar.R	B Wind	C Temp
	X			
106	24	238	10.3	68
107	16	201	8.0	82
108	13	238	12.6	64
109	23	14	9.2	71
110	36	139	10.3	81
111	7	49	10.3	69
112	14	20	16.6	63
113	30	193	6.9	70
114	14	191	14.3	75
115	18	131	8.0	76
116	20	223	11.5	68

	X Ozone	A Solar.R	B Wind	C Temp
	X			
106	24	238	10.3	68
107	16	201	8.0	82
108	13	238	12.6	64
109	23	14	9.2	71
110	36	139	10.3	81
111	7	49	10.3	69
112	14	20	16.6	63
113	30	193	6.9	70
114	14	191	14.3	75
115	18	131	8.0	76
116	20	223	11.5	68

图 4.52　设置行数据颜色

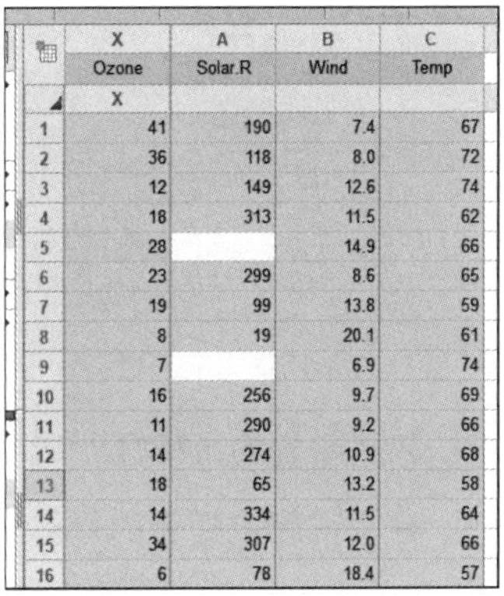

	X Ozone	A Solar.R	B Wind	C Temp
	X			
1	41	190	7.4	67
2	36	118	8.0	72
3	12	149	12.6	74
4	18	313	11.5	62
5	28		14.9	66
6	23	299	8.6	65
7	19	99	13.8	59
8	8	19	20.1	61
9	7		6.9	74
10	16	256	9.7	69
11	11	290	9.2	66
12	14	274	10.9	68
13	18	65	13.2	58
14	14	334	11.5	64
15	34	307	12.0	66
16	6	78	18.4	57

图 4.53　突出显示缺失数据

5. 保存项目

单击“文件”功能区中的“保存”按钮，或按 Ctrl+S 组合键，保存项目文件。

4.3.2　转置 X 和 Y

转置 X 和 Y 是指转置数据表中的行和列。每行 Y 值在结果表中变成一列（数据集）；第一行变成第一个数据集，第二行变成第二个数据集，以此类推。GraphPad Prism 无法转置超过 256 行的数据表，因为无法创建超过 256 列的表格。

提示：转置数据表（使每一行变成一列）与交换 X 值和 Y 值列（所有 X 值变成 Y 值，Y 值变成 X 值）不同。

【执行方式】

菜单栏：选择菜单栏中的“分析”→“数据处理”→“转置 X 和 Y”命令。

【操作步骤】

执行此命令，弹出“分析数据”对话框。在左侧列表中选择指定的分析方法“转置 X 和 Y”，在右侧显示需要分析的数据集和数据列，如图 4.54 所示。

单击“确定”按钮，关闭该对话框，弹出“参数：转置 X 和 Y”对话框，如图 4.55 所示。

【选项说明】

1.“转置为何种表”选项组

选择要转置的数据表类型：XY 表或分组数据表。

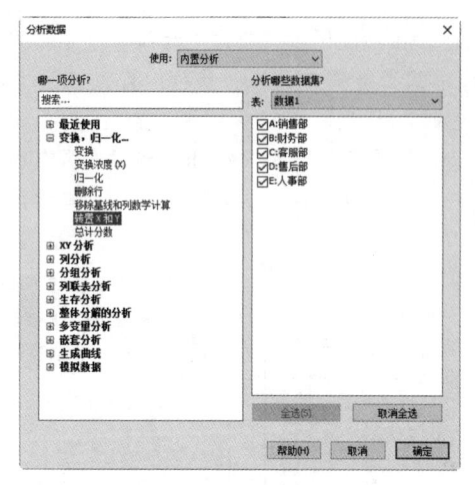

图 4.54 "分析数据"对话框　　　　图 4.55 "参数：转置 X 和 Y"对话框

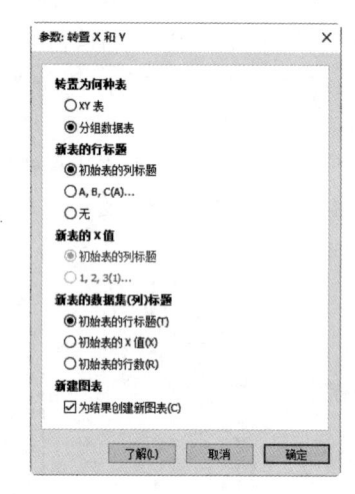

2. "新表的行标题"选项组

定义或新数据表的行标题，包括初始表的列标题、A,B,C(A)或无。

3. "新表的 X 值"选项组

定义或新数据表的 X 值，包括初始表的列标题、1,2,3(1)。

4. "新表的数据集（列）标题"选项组

（1）初始表的行标题：选中该单选按钮，将初始表的行标题作为新表的数据集（列）标题。

（2）初始表的 X 值：选中该单选按钮，将初始表的 X 值作为新表的数据集（列）标题。

（3）初始表的行数：选中该单选按钮，将初始表的行数作为新表的数据集（列）标题。

★动手练——转置健康女性的测量数据

本实例演示如何转置健康女性的测量数据，输出行列互换的结果表，如图 4.56 所示。

图 4.56 数据转置结果

思路点拨

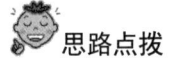

源文件：源文件\04\复制健康女性的测量数据.prism

（1）打开项目文件"复制健康女性的测量数据.prism"。

（2）打开"测量数据"数据表，选择"转置 X 和 Y"命令，将数据表转换为"分组数据表"，新表的行标题为"初始表的列标题"，新表的数据集（列）标题为"初始表的行标题"。

（3）打开"测量数据"数据表，选择"转置 X 和 Y"命令，将数据表转换为"XY 表"，新表的行标题为"A, B, C(A)"，新表的 X 值为"1,2,3(1)"，新表的数据集（列）标题为"初始表的行标题"。

（4）打开"测量数据"数据表，选择"转置 X 和 Y"命令，将数据表转换为"XY 表"，新表的行标题为"初始表的列标题"，新表的 X 值为"初始表的列标题"，新表的数据集（列）标题为"初始表的 X 值"。

（5）保存文件为"转置健康女性的测量数据.prism"。

4.4 数据转换

当利用 GraphPad Prism 进行数据处理时，首先需要确定的是正确的数据，一般需要通过数据的转化，才能进行后续的数据操作。

4.4.1 使用公式进行数据变换

在绘制或分析数据之前，可能需要通过计算将数据变换成适当形式。当使用 GraphPad Prism 变换数据时，数据表不会更改，而是使用变换后的值创建一张新的结果表。

【执行方式】

菜单栏：选择菜单栏中的"分析"→"数据处理"→"变换"命令。

【操作步骤】

执行此命令，弹出"分析数据"对话框。在左侧列表中选择指定的分析方法"变换"，在右侧显示需要分析的数据集和数据列，如图 4.57 所示。

单击"确定"按钮，关闭该对话框，弹出"参数：变换"对话框，对数据集根据指定的数学变换函数（见表 4.1）对 Y 值进行变换，如图 4.58 所示。

图 4.57 "分析数据"对话框　　　　图 4.58 "参数:变换"对话框

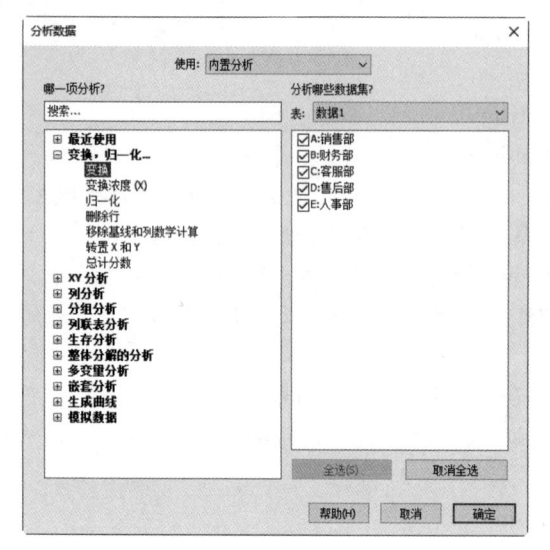

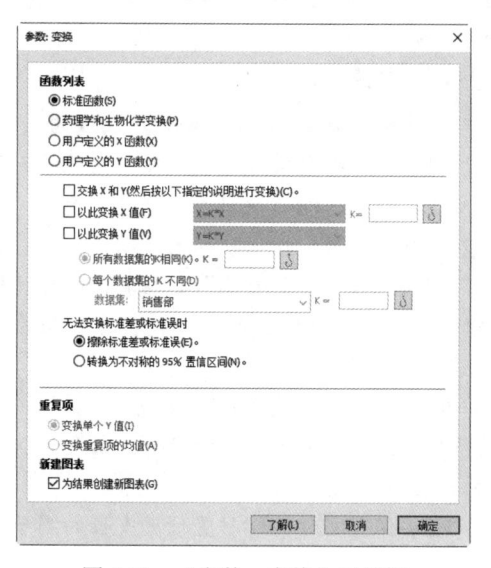

表 4.1 数学变换函数

函　数	说　　明
Y=Y*K	在所提供的方框中输入 K
Y=Y+K	在所提供的方框中输入 K
Y=Y−K	在所提供的方框中输入 K
Y=Y/K	在所提供的方框中输入 K
Y=Y^2	
Y=Y^K	在所提供的方框中输入 K
Y=lg (Y)	Y 的对数(以 10 为底)
Y=−1*lg (Y)	
Y= ln (Y)	Y 的自然对数(以 e 为底)
Y=10^Y	10 的 Y 次方(以 10 为底的对数的倒数)
Y=exp (Y)	e^Y(自然对数的倒数)
Y=1/Y	
Y= sqrt (Y)	Y 的平方根
Y=logit (y)	ln(Y/(1−Y))
Y=probit (Y)	Y 必须介于 0.0 和 1.0 之间
Y=rank (Y)	列秩。指定等级为 1 的最小 Y 值
Y=zscore (Y)	列平均值中的标准差(SD)
Y=sin (Y)	Y 以弧度表示
Y= cos (Y)	Y 以弧度表示
Y= tan (Y)	Y 以弧度表示
Y=arcsin (Y)	Y 以弧度表示

续表

函　数	说　明
Y=ABS (Y)	Y 的绝对值
Y=Y+ Random	从平均值为 0 且 SD=K 的高斯（正态）分布中选择的随机值（输入所提供的方框中）
Y=X/Y	
Y=Y/X	
Y=Y−X	
Y=Y+X	
Y=Y*X	
Y=X−Y	
Y=K−Y	在所提供的方框中输入 K
Y=K/Y	在所提供的方框中输入 K
Y=log$_2$ (Y)	Y 的对数（以 2 为底）
Y=2^Y	2 的 Y 次方（以 2 为底的对数的倒数）
Y=Y	四舍五入到小数，在所提供的方框中输入 K 点后的 K 位

【选项说明】

1. "函数列表"选项组

（1）标准函数：选中该单选按钮，通过表 4.2 中的标准函数进行计算。

表 4.2　标准函数计算

函　数	X 变换	Y 变换
Eadie-Hofstee	Y/X	无变化
Hanes-Woolf	无变化	X/Y
Hill	如果将数据作为对数（集合）输入，则不会有任何变化。lg10(X)如果输入数据，则作为集合	lg10(Y/(Ymax−Y))
Lineweaver-Burk	1/X	1/Y
Log-log	lg10 (X)	lg10 (Y)
Scatchard	Y	Y/X

1）交换 X 和 Y（然后按以下指定的说明进行变换）：勾选该复选框，X 变换会应用至原来在 Y 列中的数据，而 Y 变换会应用至原来在 X 列中的数据。

2）以此变换 X 值：勾选该复选框，使用函数计算 X 值，得到 X 变换值。

3）以此变换 Y 值：勾选该复选框，使用函数计算 Y 值，得到 Y 变换值。

4）所有数据集的 K 相同：许多函数包含变量 K，输入一个 K 值。

5）每个数据集的 K 不同：为每个数据集输入一个单独的 K 值。在"数据集"下拉列表中选择 Y 列。

6）无法变换标准差或标准误时：如果输入的数据是平均值、标准差（SD）或标准误差（SEM）和 n，则 GraphPad Prism 可以变换误差条与平均值。当变换值在本质上不对等（即对数）时，从数学的角度来说无法变换 SD 并以 SD 结束。可以有两个处理方法。

> 擦除标准差或标准误：只变换平均值，也可以删除误差条。
> 转换为不对称的 95%置信区间：将误差条变换为 95%置信区间，然后变换置信区间的两端。由此产生的 95%置信区间将是不对等区间。

（2）药理学和生物化学变换：选中该单选按钮，显示药理学和生物化学的变换函数，如图 4.59 所示。

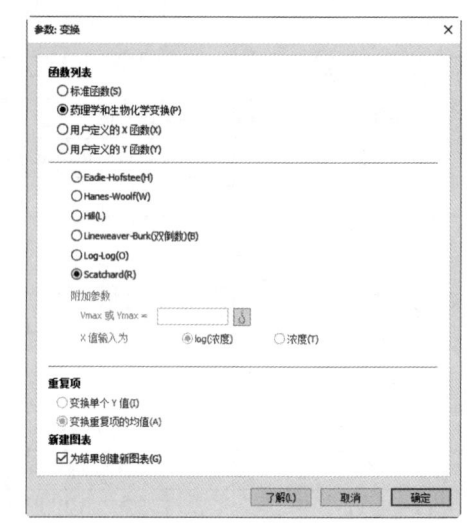

（3）用户定义的 X 函数。除了标准函数外，GraphPad Prism 还可以通过编写程序代码自定义一个 X 函数，如图 4.60 所示。单击"添加"按钮，弹出"方程式"对话框，在"名称"文本框中输入函数名称，在"方程式"列表框中输入函数表达式（见表 4.3），如图 4.61 所示。

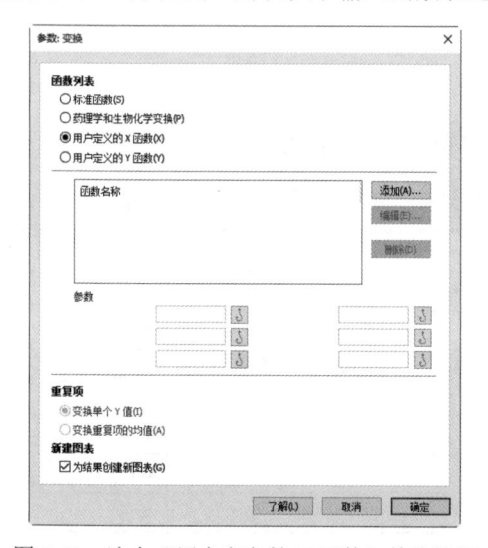

图 4.59 选中"药理学和生物化学变换"单选按钮

图 4.60 选中"用户定义的 X 函数"单选按钮

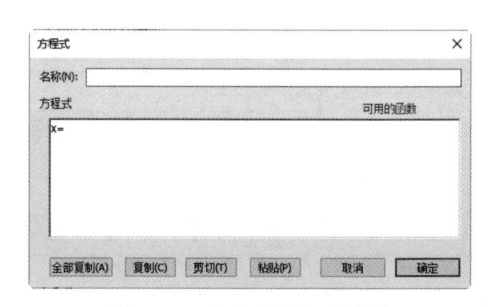

图 4.61 "方程式"对话框

表 4.3 函数表达式

函　　数	说　　明
abs (k)	绝对值
arccos (k)	反余弦，结果以弧度表示
arccosh (k)	双曲线反余弦，结果以弧度表示
arcsin (k)	反正弦，结果以弧度表示
arcsinh (k)	双曲线反正弦，结果以弧度表示
arctan (k)	反正切，结果以弧度表示

续表

函　　数	说　　明
arctanh (k)	双曲线反正切，结果以弧度表示
arctan2 (x, y)	y/x 的反正切，结果以弧度表示
besselj (n, x)	整数阶 J Bessel，n=0,±1,±2,…
bessely (n, x)	整数阶 Y Bessel，n=0,±1,±2,…
besseli (n, x)	整数阶 I 修改 Bessel，n=0,±1,±2,…
besselk (n, x)	整数阶 K 修改 Bessel，n=0,±1,±2,…
beta (j, k)	β 函数
binomial (k, n, p)	在 Binomial.n 次试验中，获得 k 次或更多次"成功"的概率，每次试验均有"成功"的概率 p
chidist (x2, v)	卡方 P 值=v 自由度 x2
chiinv (p, v)	具有 v 自由度的指定 P 值的卡方值
ceil (k)	不小于 k 的最近整数。ceil(2.5)=3.0，ceil(−2.5)=−2.0
cos (k)	余弦，结果以弧度表示
cosh (k)	双曲余弦，结果以弧度表示
deg (k)	将 k 弧度转换为角度
erf (k)	误差函数
erfc (k)	误差函数，补数
exp (k)	e 的 k 次幂
floor (k)	小于 k 的下一个整数。floor(2.5)=2.0，floor(−2.5)=−3.0
fdist (f, v1, v2)	分子为 v1 自由度，分母为 v2 自由度的 F 分布的 P 值
finv (p, v1, v2)	F 比率对应于具有 v1 和 v2 自由度的 P 值
gamma (k)	伽马函数
gammaln (k)	伽马函数的自然对数
hypgeometricm(a, b, x)	超几何 M
hypgeometricu(a, b, x)	超几何 U
hypgeometricf(a, b, c, x)	超几何 F
ibeta (j, k, m)	不完整 β
if (condition, j, k)	如果条件为真，则结果为 j；否则结果为 k
igamma (j, k)	不完整 γ
igammac (j, k)	不完整 y，补数
int (k)	截断分数。int(3.5)=3，int(−2.3)=−2
ln (k)	自然对数
lg (k)	以 10 为底的对数
max (j, k)	最多两个值
min (j, k)	至少两个值
j mod k	j 除以 k 后的余数（模数）
normdist (x, m, sd)	P 值（单尾）对应于 x 的指定值。均值等于 m 且标准差等于 sd 的正态（高斯）分布
norminv (p, m, sd)	分位数（逆累积分布函数），对应于均值等于 m 且标准差等于 sd 的正态（高斯）分布的单尾 P 值

续表

函　数	说　明
psi (k)	Psi(Ψ)函数。y 函数的导数
rad (k)	将 k 度转换为弧度
round (k, j)	将数字 k 四舍五入，在小数点后显示 j 位数字
sgn (k)	k 符号。如果 k>0，则 sgn(k)=1；如果 k<0，则 sgn(k)=−1；如果 k=0，则 sgn(k)=0
sin (k)	正弦，结果以弧度表示
sinh (k)	双曲正弦，结果以弧度表示
sqr (k)	平方
sqrt (k)	平方根
tan (k)	正切，结果以弧度表示
tanh (k)	双曲正切，结果以弧度表示
tdist (t, v)	P 值（单尾），对应于具有 v 自由度的 t 的特异性值。t 分布
tinv (p, v)	比率对应于具有 v 个自由度的双尾 P 值
zdist (z)	P 值（单尾）对应于 z 的特异性值。高斯分布
zinv (p)	z 比率对应于单尾 P 值

下面介绍用户输入自定义方程时应注意的问题。

1）变量和参数名称不得超过 13 个字符。

2）如需用两个词来命名一个变量，则需要用下划线分隔，不使用空格、连字符或句号，如 Half_Life。

3）不区分变量、参数或函数名称中的大小写字母。

4）用星号（*）表示乘法。例如，需将 A 乘以 B，应输入 A*B，而非 AB。

5）使用 caret(A)表示幂。例如，A^B 表示 A 的 B 次幂。必要时使用圆括号显示运算顺序。为增加可读性，可用方括号[]或大括号{}。

6）使用一个等号为变量赋值。

7）无须在语句的结尾使用任何特殊的标点符号。

8）如需输入长行，应在第一行末尾输入反斜杠（\），然后按 Enter 键并继续。GraphPad Prism 会将两行视为一行。

9）如需输入注释，应先输入分号（;），再输入文本。注释可从一行的任何地方开始。

10）可以使用许多函数，其中大部分与 Excel 中内置的函数相似。需要注意的是，不要将内置函数的名称用作参数名称。例如，由于 β 是函数名称，因此无法给参数 β 命名。

（4）用户定义的 Y 函数。GraphPad Prism 还可以通过编写程序代码自定义一个 Y 函数，具体方法与定义 X 函数类似，这里不再赘述。

2. "重复项"选项组

（1）变换单个 Y 值：选中该单选按钮，如果输入重复 Y 值，则 GraphPad Prism 可以变换每个重复值。

（2）变换重复项的均值：选中该单选按钮，如果输入重复 Y 值，则 GraphPad Prism 可以变换每个重复值的平均值。

3. "新建图表"选项组

为结果创建新图表：勾选该复选框，为变换的数据创建新的数据表的同时，创建关联的图表。

4.4.2 数据归一化

数据归一化就是把需要处理的数据经过某种算法处理后限制在需要的一定范围内。目的是方便后续的数据处理。简单来说，就是让数值差异过大的几组数据缩小至同一数量级。

【执行方式】

菜单栏：选择菜单栏中的"分析"→"数据处理"→"归一化"命令。

【操作步骤】

执行此命令，弹出"分析数据"对话框。在左侧列表中选择指定的分析方法"归一化"，在右侧显示需要分析的数据集和数据列，如图 4.62 所示。

单击"确定"按钮，关闭该对话框，弹出"参数：归一化"对话框，将数据集中的值进行归一化处理，如图 4.63 所示。

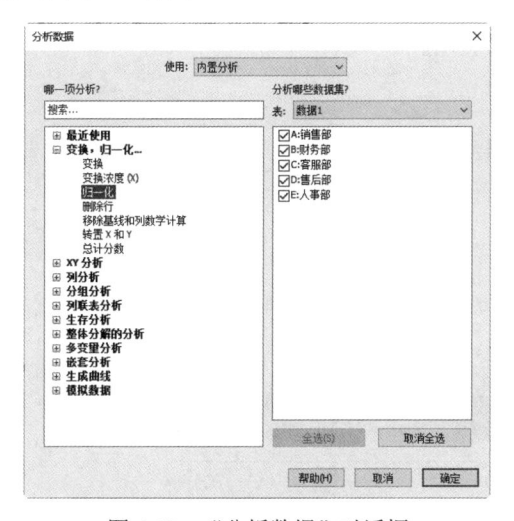

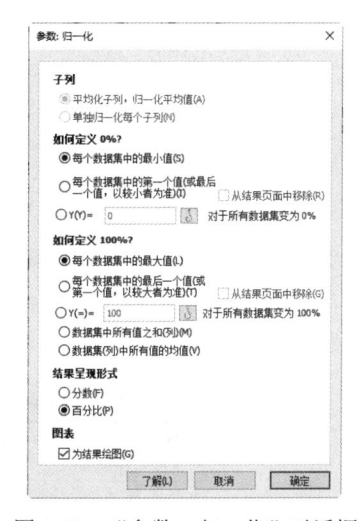

图 4.62　"分析数据"对话框　　　　图 4.63　"参数：归一化"对话框

【选项说明】

1. "子列"选项组

对于包含子列的数据（0%～100%，不包括 0%和 100%），包含下面两种归一化子列数据的方法。

（1）平均化子列，归一化平均值：选中该单选按钮，对子列中的数据平均值进行归一化处理。

（2）单独归一化每个子列：选中该单选按钮，分别对每个子列中的数据进行归一化处理。

2. "如何定义 0%？"选项组

对于数据中的 0%，需要用其他值来代替，下面介绍几种处理方法。

（1）每个数据集中的最小值：选中该单选按钮，将数据集中 0%的值修改为最小值。

（2）每个数据集中的第一个值（或最后一个值，以较小者为准）：选中该单选按钮，选择较小值（最后一个值与第一个值进行比较）。勾选"从结果页面中移除"复选框，移除数据集中的 0%。

（3）Y=：选中该单选按钮，将数据集中所有的 Y 值变为 0%或指定值。

3. "如何定义 100%？"选项组

对于数据中的 100%，需要用其他值来代替，下面介绍几种处理方法。

（1）每个数据集中的最大值：选中该单选按钮，使用每个数据集中的最大值代替 100%。

（2）每个数据集中的最后一个值（或第一个值，以较大者为准）：选中该单选按钮，使用每个数据集中的较大值（最后一个值与第一个值进行比较）代替 100%。勾选"从结果页面中移除"复选框，移除数据集中的 100%。

（3）Y=：选中该单选按钮，将数据集中所有的 Y 值变为 100%或指定值。

（4）数据集中所有值之和（列）：选中该单选按钮，使用数据集中所有列值之和代替 100%。

（5）数据集（列）中所有值的均值：选中该单选按钮，使用数据集中所有列值的均值代替 100%。

4. "结果呈现形式"选项组

归一化后的数据包含两种显示形式：分数或百分比。

5. "图表"选项组

勾选"为结果绘图"复选框，为归一化的数据创建新的数据表的同时，创建关联的图表。

★动手学——转换新生儿的测试数据

源文件：源文件\04\新生儿的测试数据.xlsx

现有某医院 10 组新生儿的测试数据（见图 4.64），本实例演示如何在项目文件中导入 xlsx 文件中的数据，并对数据进行归一化转换和公式转换。

	A	B	C	D	E	F
1	新生儿的测试数据					
2	出生时间（天数）	性别	皮肤颜色	肌肉弹性	反应的敏感性	心脏的搏动
3	30	女	5	10	12,000	240000.00%
4	20	女	5	8	24,000	480000.00%
5	25	男	5	8	17,000	340000.00%
6	18	男	5	9	15,000	300000.00%
7	29	男	3	6	16,100	536666.67%
8	35	男	3	6	32,000	1066666.67%
9	25	男	4	9	13,000	325000.00%
10	34	女	4	7	12,000	300000.00%
11	30	女	3	7	4,000	133333.33%
12	30	女	4	10	9,000	225000.00%

图 4.64 新生儿的测试数据

操作步骤

1. 设置工作环境

（1）双击 GraphPad Prism 10 图标，启动 GraphPad Prism。

（2）选择菜单栏中的"文件"→"新建"→"新建项目文件"命令，或选择 Prism 功能区中的

"新建项目文件"命令,或选择"文件"功能区中"创建项目文件"按钮下的"新建项目文件"命令,或按 Ctrl+N 组合键,系统会弹出"欢迎使用 GraphPad Prism"对话框,在"创建"选项组中默认选择"列"选项。

(3)选择创建列数据表。此时,在右侧参数设置界面设置如下。

1)在"数据表"选项组中默认选中"将数据输入或导入到新表"单选按钮。

2)在"选项"选项组中选中"输入重复值,并堆叠到列中"单选按钮。

(4)完成参数设置后,单击"创建"按钮,创建项目文件。其中自动创建列表"数据 1"和图表"数据 1"。

(5)选择菜单栏中的"文件"→"另存为"命令,或选择"文件"功能区中"保存命令"按钮下的"另存为"命令,弹出"保存"对话框,输入项目名称"转换新生儿的测试数据.prism"。单击"保存"按钮,在源文件目录下保存新的项目文件。

2. 导入 xlsx 文件

(1)选中列表"数据 1"左上角的单元格。选择菜单栏中的"文件"→"导入"命令,或在功能区的"导入"选项卡中单击"导入文件"按钮,或右击,在弹出的快捷菜单中选择"导入数据"命令,弹出"导入"对话框。在"文件名"右侧的下拉列表中选择"工作表(*.xls*,*.wk*,*.wb*)",在指定目录下选择要导入的文件"新生儿的测试数据.xlsx"。

(2)单击"打开"按钮,弹出"导入和粘贴选择的特定内容"对话框。打开"源"选项卡,在"关联与嵌入"选项组中选中"仅插入数据"单选按钮,如图 4.65 所示。

(3)打开"筛选器"选项卡,选择导入数据文件的哪些部分,如图 4.66 所示。

1)在"行"选项组中选择行数据的范围,"起始行"为 2,"结束于"为"末行",表示从数据的第 2 行开始导入直到最后一行。

2)在"列"选项组中选择列数据的范围,"起始列"为 3,"结束于"为"末列",表示从数据的第 3 列开始导入直到最后一列。

图 4.65 "源"选项卡　　　　图 4.66 "筛选器"选项卡

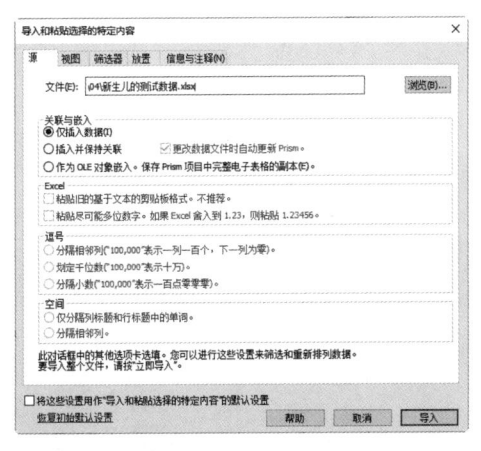

(4)单击"导入"按钮,在数据表"新生儿的测试数据"中导入 Excel 中的数据,结果如图 4.67 所示。

3. 数据归一化转换

导入的皮肤颜色、肌肉弹性、反应的敏感性、心脏的搏动等数据分别为不同的数量级，无法进行比较，可以进行归一化转换，将数据限制在需要的一定范围内。

（1）选择菜单栏中的"分析"→"数据处理"→"归一化"命令，弹出"分析数据"对话框。在左侧列表中选择指定的分析方法"归一化"，在右侧显示需要分析的 4 个数据集（数据列），如图 4.68 所示。

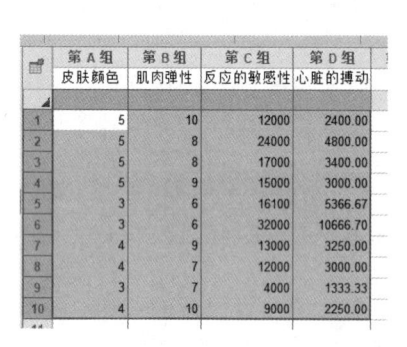

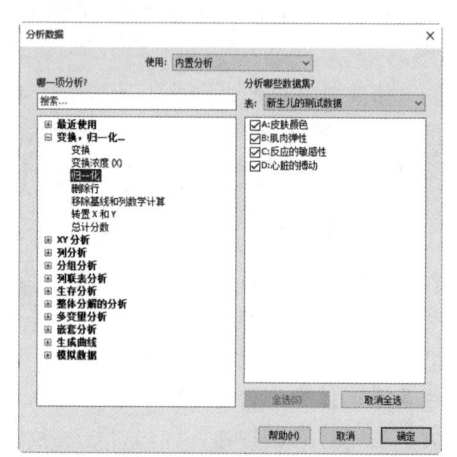

图 4.67　导入数据　　　　　　　　图 4.68　"分析数据"对话框

（2）单击"确定"按钮，关闭该对话框，弹出"参数：归一化"对话框。在"如何定义 0%？"选项组中选中"每个数据集中的最小值"单选按钮，将数据集中 0%的值修改为最小值；在"如何定义 100%？"选项组中选中"每个数据集中的最大值"单选按钮，使用每个数据集中的最大值代替 100%；在"结果呈现形式"选项组中选中"百分比"单选按钮，如图 4.69 所示。

（3）单击"确定"按钮，关闭该对话框，在结果表"归一化/新生儿的测试数据"中创建归一化的数据，如图 4.70 所示。

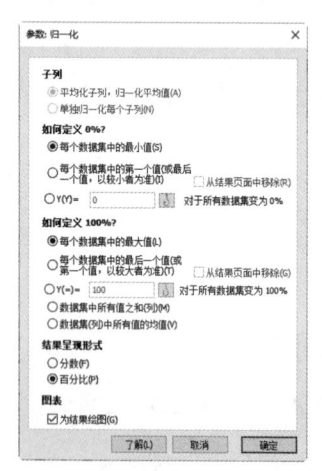

图 4.69　"参数：归一化"对话框　　　　　图 4.70　结果表"归一化/新生儿的测试数据"

4. 数据公式转换

（1）导入的不同数量级的数据还可以进行公式转换，以限制在需要的一定范围内。

（2）打开数据表"新生儿的测试数据"，选择菜单栏中的"分析"→"数据处理"→"变换"命令，弹出"分析数据"对话框。在左侧列表中选择指定的分析方法"变换"，在右侧显示需要分析的4个数据集（数据列），如图4.71所示。

（3）单击"确定"按钮，关闭该对话框，弹出"参数：变换"对话框。在"函数列表"选项组中选中"标准函数"单选按钮，如图4.72所示。

1) 勾选"以此变换 Y 值"复选框，在下拉列表中选择 Y=Y/K 选项。

2) 选中"每个数据集的 K 不同"单选按钮。其中，数据集"皮肤颜色"的 K 值为 10，数据集"肌肉弹性"的 K 值为 20，数据集"反应的敏感性"的 K 值为 30000，数据集"心脏的搏动"的 K 值为 10000。

图 4.71 "分析数据"对话框

（4）单击"确定"按钮，关闭该对话框，在结果表"变换/新生儿的测试数据"中创建标准函数计算的数据，如图4.73所示。

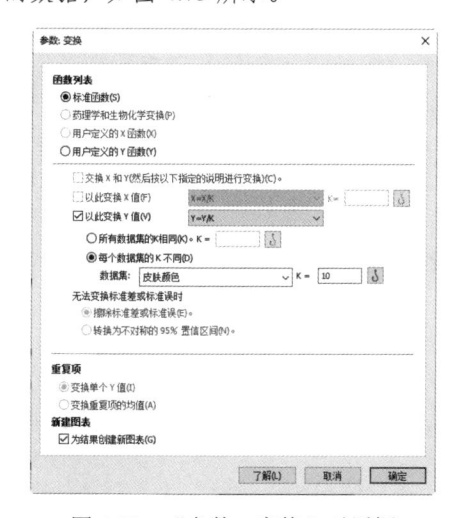

图 4.72 "参数：变换"对话框

图 4.73 结果表"变换/新生儿的测试数据"

5. 保存项目

单击"文件"功能区中的"保存"按钮，或按 Ctrl+S 组合键，保存项目文件。

4.4.3 数据输出

数据经过转换后，需要将结果以用户所要求的形式输出。对于少量数据，最佳方式是通过复制和粘贴功能来实现；对于大量数据，还可以将工作表中的数据导出到 TXT、CSV、XML 等数据文件中。

【执行方式】
> 菜单栏：选择菜单栏中的"文件"→"导出"命令。
> 功能区：在功能区的"导出"选项卡中单击"导出到文件"按钮 。

【操作步骤】

执行此命令，弹出"导出"对话框，在指定目录下选择要导出的文件并设置文件格式，如图 4.74 所示。

【选项说明】

1．"导出位置"选项组

（1）文件：显示 GraphPad Prism 中导出的数据表名称。
（2）文件夹：选择导出文件所在的文件夹。
（3）导出后打开此文件夹：勾选该复选框，文件导出完成后，打开导出文件所在的文件夹。

2．"导出选项"选项组

（1）格式：选择导出文件的格式。

1）TXT 制表符分隔文本：该格式与 CSV 格式非常相似，唯一不同之处在于 TXT 格式使用制表符分隔相邻列。

2）CSV 逗号分隔文本：该格式是一种非常标准的格式，适用于将数据块移至电子数据表或 Excel 和 Word 等文字处理程序中。从 GraphPad Prism 导出 CSV 文件时，不会区分行标题、X 列、Y 列和子列，只简单地导出所有数值。在列和行标题中丢失特殊字符（希腊文、下标等）。

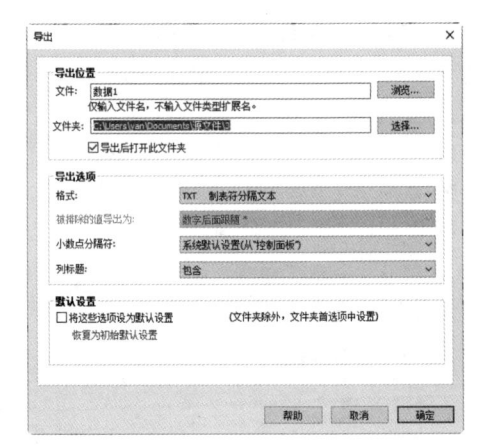

图 4.74 "导出"对话框

3）XML 此数据表和关联的信息：以 XML 格式导出时，导出的文件包括所有特殊格式设置，包括希腊文字符、下标、上标、子列格式等。

4）XML 所有数据表和信息表：如果从一台计算机上的 GraphPad Prism 中导出数据表，然后将该数据表导入另一台计算机上的 GraphPad Prism，则应选择 XML 格式。

（2）被排除的值导出为：排除数值为 GraphPad Prism 独有。在导出数据时，需要指定排除值的处理方法。

（3）小数点分隔符：包括三个选项。

1）句点，如 1.23。
2）逗号，如 1,23。
3）系统默认设置（从"控制面板"），让 GraphPad Prism 基于 Windows 或 Mac 控制面板决定。

（4）列标题：选择是否导出列标题。

3．"默认设置"选项组

将这些选项设为默认设置：勾选该复选框，恢复为初始默认设置。

★动手学——输出新生儿的测试数据

源文件：源文件\04\转换新生儿的测试数据.prism

本实例介绍如何导出转换后的新生儿的测试数据，可以将 GraphPad Prism 数据或结果导出到 Excel、Word、TXT 或 XML 文件中。

扫一扫，看视频

操作步骤

1. 设置工作环境

（1）双击 GraphPad Prism 10 图标，启动 GraphPad Prism。

（2）选择菜单栏中的"文件"→"打开"命令，或选择 Prism 功能区中的"打开项目文件"命令，或单击"文件"功能区中的"打开项目文件"按钮，或按 Ctrl+O 组合键，弹出"打开"对话框，选择需要打开的文件"转换新生儿的测试数据.prism"，单击"打开"按钮，即可打开项目文件。

2. 剪贴板导出文件

（1）打开结果表"归一化/新生儿的测试数据"，单击工作表左上角的"全选"按钮，选中需要复制的所有数据，按 Ctrl+C 组合键，如图 4.75（a）所示。

（2）新建一个 Word 文件"输出新生儿的测试数据.docx"，单击要输入数据的单元格，按 Ctrl+V 组合键，即可在文档中粘贴数据，如图 4.75（b）所示。可以发现，在 Word（或 PowerPoint）中粘贴的数据不会将其格式设置为表格。

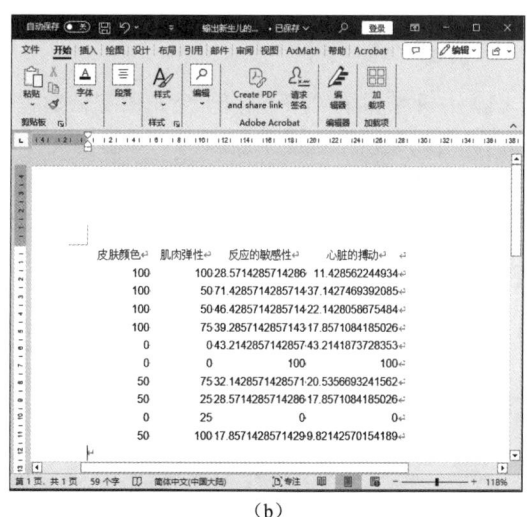

（a）

（b）

图 4.75　复制粘贴数据到 Word

（3）新建一个 Excel 文件"输出新生儿的测试数据.xlsx"，在 Excel 中粘贴 GraphPad Prism 的表格时，GraphPad Prism 的表格仍然是表格，如图 4.76 所示。

3. 导出 TXT 文件

（1）打开结果表"归一化/新生儿的测试数据"。选择菜单栏中的"文件"→"导出"命令，或在功能区的"导出"选项卡中单击"导出到文件"按钮，弹出"导出"对话框。

（2）自动在"导出位置"选项组中显示 GraphPad Prism 中导出的数据表名称和文件所在文件夹；默认勾选"导出后打开此文件夹"复选框。在"格式"下拉列表中选择"TXT 制表符分隔文本"选项，如图 4.77 所示。

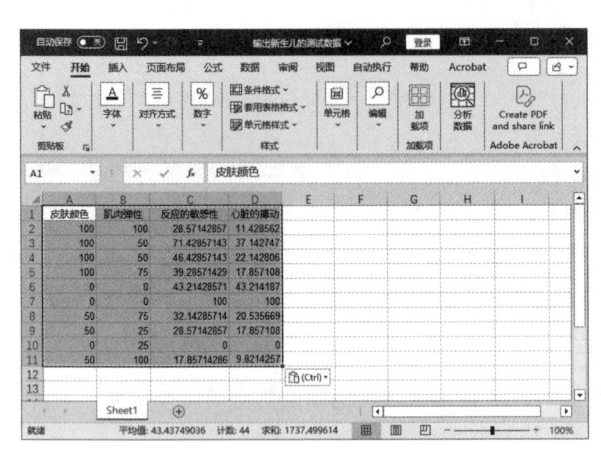

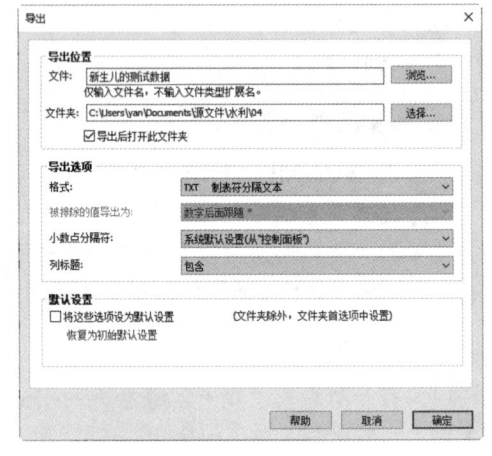

图 4.76　复制粘贴数据到 Excel

图 4.77　"导出"对话框

（3）单击"确定"按钮，自动打开导出文件所在文件夹，在记事本中打开导出文件"新生儿的测试数据.txt"，如图 4.78 所示。

4．导出 XML 文件

（1）打开结果表"归一化/新生儿的测试数据"。选择菜单栏中的"文件"→"导出"命令，或在功能区的"导出"选项卡中单击"导出到文件"按钮，弹出"导出"对话框。

（2）自动在"导出位置"选项组中显示 GraphPad Prism 中导出的数据表名称和文件所在文件夹；默认勾选"导出后打开此文件夹"复选框。在"格式"下拉列表中选择"XML 所有结果表"选项，如图 4.79 所示。

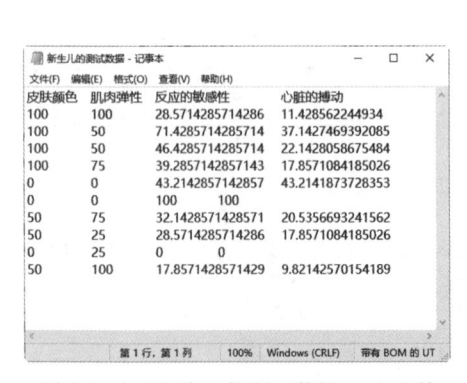

图 4.78　"新生儿的测试数据.txt"文件

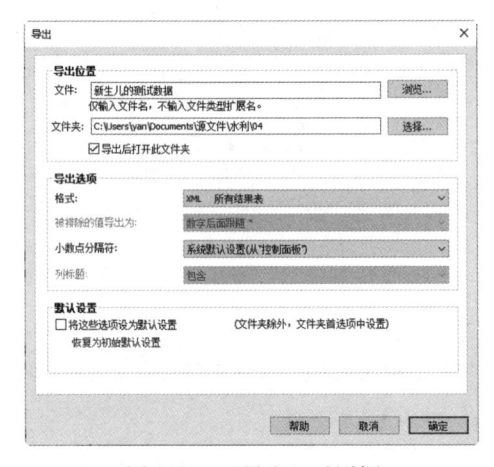

图 4.79　"导出"对话框

（3）单击"确定"按钮，导出文件"新生儿的测试数据.xml"。

（4）单击"文件"功能区中的"打开项目文件"按钮，弹出"打开"对话框。选择文件"新生儿的测试数据.xml"，单击"打开"按钮，即可打开该输出文件，如图 4.80 所示。打开的 XML 文件中包含数据表"归一化/新生儿的测试数据""变换/新生儿的测试数据"，对应原始文件"转换新生儿的测试数据.prism"中的结果表。

图 4.80 "新生儿的测试数据.xml"文件

5．保存项目

单击"文件"功能区中的"保存"按钮，或按 Ctrl+S 组合键，保存项目文件。

第 5 章　设置数据图表格式

内容简介

一图胜千言，图形是一个可以直观表达信息、数据和思想的强有力工具。不同于文字，图形具有视觉呈现的特点，能够将信息转换为图像，使读者能够快速、直观地理解所表达的内容。因此，研究图形所表达的内容，成为理解和传播信息的一个重要议题。

GraphPad Prism 提供了一系列绘图模板，使用户能够方便地绘制数据分析图表。为了让图表表现的效果更好，少不了对图表进行设置，本章详细介绍图表的常见设置，如给图表添加标记、网格、图例和注释等。

内容要点

- 图表格式设置
- 配色方案设置
- 更改图形类型和数据
- 绘图设置

5.1　图表格式设置

在 GraphPad Prism 中，所有的图表都与科学或工程领域相关，并且这些图表都具有明确的物理意义。因此，对图表进行规范化和格式化的设置显得尤为重要。

5.1.1　格式化图表

图表的整体外观不统一，容易给人留下不专业的印象。可以使用"格式化图表"对话框快速设置图表格式，非常方便，其中还提供了高级格式设置选项，使图表更加完善。

【执行方式】

- 菜单栏：选择菜单栏中的"更改"→"符号与线条"命令。
- 功能区：单击"更改"功能区中的"设置图表格式（符号、条形图、误差条等）"按钮。
- 快捷命令：在绘图区的图形上右击，在弹出的快捷菜单中选择"格式化图表"命令。
- 快捷操作：双击绘图区。

【操作步骤】

执行此命令，弹出"格式化图表"对话框，该对话框包含 4 个选项卡，如图 5.1 所示。

【选项说明】

不同类型的图形，显示的参数选项不同。这里以散点图为例，对其中的选项进行介绍。

1. "外观"选项卡

打开"外观"选项卡，设置图表的样式、符号、误差条、线条等格式，如图 5.1 所示。

（1）"数据集"选项组。

1）直接在下拉列表中选择曲线对应的数据集，图表中的图形是根据数据表中的数据集绘制的，数据集和图形具有一一对应关系。

2）选择"全局"按钮下的"更改所有数据集"命令，或在下拉列表中选择"更改所有数据集"命令，更改数据集中所有列的外观，将所有曲线设置为相同的修改参数。

3）选择"全局"按钮下的"选择数据集"命令，弹出"选择要格式化的数据集"对话框。在其中选择要编辑的数据集，为该数据集设置符号、线条及误差条，如图 5.2 所示。

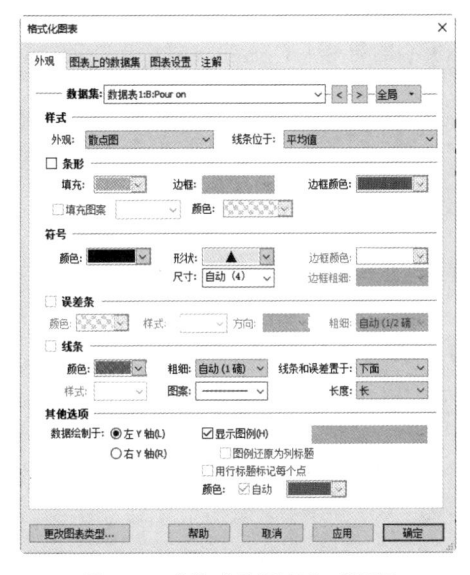

图 5.1 "格式化图表"对话框　　　　图 5.2 "选择要格式化的数据集"对话框

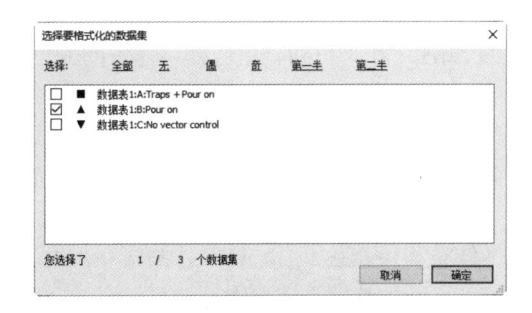

（2）"样式"选项组。

1）外观：选择在图表上显示数据集的方式，包括散点图、对齐点图、条形、符号（每行一个符号）、箱线图等。

2）线条位于：选择散点图中误差条的值，默认为平均值。

（3）"条形"选项组。勾选该复选框，设置图中的图形填充颜色、边框大小、边框颜色、填充图案、图案颜色。

（4）"符号"选项组。

1）颜色：在下拉列表中选择符号的颜色。

2）形状：在下拉列表中选择符号的样式，如图 5.3 所示。单击"更多"按钮，弹出"选择符号"对话框，使用任何字体中的任何字符作为一个符号，如图 5.4 所示。

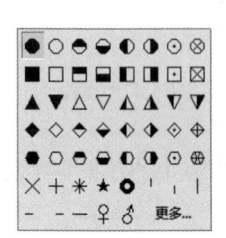

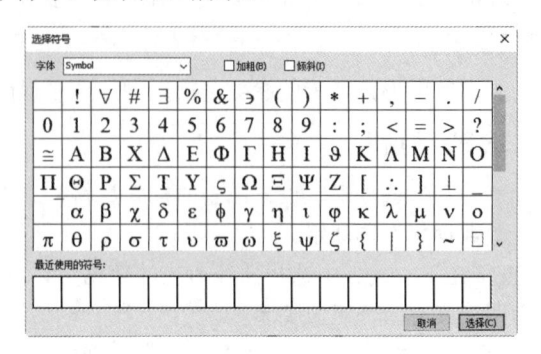

图 5.3　"形状"下拉列表　　　　　　　　　　图 5.4　"选择符号"对话框

3）尺寸：在下拉列表中选择符号的大小（0～10）。

4）边框颜色：在下拉列表中选择带边框的符号（不实心的符号），如图 5.5 所示。需要设置符号边框线的颜色。

5）边框粗细：在下拉列表中选择带边框的符号（不实心的符号），需要设置边框线的线宽。

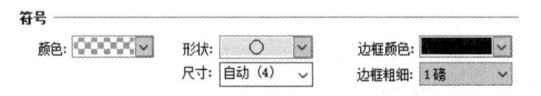

图 5.5　选择带边框的符号

（5）"误差条"选项组。勾选该复选框，设置带误差条的条形图中误差条的样式。

1）颜色：在下拉列表中选择误差条的颜色。

2）方向：在下拉列表中选择误差条所在的位置，如上方、下方或两者都有。

3）样式：在下拉列表中选择误差条的样式。

4）粗细：在下拉列表中选择误差条的线宽。

（6）"线条"选项组。勾选该复选框，设置带误差线的图中误差线的样式，包括颜色、粗细、位置（线条和误差置于）、样式、图案和长度。

（7）"其他选项"选项组。

1）数据绘制于：选择 Y 坐标轴的位置，可以选择左 Y 轴或右 Y 轴。

2）显示图例：勾选该复选框，在图表中显示图例，在右侧下拉列表中显示图例的样式，包括符号、符号线（&L）、线条、长线条、符号与长线条，默认为符号线。

3）图例还原为列标题：勾选该复选框，图例名称改为数据表中的数据集列标题。

4）用行标题标记每个点：勾选该复选框，在图表中每个数据点上显示行标题文本。

5）颜色：设置图例的颜色。

2. "图表上的数据集"选项卡

打开"图表上的数据集"选项卡，添加或删除数据集，如图 5.6 所示。

（1）"图表上的数据"选项组。

1）添加：单击该按钮，弹出"向图表中添加数据集"对话框，添加数据集。

2）替换：单击该按钮，弹出"替换数据集"对话框，选择要替换的数据集，替换当前选中的数据集。

3）移除：单击该按钮，直接删除选中的数据集。

（2）"重新排序"选项组。对当前图表中显示的数据集进行排序。左侧列表框中数据集的顺序决定了两个数据点重叠时会发生的情况。

1）顶部：单击该按钮，将列表框中选中的数据集移动到列表框的第一行。

2）向上：单击该按钮，将列表框中选中的数据集向上移动一行。

3）反转：单击该按钮，将列表框中选中的数据集顺序对调。

4）向下：单击该按钮，将列表框中选中的数据集向下移动一行。

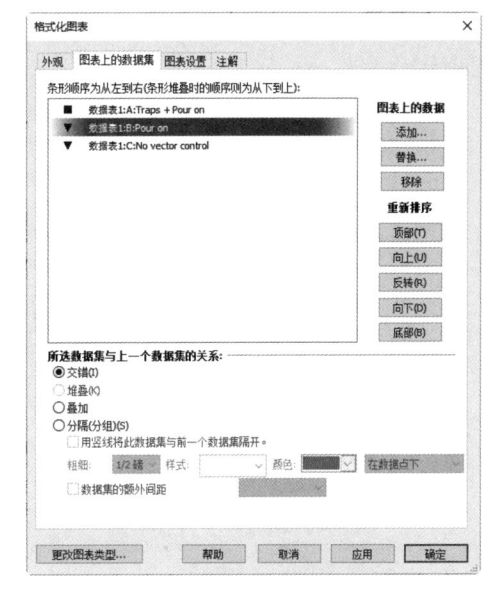

图 5.6 "图表上的数据集"选项卡

5）底部：单击该按钮，将列表框中选中的数据集移动到列表框的最后一行。

（3）"所选数据集与上一个数据集的关系"选项组。设置列表框中选中数据集与上一个数据集中数据的显示方式。

1）交错：选中该单选按钮，不同数据集中的数据按照列对应分组显示。

2）堆叠：选中该单选按钮，选中数据集与上一个数据集中的数据在同个类目轴上（同一 X 轴位置）进行拼接，条形图中每根条带均从下面一根条带的顶部开始。

3）叠加：选中该单选按钮，选中数据集与上一个数据集中的数据在同个类目轴上（同一 X 轴位置）进行重叠，条形图中每根条带均从 X 轴延伸到值。

4）分隔（分组）：选中该单选按钮，选中数据集与上一个数据集中的数据按照数据集进行分组显示。

- 用竖线将此数据集与前一个数据集隔开：勾选该复选框，在图表中添加选中数据集与上一个数据集之间的竖直分组线，将数据集与另一个数据集分开。
- 粗细：在该下拉列表中设置分组线的线宽，默认值为 1/2 磅。
- 样式：在该下拉列表中选择分组线的样式。
- 颜色：在该下拉列表中选择分组线的颜色。在右侧的下拉列表中选择分组线与数据点的相对位置，包括在数据点下和在数据点上。
- 数据集的额外间距：勾选该复选框，设置两个数据集之间的间距，包括小、中、大。

3. "图表设置"选项卡

打开"图表设置"选项卡，更改图表中条带的方向、图表列的基线及列之间的间距，如图 5.7 所示。

（1）"方向"选项组。图表（条形图）上的条带方向，包括垂直和水平。也可以选择"更改功能区中"反转数据集顺序、翻转方向或旋转条形"按钮 下的"旋转至水平"命令，将列从垂直旋转至水平。

（2）"基线"选项组。更改图表上的条带基线位置。默认情况下，这些条带从 X 轴（Y=0）开始。

1）自动：默认设置条形起始于 Y=0。

2）条形起始于 Y=：指定条带起始 Y 值。

3）隐藏基线：勾选该复选框，条形图浮动显示。

（3）"间距（数据使用的空间占比）"选项组。设置调整图表上各列之间、各列组之间以及第一列之前和最后一列之后的间距。设置的间距越小，列宽越大，效果如图 5.8 所示。

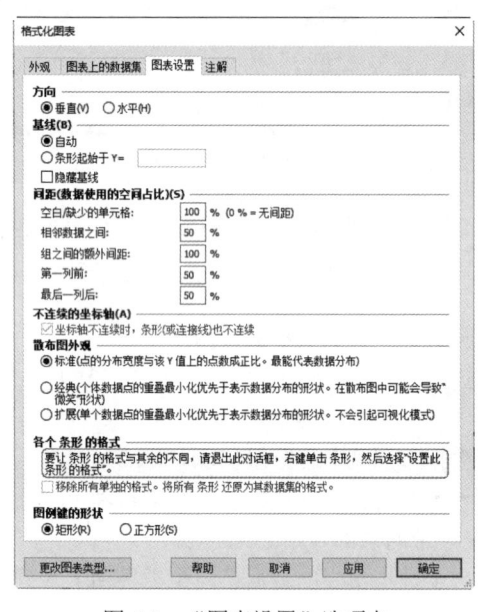

图 5.7　"图表设置"选项卡　　　　图 5.8　间距设置效果

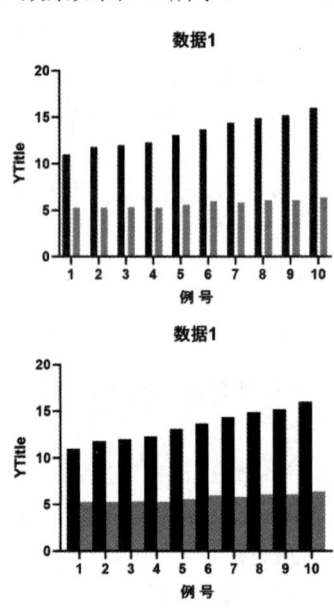

1）空白/缺少的单元格：选择未输入值的条带（单元格为空）的留存空间，默认值为 100%，0% 表示无间距。

2）相邻数据之间：各列之间的间距，默认值为 50%。

3）组之间的额外间距：各列组之间的间距，默认值为 100%。

4）第一列前：第一列之前的间距，默认值为 50%。

5）最后一列后：最后一列之后的间距，默认值为 50%。

（4）"不连续的坐标轴"选项组。坐标轴不连续时，条形（或连接线）也显示不连续。Y 轴出现空白时，选择在跨越该间距的任何列中设置间距。

（5）"散布图外观"选项组。选择散布图外观的样式。

1）标准：点的分布宽度与该 Y 值上的点数成正比。该样式最能代表数据分布。

2）经典：个体数据点的重叠最小化优先于表示数据分布的形状。在散布图中可能会导致"微笑"形状的出现。

3）扩展：单个数据点的重叠最小化优先于表示数据分布的形状。该样式不会引起可视化模式

（6）"各个条形的格式"选项组。移除所有单独的格式，将所有条形还原为其数据集的格式：勾选该复选框，使选择的条形的格式与其余的条形格式不同。

（7）"图例键的形状"选项组。图例的形状包括两种：矩形和正方形。

4."注解"选项卡

默认情况下，图表不显示数据标签。而在有些实际应用中，显示数据标签可以增强图表数据的可读性。

在"注解"选项卡中可以设置显示或隐藏数据标签，还可以设置数据标签的格式，如图 5.9 所示。在该选项卡中包含 3 个子选项卡：在条形与误差条上方、在条形中-顶部、在条形中-底部。

下面介绍"在条形与误差条上方"子选项卡中的选项。

（1）显示：设置是否显示数据标签。

1）无：选中该单选按钮，不显示数字标签。

2）绘图的值（平均值，中位数…）：选中该单选按钮，使用平均值、中位数等显示数字标签。

3）样本大小：选中该单选按钮，使用频数（样本个数）显示数字标签。

（2）方向：设置数据标签的显示方向，包含垂直、水平两个选项。

（3）格式：设置数据标签的数值显示格式，包含小数、科学记数两个选项。

（4）前缀：设置数据标签数值前的符号。

（5）小数：设置数据标签中小数的位数。

（6）后缀：设置数据标签数值后的符号。

（7）千位数：设置千位数（超过三位数）数值的表示方法。

图 5.9 "注解"选项卡

（8）自动确定字体：勾选该复选框，自动设置数据标签中文本的字体。未勾选该复选框时，单击"字体"按钮，弹出"字体"对话框，可以在其中设置文本的字体、字形、大小、颜色和下划线等。

（9）颜色：勾选"自动"复选框，自动设置数据标签中文本的颜色。未勾选该复选框时，可以在下拉列表中显示颜色列表，设置文本的颜色。方法与"字体"对话框中颜色的设置相同，二者选择其一即可。

★动手学——设置新生儿的测试数据图表格式

源文件：源文件\05\转换新生儿的测试数据.prism

新生儿的测试数据表中自动创建了与之对应的空白图表，若要绘制一个图表，则无须新建图表。本实例演示如何格式化该图表，得到美观大方的图表。

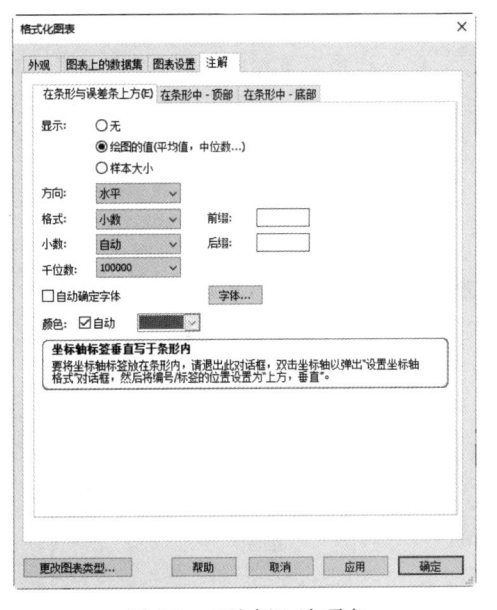

操作步骤

1. 设置工作环境

（1）双击 GraphPad Prism 10 图标，启动 GraphPad Prism。

（2）选择菜单栏中的"文件"→"打开"命令，或选择 Prism 功能区中的"打开项目文件"命令，或单击"文件"功能区中的"打开项目文件"按钮，或按 Ctrl+O 组合键，弹出"打开"对话框。选择需要打开的文件"转换新生儿的测试数据.prism"，单击"打开"按钮，即可打开项目文件。

（3）选择菜单栏中的"文件"→"另存为"命令，或选择"文件"功能区中"保存命令"按钮下的"另存为"命令，弹出"保存"对话框，输入项目名称"设置新生儿的测试数据图表格式.prism"。单击"保存"按钮，在源文件目录下保存新的项目文件。

2. 打开图表窗口

在导航器的"图表"选项卡中选择"变换/新生儿的测试数据"选项，打开图表窗口，显示变换/新生儿的测试数据图，如图 5.10 所示。

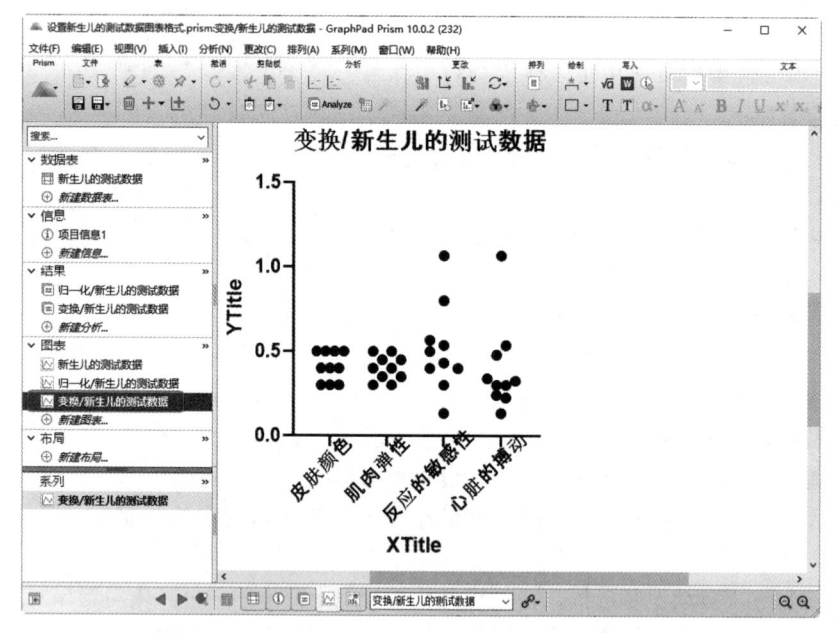

图 5.10　显示变换/新生儿的测试数据图

3. 设置绘图区外观

（1）双击绘图区，弹出"格式化图表"对话框。打开"外观"选项卡，在"数据集"下拉列表中选择"更改所有数据集"选项；在"符号"选项组的"颜色"下拉列表中选择红色（3E），如图 5.11 所示；在"形状"下拉列表中选择符号；在"边框颜色"下拉列表中选择蓝色（9D），如图 5.12 所示。设置结果如图 5.13 所示。

（2）单击"应用"按钮，在图表窗口中应用设置参数，结果如图 5.14 所示。

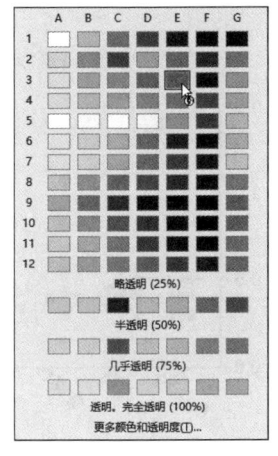

图 5.11 "颜色"下拉列表

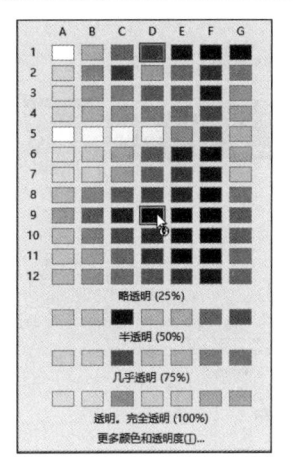

图 5.12 "边框颜色"下拉列表

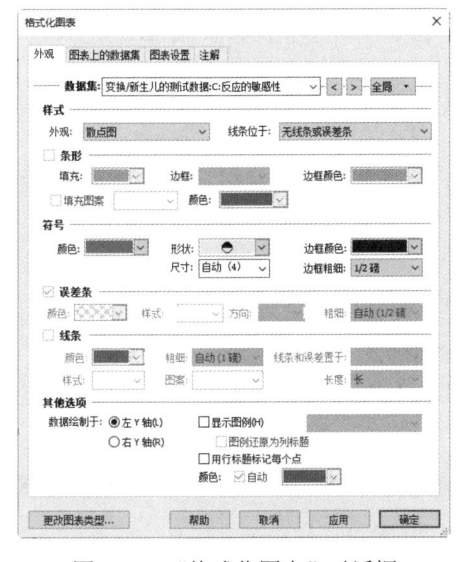

图 5.13 "格式化图表"对话框

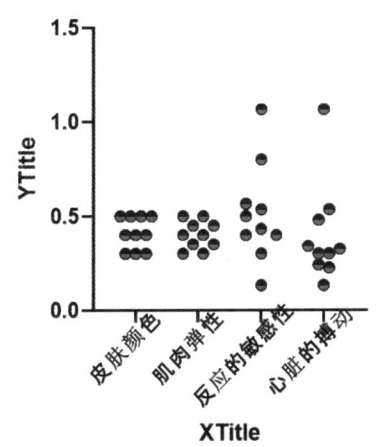

图 5.14 图表格式设置结果（1）

4．设置数据集

（1）打开"图表上的数据集"选项卡，选择"变换/新生儿的测试数据:B:肌肉弹性""变换/新生儿的测试数据:C:反应的敏感性""变换/新生儿的测试数据:D:心脏的搏动"3 个数据集。勾选"用竖线将此数据集与前一个数据集隔开。"复选框，在图表中添加选中数据集与上一个数据集之间的竖直分组线，如图 5.15 所示。

（2）单击"确定"按钮，关闭该对话框，在图表窗口中应用设置参数，结果如图 5.16 所示。

5．保存项目

单击"文件"功能区中的"保存"按钮，或按 Ctrl+S 组合键，保存项目文件。

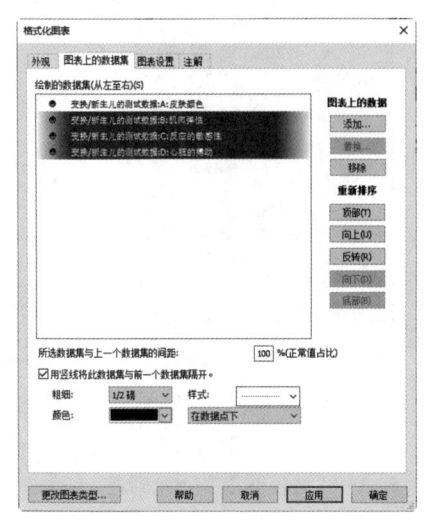

图 5.15 "图表上的数据集"选项卡

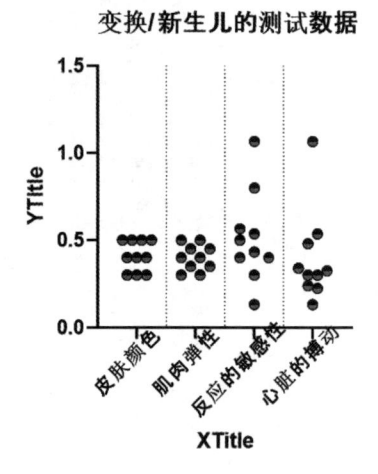

图 5.16 图表格式设置结果（2）

5.1.2 格式化坐标轴

坐标轴的格式设置在所有设置中是最重要的，因为这是达到图形"规范化"和实现各种特殊需要的最核心要求。没有坐标轴的数据将毫无意义，不同坐标轴的图形将无从比较。

【执行方式】

- 菜单栏：选择菜单栏中的"更改"→"坐标框与原点"命令。
- 功能区：单击"更改"功能区中的"设置坐标轴格式"按钮 。
- 快捷命令：在坐标轴上右击，在弹出的快捷菜单中选择"坐标轴格式"命令。

【操作步骤】

执行此命令，弹出"设置坐标轴格式"对话框，如图 5.17 所示。该对话框中包含 4 个选项卡，分别设置坐标轴不同的元素：坐标框与原点、X 轴、左 Y 轴、右 Y 轴、标题与字体。

【选项说明】

1. "坐标框与原点"选项卡

在绘图区双击坐标原点，即可打开该选项卡。在该选项卡中设置图表的原点、坐标轴框或周围坐标系的颜色和形状的格式。

（1）"原点"选项组。

1）在"设置原点"下拉列表中选择坐标原点的位置，默认选择"自动"选项，设置为左下角。还可以选择其余位置，如左上、右下、右上，如图 5.18 所示。

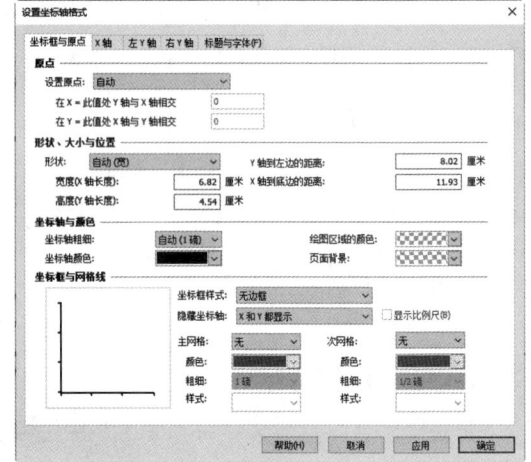

图 5.17 "设置坐标轴格式"对话框

2）选择"自定义"选项，设置"在 X=此值处 Y 轴与 X 轴相交""在 Y=此值处 X 轴与 Y 轴相交"的值。

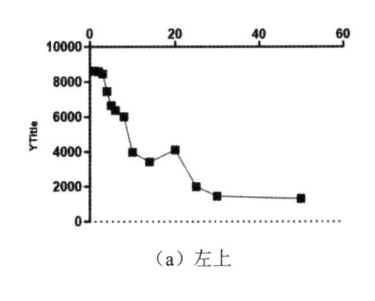

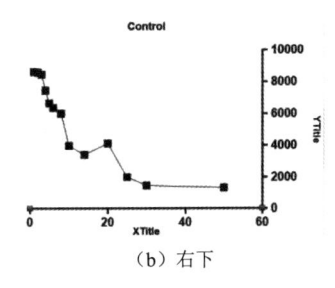

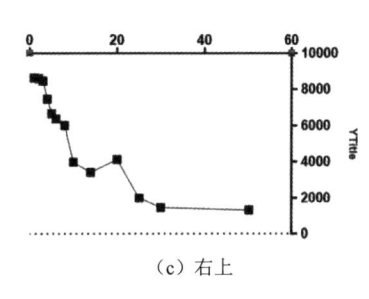

（a）左上　　　　　　　　（b）右下　　　　　　　　（c）右上

图 5.18　坐标原点位置

（2）"形状、大小与位置"选项组。

1）形状：在该下拉列表中选择坐标系的形状，包括自动（宽）、正方形、自定义、高、宽，如图 5.19 所示。若选择"自定义"选项，则根据"宽度（X 轴长度）""高度（Y 轴长度）"选项定义坐标系的大小。

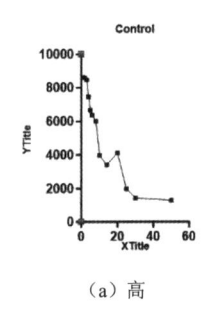

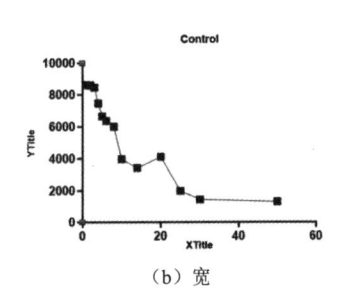

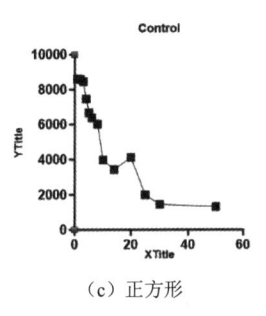

（a）高　　　　　　　　（b）宽　　　　　　　　（c）正方形

图 5.19　选择坐标系的形状

2）Y 轴到左边的距离：定义 Y 轴到图表左侧边框的距离。
3）X 轴到底边的距离：定义 X 轴到图表底部边框的距离。
（3）"坐标轴与颜色"选项组。
1）坐标轴粗细：设置坐标轴的线宽，默认值为"自动（1 磅）"。
2）绘图区域的颜色：设置坐标轴框架围成的坐标区域（矩形区域）的颜色。
3）坐标轴颜色：设置坐标轴的线条颜色。
4）页面背景：设置图表页面（全部区域）的颜色。
（4）"坐标框与网格线"选项组。
1）坐标框样式：选择坐标框的样式，默认为"无边框"，不显示坐标框。图 5.20 所示为其余类型的坐标框。
2）隐藏坐标轴：选择坐标轴的显示样式，包括"隐藏 X。显示 Y""隐藏 Y。显示 X""X 和 Y 都隐藏""X 和 Y 都显示"，如图 5.21 所示。
3）显示比例尺：隐藏 X 轴或 Y 轴时激活该选项。若同时隐藏 X 轴和 Y 轴，则通过显示比例尺定义坐标系，如图 5.22 所示。

(a) X 轴和 Y 轴偏移　　(b) 普通坐标框　　(c) 带刻度的坐标框（镜像）　　(d) 带刻度的坐标框（向内）

图 5.20　坐标框样式

(a) 隐藏 X。显示 Y　　(b) 隐藏 Y。显示 X　　(c) X 和 Y 都隐藏　　(d) X 和 Y 都显示

图 5.21　坐标轴的显示样式

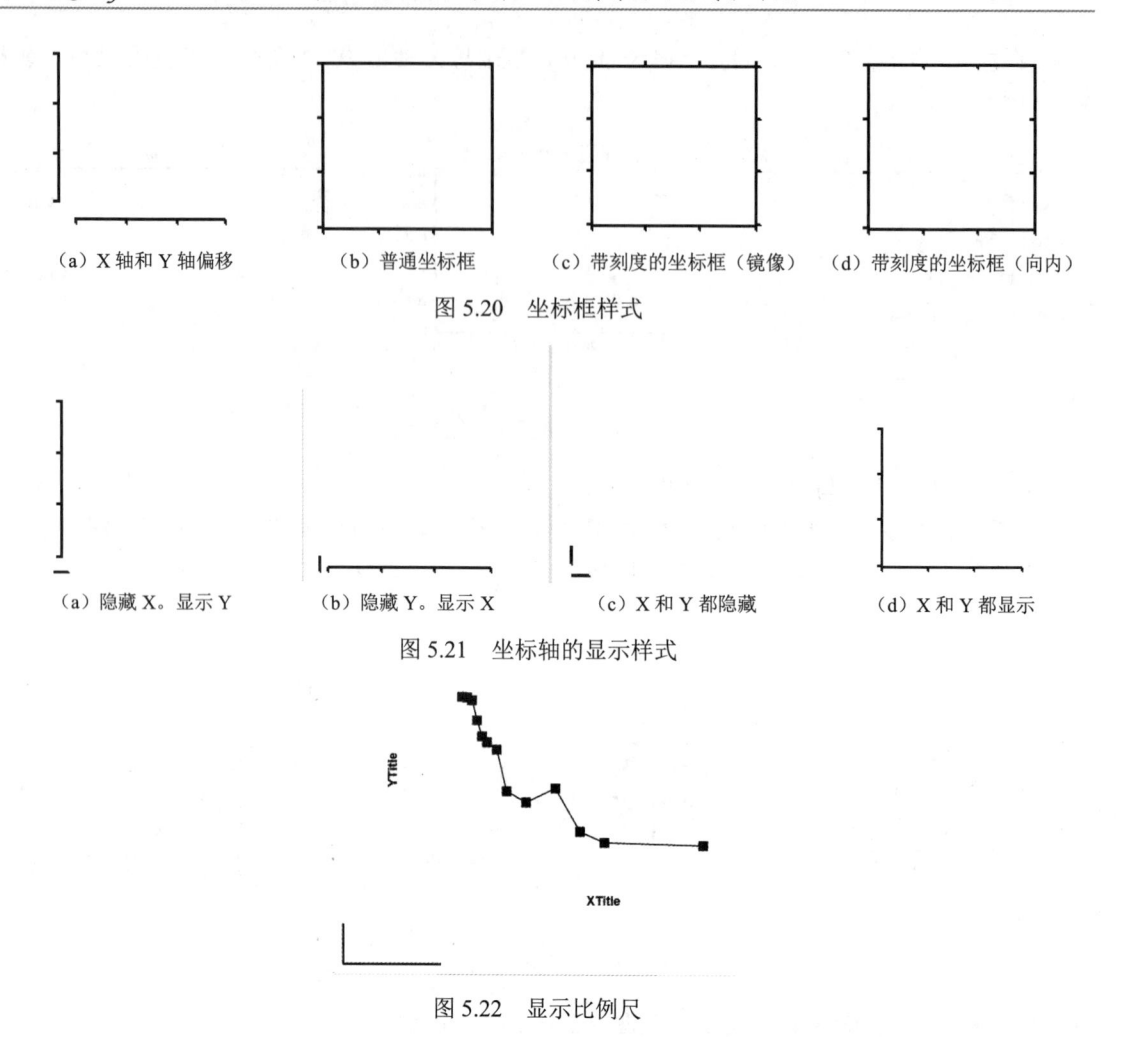

图 5.22　显示比例尺

4）主网格：在该下拉列表中选择主网格线的样式，包括无、X 轴、Y 轴、X 轴和 Y 轴，如图 5.23 所示。同时，还可以选择网格线的颜色、粗细和样式。

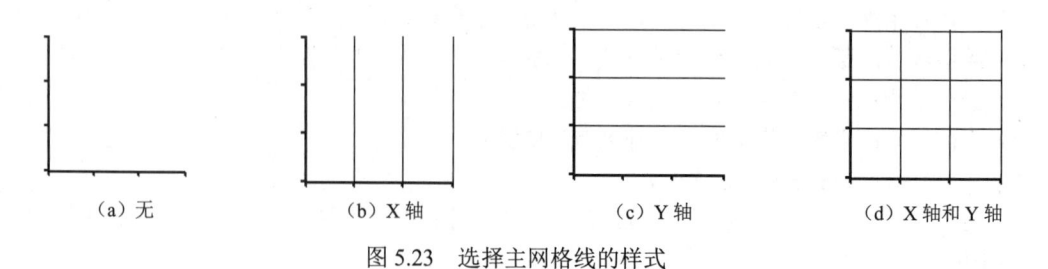

(a) 无　　(b) X 轴　　(c) Y 轴　　(d) X 轴和 Y 轴

图 5.23　选择主网格线的样式

5）次网格：在该下拉列表中选择次网格线的样式（默认使用虚线表示），包括无、X 轴、Y 轴、X 轴和 Y 轴，如图 5.24 所示。同时，还可以选择次网格线的颜色、粗细和样式。

(a）无　　　　　　　(b）X 轴　　　　　　　(c）Y 轴　　　　　　　(d）X 轴和 Y 轴

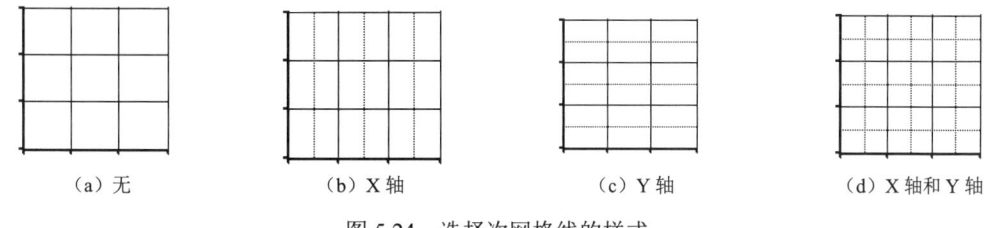

图 5.24　选择次网格线的样式

2. "X 轴"选项卡

双击图表中的 X 轴，即可打开如图 5.25 所示的"X 轴"选项卡。

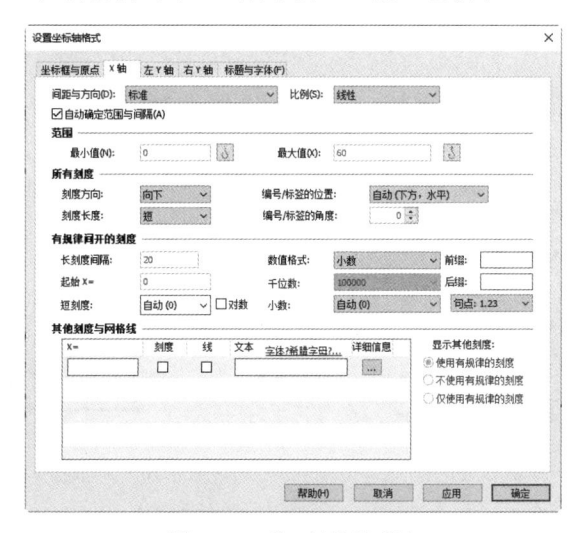

图 5.25　"X 轴"选项卡

（1）间距与方向：选择坐标轴刻度间距的样式。

1）标准：选择该选项，X 轴刻度值从小到大均匀间隔递增（0～60），如图 5.26 所示。

2）反转：选择该选项，X 轴刻度值从大到小均匀间隔递减（60～0），如图 5.27 所示。

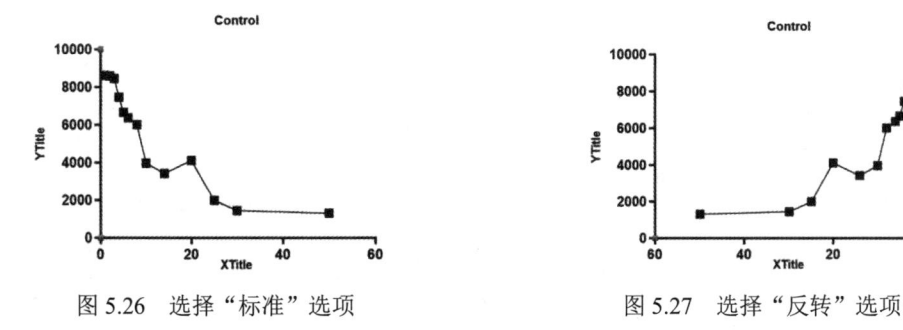

图 5.26　选择"标准"选项　　　　　　　图 5.27　选择"反转"选项

3）两段（—||—）：选择该选项，在对话框中增加"段"选项，如图 5.28 所示。将 X 轴分为左、右两个部分，创建一条不连续的轴以及具有一个间隙的轴，分割间隙为两条竖直线，如图 5.29 所示。在"段"下拉列表中选择左、右选项，设置每条轴（左段和右段）的范围及其长度为轴总长

度的百分比，如图 5.30 所示。

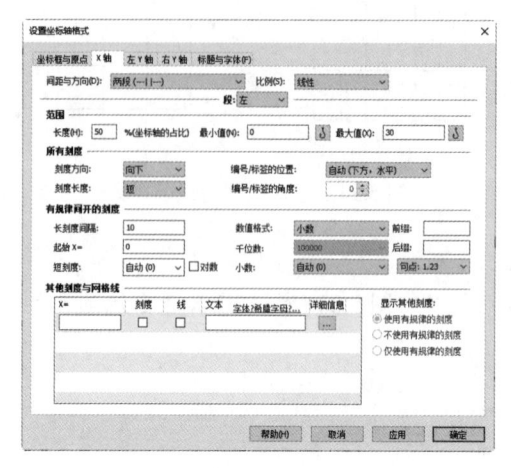

图 5.28 增加"段"选项

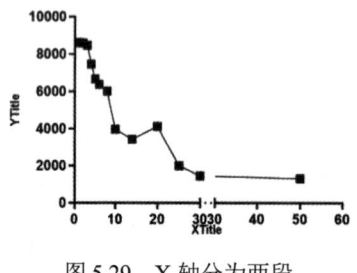

图 5.29 X 轴分为两段

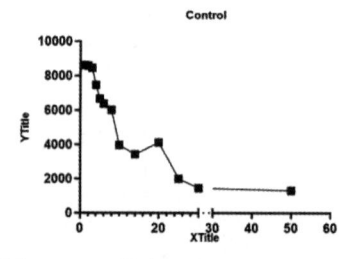

图 5.30 X 轴左、右两段设置结果

4）两段（—//—）：选择该选项，在对话框中增加"段"选项，将 X 轴分为左、右两个部分，分割线为两条右倾斜的竖直线，如图 5.31 所示。

5）两段（—\\\\—）：选择该选项，在对话框中增加"段"选项，将 X 轴分为左、右两个部分，分割线为两条左倾斜的竖直线，如图 5.32 所示。

6）三段（—|—|—）：选择该选项，在对话框中增加"段"选项，将 X 轴分为左、中、右三个部分，分割线为两条竖直线，如图 5.33 所示。

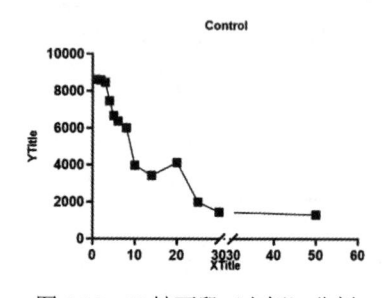

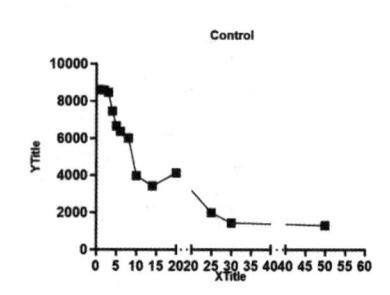

图 5.31 X 轴两段（右倾）分割

图 5.32 X 轴两段（左倾）分割

图 5.33 X 轴三段分割

7）三段（—//—//—）：选择该选项，在对话框中增加"段"选项，将 X 轴分为左、中、右三个部分，分割线为两条右倾斜的竖直线，如图 5.34 所示。

8）三段（—\\—\\—）：选择该选项，在对话框中增加"段"选项，将 X 轴分为左、中、右三个部分，分割线为两条左倾斜的竖直线，如图 5.35 所示。

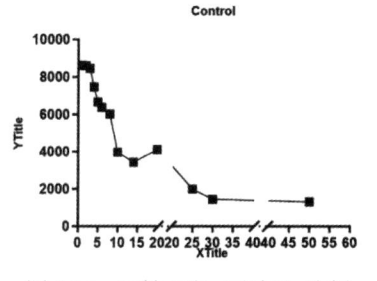

图 5.34　X 轴三段（右倾）分割　　　　图 5.35　X 轴三段（左倾）分割

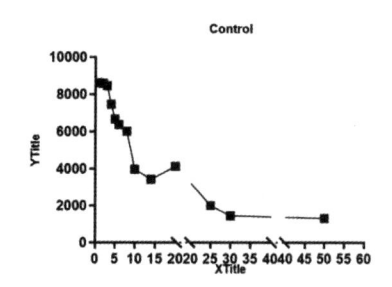

（2）比例：选择坐标轴刻度值使用的比例，默认选择"线性"选项，在图表上等距分布 0、20、40、60 处的刻度。若选择 Log10 选项，表示该轴为对数轴，在图表上等距分布 1、10、100、1000 处的刻度。1、10、100 和 1000 的对数是 0、1、2、3，其为等距值，如图 5.36 所示。

(a) 选择"线性"选项　　　　(b) 选择 Log10 选项

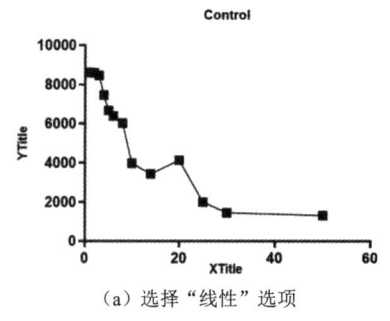

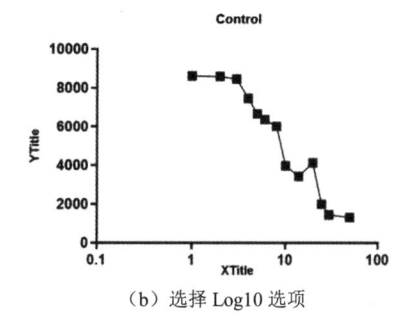

图 5.36　X 轴刻度值比例

（3）自动确定范围与间隔：勾选该复选框，GraphPad Prism 自动选择坐标轴的范围，在坐标轴上显示主要刻度（长刻度）和次要刻度（短刻度）。默认情况下，GraphPad Prism 自动设置坐标轴的最小和最大范围，以及主要刻度间隔。

（4）范围：如果取消勾选"自动确定范围与间隔"复选框，则在"范围"选项组输入在坐标轴上绘制的最小值和最大值。

（5）所有刻度：设置坐标轴刻度的样式。

1）刻度方向：选择 X 轴刻度线的方向，默认选择"向下"。

2）编号/标签的位置：选择 X 轴刻度线对应标签值的位置，默认选择"自动（下方，水平）"。

3）刻度长度：选择刻度线的样式，包括很短、短、正常、长、很长。

4）编号/标签的角度：选择刻度线编号/标签的放置角度，一般在编号/标签过长的情况下使用，避免压字。

（6）有规律间开的刻度：在"间距与方向"选项中选择除"标准"和"翻转"外的分割 X 轴的选项时，激活该选项组下的选项。设置主要刻度（长刻度）和次要刻度（短刻度）的刻度值。

1）长刻度间隔：设置主要刻度（长刻度）两个刻度值之间的间隔。

2）数值格式：设置主要刻度值（长刻度）的数值格式，包括小数、科学记数、10 的幂、反对数。

3）前缀：设置主要刻度值（长刻度）中数值的前缀，一般为特殊符号。

4）起始 X =：设置主要刻度值（长刻度）原点的值。

5）千位数：设置主要刻度值（长刻度）千位数的表示方法。

6）后缀：设置主要刻度值（长刻度）中数值的后缀，一般为特殊符号，如%。

7）短刻度：设置次要刻度（短刻度）两个刻度值之间的间隔。

8）对数：勾选该复选框，次要刻度（短刻度）中刻度值显示为对数。

9）小数：设置次要刻度（短刻度）中刻度值为小数时的显示格式。

10）句点：设置次要刻度（短刻度）中刻度值为小数时，小数点的显示格式。例如，句点：1.23；逗号：1,23；中间点：1•23。

（7）其他刻度与网格线刻度：设置在 X 轴中添加的附加刻度线样式。

1）X=：输入添加附加刻度线的 X 位置。

2）刻度：勾选该复选框，显示刻度值。

3）线：勾选该复选框，显示刻度线。

4）文本：输入附加刻度线的文本标注。

5）详细信息：单击该按钮，弹出"设置其他刻度和网格的格式"对话框，设置刻度或网格线的外观格式，如图 5.37 所示。

➢ X=：显示附加刻度线的 X 位置。

➢ 显示文本：勾选该复选框，设置要添加的文本的内容、位置、角度和偏移值。

➢ 显示刻度：勾选该复选框，设置要添加的附加刻度线的尺寸、粗细和方向。

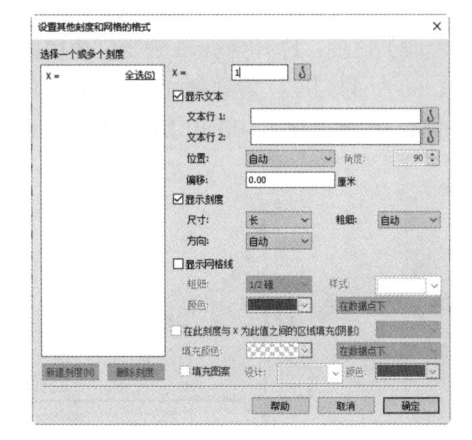

图 5.37 "设置其他刻度和网格的格式"对话框

➢ 显示网格线：勾选该复选框，显示附加刻度线的网格线的粗细、样式、颜色和位置。

➢ 在此刻度与 X 为此值之间的区域填充（阴影）：GraphPad Prism 可以填充一条附加网格线及其一条相邻网格线之间的间距。如需在网格线两侧创建填充，则在同一位置放置两条附加网格线，且从一条网格线向后填充，从另一条网格线向前填充。勾选该复选框，设置填充区域的填充颜色、位置、填充图案和图案颜色。

➢ 新建刻度：单击该按钮，添加一条新的刻度线。

➢ 删除刻度：单击该按钮，删除选中的刻度线。

（8）显示其他刻度：在该选项组中选择使用的刻度线样式，包括使用有规律的刻度、不使用有规律的刻度、仅使用有规律的刻度。

3. "左 Y 轴"选项卡

双击图表中左侧的 Y 轴，即可打开如图 5.38 所示的"左 Y 轴"选项卡。该选项卡中的设置与"X 轴"选项卡相同，这里不再赘述。

4. "右 Y 轴"选项卡

双击图表中右侧的 Y 轴，即可打开如图 5.39 所示的"右 Y 轴"选项卡。该选项卡中的设置与"X 轴"选项卡相同，这里不再赘述。

图 5.38 "左 Y 轴"选项卡　　　　　　　图 5.39 "右 Y 轴"选项卡

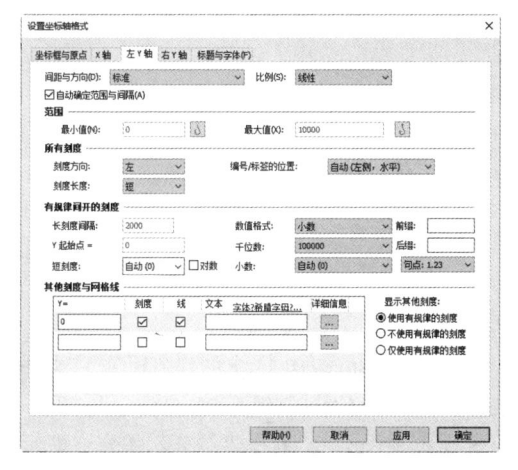

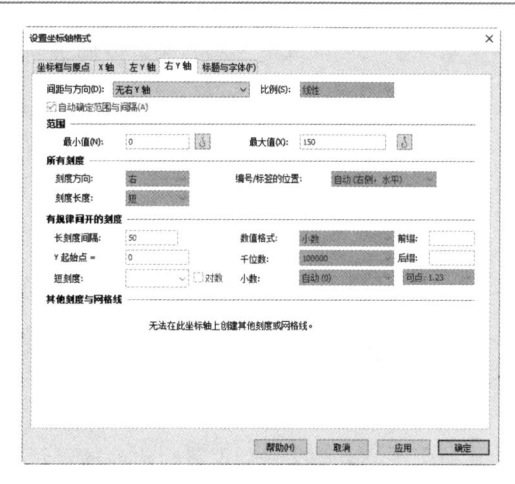

5. "标题与字体"选项卡

如果要设置坐标轴中的文本格式，可以切换到"标题与字体"选项卡，如图 5.40 所示。在这里可以设置坐标轴文本的字体、对齐方式、位置和旋转方式等。

（1）"图表标题"选项组。

1）显示图表标题：勾选该复选框，在图表中显示图表标题。单击"字体"按钮，弹出"字体"对话框，设置图表标题中文本的字体、字形、大小等，如图 5.41 所示。

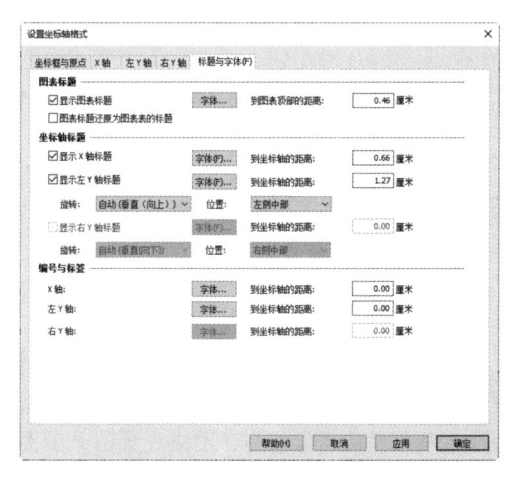

图 5.40 设置文本选项　　　　　　　图 5.41 "字体"对话框

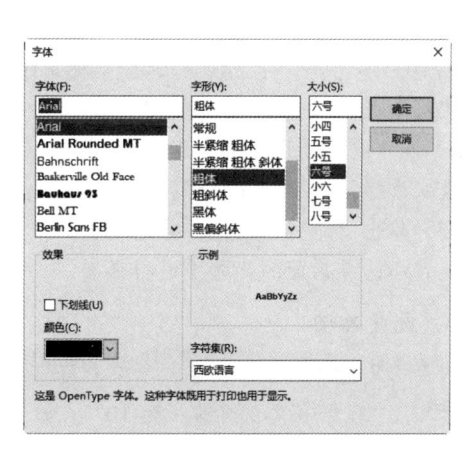

2）到图表顶部的距离：在该文本框内输入图表标题到图表页面顶部的距离，单位为厘米。

3）图表标题还原为图表表的标题：勾选该复选框，将图表标题定义为图表文件的名称。

（2）"坐标轴标题"选项组。在该选项组中定义 X 轴（左 Y 轴、右 Y 轴）标题的显示、标题文本的字体、到坐标轴的距离、坐标轴标题的旋转方式、坐标轴标题的位置。

（3）"编号与标签"选项组。在该选项组中定义 X 轴（左 Y 轴、右 Y 轴）编号与标签的字体和到坐标轴的距离。

★动手学——设置新生儿的测试数据坐标轴格式

源文件：源文件\05\设置新生儿的测试数据图表格式.prism
本实例演示设置新生儿的测试数据图表的坐标轴格式。

操作步骤

1. 设置工作环境

（1）双击 GraphPad Prism 10 图标，启动 GraphPad Prism。

（2）选择菜单栏中的"文件"→"打开"命令，或选择 Prism 功能区中的"打开项目文件"命令，或单击"文件"功能区中的"打开项目文件"按钮，或按 Ctrl+O 组合键，弹出"打开"对话框。选择需要打开的文件"设置新生儿的测试数据图表格式.prism"，单击"打开"按钮，即可打开项目文件。

（3）选择菜单栏中的"文件"→"另存为"命令，或选择"文件"功能区中"保存命令"按钮下的"另存为"命令，弹出"保存"对话框，输入项目名称"设置新生儿的测试数据坐标轴格式.prism"。单击"保存"按钮，在源文件目录下保存新的项目文件。

2. 设置坐标框

（1）在导航器的"图表"选项卡中选择"变换/新生儿的测试数据"选项，打开图表窗口，显示变换/新生儿的测试数据图。

（2）单击"更改"功能区中的"设置坐标轴格式"按钮，弹出"设置坐标轴格式"对话框。打开"坐标框与原点"选项卡，设置结果如图 5.42 所示。

1）在"形状"下拉列表中选择坐标系的形状为"自定义"，"宽度（X 轴长度）"为 15.00 厘米、"高度（Y 轴长度）"为 5.00 厘米。

2）在"绘图区域的颜色"下拉列表中选择绘图区域的颜色为浅绿（6A），在"页面背景"下拉列表中选择图表页面（全部区域）的颜色为绿色（6B）。

（3）单击"应用"按钮，在图表窗口中应用设置参数，结果如图 5.43 所示。图中，X 轴标签文本间距过小，在后面的步骤中进行调整。

3. 设置 X 轴

打开"X 轴"选项卡，在"所有刻度"选项组的"编号/标签的位置"下拉列表中选择"下方，成角度"，"编号/标签的角度"为 10°，如图 5.44 所示。单击"应用"按钮，图表设置结果如图 5.45 所示。

4. 设置图表标题

（1）打开"标题与字体"选项卡，勾选"显示图表标题"复选框，单击"字体"按钮，弹出"字体"对话框。设置图表标题文本的字体为"华文仿宋"，大小为"三号"，颜色为红色（3E），如图 5.46 所示。勾选"显示左 Y 轴标题"复选框，在其下的"旋转"下拉列表中选择"水平"选项，如图 5.47 所示。

第 5 章 设置数据图表格式 131

图 5.42 "坐标框与原点"选项卡

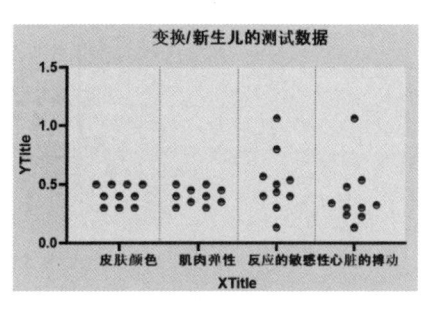

图 5.43 图表坐标框设置结果

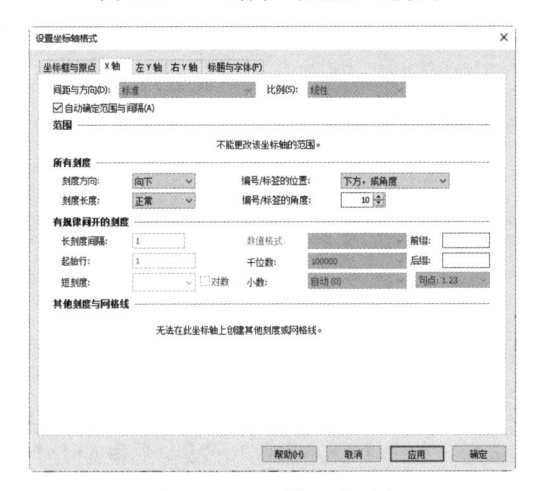

图 5.44 "X 轴"选项卡

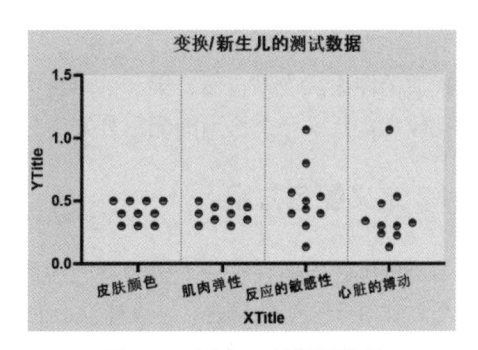

图 5.45 图表 X 轴设置结果

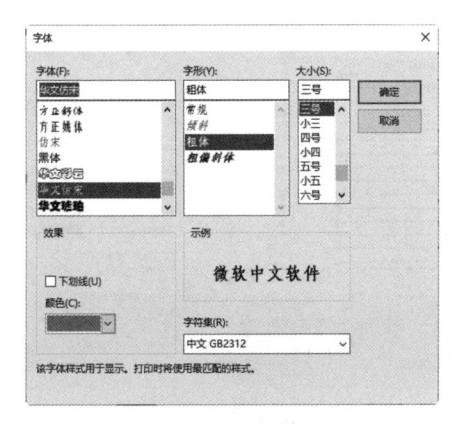

图 5.46 "字体"对话框

图 5.47 "标题与字体"选项卡

(2) 单击"确定"按钮，关闭该对话框，在图表窗口中应用设置参数，结果如图 5.48 所示。

图 5.48　图表标题设置结果

5. 保存项目

单击"文件"功能区中的"保存"按钮■，或按 Ctrl+S 组合键，保存项目文件。

5.2　配色方案设置

优质的图表应当以自然、柔和的颜色为主，给人以舒适的感觉，过于鲜艳的颜色可能会让人感到眼花缭乱，定义一个恰当的配色方案十分必要。

5.2.1　定义配色方案

恰当的配色方案往往能为报表增光添彩，然而初学者很容易走入配色极端。常见的配色误区包括选用对比过于强烈的颜色，导致视觉上的不适；选用一些非主流的颜色和效果，显得过于个性化；整体颜色偏淡，使得阅读起来费力。

【执行方式】

➢ 菜单栏：选择菜单栏中的"更改"→"定义配色方案"命令。
➢ 功能区：选择"更改"功能区中"更改颜色"按钮 ▼ 下的"定义配色方案"命令。
➢ 快捷命令：在图表区右击，在弹出的快捷菜单中选择"定义配色方案"命令。

【操作步骤】

执行此命令，弹出"定义配色方案"对话框，如图 5.49 所示。

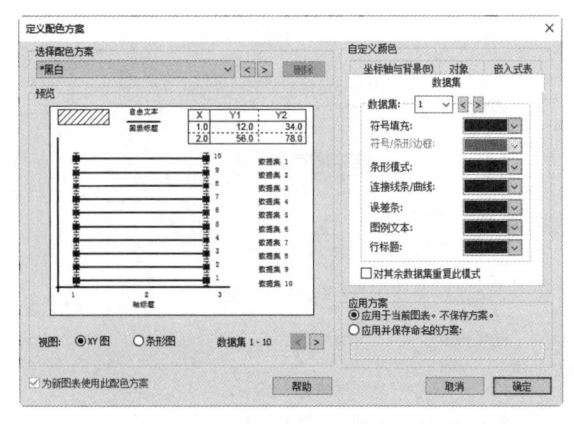

图 5.49　"定义配色方案"对话框

【选项说明】

1. "选择配色方案"选项组

（1）在下拉列表中选择系统中自带的配色方案，默认为"*黑白"。

（2）在"预览"列表框中选中配色方案对应的图标显示结果（曲线点、曲线、曲线文本标注、坐标轴线、坐标轴刻度标签、图表标题、图表图例）。

（3）在"视图"选项组中选择预览图的类型，包含 XY 图和条形图，如图 5.50 所示。

2. "自定义颜色"选项组

在该选项组中选择配色方案的颜色定义参数，包含 4 个选项卡。

（1）"数据集"选项卡。

1）在"数据集"下拉列表中选择图表使用的数据集名称，单击 < > 按钮，切换数据集的选择。

2）单击"符号填充"选项右侧的颜色块下拉列表，选择图表中符号中的填充颜色，如图 5.51 所示。同样的方法，还可以选择符号/条形边框颜色、条形模式颜色、连接线条/曲线颜色、误差条颜色、图例文本颜色、行标题颜色。

3）勾选"对其余数据集重复此模式"复选框，选中"应用并保存命名的方案"单选按钮，保存上面参数定义的配色方案，并在其余数据集应用该配色方案。

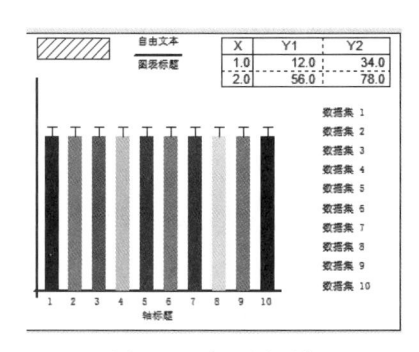

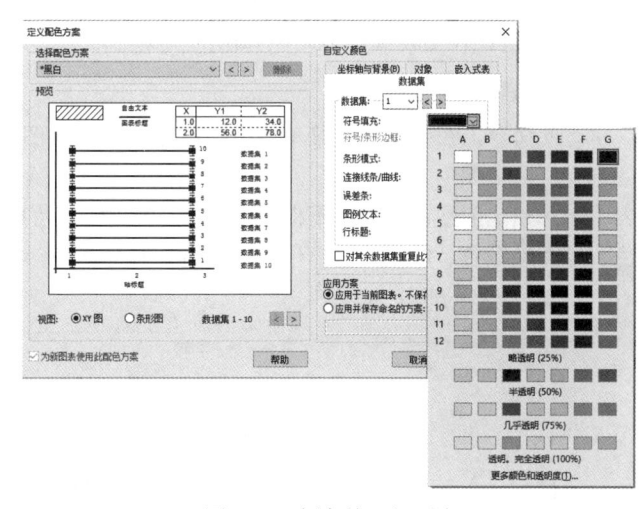

图 5.50　条形图预览　　　　　　　　图 5.51　颜色块下拉列表

（2）"坐标轴与背景"选项卡。在该选项卡中定义配色方案中的背景颜色和坐标轴颜色，如图 5.52 所示。其中，背景颜色的设置包括页面、绘图区域；坐标轴颜色的设置包括坐标轴与坐标框、编号/标签、坐标轴标题、图表标题。

（3）"对象"选项卡。在该选项卡中定义配色方案中的对象颜色，包括文本、线条/弧形、方框/椭圆边框、方框/椭圆图案、方框/椭圆填充，如图 5.53 所示。

（4）"嵌入式表"选项卡。在该选项卡中定义配色方案中的嵌入式表颜色，包括文本、边框、行标题旁的线条、标题下的线条、网格、填充，如图 5.54 所示。

（5）"应用方案"选项组。选择是否应用并保存定义的配色方案。

图 5.52 "坐标轴与背景"选项卡 　　图 5.53 "对象"选项卡 　　图 5.54 "嵌入式表"选项卡

5.2.2 选择配色方案

GraphPad Prism 内置了多种配色方案，基本可以满足绘制学术图表的需求。

【执行方式】

- 菜单栏：选择菜单栏中的"更改"→"配色方案"命令。
- 功能区：单击"更改"功能区中的"更改颜色"按钮 。
- 快捷键：在图表区右击，在弹出的快捷菜单中选择"选择配色方案"命令。

【操作步骤】

执行此命令，在弹出的子菜单中选择配色方案，如图 5.55 所示。

选择"更多配色方案"命令，弹出"配色方案"对话框，如图 5.56 所示。在"配色方案"下拉列表中选择指定的配色方案，不但可在图表中应用曲线的颜色，还可根据指定方案更改图表的背景颜色、绘图区颜色、曲线颜色、坐标轴颜色、标题颜色等。

图 5.55　选择配色方案 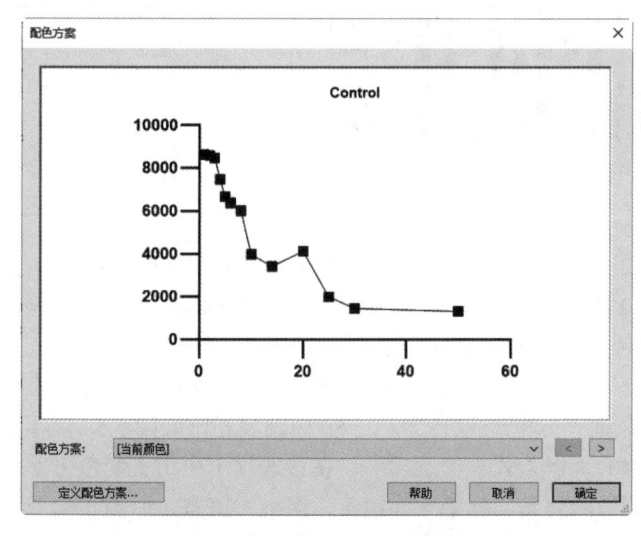　　　　　　图 5.56　"配色方案"对话框

5.3　更改图形类型和数据

在 GraphPad Prism 中绘图时，数据与图形是相互对应的，如果数据发生变化，图形也一定会相应地发生变化。图表类型的选择也很重要，选择一个能最佳表现数据的图表类型，有助于更清晰地反映数据的差异和变化。

5.3.1　更改图表类型

【执行方式】
- 菜单栏：选择菜单栏中的"更改"→"图表类型"命令。
- 功能区：单击"更改"功能区中的"选择其他类型的图表"按钮。
- 快捷操作：在导航器的"图表"选项组中单击图表名称。

【操作步骤】
执行此命令，打开如图 5.57 所示的"更改图表类型"对话框。

可以通过该对话框将图表更改为不同系列中的图表，但这样做一般没有意义。如果需要将图表更改为不同系列中的图表，则很可能也需要更改数据表的格式。

【选项说明】
选择需要的图表类型。在"图表系列"下拉列表中显示数据表的 8 个图表系列，对应数据表的 8 种类型（XY、列、分组、列联、生存、整体分解、多变量、嵌套）。每个系列下包含与数据表匹配的图表类型。

选择一个图表类型后，在对话框底部显示图表的预览图，检查预览图以确保得到想要的图表。

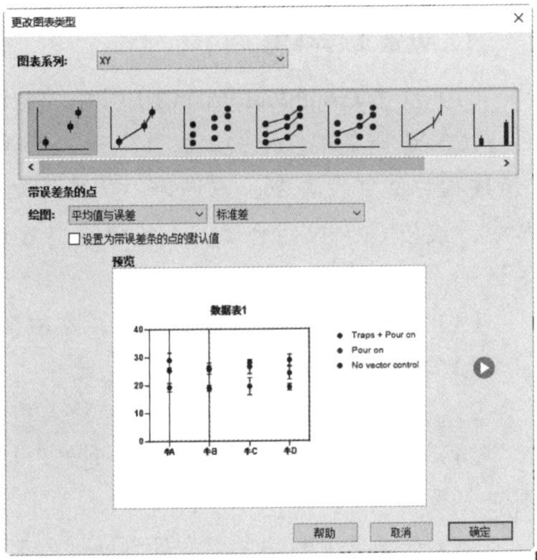

★动手学——绘制小儿出牙时间图表

图 5.57　"更改图表类型"对话框

源文件：源文件\05\小儿出牙时间表.xlsx

现有 50 组小儿出牙时间数据，见表 5.1（篇幅有限，只显示部分数据）。本实例演示如何导入 Excel 文件中的上牙出牙时间（天）和下牙出牙时间（天）数据，根据选项设置不同的导入结果。

表 5.1　小儿出牙时间数据

上牙出牙时间（天）	下牙出牙时间（天）
210	180
211	186
230	190

续表

上牙出牙时间（天）	下牙出牙时间（天）
260	196
210	197
180	193
240	200
211	213
213	193
206	196
193	186
196	193
188	194
156	190

操作步骤

1. 设置工作环境

（1）双击 GraphPad Prism 10 图标，启动 GraphPad Prism。

（2）选择菜单栏中的"文件"→"新建"→"新建项目文件"命令，或选择 Prism 功能区中的"新建项目文件"命令，或选择"文件"功能区中"创建项目文件"按钮 下的"新建项目文件"命令，或按 Ctrl+N 组合键，系统弹出"欢迎使用 GraphPad Prism"对话框，在"创建"选项组中默认选择"列"选项。

（3）选择创建列数据表。此时，在右侧的参数设置界面设置如下：

1）在"数据表"选项组中默认选中"将数据输入或导入到新表"单选按钮。

2）在"选项"选项组中选中"输入重复值，并堆叠到列中"单选按钮。

（4）完成参数设置后，单击"创建"按钮，创建项目文件。其中自动创建数据表"数据 1"和图表"数据 1"。

（5）选择菜单栏中的"文件"→"另存为"命令，或选择"文件"功能区中"保存命令"按钮 下的"另存为"命令，弹出"保存"对话框，输入项目名称"小儿出牙时间表.prism"。单击"保存"按钮，在源文件目录下保存新的项目文件。

2. 导入 xlsx 文件

（1）选中数据表"数据 1"左上角的单元格。选择菜单栏中的"文件"→"导入"命令，或在功能区的"导入"选项卡中单击"导入文件"按钮 ，或右击，在弹出的快捷菜单中选择"导入数据"命令，弹出"导入"对话框。在"文件名"右侧下拉列表中选择"工作表（*.xls*, *.wk*, *.wb*）"，在指定目录下选择要导入的文件"小儿出牙时间表.xlsx"。

（2）单击"打开"按钮，弹出"导入和粘贴选择的特定内容"对话框。打开"源"选项卡，在"关联与嵌入"选项组中选中"仅插入数据"单选按钮，其余选项保持默认。

（3）单击"导入"按钮，在数据表"小儿出牙时间表"中导入 Excel 中的数据，结果如图 5.58

所示。同时，与数据表链接的图表自动重命名为"小儿出牙时间表"，如图 5.59 所示。

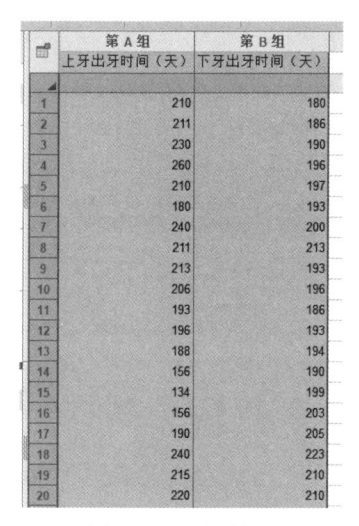

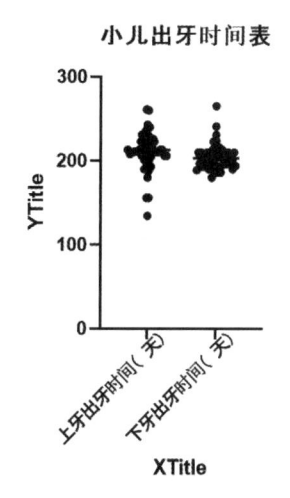

图 5.58 导入数据

图 5.59 图表"小儿出牙时间表"

3．设置坐标轴格式

（1）在导航器的"图表"选项卡中选择"小儿出牙时间表"选项，打开的图表窗口如图 5.59 所示。

（2）同时自动打开"更改图表类型"对话框，根据系统数据自动选择"列"系列下的"散布图"。在"图表系列"下拉列表中选择 XY 系列下的"仅连接线"，如图 5.60 所示。

（3）单击"确定"按钮，关闭对话框，将散布图更改为折线图，结果如图 5.61 所示。

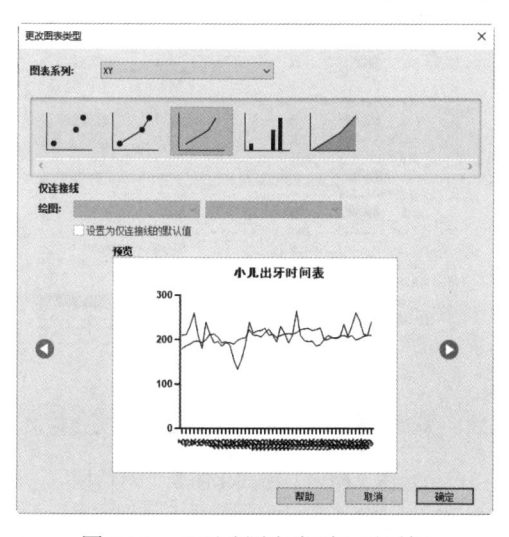

图 5.60 "更改图表类型"对话框

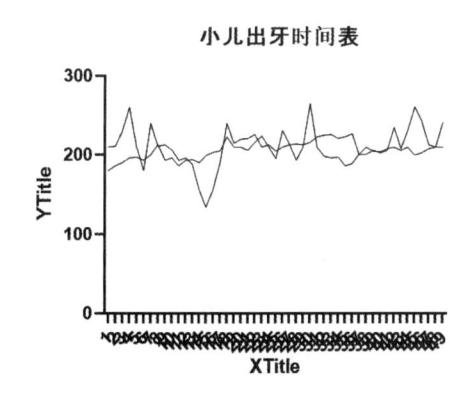

图 5.61 更改图表类型

（4）双击 X 轴，弹出"设置坐标轴格式"对话框，打开"X 轴"选项卡，取消勾选"自动确定范围与间隔"复选框，在"范围"选项组中设置最小值为 0，最大值为 50。在"有规律间开的刻度"选项组中设置长刻度间隔为 5，起始 X=0，短刻度为 5，如图 5.62 所示。

图 5.62 "X 轴"选项卡

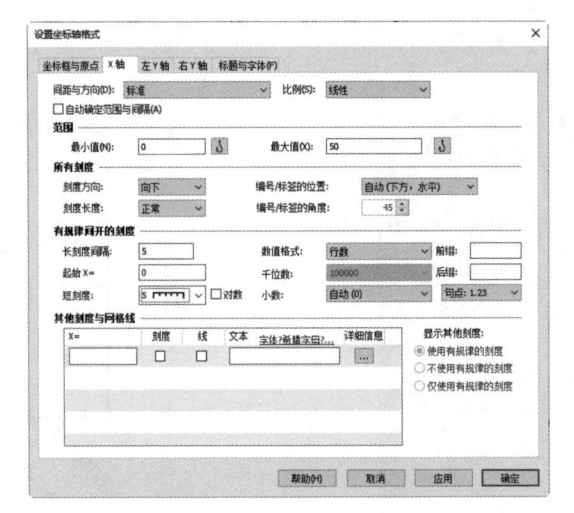

(5) 单击"确定"按钮,关闭对话框,X 轴刻度和标签修改结果如图 5.63 所示。

4. 设置绘图区外观

(1) 双击绘图区,弹出"格式化图表"对话框,打开"外观"选项卡,进行如下设置,如图 5.64 所示。

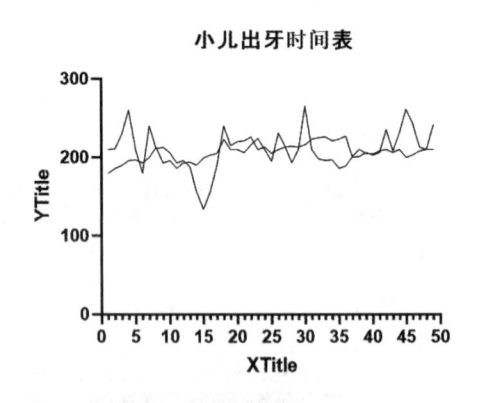

图 5.63 图表 X 轴设置结果

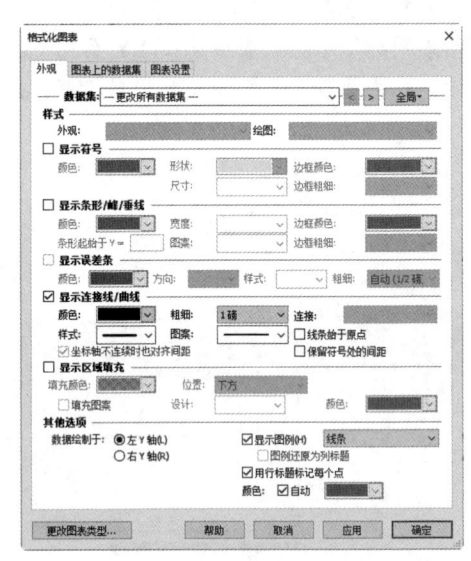

图 5.64 "格式化图表"对话框

1) 在"数据集"下拉列表中选择"更改所有数据集"选项。
2) 在"显示连接线/曲线"选项组的"粗细"下拉列表中选择 1 磅。
3) 在"其他选项"选项组中勾选"显示图例""用行标题标记每个点"复选框。

(2) 单击"确定"按钮,关闭对话框,绘图区外观设置结果如图 5.65 所示。

5. 选择配色方案

单击"更改"功能区中的"更改颜色"按钮 ，在弹出的子菜单中选择"色彩"命令，在图表中应用配色方案，两条曲线为不同的颜色（彩色），结果如图 5.66 所示。

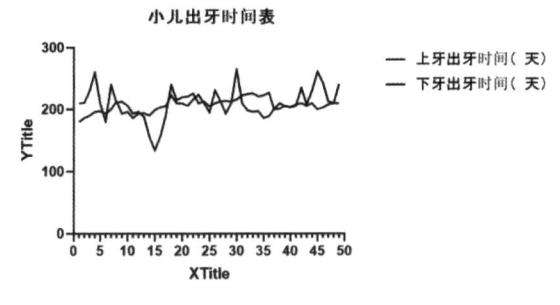

图 5.65　绘图区外观设置结果

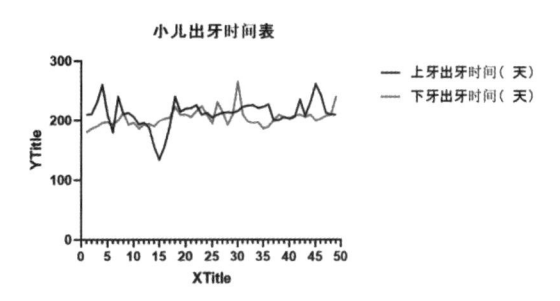

图 5.66　图表应用配色方案

6. 保存项目

单击"文件"功能区中的"保存"按钮 ，或按 Ctrl+S 组合键，保存项目文件。

5.3.2　图表数据集编辑

创建图表后，可以随时根据需要在图表中添加、更改和删除数据。数据集源自数据表的行或列的相关数据点，图表中的每个数据集具有唯一的颜色或图案，并且在图表的图例中进行表示。

1. 添加数据集

【执行方式】

菜单栏：选择菜单栏中的"更改"→"添加数据集"命令。

【操作步骤】

执行此命令，弹出"向图表中添加数据集"对话框，如图 5.67 所示。

【选项说明】

（1）从以下数据表或结果表：选择数据表文件。

（2）要添加的数据集（选择一个或多个）：显示当前图表中可使用的数据集。选择要添加的数据集，单击"确定"按钮，在当前图表中添加使用选中数据集绘制的曲线。

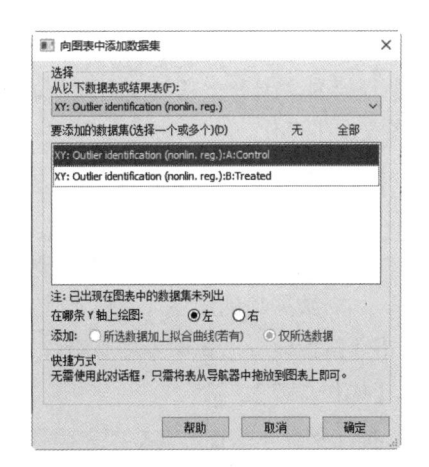

图 5.67　"向图表中添加数据集"对话框

【知识拓展】

除了使用"向图表中添加数据集"对话框外，还可以直接将导航器中的工作表拖放到图表上，即完成该工作表中所有数据集的添加。

2. 删除数据集

【执行方式】

快捷命令：在图表区中的图形右击，在弹出的快捷菜单中选择"从图表中移除数据集"命令。

【操作步骤】

执行此命令，即可在图表中删除指定的数据集。

3. 保留数据集

【执行方式】

快捷命令：在图表区中的图形右击，在弹出的快捷菜单中选择"仅保留此数据集"命令。

【操作步骤】

执行此命令，即可在图表中保留指定的数据集，并删除其余数据集。

4. 替换数据集

【执行方式】

快捷命令：在图表区中的图形右击，在弹出的快捷菜单中选择"替换数据集"命令。

【操作步骤】

执行此命令，弹出"替换数据集"对话框，如图5.68所示。选择要替换的数据集，替换当前选中的数据集，单击"确定"按钮，即可在图表中替换指定的数据集。

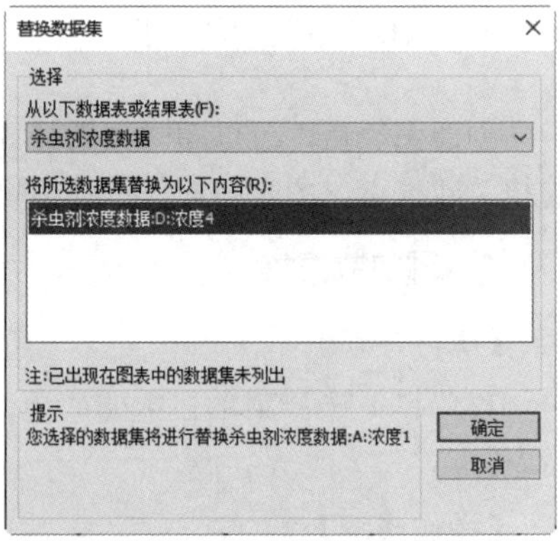

5. 翻转数据集

图表中排位较高的数据集将先于列表中排位较低的数据集进行绘图，因此，从前到后或从右到左翻转数据集，将导致图表发生变化。

图5.68 "替换数据集"对话框

【执行方式】

- 菜单栏：选择菜单栏中的"更改"→"反转数据集顺序"命令。
- 功能区：选择"更改"功能区中"反转数据集顺序、翻转方向或旋转条形"按钮 下的"反转数据集的顺序（从前到后或从右到左）"命令。
- 快捷命令：在图表区右击，在弹出的快捷菜单中选择"反转数据集顺序"命令。

【操作步骤】

执行此命令，直接调整图表中使用数据集的排列顺序。

★动手练——设置健康男子血清总胆固醇值图表类型和数据集

本实例演示绘制健康男子血清总胆固醇值图表，选择合适的图表类型和显示的数据集，如图5.69所示。

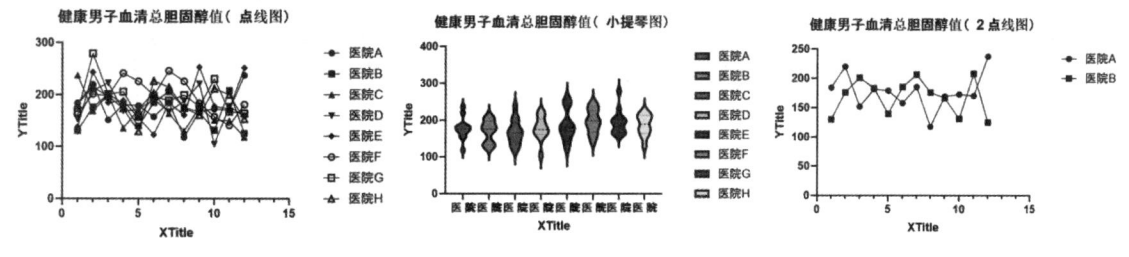

图 5.69　图表设置结果

思路点拨

源文件：源文件\05\录入健康男子血清总胆固醇值.prism

（1）打开项目文件"录入健康男子血清总胆固醇值.prism"。

（2）打开数据表"复制健康男子血清总胆固醇值"，设置列标题分别为医院 A、医院 B、医院 C、医院 D、医院 E、医院 F、医院 G、医院 H。

（3）打开图表"复制健康男子血清总胆固醇值"，重命名图表名称为"健康男子血清总胆固醇值（点线图）"。更改图表类型，选择 XY 系列下的"点与连接线"选项。

（4）选择"复制当前表"命令，复制图表"复制健康男子血清总胆固醇值"，重命名为"健康男子血清总胆固醇值（小提琴图）"。更改图表类型，选择"列"系列下的"箱线与小提琴"选项卡下的"小提琴图"选项。

（5）选择"复制当前表"命令，复制图表"复制健康男子血清总胆固醇值"，重命名为"健康男子血清总胆固醇值（2 点线图）"。在图表中删除多余的数据集，只保留第 A 组（医院 A）和第 B 组（医院 B）。

（6）保存文件为"设置健康男子血清总胆固醇值图表类型和数据集.prism"。

5.4　绘 图 设 置

绘图设置是指在选定图表类型之后，对数据点和对应的曲线及图形整体进行设置，最终生成一个具体的、生动的、美观的、准确的、规范的图形。

5.4.1　设置图表数据点

对于包含点符号的图形，可以针对单独的符号进行格式化设置。

【执行方式】

快捷命令：右击，在弹出的快捷菜单中选择"格式化此点"命令。

【操作步骤】

选择单个数据对应的图形（散点），执行此命令，弹出如图 5.70 所示的子菜单，下面介绍子菜单中的相关命令。

【选项说明】

下面介绍"格式化此点"子菜单中的选项。

（1）符号颜色：选择该命令，在弹出的颜色列表中选择散点符号的颜色。

（2）符号形状：选择该命令，在弹出的子菜单列表中选择散点符号的样式。

（3）符号大小：选择该命令，在弹出的子菜单列表中选择散点符号的大小（0～10）。

（4）应用数据集格式：选择该命令，在该符号中应用整个数据集使用的格式。

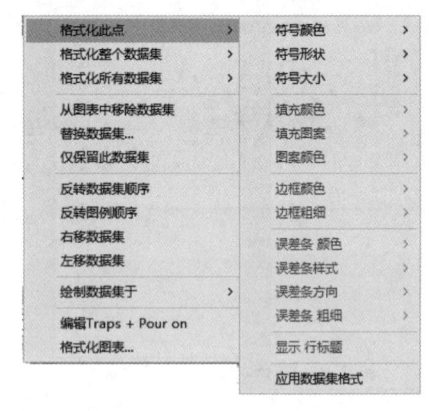

图 5.70 "格式化此点"子菜单

5.4.2 设置工作表数据点

图表中的曲线数据点与关联的数据表中的数据是一一对应的关系，对于过高或过低的特殊点，可以通过设置工作表中数据的格式来突出显示图形中的点。

【执行方式】

- 菜单栏：选择菜单栏中的"更改"→"设置点的格式"命令。
- 功能区：在功能区的"更改"选项卡中单击 按钮。
- 快捷命令：右击，在弹出的快捷菜单中选择"设置点的格式"命令。

【操作步骤】

打开工作表编辑窗口，选中单元格，执行此命令，弹出如图 5.71 所示的子菜单，设置与选中单元格中数据相关联的散点图图表中的图形格式。

【选项说明】

下面介绍"设置点的格式"子菜单中的选项。

（1）符号边框颜色：若在"符号形状"下拉列表中选择带边框的符号，则散点包含符号和符号边框两个对象。选择该命令，在弹出的颜色列表中选择散点符号边框的颜色。

（2）符号边框粗细：选择该命令，在弹出的子菜单列表中选择散点符号边框的大小（1/4～6）磅。

★动手学——绘制大气相关性数据散点图

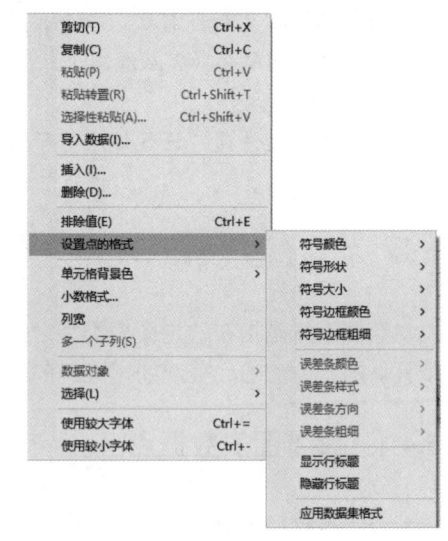

图 5.71 "设置点的格式"子菜单

源文件：源文件\05\提取大气相关性数据表.prism

本实例通过大气监测数据（153 组）绘制散点图，观察 Wind（风速）和 Temp（温度）数据的分布情况。

操作步骤

1. 设置工作环境

（1）双击 GraphPad Prism 10 图标，启动 GraphPad Prism。

（2）选择菜单栏中的"文件"→"打开"命令，或选择 Prism 功能区中的"打开项目文件"命令，或单击"文件"功能区中的"打开项目文件"按钮，或按 Ctrl+O 组合键，弹出"打开"对话框。选择需要打开的文件"提取大气相关性数据表.prism"，单击"打开"按钮，即可打开项目文件。

（3）选择菜单栏中的"文件"→"另存为"命令，或选择"文件"功能区中"保存命令"按钮下的"另存为"命令，弹出"保存"对话框，输入项目名称"绘制大气相关性数据散点图.prism"。单击"保存"按钮，在源文件目录下保存新的项目文件。

2. 绘制散点图

（1）在导航器的"图表"选项卡中单击"新建图表"按钮，弹出"创建新图表"对话框。在"要绘图的数据集"选项组的"表"下拉列表中默认选择 XY:Correlation 选项。

（2）勾选"仅绘制选定的数据集"复选框，单击"选择"按钮，弹出"选择数据集"对话框。选择需要的数据集 XY: Correlation:B:Wind、XY: Correlation:C:Temp，如图 5.72 所示。

（3）单击"确定"按钮，关闭该对话框，返回"创建新图表"对话框。在"图表类型"选项组的"显示"下拉列表中选择 XY 选项，选择"仅点"选项，如图 5.73 所示。

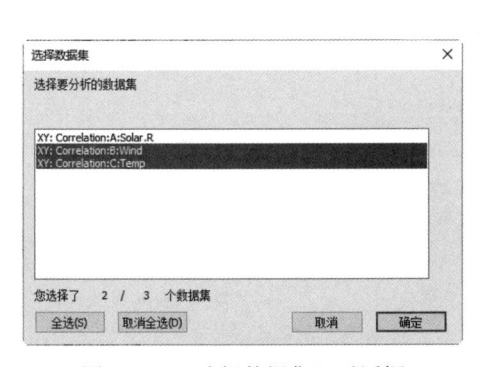

图 5.72 "选择数据集"对话框

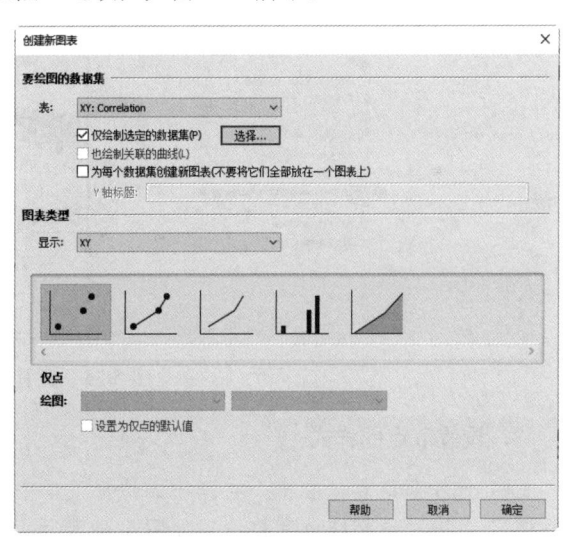

图 5.73 "创建新图表"对话框

（4）单击"确定"按钮，关闭对话框，在导航器的"图表"选项卡中创建 XY: Correlation 图表，其中包含 Wind（风速）和 Temp（温度）数据的散点图，如图 5.74 所示。

（5）根据右上角图例可知，圆形黑色实心散点表示 Wind（风速），方形黑色点表示 Temp（温度）。

（6）观察散点图，可以发现一些离群点。将鼠标放置在相应的点上，显示该点对应的数据，如图 5.75 所示。

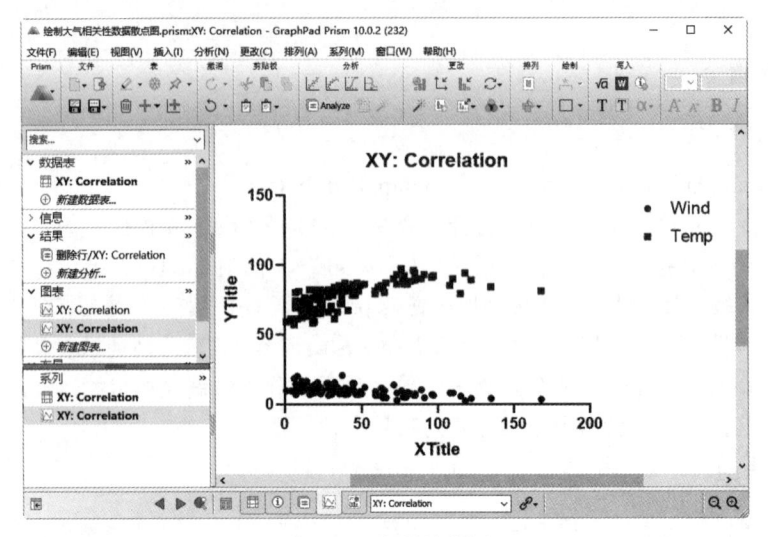

图 5.74　绘制散点图

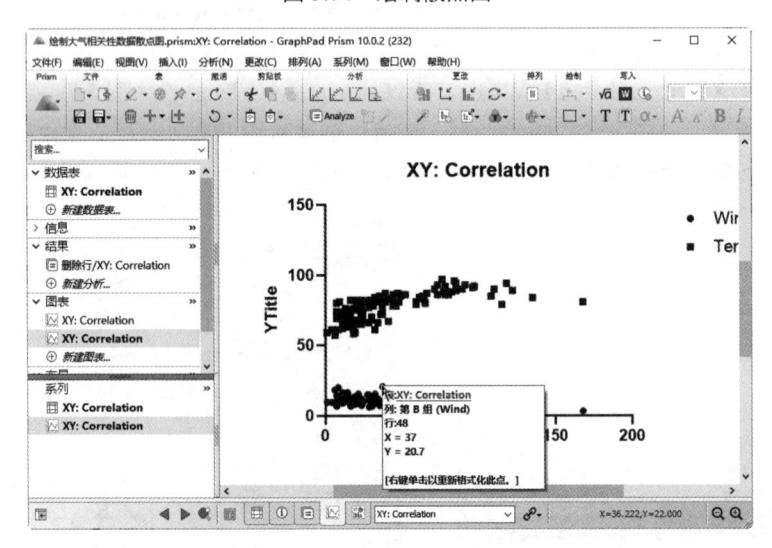

图 5.75　查看离群点数据

3．设置散点图样式

（1）选择离群点，右击，在弹出的快捷菜单中选择"格式化此点"→"符号颜色"命令，在打开的颜色列表中选择红色颜色块，如图 5.76 所示。此时，离群点变为红色。

（2）选择离群点，右击，在弹出的快捷菜单中选择"格式化此点"→"符号大小"命令，选择 6。此时，离群点大小变为 6，如图 5.77 所示。

4．保存项目

单击"文件"功能区中的"保存"按钮，或按 Ctrl+S 组合键，保存项目文件。

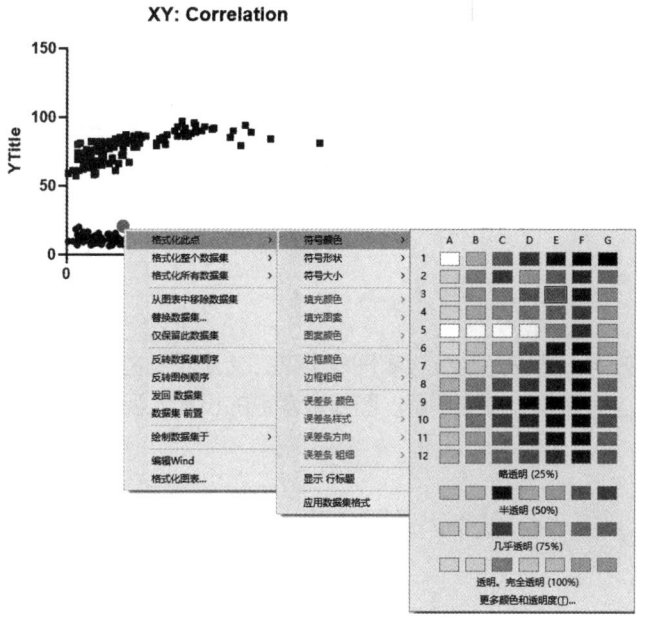

图 5.76　选择颜色列表中的红色颜色块

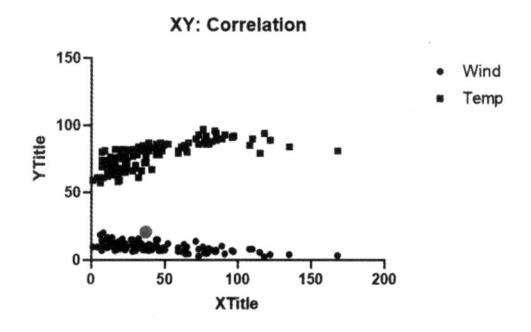

图 5.77　设置离群点大小

第 6 章　图表外观设置

内容简介

为了达到满意的效果，通常还需要设置图表外观，让所绘制的图形看起来舒服并且易懂。本章讲述的图表外观设置包括图表尺寸的调整、图表背景色的设置、视图的缩放、网格的显示/隐藏、标尺的显示/隐藏等。

内容要点

➢ 图表结构
➢ 设置坐标轴
➢ 图形注释

6.1　图表结构

在开始学习 GraphPad Prism 图表之前，有必要先对图表的结构有一个初步的认识。图表的基本组成示例如图 6.1 所示。

（1）图表区❶：整个图表及其包含的元素。
（2）绘图区❷：以坐标轴为界并包含全部数据集的区域。
（3）图表标题❸：用于概括图表内容的文字，常用的功能有设置字体、字号及颜色位置等。
（4）数据集❹：在数据区域内，同一列或同一行数值数据的集合构成一组到多组的数据系列，也就是图表中相关数据点的集合。
（5）坐标轴及坐标标签❺：坐标轴是表示数值大小及分类的垂直组合水平线，上面有标定的数据值的标示。一般情况下，水平轴（X 轴）表示数据的分类（如 A、B、C、D）；坐标轴标题用于说明坐标轴的分类及内容，分为水平坐标轴和垂直坐标轴。
（6）图例❻：指示图表中系列区域的符号、颜色或形状定义数据系列所代表的内容。图例由两部分构成：图例表示和图例项。
（7）文本标签：用于为数据集添加说明文字。

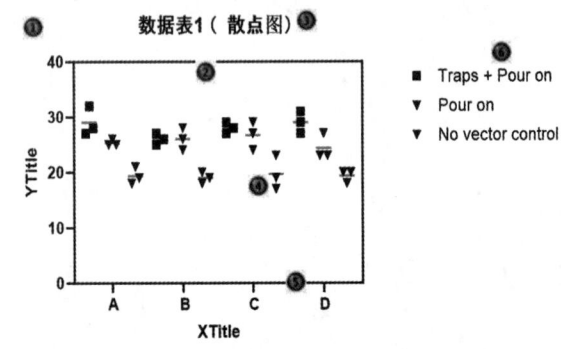

图 6.1　图表的基本组成示例

(8) 网格线：贯穿绘图区的线条。

6.1.1 缩放图表视图

图表编辑器中提供了图表的缩放功能，以便于用户对图表进行观察。

【执行方式】

快捷命令：在图表区右击，在弹出的快捷菜单中选择"缩放"命令。

【操作步骤】

执行此命令，弹出"缩放"子菜单，用于观察并调整图表的布局，如图 6.2 所示。

【选项说明】

下面介绍该子菜单中的选项。

（1）适合页面：选择该命令后，在图表编辑窗口中将显示整张图表的内容，包括图表边框、绘图区（图表）等。

（2）适合图表：选择该命令后，在图表编辑窗口中将以最大比例显示整张图表绘图区中的所有元素，用于观察绘图区的组成概况。

（3）10%、50%(5)、75%(7)、100%(实际大小)(A)、150%(1)、200%(2)、400%(4)、600%(6)、800%(8)、1000%(0)：该类操作确定图表在页面中的显示比例。

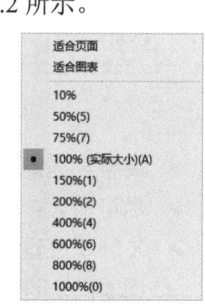

图 6.2 "缩放"子菜单

6.1.2 调整图表尺寸

图表实际上是坐标系（坐标轴、刻度、标签和标题）和坐标系内图形的统称，调整图表尺寸实际上是调整坐标系的大小，坐标系的图形会随着坐标系一起进行放大和缩小。

【执行方式】

- ➢ 菜单栏：选择菜单栏中的"更改"→"调整图表大小"命令。
- ➢ 功能区：单击"更改"功能区中的"调整图表大小"按钮 。
- ➢ 快捷命令：在图表区右击，在弹出的快捷菜单中选择"调整图表大小"命令。

【操作步骤】

执行此命令，弹出下拉菜单，如图 6.3 所示。

【选项说明】

下面介绍"调整图表大小"子菜单中的选项。

（1）较小：选择该命令，将图表以绘图区中心为基准点，整体缩小一定的大小。

（2）较大：选择该命令，将图表以绘图区中心为基准点，整体放大一定的大小。

（3）填充页面：选择该命令，将图表以绘图区中心为基准点，将坐标系图形填充整个图表页面。

（4）更多选择：选择该命令，打开如图 6.4 所示的"调整图表大小"对话框，按照选项设置坐标系中图形的大小。

1）调整整个图表的大小：在该选项组中选择图表大小的调整方法。

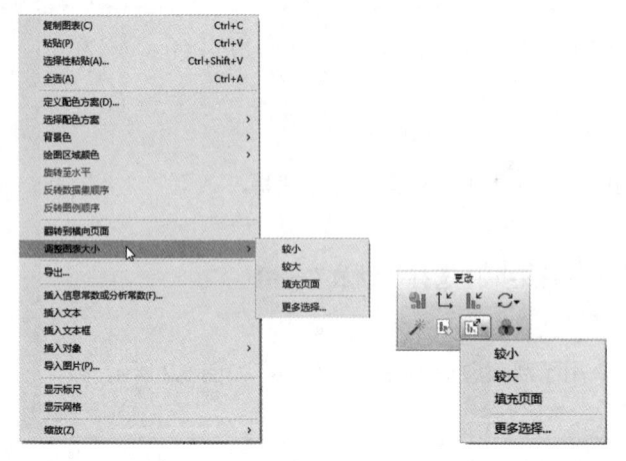

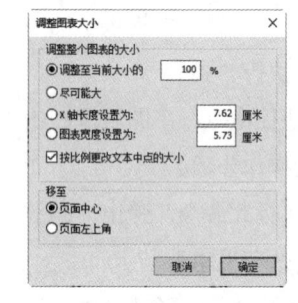

图 6.3 "调整图表大小"子菜单　　　　　图 6.4 "调整图表大小"对话框

- 调整至当前大小的 100%：选中该单选按钮，设置图表中图形的缩放比例。
- 尽可能大：选中该单选按钮，将图表填充整个图表页面。
- X 轴长度设置为：选中该单选按钮，自定义 X 轴大小，单位为厘米。更改 X 轴大小，整个图表随之进行变化。
- 图表宽度设置为：选中该单选按钮，自定义图表宽度大小，单位为厘米。
- 按比例更改文本中点的大小：勾选该复选框，图表尺寸发生变化后，图表文本中点的大小随之进行变化。

2）移至：在该选项组中选择图表位置的基准点，包括页面中心或页面左上角。默认选择页面中心。

★动手练——调整健康男子血清总胆固醇值图表的尺寸

本实例演示如何利用"调整图表大小"对话框调整图形的大小，如图 6.5 所示。

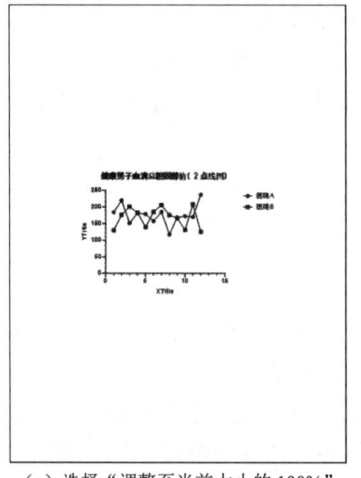

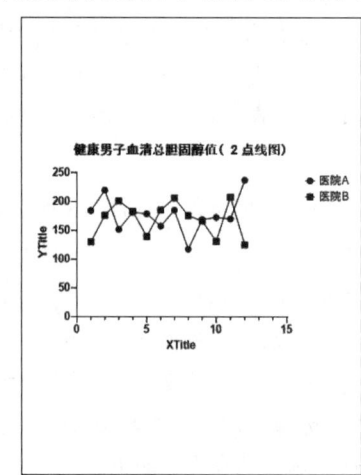

（a）选择"调整至当前大小的 100%"　　　　　（b）选择"尽可能大"

图 6.5　调整整个图表在页面中的显示

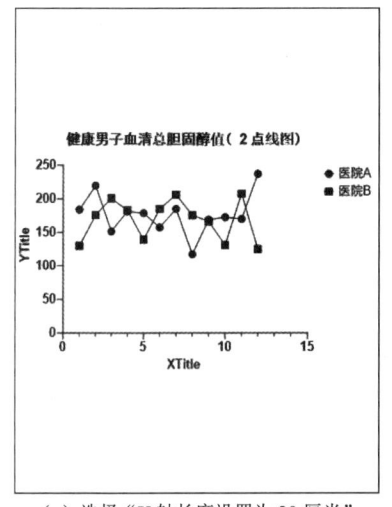

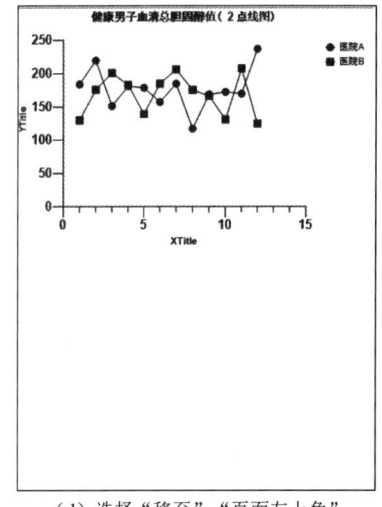

（c）选择"X轴长度设置为20厘米"　　　（d）选择"移至""页面左上角"

图6.5（续）

思路点拨

源文件：源文件\06\设置健康男子血清总胆固醇值图表类型和数据集.prism

（1）打开项目文件"设置健康男子血清总胆固醇值图表类型和数据集.prism"，将图表"健康男子血清总胆固醇值（2点线图）"置为当前窗口，选择"适合页面"显示。
（2）选择"更多选择"命令，打开"调整图表大小"对话框。
（3）选中"调整至当前大小的100%"和"页面中心"单选按钮。
（4）选中"尽可能大"和"页面中心"单选按钮。
（5）选中"X轴长度设置为20厘米"和"页面中心"单选按钮。
（6）选中"尽可能大"和"页面左上角"单选按钮。
（7）保存文件为"健康男子血清总胆固醇值图表显示.prism"。

6.1.3　设置图表背景色

图表背景色必须要既很好地衬托图表主体，又不产生喧宾夺主的效果。图表区是指整个图表及其包含的元素，具体指窗口中的整个白色区域。

【执行方式】
- 菜单栏：选择菜单栏中的"更改"→"背景色"命令。
- 功能区：选择"更改"功能区中"更改颜色"按钮 下的"背景"命令。
- 快捷命令：在图表区右击，在弹出的快捷菜单中选择"背景色"命令。

【操作步骤】

执行此命令，弹出颜色列表，如图6.6所示。选择单色颜色，即可自动更新图表背景色。

【选项说明】

下面介绍该列表中的选项。

(1) 颜色列表中包含 12×7 个颜色块，选择任何一个颜色块即可将背景色切换为选中的颜色。

(2) 选择"略透明（25%）""半透明（50%）""几乎透明（75%）"选项下的颜色块，将背景设置为不同透明度的颜色。默认激活"透明。完全透明（100%）"按钮，设置前面的 84（12×7）个颜色块列表的透明度为 100%，完全透明。

(3) 选择"更多颜色和透明度"命令，弹出"选择颜色"对话框，在该对话框中可以选择 48（6×8）色的基础颜色。

(4) 可以在右侧颜色图中任意单击一点拾取，单击"添加至自定义颜色"按钮，将拾取的颜色添加到"自定义颜色"列表框中，默认可添加 16（2×8）个自定义颜色，如图 6.7 所示。

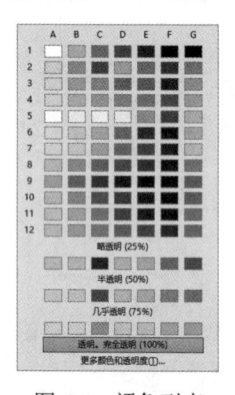

图 6.6 颜色列表

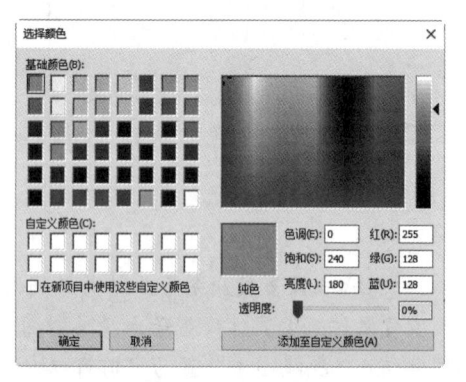

图 6.7 "选择颜色"对话框

(5) 可以通过右下角的"透明度"滑块调节颜色的透明度，默认值为 0%，表示不透明。

6.1.4 网格线的显示/隐藏

网格线是指添加到图表中以易于查看和计算数据的线条，是坐标轴上刻度线的延伸，并穿过绘图区。主要网格线标出了坐标轴上的主要间距，用户还可在图表上显示次要网格线，用于标示主要间距的间隔。

【执行方式】

➢ 菜单栏：选择菜单栏中的"视图"→"网格"命令。
➢ 快捷命令：在图表区右击，在弹出的快捷菜单中选择"显示网格"命令。

【操作步骤】

执行此命令，自动在图表页面中添加网格线，包括主要网格线和次要网格线。

6.1.5 标尺的显示/隐藏

标尺是一种用于标示图表大小的图形元素，通常包括一个水平刻度线和一个垂直刻度线，位于图表上方和左侧，可以显示图表的宽和高。使用标尺可以使表格更加美观和易于阅读，同时也可以更好地控制图表的大小。

【执行方式】
- 菜单栏：选择菜单栏中的"视图"→"标尺"命令。
- 快捷命令：在图表区右击，在弹出的快捷菜单中选择"显示标尺"命令。

【操作步骤】
执行此命令，自动在图表页面中添加标尺。

★动手学——设置小儿出牙时间数据图表

源文件：源文件\06\小儿出牙时间表.prism
本实例演示图表窗口中图表背景的设置。

扫一扫，看视频

操作步骤

1. 设置工作环境

（1）双击 GraphPad Prism 10 图标，启动 GraphPad Prism。

（2）选择菜单栏中的"文件"→"打开"命令，或选择 Prism 功能区中的"打开项目文件"命令，或单击"文件"功能区中的"打开项目文件"按钮，或按 Ctrl+O 组合键，弹出"打开"对话框。选择需要打开的文件"小儿出牙时间表.prism"，单击"打开"按钮，即可打开项目文件。

（3）选择菜单栏中的"文件"→"另存为"命令，或选择"文件"功能区中"保存命令"按钮下的"另存为"命令，弹出"保存"对话框，输入项目名称"设置小儿出牙时间数据图表.prism"。单击"保存"按钮，在源文件目录下保存新的项目文件。

2. 设置图表背景色

单击"更改"功能区中"更改颜色"按钮下的"背景"命令，弹出颜色列表。选择"几乎透明（75%）"选项组下的颜色块（见图 6.8），即可自动更新图表背景色，如图 6.9 所示。

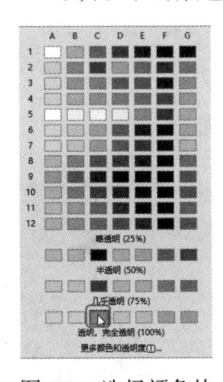

图 6.8　选择颜色块

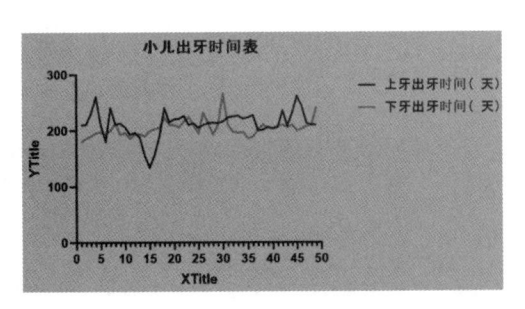

图 6.9　设置图表背景色

3. 显示网格线

选择菜单栏中的"视图"→"网格"命令，自动在图表页面中添加网格线，包括主要网格线和次要网格线，如图 6.10 所示。

4. 显示标尺

选择菜单栏中的"视图"→"标尺"命令，自动在图表页面中添加标尺，如图 6.11 所示。

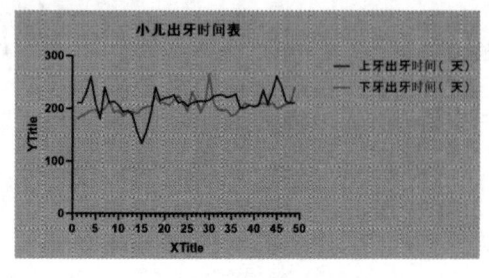

图 6.10　显示网格线 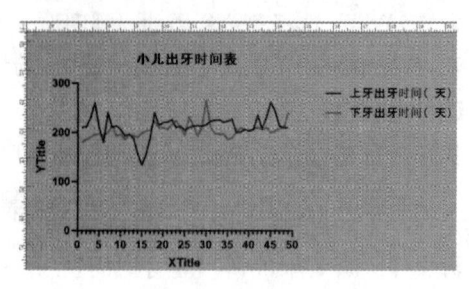　　　　　　　　　　　图 6.11　显示标尺

5. 保存项目

单击"文件"功能区中的"保存"按钮，或按 Ctrl+S 组合键，保存项目文件。

6.1.6　设置图表魔法棒

GraphPad Prism 提供了一种"魔法"功能，使用该功能，可以保持图表格式一致。

【执行方式】

菜单栏：单击"更改"功能区中的"魔法"按钮。

【操作步骤】

（1）执行此操作，弹出""魔法"步骤 1-选择图表作为示例"对话框，选择模板图表，如图 6.12 所示。

（2）单击"下一步"按钮，弹出""魔法"步骤 2-选择要应用的示例图表的属性"对话框，设置模板图表的属性，如图 6.13 所示。

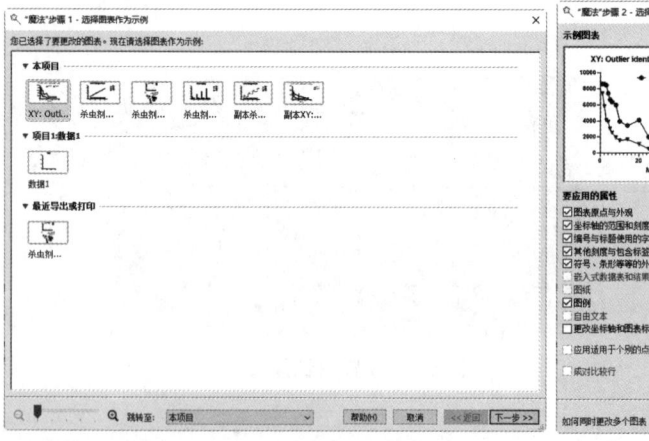

图 6.12　""魔法"步骤 1-选择图表作为示例"对话框 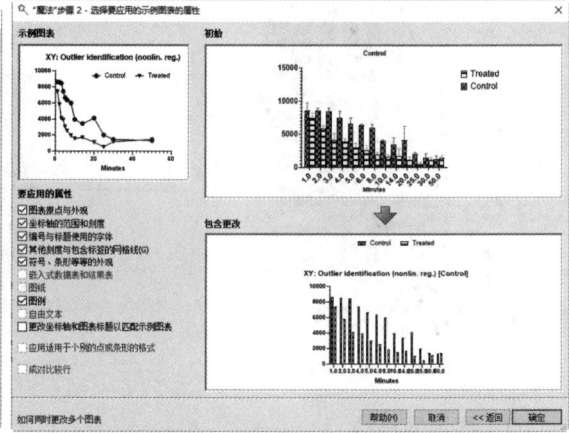　　　图 6.13　""魔法"步骤 2-选择要应用的示例图表的属性"对话框

【选项说明】

在左侧的"要应用的属性"选项组中显示要更改的属性选项，下面分别进行介绍。

（1）图表原点与外观：勾选该复选框，保持要更改的图表与模板图表的原点与外观格式一致。

（2）坐标轴的范围和刻度：勾选该复选框，保持要更改的图表与模板图表的坐标轴的范围和刻度格式一致。

（3）编号与标题使用的字体：勾选该复选框，保持要更改的图表与模板图表的编号和标题使用的字体格式一致。

（4）其他刻度与包含标签的网格线：勾选该复选框，保持要更改的图表与模板图表的其他刻度和包含标签的网格线格式一致。

（5）符号、条形等等的外观：勾选该复选框，保持要更改的图表与模板图表的符号、条形等的外观格式一致。

（6）嵌入式数据表和结果表：勾选该复选框，保持要更改的图表与模板图表的嵌入式数据表和结果表格式一致。

（7）图纸：勾选该复选框，保持要更改的图表与模板图表的图纸格式一致。

（8）图例：勾选该复选框，保持要更改的图表与模板图表的图例格式一致。

（9）自由文本：勾选该复选框，保持要更改的图表与模板图表的文本格式一致。

（10）更改坐标轴和图表标题以匹配示例图表：勾选该复选框，保持要更改的图表与模板图表的坐标轴和图表标题格式一致。

（11）应用适用于个别的点或条形的格式：勾选该复选框，保持要更改的图表与模板图表的点或条形格式一致。

（12）成对比较行：勾选该复选框，保持要更改的图表与模板图表中成对行数据对应图形的格式一致。

★动手练——利用"魔法"命令设置健康男子血清总胆固醇值图表

本实例演示利用"魔法"命令将"健康男子血清总胆固醇值（2点线图）"图表统一为"设置新生儿的测试数据坐标轴格式"图表的格式，如图 6.14 所示。

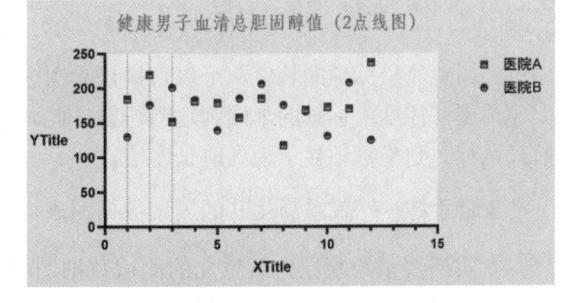

图 6.14 数据格式设置结果

思路点拨

源文件：源文件\06\设置健康男子血清总胆固醇值图表类型和数据集.prism、设置新生儿的测试数据坐标轴格式.prism

（1）打开项目文件"设置健康男子血清总胆固醇值图表类型和数据集.prism"和"设置新生儿的测试数据坐标轴格式.prism"。

（2）将图表"健康男子血清总胆固醇值（2点线图）"置为当前，单击"魔法"按钮，选中示例图表"变换/新生儿的测试数据"。

（3）设置图例中"医院 A"的符号。

（4）保存文件为"魔法棒设置健康男子血清总胆固醇值图表.prism"。

6.2 设置坐标轴

图表中的坐标轴通常由带原点的坐标框（水平 X 轴和垂直 Y 轴）、坐标轴标题（水平 X 轴和垂直 Y 轴）、带刻度的水平 X 轴和垂直 Y 轴构成。通常情况下，Y 轴显示在坐标框左侧，X 轴显示在坐标框下方，如图 6.15 所示。

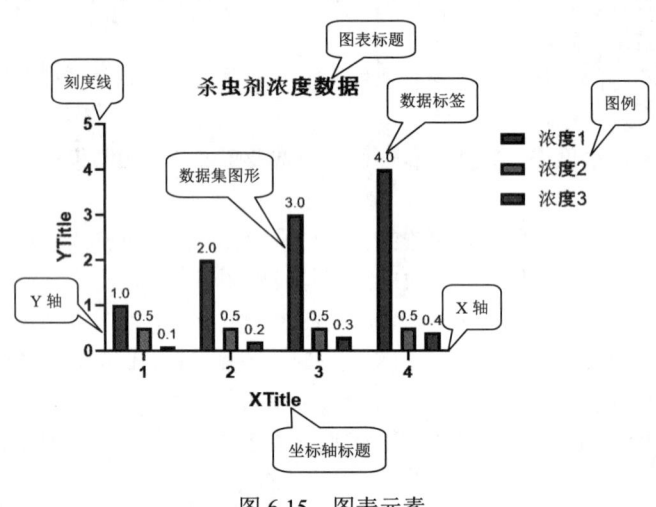

图 6.15　图表元素

6.2.1 设置坐标轴的长度

如需更改坐标轴的长度，可以直接在绘图区中修改坐标轴的对象。

单击并拖动坐标轴的末端到适当位置，此时，鼠标上显示坐标轴的长度值，拖动到适当位置后松开鼠标，则坐标轴显示为当前长度值。

★动手练——设置新生儿的测试数据图表样式

本实例演示绘制原始新生儿的测试数据图表，选择合适的图表类型和显示的数据集，调整坐标轴长度，如图 6.16 所示。

思路点拨

源文件：源文件\06\转换新生儿的测试数据.prism

（1）打开项目文件"转换新生儿的测试数据.prism"。

（2）打开图表"新生儿的测试数据"，更改图表类型，选择"列"系列"箱线与小提琴"选项卡中的"小提琴图"选项。

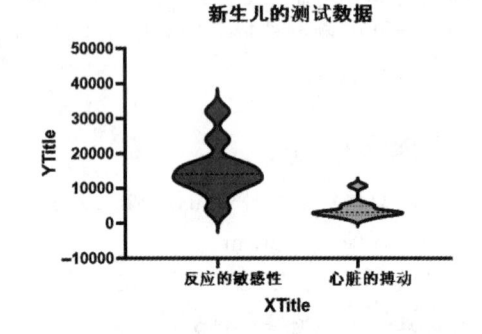

图 6.16　数据图表设置结果

（3）在图表中分别选择数据集第 A 组（皮肤颜色）、第 B 组（肌肉弹性），选择右键快捷命令"从图表中移除数据集"，移除数据集"皮肤颜色"和"肌肉弹性"。

（4）选中 X 轴并向右拖动，调整坐标轴和其中的图形大小。

（5）保存文件为"设置新生儿的测试数据图表样式.prism"。

6.2.2　设置坐标轴元素样式

可设置的坐标轴元素样式包括坐标轴（X 轴、Y 轴）、坐标轴标题、标签和标题。

【执行方式】

快捷命令：右击，弹出如图 6.17 所示的快捷菜单。

【操作步骤】

选择坐标轴中的 Y 轴线或文本，执行此命令，显示对坐标轴的设置命令。

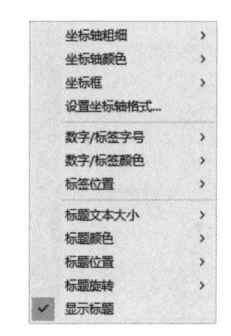

【选项说明】

下面介绍该快捷菜单中的命令。

图 6.17　坐标轴设置快捷菜单

（1）坐标轴粗细：选择该命令，弹出子菜单，选择坐标轴的线宽，默认以磅为单位，如图 6.18 所示。

（2）坐标轴颜色：选择该命令，弹出颜色列表，设置坐标轴的颜色。

（3）坐标框：选择该命令，弹出子菜单，选择坐标框的显示样式，如图 6.19 所示。

（4）设置坐标轴格式：选择该命令，设置坐标轴中不同对象的格式。

（5）数字/标签字号：选择该命令，弹出子菜单，选择坐标轴的数字/标签的字号（8～72），如图 6.20 所示。

（6）数字/标签颜色：选择该命令，弹出颜色列表，设置数字/标签的颜色。

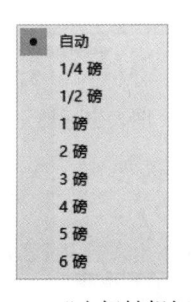

图 6.18　"坐标轴粗细"子菜单 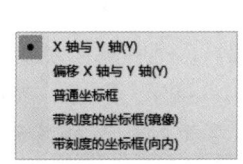　　　　图 6.19　"坐标框"子菜单 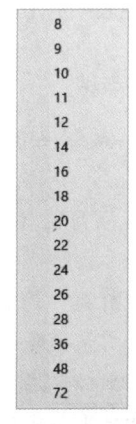　　　　图 6.20　"数字/标签字号"子菜单

（7）标签位置：选择该命令，弹出子菜单，选择坐标轴的标签位置，如图 6.21 所示。其中，X 轴标签可以选择的位置包括"上方，水平""上方，垂直""下方，水平""下方，垂直""下方，成角度"；Y 轴标签可以选择的位置包括"左侧，水平""左侧，垂直""右侧，水平""右侧，垂直"，不同位置标签的效果如图 6.22 和图 6.23 所示。

（8）标题文本大小：选择该命令，弹出子菜单，选择坐标轴标题文本的字号（8～72）。

（9）标题颜色：选择该命令，弹出颜色列表，设置坐标轴标题文本的颜色。

（10）标题位置：选择该命令，弹出子菜单，选择坐标轴标题文本的位置，如图 6.24 所示。

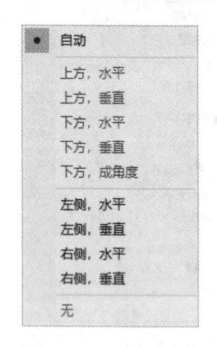

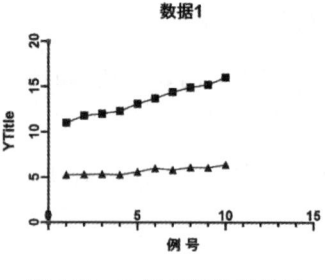

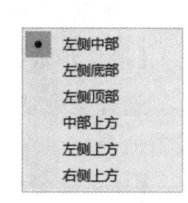

图 6.21 "标签位置"子菜单　　图 6.22 X 轴标签位置效果　　图 6.23 Y 轴标签位置效果　　图 6.24 "标题位置"子菜单

（11）标题旋转：选择该命令，弹出子菜单，选择坐标轴标题文本的旋转样式，包括自动（垂直(向上)）、水平、垂直(向上)、垂直(向下)。

（12）显示标题：选择该命令，选择显示或隐藏坐标轴的标题，该命令前显示"√"符号，表示显示坐标轴标题。默认 X 轴标题为 XTitle，Y 轴标题为 YTitle。

★动手练——新生儿的测试数据图表坐标轴元素设置

本实例演示对"新生儿的测试数据"（反应的敏感性、心脏的搏动)图表中的坐标轴元素进行设置，如图 6.25 所示。

思路点拨

源文件：源文件\06\设置新生儿的测试数据图表样式.prism

（1）打开项目文件"设置新生儿的测试数据图表样式.prism"。

图 6.25 图表坐标轴元素设置结果

（2）打开图表"新生儿的测试数据"，选择配色方案为"彩色（半透明）"。

（3）设置图表标题字体为华文楷体、粗体、24 号，颜色为绿色（9C）。

（4）设置坐标框为"普通坐标框"，X 轴和 Y 轴显示主网格，颜色为灰色（1C），粗细为 1/4 磅，样式为虚线（第 2 个选项）。

（5）设置坐标轴与数字标签颜色为灰色（1E），大小为 9，X 轴标题和 Y 轴标题字体为粗体、14 号，颜色为蓝色（9D），Y 轴旋转为水平。

(6)保存文件为"新生儿的测试数据图表坐标轴元素设置.prism"。

6.2.3 设置坐标区颜色

这里的坐标区颜色是指以坐标轴为界并包含全部数据系列的矩形框区域，默认为白色。

【执行方式】

- ➢ 菜单栏：选择菜单栏中的"更改"→"绘图区域颜色"命令。
- ➢ 功能区：选择"更改"功能区中"更改颜色"按钮 下的"绘图区域"命令。
- ➢ 快捷命令：在图表区右击，在弹出的快捷菜单中选择"绘图区域颜色"命令。

【操作步骤】

执行此命令，弹出颜色列表。选择列表中的颜色，即可自动更新坐标区颜色。

★动手学——设置药物平均抑菌数据图表样式

源文件：源文件\06\药物平均抑菌数据表数据编辑.prism

现有 12 种药敏纸片药物平均抑菌数据（平均抑菌圈直径 D 和耐菌 R），本实例演示图表窗口中图形外观样式设置和坐标轴样式设置。

操作步骤

1. 设置工作环境

（1）双击 GraphPad Prism 10 图标，启动 GraphPad Prism。

（2）选择菜单栏中的"文件"→"打开"命令，或选择 Prism 功能区中的"打开项目文件"命令，或单击"文件"功能区中的"打开项目文件"按钮 ，或按 Ctrl+O 组合键，弹出"打开"对话框。选择需要打开的文件"药物平均抑菌数据表数据编辑.prism"，单击"打开"按钮，即可打开项目文件。

（3）选择菜单栏中的"文件"→"另存为"命令，或选择"文件"功能区中"保存命令"按钮 下的"另存为"命令，弹出"保存"对话框，输入项目名称"设置药物平均抑菌数据图表样式.prism"。单击"保存"按钮，在源文件目录下保存新的项目文件。

2. 设置图表样式

（1）在导航器的"图表"选项卡中选择"药物平均抑菌圈直径"选项，打开图表窗口。同时，自动打开"更改图表类型"对话框，根据系统数据自动选择"列"系列下的"散布图"。在"图表系列"下拉列表中选择 XY 选项，选择"点与连接线"选项，如图 6.26 所示。

（2）单击"确定"按钮，关闭对话框，将图表更改为点线图图表，结果如图 6.27 所示。

3. 设置绘图区外观

双击绘图区，弹出"格式化图表"对话框，打开"外观"选项卡。

（1）在"数据集"下拉列表中选择"药物平均抑菌圈直径：A 平均抑菌圈直径 D"选项，设置该数据集中的符号颜色为红色（3E），线条粗细为 2 磅。

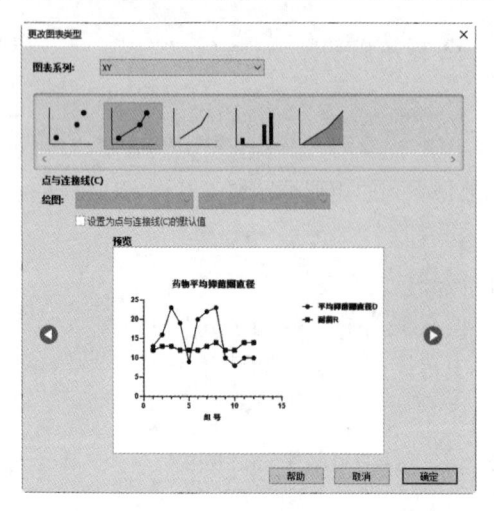

图6.26 "更改图表类型"对话框

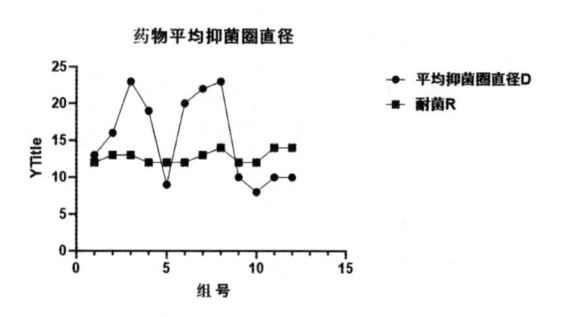

图6.27 更改图表类型

（2）在"数据集"下拉列表中选择"药物平均抑菌圈直径：B 耐菌 R"选项，设置该数据集中的符号颜色为绿色（6C），形状为★，尺寸为 8；在"其他选项"选项组中勾选"右 Y 轴"复选框。

（3）单击"确定"按钮，关闭对话框，绘图区外观设置结果如图 6.28 所示。

4．设置坐标轴格式

（1）双击 X 轴，弹出"设置坐标轴格式"对话框。打开"X 轴"选项卡，取消勾选"自动确定范围与间隔"复选框，在"有规律间开的刻度"选项组中设置"长刻度间隔"为 1，"起始 X="为 0，如图 6.29 所示。单击"应用"按钮，关闭对话框，X 轴刻度和标签设置结果如图 6.30 所示。

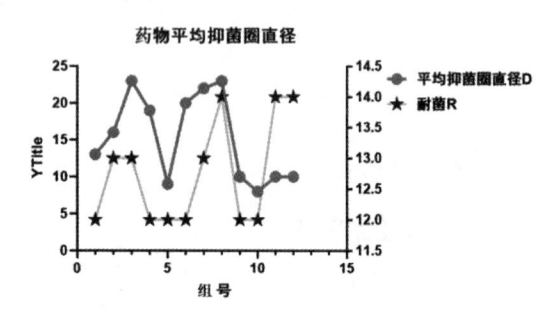

图6.28 图表外观设置结果

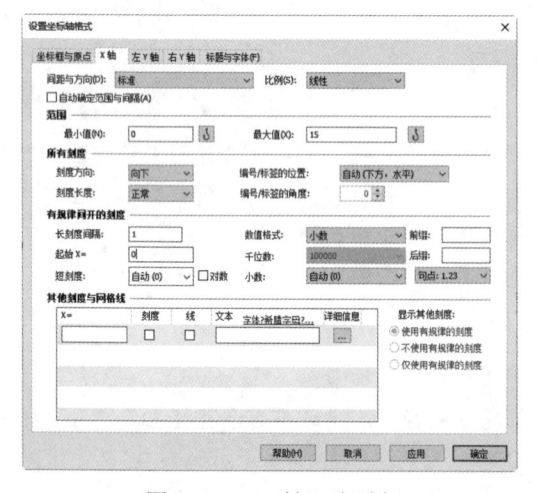

图6.29 "X 轴"选项卡

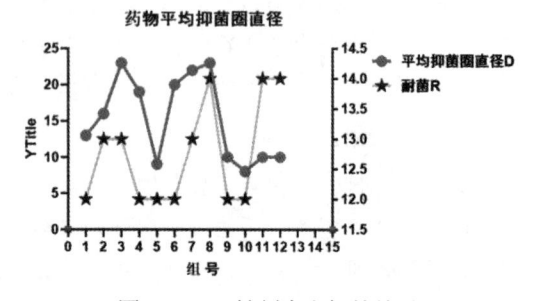

图6.30 X 轴刻度和标签结果

（2）打开"左 Y 轴"选项卡，取消勾选"自动确定范围与间隔"复选框，在"有规律间开的刻度"选项组中设置"长刻度间隔"为 5，"Y 起始点="为 0，"短刻度"为 5，如图 6.31 所示。单击"应用"按钮，关闭对话框，左 Y 轴设置结果如图 6.32 所示。

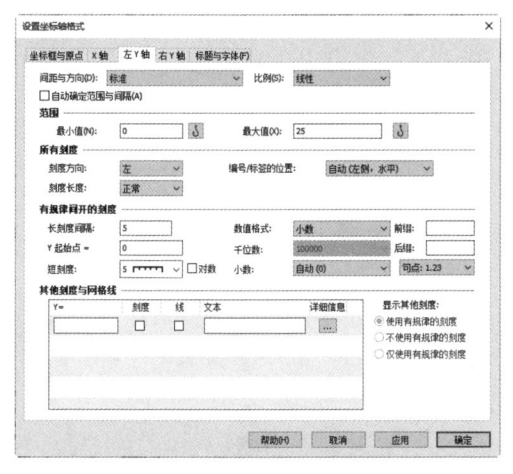

图 6.31 "左 Y 轴"选项卡

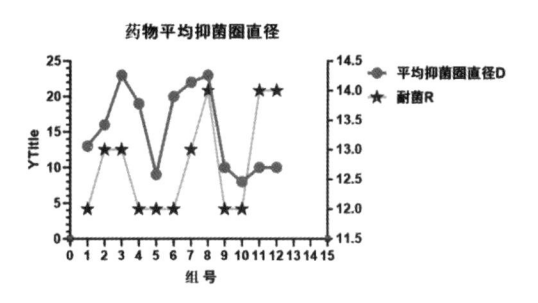

图 6.32 左 Y 轴设置结果

（3）打开"坐标框与原点"选项卡，设置"坐标轴粗细"为 2 磅，"坐标轴颜色"为橘色（4D），"绘图区域的颜色"为蓝色（8C），"页面背景"为蓝色（8B），如图 6.33 所示。单击"确定"按钮，关闭对话框，坐标轴格式设置结果如图 6.34 所示。

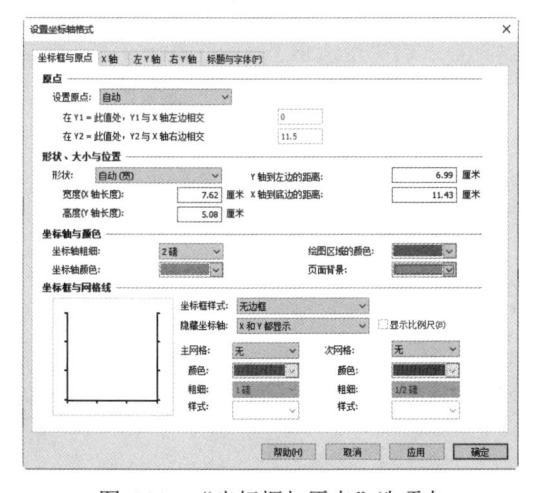

图 6.33 "坐标框与原点"选项卡

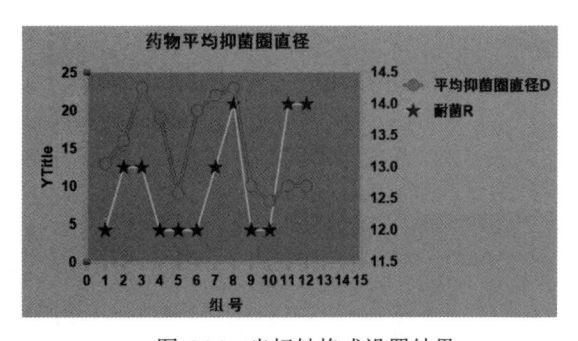

图 6.34 坐标轴格式设置结果

5. 设置坐标轴样式

（1）选择坐标轴中的左 Y 轴，右击，在弹出的快捷菜单中选择"坐标轴粗细"命令，在弹出的列表中选择 4 磅，整个坐标轴变粗，如图 6.35 所示。

（2）选择坐标轴中的左 Y 轴，右击，在弹出的快捷菜单中选择"标题旋转"→"水平"命令，旋转左 Y 轴标题，如图 6.36 所示。

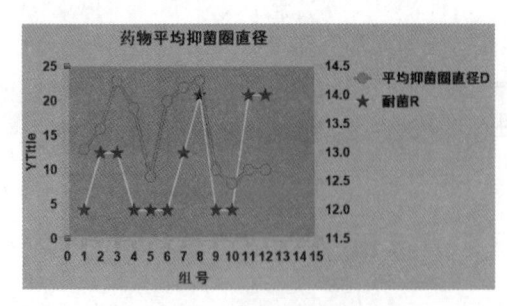

图 6.35　设置坐标轴粗细　　　　　　　　图 6.36　旋转左 Y 轴标题

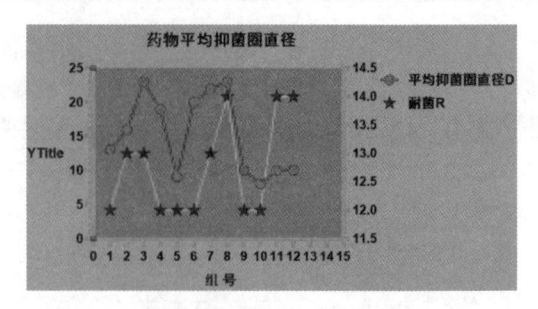

（3）选择坐标轴中的右 Y 轴，右击，在弹出的快捷菜单中选择"显示标题"命令，显示右 Y 轴标题 Y1Title。右击，在弹出的快捷菜单中选择"标题旋转"→"水平"命令，旋转右 Y 轴标题，如图 6.37 所示。

（4）选择坐标轴中的右 Y 轴，右击，在弹出的快捷菜单中选择"数字/标签颜色"命令，设置数字/标签的颜色为橘色（4D），如图 6.38 所示。

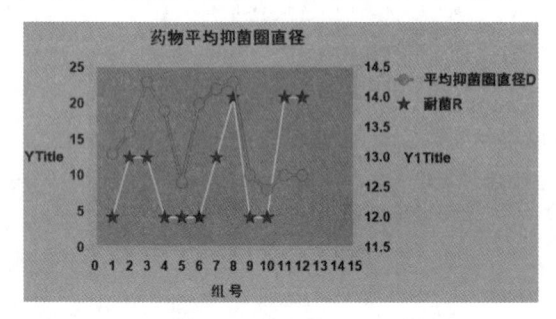

图 6.37　显示并旋转右 Y 轴标题　　　　　图 6.38　设置数字/标签颜色

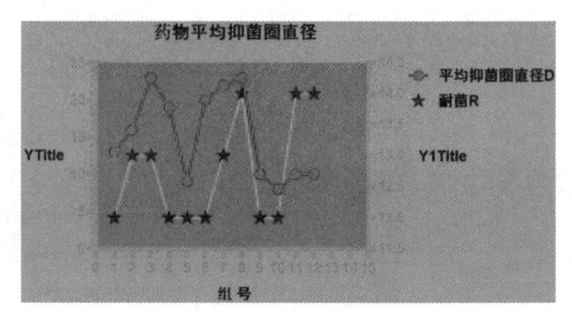

6. 保存项目

单击"文件"功能区中的"保存"按钮■，或按 Ctrl+S 组合键，保存项目文件。

6.3　图形注释

为图形添加文本或绘图对象等注释有助于强化图形，增强图形的可读性。添加图形注释就如同添加静态的文本对象一样简单。

6.3.1　添加图形对象

在 GraphPad Prism 中，使用工具可以很方便地在图形中添加图形对象，如线条、箭头、矩形等。

1. 插入绘图对象

【执行方式】

工具栏：单击"绘制"功能区中的"绘图工具"按钮□▼，如图 6.39 所示。

【操作步骤】

（1）执行上述操作，打开绘图工具列表，在形状、线条选项中选择绘图工具，如图 6.39 所示。

（2）单击选择需要的绘图工具，鼠标指针变为画笔 ⌀，将鼠标移到要绘制的位置单击，即可绘制指定的图形，如图 6.40 所示。

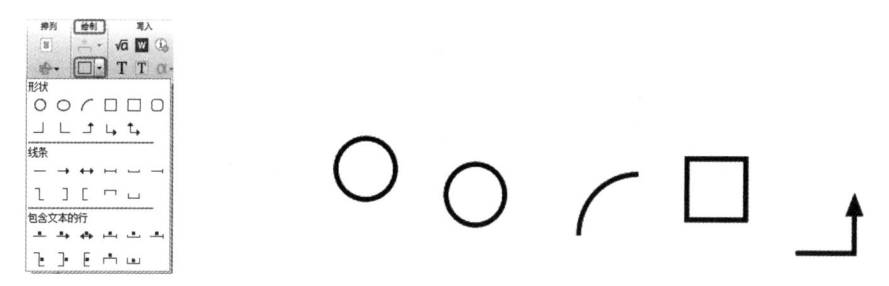

图 6.39　绘图工具列表　　　　　　　图 6.40　绘制图形

（3）按住 Shift 键并单击，即可绘制一系列图形。

2．编辑图形对象

【执行方式】

菜单栏：选择菜单栏中"更改"→"选定的对象"命令。

【操作步骤】

执行此命令，弹出"设置对象格式"对话框，更改选中对象中线条的颜色或粗细，如图 6.41 所示。

图 6.41　"设置对象格式"对话框

6.3.2　插入文本

文本和文本框中的文字传递了很多设计信息，它可能是一个很复杂的说明，也可能是一个简短的文字信息。

1．插入普通文本

普通文本可以直接通过键盘进行输入。

【执行方式】

- 功能区：单击"写入"功能区中的"插入一个新的文本"按钮 T。
- 快捷命令：右击，在弹出的快捷菜单中选择"插入文本"命令。

【操作步骤】

执行此命令，在图表页面空白处输入文本文字，按 Enter 键，文本文字另起一行，可继续输入文字。待全部输入完成后在空白处单击，退出文本输入命令，如图 6.42 所示。

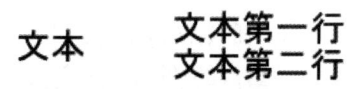

图 6.42　插入文本

2．插入特殊符号

需要注意的是，添加说明时不可避免地需要使用一些特殊符号，如表示 x^2 等。

【执行方式】

菜单栏：选择菜单栏中的"插入"→"字符"命令。

【操作步骤】

执行此命令，打开"字符"子菜单，如图6.43所示。

【选项说明】

下面介绍插入不同类型的特殊符号命令。

（1）插入希腊字符：选择该命令，打开"插入字符"对话框中的"希腊"选项卡，如图6.44所示。选择对应的符号，单击"选择"按钮，在单元格内插入对应的符号。

图6.43　"字符"子菜单

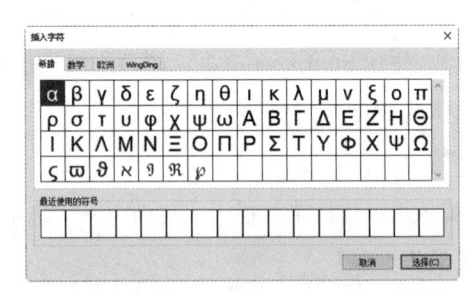

图6.44　"希腊"选项卡

（2）插入数学公式：选择该命令，打开"插入字符"对话框中的"数学"选项卡，如图6.45所示。选择对应的符号，单击"选择"按钮，在单元格内插入对应的符号。

（3）插入欧洲字符：选择该命令，打开"插入字符"对话框中的"欧洲"选项卡，如图6.46所示。选择对应的符号，单击"选择"按钮，在单元格内插入对应的符号。

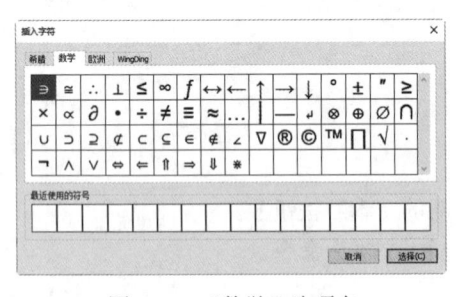

图6.45　"数学"选项卡

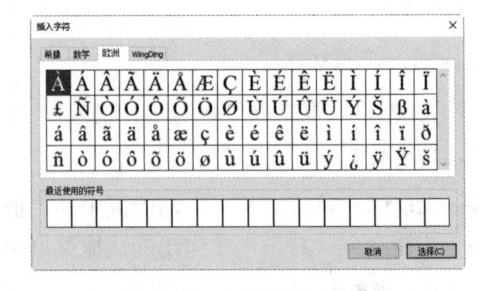

图6.46　"欧洲"选项卡

（4）插入WingDing：选择该命令，打开"插入字符"对话框中的WingDing选项卡，如图6.47所示。选择对应的符号，单击"选择"按钮，在单元格内插入对应的符号。

（5）插入Unicode符号：选择该命令，打开"字符映射表"对话框，如图6.48所示，显示扩展的符号表，在该表中可设置多种符号类型的格式。选择对应的符号，单击"选择"按钮，在单元格内插入对应的符号。

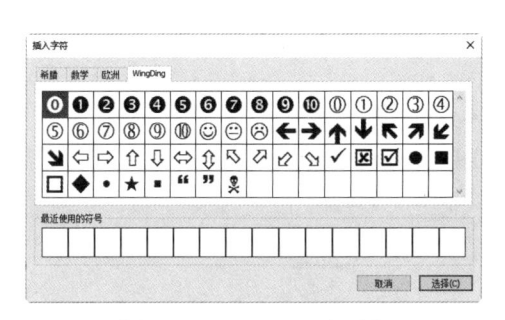

图 6.47　WingDing 选项卡　　　　　　　　图 6.48　"字符映射表"对话框

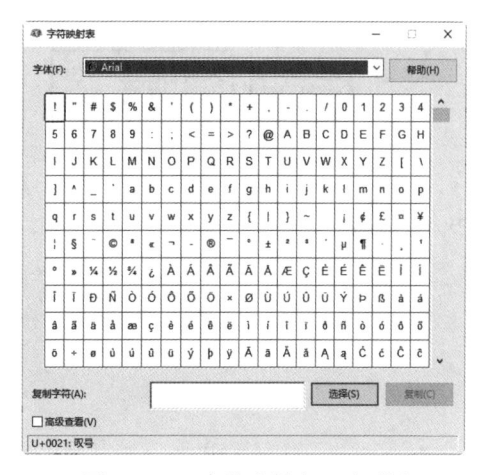

3. 编辑文本

【执行方式】

- 菜单栏：选择菜单栏中的"更改"→"选定的文本"命令。
- 快捷命令：右击，在弹出的快捷菜单中选择"设置文本对象格式"命令。

【操作步骤】

执行此命令，弹出"设置文本格式"对话框，更改文本格式的字体、字型、字号和颜色等，如图 6.49 所示。同时，还可以为文本添加特殊效果，包括下划线、上标和下标。

6.3.3　插入文本框

图 6.49　"设置文本格式"对话框

实际上，文本框可以看作是添加矩形边框的文本。

1. 插入一个文本框

【执行方式】

- 功能区：单击"写入"功能区中的"插入一个新的文本框"按钮 T。
- 快捷命令：右击，在弹出的快捷菜单中选择"插入文本框"命令。

【操作步骤】

执行此命令，在图表页面空白处指定位置输入文本文字，按 Enter 键，文本文字另起一行，可继续输入文字。待全部输入完成后在空白处单击，退出文本输入命令，如图 6.50 所示。

2. 编辑文本和文本框

在 GraphPad Prism 中，既可以插入文本又可以插入文本框，插入文本或文本框后可以编辑文本框的外观，得到如图 6.51 所示的效果。

图 6.50　插入文本框

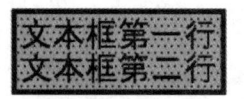

图 6.51　编辑文本框的外观

【执行方式】

> 功能区：单击"文本"功能区中的按钮，如图 6.52 所示。
> 快捷命令：选中文本或文本框，右击，弹出如图 6.53 所示的快捷菜单。

图 6.52　"文本"功能区

图 6.53　快捷菜单

【选项说明】

下面介绍关于文本或文本框外观显示的设置命令。

（1）字体：选择该命令下的"其他字体"命令，弹出"设置文本格式"对话框，设置文本的字体、字型、字号、颜色，还可以设置上标、下标、下划线效果。

（2）大小：选择该命令，在弹出的列表中选择文本字体大小（8～72）。

（3）文本颜色：选择该命令，在弹出的颜色列表中选择文本颜色。功能与"文本"功能区中的 按钮相同。

（4）加粗：选择该命令，将文本加粗，也可以按 Ctrl+B 组合键。功能与"文本"功能区中的 按钮相同。

（5）倾斜：选择该命令，文本倾斜显示，也可以按 Ctrl+I 组合键。功能与"文本"功能区中的 按钮相同。

（6）下划线：选择该命令，为文本添加下划线，也可以按 Ctrl+U 组合键。功能与"文本"功能区中的 按钮相同。

（7）旋转：选择该命令，设置文本的旋转方向，包括水平、垂直（向上）、垂直（向下）。垂直（向上）表示将文本逆时针旋转 90°，垂直（向下）表示将文本顺时针旋转 90°，如图 6.54 所示。

（8）两端对齐：选择该命令，设置文本的对齐方式，包括左、居中、右，如图 6.55 所示。

```
    文本第一行           文本第一行           文本第一行
    文本第二行           文本第二行           文本第二行
      (a) 水平          (b) 垂直（向上）      (c) 垂直（向下）
```

图 6.54　旋转文本

```
┌─────────────┐      ┌─────────────┐      ┌─────────────┐
│ 文本框第一行 │      │ 文本框第一行 │      │ 文本框第一行 │
│ 文本框第二行 │      │ 文本框第二行 │      │ 文本框第二行 │
└─────────────┘      └─────────────┘      └─────────────┘
    (a) 左              (b) 居中              (c) 右
```

图 6.55　文本对齐方式

（9）填充（背景）颜色：选择该命令，在弹出的列表中选择文本框的背景色。

（10）填充（背景）图案：选择该命令，在弹出的列表中选择文本框的填充图案。

（11）图案颜色：选择该命令，在弹出的列表中选择文本框的填充图案颜色。

（12）边框颜色：选择该命令，在弹出的列表中选择文本框的线条颜色。

（13）边框粗细：选择该命令，在弹出的列表中选择文本框的线宽。

（14）边框样式：选择该命令，在弹出的列表中选择文本框的线型。

（15）设置文本对象格式：选择该命令，弹出"设置文本格式"对话框，设置文本的字体、字型、字号、颜色、上标、下标、下划线，还可以设置两端对齐、旋转方式、旋转角度。

（16）放置对象：选择该命令，弹出"文本位置：厘米"对话框，设置文本的位置（左下角点和右下角点坐标）和旋转角度（逆时针），如图 6.56 所示。

（17）编辑文本：选择该命令，进入文本编辑状态，如图 6.57 所示。

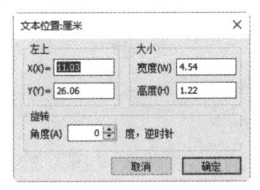

图 6.56　"文本位置"对话框　　　　图 6.57　文本编辑状态

★动手学——小儿出牙时间数据图表文本标注

源文件：源文件\06\设置小儿出牙时间数据图表.prism

本实例演示在图表图形的具体部位进行标注，添加单个曲线带箭头的文本注释，增加图形的可读性。

操作步骤

1. 设置工作环境

（1）双击 GraphPad Prism 10 图标，启动 GraphPad Prism。

(2) 选择菜单栏中的"文件"→"打开"命令，或选择 Prism 功能区中的"打开项目文件"命令，或单击"文件"功能区中的"打开项目文件"按钮，或按 Ctrl+O 组合键，弹出"打开"对话框。选择需要打开的文件"设置小儿出牙时间数据图表.prism"，单击"打开"按钮，即可打开项目文件。

(3) 选择菜单栏中的"文件"→"另存为"命令，或选择"文件"功能区中"保存命令"按钮下的"另存为"命令，弹出"保存"对话框，输入项目名称"小儿出牙时间数据图表文本标注.prism"。单击"保存"按钮，在源文件目录下保存新的项目文件。

2. 插入箭头

单击"绘制"功能区中"绘图工具"按钮下的 → 按钮，鼠标指针变为画笔，将鼠标移到要绘制的位置单击，绘制两个箭头，结果如图 6.58 所示。

3. 插入文本

(1) 单击"写入"功能区中的"插入一个新的文本"按钮 T，在图表页面空白处输入文本文字"上牙出牙时间"，结果如图 6.59 所示。

(2) 单击"写入"功能区中的"插入一个新的文本框"按钮 T，在图表页面空白处输入文本文字"下牙出牙时间"，结果如图 6.60 所示。

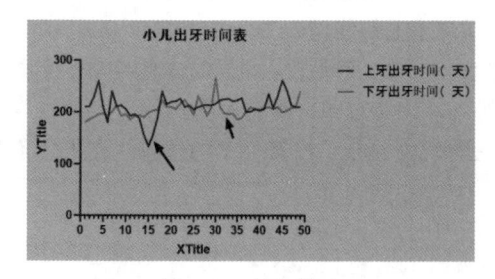

图 6.58　插入箭头

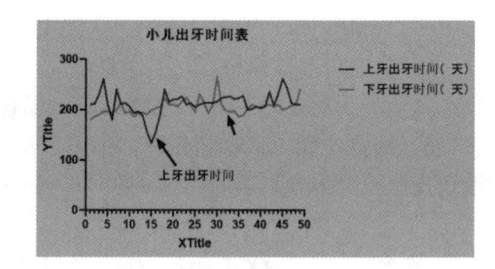

图 6.59　插入文本

4. 设置文本样式

按 Shift 键，选中插入的文本和文本框，单击"文本"功能区中 A 按钮下的颜色（12D）、"加粗"按钮 B、"倾斜"按钮 I，设置文本加粗、倾斜，文本颜色为洋红，结果如图 6.61 所示。

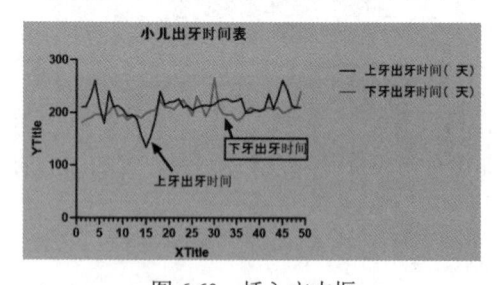

图 6.60　插入文本框

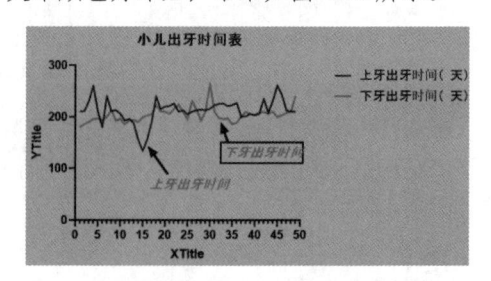

图 6.61　文本样式设置结果

5. 保存项目

单击"文件"功能区中的"保存"按钮，或按 Ctrl+S 组合键，保存项目文件。

6.3.4 添加嵌入式对象

嵌入式对象也是一种图形注释对象,可以将文字和其他各种外部软件对象链接在一起,这种操作在丰富了图表内容的同时,还能保证图表页面的简洁美观,非常方便。目前支持的嵌入式对象包括为 Microsoft 系列(如 Word、Excel)、方程式(WPS 公式)、写字板等。

【执行方式】
- 菜单栏:选择菜单栏中的"插入"→"插入对象"命令。
- 快捷键:在图表区右击,在弹出的快捷菜单中选择"插入对象"命令。

【操作步骤】

执行此命令,弹出如图 6.62 所示的子菜单,显示插入的嵌入式对象命令,在图表插入点处插入嵌入式区域。

【选项说明】

下面介绍"插入对象"子菜单中的命令。

(1) Word 对象:选择该命令,插入一个 Word 对象。双击该对象,可以打开 Word 文件,对该对象进行编辑。

(2) Excel 对象:选择该命令,插入一个 Excel 对象。

(3) 方程式:选择该命令,插入一个方程式对象。

(4) 其他对象:选择该命令,弹出"插入对象"对话框,包含两种插入对象的方法。

1) 选中"新建"单选按钮,在"对象类型"列表框中显示当前可插入的对象类型,如图 6.63 所示。在图表插入点处显示嵌入式空白区域,同时自动创建一个名为 Object 的空白文件。

2) 选中"由文件创建"单选按钮,如图 6.64 所示。单击"浏览"按钮,在弹出的对话框中选择要打开的文件,单击"确定"按钮,即可在图表插入点处显示选择文件中的数据。

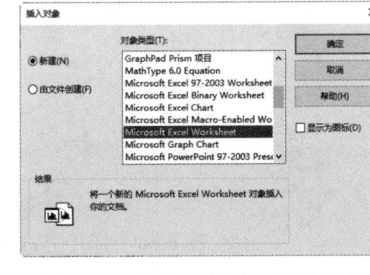

图 6.62 "插入对象"子菜单

图 6.63 选中"新建"单选按钮

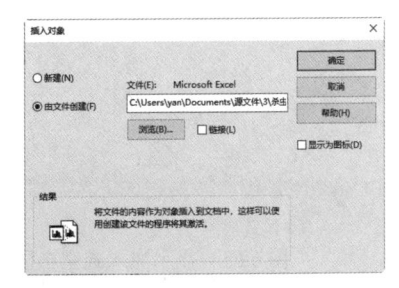

图 6.64 选中"由文件创建"单选按钮

★动手学——小儿出牙时间数据图表 Word 注释

源文件:源文件\06\小儿出牙时间数据图表文本标注.prism

本实例演示在图表图形中插入 Word 对象(内容如下),从而使图表中的图形更具视觉冲击和趣味。

小儿出牙一般在 6～7 个月大时，可有早于 4 个月，最迟不应超过 10 个月。乳牙共 20 颗，最晚于 2 岁半出齐，恒牙于 6 岁时开始长出。11 个月大的孩子未出牙，或者两岁半以上的孩子牙未出齐皆属异常，应查明原因。克汀病、佝偻病、营养不良患儿出牙较晚。

操作步骤

1. 设置工作环境

（1）双击 GraphPad Prism 10 图标，启动 GraphPad Prism。

（2）选择菜单栏中的"文件"→"打开"命令，或选择 Prism 功能区中的"打开项目文件"命令，或单击"文件"功能区中的"打开项目文件"按钮，或按 Ctrl+O 组合键，弹出"打开"对话框。选择需要打开的文件"小儿出牙时间数据图表文本标注.prism"，单击"打开"按钮，即可打开项目文件。

（3）选择菜单栏中的"文件"→"另存为"命令，或选择"文件"功能区中"保存命令"按钮下的"另存为"命令，弹出"保存"对话框，输入项目名称"小儿出牙时间数据图表 Word 注释.prism"。单击"保存"按钮，在源文件目录下保存新的项目文件。

2. 插入 Word 对象

（1）打开图表"小儿出牙时间表"，将光标插入点定位到需要插入对象的位置。

（2）选择菜单栏中的"插入"→"插入对象"→"Word 对象"命令，或单击"写入"功能区中的按钮，在图表插入点处显示嵌入式空白区域，如图 6.65 所示，同时自动创建一个名为"未命名 中的文档"的空白 Word 文件，如图 6.66 所示。

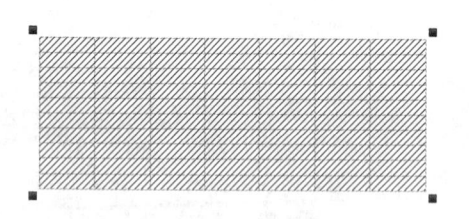

图 6.65　显示嵌入式空白区域　　　　图 6.66　打开空白 Word 文件

3. 输入信息

在新建的 Word 文件中输入文本信息，如图 6.67 所示。单击右上角的"×"按钮关闭文档。

4. 插入对象

返回 GraphPad Prism 图表文件，选择的 Word 对象即可插入到光标插入点所在位置，如图 6.68 所示。

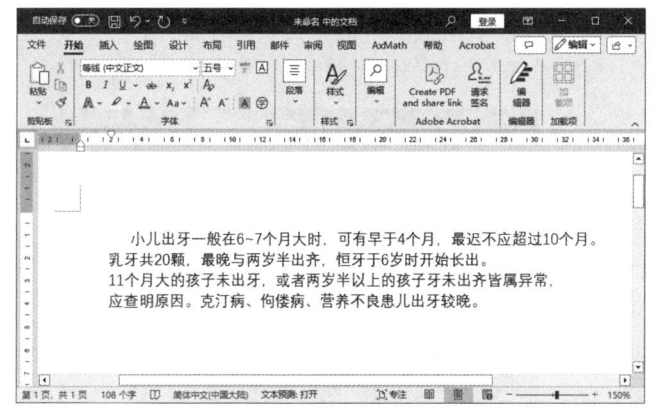

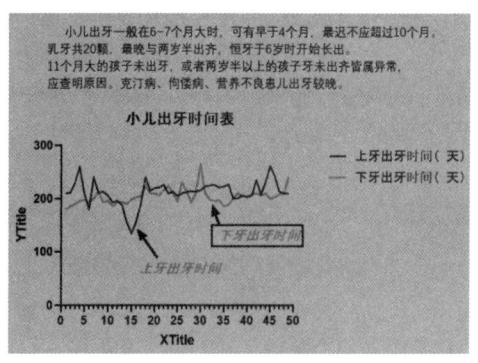

图 6.67　输入文本信息　　　　　　　　　图 6.68　插入 Word 对象效果

5. 保存项目

单击"文件"功能区中的"保存"按钮，或按 Ctrl+S 组合键，保存项目文件。

★动手学——药物平均抑菌数据图表 Excel 注释

源文件：源文件\06\设置药物平均抑菌数据图表样式.prism

本实例演示在图表图形中插入 Excel 对象（数据表中的数据，见图 6.69），使表格数据和图表同步。

图 6.69　药物平均抑菌圈直径数据

操作步骤

1. 设置工作环境

（1）双击 GraphPad Prism 10 图标，启动 GraphPad Prism。

（2）选择菜单栏中的"文件"→"打开"命令，或选择 Prism 功能区中的"打开项目文件"命令，或单击"文件"功能区中的"打开项目文件"按钮，或按 Ctrl+O 组合键，弹出"打开"对话框。选择需要打开的文件"设置药物平均抑菌数据图表样式.prism"，单击"打开"按钮，即可打开项目文件。

（3）选择菜单栏中的"文件"→"另存为"命令，或选择"文件"功能区中"保存命令"按钮下的"另存为"命令，弹出"保存"对话框，输入项目名称"药物平均抑菌数据图表 Excel 注释.prism"。单击"保存"按钮，在源文件目录下保存新的项目文件。

2. 插入 Excel 对象

（1）打开图表"药物平均抑菌圈直径"，将光标插入点定位到需要插入对象的位置。

（2）选择菜单栏中的"插入"→"插入对象"→"Excel 对象"命令，在图表插入点处显示嵌入式空白区域，如图 6.70 所示。同时自动创建一个名为"工作簿 1"的空白 Excel 文件。

（3）打开数据表"药物平均抑菌圈直径"，单击左上角的 按钮，选中整个数据表中的内容，按 Ctrl+C 组合键，复制数据。

（4）打开图表"药物平均抑菌圈直径"，打开名为"工作簿 1"的空白 Excel 文件，按 Ctrl+V 组合键，粘贴数据，如图 6.71 所示，单击右上角的"×"按钮关闭文档。

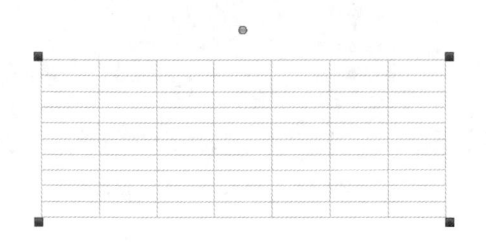

图 6.70　显示嵌入式空白区域

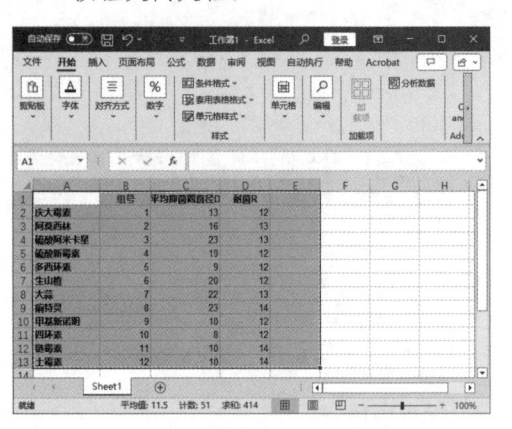

图 6.71　复制粘贴数据

（5）返回 GraphPad Prism 图表"药物平均抑菌圈直径"，选择的 Excel 对象即可插入到光标插入点所在位置，如图 6.72 所示。

3. 编辑 Excel 对象

选中 Excel 对象，右击，在弹出的快捷菜单中选择"格式化图像"命令，弹出"格式化图像"对话框。在"从右侧"文本框内输入适当数据，裁剪插入的 Excel 对象，如图 6.73 所示。这里需要注意的是，输入的值不是固定的，读者可根据插入的表格大小进行调整，裁剪结果如图 6.74 所示。

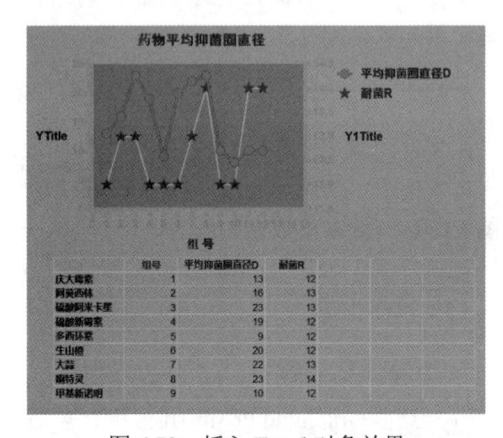

图 6.72　插入 Excel 对象效果

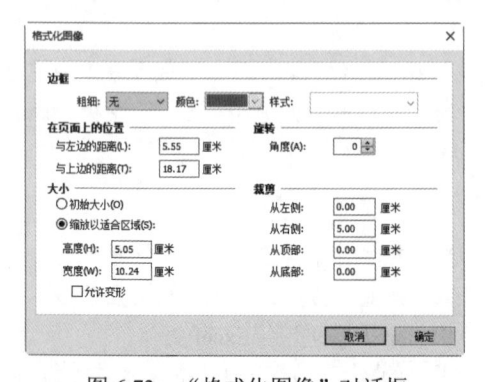

图 6.73　"格式化图像"对话框

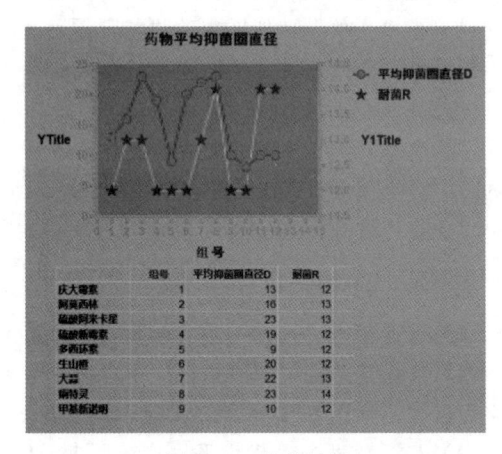

图 6.74　裁剪结果

4．保存项目

单击"文件"功能区中的"保存"按钮，或按 Ctrl+S 组合键，保存项目文件。

6.3.5 插入信息常数

GraphPad Prism 经常需要将信息常数插入图表标题、图例或文本对象中，在编辑信息表时更新文本。

【执行方式】

- 菜单栏：选择菜单栏中的"插入"→"信息常数或分析常数"命令。
- 功能区：单击"写入"功能区中的"插入信息常数或分析常数"按钮。
- 快捷键：在图表区右击，在弹出的快捷菜单中选择"信息常数或分析常数"命令。

【操作步骤】

执行此命令，弹出"挂接常数"对话框，选择项目文件中的信息常数或文件常数，如图 6.75 所示。

完成选择"实验日期-2023/10/25"后，单击"确定"按钮，关闭该对话框，在图表插入点插入信息常数：实验日期"2023/10/25"。

★动手练——新生儿的测试数据图表图形注释

本实例演示在新生儿的测试数据图表中添加信息常数、文本、文件（Word 文件和 Excel 文件），效果如图 6.76 所示。

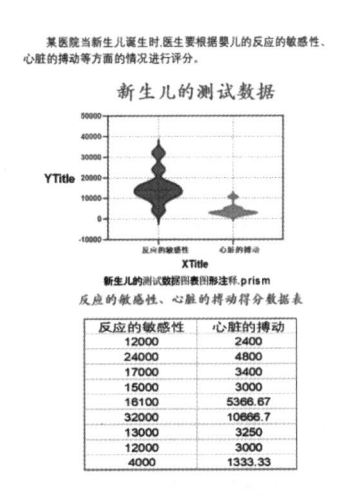

图 6.75　"挂接常数"对话框　　　　图 6.76　数据图表设置结果

思路点拨

源文件：源文件\06\新生儿的测试数据图表坐标轴元素设置.prism

（1）打开项目文件"设置新生儿的测试数据图表样式.prism"。

（2）打开图表"新生儿的测试数据"，在图表下方插入信息常数：文件名（带扩展名）。

（3）选择"插入对象"→"其他对象"命令，选择"由文件创建"选项，在图表上方插入 Word 文件"新生儿的测试数据.docx"。

（4）在图表上方插入 Excel 对象，复制数据表"新生儿的测试数据"中第 C 组、第 D 组数据，编辑裁剪表格大小。

（5）在图表 Excel 对象上方插入文本"反应的敏感性、心脏的搏动得分数据表"。设置字体为华文楷体，大小为 16，颜色为蓝紫色（9C）。

（6）保存文件为"新生儿的测试数据图表图形注释.prism"。

6.3.6 插入图像

为了使图表更加美观、生动，可以在其中插入图像对象。

【执行方式】

- 菜单栏：选择菜单栏中的"插入"→"导入图像"命令。
- 快捷命令：在图表区右击，在弹出的快捷菜单中选择"导入图像"命令。

【操作步骤】

将光标插入点定位到需要插入图像的位置，执行此命令，弹出"导入"对话框，如图 6.77 所示。选择要插入的图像，单击"打开"按钮，即可在当前图表中插入指定的图像。

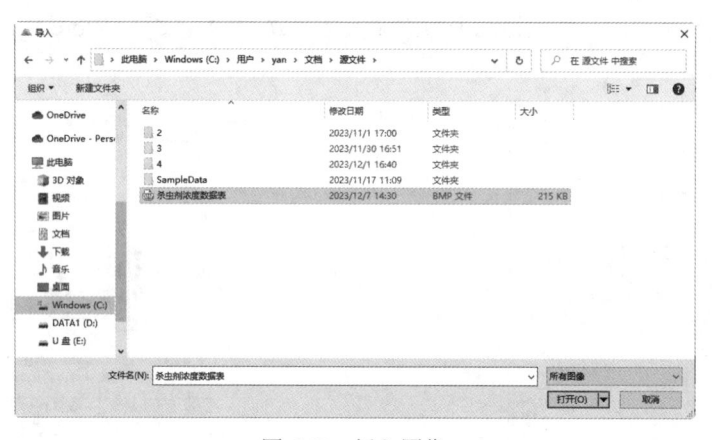

图 6.77　插入图像

★动手练——小儿出牙时间数据图表图像注释

本实例演示在小儿出牙时间数据图表中添加图像，效果如图 6.78 所示。

思路点拨

源文件：源文件\06\小儿出牙时间数据图表 Word 注释.prism

（1）打开项目文件"小儿出牙时间数据图表 Word 注

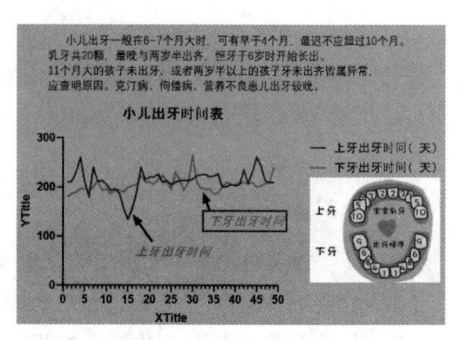

图 6.78　数据图表设置结果

释.prism"。

（2）打开图表"小儿出牙时间数据"，导入图像"出牙检查.jpeg"。

（3）保存文件为"小儿出牙时间数据图表图像注释.prism"。

6.3.7 排列图形对象

在图表中插入多个图形对象之后，往往还需要对插入的对象进行大小调整、对齐、分布、叠放次序以及组合等操作，使图形看起来更加整齐。

【执行方式】

> 菜单栏：选择菜单栏中的"排列"命令。
> 功能区：单击"排列"功能区中的"对齐所选对象或分组"按钮 。

【操作步骤】

按住 Ctrl 或 Shift 键选中要排列的多个图形对象，执行此命令，弹出如图 6.79 所示的子菜单。

【选项说明】

下面介绍该子菜单中的命令。

1. 微调图形对象

微调是指按照指定要求调整当前图形或图形中某部分的位置。

（1）将鼠标放置在选中对象上，指针变为 ，用户可以在图表上随意拖动选中对象的位置。

（2）按 ↑、↓、←、→方向键，在图表中将选中对象沿指定方向移动一个单位的距离。

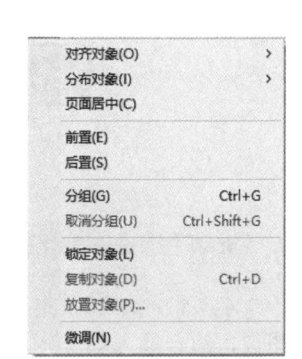

图 6.79　子菜单

（3）对象移动过程中，显示水平和垂直辅助线，自动进行对齐捕捉。按住 Alt 键关闭对齐捕捉，按住 Ctrl 键只进行水平移动，按住 Shift 键只进行垂直移动。

2. 对齐图形对象

选择"对齐对象"命令，弹出如图 6.80 所示的子菜单，将对象按照水平方向进行对齐：左对齐、右对齐和居中对齐；还可以设置垂直方向进行对齐：顶部对齐、中间对齐、底部对齐。

3. 分布图形对象

选择"分布对象"命令，弹出如图 6.81 所示的子菜单，将对象按照水平方向、竖直方向均匀分布，相邻对象间距相同。

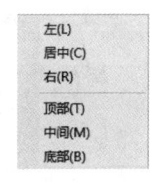

图 6.80　"对齐对象"子菜单　　　图 6.81　"分布对象"子菜单

4. 叠放图形对象

选择"前置""后置"命令,改变图形对象放置层次,后添加的图形总是在先添加的图形之上,从而挡住下方图形,效果如图 6.82 所示。

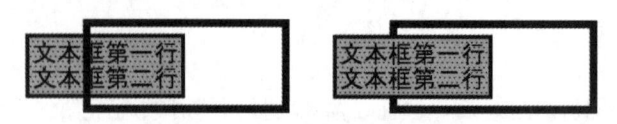

图 6.82　改变叠放层次后的效果

5. 组合图形对象

选择"分组""取消分组"命令,或按 Ctrl+G 组合键或 Shift+Ctrl+G 组合键,分解或取消分解选中的对象,如图 6.83 所示。

（a）取消分组　　　　　　　（b）组合

图 6.83　组合对象

★动手练——美化新生儿的测试数据图表

本实例演示在新生儿的测试数据图表中添加背景图像,组合插入的文本和嵌入式对象,美化图表,效果如图 6.84 所示。

思路点拨

源文件：源文件\06\新生儿的测试数据图表图形注释.prism

（1）打开项目文件"新生儿的测试数据图表图形注释.prism"。

（2）打开图表"新生儿的测试数据",导入图像"新生儿.jpg",调整图形大小,填充整个页面。将图像设置为后置。

（3）组合图表的文本和 Excel 表格。

（4）保存文件为"美化新生儿的测试数据图表.prism"。

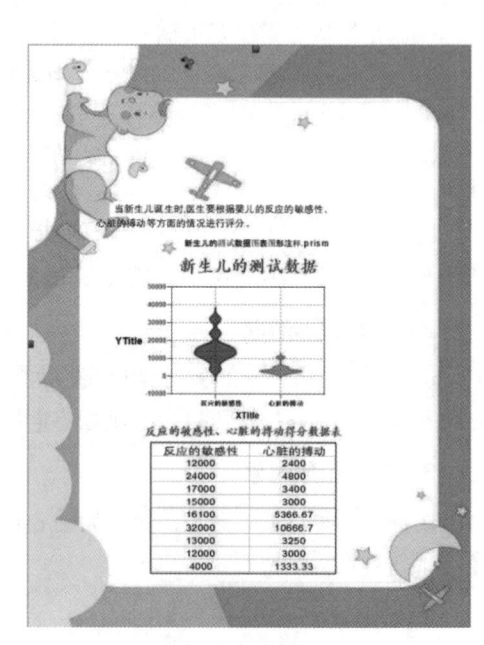

图 6.84　数据图表设置结果

第 7 章　XY 数据表和 XY 图表分析

内容简介

GraphPad Prism 是一款图形分析与数据分析并存的软件,因此数据表和图表是分析的基础。XY 数据表是 GraphPad Prism 中最常用的一种数据表,也是可绘制图形种类最多的数据表,其可以使用多种统计方法进行数据分析。

本章从 XY 数据表的数据输入开始讲起,展开介绍 XY 数据表可绘制的 XY 图表种类,最后进行深入拓展,引入 XY 数据表的统计分析方法,最终达到 XY 数据表和图表分析的目的。

内容要点

- 创建 XY 数据表
- XY 图表分析
- 相关性分析

7.1　创建 XY 数据表

XY 数据表中,X 列只有 1 列,而 Y 列可以是 1 列也可以是多列。一般情况下,GraphPad Prism 创建数据表的同时将自动创建具有链接关系的图表,通过数据表和图表可以进行统计分析。

7.1.1　输入或导入数据到新表

在"新建数据表和图表"对话框中可以通过选中"输入或导入数据到新表"单选按钮,创建空白的 XY 数据表和图表。

【执行方式】
- 创建:选择"创建"选项组中的 XY 选项。
- 数据表:选择"数据表"选项组中的"输入或导入数据到新表"单选按钮。

【操作步骤】
执行此命令,激活"选项"选项组,显示 XY 表中 X 和 Y 值的定义方法,如图 7.1 所示。

【选项说明】
下面介绍"选项"选项组中的选项。

（1）X：在该选项下定义 XY 数据表中 X 值的定义方法定义 XY 数据表时，必须选择 X、Y 的定义方法，默认 Y 值的定义方法为"为每个点输入一个 Y 值并绘图"。

1）数值：选中该单选按钮，直接创建包含 X 列、Y 列的数据表，如图 7.2 所示。数据表中包含一个 X 列和多个 Y 列，Y 列按照第 A 组、第 B 组、……、结果 Z、结果 AA 进行定义。X 列、Y 列下不包含任何子列。

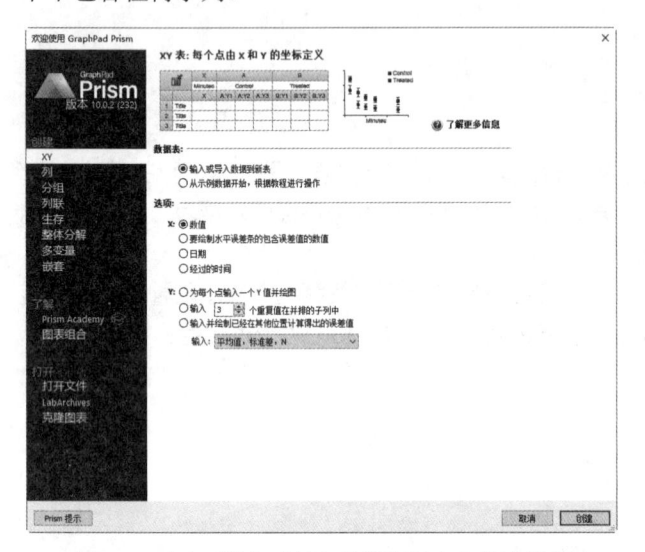

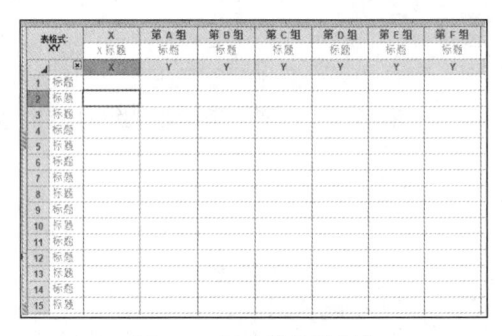

图 7.1 选中"输入或导入数据到新表"单选按钮

图 7.2 创建数值数据表

2）要绘制水平误差条的包含误差值的数值：选中该单选按钮，创建包含 X 列、Y 列的数据表。其中，X 列中包含 X 子列和"误差条"子列，如图 7.3 所示。

3）日期：选中该单选按钮，创建包含 X 列、Y 列的数据表，如图 7.4 所示。其中，X 列必须从当前日期计算日期数据。

图 7.3 创建误差值数据表

图 7.4 创建日期数据表

4）经过的时间：选中该单选按钮，创建包含 X 列、Y 列的数据表，如图 7.5 所示。其中，X 列为经过的时间数据。

（2）Y：在该选项下定义 XY 数据表中 Y 值的定义方法。定义 XY 数据表时，默认 X 值的定义方法为"数值"。

1）为每个点输入一个 Y 值并绘图：选中该单选按钮，直接创建包含 X 列、Y 列的数据表。

2）输入 3 个重复值在并排的子列中：选中该单选按钮，直接创建包含 X 列、Y 列的数据表。其中，Y 列中包含 3 个子列（A:Y1、A:Y2、A:Y3），如图 7.6 所示。Y 列下包含子列的个数可进行自定义设置。

图 7.5　创建经过的时间数据表

图 7.6　创建 Y 子列数据表

3）输入并绘制已经在其他位置计算得出的误差值：选中该单选按钮，直接创建包含 X 列、Y 列的数据表。Y 列中包含 3 个子列（平均值、标准差、N），如图 7.7 所示。在"输入"下拉列表中选择 Y 子列中显示的误差值类型。

- 平均值，标准差，N。
- 平均值，标准误，N。
- 平均值：%变异系数，N。
- 平均值与标准差。
- 平均值与标准误。
- 平均值与%变异系数。
- 平均值（或中位数），+/−误差。
- 平均值（或中位数），上限/下限。

图 7.7　创建差值 Y 子列数据表

★动手学——微生物存活时间 XY 数据表

表 7.1 显示了 A、B、C 三种微生物在低温、常温、高温下的存活时间（单位：min），本实例演示使用表中的数据创建一个 XY 数据表。

表 7.1　微生物存活时间数据　　　　　　　　　　　　　单位：min

种类	低温	常温	高温
A	128.8	334.7	385.5
B	246.4	142	369.7
C	270.6	156.3	406

操作步骤

1. 启动软件

双击"开始"菜单中的 GraphPad Prism 10 图标，启动 GraphPad Prism 10，自动弹出"欢迎使用 GraphPad Prism"对话框。

2. 创建项目

(1) 在"创建"选项组中默认选择 XY 选项,在右侧界面的"数据表"选项组中选中"输入或导入数据到新表"单选按钮,表示创建一个空白项目。

(2) 选择创建 XY 数据表。此时,右侧 XY 表参数设置界面如图 7.8 所示。

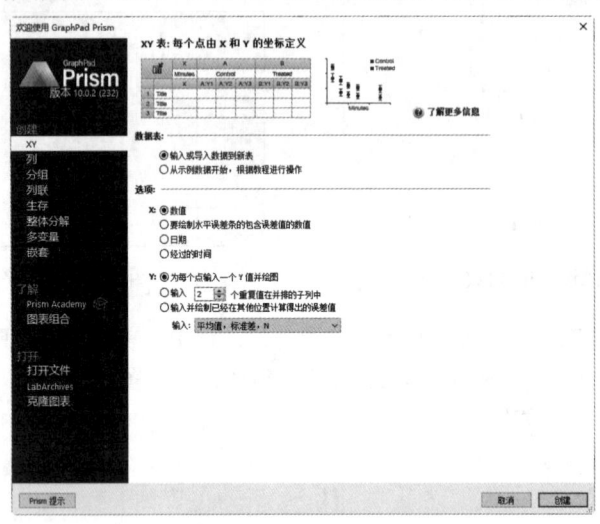

图 7.8 "欢迎使用 GraphPad Prism"对话框

(3) 单击"创建"按钮,创建项目文件,同时该项目下自动创建一个数据表"数据 1"和关联的图表"数据 1"。

(4) 选择菜单栏中的"文件"→"另存为"命令,或选择"文件"功能区中"保存命令"按钮下的"另存为"命令,弹出"保存"对话框,输入项目名称"微生物存活时间数据表"。单击"保存"按钮,GraphPad Prism 标题栏名称自动变为"微生物存活时间数据表.prism",如图 7.9 所示。

3. 输入数据

(1) 在导航器中单击选择"数据 1",右侧工作区直接进入该数据表的编辑界面。该数据表中包含 X 列、第 A 组、第 B 组、第 C 组等。

(2) 根据表中的数据在单元格中输入数据、列标题、行标题,结果如图 7.10 所示。

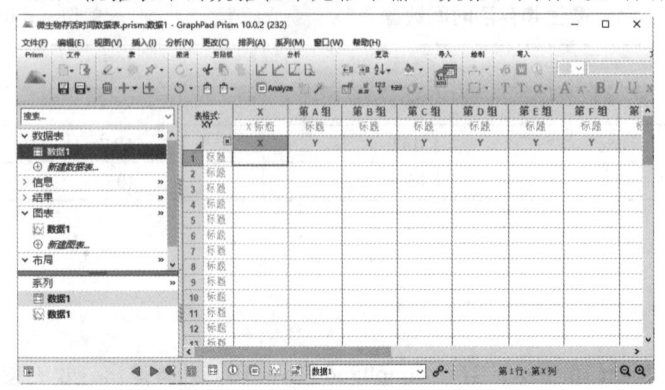

图 7.9 保存项目文件

表格式: XY	X 种类编号	第 A 组 低温 Y	第 B 组 常温 Y	第 C 组 高温 Y
1	A	1	128.8	334.7	385.5
2	B	2	246.4	142.0	369.7
3	C	3	270.6	156.3	406.0

图 7.10 输入数据

4. 保存项目

单击"文件"功能区中的"保存"按钮 , 或按 Ctrl+S 组合键，保存项目文件。

7.1.2 从示例数据开始

GraphPad Prism 最简单的学习方法就是演示示例数据，本小节使用示例数据进行数据的创建和处理。

【执行方式】

- 创建：选择"创建"选项组中的 XY 选项。
- 数据表：选中"数据表"选项组中的"从示例数据开始，根据教程进行操作"单选按钮。

【操作步骤】

执行此操作，激活"选择教程数据集"选项组，显示一系列数据集模板，用于定义 XY 数据表，如图 7.11 所示。

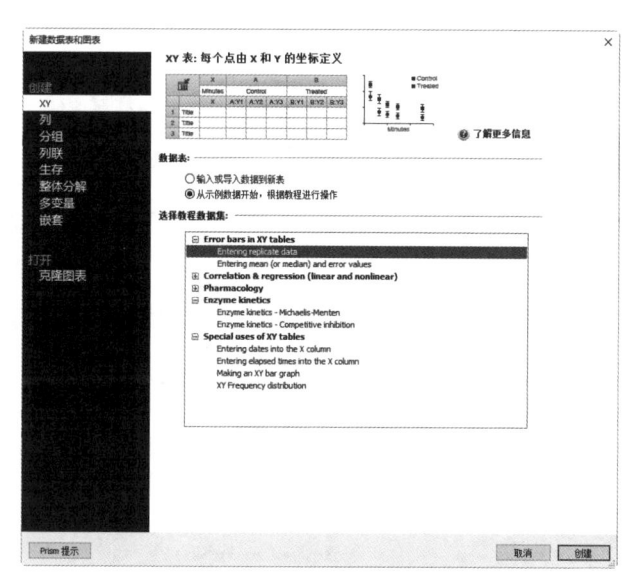

图 7.11 "选择教程数据集"选项组

7.1.3 模拟 XY 数据

"模拟 XY 数据"命令用于输出包含随机误差的 XY 数据集的数据表，并绘制由模拟数据表示的模拟图表。

【执行方式】

菜单栏：选择菜单栏中的"分析"→"数据处理"→"模拟 XY 数据"命令。

【操作步骤】

执行此命令，弹出"分析数据"对话框。在左侧列表中选择指定的分析方法"模拟 XY 数据"，在右侧显示需要模拟数据的数据集和数据列，如图7.12所示。

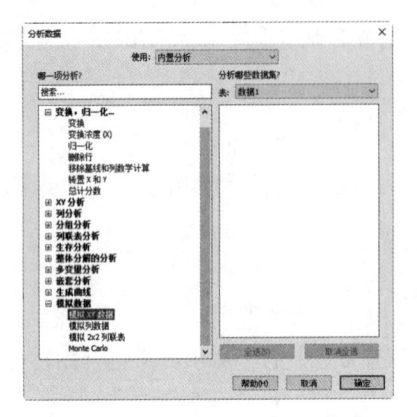

图7.12 "分析数据"对话框

单击"确定"按钮，关闭该对话框，弹出"参数：模拟XY数据"对话框，包含4个选项卡，如图7.13所示。

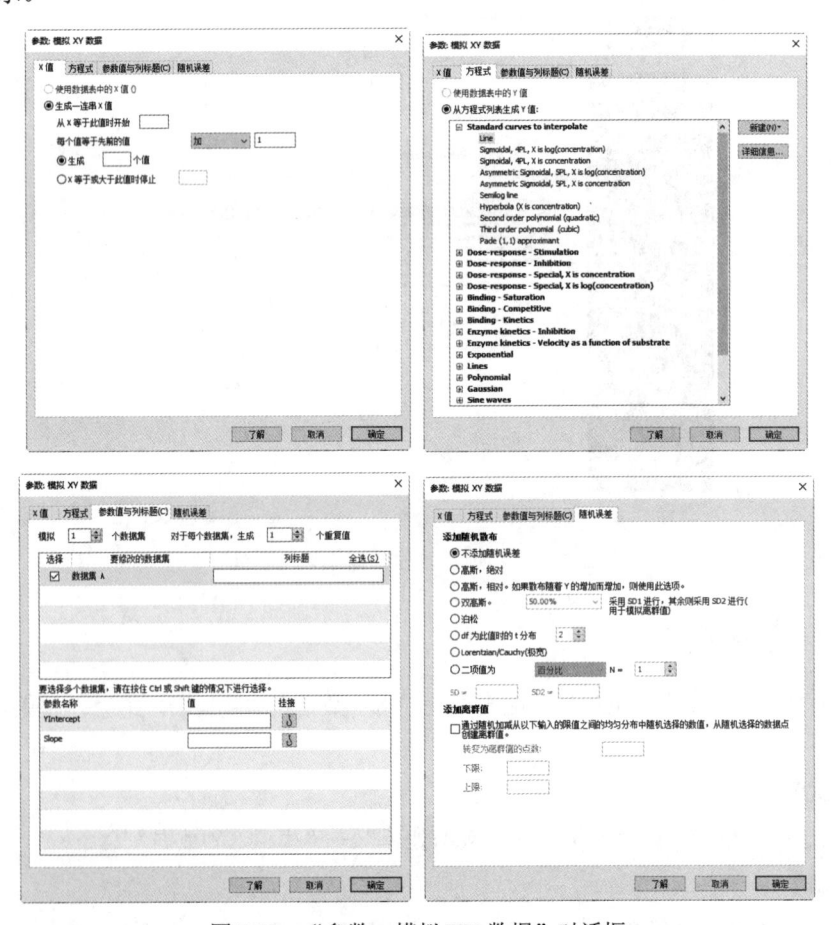

图7.13 "参数：模拟XY数据"对话框

【选项说明】

下面介绍该对话框中的选项。

1."X 值"选项卡

（1）使用数据表中的 X 值：使用正在分析的数据表中的 X 值。

（2）生成一连串 X 值：生成指定序列的 X 值。首先指定开始值，按照加、乘的顺序进行递增值计算，可以在"生成"文本框内指定序列值的个数，也可以在"X 等于或大于此值时停止"文本框内指定截止值。

2."方程式"选项卡

（1）使用数据表中的 Y 值：选择使用正在分析的数据表中的 Y 值，然后添加随机分散。

（2）从方程式列表生成 Y 值：在该列表框中选择一个模型，根据列表中的模型方程计算数据和绘制曲线，包含以下几类。

1）Standard curves to interpolate：插值的标准曲线模型。

2）Dose-response-Stimulation：剂量反应曲线模型，可用于绘制多种实验的结果，仅适用于动物或人体实验（实验中施用不同剂量的药物）。X 轴绘制了药物或激素的浓度，Y 轴描绘了反应，是任何生物功能的衡量指标。

3）Dose-response-Inhibition：剂量反应曲线模型，具体取决于使用标准斜率，还是拟合斜率因子，以及是否对数据进行标准化，以便曲线从 0 运行至 100。

4）Dose-response - Special, X is concentration：剂量-反应-抑制模型，X 为浓度。

5）Dose-response - Special, X is log(concentration)：剂量-反应-抑制模型，X 为 log(浓度)。

6）Binding-Saturation：受体结合-饱和结合模型。在饱和结合实验中，改变放射性配体浓度，并在平衡状态下测量结合度，目的是确定 K_d（平衡时结合一半受体位点的配体浓度）和 B_{max}（最大结合位点数）。

7）Binding-Competitive：受体结合-竞争性结合模型。在竞争性结合实验中，使用单一浓度的标记（热）配体，改变未标记（冷）药物的浓度，并在平衡状态下测量结合度。

8）Binding -Kinetics：受体结合-动力学模型。动力学指随时间推移发生的变化。动力学结合实验用于确定结合和解离速率常数。

9）Enzyme kinetics - Inhibition：酶动力学-抑制模型。最常用的酶动力学实验是测量不同基质浓度下酶促反应的速度。

10）Enzyme kinetics - Velocity as a function of substrate：酶动力学模型。许多药物通过抑制酶活性（通过阻止底物与酶结合，或通过稳定酶-底物复合物来减缓产物的形成）发挥作用。为区分酶抑制模型并确定抑制剂的 K_i，在存在几种浓度抑制剂的情况下测量底物-速率曲线（包括一条没有抑制剂的曲线）。

11）Exponential：指数模型。某事发生的速率取决于存在的数量时，过程遵循指数函数方程。

12）Lines：线性模型。非线性回归可将数据拟合至任何模型，甚至是线性模型。因此，线性回归只是非线性回归的特例。

13）Polynomial：多项式模型。多项式模型用途广泛，可拟合多种类型的数据，采用如下形式：$Y = B_0 + B_1 X + B_2 X^2 + B_3 X^3 + \cdots$。

14）Gaussian：高斯模型，拟合高斯钟形曲线及累积高斯 S 形曲线。

15）Sine waves：正弦波模型，描述了许多振荡现象。

16）Growth curves：生长方程模型，应用于细菌培养物生长、有机体生长、技术或思想在群体中的适应、经济的增长等。

17）Linear quadratic curves：线性二次曲线模型，描述辐射诱导的细胞死亡时间变化。

18）Classic equations from prior versions of Prism：之前版本的棱镜的经典方程模型，提供经典方程的列表。

3."参数值与列标题"选项卡

（1）在选项卡顶部选择模拟多少个数据集，以及每个数据集将有多少个重复值。

（2）选项卡的主要部分是输入每个参数值的列表。选择对话框顶部的数据集，并在列表框中输入该数据集（或数据集组）的参数值。

（3）如果选择模拟多个数据集，则可选择只为一个数据集输入一个参数值，或输入适用于多条曲线或所有曲线的参数。

4."随机误差"选项卡

按照指定的方法生成随机分散和添加异常值。

★动手学——模拟链球菌咽喉炎患者的病例数数据

本实例为分析链球菌咽喉炎患者的病例数随潜伏期（h）变化的数据，模拟一组 XY 数据。

操作步骤

1. 设置工作环境

（1）双击 GraphPad Prism 10 图标，启动 GraphPad Prism，自动弹出"欢迎使用 GraphPad Prism"对话框，设置创建的默认数据表格式。

（2）在"创建"选项组中选择 XY 选项，选择创建 XY 数据表。此时，在右侧 XY 表参数设置界面设置如下。

1）在"数据表"选项组中默认选中"输入或导入数据到新表"单选按钮。

2）在"选项"选项组的 X 选项下默认选中"数值"单选按钮，Y 选项下选中"为每个点输入一个 Y 值并绘图"单选按钮。

（3）单击"创建"按钮，创建项目文件，同时该项目下自动创建一个数据表"数据 1"和关联的图表"数据 1"。

（4）选择菜单栏中的"文件"→"另存为"命令，或选择"文件"功能区中"保存命令"按钮下的"另存为"命令，弹出"保存"对话框，输入项目名称"链球菌咽喉炎患者的病例数分析表"。单击"保存"按钮，在源文件目录下创建项目文件。

2. 模拟 XY 数据

假设链球菌咽喉炎患者的病例数随潜伏期变化的曲线为正弦模型，下面利用 Standard sine wave（标准正弦波曲线模型）模拟链球菌咽喉炎患者的病例数据和图表。

（1）选择菜单栏中的"分析"→"模拟"→"模拟 XY 数据"命令，弹出"分析数据"对话框，在左侧列表中选择指定的分析方法"模拟 XY 数据"。

（2）单击"确定"按钮，关闭该对话框，弹出"参数：模拟 XY 数据"对话框。打开"X 值"选项卡，选中"生成一连串 X 值"单选按钮，从 X 等于此值（0）时开始，每个值等于先前的值加 12，生成 11 个值，如图 7.14 所示。

（3）打开"方程式"选项卡，选中"从方程式列表生成 Y 值"单选按钮，在列表框中选择 Sine waves（正弦波模型）→Standard sine wave（标准正弦波曲线模型），如图 7.15 所示。

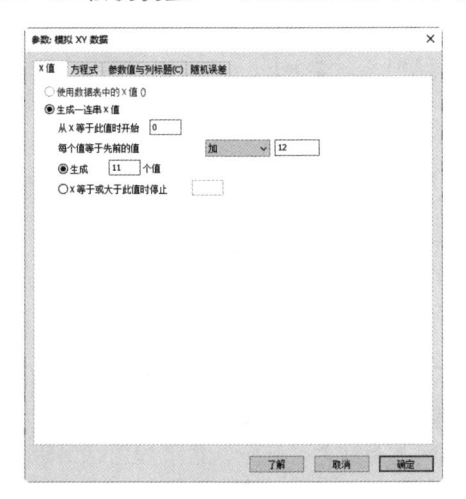

图 7.14　"参数：模拟 XY 数据"对话框　　　　图 7.15　"方程式"选项卡

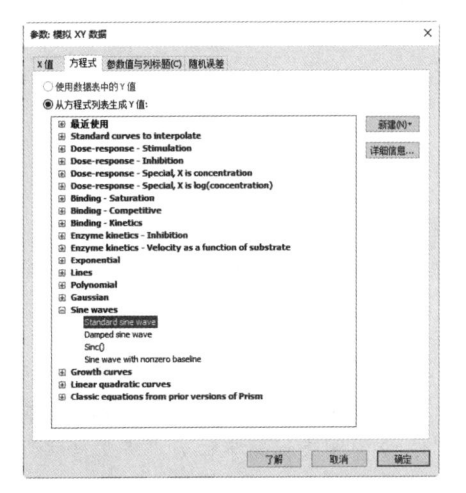

（4）打开"参数值与列标题"选项卡，在"数据集 A"的"列标题"下输入 Y 列的标题名称"患者的病例数"。在"参数名称"选项组中输入参数值 Amplitude 为 50，Wavelength 为 600，PhaseShift 为 0，如图 7.16 所示。

（5）打开"随机误差"选项卡，在"添加随机散布"选项组中默认选中"不添加随机误差"单选按钮，其余参数保持默认设置。

（6）单击"确定"按钮，关闭对话框，自动生成结果表"模拟数据"和图表"模拟数据"，如图 7.17 和图 7.18 所示。同时，通过在导航器的"系列"选项组中单击切换包含关联关系的结果表"模拟数据"和图表"模拟数据"。

3．设置数据格式

打开结果表"模拟数据"，单击工作表左上角的"全选"按钮，选中整个数据表中的数据。右击，在弹出的快捷菜单中选择"小数点格式"命令，弹出"小数点格式"对话框，设置小数点后最小位数为 0。单击"确定"按钮，关闭该对话框，在数据表中显示小数设置结果，结果如图 7.19 所示。

4．设置图表外观格式

（1）双击图表"模拟数据"中的 X 轴，打开"设置坐标轴格式"对话框的"X 轴"选项卡，取消勾选"自动确定范围与间隔"复选框，设置最小值为 0，最大值为 120，长刻度间隔为 12，起始

X=0，如图 7.20 所示。

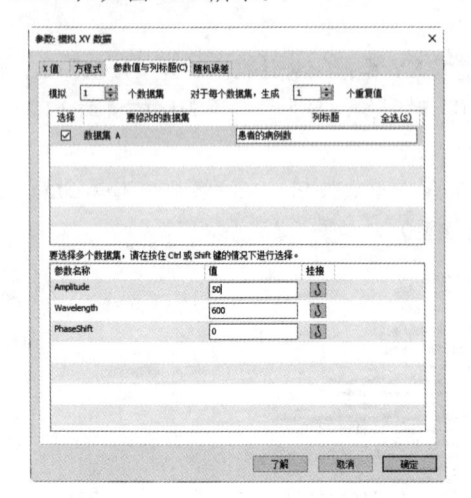

图 7.16 "参数值与列标题"选项卡

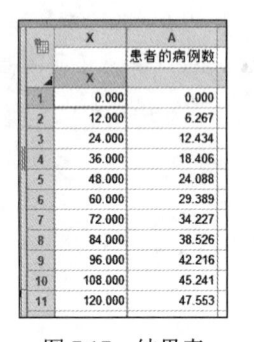

图 7.17 结果表"模拟数据"

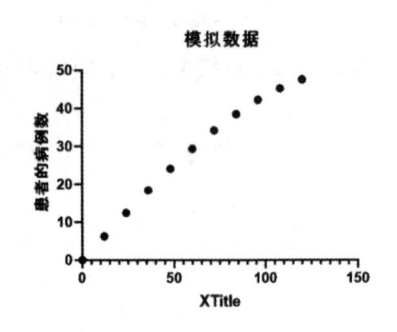

图 7.18 图表"模拟数据"

（2）单击"确定"按钮，完成 X 轴的格式设置。向右拉伸坐标轴，显示 X 轴的所有刻度值。

（3）在图表中选择 X 轴标题和图表标题，修改为"潜伏期（h）""链球菌咽喉炎患者的病例分析"，设置图表标题字体为"华文楷体"，大小为 24，颜色为红色（3E），结果如图 7.21 所示。

图 7.19 设置工作表小数格式

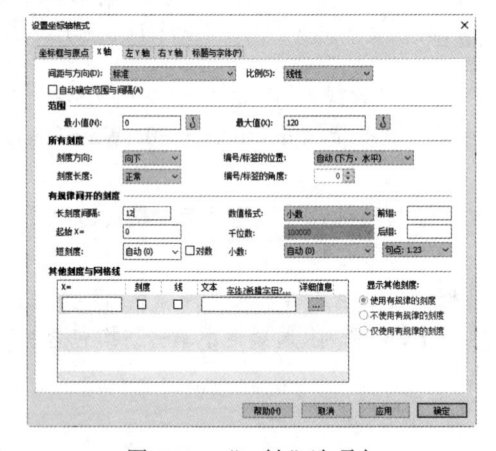

图 7.20 "X 轴"选项卡

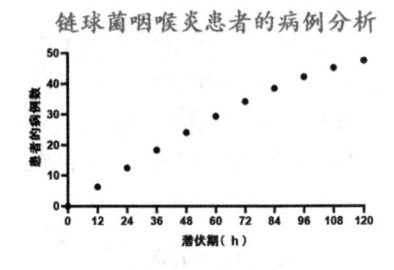

图 7.21 设置图表外观

5. 保存项目

单击"文件"功能区中的"保存"按钮，或按 Ctrl+S 组合键，保存项目文件。

7.1.4 创建 XY 图表

XY 图表是一种每个点均由 X 和 Y 值定义的图表，此类数据通常适用于线性或非线性回归。一般情况下，创建新数据表时，GraphPad Prism 会自动创建一个图表。特殊情况下，当一个数据表需要多个图表时，就需要新建图表，也就是根据现有数据创建新图表。

【执行方式】

- 菜单栏：选择菜单栏中的"插入"→"新建现有数据的图表"命令。
- 导航器：在导航器的"图表"选项卡中单击"新建图表"按钮⊕。
- 功能区：单击"表"功能区中的"根据现有数据创建新图"按钮。

【操作步骤】

执行此命令，弹出"创建新图表"对话框，如图 7.22 所示。GraphPad Prism 数据表的格式决定了可绘制哪种类型的图表，以及可执行哪种类型的分析，为数据选择合适类型的数据表非常重要。

单击"确定"按钮，即可在图表文件中显示创建的图形。

图 7.22 "创建新图表"对话框

【选项说明】

下面介绍该对话框中的选项。

1. "要绘图的数据集"选项组

（1）表：在该下拉列表中选择要绘制图表的数据文件名称，默认在图表上绘制数据文件中的所有数据。

（2）仅绘制选定的数据集：如果不想在图表上绘制所有数据，则勾选该复选框，单击"选择"按钮，弹出"选择数据集"对话框，选择需要绘制的数据集，如图 7.23 所示。只能选择数据集列，不能选择行。

（3）也绘制关联的曲线：如果已知数据为一张 XY 数据表，并且已经拟合一条直线或曲线，勾选该复选框，则在新图表上绘制已知数据单位的曲线或直线。

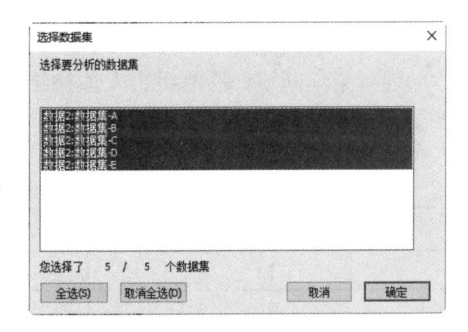

图 7.23 "选择数据集"对话框

（4）为每个数据集创建新图表（不要将它们全部放在一个图表上）：默认情况下，GraphPad Prism 会根据整个数据集创建一张图表。勾选该复选框，每个数据集绘制一张图表。如果选择为每个数据集创建一张新图表，还需指定 Y 轴标题。

2. "图表类型"选项组

数据表类型和图表类型之间并非一对一匹配，XY 数据表可以绘制 XY 图表，还可以绘制"列""分组"等图表。

在"显示"下拉列表中选择 XY 选项，得到与 XY 数据表匹配的图表类型，显示五种图表模板。

（1）仅点：选择该选项，绘制散点图。

（2）点与连接线：选择该选项，绘制点线图。

(3)仅连接线：选择该选项，绘制折线图。
(4)峰：选择该选项，绘制条形图。
(5)区域填充：选择该选项，绘制面积图。

需要注意的是，数据表包含子列与不包含子列时，选择"XY"选项后，显示的图表类型不同。

3."绘图"选项组

在下拉列表中选择要绘制的数据集的参数值，如平均值、中位数等。

7.2 XY 图表分析

XY 图表系列下包含基本的绘图命令，如散点图、点线图、折线图、条形图、面积图。下面介绍基本图形的绘制，并根据图形的特点设置图形的属性，使图表表达的内容更直观。

7.2.1 散点图

散点图是由一些散乱的点组成的图，每个点的所在位置是由其 X 值和 Y 值确定的，所以也叫作 XY 散点图。

如果需要对散点进行分类，则可以通过颜色或不同的线条或图案进行区分。数据表与图表具有链接关系，图表中的散点与工作表中设置数据是一一对应的。

★动手练——绘制体检血糖值数据表散点图

现有某车间甲、乙两组工人体检结果中的血糖数据，见表 7.2。本实例根据表中甲组数据绘制散点图，如图 7.24 所示。

表 7.2 血糖数据　　　　　　　　　单位：mmol/L

编号	甲组	乙组
1	8.4	5.4
2	10.5	6.4
3	12	6.4
4	12	7.5
5	13.9	7.6
6	15.3	8.1
7	16.7	11.6
8	18	12
9	18.7	13.4
10	20.7	13.5
11	21.1	14.8
12	15.2	15.6
13	18.7	—

思路点拨

源文件：源文件\07\体检血糖值数据表.xlsx

（1）新建一个项目文件，保存为"体检血糖值数据表.prism"，设置数据表名称为"体检血糖值数据表"。

（2）打开"体检血糖值数据表.xlsx"文件，复制到数据表。

（3）单击"新建图表"按钮，选择"仅点"选项绘制散点图。

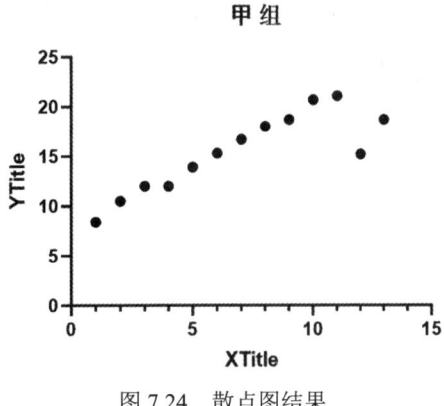

图 7.24 散点图结果

7.2.2 折线图

折线图是用直线段将各数据点连接起来组成的图形，以折线的方式显示数据的变化趋势。在折线图中，沿水平轴分布的是时间或类别，沿垂直轴分布的是需要表达的数据。由于线条可以使数据的变化趋势更加明显，所以折线图更适用于表现趋势。

1．设置数据集样式

一个数据集对应一条曲线，可以通过"格式化整个数据集"命令设置每条曲线的样式。

【执行方式】

快捷命令：右击，在弹出的快捷菜单中选择"格式化整个数据集"命令。

【操作步骤】

执行此命令，弹出如图 7.25 所示的子菜单。

【选项说明】

下面介绍"格式化整个数据集"子菜单中的命令。

（1）线条/曲线颜色：选择该命令，在弹出的颜色列表中选择线条/曲线的颜色。

（2）线条/曲线粗细：选择该命令，在弹出的子菜单中选择线条/曲线的线宽（1/4～6）磅。

（3）线条/曲线图案：选择该命令，在弹出的子菜单中选择线条/曲线的线型，如图 7.26 所示。

（4）线条/曲线样式：选择该命令，在弹出的子菜单中选择线条/曲线的样式，如图 7.27 所示。

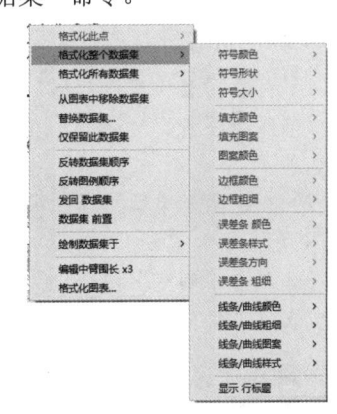

图 7.25 "格式化整个数据集"子菜单

图 7.26 "线条/曲线图案"子菜单   图 7.27 "线条/曲线样式"子菜单

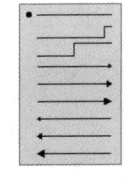

2. 设置所有数据集样式

"格式化所有数据集"命令与"格式化整个数据集"命令类似,这里不再赘述。不同的是,"格式化所有数据集"命令设置的是当前选中图形对应的数据集(工作表中的列),"格式化整个数据集"命令设置的是当前选中图形对应的数据表文件(整个工作表)。

★动手学——绘制健康女性的测量数据折线图

源文件：源文件\07\转置健康女性的测量数据.prism

本实例介绍根据健康女性的测量数据绘制折线图,显示 20 组受试者不同健康指标(三头肌皮褶厚度、大腿围长、中臂围长、身体脂肪)的变化趋势。

操作步骤

1. 设置工作环境

(1)双击 GraphPad Prism 10 图标,启动 GraphPad Prism。

(2)选择菜单栏中的"文件"→"打开"命令,或选择 Prism 功能区中的"打开项目文件"命令,或单击"文件"功能区中的"打开项目文件"按钮,或按 Ctrl+O 组合键,弹出"打开"对话框。选择需要打开的文件"转置健康女性的测量数据.prism",单击"打开"按钮,即可打开项目文件。

(3)选择菜单栏中的"文件"→"另存为"命令,或选择"文件"功能区中"保存命令"按钮下的"另存为"命令,弹出"保存"对话框,输入项目名称"健康女性的测量数据折线图"。单击"保存"按钮,在源文件目录下保存新的项目文件。

2. 绘制折线图

(1)将数据表"测量数据"置为当前。在导航器的"图表"选项卡中单击"新建图表"按钮,弹出"创建新图表"对话框。在"要绘图的数据集"选项组的"表"下拉列表中默认选择"测量数据"选项。

(2)在"图表类型"选项组的"显示"下拉列表中选择 XY 选项,选择"仅连接线"选项,如图 7.28 所示。

(3)单击"确定"按钮,关闭对话框。在导航器的"图表"选项卡中创建"测量数据"图表,其中包含三头肌皮褶厚度、大腿围长、中臂围长、身体脂肪四组数据的折线图,如图 7.29 所示。

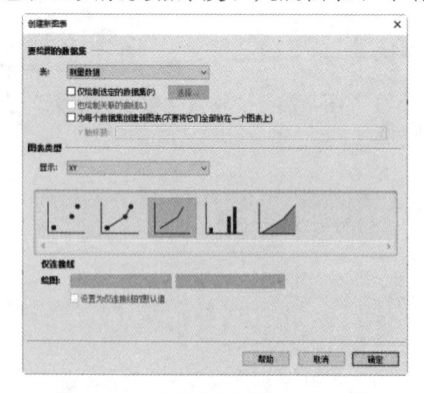

图 7.28 "创建新图表"对话框

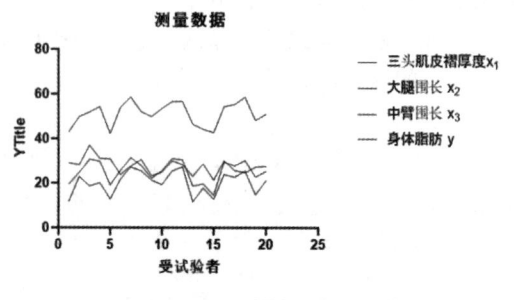

图 7.29 绘制折线图

（4）根据图 7.29 可以发现，折线图不适合显示太多条的折线，否则交织在一起的折线无法看出数据之间的对比和差异，凌乱的折线反而干扰了可读性。这就需要设置每条曲线样式互不相同，加以区别。

3．设置折线图样式

（1）将鼠标放置在最上方的曲线上，自动显示与数据表的链接关系，如图 7.30 所示。

（2）选择最上方的曲线，右击，在弹出的快捷菜单中选择"格式化整个数据集"→"线条/曲线颜色"命令，选择颜色列表的红色颜色块。此时，最上方的曲线变为红色，如图 7.31 所示。

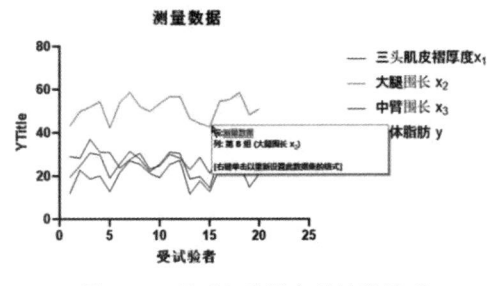

图 7.30　显示与数据表的链接关系　　　　　图 7.31　选择曲线颜色

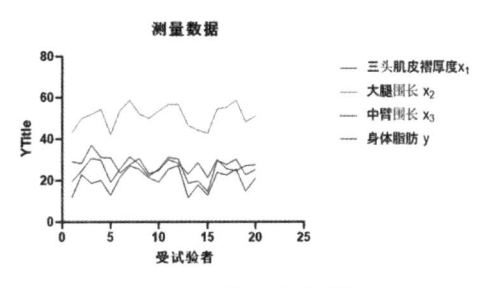

（3）选择最上方的曲线，右击，在弹出的快捷菜单中选择"格式化整个数据集"→"线条/曲线粗细"命令，选择 3 磅。此时，曲线线宽变为 3 磅，如图 7.32 所示。

（4）选择最上方的曲线，右击，在弹出的快捷菜单中选择"格式化整个数据集"→"线条/曲线图案"命令，选择虚线（第 2 个选项）。此时，曲线的线型变为虚线，如图 7.33 所示。

（5）选择最上方的曲线，右击，在弹出的快捷菜单中选择"格式化整个数据集"→"线条/曲线样式"命令，在列表中选择第 2 个选项。此时，曲线样式变为阶梯状，如图 7.34 所示。

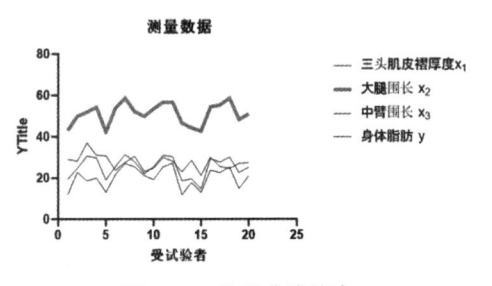

图 7.32　设置曲线线宽　　　　　图 7.33　设置曲线线型

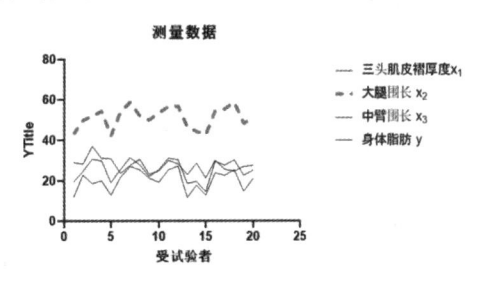

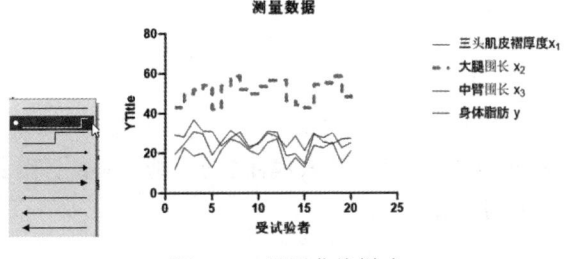

图 7.34　设置曲线样式

4. 选择配色方案

单击"更改"功能区中的"更改颜色"按钮，在弹出的子菜单中选择"Prism 深色"选项，在图表中应用配色方案，设置多条曲线为不同的颜色。拖动 X 轴，调整坐标轴大小，结果如图 7.35 所示。

5. 保存项目

单击"文件"功能区中的"保存"按钮，或按 Ctrl+S 组合键，保存项目文件。

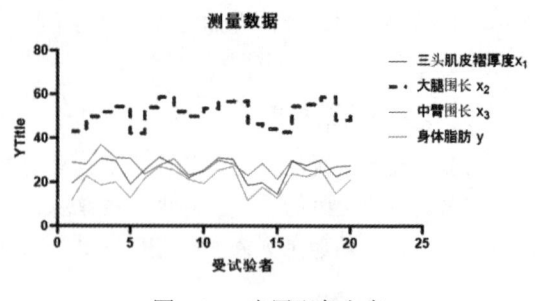

图 7.35 应用配色方案

7.2.3 点线图

点线图可以当作是折线图和散点图的叠加，相比折线图，曲线图相邻节点的连线更加平滑，可视化效果也更加美观。

★动手学——绘制患病率数据点线图

某地两种传染病的患病率（1/10 万）见表 7.3，本实例绘制点线图和折线图，并说明两种图的区别。

表 7.3 患病率数据

时间	第 1 年	第 2 年	第 3 年	第 4 年	第 5 年	第 6 年
传染病 1	164.4	135.8	79.9	64.7	74.5	63.0
传染病 2	18.7	2.5	2.5	1.0	1.2	1.0

操作步骤

1. 设置工作环境

双击"开始"菜单中的 GraphPad Prism 10 图标，启动 GraphPad Prism 10，自动弹出"欢迎使用 GraphPad Prism"对话框。

2. 创建项目

（1）在"创建"选项组中默认选择 XY 选项，在右侧界面的"数据表"选项组中选中"输入或导入数据到新表"单选按钮，选择创建 XY 数据表，在"选项"选项组的 X 选项下默认选中"数值"单选按钮，Y 选项下选中"为每个点输入一个 Y 值并绘图"单选按钮。

（2）单击"创建"按钮，创建项目文件"项目 1"，同时该项目下自动创建一个数据表"数据 1"和关联的图表"数据 1"。

（3）选择菜单栏中的"文件"→"另存为"命令，或选择"文件"功能区中"保存命令"按钮下的"另存为"命令，弹出"保存"对话框，输入项目名称"患病率数据图表.prism"。单击"保存"按钮，在源文件目录下保存新的项目文件。

3．输入数据

在导航器中单击选择数据表"数据1"，根据表中的数据在数据区输入数据、列标题和行标题，结果如图7.36所示。

4．绘制点线图

（1）将数据表"数据1"置为当前。在导航器的"图表"选项卡中单击"新建图表"按钮，弹出"创建新图表"对话框。在"要绘图的数据集"选项组的"表"下拉列表中默认选择"数据1"选项。

（2）在"图表类型"选项组的"显示"下拉列表中选择XY选项，选择"点与连接线"选项，如图7.37所示。

（3）单击"确定"按钮，关闭对话框。在导航器的"图表"选项卡中创建"数据1"图表，其中包含传染病1和传染病2的点线图，如图7.38所示。

图7.36　输入数据

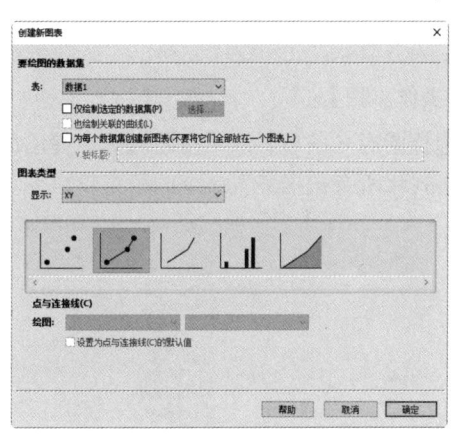

图7.37　"创建新图表"对话框

（4）在导航器的"图表"选项卡中单击"新建图表"按钮，弹出"创建新图表"对话框。在"要绘图的数据集"选项组的"表"下拉列表中默认选择"数据1"选项，在"图表类型"选项组的"显示"下拉列表中选择XY选项，选择"仅连接线"选项。

（5）单击"确定"按钮，关闭对话框。在导航器的"图表"选项卡中创建"数据1"图表，其中包含传染病1和传染病2的折线图，如图7.39所示。

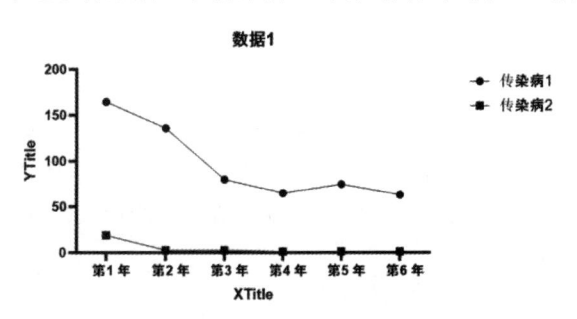

图7.38　绘制点线图

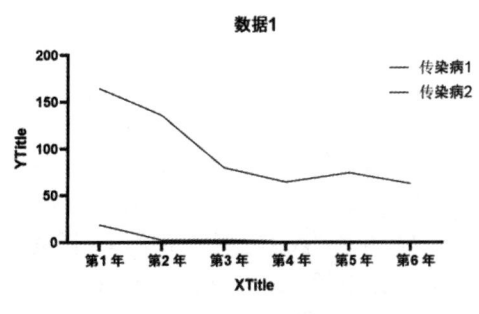

图7.39　绘制折线图

(6) 对比图 7.38 和图 7.39，得出结论：当数据集中的数据项有限，不超过 12 个时，采用点线图较合适；当数据集中的数据项比较多，大于 12 个时，采用折线图较合适。

5. 保存项目

单击"文件"功能区中的"保存"按钮 ![icon]，或按 Ctrl+S 组合键，保存项目文件。

7.2.4 条形图

条形图使用长度作为视觉暗示，有利于直接进行比较。每个矩形代表一个分类，矩形越长，数值就越大。条形图的局限性在于每个矩形都要从 0 坐标开始，而且只能横向或向上径直延伸。

条形图中可以设置的点样式、数据集样式与散点图和折线图不同。

【执行方式】

快捷命令：右击，在弹出的快捷菜单中选择"格式化此点""格式化整个数据集""格式化所有数据集"命令。

【操作步骤】

选择图形（条形），执行此命令，弹出如图 7.40 所示的子菜单。其中，"格式化整个数据集"与"格式化所有数据集"命令的子菜单命令相同，但针对对象的范围不同。

（a）"格式化此点"子菜单　　　　（b）"格式化整个数据集"子菜单

图 7.40　子菜单命令

【选项说明】

下面介绍"格式化此点"子菜单中的命令。

（1）填充颜色：选择该命令，在弹出的颜色列表中选择条形中的填充颜色。

（2）填充图案：选择该命令，在弹出的子菜单中选择条形中的填充图案样式，如图 7.41 所示。

（3）图案颜色：在"填充图案"子菜单中选择带线条的图案后，才可激活该命令。选择该命令，在弹出的颜色列表中选择条形中填充图案中图案的颜色。

（4）边框颜色：选择该命令，在弹出的子菜单中选择边框线的颜色。

（5）边框粗细：选择该命令，在弹出的子菜单中选择边框线的线宽（0～10）。

（6）误差条颜色：选择该命令，在弹出的颜色列表中选择误差条的颜色。

（7）误差条样式：选择该命令，在弹出的子菜单列表中选择误差条的样式，如图 7.42 所示。

（8）误差条方向：选择该命令，在弹出的子菜单列表中选择误差条的位置，包括无、向上、向下或两者都有。

（9）误差条 粗细：选择该命令，在弹出的子菜单列表中选择误差条的线宽（1/4～6 磅）。

（10）显示行标题：选择该命令，在选中的数据点符号上添加数据标签，名称为数据表中的行标题，如图 7.43 所示。若行标题为空，则不显示任何值。

（11）应用数据集格式：选择该命令，在该符号中应用整个数据集使用的格式。

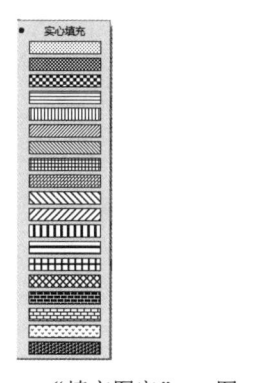

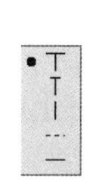

图 7.41 "填充图案"子菜单　　图 7.42 "误差条样式"子菜单　　图 7.43 显示行标题

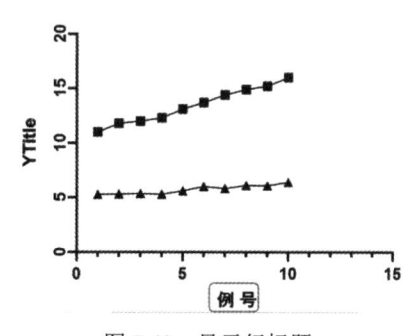

★动手学——慢性支气管炎治疗数据条形图

某医院使用某三种药物治疗慢性支气管炎的疗效数据见表 7.4，本实例根据表中数据绘制合适的条形图。条形图的条目数一般要求不超过 30 条，否则容易带来视觉和记忆上的负担。

表 7.4　某医院使用某三种药物治疗慢性支气管炎的疗效数据表

药　物	病　例　数	痊　愈　数	痊愈率(%)
甲	83	33	40
乙	90	41	45
丙	85	24	28

操作步骤

1. 设置工作环境

双击"开始"菜单中的 GraphPad Prism 10 图标，启动 GraphPad Prism 10，自动弹出"欢迎使用 GraphPad Prism"对话框。

2. 创建项目

（1）在"创建"选项组中默认选择 XY 选项，在右侧界面的"数据表"选项组中选中"输入或导入数据到新表"单选按钮，选择创建 XY 数据表；在"选项"选项组的 X 选项下默认选中"数值"

单选按钮，Y 选项下选中"为每个点输入一个 Y 值并绘图"单选按钮。

（2）单击"创建"按钮，创建项目文件，同时该项目下自动创建一个数据表"数据 1"和关联的图表"数据 1"。

3．输入数据

在导航器中单击选择数据表"数据 1"，根据表中的数据在数据区输入数据、列标题和行标题，结果如图 7.44 所示。

4．保存文件

选择菜单栏中的"文件"→"另存为"命令，或选择"文件"功能区中"保存命令"按钮 🖫 下的"另存为"命令，弹出"保存"对话框，输入项目名称"慢性支气管炎治疗数据表.prism"。单击"保存"按钮，在源文件目录下保存新的项目文件。

5．绘制条形图

（1）将数据表"数据 1"置为当前。在导航器的"图表"选项卡中单击"新建图表"按钮，弹出"创建新图表"对话框。在"要绘图的数据集"选项组的"表"下拉列表中默认选择"数据 1"选项，在"图表类型"选项组的"显示"下拉列表中选择 XY 选项，选择"峰"选项，如图 7.45 所示。

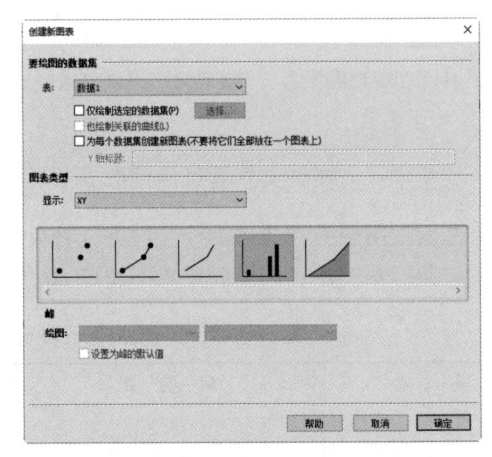

图 7.44　输入数据　　　　　图 7.45　"创建新图表"对话框

（2）单击"确定"按钮，关闭对话框。在导航器的"图表"选项卡中创建"数据 1"图表，重命名为"数据 1（条形图）"，显示病例数、痊愈数和痊愈率（%）的条形图，如图 7.46 所示。三个数据集对应三组条形图，叠加在一起，下面通过设置条形图格式来分割每组条形图。

6．编辑条形图外观

条形图在视觉上等同于一个列表，每个条形都代表一个数值，设计者可以用不同的矩形和图表进行区分。

（1）双击绘图区，弹出"格式化图表"对话框。打开"图表上的数据集"选项卡，进行参数设置，如图 7.47 所示。

1）选择"数据 1:B:痊愈数"选项，勾选"微调所有点"复选框，X 值输入 5；单击"应用"按钮，在图表中应用数据集选项设置。

2）选择"数据1:C:痊愈率(%)选项"，勾选"微调所有点"复选框，X值输入10；单击"应用"按钮，在图表中应用数据集选项设置。

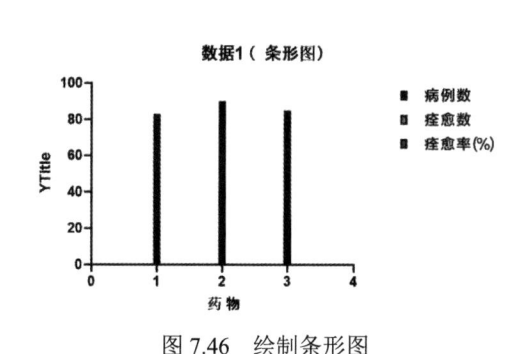

图7.46　绘制条形图

图7.47　"图表上的数据集"选项卡

（2）打开"外观"选项卡，进行参数设置。

1）在"数据集"下拉列表中选择"数据1:A:病例数"选项，在"显示条形/峰/垂线"选项下选择颜色为绿色（6B），宽度为10，边框颜色为白色；单击"应用"按钮，在图表中应用选项设置。

2）在"数据集"下拉列表中选择"数据1:B:病愈数"选项，在"显示条形/峰/垂线"选项下选择颜色为蓝色（8B），宽度为10，边框颜色为白色；单击"应用"按钮，在图表中应用选项设置。

3）在"数据集"下拉列表中选择"数据1:C:痊愈率(%)"选项，在"显示条形/峰/垂线"选项下选择颜色为紫色（9B），宽度为10，边框颜色为白色；单击"应用"按钮，在图表中应用选项设置。

4）在"数据集"下拉列表中选择"更改所有数据集"选项，勾选"用行标题标记每个点"复选框。

（3）单击"确定"按钮，关闭该对话框，在图表窗口中应用以上参数设置，结果如图7.48所示。

（4）选中图表中的标题，修改为"治疗数据条形图"，在"文本"功能区中设置字体为"华为楷体"，大小为24，字体加粗，颜色为蓝色（9D）。

（5）选中图表中行标题表示的条形标签，在"文本"功能区中设置字体大小为10，字体加粗，颜色为红色（3E），结果如图7.49所示。

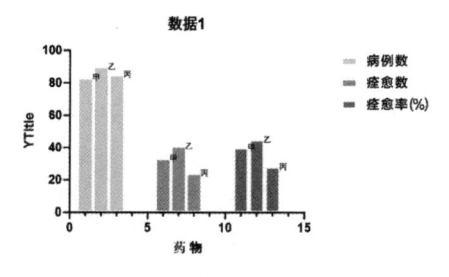

图7.48　图表格式设置结果

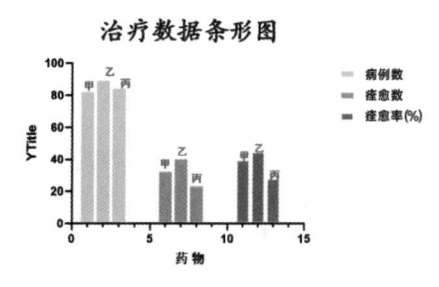

图7.49　文本编辑结果

7. 编辑条形图坐标轴

在使用条形图时，为了让用户更容易抓住重点，要尽可能去掉可有可无的元素。双击坐标轴，弹出"设置坐标轴格式"对话框。打开"坐标框与原点"选项卡，设置"坐标框样式"为"普通坐标框"，结果如图7.50所示。

8. 保存文件

选择菜单栏中的"文件"→"另存为"命令，或选择"文件"功能区中"保存命令"按钮🖫下的"另存为"命令，弹出"保存"对话框，输入项目名称"慢性支气管炎治疗数据条形图.prism"。单击"保存"按钮，在源文件目录下保存新的项目文件。

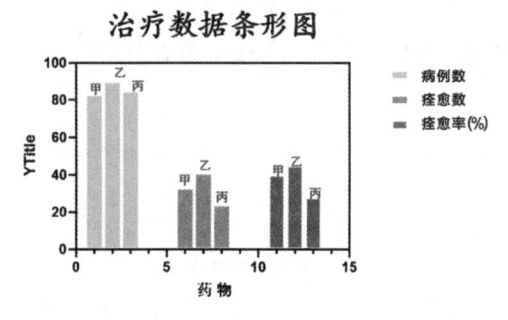

图7.50 设置坐标轴格式

7.2.5 面积图

面积图即填充了折线与X轴围成区域的折线图，因此面积图具有折线图所拥有的特点与功能。同时，面积图还能反映连续变化数据的总量情况，直观地将累计的数据呈现给读者。

面积图比折线图看起来更加美观；能够突出每个系列所占据的面积，把握整体趋势；不仅可以表示数量的多少，而且可以反映同一事物在不同时间里的发展变化情况；可以纵向与其他系列进行比较，能够直观地反映出差异；可以用于商务报表、数据汇报等场景。

★动手练——慢性支气管炎治疗数据面积图

现有甲、乙、丙三组慢性支气管炎治疗数据，本实例根据数据绘制病例数、痊愈数和痊愈率（%）的面积图，如图7.51所示。

思路点拨

源文件：源文件\07\慢性支气管炎治疗数据条形图.xlsx

（1）打开项目文件"慢性支气管炎治疗数据条形图.prism"。

（2）单击"新建图表"按钮，选择"区域填充"选项，勾选"为每个数据集创建新图表（不要将它们全部放在一个图表上）"复选框，绘制面积图，修改图表名称。

图7.51 绘制的面积图

（3）设置"数据1:A:病例数""数据1:B:痊愈数""数据1:C:痊愈率(%)"的区域填充颜色。

（4）取消显示图例，使用行标题标记每个点。

（5）添加文本和箭头对象，标注图形。

（6）设置标题名称。

（7）保存项目为"慢性支气管炎治疗数据面积图.prism"。

7.3 相关性分析

相关性分析主要研究随机数据之间的相互依赖关系，以了解一个变量与另一个变量之间是否存在相关关系以及相关的程度。

7.3.1 相关图分析

散点图一般用于显示两组数据之间的相关性，没有相关性的数据一般不建议使用散点图。另外，必须有足够多的数据才能使用散点图，如果数据量过少，则很难描述其相关性。一般来讲，数据越多、越集中，散点图的效果越好。如果离散点过多，则说明数据的相关性差，就不建议使用散点图来表达。

数据之间的相关关系从不同的角度可以区分为不同的类型。

1．相关形式不同

（1）线性相关。又称直线相关，是指当一个变量变动时，另一个变量随之发生大致均等的变动。从图形上看，其观察点的分布近似地表现为一条直线。例如，人均消费水平与人均收入水平通常呈线性关系。

（2）非线性相关。一个变量变动时，另一个变量也随之发生变动，但这种变动不是均等的。从图形上看，其观察点的分布近似地表现为一条曲线，如抛物线、指数曲线等，因此也称为曲线相关。例如，工人在一定数量界限内加班加点，产量增加，但一旦超过一定限度，产量反而可能下降，这就是一种非线性相关。

2．相关现象变化的方向不同

（1）正相关。当一个变量的值增加或减少时，另一个变量的值也随之增加或减少。例如，工人劳动生产率提高，产品产量也随之增加；居民的消费水平随个人可支配收入的增加而增加。

（2）负相关。当一个变量的值增加或减少时，另一个变量的值反而减少或增加。例如，商品流转额越大，商品流通费用越低；利润随单位成本的降低而增加。

3．相关程度不同

（1）完全相关。当一个变量的数量完全由另一个变量的数量变化所确定时，二者之间即为完全相关。例如，在价格不变的条件下，销售额与销售量之间的正比例函数关系即为完全相关，此时相关关系便成为函数关系。因此，也可以说函数关系是相关关系的一个特例。

（2）不相关。又称为零相关，当变量之间彼此互不影响，其数量变化各自独立时，变量之间为不相关。例如，股票价格的高低与气温的高低一般情况下是不相关的。

（3）不完全相关。如果两个变量的关系介于完全相关和不相关之间，则称为不完全相关。由于完全相关和不相关的数量关系是确定的或相互独立的，因此统计学中相关分析的主要研究对象是不完全相关。

相关性的方向和强弱如图7.52所示。

(a) 正相关　(b) 负相关　(c) 不相关　(d) 线性相关　(e) 指数相关　(f) U 形相关

(g) 强　(h) 弱　(i) 无

图 7.52　相关性的方向和强弱

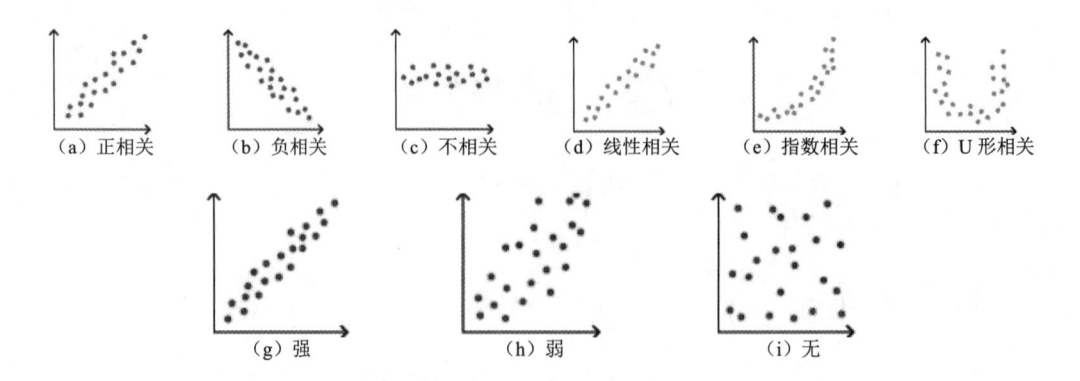

★动手学——维生素 B12 参考摄入量相关性分析

表 7.5 是中国居民维生素 B12 参考摄入量数据。其中，EAR 表示平均需要量；RNI 表示推荐摄入量；AI 表示适宜摄入量。本实例使用表中的数据创建一个 XY 数据表，包含 EAR 和 RNI 数据，通过散点图进行相关性分析。

表 7.5　中国居民维生素 B12 参考摄入量　　　　　　　　　　单位：μg/d

分类	EAR	RNI	分类	EAR	RNI
0~0.5 岁	—	0.3(AI)	11~14 岁	1.8	2.1
0.5~1 岁	—	0.6(AI)	14~18 岁	2	2.4
1~4 岁	0.8	1	18 岁+	2	2.4
4~7 岁	1	1.2	孕妇	+0.4	+0.5
7~11 岁	0.3	1.6	哺乳期妇女	+0.6	+0.8

操作步骤

1. 设置工作环境

（1）双击"开始"菜单中的 GraphPad Prism 10 图标，启动 GraphPad Prism 10，自动弹出"欢迎使用 GraphPad Prism"对话框。

（2）在"创建"选项组中默认选择 XY 选项，在右侧界面的"数据表"选项组中选中"输入或导入数据到新表"单选按钮，创建 XY 数据表。

（3）在"选项"选项组的 X 选项下默认选中"数值"单选按钮，Y 选项下选中"为每个点输入一个 Y 值并绘图"单选按钮。

（4）单击"创建"按钮，创建项目文件，同时该项目下自动创建一个数据表"数据 1"和关联的图表"数据 1"。

2. 输入数据

在导航器中单击选择数据表"数据 1"，根据表中的数据在数据区输入数据、列标题和行标题，结果如图 7.53 所示。

3. 保存项目

选择菜单栏中的"文件"→"另存为"命令，或选择"文件"功能区中"保存命令"按钮下的"另存为"命令，弹出"保存"对话框，输入项目名称"维生素B12参考摄入量数据表"。单击"保存"按钮，保存项目。

4. 绘制散点图

（1）在导航器的"图表"选项卡中单击"新建图表"按钮，弹出"创建新图表"对话框。在"表"下拉列表中默认选择"数据 1"选项，勾选"为每个数据集创建新图表（不要将它们全部放在一个图表上）"复选框。在"图表类型"下拉列表中默认显示XY，选择"仅点"选项，如图 7.54 所示。

（2）单击"确定"按钮，关闭对话框。在导航器的"图表"选项卡下新建两个数据表。

（3）新建"数据 1[EAR]"图表，显示表示平均需要量数据的散点图，新建的图表标题为 EAR，如图 7.55 所示。

图 7.53　输入数据

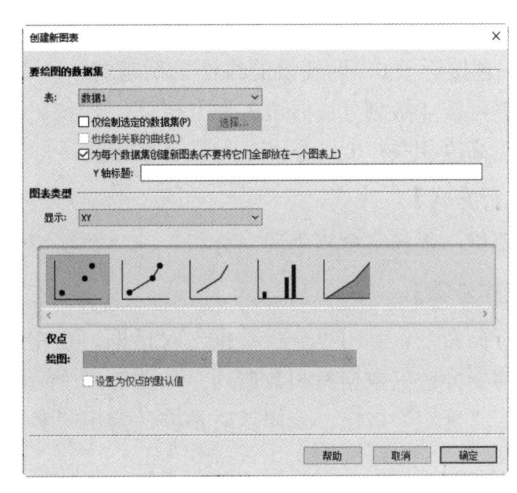

图 7.54　"创建新图表"对话框

（4）新建"数据 1[RNI]"图表，显示表示推荐摄入量数据的散点图，新建的图表标题为 RNI，如图 7.56 所示。

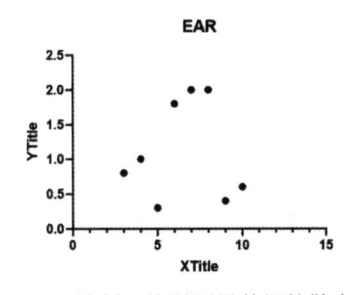

图 7.55　绘制平均需要量数据的散点图

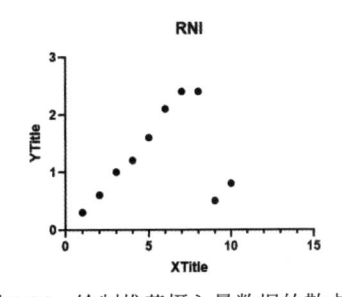

图 7.56　绘制推荐摄入量数据的散点图

（5）通过对比可以发现，EAR 数据没有相关性，RNI 数据（不包含孕妇、哺乳期妇女）有较强的线性正相关趋势，EAR 数据图中数据相关性更弱。

5. 保存项目

选择菜单栏中的"文件"→"另存为"命令，或选择"文件"功能区中"保存命令"按钮 下的"另存为"命令，弹出"保存"对话框。输入项目名称"维生素 B12 参考摄入量相关图分析"，保存项目。

7.3.2 相关系数分析

相关系数 r 可以用于描述定量与变量之间的关系。相关系数的值介于–1 与+1 之间，即 $-1 \leqslant r \leqslant +1$。

（1）当 $r > 0$ 时，表示两变量为正相关。

（2）当 $r < 0$ 时，表示两变量为负相关。

（3）当 $|r| = 1$ 时，表示两变量为完全线性相关，即为函数关系。

（4）当 $r = 0$ 时，表示两变量无线性相关关系。

（5）当 $0 < |r| < 1$ 时，表示两变量存在一定程度的线性相关。且 $|r|$ 越接近 1，两变量的线性关系越密切；$|r|$ 越接近于 0，两变量的线性关系越弱。

一般可按 4 级划分：$|r| < 0.3$ 为不相关；$0.3 \leqslant |r| < 0.5$ 为低度线性相关；$0.5 \leqslant |r| < 0.8$ 为中度相关；$0.8 \leqslant |r|$ 为高度相关；$0.95 < |r| \leqslant 1$ 为显著性相关。

【执行方式】

菜单栏：选择菜单栏中的"分析"→"数据探索和摘要"→"相关性"命令。

【操作步骤】

执行此命令，弹出"分析数据"对话框。在左侧列表中选择指定的分析方法"相关性"，在右侧显示需要分析的数据集和数据列，如图 7.57 所示。

单击"确定"按钮，关闭该对话框，弹出"参数：相关性"对话框，如图 7.58 所示。

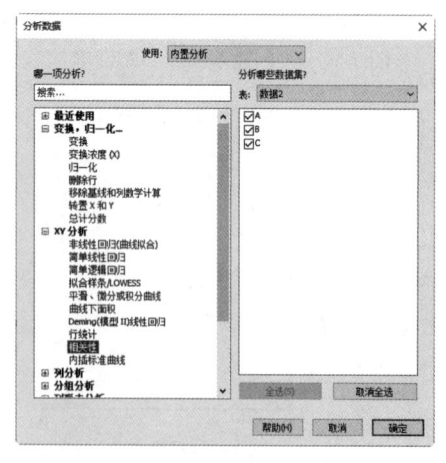

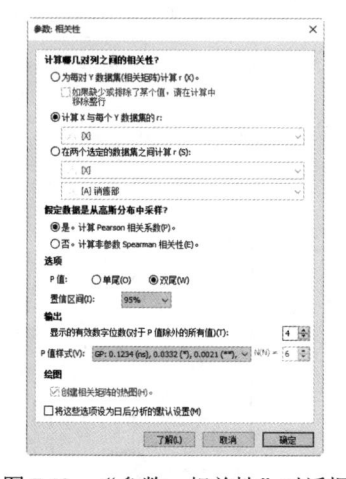

图 7.57　"分析数据"对话框　　　　图 7.58　"参数：相关性"对话框

【选项说明】

下面介绍该对话框中的选项。

1. 计算哪几对列之间的相关性？

（1）为每对 Y 数据集（相关矩阵）计算 r。选中该单选按钮，计算一组数据之间的相关系数。勾选"如果缺少或排除了某个值，请在计算中移除整行"复选框，移除包含缺失值的数据行。

（2）计算 X 与每个 Y 数据集的 r：计算数据集中任意两列之间的相关系数，其中一列为 X 值，得到相关系数组成的相关矩阵。

（3）在两个选定的数据集之间计算 r：计算任意两变量列之间的相关系数。

2. 假定数据是从高斯分布中采样？

GraphPad Prism 可以计算多种相关系数，包括 Pearson 相关系数、Spearman 相关系数等。

（1）是。计算 Pearson 相关系数：选中该单选按钮，计算 Pearson 相关系数（样本数小于等于 17）。计算 Pearson 相关系数依据的假设是 X 值和 Y 值都是从服从高斯分布的群体中抽样而得。

（2）否。计算非参数 Spearman 相关性：选中该单选按钮，计算 Spearman 相关系数（样本数大于等于 18）。Spearman 相关系数主要用于评价顺序变量间的线性相关关系，常用于计算类型变量的相关性。

3. 选项

通过计算得到的各相关系数的 P 值，可用于检验零假设。零假设是"一对变量的真实总体相关系数 r 为 0"。

（1）P 值：选择计算单尾 P 值或双尾 P 值，通常建议选择双尾 P 值。双尾 P 值可用于检验相关系数是否同时大于或小于 0，而单尾 P 值只能用于检验一个方向或另一个方向。

（2）置信区间：选择置信区间，默认值为 95%。

4. 输出

（1）显示的有效数字位数（对于 P 值除外的所有值）：显示输出结果中有效数字的位数。

（2）P 值样式：显示相关矩阵中 P 值的显示格式。其中，P 值右上角显示*，P 值越小，通常使用的星号数量越多，最多为 3 个。标注方式：*（P<0.05），**（P<0.01），***（P<0.001）。

5. 绘图

创建相关矩阵的热图：勾选该复选框，根据 P 值或样本量制作热度图。

★ 动手练——维生素 B12 参考摄入量相关性分析

本实例通过计算 EAR、RNI 数据的相关系数和绘制相关矩阵图进行相关性分析。

（1）结果表"相关性/数据 1"中包含 4 个选项卡：Pearson r、P 值、样本大小、r 的置信区间，如图 7.59 所示。

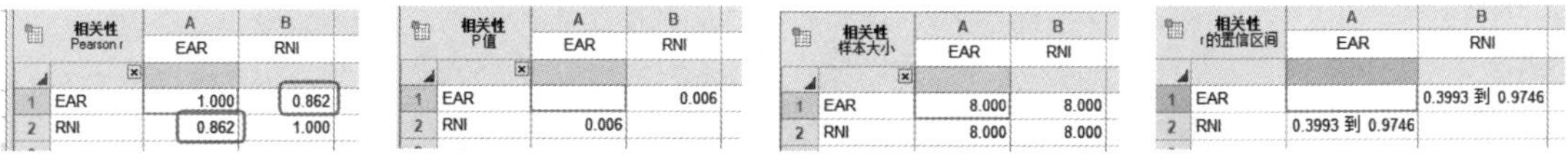

相关性 Pearson r	A EAR	B RNI
EAR	1.000	0.862
RNI	0.862	1.000

相关性 P 值	A EAR	B RNI
EAR		0.006
RNI	0.006	

相关性 样本大小	A EAR	B RNI
EAR	8.000	8.000
RNI	8.000	8.000

相关性 的置信区间	A EAR	B RNI
EAR		0.3993 到 0.9746
RNI	0.3993 到 0.9746	

图 7.59　结果表"相关性/数据 1"

（2）在图表"Pearson r:相关性/数据 1"中可以看出，EAR 与 RNI 数据的 Pearson 相关系数为

0.862，存在高度相关关系，相关矩阵图如图7.60所示。

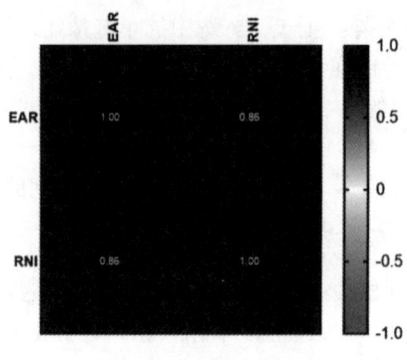

图 7.60　相关矩阵图

思路点拨

源文件：源文件\07\维生素B12参考摄入量相关图分析.prism

（1）打开项目文件"维生素B12参考摄入量相关图分析.prism"。

（2）选择"相关性"命令，在弹出的对话框中单击"确定"按钮，弹出"参数：相关性"对话框。选中"为每对Y数据集（相关矩阵）计算r"单选按钮，默认勾选"创建相关矩阵的热图"复选框。

（3）保存项目为"维生素B12参考摄入量相关性分析.prism"。

第 8 章　XY 数据表数学分析

内容简介

在生物和医学实践中,读者只能通过实验记录得到一些离散的数据,这些数据在 XY 数据表中由 X 和 Y 值定义。通常使用拟合、微分或积分、回归分析等数学分析计算方法得到一条平滑曲线,从而反映某些参数的规律。

内容要点

- 曲线计算
- 拟合分析
- 线性回归分析
- 非线性回归分析

8.1　曲 线 计 算

GraphPad Prism 将可理解的统计数据、科学曲线组织结合在一起,帮助用户组织、分析和标注重复性的实验结果。

8.1.1　平滑、微分或积分曲线

在某些情况下进行回归分析时,不关心回归模型,也不期待能解读最佳适应值,只是想得到一条平滑的曲线(标准曲线),使图表看起来更有吸引力。通过平滑、微分或积分计算可以得到一条平滑曲线。

【执行方式】

菜单栏:选择菜单栏中的"分析"→"数据探索和摘要"→"平滑、微分或积分曲线"命令。

【操作步骤】

执行此命令,弹出"分析数据"对话框。在左侧列表中选择指定的分析方法"平滑、微分或积分曲线",在右侧显示需要分析的数据集和数据列,如图 8.1 所示。

单击"确定"按钮,关闭该对话框,弹出"参数:平滑、微分或积分曲线"对话框。选择输出曲线的样式参数,如图 8.2 所示。

1. 微分或积分

（1）不微分或积分：选中该单选按钮，不创建微分或积分曲线。

（2）创建曲线的一阶导数：选中该单选按钮，计算绘制曲线的数据的导数，并绘制导数曲线。

（3）创建曲线的二阶导数：选中该单选按钮，计算绘制导数曲线的数据的导数，并绘制二阶导数曲线。

（4）创建积分：选中该单选按钮，计算绘制曲线的数据的积分，并绘制显示累积面积的曲线。通过在"生成的积分以 Y=此值时开始"栏中输入 Y 值，计算曲线与直线之间的累积面积。

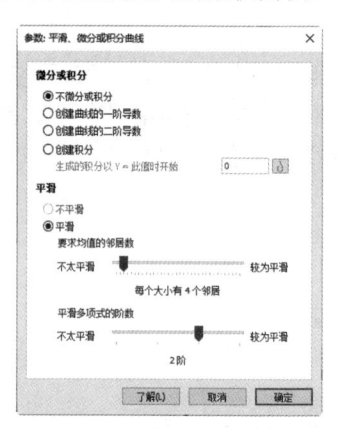

图 8.1　"分析数据"对话框　　　　　图 8.2　"参数：平滑、微分或积分曲线"对话框

2. 平滑

如果要求 GraphPad Prism 既平滑又转换为导数（一阶或二阶）或积分，则 GraphPad Prism 会按顺序执行，首先创建导数或积分，然后进行平滑处理。

（1）不平滑：选中该单选按钮，不对数据进行平滑处理。

（2）平滑：GraphPad Prism 提供了两种用于调整曲线平滑度的方法，即要求均值的邻居数、平滑多项式的阶数。在对曲线进行平滑处理时会丢失数据，因此在进行非线性回归或其他分析之前，不应对曲线进行平滑处理。

★动手学——平滑处理健康女性的测量数据折线图

源文件：源文件\08\健康女性的测量数据折线图.prism

本实例演示如何平滑处理健康女性的测量数据折线图。平滑处理并非一种数据分析方法，而是一种改善图表外观、创建更有吸引力的图表的方法。

操作步骤

1. 设置工作环境

（1）双击 GraphPad Prism 10 图标，启动 GraphPad Prism。

（2）选择菜单栏中的"文件"→"打开"命令，或选择 Prism 功能区中的"打开项目文件"命令，或单击"文件"功能区中的"打开项目文件"按钮，或按 Ctrl+O 组合键，弹出"打开"对话框。选择需要打开的文件"健康女性的测量数据折线图.prism",单击"打开"按钮,即可打开项目文件。

(3) 选择菜单栏中的"文件"→"另存为"命令,或选择"文件"功能区中"保存命令"按钮下的"另存为"命令,弹出"保存"对话框,输入项目名称"平滑处理健康女性的测量数据折线图.prism"。单击"保存"按钮,在源文件目录下保存新的项目文件。

2. 平滑处理曲线

(1) 选择菜单栏中的"分析"→"数据探索和摘要"→"平滑、微分或积分曲线"命令,弹出"分析数据"对话框。在左侧列表中选择指定的分析方法"平滑、微分或积分曲线",在右侧显示需要分析的数据集"B:大腿围长为 x_2",如图 8.3 所示。

(2) 单击"确定"按钮,关闭该对话框,弹出"参数:平滑、微分或积分曲线"对话框。选中"不微分或积分"单选按钮,调整"要求均值的邻居数"为"每个大小有 4 个邻居",如图 8.4 所示。

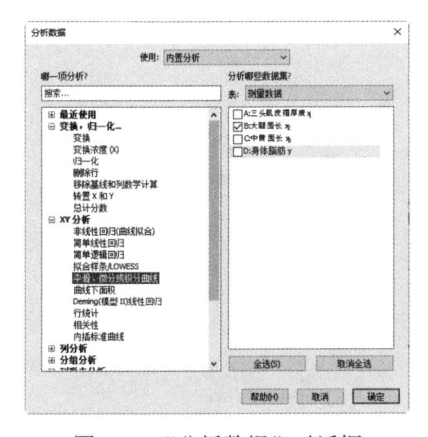

图 8.3 "分析数据"对话框 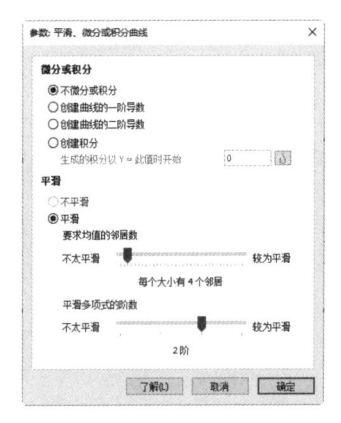 图 8.4 "参数:平滑、微分或积分曲线"对话框

(3) 单击"确定"按钮,关闭对话框,在当前图表中添加一条平滑曲线"大腿围长 x_2",如图 8.5 所示。其中,为了方便区分,修改图例中平滑曲线的名称为"平滑曲线大腿围长 x_2"。

(4) 在结果表"平滑/测量数据"中生成平滑曲线大腿围长 x_2 对应的平滑值,如图 8.6 所示。

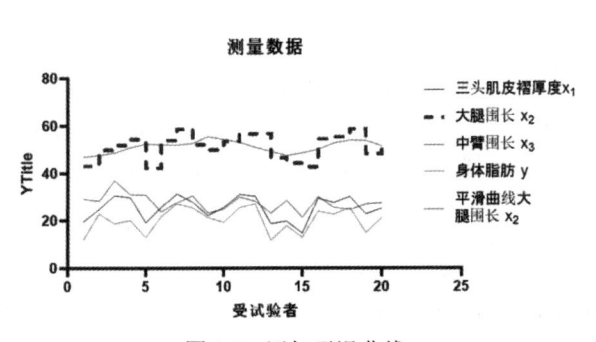

图 8.5 添加平滑曲线 图 8.6 结果表"平滑/测量数据"

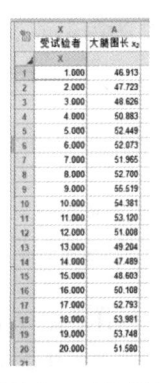

3. 保存项目

单击"文件"功能区中的"保存"按钮，或按 Ctrl+S 组合键，保存项目文件。

8.1.2 曲线下面积

曲线下面积是利用输入的 XY 数据表计算曲线与坐标轴围成的封闭区域的面积。在数据表中选择两个数据点（Y1、Y2），计算两点之间形成的曲线与坐标轴围成的梯形面积。

【执行方式】

菜单栏：选择菜单栏中的"分析"→"数据探索和摘要"→"曲线下面积"命令。

【操作步骤】

执行此命令，弹出"分析数据"对话框。在左侧列表中选择指定的分析方法"曲线下面积"，在右侧显示需要分析的数据集和数据列，如图 8.7 所示。

单击"确定"按钮，关闭该对话框，弹出"参数：曲线下面积"对话框。定义曲线下面积的计算参数，如图 8.8 所示。

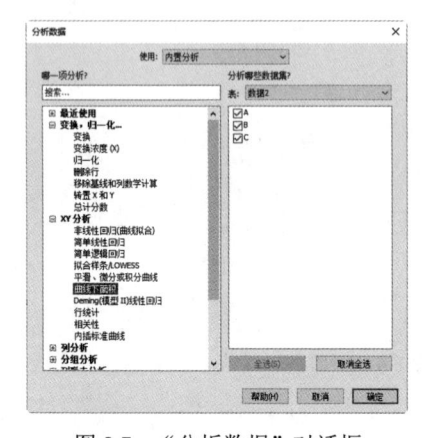

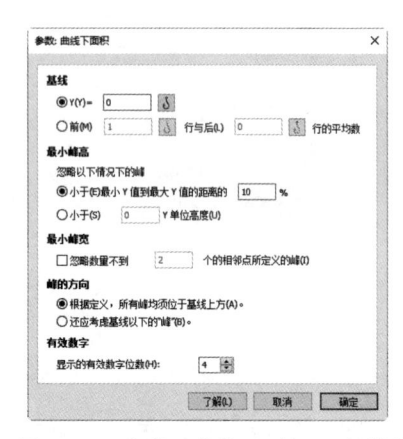

图 8.7 "分析数据"对话框　　　　图 8.8 "参数：曲线下面积"对话框

【选项说明】

下面介绍该对话框中的选项。

1. 基线

（1）Y：选中该单选按钮，通过输入数据点的 Y 值定义水平基线到 X 轴的距离（ΔY）。

（2）前 N 行与后 M 行的平均数：选中该单选按钮，通过选择指定行代表的两个数据点（Y1、Y2），通过平均值（(Y1+Y2)/2）定义水平基线到 X 轴的距离（ΔY）。N、M 自定义。

2. 最小峰高

可以选择忽略以下情况下的峰：

（1）小于最小 Y 值到最大 Y 值的距离的 N%。N 自定义。

（2）小于 NY 单位高度。N 自定义。

3. 最小峰宽

忽略数量不到 N 个的相邻点所定义的峰：选择忽略非常狭窄的峰值。N 自定义。

4. 峰的方向

（1）根据定义，所有峰均须位于基线上方：默认情况下，GraphPad Prism 只将基线以上的点视为峰值的一部分，因此只报告基线以上的峰值。

（2）还应考虑基线以下的"峰"：选中该单选按钮，选择考虑低于基线的峰值。

5. 有效数字

显示的有效数字位数：设置输出结果数据中有效数字的位数，默认值为 4。

★ 动手练——计算健康女性的测量数据面积

本实例为了方便计算曲线下的面积，在两个数据点间选择一点（Y=25），经过该点绘制水平基线，计算基线 ΔY 与 X 坐标轴（ΔX）围成的矩形的面积（ΔX×ΔY），结果如图 8.9 所示。

思路点拨

源文件：源文件\08\平滑健康女性的测量数据折线图.prism

（1）打开项目文件。

（2）选择"曲线下面积"命令，选择基线值 Y=25，输出结果表"AUC/测量数据"。

（3）保存项目为"计算健康女性的测量数据面积.prism"。

	A	B	C	D
AUC	三头肌皮褶厚度 x₁	大腿围长 x₂	中臂围长 x₃	身体脂肪 y
1 基线	25	25	25	25
2				
3 总面积	67.87	501.5	57.24	93.97
4 总峰面积	38.30	501.5	53.12	3.147
5 峰数	4	1	5	2
6				
7 峰值 1				
8 第一个 X	2.050	1.000	1.000	6.611
9 最后一个 X	4.449	20.00	5.819	8.098
10 峰值 X	3.000	7.000	3.000	7.000
11 峰值 Y	30.70	58.60	37.00	27.10
12 峰值 Y - 基准	5.700	33.60	12.00	2.100
13 面积	9.034	501.5	28.72	1.678
14 %面积	23.59	100.0	54.06	53.31
15				
16 峰值 2				
17 第一个 X	5.908		6.333	10.93
18 最后一个 X	8.500		8.757	12.14
19 峰值 X	7.000		8.000	12.00
20 峰值 Y	31.40		30.60	27.20
21 峰值 Y - 基准	6.400		5.600	2.200
22 面积	8.903		7.086	1.469

图 8.9　结果表"AUC/测量数据"

8.2　拟 合 分 析

8.2.1　内插标准曲线

GraphPad Prism 可轻易地在标准曲线中插入未知值，输入带 X 值和 Y 值的标准，拟合一条直线或曲线，在输出结果中反映出哪些 X 值对应于在同一数据表中输入的 Y 值。

【执行方式】

菜单栏：选择菜单栏中的"分析"→"回归和曲线"→"内插标准曲线"命令。

【操作步骤】

执行此命令，弹出"分析数据"对话框。在左侧列表中选择指定的分析方法"内插标准曲线"，在右侧显示需要分析的数据集和数据列，如图 8.10 所示。

单击"确定"按钮,关闭该对话框,弹出"参数:内插标准曲线"对话框。选择对 P 值的分析方法,如图 8.11 所示。

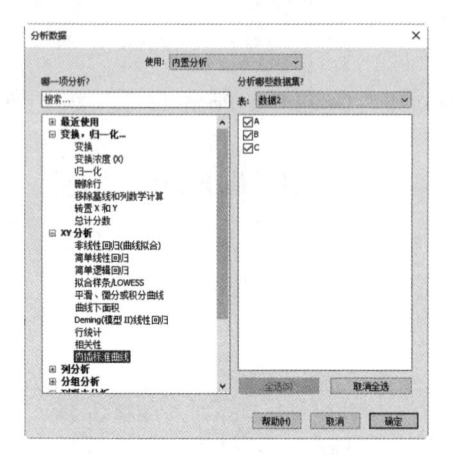

图 8.10 "分析数据"对话框

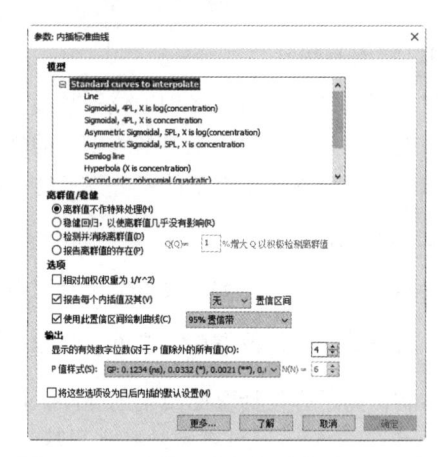

图 8.11 "参数:内插标准曲线"对话框

【选项说明】

下面介绍该对话框中的选项。

1. 模型

在列表框中选择回归模型的类型。单击"详细信息"按钮,弹出"内置方程式"对话框。显示回归模型的方程式和回归曲线缩略图,如图 8.12 所示。

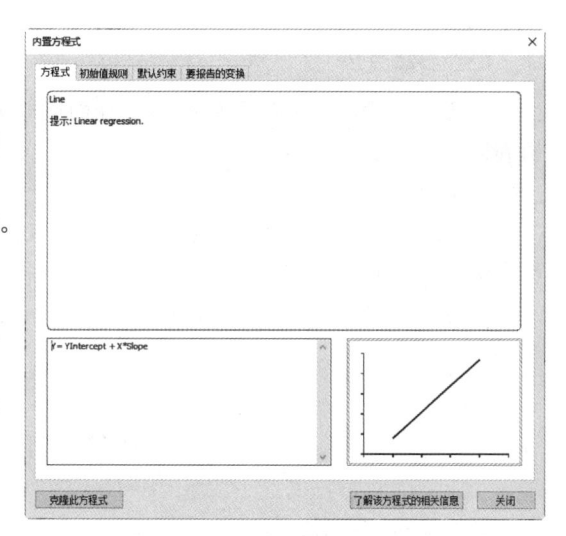

2. 离群值/稳健

异常/离群值是指样本中的个别值,其数值明显偏离其余数据。

(1)离群值不作特殊处理:处理离群值的基本方法是保留。选中该单选按钮,保留离群值。

(2)稳健回归,以使离群值几乎没有影响:当线性回归(OLS)遇到样本点存在异常点时,用稳健回归代替最小二乘法。稳健回归可以用于异常点检测,或者是找出那些对模型影响最大的样本点。

图 8.12 "内置方程式"对话框

(3)检测并消除离群值:GraphPad Prism 提供了一种识别并剔除异常值的独特方法(ROUT 方法)。Q 值决定了 ROUT 方法定义异常值的激进程度,默认值为 1%。如果所有散射均服从高斯分布,则 GraphPad Prism 将在 2%~3% 的实验中错误地发现一个或多个异常值,表示在小部分实验中将检测到一个或多个异常值。如果数据中确实存在异常值,则 GraphPad Prism 将以低于 1% 的错误发现率进行检测。

(4)报告离群值的存在:选中该单选按钮,在结果表中输出离群值。

3. 选项

（1）相对加权（权重为 1/Y^2）：勾选该复选框，计算加权。

（2）报告每个内插值及其置信区间：勾选该复选框，在结果表中输出每个内插值及置信区间（在指定的置信水平下）。

（3）使用此置信区间绘制曲线：勾选该复选框，绘制指定的置信水平下的置信带。

★动手学——链球菌咽喉炎患者的病例数曲线拟合

源文件：源文件\08\链球菌咽喉炎患者的病例数分析表.prism

本实例根据表 8.1 中模拟的链球菌咽喉炎患者的病例数随潜伏期（h）的变化数据，使用最小二乘法拟合出一条最佳曲线。

表 8.1　模拟的链球菌咽喉炎患者的病例数随潜伏期（h）的变化数据

X	患者的病例数
0	0
12	6
24	12
36	18
48	24
60	29
72	34
84	39
96	42
108	45
120	48

操作步骤

1. 设置工作环境

（1）双击 GraphPad Prism 10 图标，启动 GraphPad Prism。

（2）选择菜单栏中的"文件"→"打开"命令，或选择 Prism 功能区中的"打开项目文件"命令，或单击"文件"功能区中的"打开项目文件"按钮，或按 Ctrl+O 组合键，弹出"打开"对话框。选择需要打开的文件"链球菌咽喉炎患者的病例数分析表.prism"，单击"打开"按钮，即可打开项目文件。

（3）选择菜单栏中的"文件"→"另存为"命令，或选择"文件"功能区中的"保存命令"按钮下的"另存为"命令，弹出"保存"对话框，输入项目名称"链球菌咽喉炎患者的病例数曲线拟合.prism"。单击"保存"按钮，在源文件目录下保存新的项目文件。

2. 内插标准曲线

（1）选择菜单栏中的"分析"→"回归和曲线"→"内插标准曲线"命令，弹出"分析数据"

对话框。在左侧列表中选择指定的分析方法"内插标准曲线",在右侧显示数据集和数据列。

(2)单击"确定"按钮,关闭该对话框,弹出"参数:内插标准曲线"对话框。选择 Standard curves to interpolate(插值拟合标准)下的 Line(最小二乘拟合)选项,其余参数保持默认,如图 8.13 所示。

(3)单击"确定"按钮,关闭该对话框。创建结果表"内插/数据 2",显示使用最小二乘法计算的结果,如图 8.14 所示。

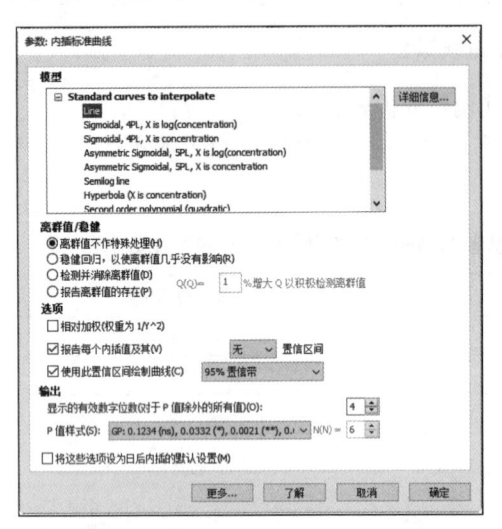

图 8.13 "参数:内插标准曲线"对话框

图 8.14 结果表"内插/数据 2"

3. 结果分析

结果表中显示最佳拟合值,公式为 Y=Yintercept + X*Slope,得出拟合方程为 Y= 2.878 + X*0.4041。

4. 绘制内插标准曲线

在导航器的"图表"选项卡中单击"模拟数据"图表,显示自动绘制的添加拟合线的内插标准曲线,如图 8.15 所示。

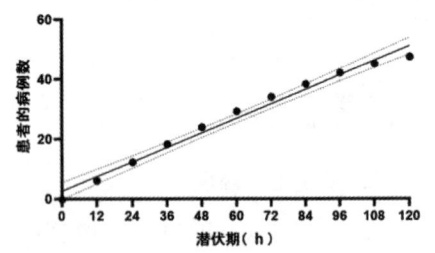

图 8.15 内插标准曲线

5. 保存项目

单击"文件"功能区中的"保存"按钮,或按 Ctrl+S 组合键,保存项目文件。

8.2.2 拟合样条/LOWESS

曲线拟合的过程是根据测量得到的一些离散的数据绘制一条光滑的曲线,以反映某些参数的规律。

【执行方式】

菜单栏:选择菜单栏中的"分析"→"回归和曲线"→"拟合样条/LOWESS"命令。

【操作步骤】

执行此命令，弹出"分析数据"对话框。在左侧列表中选择指定的分析方法"拟合样条/LOWESS"，在右侧显示需要分析的数据集和数据列。

单击"确定"按钮，关闭该对话框，弹出"参数：拟合样条/LOWESS"对话框。设置拟合曲线的创建方法，如图 8.16 所示。

【选项说明】

下面介绍该对话框中的选项。

1. 曲线创建方法

GraphPad Prism 提供以下几种拟合曲线的创建方法，并根据曲线拟合方法输出拟合数据。

（1）用直线连接点。通过直线连接每个数据点得到拟合曲线。

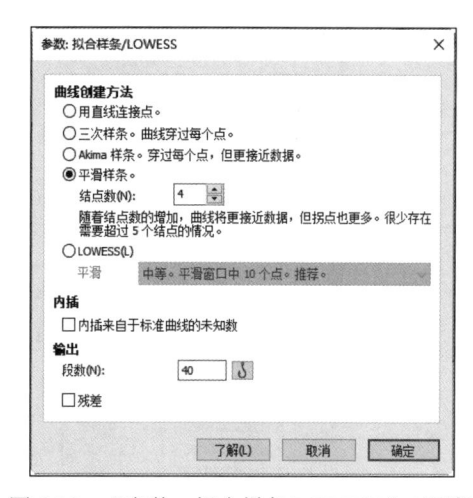

图 8.16 "参数：拟合样条/LOWESS"对话框

（2）三次样条。使用三次多项式计算得到拟合曲线。

（3）Akima 样条。基于 Akima 样条曲线拟合的前瞻插补方法得到拟合曲线。使用该方法得到的曲线穿过每个点，但更接近数据。

（4）平滑样条。通过指定结点的数量（结点数）决定拟合曲线的平滑度。随着结点数的增加，曲线将更接近数据，但拐点也更多。很少存在需要超过 5 个结点的情况。

（5）LOWESS：局部加权回归（Lowess），用于拟合非线性数据。有以下三种方式。

1）粗糙。平滑窗口中 5 个点。

2）中等。平滑窗口中 10 个点。推荐。

3）精细。平滑窗口中 20 个点。

2. 内插

内插来自于标准曲线的未知数：勾选该复选框，根据拟合得到的标准曲线在 X 值范围内进行插值计算，输出"内插 Y 值""内插 X 值"结果表。

3. 输出

（1）段数：GraphPad Prism 生成的曲线为一系列线段，在该选项中输入拟合曲线的段数。生成 LOWESS 曲线时，其线段数量至少是数据点数量的四倍，而且线段数量不会低于该值。

（2）残差：勾选该复选框，绘制 X-残差图。

★动手练——链球菌咽喉炎患者的病例数插值拟合

本实例根据模拟的链球菌咽喉炎患者的病例数随潜伏期（h）的变化数据，使用不同的拟合方法创建曲线，如图 8.17 所示。

(a) 三次样条：样条/模拟数据 1

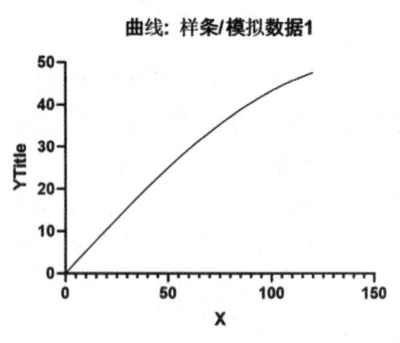

(b) 曲线：样条/模拟数据 1

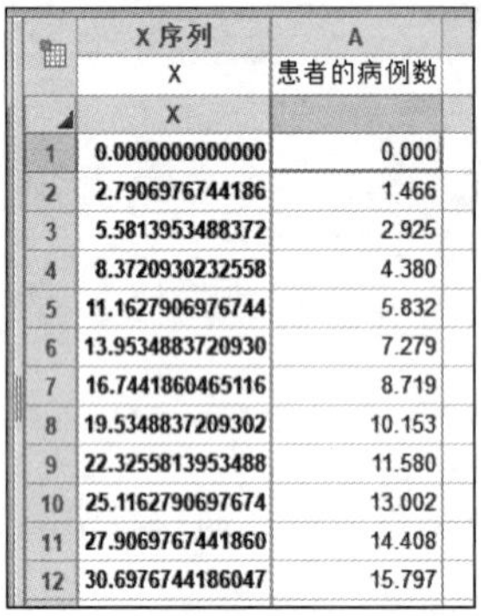

(c) Akima 样条：样条/模拟数据 2

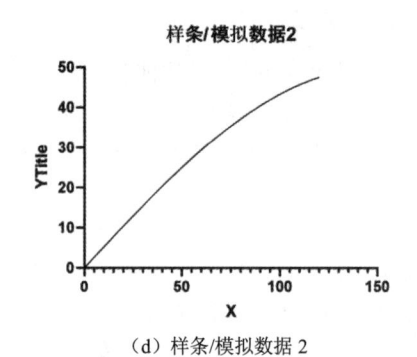

(d) 样条/模拟数据 2

图 8.17 创建拟合数据和曲线

思路点拨

源文件：源文件\08\链球菌咽喉炎患者的病例数曲线拟合.prism
（1）打开项目文件"链球菌咽喉炎患者的病例数曲线拟合.prism"。
（2）执行"拟合样条/LOWESS"命令，选择三次样条、Akima 样条方法创建拟合数据、曲线和插值数据。
（3）保存项目为"链球菌咽喉炎患者的病例数插值拟合.prism"。

8.3 线性回归分析

无论是在经济管理、社会科学还是在工程技术或医学、生物学中，回归分析都是一种普遍应用的统计分析和预测技术。本节主要针对目前应用最普遍的线性回归分析进行介绍。

8.3.1 普通线性回归

在大量的社会、经济、工程问题中，对于因变量 y 的全面解释往往需要多个自变量的共同作用。当有 p 个自变量 x_1, x_2, $\cdots$, x_p 时，普通线性回归的理论模型为

$$y = \beta_0 + \beta_1 x_1 + \cdots + \beta_p x_p + \varepsilon$$

其中，ε 是随机误差。

【执行方式】

> 菜单栏：选择菜单栏中的"分析"→"回归和曲线"→"简单线性回归"命令。
> 功能区：单击"分析"功能区中的"简单线性回归"按钮 ，（直接弹出"参数：简单线性回归"对话框）。

【操作步骤】

执行此命令，弹出"分析数据"对话框。在左侧列表中选择指定的分析方法"简单线性回归"，在右侧显示需要分析的数据集和数据列。单击"确定"按钮，关闭该对话框，弹出"参数：简单线性回归"对话框，选择回归分析参数，如图 8.18 所示。

【选项说明】

下面介绍该对话框中的选项。

1. "内插"选项组

内插来自于标准曲线的未知数：勾选该复选框，根据回归方程计算给定 X 的 Y 和给定 Y 的 X，输出"内插 Y 值""内插 X 值"结果表。

2. "比较"选项组

检验斜率和截距是否显著不同：勾选该复选框，对于多组测试指标，可以得到多条回归曲线（多组线性回归方程），检验它们之间能否用一个线性模型 $y = \beta_0 + \beta_1 x + \varepsilon$ 来表示，比较每组斜率 β_1 和截距 β_0 是否具有显著性差异。

3. "约束"选项组

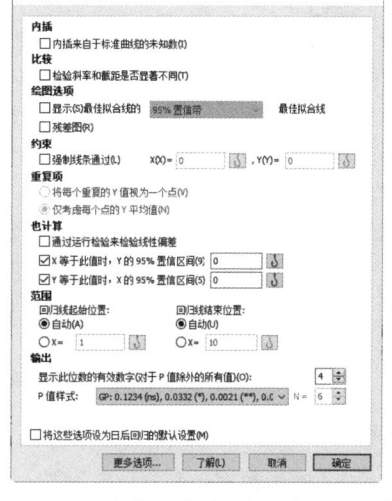

图 8.18　"参数：简单线性回归"对话框

强制线条通过：勾选该复选框，设置回归曲线通过指定的 X、Y 点。

4. "重复项"选项组

（1）将每个重复的 Y 值视为一个点：选中该单选按钮，如果输入重复 Y 值，则 GraphPad Prism 可只识别一个重复值。

（2）仅考虑每个点的 Y 平均值：选中该单选按钮，如果输入重复 Y 值，则 GraphPad Prism 只识别重复值的平均值。

5. "也计算"选项组

（1）通过运行检验来检验线性偏差：勾选该复选框，进行线性偏度检验。一般不推荐使用。

（2）X 等于此值时，Y 的 95%置信区间：勾选该复选框，计算 Y 的置信水平为 95%时，"Y 截距"的置信区间，并在输出结果中显示。默认在结果中输出"斜率"的置信区间。

（3）Y 等于此值时，X 的 95%置信区间：勾选该复选框，计算 Y 的置信水平为 95%时，"X 截距"的置信区间，并在输出结果中显示。

6. "范围"选项组

选择回归线的起始位置和结束位置,可以选择自动或指定具体的数据点。

★动手学——阳转率数据线性回归分析

现有乙肝疫苗接种后血清学检验的阳转率数据,见表 8.2,本实例使用最小二乘法进行线性回归分析。

表 8.2 阳转率数据

样本编号	1	2	3	4	5	6	7	8	9
检测人数(人)	100	110	120	130	140	150	160	170	180
阳转率(%)	42.0	42.8	45.0	44.7	46.5	48.6	49.1	50.5	51.2

操作步骤

1. 设置工作环境

(1)双击"开始"菜单中的 GraphPad Prism 10 图标,启动 GraphPad Prism 10,自动弹出"欢迎使用 GraphPad Prism"对话框。

(2)在"创建"选项组中默认选择 XY 选项,在右侧界面的"数据表"选项组中选中"输入或导入数据到新表"单选按钮,选择创建 XY 数据表。

(3)在"选项"选项组的 X 选项下默认选中"数值"单选按钮,Y 选项下选中"为每个点输入一个 Y 值并绘图"单选按钮。

(4)单击"创建"按钮,创建项目文件,同时该项目下自动创建一个数据表"数据 1"和关联的图表"数据 1"。

2. 输入数据

(1)选择数据表"数据 1",重命名为"阳转率数据"。

(2)在导航器中选择数据表"阳转率数据",根据表中的数据在数据区输入数据、列标题和行标题,结果如图 8.19 所示。

3. 保存项目

选择菜单栏中的"文件"→"另存为"命令,或选择"文件"功能区中"保存命令"按钮 下的"另存为"命令,弹出"保存"对话框,输入项目名称"阳转率数据线性回归分析"。单击"保存"按钮,保存项目。

4. 线性回归分析

(1)单击"分析"功能区中的"简单线性回归"按钮 ,弹出"参数:简单线性回归"对话框,选择默认参数,如图 8.20 所示。

(2)单击"确定"按钮,关闭该对话框,输出结果表"简单线性回归/阳转率数据"和图表"阳转率数据",如图 8.21 所示。

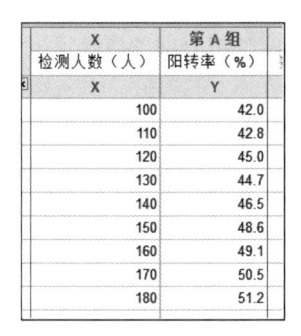

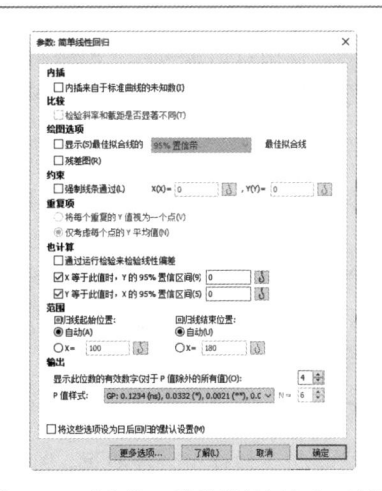

图 8.19　输入数据　　　　　　　图 8.20　"参数：简单线性回归"对话框

(a) 结果表"简单线性回归/阳转率数据"　　　　(b) 图表"阳转率数据"

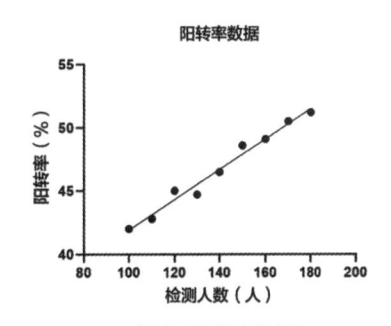

图 8.21　线性回归结果

5. 结果分析

(1) 结果表"简单线性回归/阳转率数据"分析。

1) 在"最佳拟合值"选项下显示回归方程各参数：斜率、Y-截距、X-截距、1/斜率，可得回归方程。

2) 在"斜率显著非零吗？"选项下选择 F 检验来检验该模型是否具有显著的线性关系。F 检验 P 值<0.0001，小于 0.05，表示该回归模型在 5%显著性水平上是显著的。

3) 在"方程式"选项下显示回归方程：$Y = 0.1200*X + 29.91$。

4) 在"拟合优度"选项下显示 R 平方为 0.9786。R^2 取值范围为 0～1，越接近 1，表明方程中 X 对 Y 的解释能力越强。可用 R^2 是否趋近于 1 来判断回归方程的回归效果好坏。

(2) 图表"阳转率数据"分析。在图表中绘制自变量和因变量的散点图，以及根据回归方程绘制的回归曲线。

8.3.2　置信带与预测带

使用线性回归拟合直线时，可以选择绘制置信带或预测带。置信带以直观的方式结合了斜率和截距的置信区间,使用置信带可以了解数据如何精确定义最佳拟合线。预测带范围更广,包括数据的分散性。显示数据的变化时,一般使用预测带。

1. 置信带

(1)围绕最佳拟合线的两个置信带(呈弯曲状的虚线)定义了最佳拟合线的置信区间,如图8.22所示。

(2)根据线性回归的假设,两个弯曲的置信带包含真正的最佳拟合线的概率为95%,而最佳拟合线在这些边界之外的概率为5%。置信带95%确定包含最佳拟合线,这并不意味着其将包含95%的数据点,许多数据点将在置信带之外。

2. 预测带

预测带比置信带离最佳拟合线更远,如果有许多数据点,则距离也更远。95%预测带是预计95%的数据点所属区域。相反,95%置信带是有95%的概率包含最佳拟合线的区域。图8.23显示了预测和置信区间(定义预测带离最佳拟合线更远的曲线)。

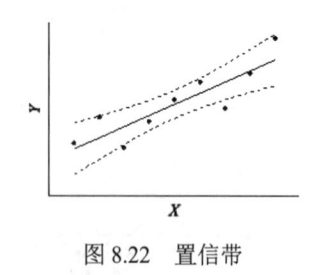

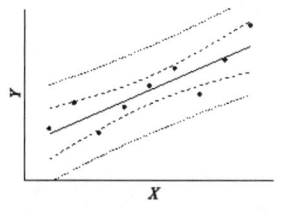

图8.22 置信带

图8.23 预测带

【执行方式】

在"绘图选项"选项组中勾选"显示最佳拟合线"的"置信带/预测带最佳拟合线"复选框,设置指定置信水平下的置信带或预测带,计算线性回归方程,得到最佳拟合线。

★动手练——绘制阳转率数据置信带或预测带

本实例根据乙肝疫苗接种后血清学检验的阳转率数据,绘制置信带或预测带,如图8.24所示。

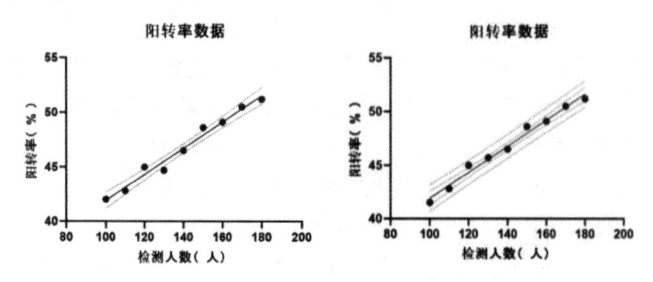

图8.24 绘制阳转率数据置信带或预测带

思路点拨

源文件:源文件\08\阳转率数据线性回归分析.prism

(1)打开项目文件"阳转率数据线性回归分析.prism"。

（2）执行"简单线性回归"命令，选择95%置信带、95%预测带。

（3）保存项目为"阳转率数据置信带或预测带.prism"。

8.3.3 残差图分析

线性回归模型的成立需要满足4个前提条件，即线性、独立性、同方差性与正态性，这些都需要通过残差图进行分析。

（1）线性：指因变量Y的总体平均值与自变量X呈线性关系，通常通过绘制X与Y的散点图或残差图来判断是否满足这一条件。

（2）独立性：残差是独立的。特别是，时间序列数据中的连续残差之间没有相关性。

（3）同方差性：残差在X的每个水平上都有恒定的方差。

（4）正态性：模型的残差呈正态分布。

【执行方式】

在"参数：简单线性回归"对话框的"绘图选项"选项组中勾选"残差图"复选框，绘制残差图。

★动手学——阳转率数据线性回归检验

源文件：源文件\08\阳转率数据线性回归分析.prism

现有乙肝疫苗接种后血清学检验的阳转率数据，本实例对使用最小二乘法计算的线性回归模型进行检验。

操作步骤

1. 设置工作环境

（1）双击 GraphPad Prism 10 图标，启动 GraphPad Prism。

（2）选择菜单栏中的"文件"→"打开"命令，或选择 Prism 功能区中的"打开项目文件"命令，或单击"文件"功能区中的"打开项目文件"按钮，或按 Ctrl+O 组合键，弹出"打开"对话框。选择需要打开的文件"阳转率数据线性回归分析.prism"，单击"打开"按钮，即可打开项目文件。

（3）选择菜单栏中的"文件"→"另存为"命令，或单击"文件"功能区中"保存命令"按钮下的"另存为"命令，弹出"保存"对话框，输入项目名称"阳转率数据线性回归检验.prism"。单击"保存"按钮，在源文件目录下保存新的项目文件。

2. 检验回归模型

（1）单击结果表"简单线性回归/阳转率数据"左上角的"更改分析参数"按钮，或单击"分析"功能区中的"更改分析参数"按钮，弹出"参数：简单线性回归"对话框。在"绘图选项"选项组中勾选"显示最佳拟合线的95%置信带最佳拟合线"和"残差图"复选框，如图8.25所示。

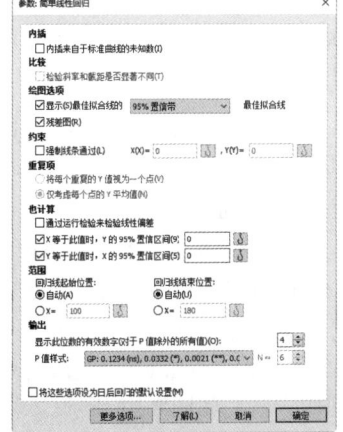

图 8.25 "参数：简单线性回归"对话框

（2）单击"确定"按钮，关闭该对话框，输出图表"残差图：简单线性回归/阳转率数据"，更新图表"阳转率数据"，如图8.26所示。

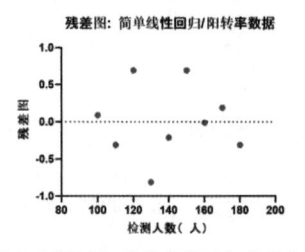

（a）图表"残差图：简单线性回归/阳转率数据"　　（b）图表"阳转率数据"

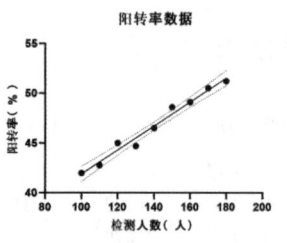

图8.26　线性回归检验结果

3. 结果分析

（1）"阳转率数据"图表分析。在该图表中添加最佳拟合线的95%置信带。这条总体回归线的95%置信带由各 X 值所对应的 μ 的95%可信区间的两端点构成，形成两条光滑的曲线，它们围绕在直线回归方程的上下两侧。这意味着，在满足线性回归假设的前提下，真实的回归线落在两条实曲线所形成的区域内的置信度为95%。各 X 值所对应的 Y 值的95%容许区间的上下限，在总体回归线置信带的外侧也形成了两条弧形曲线，这被称为个体值 Y 的95%预测范围。

（2）"残差图：简单线性回归/阳转率数据"分析。残差图是指纵坐标为残差（通常以Durbin-Watson统计量的取值范围0～4为标准），横坐标为样本编号或有关数据的图形。在残差图中，如果残差点比较均匀地相应地分布在水平区域中，则说明选用的模型较为合适。形成的带状区域的宽度越窄，说明模型的拟合精度越高，相应地，回归方程的预测精度也越高。

8.3.4　Deming（模型 II）线性回归

在进行医学研究时，Deming线性回归用于研究数据一致性的方法。Deming线性回归与普通线性回归（OLS回归）在原理上有所不同，普通线性回归针对只有 Y 值会包含测量误差的情况，而Deming线性回归针对 X 值和 Y 值均会包含测量误差的情况。

【执行方式】

菜单栏：选择菜单栏中的"分析"→"回归和曲线"→"Deming(模型Ⅱ)线性回归"命令。

【操作步骤】

执行此命令，弹出"分析数据"对话框。在左侧列表中选择指定的分析方法"Deming(模型Ⅱ)线性回归"，在右侧显示需要分析的数据集和数据列。单击"确定"按钮，关闭该对话框，弹出"参数：Deming(模型Ⅱ)线性回归"对话框，设置Deming线性回归方法，如图8.27所示。

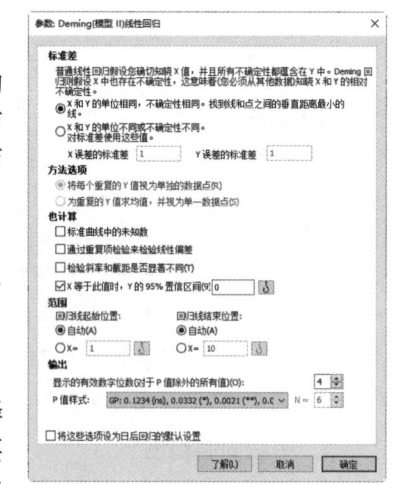

图8.27　"参数：Deming(模型Ⅱ)线性回归"对话框

【选项说明】

下面介绍该对话框中的选项。

1．标准差

误差的标准差是衡量回归直线代表性大小的统计分析指标，它说明观察值围绕着回归直线的变化程度或分散程度。通常用 S_e 表示，其计算公式为

$$S_e D_{\text{mirr}} = \sqrt{\frac{\sum d_i^2}{N}}$$

其中，d_i 是同一样本（或受试者）两次测量结果的差值；N 是进行的测量次数，N 等于样本数的两倍，因为每个样本须进行两次测量。

如果 X 变量的标准差远小于 Y 值，则 Deming 线性回归的结果将与标准线性回归几乎相同。

（1）X 和 Y 的单位相同，不确定性相同。找到线和点之间的垂直距离最小的线：选中该单选按钮，X 和 Y 的标准差相等。在此情况下，Deming 线性回归使点与线的垂直距离的平方和减至最小，又称"正交回归"。

（2）X 和 Y 的单位不同或不确定性不同：选中该单选按钮，假设 X 和 Y 的不确定性不相同，则需要输入其各自的标准差，即 X 误差的标准差和 Y 误差的标准差。

2．方法选项

（1）将每个重复的 Y 值视为单独的数据点：选中该单选按钮，如果输入重复 Y 值，则 GraphPad Prism 可识别每个重复值。

（2）为重复的 Y 值求均值，并视为单一数据点：选中该单选按钮，如果输入重复 Y 值，则 GraphPad Prism 只识别重复值的平均值。

3．也计算

（1）标准曲线中的未知数：勾选该复选框，根据标准曲线在 X 值范围内进行插值计算。

（2）通过重复项检验来检验线性偏差：勾选该复选框，进行线性偏度检验。

（3）检验斜率和截距是否显著不同：勾选该复选框，输出"这些线不同吗？"结果表，回答如下两个问题：斜率相等吗？高度或截距相等吗？

（4）X 等于此值时，Y 的 95%置信区间：勾选该复选框，计算当 Y 的置信水平为 95%时，"X 截距"的置信区间，并在输出结果中显示。默认在结果中输出"斜率"的置信区间。

★动手学——饮水量与 ALT 线性正交回归分析

表 8.3 所列为 16 组饮水量与 ALT（血清丙氨酸氨基转氨酶）之间的关系，本实例试对它们进行线性正交回归分析。

表 8.3 饮水量与 ALT 之间的关系

饮水量(mL)	ALT(U/L)	饮水量(mL)	ALT(U/L)	饮水量(mL)	ALT(U/L)	饮水量(mL)	ALT(U/L)
540	9.10	870	12.84	1000	15.55	1700	22.86
420	8.51	980	15.02	1300	19.17	1750	23.11
530	9.42	800	13.94	1500	20.51	1900	20.03
690	10.97	730	13.03	1550	21.11	1950	24.35

操作步骤

1. 设置工作环境

（1）双击"开始"菜单中的 GraphPad Prism 10 图标，启动 GraphPad Prism 10，自动弹出"欢迎使用 GraphPad Prism"对话框。

（2）在"创建"选项组中默认选择 XY 选项，在右侧界面的"数据表"选项组中选中"输入或导入数据到新表"单选按钮，选择创建 XY 数据表。

（3）在"选项"选项组的 X 选项下默认选中"数值"单选按钮，Y 选项下选中"为每个点输入一个 Y 值并绘图"单选按钮。

（4）单击"创建"按钮，创建项目文件，同时该项目下自动创建一个数据表"数据 1"和关联的图表"数据 1"。

2. 保存项目

选择菜单栏中的"文件"→"另存为"命令，或选择"文件"功能区中"保存命令"按钮🖫下的"另存为"命令，弹出"保存"对话框，输入项目名称"饮水量与 ALT 线性正交回归分析.prism"。单击"保存"按钮，在源文件目录下保存新的项目文件。

3. 输入数据

（1）选择数据表"数据 1"，重命名为 ALT。

（2）在导航器中选择数据表 ALT，根据表中的数据在数据区输入数据、列标题和行标题，结果如图 8.28 所示。

4. Deming(模型 II)线性回归

（1）选择菜单栏中的"分析"→"回归和曲线"→"Deming(模型 II)线性回归"命令，弹出"分析数据"对话框，在左侧列表中选择指定的分析方法"Deming(模型 II)线性回归"。单击"确定"按钮，关闭该对话框，弹出"参数：Deming(模型 II)线性回归"对话框，选中"X 和 Y 的单位相同，不确定性相同。找到线和点之间的垂直距离最小的线"单选按钮，进行线性正交分析。

（2）勾选"也计算"选项组中的"标准曲线中的未知数"和"通过重复项检验来检验线性偏差"复选框，如图 8.29 所示。

（3）单击"确定"按钮，关闭该对话框，输出结果表 Deming/ALT 和图表 ALT，如图 8.30 所示。

5. 结果分析

（1）在结果表 Deming/ALT 中，F 检验的结果显示 P 值小于 0.0001，表明模型中的斜率是显著的。"运行检验"的结果也支持这一结论。"线上方的点"和"线下方的点"分别为 9 和 7，"运行数量"为 5，P 值为 0.0350，这也表明线性偏差是显著的。得出结论：显示线性偏差显著，线性回归模型合适。

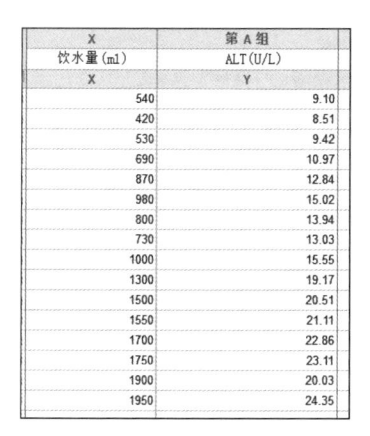

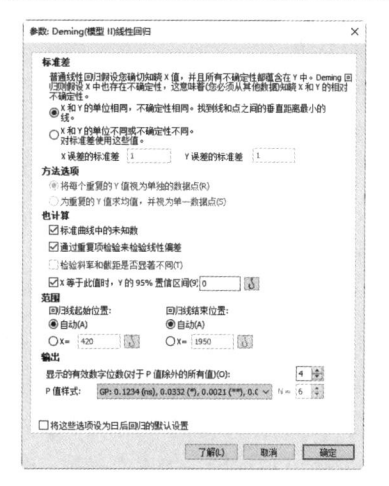

第 8 章　XY 数据表数学分析　221

X	第 A 组
饮水量 (ml)	ALT (U/L)
X	Y
540	9.10
420	8.51
530	9.42
690	10.97
870	12.84
980	15.02
800	13.94
730	13.03
1000	15.55
1300	19.17
1500	20.51
1550	21.11
1700	22.86
1750	23.11
1900	20.03
1950	24.35

图 8.28　输入数据

图 8.29　"参数：Deming(模型 II)线性回归"对话框

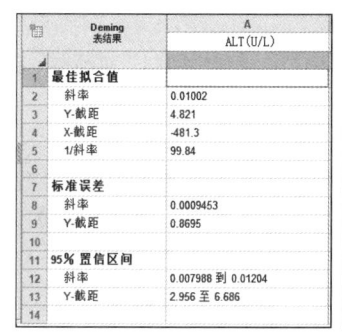

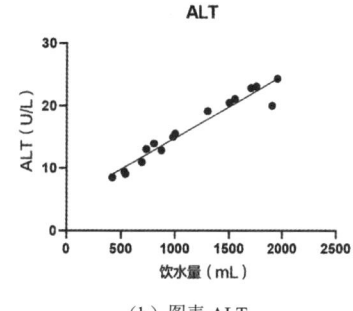

（a）结果表 Deming/ALT

（b）图表 ALT

图 8.30　Deming 线性回归结果

（2）在"方程式"选项下显示回归方程：$Y = 0.01002*X + 4.821$。

（3）图表 ALT 分析。在图表中绘制自变量和因变量的散点图，以及根据回归方程绘制的回归曲线，可以看到数据点大致沿直线分布，表明自变量和因变量之间存在正相关关系。

8.4　非线性回归分析

生活中，很多现象之间的关系并非线性，当因变量与一组自变量之间的关系表现为形态各异的各种曲线时，则称为非线性回归。

8.4.1　非线性回归模型

一般来说，回归分析是通过确定因变量和自变量来揭示它们之间的因果关系，建立回归模型，并利用实测数据来求解模型的各个参数。然后，评估回归模型是否能够很好地拟合实测数据；如果能够很好地拟合，则可以根据自变量作进一步的预测。

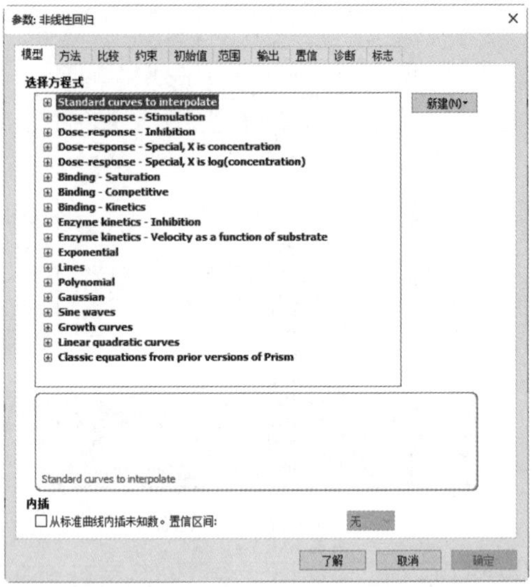

【执行方式】

- 菜单栏：选择菜单栏中的"分析"→"回归和曲线"→"非线性回归（曲线拟合）"命令。
- 功能区：单击"分析"功能区中的"采用非线性回归拟合曲线"按钮（直接弹出"参数：非线性回归"对话框）。

【操作步骤】

执行此命令，弹出"分析数据"对话框。在左侧列表中选择指定的分析方法"非线性回归（曲线拟合）"，在右侧显示一列包含P值的数据集和数据列。单击"确定"按钮，关闭该对话框，弹出"参数：非线性回归"对话框，如图8.31所示。

【选项说明】

下面介绍该对话框中的选项。

图8.31 "参数：非线性回归"对话框

1. "模型"选项卡

（1）"选择方程式"列表框：选择模型的类型。除了直接在该列表框中选择内置的方程式外，还可以单击"新建"按钮，选择创建新方程式、从 GraphPad Prism 文件导入方程式、克隆选定的方程式。

（2）勾选"从标准曲线内插未知数"复选框，从最佳拟合曲线中内插未知样品的浓度，并在下拉列表中选择置信区间（90%、95%、99%）。

2. "约束"选项卡

GraphPad Prism 无法拟合模型中的所有参数，通常可以采取以下方法：将一项或多项参数约束为常数值、约束值范围、在数据集之间共享（全局拟合），或者将参数定义为列常数。

（1）约束为常数值（常数等于）。将参数约束为常数值会对结果产生显著影响。例如，如果已将剂量反应曲线标准化到从 0～100，则将曲线顶部约束为 100，底部约束为 0.0。同样地，如果减去基线，则指数衰减曲线必须在 Y=0.0 时达到稳定，此时可将底部参数约束为 0.0。

（2）约束值范围（必须小于、必须大于、绝对值必须小于、必须介于 0 和此值之间）。约束值范围可以防止 Prism 参数设置不可能的值。例如，应将速度常数约束为仅大于 0.0 的值，并将分数（即具有高亲和力的结合位点的比例）约束在 0.0～1.0 之间。

（3）共享（所有数据集共享值、共享，且必须小于共享，且必须大于、共享，且绝对值小于、共享，且必须介于 0 和此值之间）。如果拟合的是曲线族，而非一条曲线，则可以选择在数据集之间共享一些参数。对于每个共享参数，GraphPad Prism 会找到一个适用于所有数据集的（全局）最佳拟合值。对于每个非共享参数，程序会为每个数据集找到一个单独的（局部）最佳拟合值。

（4）数据集常数。拟合曲线族时，可将其中一项参数设置为数据集常数。GraphPad Prism 提供两个数据集常数。

1）列标题：值来自列标题，每个数据集的值可以不同。该参数几乎变成了第 2 个独立变量。其在任何一个数据集中均有常数值，但每个数据集的值不同。例如，在存在不同浓度抑制剂的情况下拟合酶进展曲线族时，可将抑制剂浓度输入数据表的列标题中。

2）平均X：该值是在该数据集中所有有Y值的X值的平均值，用于中心多项式回归。

（5）不同数据集的不同约束。将参数设置为常数值时，不可能为每个数据集输入不同的常数值。如果每个数据集的参数具有不同的常数值（且不是列标题），则需要编写用户定义的方程，并使用特殊符号为每个数据集分配不同的值。

例如：

<A>Bottom=4.5

<B>Bottom=34.5

<C>Bottom=45.6

Y=Bottom +span*（1−exp（−1*K*X））

在拟合数据集A时，设置Bottom参数为4.5；在拟合数据集B时，设置Bottom参数为34.5；在拟合数据集C时，设置Bottom参数为45.6。

3. "初始值"选项卡

（1）非线性回归是一种迭代过程，必须从每项参数的估计初始值开始。然后，对这些初始值进行调整以提高拟合度。

（2）GraphPad Prism内置的每个方程以及定义的方程均包含计算初始值的规则，这些规则利用X值和Y值的范围得出初始值，即成为原始的自动初始值。可以改变用户定义方程的规则，且能够复制内置方程，使其成为由用户定义的方程。下一次选择该方程进行新的分析时，将调用新规则，而不会改变正在进行分析的初始值。

（3）在拟合多项式模型时，输入任何值作为初始值不会产生差异。在拟合其他模型时，初始值的重要性取决于数据对曲线的定义程度以及模型的参数数量。当数据较分散且不能很好地定义模型，且模型参数较多时，初始值最为重要。

4. "范围"选项卡

（1）略指定X范围之外的点。如果在一段时间内收集数据，且只想在某个时间点范围内拟合数据，忽略指定X范围之外的点：大于X值或小于X值。

（2）定义曲线。除了使模型适合数据外，GraphPad Prism还将曲线叠加在图表上，这就需要选择曲线的起点和终点，以及定义曲线的等距点的数量。

5. "输出"选项卡

（1）所选参数的最佳拟合值摘要表。

1）创建摘要表和图表：勾选该复选框，创建汇总表作为附加结果视图，显示每个数据集参数的最佳拟合值。

2）要包含的参数：选择汇总的变量。

3）创建：选择要创建的图表类型，包括标有列标题的条形图、标有"A" "B"等的条形图和X值来自列标题的XY图表。

4）报告：在下拉列表中选择参数类型。

（2）内插 X 值的位置：选择内插 X 值的位置。

1）X 列，重复值堆叠。

2）Y 列，重复项并排排列。

6. "标志"选项卡

分析许多数据集（可能通过运行脚本）时，设置需要标记不良拟合的选项。例如，低 R^2 数据点过少、对任何参数的依赖度过高、残差的正态性检验失败、运行或残差检验失败，或者异常值过多等。

★动手学——体重与脉搏次数非线性回归分析

源文件：源文件\08\体重与脉搏次数数据.xlsx

为了研究体重与脉搏之间的关系，随机抽取 15 名健康高中生，测定其体重（kg）与脉搏（次/分）数据，见表 8.4。本实例试利用最小二乘法对其进行非线性回归分析。

表 8.4 体重与脉搏数据

体重（kg）	脉搏（次/分）
55	70
60	65
50	75
95	75
60	65
55	70
45	80
30	85
50	70
45	80
50	75
45	80
55	70
50	75
35	85

操作步骤

1. 设置工作环境

（1）双击"开始"菜单中的 GraphPad Prism 10 图标，启动 GraphPad Prism 10，自动弹出"欢迎使用 GraphPad Prism"对话框。

（2）在"创建"选项组中默认选择 XY 选项，在右侧界面的"数据表"选项组中选中"输入或导入数据到新表"单选按钮，选择创建 XY 数据表。

（3）在"选项"选项组的 X 选项下默认选中"数值"单选按钮，Y 选项下选中"为每个点输入一个 Y 值并绘图"单选按钮。

（4）单击"创建"按钮，创建项目文件，同时该项目下自动创建一个数据表"数据 1"和关联的图表"数据 1"。

（5）选择菜单栏中的"文件"→"另存为"命令，或选择"文件"功能区中"保存命令"按钮下的"另存为"命令，弹出"保存"对话框，输入项目名称"体重与脉搏次数非线性回归分析"。单击"保存"按钮，保存项目。

2. 复制数据

打开"体重与脉搏次数数据.xlsx"文件，复制 A1:B16 单元格的数据，粘贴到"数据 1"中，结果如图 8.32 所示。

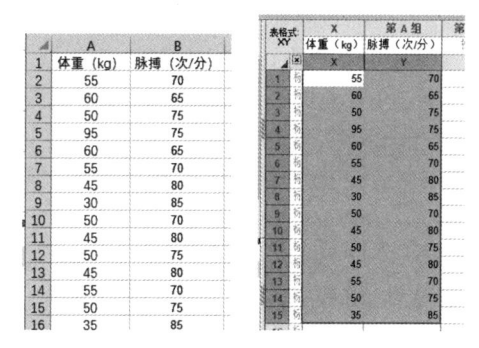

图 8.32　粘贴数据

3. 非线性回归曲线拟合

（1）单击"分析"功能区中的"采用非线性回归拟合曲线"按钮，弹出"参数：非线性回归"对话框。在"选择方程式"列表框中选择 Polynomial（多项式）→Third order polynomial (cubic)（三阶多项式，立方）选项，如图 8.33 所示。

（2）单击"详细信息"按钮，弹出"内置方程式"对话框，显示 Third order polynomial (cubic) 的方程式为 Y=B0 + B1*X +B2*X^2 + B3*X^3，如图 8.34 所示。单击"关闭"按钮，关闭该对话框。

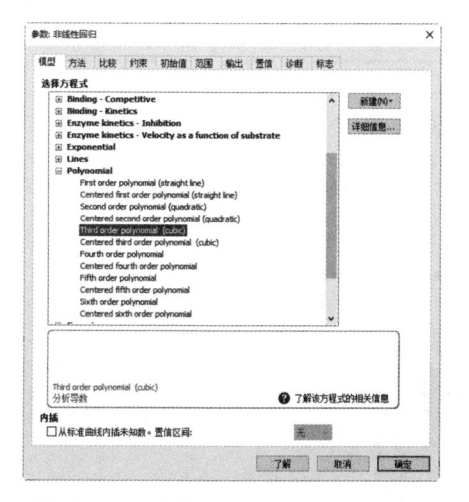

图 8.33　"参数：非线性回归"对话框　　　　图 8.34　"内置方程式"对话框

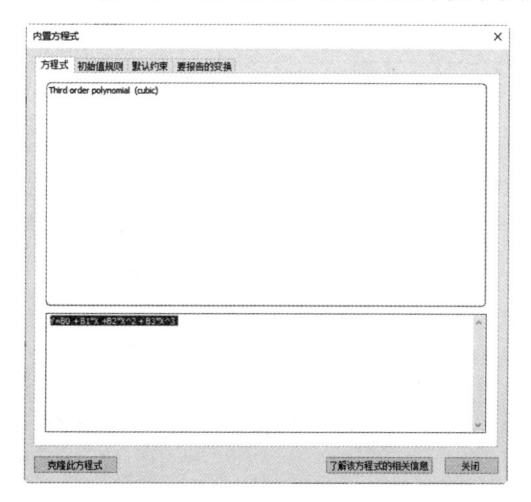

(3) 打开"输出"选项卡，勾选"创建摘要表和图表"复选框。在"报告"下拉列表中选择"包含标准误差的参数"选项，如图8.35所示。

(4) 单击"确定"按钮，关闭该对话框，输出包含使用最小二乘法计算的非线性回归分析结果的工作表。

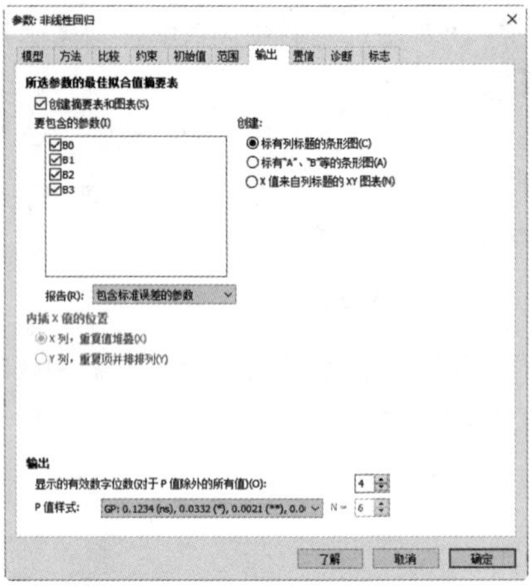

4. 结果分析

(1) 结果表"非线性拟合/数据1"，包含结果表和摘要表两个选项卡，如图8.36所示。

1) 根据"结果表"选项卡中显示的最佳拟合值（B0、B1、B2、B33）得出拟合方程：Y=17.80+4.920*X−0.1092 *X^2 + 0.0006714*X^3。

图 8.35　"输出"选项卡

2) 根据"结果表"选项卡中显示的拟合优度：R平方为 0.9575，通常将 R^2 乘以 100% 来表示回归方程解释 Y 变化的百分比。在本实例中，回归方程能解释 95.75% 的脉搏变化。

3) 在"摘要表"选项卡中显示回归系数的值和标准差。"值"与"最佳拟合值"中的回归系数值相同；"标准误"表示对参数精确性和可靠性的估计。标准误越大，表示回归方程中的系数的波动程度越大，即回归方程越不稳定。

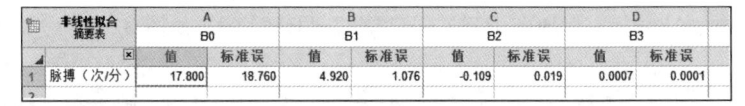

(a) "结果表"选项卡　　　　　　　　　　　　　　(b) "摘要表"选项卡

图 8.36　结果表"非线性拟合/数据1"

(2) 图表"数据1"显示原始数据的散点图和拟合曲线，"摘要表：非线性拟合/数据1"显示回归方程中的系数带误差的条形图，如图8.37所示。

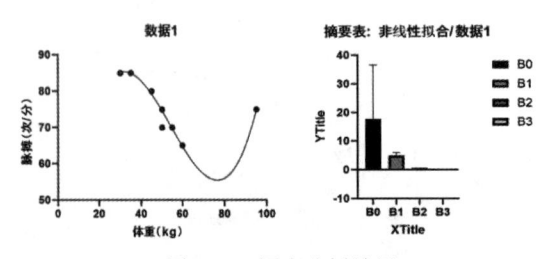

图 8.37　图表分析结果

5. 保存项目

单击"文件"功能区中的"保存"按钮■，或按 **Ctrl+S** 组合键，保存项目文件。

8.4.2 拟合方法处理

【执行方式】

"方法"选项卡中包含了回归分析过程中对离群值的处理、拟合方法的选择等，如图 8.38 所示。

【选项说明】

下面介绍该选项卡中的选项。

（1）离群值：设置离群值的处理方法。

1）离群值不作特殊处理：选中该单选按钮，保留离群值。

2）检测并消除离群值：选中该单选按钮，消除检测到的离群值。

3）报告离群值的存在情况：选中该单选按钮，输出离群值。

（2）拟合方法：选择拟合方法。

1）最小二乘回归：标准的非线性回归。GraphPad Prism 尽可能减少数据点和曲线之间垂直距离的平方和，简称为最小平方。如果假设残差的分布（点到曲线的距离）为高斯分布，则这属于适当选择。

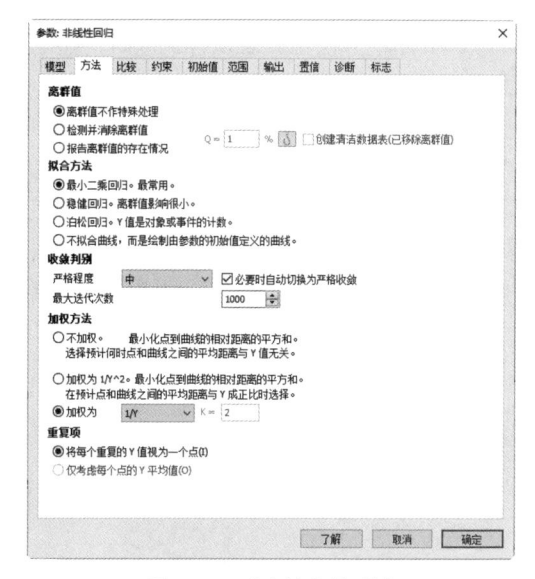

图 8.38 "方法"选项卡

2）稳健回归：稳健回归受异常值的影响较小，但它不能为参数生成置信区间，单独执行稳健回归毫无用处，其通常作为异常值检测的第一步。

3）泊松回归：在每个 Y 值均是计算的对象或事件的数量时，选择泊松回归。对象或事件的数量必须是实际的计数，而不是任何形式的标准化。

4）不拟合曲线：非线性回归迭代运行，从对于每项参数的初始值开始。选中"不拟合曲线，而是绘制由参数的初始值定义的曲线。"单选按钮，查看由初始值生成的曲线。如果曲线远离数据，则返回"初始值"选项卡，为初始值输入更好的值。重复操作，直至曲线接近数据。然后返回"方法"选项卡，并选中拟合曲线方法（如最小二乘、稳健回归、泊松回归等）。这通常是诊断非线性回归问题的最佳方法。

（3）收敛判别：非线性回归是一种迭代过程。其从初始值开始，重复改变这些值以增加参数的拟合优度。在改变参数值使拟合优度发生微小变化时，回归停止。

1）严格程度：以三种方式定义收敛准则。

➢ 快速：如果正在拟合大量数据集，则可以使用"快速"收敛定义加快拟合速度。选择该选项，将非线性回归定义为在连续两次迭代的平方和变化小于 0.01% 时收敛。

➢ 中（默认）。将非线性回归定义为在连续五次迭代的平方和变化小于 0.0001% 时收敛。

➢ 严格（缓慢）。如果很难找到一个合理的拟合点，则可能想要尝试更严格的收敛定义。选择该选项，非线性回归迭代不会停止，直到连续五次迭代的平方和变化小于 0.00000001%。

2）必要时自动切换为严格收敛：使用最严格的收敛定义后计算过程的耗时较长，这对于小数据集来说不重要，但对于大数据集或者在运行脚本分析许多数据表时显得十分重要。

3）最大迭代次数：拟合曲线时，经过多次迭代后，GraphPad Prism 将停止。默认值为 1000。如果运行一个脚本自动分析许多数据表，每个数据表均有许多数据点，则拟合速度可能变得非常慢，因此降低最大迭代次数很有意义。

（4）加权方法：计算拟合优度时，需要对数据点进行不同的加权操作。如果数据已标准化，则加权几乎没有意义。

1）不加权：回归通常通过最小化数据到直线或曲线的垂直距离的平方和来完成。离曲线更远的点对平方和的贡献更大，离曲线较近的点贡献很小。

2）加权为 1/Y^2：在许多实验情况下，Y 值较高时，期望曲线上点的平均距离（距离的平均绝对值）较高。具有较大散布的点将具有更大的平方和，从而主导计算。如果期望相对距离（残差除以曲线高度）是一致的，则应该用 1/Y2 加权。

3）加权为：提供了下面三种选择。

➢ 1/Y：散布遵循泊松分布时，选择该选项，Y 表示定义空间中的对象数量或定义区间中的事件数量。

➢ 1/Y^K：一般加权。

➢ 用 1/X 或 1/X² 加权：当进行生物测定的线性拟合时，选择这种加权方式。

（5）重复项。

1）选择是否拟合所有数据（如果输入单个重复数，或如果以这种方式输入数据，则考虑 n 和 SD 或 SEM）或仅拟合平均值。

2）如果只拟合平均值，则 GraphPad Prism 将得到更少的数据点，因此参数的置信区间往往会更宽，且比较替代模型的能力也更小。选择回归分析时将每个重复数看作一个点，而非只看平均数。

3）如果将数据输入为平均值、n 和 SD 或 SEM，则 GraphPad Prism 可选择仅拟合平均值，或考虑 n 和 SD。如果进行第 2 次选择，则 GraphPad Prism 将从最小二乘法中精确地计算出与输入原始数据时获得的相同结果。

★动手学——体重与脉搏次数离群点分析

源文件：源文件\08\体重与脉搏次数非线性回归分析.prism

异常值是指样本中的个别值明显偏离其余的数据，其通常也称为离群点，因此异常值分析也叫作离群点分析。本实例对体重与脉搏次数数据线性拟合曲线进行离群点分析，进行异常值处理。

操作步骤

1. 设置工作环境

（1）双击 GraphPad Prism 10 图标，启动 GraphPad Prism。

（2）选择菜单栏中的"文件"→"打开"命令，或选择 Prism 功能区中的"打开项目文件"命令，或单击"文件"功能区中的"打开项目文件"按钮，或按 Ctrl+O 组合键，弹出"打开"对话框。选择需要打开的文件"体重与脉搏次数非线性回归分析.prism"，单击"打开"按钮，即可打开项目文件。

(3) 选择菜单栏中的"文件"→"另存为"命令，或单击"文件"功能区中"保存命令"按钮下的"另存为"命令，弹出"保存"对话框，输入项目名称"体重与脉搏次数离群点分析.prism"。单击"保存"按钮，在源文件目录下保存新的项目文件。

2．非线性回归曲线拟合

(1) 打开数据表"数据 1"，单击"分析"功能区中的"采用非线性回归拟合曲线"按钮，弹出"参数：非线性回归"对话框。在"选择方程式"列表框中默认选择 Polynomial→Third order polynomial (cubic) 选项。

(2) 打开"方法"选项卡，在"离群值"选项组中选中"检测并消除离群值"单选按钮，勾选"创建清洁数据表（已移除离群值）"复选框，如图 8.39 所示。

(3) 单击"确定"按钮，关闭该对话框，输出包含使用最小二乘法计算的非线性回归分析结果的工作表。

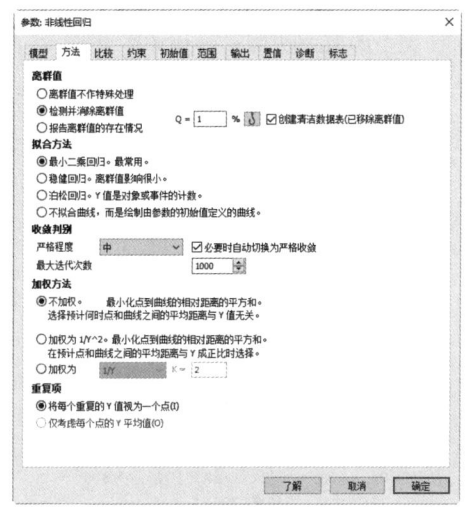

图 8.39 "方法"选项卡

3．结果分析

(1) 输出新的结果表"非线性拟合/数据 1"，重命名为"离群点分析/数据 1"，包含结果表、离群值和清理的数据 3 个选项卡，如图 8.40 所示。

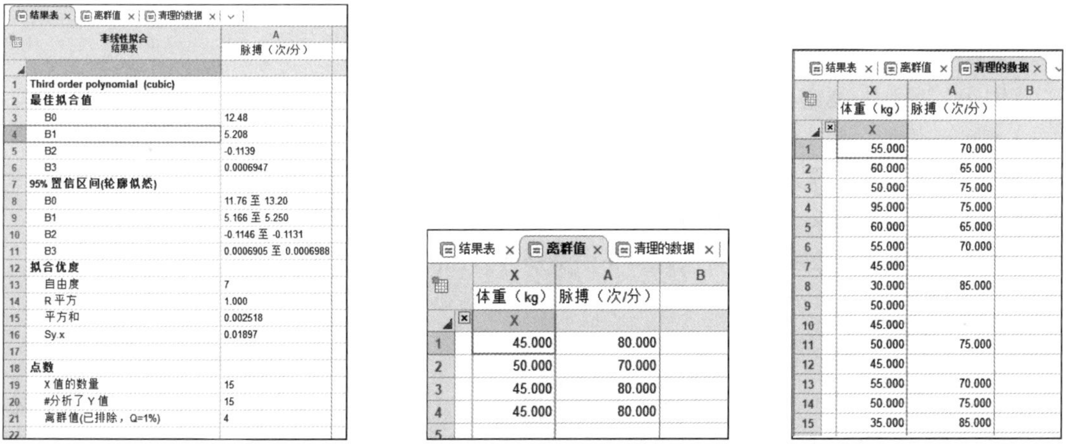

(a) "结果表"选项卡　　(b) "离群值"选项卡　　(c) "清理的数据"选项卡

图 8.40　结果表"离群点分析/数据 1"

1) 根据"结果表"选项卡中显示的最佳拟合值（B0、B1、B2、B33）得出拟合方程：Y=12.48+5.208*X −0.1139 *X^2 + 0.0006947*X^3。

2）根据"结果表"选项卡中显示的拟合优度：R 平方为 1.000，回归方程能解释 100%的脉搏变化。

3）在"离群值"选项卡中显示离群值。

4）在"清理的数据"选项卡中显示移除离群值的数据。

（2）图表"数据 1"显示标注离群值（红色散点）的散点图和拟合曲线，如图 8.41 所示。

4．保存项目

单击"文件"功能区中的"保存"按钮，或按 Ctrl+S 组合键，保存项目文件。

★动手练——体重与脉搏次数稳健回归分析

本实例根据体重与脉搏次数数据，使用稳健回归方法进行非线性回归分析，并进行异常值检测，结果如图 8.42 所示。

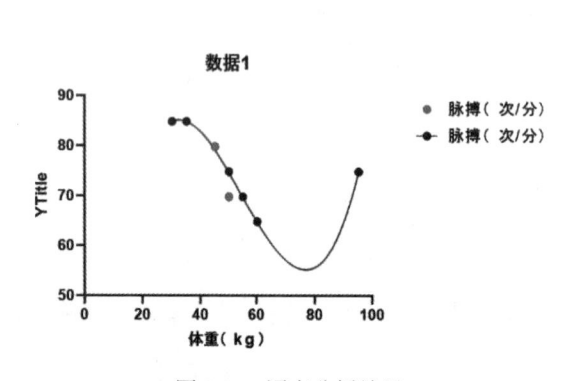

图 8.41　图表分析结果

图 8.42　稳健回归分析结果

思路点拨

源文件：源文件\08\体重与脉搏次数离群点分析.prism

（1）打开项目文件"体重与脉搏次数离群点分析.prism"。

（2）执行"采用非线性回归拟合曲线"命令，选择稳健回归、离群值不作特殊处理，进行非线性回归分析，输出结果表"稳健回归/数据 1"。

（3）保存项目为"体重与脉搏次数拟合方法分析.prism"。

8.4.3　最优模型拟合

在 GraphPad Prism 中，可以一次性使用多个拟合函数进行拟合，并对拟合结果进行对比，得出最优的拟合效果，这个过程就是最优模型拟合。

【执行方式】

使用回归模型对生物数据进行拟合时，在"比较"选项卡中区分不同模型，检验实验干预是否改变了参数，或检验参数的最佳拟合值是否与理论值存在显著差异，如图 8.43 所示。

【选项说明】

（1）无比较：选中该单选按钮，选择一种回归模型，不进行比较。

（2）对于每个数据集，两个方程式（模型）中哪一个能进行最佳拟合？选中该单选按钮，针对每个数据集，GraphPad Prism 将同时拟合两个模型并进行比较。在"模型"选项卡中选择第 1 个拟合模型，在"比较方法"选项组中选择第 2 个拟合模型。

（3）所选的非共享参数的最佳拟合值在数据集之间是否有所不同？选中该单选按钮，将独立拟合与共享选定参数的全局拟合相比较。

（4）对于每个数据集，参数的最佳拟合值是否与假设值不同？选中该单选按钮，针对每个数据集，确定参数的最佳拟合值与输入的假设值是否在统计上可区分。GraphPad Prism 将通过两种方式对每个数据集拟合模型，即约束和不约束所选参数等于假设值，然后进行比较拟合。

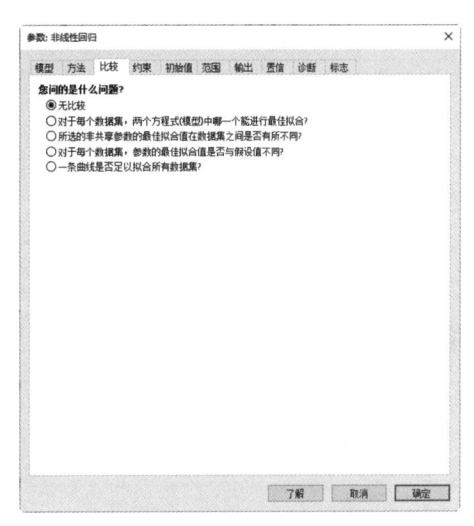

图 8.43 "比较"选项卡

（5）一条曲线是否足以拟合所有数据集？选中该单选按钮，比较一条曲线拟合到所有数据集与一条曲线拟合到每个数据集，可以检验数据集是否彼此不同。

★动手学——阳转率数据非线性回归分析比较

本实例根据乙肝疫苗接种后血清学检验的阳转率数据，使用二次多项式模型进行非线性回归分析比较。

操作步骤

1. 设置工作环境

（1）双击 GraphPad Prism 10 图标，启动 GraphPad Prism。

（2）选择菜单栏中的"文件"→"打开"命令，或选择 Prism 功能区中的"打开项目文件"命令，或单击"文件"功能区中的"打开项目文件"按钮，或按 Ctrl+O 组合键，弹出"打开"对话框。选择需要打开的文件"阳转率数据线性回归分析.prism"，单击"打开"按钮，即可打开项目文件。

（3）选择菜单栏中的"文件"→"另存为"命令，或选择"文件"功能区中"保存命令"按钮下的"另存为"命令，弹出"保存"对话框，输入项目名称"阳转率数据非线性回归分析比较.prism"。单击"保存"按钮，在源文件目录下保存新的项目文件。

2. 回归分析比较

（1）打开数据表"阳转率数据"，单击"分析"功能区中的"采用非线性回归拟合曲线"按钮，弹出"参数：非线性回归"对话框，在"选择方程式"列表框中默认选择 Polynomial→Second order polynomial (quadratic)（二阶多项式，平方）选项。

(2)打开"比较"选项卡,选中"对于每个数据集,两个方程式(模型)中哪一个能进行最佳拟合?"单选按钮,选中"额外平方和 F 检验"单选按钮,在"选择第二个方程式"列表框中选择 Line 选项,如图 8.44 所示。其中,Line 模型是 Second order polynomial (quadratic)模型的特例。

(3)单击"确定"按钮,关闭该对话框,输出包含使用二次多项式模型计算的非线性回归分析结果的工作表。

3. 结果分析

输出结果表"非线性拟合/阳转率数据",显示拟合比较结果,如图 8.45 所示。显示结论:Line 模型与 Second order polynomial (quadratic)模型比较,首选模型为 Line。

4. 保存项目

单击"文件"功能区中的"保存"按钮 ,或按 Ctrl+S 组合键,保存项目文件。

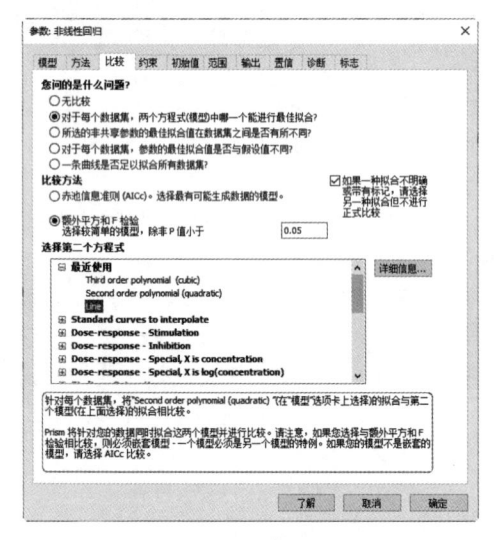

图 8.44 "比较"选项卡

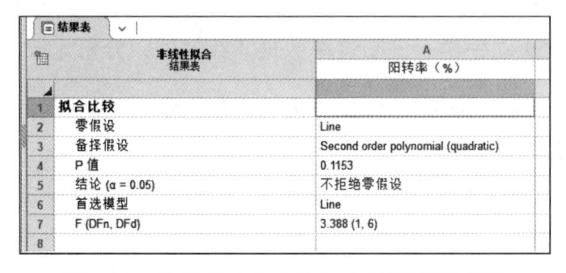

图 8.45 结果表"非线性拟合/阳转率数据"

8.4.4 置信带与预测带

【执行方式】

使用线性回归拟合直线或非线性回归拟合曲线时,可以在"置信"选项卡中设置置信区间、置信带或预测带,如图 8.46 所示。

【选项说明】

下面介绍该选项卡中的选项。

(1)参数的置信区间:置信区间是指由样本统计量所构造的总体参数的估计区间。GraphPad Prism 提供了两种计算置信区间的方法。

1)不对称(轮廓似然)置信区间:推荐选择该方法,能更好地量化对参数值精确度的了解程度,缺点是计算更复杂。因此,对于庞大的数据集(特别是用户定义的方程)计算速度明显较慢。

2）对称（渐近）近似置信区间：又称"Wald 置信区间"。由于参数值的真正不确定性通常是不对称的，这些对称区间并不总是准确，因此一般不选择该方法。仅当需将 GraphPad Prism 的结果与其他程序进行比较时，需与早期的工作保持一致时，或数据过多、剖面似然法太慢时，选择该方法。

（2）置信带或预测带：选择绘制曲线的置信带或预测带。

1）置信水平：可选择值为 90%、95%、99%。95%置信带表示 95%确定包含真实曲线的区域，95%预测带表示期望包含 95%的未来数据点的区域。

2）置信带：直观地了解数据如何定义最佳拟合曲线。

3）预测带：既包括曲线真实位置的不确定性（置信带），又包括曲线周围数据的分散。因此，预测带始终大于置信带。数据点很多时，差异巨大。

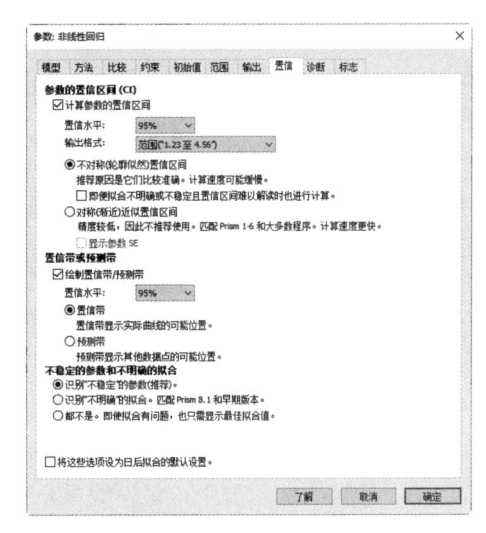

图 8.46　"置信"选项卡

（3）不稳定的参数和不明确的拟合：数据没有提供足够的信息来拟合所有参数时的三种处理方法如下。

1）识别"不稳定"的参数。默认选项。

2）识别"不明确"的拟合。如果任何参数的依赖度大于 0.9999，则 GraphPad Prism 将拟合标记为"模糊"，在最佳拟合值之前加上波浪号（～），以表示不可信，且不显示其置信区间。

3）都不是：无论何种情况，仅需报告最佳拟合值。这是大多数程序的做法。

★动手练——体重与脉搏次数置信带

本实例根据体重与脉搏次数数据，使用最小二乘法进行非线性回归分析，绘制置信带，结果如图 8.47 所示。

思路点拨

源文件：源文件\08\体重与脉搏次数非线性回归分析.prism

（1）打开项目文件"体重与脉搏次数非线性回归分析.prism"。

（2）打开数据表"数据 1"，执行"采用非线性回归拟合曲线"命令，绘制 95%置信带，进行非线性回归分析。输出图表，重命名为"体重与脉搏次数"。

图 8.47　绘制置信带

（3）保存项目为"体重与脉搏次数置信带.prism"。

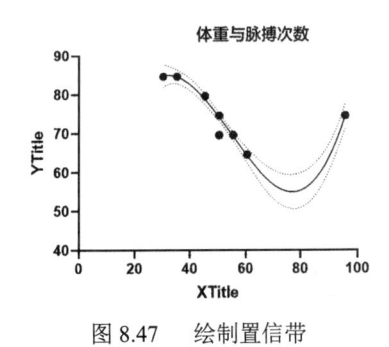

8.4.5　残差分析

不同的残差分析可以给用户提供模型假设是否正确、如何改善模型等有用的信息。非线性回归分析同样需要检验模型的独立性、正态性和同方差性。

（1）独立性是指任意两个观测值互相独立。如果不满足该条件，则即使名义上有 n 个观测个体，实际上提供的信息量却不足，导致回归估计值的准确性和精确度下降。通常需要专业知识来判断是否满足这一条件。

（2）正态性是指对于每个给定的 X 值，其所对应的 Y 值是不确定的，但 Y 值的总体服从正态分布。如果不满足该条件，则在正态分布假设下对回归模型的斜率 P 的假设检验和区间估计均无效。通常可以通过残差的直方图、正态概率（P-P）图来检验这一条件是否成立。如果不满足，则可考虑对原始数据进行变量变换，使其正态化后再进行线性回归分析。

（3）同方差性是指在自变量 X 的取值范围内，不论 X 取何值，Y 都具有相同的方差。如果不满足该条件，则回归参数的估计将出现偏误，对它的假设检验和区间估计也将无效。通常可以通过绘制 X 与 Y 的散点图或残差图来判断同方差性是否成立。

【执行方式】

在"诊断"选项卡中可以设置显示的残差参数，如图 8.48 所示。

【选项说明】

下面介绍该选项卡中的选项。

（1）如何量化拟合优度？

选择输出的拟合优度的量化统计量，包括 R 平方、Sy.x、平方和、调整后的 R 平方、RMSE、AICc。

1）R 平方：评估数据在拟合回归线周围的分布情况。对于数据集而言，R 平方值越高，表明样本数据与拟合值之间的差异越小。

2）Sy.x：扣除 y 的影响后 x 的变异程度。

3）平方和：样本残差平方和，是一个可用于描述模型拟合效果的指标。残差平方和越大，表明拟合效果越差；残差平方和越小，表明拟合效果越好。

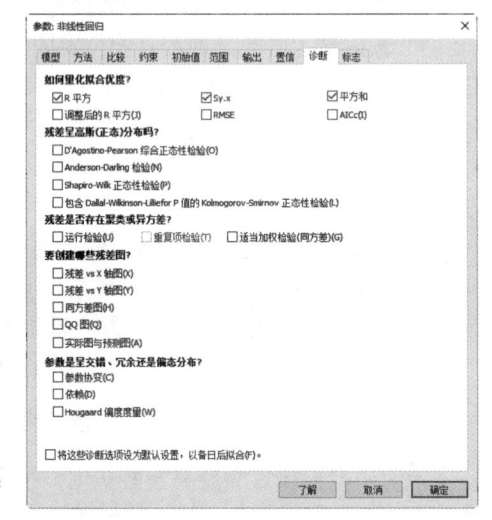

图 8.48 "诊断"选项卡

4）调整后的 R 平方：与 R 平方类似，在多元回归分析中，通常用调整的多重判定系数来评价拟合效果。

5）RMSE：均方根误差、标准误差、回归系统的拟合标准差，提供了观察值和预测值之间绝对差异的典型大小。

6）AICc：赤池信息量准则（Akaike Information Criterion，AIC），用于比较模型并选出最佳模型。AIC 值本身并无意义，需要寻找 AIC 最低的模型。

（2）残差呈高斯（正态）分布吗？

选择下面四种检验方法进行正态性检验，检验该假设：非线性回归假设残差的分布遵循高斯（正态）分布。

1）D'Agostino-Pearson 综合正态性检验：D'Agostino 和 Pearson 正态性检验，用于检验数据是否符合正态分布。

2）Anderson-Darling 检验：安德森-达令检验，用于检验样本数据是否来自特定分布。

3）Shapiro-Wilk 正态性检验：夏皮罗-威尔克检验，用于确定数据集是否服从正态分布。

4）包含 Dallal-Wilkinson-Lilliefor P 值的 Kolmogorov-Smirnov 正态性检验：用于检验数据是否符合正态分布，是 Kolmogorov-Smirnov 检验的一种变体。

（3）残差是否存在聚类或异方差？

曲线是否与数据趋势一致？或者曲线是否系统地偏离了数据趋势？GraphPad Prism 提供了两种检验方法来回答这些问题。

1）运行检验：勾选该复选框，进行游程检验，检验曲线是否系统地偏离数据（数据点随机分布在回归曲线的上方和下方，计算预期游程数）。仅当输入单个 Y 值（无平行测定）或选择只对平均值而非单个平行测定进行拟合时，游程检验才有用。结果表中计算出低 P 值，则可得出结论，曲线并不能很好地描述数据，可能选错了模型。

2）重复项检验：如果输入重复 Y 值，则选择该项检验，以找出点是否"过于偏离"曲线（与重复 Y 值之间的分散相比）。如果 P 值很小，则可得出结论：曲线未足够接近数据。

3）适当加权检验（同方差）：勾选该复选框，对点进行不同的加权，GraphPad Prism 假设点与曲线的加权距离在整个曲线上均是相同的（同方差性）。选择 GraphPad Prism 用适当权重检验该假设。零假设表示选择了正确的加权方案，曲线的 Y 值和加权残差的绝对值之间没有相关性。高 P 值与该假设是一致的。P 值较小表示数据违反该假设，有必要选择一个更合适的加权方案。

（4）要创建哪些残差图？

GraphPad Prism 提供了五种残差图。

1）残差 vs X 轴图：该图表中，X 轴表示数据的 X 值，Y 轴表示残差或加权残差。

2）残差 vs Y 轴图：该图表中，X 轴表示预测的 Y 值，Y 轴表示残差或加权残差。

3）同方差图：该图表中，X 轴表示预测的 Y 值，Y 轴表示残差或加权残差的绝对值。

4）QQ 图：该图表中，X 轴表示实际残差，Y 轴表示预测残差。

5）实际图与预测图：如果残差是从高斯分布中抽样得到的，则该图表中，X 轴表示实际 Y 值，Y 轴表示预测 Y 值。

（5）参数是呈交错、冗余还是偏态分布？

回归模型有两个或更多参数时，这些参数可相互交织。GraphPad Prism 可通过两种方式（依赖度和协方差矩阵）量化参数之间的关系。

依赖度值介于 0.0 和 1.0 之间。参数完全独立时，0.0 的依赖度是理想情况（数学中的正交）。在此情况下，更改一项参数的值所引起的平方和的增加不能通过更改其他参数的值来减少。这是非常罕见的情况。

依赖度为 1.0 表示参数冗余。更改一项参数的值后，可更改其他参数的值来重建完全相同的曲线。如果任何依赖度大于 0.9999，则 GraphPad Prism 将标记拟合"不明确"（模糊）。

1）参数协变：勾选该复选框，输出标准化协方差矩阵。协方差矩阵中的每个值量化两项参数交织的程度。

2）依赖：勾选该复选框，输出依赖度。每个依赖度值量化该参数与所有其他参数交织的程度。

3）Hougaard 偏度度量：如果参数的分布高度倾斜，则该参数的 SE（标准误差）和 CI（置信区间）将不是评估精确度的非常有用的方法。Hougaard 偏度度量可以量化每个参数的倾斜度。

★动手练——学员健身数据非线性残差分析

某健身房统计 15 组学员身体质量指数和身体脂肪百分比数据（见表 8.5），本实例使用非线性残差分析计算回归方程，结果如图 8.49 所示。

表 8.5　学员健身数据

编号	身体质量指数（MBI）	身体脂肪百分比（DV）
1	18.0	18.5
2	18.5	18.4
3	20.5	20.0
4	22.0	25.2
5	22.5	25.6
6	22.8	25.3
7	24.5	26.5
8	26.0	28.0
9	26.0	29.3
10	26.8	29.6
11	28.0	29.8
12	29.2	29.3
13	29.6	28.5
14	30.0	27.6
15	31.0	27.3

(a) 结果表"非线性拟合/数据 1"

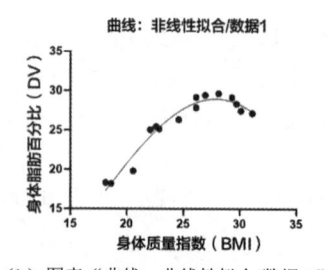

(b) 图表"曲线：非线性拟合/数据 1"

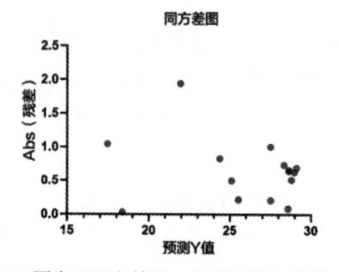

(c) 图表"同方差图：非线性拟合/数据 1"

图 8.49　回归分析结果

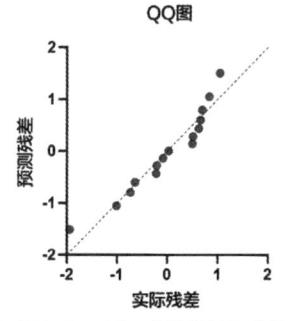

（d）图表"QQ图：非线性拟合/数据1" 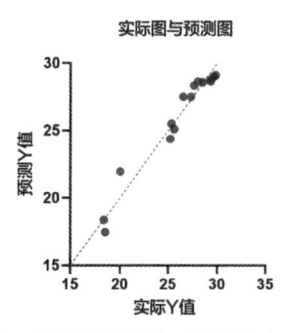　　　（e）图表"实际图与预测图：非线性拟合/数据1"

图 8.49（续）

思路点拨

源文件：源文件\08\学员健身数据表.xlsx

（1）新建项目文件，复制"学员健身数据表.xlsx"中的数据。

（2）执行"采用非线性回归拟合曲线"命令，选择 Gaussian（高斯）模型（Y=Amplitude*exp(−0.5*((X−Mean)/SD)^2)），选择最小二乘法回归、离群值不作特殊处理。

（3）在"诊断"选项卡中勾选 RMSE、AICc 复选框，选择所有正态检验方法。

（4）选择同方差性检验（勾选"适当加权检验(同方差)"复选框）。

（5）选择输出同方差图、QQ 图、实际图和预测图。

（6）结果表"非线性拟合/数据1"分析结果。

1）根据"最佳拟合值"选项组中的回归系数得出回归方程：Y=29.12*exp(−0.5*((X−27.15)/9.638)^2)。

2）根据"拟合优度"选项组得出：R 平方为 0.9562，拟合模型能解释 95.62%的身体脂肪百分比（DV）。

3）根据"残差正态性"选项组得出：4 种检验的 P 值均大于 0.05，通过了正态性检验（α=0.05），残差符合正态分布。

4）根据"同方差性检验"选项组得出：P>0.05，通过了同方差性检验。

（7）图表"QQ 图：非线性拟合/数据1"中，数据集中在从原点出发的 45° 线附近，聚集比较紧密，从而可以说明残差符合正态分布。

（8）保存项目为"学员健身数据非线性残差分析.prism"。

第 9 章 列表和列图表分析

内容简介

列表和列图表分析是一种针对按单个分组变量（如治疗组与对照组，女性与男性）分类的数据进行的数据分析和图表展示方法。本章通过定义单个分组变量的列表数据，使用 t 检验和单因素方差分析进行统计分析。

内容要点

- 生成列数据
- 探索性分析
- 列图表绘图
- 描述性统计分析

9.1 生成列数据

在列数据表中，每列均定义一个数据组，这些组表示一个分组变量中的分类组，如男、女，N 个实验组。

9.1.1 创建列数据表

列数据表中没有 X 数据，仅有每个分组对应的一组 Y 值（第 A 组、第 B 组、……）。

【执行方式】
- 创建：选择"创建"选项组中的"列"选项。
- 数据表：选中"数据表"选项组中的"将数据输入或导入到新表"单选按钮。

【操作步骤】

执行此命令，在右侧的面板中显示该类型下的数据表和图表的预览图，如图 9.1 所示。

【选项说明】

在"数据表"选项组中有两种创建列数据表的方法。

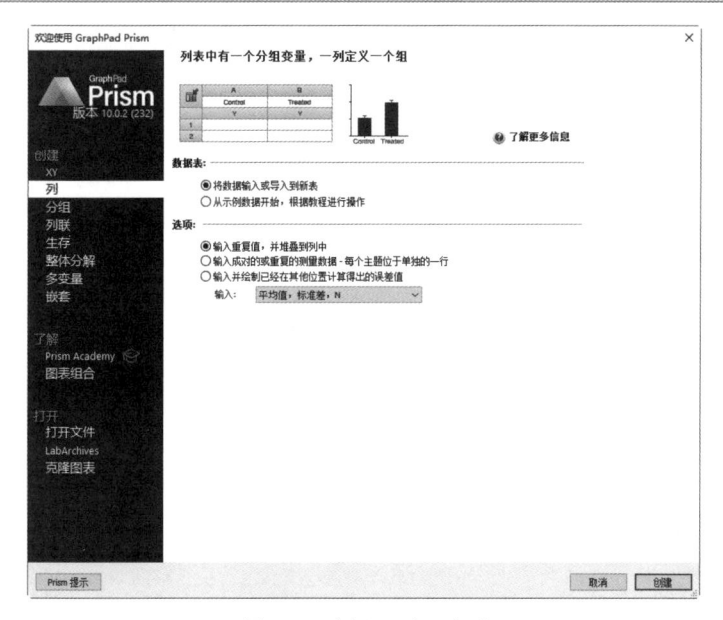

图 9.1 选择"列"选项

1. 将数据输入或导入到新表

通过"选项"选项组定义数据表。下面介绍"选项"选项组中的选项。

（1）输入重复值，并堆叠到列中：选中该单选按钮，创建多个数据组列（第 A 组、第 B 组、……、第 Z 组、第 AA 组），每列表示一个类别，如图 9.2 所示。

（2）输入成对的或重复的测量数据-每个主题位于单独的一行：选中该单选按钮，创建多个数据列（第 A 组、第 B 组），在最左侧添加"表格式"列，用于定义分组数据，如图 9.3 所示。

图 9.2 创建多个数据组列

图 9.3 创建重复的数据组列

（3）输入并绘制已经在其他位置计算得出的误差值：选中该单选按钮，直接创建包含子列（平均值、标准差、N）的数据组，如图 9.4 所示。通过"输入"下拉列表定义子列显示的数据类型。

2. 从示例数据开始，根据教程进行操作

选中该单选按钮，通过"选择教程数据集"列表框中的数据集模板定义列数据表，如图 9.5 所示。选择 ROC curve 选项，单击"创建"按钮，创建 ROC 曲线列数据表，如图 9.6 所示。显示医院中的医学记录数据：Controls（正常标准值）和 Patients（患者实际的检测值）。

图 9.4　创建误差值数据组列

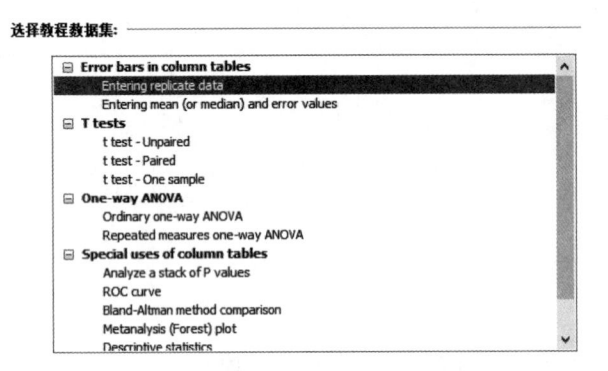

图 9.5　"选择教程数据集"列表框

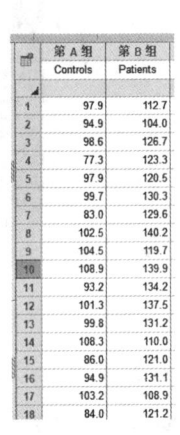

图 9.6　ROC 曲线列数据表

★动手练——运动后最大心率列数据表

表 9.1 所列为某医院分别抽取的 10 组男性、女性心率检测数据，本实例根据运动后男性、女性最大心率数据和运动后最大心率数据创建两个列数据表，如图 9.7 所示。

表 9.1　运动后最大心率数据

性别	年龄	心率
男	45	164
男	35	185
男	37	186
男	44	167
男	47	142
男	49	150
男	47	147
男	47	153
男	42	167
男	41	170
女	40	165
女	43	158

续表

性别	年龄	心率
女	39	166
女	37	173
女	42	186
女	48	165
女	36	139
女	39	179
女	35	182
女	39	192

（a）堆叠重复值列表　　　（b）成对重复值列表

图 9.7　数据列表

思路点拨

源文件：源文件\09\运动前后最大心率检测数据.xlsx
（1）新建项目文件"运动后最大心率列数据表.prism"。
（2）自动创建列数据表"数据1"，重命名为"堆叠重复值列表"，复制xlsx文件中的数据。
（3）创建列数据表"数据2"，重命名为"成对重复值列表"，复制xlsx文件中的数据。
（4）保存项目文件。

9.1.2　模拟列数据

模拟列数据用于模拟一组带有随机误差的列数据集，通过模拟数据自动绘制模拟数据图表。

【执行方式】

菜单栏：选择菜单栏中的"分析"→"模拟"→"模拟列数据"命令。

【操作步骤】

执行此命令，弹出"分析数据"对话框，在左侧列表中选择指定的分析方法"模拟列数据"。单击"确定"按钮，关闭该对话框，弹出"参数：模拟列数据"对话框，包含2个选项卡，如图9.8所示。

(a)"实验设计"选项卡　　　　　　　　(b)"随机变异"选项卡

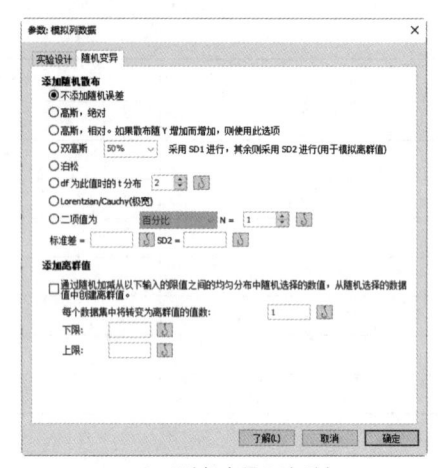

图 9.8　"参数：模拟列数据"对话框

【选项说明】

下面介绍该对话框中的选项。

1. "实验设计"选项卡

（1）数据集的数量：定义要生成的数据集的数量。

（2）总体列平均值。

1）从高斯分布中随机选择：生成服从相同平均值和标准差的高斯分布的数据集。

2）分别输入列平均值：生成服从不同平均值和标准差的高斯分布的数据集。

2. "随机变异"选项卡

按照指定的方法生成随机分散和添加离群值。

★动手学——模拟肺炎新药治疗前后退热天数数据表

某医师观察某新药治疗肺炎的疗效，将肺炎患者随机分为对照组和新药组。两组患者的退热天数试验资料见表 9.2。本实例试模拟两组患者的平均退热天数数据。

表 9.2　两组患者的退热天数试验资料

分组	n/人	$\bar{X}$/天数	S/天数
对照组	37	5.2	0.9
新药组	35	3.8	0.8

操作步骤

1. 设置工作环境

（1）双击"开始"菜单中的 GraphPad Prism 10 图标，启动 GraphPad Prism 10，自动弹出"欢迎使用 GraphPad Prism"对话框。

（2）在"创建"选项组中默认选择"列"选项，在右侧界面的"数据表"选项组中选中"将数据输入或导入到新表"单选按钮；在"选项"选项组中选中"输入并绘制已经在其他位置计算得出的误差值"单选按钮，如图 9.9 所示。

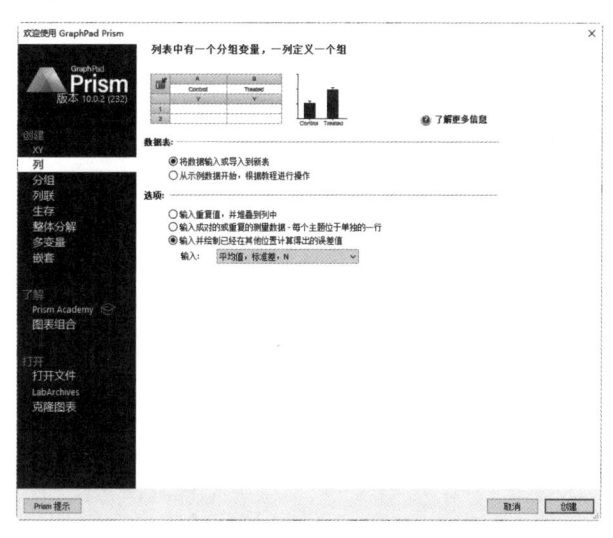

图 9.9 "欢迎使用 GraphPad Prism"对话框

（3）单击"创建"按钮，创建项目文件"项目 1"，同时该项目下自动创建一个数据表"数据 1"和关联的图表"数据 1"。重命名数据表为"新药治疗肺炎平均退热天数"。

（4）选择菜单栏中的"文件"→"另存为"命令，或选择"文件"功能区中"保存命令"按钮下的"另存为"命令，弹出"保存"对话框，输入项目名称"肺炎新药治疗前后退热天数数据表"。单击"保存"按钮，保存项目，如图 9.10 所示。

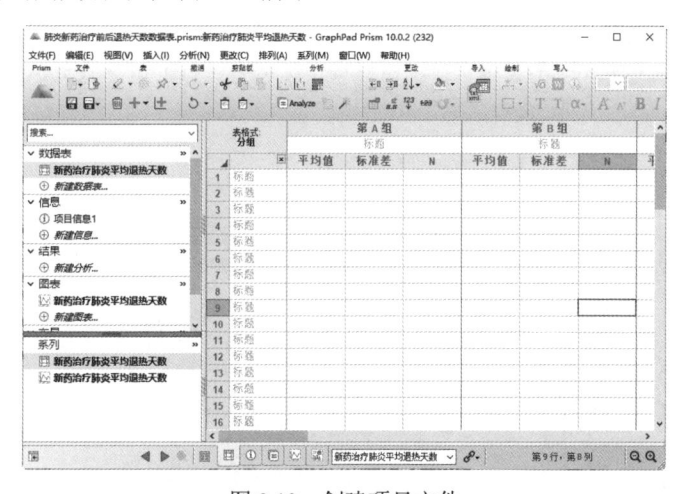

图 9.10 创建项目文件

2. 模拟数据

（1）选择菜单栏中的"分析"→"模拟"→"模拟列数据"命令，弹出"分析数据"对话框，在左侧列表中选择指定的分析方法"模拟列数据"。单击"确定"按钮,关闭该对话框,弹出"参数:模拟列数据"对话框。

(2)打开"实验设计"选项卡,自动根据数据表中的数据定义"数据集的数量"为2,自动更新"分别输入列平均值"中的列标题。输入A行数为37,B行数为35,如图9.11所示。

(3)打开"随机变异"选项卡,选择添加"双高斯"随机散布,输入标准差为0.9,SD2为0.8;勾选"通过随机加减从以下输入的限值之间的均匀分布中随机选择的数值,从随机选择的数据值中创建离群值。"复选框,设置每个数据集离群值个数为2,下限为10,上限为100,如图9.12所示。

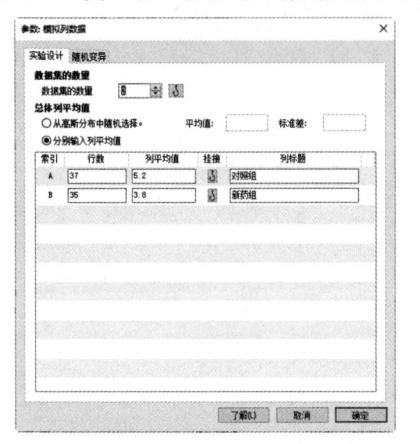

图9.11 "实验设计"选项卡

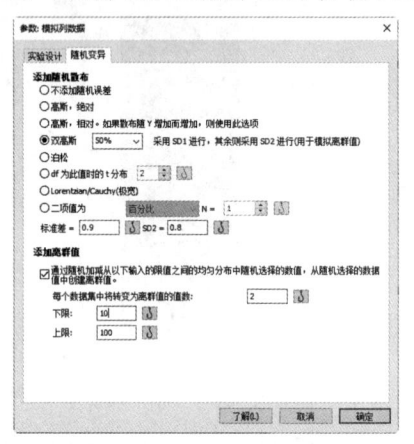

图9.12 "随机变异"选项卡

(4)单击"确定"按钮,关闭该对话框,创建结果表"模拟列数据",如图9.13所示。

3. 导出文件

(1)选择菜单栏中的"文件"→"导出"命令,或单击"导出"功能区中的"导出到文件"按钮,弹出"导出"对话框。在"文件"文本框中输入要导出的数据文件名称"模拟肺炎新药治疗前后退热天数数据表",在"导出选项"选项组的"格式"下拉列表中选择"XML 此结果表"选项,如图9.14所示。

图9.13 结果表"模拟列数据"

图9.14 "导出"对话框

(2)单击"确定"按钮,关闭该对话框,输出文件"模拟肺炎新药治疗前后退热天数数据表.xml"。

4．保存项目

单击"文件"功能区中的"保存"按钮，或按 Ctrl+S 组合键，保存项目文件。

9.2 探索性分析

探索性分析是任何数据分析或数据科学项目中的关键步骤，是调查数据集以发现模式和异常（异常值）并根据对数据集的理解形成假设的过程。

9.2.1 识别离群值

离群值是指数据集中有一个或几个数值与其他数值相比差异较大，在进行数据分析之前需要识别离群值并对其进行处理，否则会对数据分析造成极大影响。

【执行方式】

菜单栏：选择菜单栏中的"分析"→"数据处理"→"识别离群值"命令。

【操作步骤】

执行此命令，弹出"分析数据"对话框。在左侧列表中选择指定的分析方法"识别离群值"，在右侧显示需要分析的数据集和数据列。单击"确定"按钮，关闭该对话框，弹出"参数：识别离群值"对话框，将数据集根据指定的数学变换函数对 Y 值进行变换，如图 9.15 所示。

【选项说明】

下面介绍该对话框中的选项。

1．"方法"选项组

当出现离群值时要慎重处理。首先应认真检查原始数据，GraphPad Prism 提供以下三种查找离群值的方法。

图 9.15　"参数：识别离群值"对话框

（1）ROUT（推荐；可以查找任意数量的离群值）。

（2）Grubbs（只能查找一个离群值）。

（3）迭代 Grubbs（可以查找多个；不推荐）。

2．"有多积极？"选项组

如果数据存在逻辑错误而原始记录又确实如此，又无法找到该观察对象进行核实，则只能将该离群值移除。

GraphPad Prism 将移除离群值的积极性定义为 Q，移动滑块，调整对离群值的移除程度。Q=0.1% 表示移除明确的离群值，Q=10% 表示移除可能的离群值，默认设置 Q=1%。

3．"子列"选项组

对于包含子列的数据表中的离群值，包含以下三种处理方法。

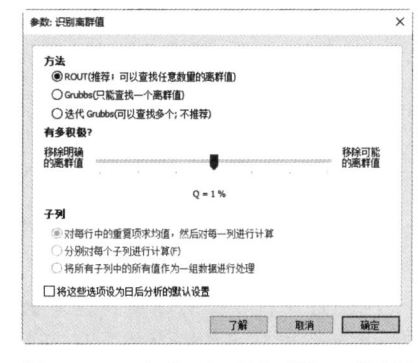

（1）对每行中的重复项求均值，然后对每一列进行计算。
（2）分别对每个子列进行计算。
（3）将所有子列中的所有值作为一组数据进行处理。

★动手学——肺炎新药治疗前后退热天数离群值分析

源文件：源文件\09\模拟肺炎新药治疗前后退热天数数据表.xml
本实例根据治疗肺炎新药平均退热天数模拟数据进行探索性分析，检查数据中是否存在离群值。

操作步骤

1. 设置工作环境

（1）双击 GraphPad Prism 10 图标，启动 GraphPad Prism。

（2）选择菜单栏中的"文件"→"打开"命令，或选择 Prism 功能区中的"打开项目文件"命令，或单击"文件"功能区中的"打开项目文件"按钮，或按 Ctrl+O 组合键，弹出"打开"对话框。选择需要打开的文件"模拟肺炎新药治疗前后退热天数数据表.xml"，单击"打开"按钮，即可打开项目文件。

（3）选择菜单栏中的"文件"→"另存为"命令，或选择"文件"功能区中"保存命令"按钮下的"另存为"命令，弹出"保存"对话框，输入项目名称"肺炎新药治疗前后退热天数离群值分析.prism"。单击"保存"按钮，在源文件目录下保存新的项目文件。

2. 离群值分析

（1）打开数据表"模拟列数据：模拟数据"，选择菜单栏中的"分析"→"数据处理"→"识别离群值"命令，弹出"分析数据"对话框。单击"确定"按钮，关闭该对话框，弹出"参数：识别离群值"对话框。在"方法"选项组中选中"ROUT（推荐；可以查找任意数量的离群值）"单选按钮，查找任意数量的离群值，如图 9.16 所示。

（2）单击"确定"按钮，关闭该对话框，输出包含离群值分析结果的结果表"识别离群值/模拟列数据：模拟数据"，如图 9.17 所示。其中，对照组移除两个离群值：–81.019 和 –33.229；新药组移除两个离群值：58.243 和 87.644。

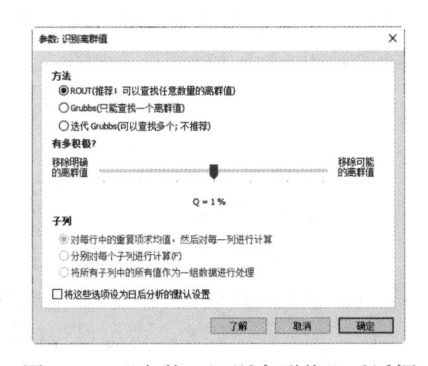

图 9.16 "参数：识别离群值"对话框

图 9.17 结果表"识别离群值/模拟列数据：模拟数据"

3. 导出文件

（1）选择菜单栏中的"文件"→"导出"命令，或单击"导出"功能区中的"导出到文件"按钮，弹出"导出"对话框。在"文件"文本框中输入要导出的数据文件名称"肺炎新药治疗前后退热天数数据表（无离群值）"，在"导出选项"选项组的"格式"下拉列表中选择"CSV 逗号分隔文本"选项，如图9.18所示。

（2）单击"确定"按钮，关闭该对话框，输出文件"肺炎新药治疗前后退热天数数据表（无离群值）.csv"。

4. 保存项目

单击"文件"功能区中的"保存"按钮，或按 Ctrl+S 组合键，保存项目文件。

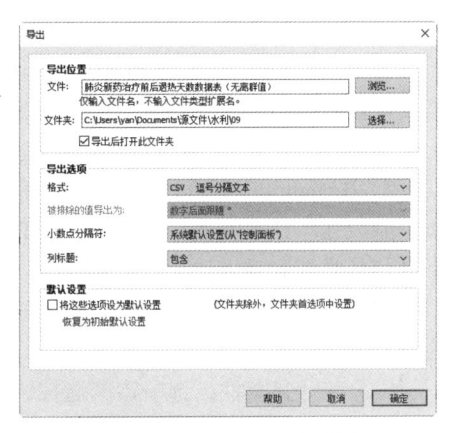

图 9.18 "导出"对话框

9.2.2 分析一堆 P 值

P 值是用于判定假设检验结果的一个参数，通过分析一堆 P 值可以确定这些 P 值中较小的值，以便作进一步的研究比较。

在假设检验中，将检验的 P 值与给定的显著性水平 α（一般设置为 0.05 或 0.01）的值进行比较。

（1）若 P>0.05，则不拒绝原假设 H_0，无显著性关系。
（2）若 P≤0.05，则拒绝原假设 H_0，有显著性关系。
（3）若 P≤0.01，则拒绝原假设 H_0，有非常显著性关系。
（4）若 P≤0.001，则拒绝原假设 H_0，有极其显著性关系。

这里的"显著"是一个统计学专业术语，是指试验（观察）结果的统计量所代表的总体参数与零假设 H_0 的假设在概率意义上"显著"偏离。P 值越小，拒绝 H_0 的统计学依据越充分，但不能理解为 P 值越小试验（观察）结果本身就越有意义。

【执行方式】

菜单栏：选择菜单栏中的"分析"→"数据探索和摘要"→"分析一堆 P 值"命令。

【操作步骤】

执行此命令，弹出"分析数据"对话框。在左侧列表中选择指定的分析方法"分析一堆 P 值"，在右侧显示一列包含 P 值的数据集和数据列。单击"确定"按钮，关闭该对话框，弹出"参数：分析一堆 P 值"对话框，选择对 P 值的分析方法，如图 9.19 所示。

【选项说明】

下面介绍该对话框中的选项。

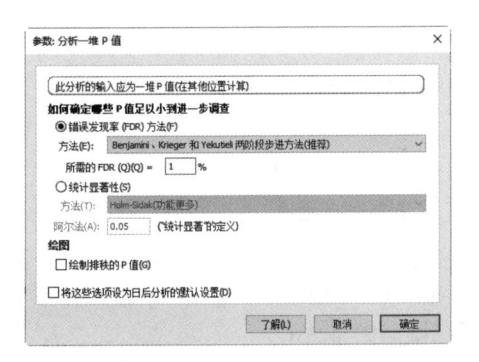

图 9.19 "参数：分析一堆 P 值"对话框

1. "如何确定哪些P值足以小到进一步调查"选项组

（1）错误发现率（FDR）方法：选中该单选按钮，选择以下方法调整P值进行多次比较。

1）Benjamini、Krieger 和 Yekutieli 两阶段步进方法（推荐）：假设"检验统计独立或正相关"，需要设置所需的 FDR。FDR 是错误拒绝[拒绝真的（原）假设]的个数占所有被拒绝的原假设个数的比例的期望值。

2）Benjamini 和 Hochberg 的原始 FDR 方法：假设"检验统计独立或正相关"，比上面的方法检验能力强，计算复杂。首先，检验P值的分布，以估计实际为真的零假设的分数；然后，决定一个P值何时低到足以称为一个发现时，它使用该信息获得更多的检验能力。

3）Benjamini 和 Yekutieli 校正方法（低次幂）：该方法无须假设各种比较如何相互关联。但其检验能力低。

（2）统计显著性：选中该单选按钮，选择对照比较族的Ⅰ型错误率调整P值进行多次比较。

1）Holm-Sidak（功能更多）：用于成对比较和与对照组的比较。默认情况下，阿尔法（α）为 0.05（统计显著的定义）。

2）Bonferroni-Dunn：后续检验方法，适用于将某个算法与其余 k–1 个算法进行对比。二者都是将各个算法平均排名之差与某域值进行对比，若大于该域值，则说明平均排名高的算法统计上优于平均排名低的算法；反之则二者在统计上没有差异。

3）Bonferroni-Šidák：检验力度更大。GraphPad Prism 决定哪些P值足够小，以便在修正多重比较后，将相关比较指定为"具有统计学显著性"。

2. "绘图"选项组

绘制排秩的P值：勾选该复选框，查看P值秩与P值的关系图。

9.3 列图表绘图

【执行方式】

- 菜单栏：选择菜单栏中的"插入"→"新建现有数据的图表"命令。
- 导航器：在导航器的"图表"选项卡中单击"新建图表"按钮⊕。
- 功能区：单击"表"功能区中的"根据现有数据创建新图"按钮。

【操作步骤】

执行此命令，打开"创建新图表"对话框，在"图表类型"选项组的"显示"下拉列表中选择使用列数据绘制的图表类型。

在"显示"下拉列表中选择"列"选项，显示三类图表模板，如图 9.20 所示。相同类型的图表根据列数

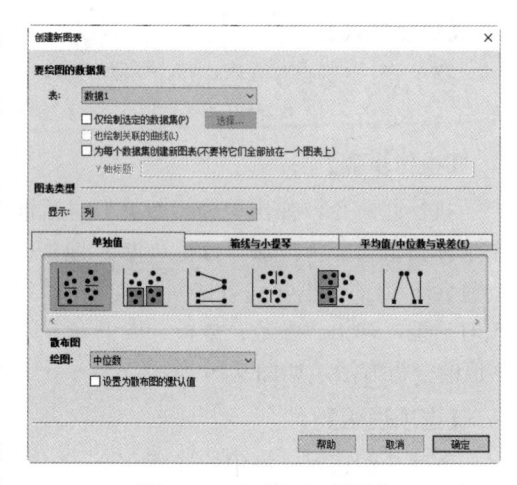

图 9.20 "列"选项图表

据显示在 X 轴和 Y 轴上，分为水平图和垂直图。

9.3.1 散布图

打开"单独值"选项卡，选择要绘制的几种散布图：散布图（水平）、带条形的散布图（水平）、之前-之后（水平）、散布图（垂直）、带条形的散布图（垂直）、之前-之后（垂直），如图 9.21 所示。

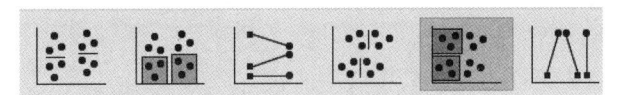

图 9.21　散布图种类

散布图又称为相关图，将两个可能相关的变数资料用散点绘制在坐标图上，判断成对的数据之间是否具有相关性。绘制散布图的数据必须是成对的(X,Y)。通常用垂直轴表示现象测量值 Y，用水平轴表示可能有关系的原因因素 X。

★动手学——肺炎新药治疗前后退热天数散布图

源文件：源文件\09\肺炎新药治疗前后退热天数数据表.prism、肺炎新药治疗前后退热天数离群值分析.prism

本实例根据治疗肺炎新药平均退热天数模拟数据（原始数据和离群分析后的数据）绘制散布图，了解治疗前后平均退热天数数据的分布情况。

操作步骤

1. 设置工作环境

（1）双击 GraphPad Prism 10 图标，启动 GraphPad Prism。

（2）选择菜单栏中的"文件"→"打开"命令，或选择 Prism 功能区中的"打开项目文件"命令，或单击"文件"功能区中的"打开项目文件"按钮，或按 Ctrl+O 组合键，弹出"打开"对话框。选择需要打开的文件"肺炎新药治疗前后退热天数数据表.prism"，单击"打开"按钮，即可打开项目文件。

（3）选择菜单栏中的"文件"→"另存为"命令，或选择"文件"功能区中"保存命令"按钮下的"另存为"命令，弹出"保存"对话框，输入项目名称"肺炎新药治疗前后退热天数散布图.prism"。单击"保存"按钮，在源文件目录下保存新的项目文件。

2. 合并文件

（1）选择菜单栏中的"文件"→"合并"命令，弹出"合并"对话框，选择需要打开的文件"肺炎新药治疗前后退热天数离群值分析.prism"，单击"打开"按钮，即可在当前项目文件中导入该项目中所有的数据表。

（2）选择结果表"模拟列数据"，重命名为"治疗前后退热天数原始数据"；选择结果表"识别离群值/模拟列数据：模拟数据"，重命名为"治疗前后退热天数原始数据（无离群值）"。

3. 绘制原始数据散布图

（1）将结果表"治疗前后退热天数原始数据"置为当前。

（2）在导航器的"图表"选项卡中单击"新建图表"按钮，弹出"创建新图表"对话框。在"要绘图的数据集"选项组的"表"下拉列表中默认选择"治疗前后退热天数原始数据"。

（3）在"图表类型"选项组的"显示"下拉列表中选择"列"选项，选择"散布图（水平）"选项，在"绘图"下拉列表中选择"中位数"选项，如图9.22所示。

（4）单击"确定"按钮，关闭对话框，在导航器的"图表"选项卡中创建"模拟数据：治疗前后退热天数原始数据"图表，其中包含对照组和新药组原始数据的散布图，如图9.23所示。从图中可以看出，原始数据中包含离群点。

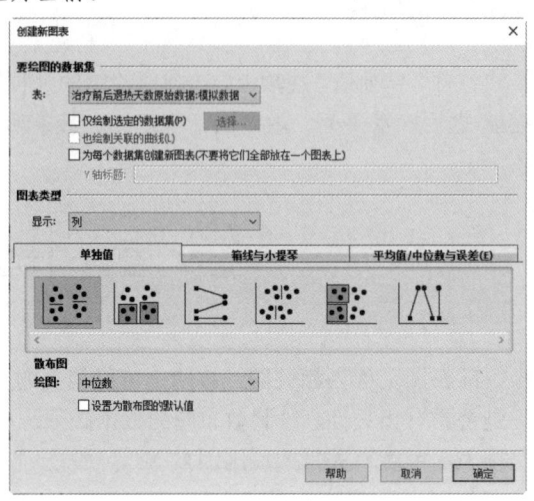

图9.22 "创建新图表"对话框

4. 绘制离群值处理数据散布图

（1）将结果表"治疗前后退热天数数据（无离群值）"置为当前。

（2）在导航器的"图表"选项卡中单击"新建图表"按钮，弹出"创建新图表"对话框。在"要绘图的数据集"选项组的"表"下拉列表中默认选择"治疗前后退热天数原始数据（无离群值）"选项。

（3）在"图表类型"选项组的"显示"下拉列表中选择"列"选项，选择"散布图（水平）"选项，在"绘图"下拉列表中选择"中位数"选项。单击"确定"按钮，关闭对话框，在导航器的"图表"选项卡中创建"清理的数据：治疗前后退热天数原始数据（无离群值）"图表，其中包含移除离群值之后的对照组、新药组原始数据的散布图，如图9.24所示。从图中可以看出，原始数据中不包含离群点。

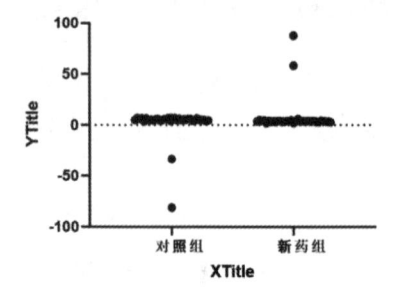

图9.23 绘制原始数据散布图 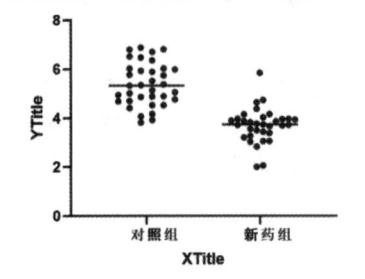　　　图9.24 绘制离群值处理数据散布图

5. 编辑散布图

（1）在导航器的"图表"选项卡中选择"清理的数据：治疗前后退热天数原始数据（无离群值）"

图表,重命名该图表名称为"治疗前后退热天数(散布图)"。此时,图表标题自动更新为图表文件名称"治疗前后退热天数(散布图)"。

(2) 选择"更改"功能区中"更改颜色"按钮下的"色彩"命令,即可自动更新图表散点颜色。

(3) 选择图表标题,设置字体为"华文楷体",大小为18,颜色为红色(3E),结果如图9.25所示。

6. 绘制带条形的散布图

(1) 在导航器的"图表"选项卡中选择"治疗前后退热天数(散布图)",右击,在弹出的快捷菜单中选择"复制当前表"命令,创建"副本治疗前后退热天数(散布图)"。将其重命名为"治疗前后退热天数(带条形散布图)",并将该图表置为当前。

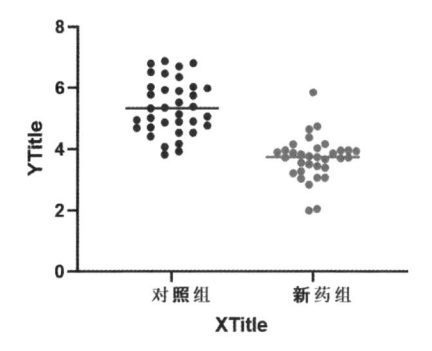

图9.25 编辑散布图

(2) 单击"更改"功能区中的"选择其他类型的图表"按钮,打开"更改图表类型"对话框。在"图表系列"下拉列表中选择"列"选项,在"单独值"选项卡中选择"带条形的散布图(水平)"选项,在"绘图"下拉列表中选择"包含标准差的平均值"选项,如图9.26所示。

(3) 单击"确定"按钮,关闭对话框,更新图表类型,散布图中包含标准差的平均值,如图9.27所示。

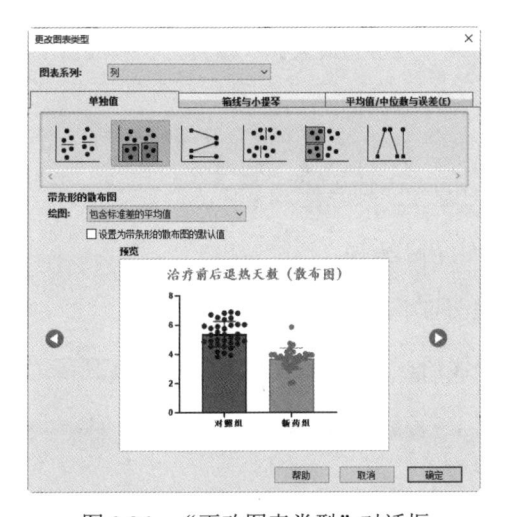

图9.26 "更改图表类型"对话框

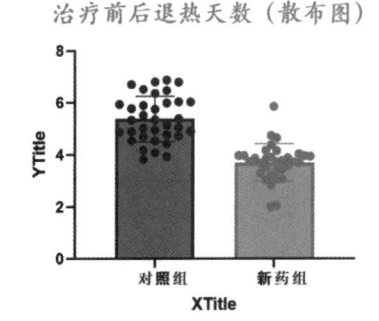

图9.27 绘制带条形的散布图

(4) 双击Y轴,弹出"设置坐标轴格式"对话框,打开"标题与字体"选项卡,勾选"图表标题还原为图表表的标题"复选框,如图9.28所示。单击"确定"按钮,关闭对话框,更新图表标题为图表文件名称,如图9.29所示。

7. 保存项目

选择菜单栏中的"文件"→"另存为"命令,或选择"文件"功能区中"保存命令"按钮下的"另存为"命令,弹出"保存"对话框,输入项目名称"肺炎新药治疗前后退热天数散布图.prism"。

单击"保存"按钮，保存项目文件。

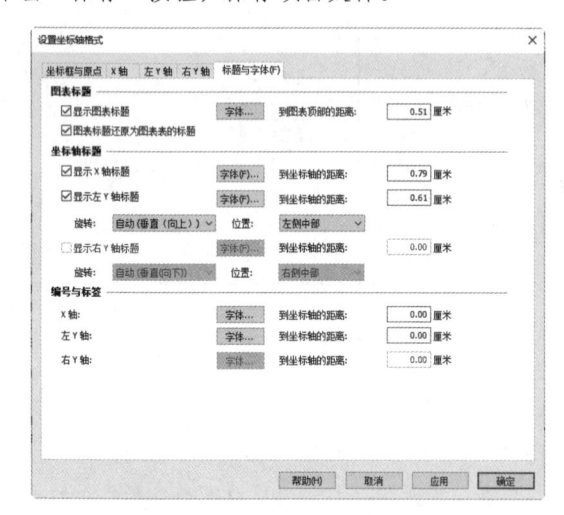

图 9.28 "标题与字体"选项卡

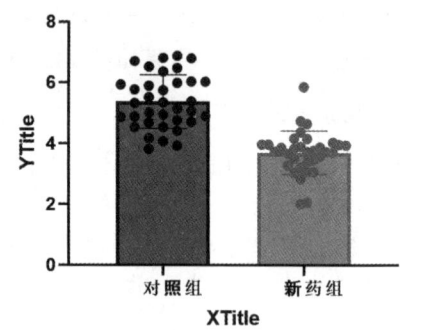

图 9.29 更新图表标题

9.3.2 箱线图与小提琴图

打开"箱线与小提琴"选项卡，选择要绘制的箱线与小提琴图，包括浮动条（最小到最大）（水平）、箱线图（水平）、小提琴图（水平）、浮动条（最小到最大）（垂直）、箱线图（垂直）、小提琴图（垂直），如图 9.30 所示。

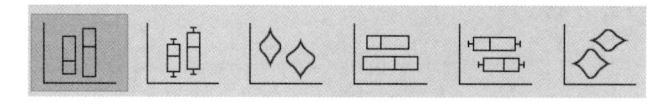

图 9.30 箱线图与小提琴图

★动手练——肺炎新药治疗前后退热天数箱线图与小提琴图

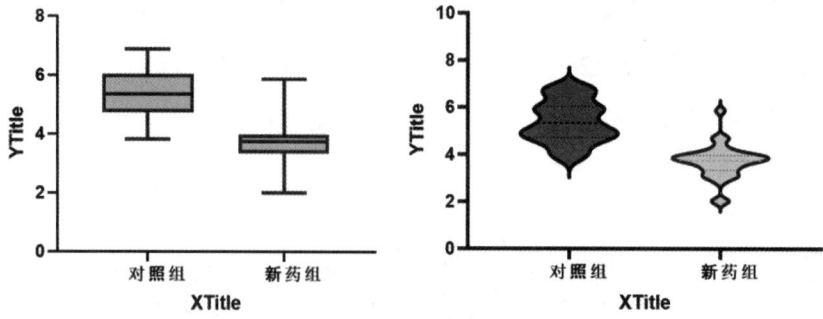

本实例根据肺炎新药治疗前后退热天数绘制箱线图与小提琴图，结果如图 9.31 所示。

图 9.31 箱线图与小提琴图

> 思路点拨
>
> 源文件：源文件\09\肺炎新药治疗前后退热天数散布图.prism
> (1) 打开项目文件，将结果表"治疗前后退热天数原始数据（无离群值）"置为当前。
> (2) 单击"新建图表"按钮，选择"箱线与小提琴"选项卡中的"箱线图（水平）"选项。图表配色方案为"花卉"，设置图表字体为"华文楷体"，大小为18，颜色为红色（3E）。
> (3) 单击"新建图表"按钮，选择"箱线与小提琴"选项卡中的"小提琴图（水平）"选项。图表配色方案为"珍珠"，设置图表字体为"华文楷体"，大小为18，颜色为红色（3E）。
> (4) 保存项目为"肺炎新药治疗前后退热天数箱线图与小提琴图.prism"。

9.3.3 平均值/中位数与误差

打开"平均值/中位数与误差"选项卡，选择要绘制的包含误差的统计图，包括列条形图（水平）、列平均值，误差条（水平）、列平均值，连接误差条与平均值（水平）、列条形图（垂直）、列平均值，误差条（垂直）、列平均值，连接误差条与平均值（垂直），如图9.32所示。

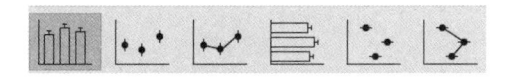

图9.32　统计图

★动手练——肺炎新药治疗前后退热天数误差图

本实例根据肺炎新药治疗前后退热天数数据绘制误差图，结果如图9.33所示。

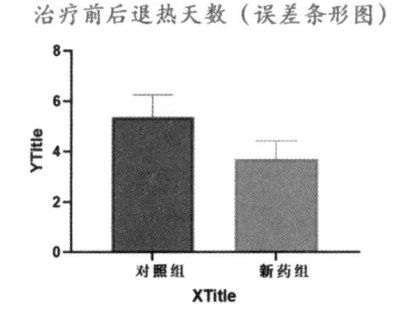

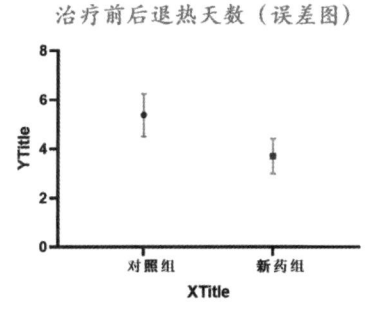

图9.33　误差图

> 思路点拨
>
> 源文件：源文件\09\肺炎新药治疗前后退热天数箱线图与小提琴图.prism
> (1) 打开项目文件，将结果表"治疗前后退热天数原始数据（无离群值）"置为当前。
> (2) 单击"新建图表"按钮，选择"平均值/中位数与误差"选项卡中的"列条形图（水平）"。图表配色方案为"彩色（半透明）"，设置图表字体为"华文楷体"，大小为18，颜色为红色（3E）。在"格式化图表"对话框的"注解"选项卡中显示"绘图的值（平均值，中位数...）"，方向为水平，字体为小五。

（3）单击"新建图表"按钮，选择"平均值/中位数与误差"选项卡中的"列平均值，误差条（水平）"。图表配色方案为"Prism 深色"，设置图表字体为"华文楷体"，大小为18，颜色为红色（3E）。

（4）保存项目为"肺炎新药治疗前后退热天数误差图.prism"。

9.4 描述性统计分析

描述性统计分析是一种较为初级的数据统计分析方式，包括数据频数、数据集中趋势、数据离散程度、数据分布等。通过分析数据频数，可以剔除数据中的异常值；通过分析众数、平均数、中位数等可以了解数据的集中趋势；通过分析方差、标准差等可以了解数据的离散程度；通过对数据进行正态分布检验，可以了解数据的分布。

9.4.1 计算描述性统计量

描述性统计一般是指按列计算每个数据集的描述性统计量（描述集中趋势和离散趋势的各种统计量）。

【执行方式】

菜单栏：选择菜单栏中的"分析"→"数据探索和摘要"→"描述性统计"命令。

【操作步骤】

执行此命令，弹出"分析数据"对话框。在左侧列表中选择指定的分析方法"描述性统计"，在右侧显示需要分析的数据集和数据列。单击"确定"按钮，关闭该对话框，弹出"参数：描述性统计"对话框，显示数据集的基本参数统计值，如图9.34所示。

【选项说明】

下面介绍该对话框中的选项。

1. "基本"选项组

选择要计算并输出的基本描述性统计量：最小值、最大值、区间、平均值、标准差、标准误差、四分位数、列求和。

2. "高级"选项组

选择要计算并输出的高级描述性统计量：变异系数、偏度和峰度、百分位数、几何平均数和几何标准差因子、调和平均数、平方平均数。

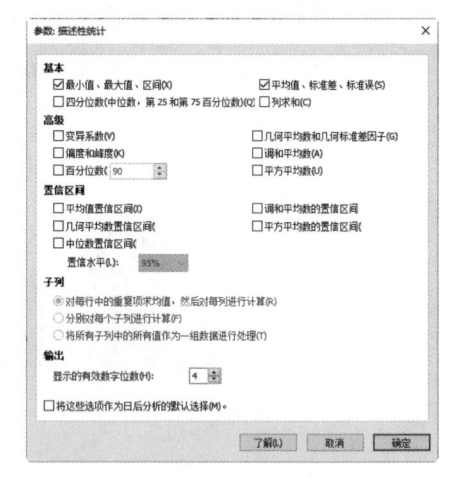

图 9.34 "参数：描述性统计"对话框

3. "置信区间"选项组

选择要计算并输出的描述性统计量的置信区间。

4. "子列"选项组

如果数据位于为 XY 格式化的表中，或带有子列的分组数据中，则需要分别计算每个子列的列统计信息，或计算子列的平均值，并根据平均值计算列统计信息。

如果数据表具有用于输入平均值和 SD（或 SEM）值的子列，则 GraphPad Prism 会计算平均值的列统计信息，并忽略输入的 SD 或 SEM 值。

5. "输出"选项组

定义输出数据的有效数字位数，默认值为 4。

★动手学——计算运动后最大心率数据统计量

源文件：源文件\09\运动后最大心率数据表.prism

本实例计算 20 例运动后最大心率数据的描述性统计量，了解数据的集中趋势和离散趋势的描述情况。

操作步骤

1. 设置工作环境

（1）双击 GraphPad Prism 10 图标，启动 GraphPad Prism。

（2）选择菜单栏中的"文件"→"打开"命令，或选择 Prism 功能区中的"打开项目文件"命令，或单击"文件"功能区中的"打开项目文件"按钮，或按 Ctrl+O 组合键，弹出"打开"对话框。选择需要打开的文件"运动后最大心率数据表.prism"，单击"打开"按钮，即可打开项目文件。

（3）选择菜单栏中的"文件"→"另存为"命令，或选择"文件"功能区中"保存命令"按钮下的"另存为"命令，弹出"保存"对话框，输入项目名称"计算运动后最大心率数据统计量"。单击"保存"按钮，保存项目。

2. 计算统计量

（1）将数据表"堆叠重复值列表"置为当前。

（2）选择菜单栏中的"分析"→"数据探索和摘要"→"描述性统计"命令，弹出"分析数据"对话框，在左侧列表中选择指定的分析方法"描述性统计"。单击"确定"按钮，关闭该对话框，弹出"参数：描述性统计"对话框，如图 9.35 所示。

（3）在"基本"选项组中勾选"最小值、最大值、区间""平均值、标准差、标准误""四分位数（中位数，第 25 和第 75 百分位数）"和"列求和"复选框。

（4）在"高级"选项组中勾选"变异系数""偏度和峰度""百分位数""几何平均数和几何标准差因子""调和平均数"和"平方平均数"复选框。

（5）单击"确定"按钮，关闭该对话框，生成结果表"描述性统计/堆叠重复值列表"，如图 9.36 所示。

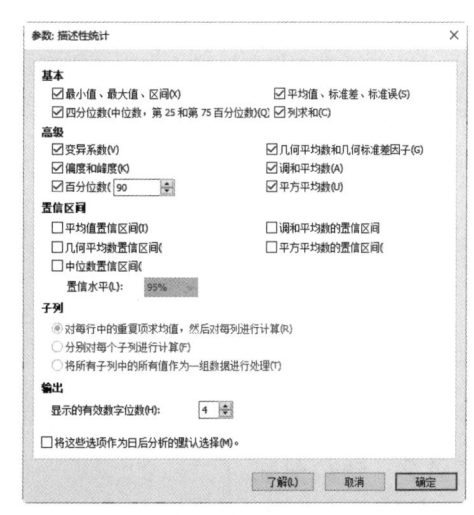

图 9.35 "参数：描述性统计"对话框

（6）其中，平均数、几何平均数和中位数描述集中趋势；范围（全距）、分位数区间、方差、标准差和变异系数等描述离散趋势；偏度和峰度描述分布形态。

3. 保存项目

单击“文件”功能区中的“保存”按钮，或按 Ctrl+S 组合键，保存项目文件。

	描述性统计	A 男性心率	B 女性心率
1	值的数量	10	10
2			
3	最小值	142.0	139.0
4	25% 百分位数	149.3	163.3
5	中位数	165.5	169.5
6	75% 百分位数	173.8	183.0
7	最大值	186.0	192.0
8	范围	44.00	53.00
9			
10	10% 百分位数	142.5	140.9
11	90% 百分位数	185.9	191.4
12			
13	平均值	163.1	170.5
14	标准差	15.13	15.43
15	平均值标准误	4.785	4.879
16			
17	变异系数	9.278%	9.049%
18			
19	几何平均数	162.5	169.8
20	几何标准差	1.097	1.098
21			
22	调和平均数	161.9	169.2
23			
24	平方平均数	163.7	171.1
25			
26	偏度	0.2451	-0.6738
27	峰度	-0.9553	0.6880

图 9.36 结果表“描述性统计/堆叠重复值列表”

★动手练——计算平均滴度

几何平均数在医学研究领域多用于血清学和微生物学中。有些明显呈偏态分布的资料经过对数变换后呈对称分布，也可以采用几何平均数描述其平均水平，但要注意观察值中不能有 0 或负数，否则在作对数变换之前需要加一个常数。同一组观察值的几何平均数总是小于它的算术平均数。

本实例测得 10 个人的血清滴度的倒数分别为 2、2、4、4、8、8、8、8、32、32，求平均滴度。

根据分析结果：平均值为 x=10.80，几何平均数为 6.964。显然，在这里平均值不能代表其平均水平，选择几何平均数则比较合适。故 10 份血清滴度的平均水平约为 1 : 7，如图 9.37 所示。

	描述性统计	A
1	值的数量	10
2		
3	最小值	2.000
4	最大值	32.00
5	范围	30.00
6		
7	平均值	10.80
8	标准差	11.44
9	平均值标准误	3.617
10		
11	几何平均数	6.964
12	几何标准差	2.636

图 9.37 计算平均滴度结果

思路点拨

（1）新建项目文件“血清滴度数据表.prism”。

（2）重命名数据表“血清滴度”，输入数据。

（3）选择“描述性统计”命令，计算“最小值、最大值、区间”“平均值、标准差、标准误”“几何平均数和几何标准差因子”。

（4）保存项目文件。

9.4.2 频数分布

频数是指变量值中代表某种特征的数（标志值）出现的次数。频数分布是一种数据的表格汇总，表示在几个互不重叠的分组中的每个组的项目个数。

【执行方式】

菜单栏：选择菜单栏中的"分析"→"数据探索和摘要"→"频数分布"命令。

【操作步骤】

执行此命令，弹出"分析数据"对话框。在左侧列表中选择指定的分析方法"频数分布"，在右侧显示需要分析的数据集和数据列。单击"确定"按钮，关闭该对话框，弹出"参数：频率分布"对话框，创建频率分布表和频率分布图，如图 9.38 所示。

【选项说明】

下面介绍该对话框中的选项。

1."创建"选项组

（1）频率分布：选中该单选按钮，绘制频率分布图。数据区间数据出现的频率=次数/数据个数。

（2）累积频率分布：选中该单选按钮，绘制累积频率分布图。累积频率=输出区间数据出现的频率和。

2."制表"选项组

选择频率分布表/图的数据来源：值的数量、相对频数（分数）、相对频数（百分比）。

3."组宽"选项组

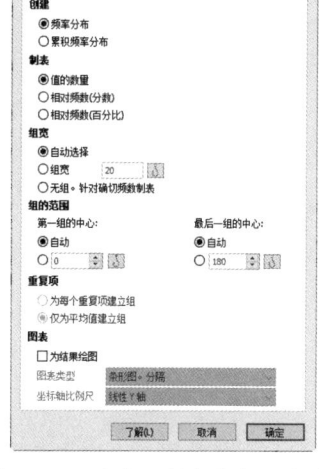

图 9.38 "参率：频率分布"对话框

将一批数据分组，一般数据越多，分的组数也越多。根据分组绘制频率分布图，分组的个数决定了频率分布图（一般为条形图）中条柱的个数。

（1）自动选择：自动进行分组。

（2）组宽：根据指定的组宽进行分组。

（3）无组。针对确切频数制表：不进行分组。

4."组的范围"选项组

通过定义第一组/最后一组的中心设置组的范围。

5."重复项"选项组

（1）为每个重复项建立组：若输入重复值，可将每个重复值放入相应分组中。

（2）仅为平均值建立组：若输入重复值，可将重复值的平均值放入相应分组中。

6."图表"选项组

（1）为结果绘图：勾选该复选框，绘制频率分布图。

（2）图表类型：选择频率分布图的类型，包括 XY 图、交错条形图、堆叠条形图、分隔条形图。

（3）坐标轴比例尺：设置显示坐标轴比例尺的对象，默认选择线性 Y 轴。

★动手学——计算运动后最大心率数据频数

源文件：源文件\09\计算运动后最大心率数据统计量.prism

本实例根据男性、女性运动后最大心率数据全距（最大值与最小值之差），以 0.01 为间隔进行分组，计算各组段频数、各组段频率、累计频数和累计频率。

操作步骤

1. 设置工作环境

（1）双击"开始"菜单中的 GraphPad Prism 10 图标，启动 GraphPad Prism 10。

（2）选择菜单栏中的"文件"→"打开"命令，或选择 Prism 功能区中的"打开项目文件"命令，或单击"文件"功能区中的"打开项目文件"按钮，或按 Ctrl+O 组合键，弹出"打开"对话框。选择需要打开的文件"计算运动后最大心率数据统计量.prism"，单击"打开"按钮，即可打开项目文件。

（3）选择菜单栏中的"文件"→"另存为"命令，或选择"文件"功能区中"保存命令"按钮下的"另存为"命令，弹出"保存"对话框，输入项目名称"计算运动后最大心率数据频数.prism"。单击"保存"按钮，保存项目。

2. 绘制频数分布表

（1）将数据表"堆叠重复值列表"置为当前。

（2）选择菜单栏中的"分析"→"数据探索和摘要"→"频数分布"命令，弹出"分析数据"对话框，在左侧列表中选择指定的分析方法"频数分布"。单击"确定"按钮，关闭该对话框，弹出"参数：频率分布"对话框。

（3）在"创建"选项组中选中"频率分布"单选按钮，在"制表"选项组中选中"值的数量"单选按钮，在"组宽"选项组中选中"组宽"单选按钮，在后面的文本框中输入 10，在"图表"选项组中勾选"为结果绘图"复选框，"图表类型"为"条形图。分隔"，如图 9.39 所示。

（4）单击"确定"按钮，关闭该对话框，生成结果表和图表"直方图/堆叠重复值列表"，将结果表重命名为"频数分布"，结果如图 9.40 所示。

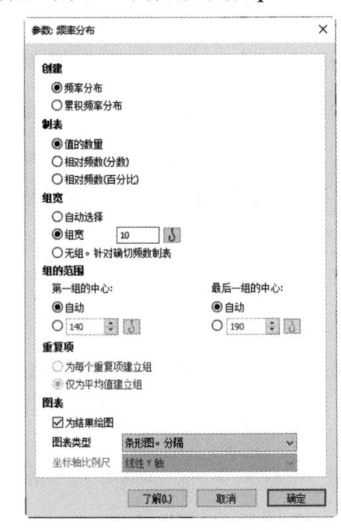

图 9.39 "参数：频率分布"对话框

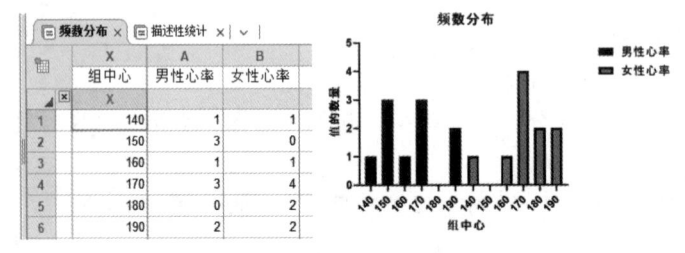

图 9.40 结果表和图表"频数分布"

3. 绘制频率分布表

（1）将数据表“堆叠重复值列表”置为当前。

（2）选择菜单栏中的“分析”→“数据探索和摘要”→“频数分布”命令，弹出“分析数据”对话框。单击“确定”按钮，关闭该对话框，弹出“参数：频率分布”对话框。

（3）在“创建”选项组中选中“频率分布”单选按钮，在“制表”选项组中选中“相对频数（百分比）”单选按钮，在“组宽”选项组中选中“组宽”单选按钮，在后面的文本框中输入 10。单击“确定”按钮，关闭该对话框，生成结果表“直方图/堆叠重复值列表”，将结果表重命名为“频率分布”，结果如图 9.41 所示。

4. 绘制累计频数分布表

（1）将数据表“堆叠重复值列表”置为当前。

（2）选择菜单栏中的“分析”→“数据探索和摘要”→“频数分布”命令，弹出“分析数据”对话框。单击“确定”按钮，关闭该对话框，弹出“参数：频率分布”对话框。

（3）在“创建”选项组中选中“累积频率分布”单选按钮，在“制表”选项组中选中“值的数量”单选按钮，在“组宽”选项组中选中“组宽”单选按钮，在后面的文本框中输入 10。单击“确定”按钮，关闭该对话框，生成结果表“直方图/堆叠重复值列表”，将结果表重命名为“累计频数分布”，结果如图 9.42 所示。

5. 绘制累计频率分布表

（1）将数据表“堆叠重复值列表”置为当前。

（2）选择菜单栏中的“分析”→“数据探索和摘要”→“频数分布”命令，弹出“分析数据”对话框。单击“确定”按钮，关闭该对话框，弹出“参数：频率分布”对话框。

（3）在“创建”选项组中选中“累积频率分布”单选按钮，在“制表”选项组中选中“相对频数（百分比）”单选按钮，在“组宽”选项组中选中“组宽”单选按钮，在后面的文本框中输入 0.1。单击“确定”按钮，关闭该对话框，生成结果表“直方图/堆叠重复值列表”，将结果表重命名为“累计频率分布”，结果如图 9.43 所示。

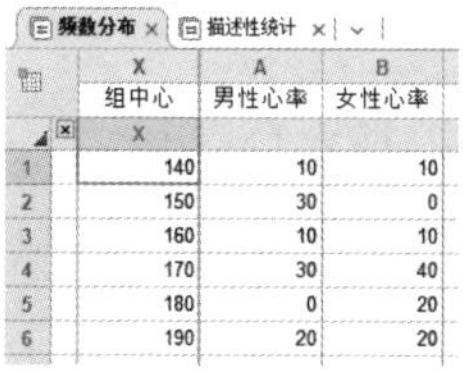

	X 组中心	A 男性心率	B 女性心率
1	140	10	10
2	150	30	0
3	160	10	10
4	170	30	40
5	180	0	20
6	190	20	20

图 9.41 结果表“频率分布”

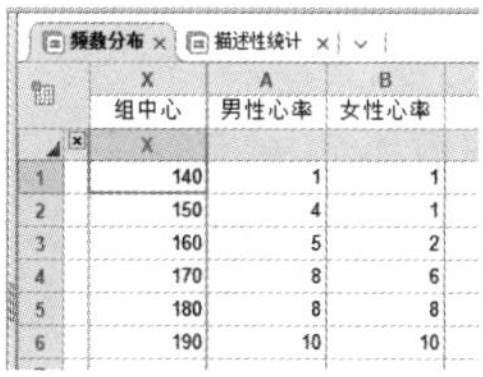

	X 组中心	A 男性心率	B 女性心率
1	140	1	1
2	150	4	1
3	160	5	2
4	170	8	6
5	180	8	8
6	190	10	10

图 9.42 结果表“累计频数分布”

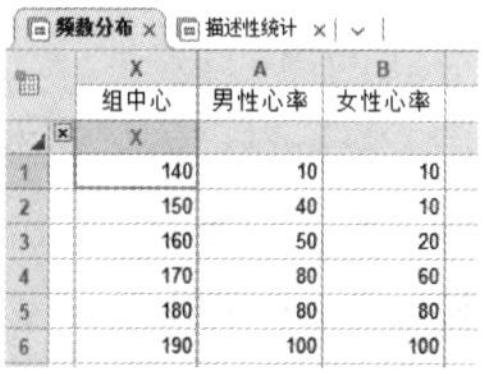

	X 组中心	A 男性心率	B 女性心率
1	140	10	10
2	150	40	10
3	160	50	20
4	170	80	60
5	180	80	80
6	190	100	100

图 9.43 结果表“累计频率分布”

6. 保存项目

单击“文件”功能区中的“保存”按钮，或按 Ctrl+S 组合键，保存项目文件。

9.4.3 正态性与对数正态性检验

若随机变量 X 服从一个数学期望（均值）为 μ、方差为 σ^2 的正态分布，则记为 $N(\mu,\sigma^2)$。利用观测数据判断总体是否服从正态分布的检验称为正态性检验，它是统计判决中重要的一种特殊的拟合优度假设检验。对数正态分布是其中特殊的一种检验，仅包含正数。在对数正态分布中，不存在负值和0。如果数据不满足正态分布，则不能直接进行显著性分析。

【执行方式】

菜单栏：选择菜单栏中的"分析"→"数据探索和摘要"→"正态性与对数正态性检验"命令。

【操作步骤】

执行此命令，弹出"分析数据"对话框。在左侧列表中选择指定的分析方法"正态性与对数正态性检验"，在右侧显示需要分析的数据集和数据列。单击"确定"按钮，关闭该对话框，弹出"参数：正态性和对数正态性检验"对话框，设置基本参数，如图 9.44 所示。

【选项说明】

下面介绍该对话框中的选项。

1."要检验哪些分布？"选项组

选择检验数据是否服从正态（高斯）分布、对数正态分布，或者服从两者中任意一种。如果存在任何值为 0 或负值，则 GraphPad Prism 需要检验对数正态性。

2."检验分布的方法"选项组

（1）D'Agostino-Pearson 综合正态性检验：也称为 D'Agostino 和 Pearson 正态性检验，是一种用于检验数据是否符合正态分布的统计检验方法，通常用于中小样本数据（样本数大于 50）。

（2）Anderson-Darling 检验：简称 AD 检验，是一种拟合检验。此检验是将样本数据的经验累积分布函数与假设数据呈正态分布时期望的分布进行比较，如果差异足够大，则该检验将否定总体呈正态分布的原假设。

（3）Shapiro Wilk 正态性检验：夏皮罗维尔克检验法，适合小样本数据（样本数小于等于 50）。

（4）包含 Dallal-Wilkinson-Lillefor P 值的 Kolmogorov-Smirnov 正态性检验：进行两种正态检验。Kolmogorov-Smirnov 正态性检验适合大样本数据（样本数大于 5000）。

3."绘图选项"选项组

创建 QQ 图：勾选该复选框，创建 Q-Q 图。Q-Q 图是常见的正态概率图，用于检验数据资料是否服从某种分布类型。Q-Q 图（Q 代表分位数）使用概率分布的分位数进行正态性检验，如果样本数对应的总体分布确为正态分布，则 Q-Q 图中样本数据对应的散点应基本落在从原点出发的 45°线附近。

4."子列"选项组

选择对包含子列的数据表进行特殊处理后再进行分析。

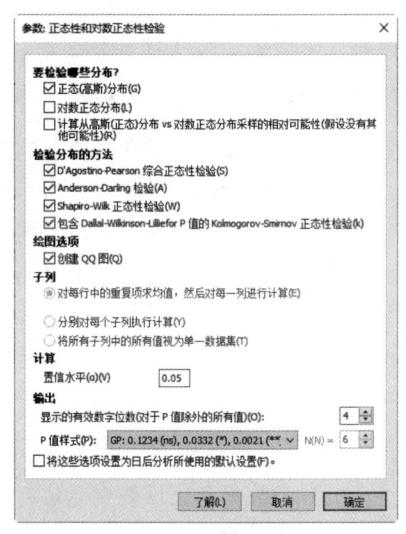

图 9.44　"参数：正态性和对数正态性检验"对话框

5. "计算"选项组

置信水平：置信度区间百分比 α，默认值为 5%。表示在指定水平下，样本平均值与指定的检验值之差的置信区间。

★动手练——最大心率数据正态性检验

本实例检验 10 组男性、女性心率检测数据和运动前后心率检测数据是否符合正态分布，检验结果如图 9.45 所示。

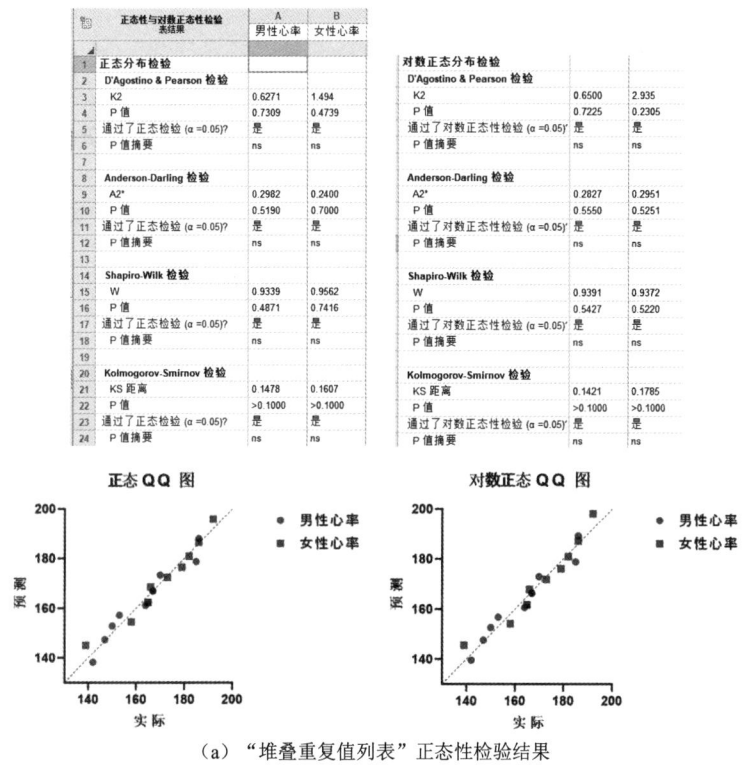

（a）"堆叠重复值列表"正态性检验结果

（b）成对重复值列表　　　（c）男性运动前心率　　　（d）女性运动前心率

图 9.45　正态性检验结果

分析结果：

（1）在"堆叠重复值列表"中进行正态性检验：P 值＞0.05，说明男性、女性心率检测数据服从正态性分布。

（2）在"成对重复值列表"中进行正态性检验：运动前心率检测数据不服从正态性分布（P值=0.0018＜0.05），运动后心率检测数据服从正态性分布（P值=0.5502＞0.05）。

（3）在"男性运动前心率"中进行正态性检验：P值＞0.05，说明男性运动前、后心率检测数据服从正态性分布。

（4）在"女性运动前心率"中进行正态性检验：女性运动前心率检测数据不服从正态性分布（P值=0.0010＜0.05），女性运动后心率检测数据服从正态性分布（P值=0.7416＞0.05）。

思路点拨

源文件：源文件\09\运动后最大心率数据表.prism

（1）打开项目文件"运动后最大心率数据表.prism"。

（2）打开数据表"堆叠重复值列表"，选择正态（高斯）分布、对数正态分布检验。选择四种检验方法，创建Q-Q图。

（3）打开数据表"成对重复值列表"，导入运动前心率数据。选择正态（高斯）分布中的"Shapiro-Wilk 正态性检验"。

（4）新建数据表"男性运动前心率"，复制数据表"成对重复值列表"中男性最大心率数据。选择正态（高斯）分布中的"Shapiro-Wilk 正态性检验"。

（5）新建数据表"女性运动前心率"，复制数据表"成对重复值列表"中女性最大心率数据。选择正态（高斯）分布中的"Shapiro-Wilk 正态性检验"。

（6）保存项目文件为"运动前后最大心率数据正态性检验.prism"。

第 10 章 列表显著性分析

内容简介

在 GraphPad Prism 列表中，包含两种或者多种不同的试验结果，对实验数据进行比较分析时，不能仅凭结果的不同就作出结论，而是要进行统计学分析，对数据进行差异显著性检验。显著性检验是事先对总体的参数或总体分布形式作出一个假设，然后利用样本信息来判断这个假设（原假设）是否合理，即判断总体的真实情况与原假设是否存在显著差异。

在 GraphPad Prism 中，最常见的显著性分析方法是 t 检验和方差分析。t 检验只能判断 2 个处理组之间有无差异，在对 3 个或 3 个以上处理组进行分析比较时多采用方差分析。

内容要点

- 单样本 t 检验
- 双样本 t 检验
- 单因素方差分析
- 诊断分析

10.1 单样本 t 检验

单样本 t 检验是通过比较样本均数与已知总体均数，比较样本数据与理论值（已知总体均数）之间的差异情况。

10.1.1 单样本 t 检验简介

单样本 t 检验是将数据集（服从正态分布）平均值与理论值（或零假设）进行比较，若结果没有显著差异，则接受零假设：数据集平均值与理论值相等。

【执行方式】

菜单栏：选择菜单栏中的"分析"→"群组比较"→"单样本 t 检验和 Wilcoxon 检验"命令。

【操作步骤】

执行此命令，弹出"分析数据"对话框。在左侧列表中选择指定的分析方法"单样本 t 检验和 Wilcoxon 检验"，在右侧显示要分析的数据集和数据列。

单击"确定"按钮,关闭该对话框,弹出"参数:单样本 t 检验和 Wilcoxon 检验"对话框,包含 2 个选项卡,如图 10.1 所示。

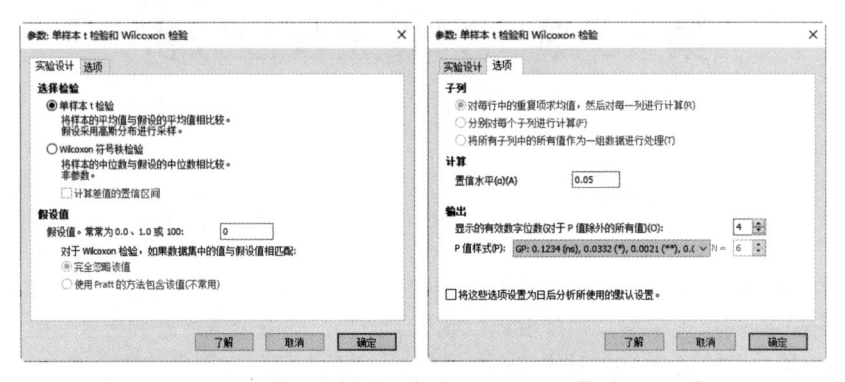

图 10.1 "参数:单样本 t 检验和 Wilcoxon 检验"对话框

【选项说明】

下面介绍该对话框中的选项。

1. "实验设计"选项卡

(1)"选择检验"选项组。

单样本 t 检验:将样本的平均值与假设的平均值相比较,假设采用高斯分布进行采样。

(2)"假设值"选项组。

假设值:输入与平均值进行比较的假设值。该值通常为 0 或 100(当为百分比时),或 1.0(当为比率时)。

2. "选项"选项卡

(1)"子列"选项组:在带有子列的分组表中输入数据时,GraphPad Prism 提供了以下三种选择。

1)对每行中的重复项求均值,然后对每一列进行计算。

2)分别对每个子列进行计算。

3)将所有子列中的所有值作为一组数据进行处理。

(2)"计算"选项组:输入计算输出结果时使用的置信水平(α),默认为 0.05。该值用于定义统计学显著性的 P 值。

(3)"输出"选项组。

1)显示的有效数字位数(对于 P 值除外的所有值):选择在显示结果时使用的数据位数,P 值的数据格式与位数在下面的选项中进行设置。

2)P 值样式:选择在显示结果时使用的 P 值格式和位数。

★动手学——运动后最大心率数据均值比较

源文件:源文件\10\运动前后最大心率数据正态性检验.prism

假设某医院有一个 10000 例的患者样本,该总体样本运动后最大心率平均值为 170。现有 20 例样本运动后最大心率数据(服从正态分布),本实例使用单样本 t 检验方法判断样本数据与总体数据的平均值是否存在显著性差异。

操作步骤

1. 设置工作环境

（1）双击"开始"菜单中的 GraphPad Prism 10 图标，启动 GraphPad Prism 10。

（2）选择菜单栏中的"文件"→"打开"命令，或选择 Prism 功能区中的"打开项目文件"命令，或单击"文件"功能区中的"打开项目文件"按钮，或按 Ctrl+O 组合键，弹出"打开"对话框。选择需要打开的文件"运动前后最大心率数据正态性检验.prism"，单击"打开"按钮，即可打开项目文件。

（3）选择菜单栏中的"文件"→"另存为"命令，或选择"文件"功能区中"保存命令"按钮下的"另存为"命令，弹出"保存"对话框，输入项目名称"运动后最大心率数据均值比较"。单击"保存"按钮，保存项目。

2. 均值比较

（1）将数据表"成对重复值列表"置为当前。

（2）选择菜单栏中的"分析"→"群组比较"→"单样本 t 检验和 Wilcoxon 检验"命令，弹出"分析数据"对话框，选择分析"B：运动后心率"。单击"确定"按钮，关闭该对话框，弹出"参数：单样本 t 检验和 Wilcoxon 检验"对话框，如图 10.2 所示。选中"单样本 t 检验"单选按钮，"假设值"为 170；打开"选项"选项卡，置信水平默认为 0.05。

（3）单击"确定"按钮，关闭该对话框，输出结果表"单样本 t 检验/成对重复值列表"，显示单样本 t 检验结果，如图 10.3 所示。

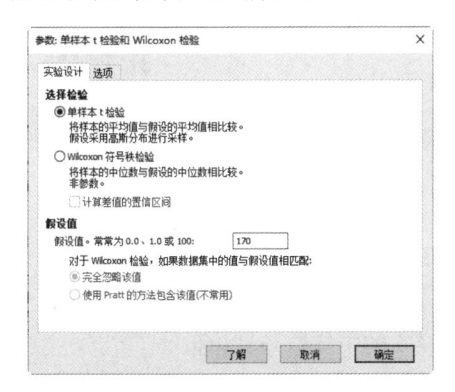

图 10.2 "参数：单样本 t 检验和 Wilcoxon 检验"对话框

图 10.3 结果表"单样本 t 检验/成对重复值列表"

（4）从结果表中看到，P 值（双尾）=0.3629>0.05，样本均值与备选假设值的差异没有超过参考值（即 t 值），则接受原假设，即认为该检测样本的均值与总体平均值数据不存在显著性差异。

3. 保存项目

单击"文件"功能区中的"保存"按钮，或按 Ctrl+S 组合键，保存项目文件。

10.1.2 Wilcoxon 符号秩检验

单样本 t 检验要求检验样本呈现正态分布，如果不呈现正态分布，则应选择单样本 Wilcoxon 符号秩检验。单样本 Wilcoxon 符号秩检验是将数据集（服从正态分布）的中位数与理论值（或零假设）进行比较，若结果没有显著性差异，则接受零假设：数据集中位数与理论值相等。

【执行方式】

在"实验设计"选项卡的"选择检验"选项组中选中"Wilcoxon 符号秩检验"单选按钮。

【操作步骤】

执行此操作，将样本的中位数与假设的中位数进行比较。该检验属于非参数检验。

【选项说明】

下面介绍该选项组中的相关选项。

1."选择检验"选项组

勾选"计算差值的置信区间"复选框，计算样本的中位数与假设的中位数差值的置信区间。

2."假设值"选项组

（1）假设值：输入与中位数进行比较的假设值。

（2）对于 Wilcoxon 符号秩检验，如果数据集中的值与假设值相匹配，还需指定当某数据值完全等于假设值时的下一个步骤。

1）完全忽略该值：忽略与假设值完全相等的值。

2）使用 Pratt 的方法包含该值（不常用）：Pratt 方法是一种用于拟合圆的数学算法，通过最小二乘法和梯度下降法来优化圆的拟合结果。

★动手练——运动前最大心率数据 Wilcoxon 符号秩检验

现有 20 例样本运动前后的最大心率数据（不服从正态分布）。本实例使用 Wilcoxon 符号秩检验方法判断样本数据与总体数据的中位数（150）是否存在显著性差异，检验结果如图 10.4 所示。

结果分析：

（1）从单样本 Wilcoxon 检验表中看到，P 值（双尾）=0.0019<0.05，拒绝原假设，认为在 α=0.05 的置信水平下，该检测样本的中位数与理论值（中位数 150）存在显著性差异，95%置信区间为 5.000～15.00。

图 10.4 检验结果

（2）在"P 值摘要"中，当只有两组数据作比较时，可以简单地用*表示显著（P 值<0.05），**表示非常显著（P 值<0.01），***表示极其显著（P 值<0.001），****表示显著程度更高（P 值<0.0001）。P>0.05 表示差异性不显著，显示为 ns。

思路点拨

源文件：源文件\10\运动前后最大心率数据正态性检验.prism

（1）打开项目文件"运动前后最大心率数据正态性检验.prism"。

（2）打开数据表"成对重复值列表"，选择"Wilcoxon 符号秩检验"，选择数据集"A：运动前心率"，输出结果表"单样本 Wilcoxon 符号秩检验/成对重复值列表"。

（3）保存项目文件为"运动前最大心率数据 Wilcoxon 符号秩检验.prism"。

10.2　双样本 t 检验

双样本 t 检验是用 t 分布理论来推断差异发生的概率，从而判定两总体均数的差异是否具有统计学意义。主要用于样本含量较小（如 $n<60$）、总体标准差 σ 未知，且呈正态分布的计量数据。

使用 t 检验法检验具有相同方差的两正态总体均值差的假设时，假设两总体的方差是相等的。现在求检验问题

$$H_0: \mu_1 - \mu_2 = \delta, \ H_1: \mu_1 - \mu_2 \neq \delta$$

的拒绝域（δ 为已知常数），取显著性水平为 α。

10.2.1　配对 t 检验

配对 t 检验是指在相同的条件下做对比试验，得到一批成对的观察值。然后分析观察数据作出推断，比较两种产品、两种仪器、两种方法等的差异。

【执行方式】
- 菜单栏：选择菜单栏中的"分析"→"群组比较"→"t 检验（和非参数检验）"命令。
- 功能区：单击"分析"功能区中的"比较两组：t 检验、Mann-Whitney、Wilcoxon#"按钮。

【操作步骤】

执行此命令，弹出"分析数据"对话框，在左侧列表中选择指定的分析方法"t 检验（和非参数检验）"。单击"确定"按钮，关闭该对话框，弹出"参数：t 检验（和非参数检验）"对话框，如图 10.5 所示。

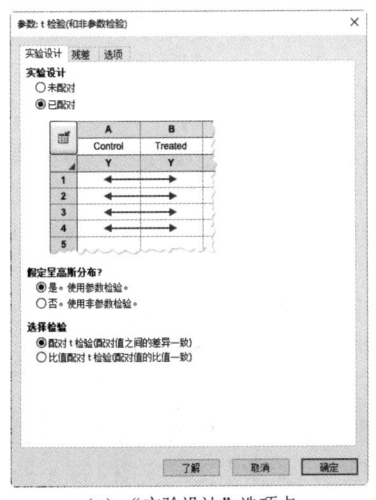

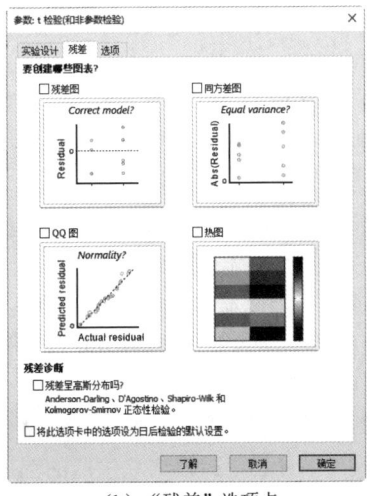

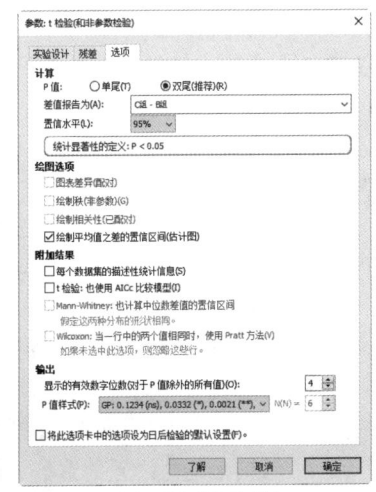

(a)"实验设计"选项卡　　(b)"残差"选项卡　　(c)"选项"选项卡

图 10.5　"参数：t 检验（和非参数检验）"对话框

【选项说明】

下面介绍该对话框中的选项。

1."实验设计"选项卡

（1）"实验设计"选项组：选择数据集中正在比较的变量是"已配对"。

（2）"假定呈高斯分布？"选项组：选择使用参数检验或非参数检验。

（3）"选择检验"选项组。

1）参数检验：配对 t 检验、比值配对 t 检验。

2）非参数检验：Wilcoxon 配对符号秩检验，对配对资料的差值采用符号秩方法进行检验。

2."残差"选项卡

（1）"要创建哪些图表？"选项组：t 检验的一个假设是该模型的残差从高斯分布中抽样，残差图有助于评估该假设。GraphPad Prism 提供了四种基于 t 检验绘制残差图的方式，其中最有帮助的是 Q-Q 图。

（2）"残差诊断"选项组：勾选"残差呈高斯分布吗？"复选框，对残差进行四次正态性检验。汇总两组残差，然后进入一组正态性检验。

3."选项"选项卡

（1）"计算"选项组。

1）P 值：选择 P 值的计算方法。

- 单尾：也称单侧检验，强调某一方向的检验叫单尾检验。当要检验的是样本所取自的总体参数值大于或小于某个特定值时，采用单尾检验方法。
- 双尾（推荐）：只强调差异不强调方向性（如大小、多少）的检验叫双尾检验。当检验样本和总体均值有无差异，或样本数之间有无差异方法，采用双尾检验方法。双尾检验的目的是检测 A、B 两组有无差异，而不管是 A 大于 B 还是 B 大于 A。

2）差值报告为：选择 GraphPad Prism 报告的均值或中间值之间的差异符号，是用第 1 个均值减去第 2 个均值，还是用第 2 个均值减去第 1 个均值。

3）置信水平：选择置信水平，默认值为 95%。

（2）"绘图选项"选项组：根据在"实验设计"选项卡中选择的检验显示可用的选项，此类选项可用于更深入地查看数据。

1）图表差异（配对）：该选项用于创建显示该差异列表的表格和图表。配对 t 检验和 Wilcoxon 匹配配对检验首先计算每行上的两个值之间的差异。

2）绘制秩（非参数）：该选项用于创建显示这些等级的表格和图表。Mann-Whitney 检验首先从低到高排列所有值，然后比较两组的平均等级。Wilcoxon 首先计算每对之间的差异，然后排列这些差异的绝对值，差异为负数时，赋予负值。

3）绘制相关性（已配对）：绘制一个变量与另一个变量的图表，直观地评估它们之间的相关性。

4）绘制平均值之差的置信区间（估计图）：该选项生成的图形包括原始数据的散点图（或小提琴图）。此外，该图表还包括绘制了平均值与 95%CI（对于非配对检验）之间的差异或平均值与 95%CI（对于配对检验）之间的差异的第 3 个数据集。估计图对直观评估 t 检验结果非常有用。

（3）"附加结果"选项组。

1）每个数据集的描述性统计信息：勾选该复选框，GraphPad Prism 将为每个数据集创建一个新的描述性统计表。

2）t 检验：也使用 AICc 比较模型：勾选该复选框，GraphPad Prism 将报告通常的 t 检验结果，但也会使用 AICc 来比较两个模型的拟合度，并报告每个模型均正确的概率。

3）Mann-Whitney。也计算中位数差值的置信区间，假设这两种分布的形状相同：勾选该复选框，计算中间值（Mann-Whitney）或配对差异的中间值（Wilcoxon）之间的差异的 95% CI。对于 Mann-Whitney 检验，假设这两个总体的形状相同；对于 Wilcoxon 检验，假设差异分布是对称的。

4）Wilcoxon。当一行中的两个值相同时，使用 Pratt 方法：勾选该复选框，按照 Wilcoxon 在创建检验时所述的方式处理该问题。

★动手学——抗抑郁药物治疗前后体重配对 t 检验

12 名厌食症患者在进行抗抑郁药物治疗前后的测量体重数据（kg）见表 10.1，本实例通过配对 t 检验判断抗抑郁药物的治疗对体重是否有影响。

表 10.1　测量体重数据　　　　　　　　　　单位：kg

患者	1	2	3	4	5	6	7	8	9	10	11	12
治疗前	52.5	48	39	46	50	47	49	58	51	43	43	50
治疗后	72.5	51.5	40	52.5	55	52	52	52	50.5	50	45	54

操作步骤

1. 设置工作环境

（1）双击"开始"菜单中的 GraphPad Prism 10 图标，启动 GraphPad Prism 10，自动弹出"欢迎使用 GraphPad Prism"对话框。

（2）在"创建"选项组中默认选择"列"选项，在"数据表"选项组中默认选中"将数据输入或导入到新表"单选按钮；在"选项"选项组中默认选中"输入重复值，并堆叠到列中"单选按钮。单击"创建"按钮，创建项目文件，同时该项目下自动创建一个数据表"数据 1"和关联的图表"数据 1"。

（3）在导航器中单击选择"数据 1"，根据表中的数据在数据区输入数据、列标题和行标题，结果如图 10.6 所示。

（4）选择菜单栏中的"文件"→"另存为"命令，或选择"文件"功能区中"保存命令"按钮下的"另存为"命令，弹出"保存"对话框，输入项目名称"抗抑郁药物治疗前后体重配对 t 检验.prism"，单击"保存"按钮，保存项目文件。

2. 配对 t 检验（参数检验）

厌食症患者药物治疗的前后体重变化属于配对数据，选择配对 t 检验，假设两组数据服从正态分布，使用参数检验进行分析。

建立检验假设：

H_0: $\mu_1=\mu_2$，药物治疗对体重无影响。

H_1: $\mu_1 \neq \mu_2$，药物治疗对体重有影响。

（1）单击"分析"功能区中的"比较两组：t 检验、Mann-Whitney、Wilcoxon#"按钮，弹出"参数：t 检验（和非参数检验）"对话框，打开"实验设计"选项卡。在"实验设计"选项组中选中"已配对"单选按钮，在"假定呈高斯分布？"选项组中选中"是。使用参数检验"单选按钮，在"选择检验"选项组中选中"配对 t 检验（配对值之间的差异一致）"单选按钮。

（2）打开"残差"选项卡，勾选"残差呈高斯分布吗？"复选框，如图 10.7 所示。

（3）单击"确定"按钮，在结果表"配对 t 检验/数据 1"中显示配对 t 检验结果，如图 10.8 所示。下面进行结果分析。

	第 A 组	第 B 组	第
	治疗前	治疗后	
1	52.5	72.5	
2	48.0	51.5	
3	39.0	40.0	
4	46.0	52.5	
5	50.0	55.0	
6	47.0	52.0	
7	49.0	52.0	
8	58.0	52.0	
9	51.0	50.5	
10	43.0	50.0	
11	43.0	45.0	
12	50.0	54.0	

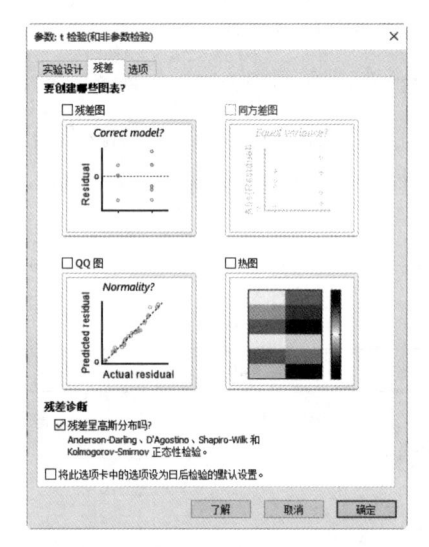

图 10.6　输入数据　　　　图 10.7　"参数：t 检验（和非参数检验）"对话框

残差正态性				
检验名称	统计	P 值	通过了正态性检验 (α=0.05)	P 值摘要
Anderson-Darling (A2*)	0.7556	0.0353	否	*
D'Agostino-Pearson 综合检验 (K2	10.16	0.0062	否	**
Shapiro-Wilk (W)	0.8582	0.0464	否	*
Kolmogorov-Smirnov(距离)	0.2398	0.0550	是	ns

图 10.8　配对 t 检验结果

1）进行参数检验，首要条件是数据服从正态分布，在"残差正态性"选项组中显示了四种数据正态检验。本实例中，数据样本数属于小样本，查看 Shapiro-Wilk(W)检验结果，P 值为 0.0465＜0.05，没有通过正态性检验（α=0.05）。

2）因此，上面的检验结果不适用。在选择统计方法时，不能简单地选择 t 检验，而应该选择非参数检验中的 Wilcoxon 符号秩检验，对配对资料的差值采用符号秩方法进行检验。

3. 配对 t 检验（非参数检验）

（1）单击"分析"功能区中的"比较两组：t 检验、Mann-Whitney、Wilcoxon#"按钮，弹出"参数：t 检验（和非参数检验）"对话框，打开"实验设计"选项卡。在"实验设计"选项组中选中"已配对"单选按钮,在"假定呈高斯分布?"选项组中选中"否。使用非参数检验"单选按钮,在"选择检验"选项组中显示"Wilcoxon 配对符号秩检验",如图 10.9 所示。

(2) 打开"残差"选项卡,在"要创建哪些图表?"选项组中勾选"残差图"复选框。打开"选项"选项卡,P 值计算默认选中"双尾(推荐)"单选按钮;在"附加结果"选项组中勾选"每个数据集的描述性统计信息""Wilcoxon。也计算中位数配对差的置信区间"复选框,如图 10.10 所示。

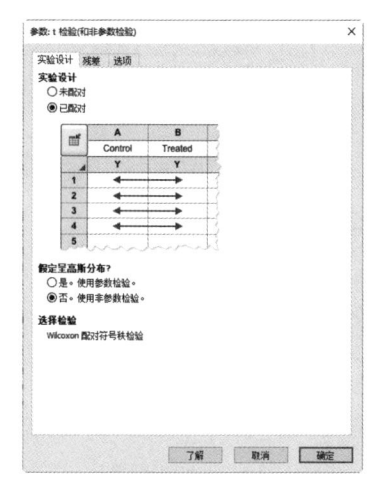

图 10.9　选择配对 t 检验(非参数检验)

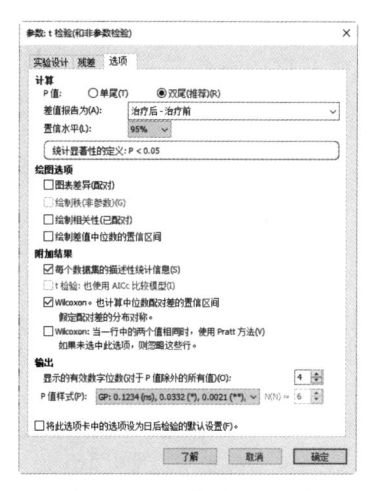

图 10.10　"选项"选项卡

(3) 单击"确定"按钮,输出结果表"Wilcoxon 检验/数据 1"和图表"残差图:Wilcoxon 检验/数据 1",显示 Wilcoxon 符号秩检验结果。下面进行结果分析。

1) 在"表结果"选项卡中,P 值为 0.02<0.05,认为治疗前后体重有显著性差异,如图 10.11 所示。从而得出结论,抗抑郁药物治疗对体重有影响。

图 10.11　"Wilcoxon 检验表结果"选项卡

2) 从"描述性统计"选项卡中看到配对数据的统计量包括值的数量、最小值、25%百分位数、中位数、75%百分位数、最大值、平均值、标准差、平均值标准误、95%置信区间下限、95%置信区间上限,如图 10.12 所示。

3) 图表"残差图:Wilcoxon 检验/数据 1"中显示"治疗前-治疗后"的残差图,如图 10.13 所示。

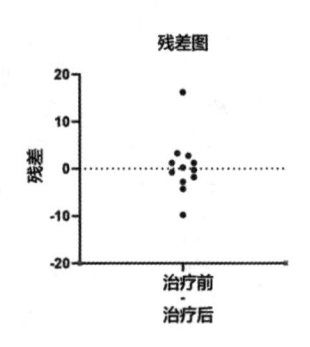

图 10.12　"描述性统计"选项卡　　　　　图 10.13　"治疗前-治疗后"的残差图

★动手练——男性运动前后最大心率数据比值配对 t 检验

男性运动前后最大心率数据服从正态分布，因此可以使用参数检验中的比值配对 t 检验。比值配对 t 检验通过比较两样本比值是否相同检验两总体之间的差异。

本实例使用比值配对 t 检验判断男性运动前后的最大心率是否存在显著性差异，检验结果如图 10.14 所示。

图 10.14　检验结果

从比值配对 t 检验结果表中看到，P 值（双尾）=0.0026<0.05，拒绝原假设，认为在 α=0.05 的置信水平下，男性运动前后的最大心率存在显著性差异。

思路点拨

源文件：源文件\10\运动前后最大心率数据正态性检验.prism

（1）打开项目文件"运动前后最大心率数据正态性检验.prism"下的数据表"男性运动前后心率"。

（2）选择"t 检验（和非参数检验）"命令，数据服从正态性分布，因此，选中"已配对""比值配对 t 检验（配对值的比值一致）"单选按钮，输出结果表"比值配对 t 检验/男性运动前后心率"。

（3）保存项目文件为"男性运动前后最大心率比值配对 t 检验.prism"。

10.2.2　非配对 t 检验

配对 t 检验是为了比较同一组或同一项目在两种不同情况下的平均值，非配对 t 检验则是比较两个独立或不相关的组的平均值。例如,检验同一班级中不同性别学生的数学测验成绩是否存在显示性差异,将男生的成绩列为一列,女生的成绩列为一列进行独立样本 t 检验,即两组数据来自不同组被试。

【执行方式】

在"实验设计"选项卡的"实验设计"选项组中选中"未配对"单选按钮。

【选项说明】

下面介绍选中"未配对"单选按钮后该对话框中的选项。

1. 参数检验

(1)未配对的 t 检验:假设两个群体的标准差相同。

(2)包含 Welch 校正的未配对 t 检验:不假设标准差相等。

2. 非参数检验

GraphPad Prism 提供两种方法:Mann-Whitney 检验和 Kolmogorov-Smirnov 检验。

(1)Mann-Whitney 检验:比较秩,具有更高的检验力来检验中位数的差异。

(2)Kolmogorov-Smirnov 检验:比较累积分布,具有更高的检验力来检验分布形状的差异。

★动手学——运动后男女最大心率数据 Welch 校正 t 检验

源文件:源文件\10\运动后最大心率数据表.prism

运动后男性、女性心率检测数据服从正态性分布,方差是否相等未知。本实例根据运动后男性、女性心率检测数据,进行 Welch 校正 t 检验,判断性别对运动后最大心率的影响。

Welch 校正 t 检验适用于比较方差不同的两个样本之间的均值,该检验降低了因样本方差不同而导致的影响。

操作步骤

1. 设置工作环境

(1)双击"开始"菜单中的 GraphPad Prism 10 图标,启动 GraphPad Prism 10。

(2)选择菜单栏中的"文件"→"打开"命令,或选择 Prism 功能区中的"打开项目文件"命令,或单击"文件"功能区中的"打开项目文件"按钮,或按 Ctrl+O 组合键,弹出"打开"对话框。选择需要打开的文件"运动后最大心率数据表.prism",单击"打开"按钮,即可打开项目文件。

(3)选择菜单栏中的"文件"→"另存为"命令,或选择"文件"功能区中"保存命令"按钮下的"另存为"命令,弹出"保存"对话框,输入项目名称"运动后男女最大心率数据 Welch 校正 t 检验.prism"。单击"保存"按钮,保存项目。

2. 非配对 t 检验(参数检验)

(1)将数据表"堆叠重复值列表"置为当前。

(2)单击"分析"功能区中的"比较两组:t 检验、Mann-Whitney、Wilcoxon#"按钮,弹出"参数:t 检验(和非参数检验)"对话框,打开"实验设计"选项卡。在"实验设计"选项组中选中"未配对"单选按钮，在"假定呈高斯分布？"选项组中选中"是。使用参数检验"单选按钮，在"选择检验"选项组中选中"包含 Welch 校正的未配对 t 检验。不假设标准差相等"单选按钮，如图 10.15 所示。

(3) 单击"确定"按钮，在结果表"Welch t 检验/堆叠重复值列表"中显示 Welch 校正的未配对 t 检验结果，如图 10.16 所示。

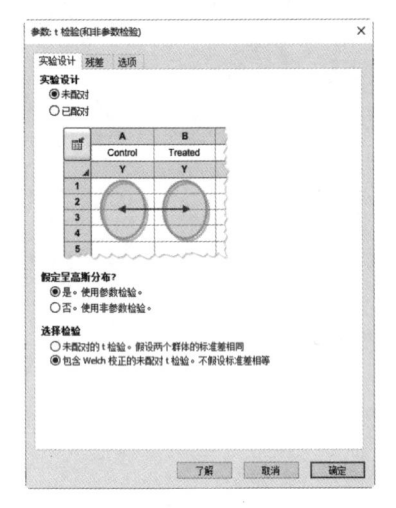

图 10.15 "参数：t 检验（和非参数检验）"对话框

图 10.16 结果表"Welch t 检验/堆叠重复值列表"

3. 结果分析

(1) 样本数据已经验证，服从正态分布。对两个样本进行比较时，首先要判断两总体方差是否相同，即方差齐性。若两总体方差相等，则直接采用 t 检验；若不等，可采用 t'检验、变量变换或秩和检验等方法。

(2) 本实例中，"用于比较方差的 F 检验"选项组中显示方差齐性检验结果：P 值=0.9548＞0.05，不能拒绝零假设，具有方差齐性（α=0.05）。因此，不需要选择校正 F 检验（Wetch 检验），可以直接使用未配对的 t 检验。但是校正 F 检验（Wetch 检验）结果同样适用。相反，若数据方差不相同，则不能使用未配对的 t 检验，需要采用校正 F 检验（Wetch 检验）。

(3) 在"采用 Welch 校正的未配对 t 检验"选项组中显示检验结果：P 值=0.2932＞0.05，表示男性、女性最大心率数据存在显著性差异。

(4) 图表"估计图：Welch t 检验/堆叠重复值列表"中显示原始数据的散点图、平均值与 95%CI 间的差异，直观评估 t 检验结果，如图 10.17 所示。

4. 保存项目

单击"文件"功能区中的"保存"按钮，或按 Ctrl+S 组合键，保存项目文件。

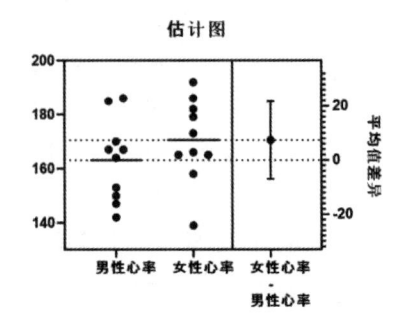

图 10.17 图表"估计图：Welch t 检验/堆叠重复值列表"

★动手练——肺炎新药治疗前后退热天数非参数 t 检验

本实例根据肺炎新药治疗两组受试者的平均退热天数（离群分析后的数据）进行非参数 t 检验，判断新药对治疗肺炎是否有影响。

建立检验假设：

H_0：$\mu_1=\mu_2$，新药对治疗肺炎无影响。

H_1：$\mu_1 \neq \mu_2$，新药对治疗肺炎有影响。

计算 P 值，结果如图 10.18 所示。

图 10.18 非参数 t 检验结果

Mann-Whitney 检验和 Kolmogorov-Smirnov 检验结果中，P 值＜0.0001，拒绝 H_0 假设，接受 H_1 假设，具有统计学意义，即新药对治疗肺炎有影响。

思路点拨

源文件：源文件\10\肺炎新药治疗前后退热天数离群值分析.prism

（1）打开项目文件，激活结果表数据。

（2）由于数据是否服从正态性分布、方差是否相等均未知，使用非参数 t 检验。比较两个不匹配组分布的非参数 t 检验可以使用 Mann-Whitney 检验和 Kolmogorov-Smirnov 检验。

（3）保存项目文件为"肺炎新药治疗前后退热天数非参数 t 检验.prism"。

10.3　单因素方差分析

方差分析的基本思想是分析变异，也就是分解变异，即将总的变异分解为处理因素引起的变异和随机误差引起的变异，通过对两者进行比较作出处理因素有无作用的统计推断。

单因素方差分析是按一个处理因素随机分组，统计分析处理因素各个水平组间均数差别有无统计学意义。

10.3.1 方差分析简介

方差分析（ANOVA）又称"变异数分析"或"F 检验"，用于两个及两个以上样本均数差别的显著性检验。判断均值之间是否具有显著性差异时则需要使用方差分析。

1．方差分析的假设条件

（1）各处理条件下的样本是随机的。
（2）各处理条件下的样本是相互独立的，否则可能出现无法解析的输出结果。
（3）各处理条件下的样本分布必须为正态分布，否则使用非参数分析。
（4）各处理条件下的样本方差相同，即具有齐效性。

2．方差分析的假设检验

（1）假设有 K 个样本，如果原假设 H_0 样本均数都相同，K 个样本有共同的方差 σ，则 K 个样本来自具有共同方差 σ 和相同均值的总体。

（2）如果经过计算，组间均方远大于组内均方，则推翻原假设，说明样本来自不同的正态总体，经过处理造成均值的差异具有统计学意义；否则承认原假设，样本来自相同总体，处理间无差异。

3．方差分析基本步骤

方差分析是一种假设检验，它把观测总变异的平方和与自由度分解为对应不同变异来源的平方和与自由度，将某种控制性因素所导致的系统性误差和其他随机性误差进行对比，从而推断各组样本之间是否存在显著性差异，以分析该因素是否对总体存在显著性影响。

（1）提出原假设。
1）H_0：各水平下观测变量总体的方差无显著差异。
2）H_1：各水平下观测变量总体的方差有显著差异。
（2）选择检验统计量。方差分析采用的检验统计量是 F 统计量，即 F 值检验。
1）自变量平方和占总平方和的比例记为 R^2，用于度量两个变量之间的关系强度。自变量对因变量的影响效应占总效应的 R^2，而残差效应则占 $1-R^2$。也就是说，行业对投诉次数差异解释的比例达到 R^2，而其他因素（残差变量）所解释的比例近 $1-R^2$。
2）相关系数用 R^2 的平方根 R 表示，用于度量自变量与因变量之间的关系强度，R 没有负值，其变化范围为 0~1。
（3）计算检验统计量的观测值和概率 P 值：该步骤的目的是计算检验统计量的观测值和相应的概率 P 值。
（4）给定显著性水平，并作出决策。利用方差分析表中的 P 值与显著性水平 α 的值进行比较。若 $P > \alpha$，则不拒绝原假设 H_0，无显著性关系；若 $P < \alpha$，则拒绝原假设 H_0，有显著性关系。

4．方差分析表

方差分析表是指为了便于进行数据分析和统计判断，按照方差分析的过程，将有关步骤的计算数据，如差异来源、离差平方和、自由度、均方差、F 值和 P 值等数值逐一列出，以方便检查和分析的统计分析表。单因素方差分析表各个指标主要计算结果见表 10.2。

表 10.2 单因素方差分析表各个指标主要计算结果

方差来源	离差平方和 S	自由度 f	均方差 $\bar{S}$	F 值
因素 A 的影响	$S_A = r\sum_{j=1}^{p}(\bar{x}_j - \bar{x})^2$	$p-1$	$\bar{S}_A = \dfrac{S_A}{p-1}$	$F = \dfrac{\bar{S}_A}{S_E}$
误差	$S_E = \sum_{j=1}^{p}\sum_{i=1}^{r}(x_{ij} - \bar{x}_j)^2$	$n-p$	$\bar{S}_E = \dfrac{S_E}{n-p}$	
总和	$S_T = \sum_{j=1}^{p}\sum_{i=1}^{r}(x_{ij} - \bar{x})^2$	$n-1$		

注：n 为全部观测值的个数；p 为因素水平（总体）的个数。

对样本均数进行比较的方差分析方法与研究设计类型有关。方差分析中分析的数据是按照特定研究设计进行试验所得的数据，不同的研究设计其总变异的分解有所不同。因此，在应用方差分析时，要结合具体的研究设计方法选择相应的方差分析方法。

10.3.2 普通单因素方差分析

在普通单因素方差分析中，只考虑处理因素对观测变量产生的影响，不考虑其他随机因素的影响，也称单个处理因素完全随机设计的方差分析。需要注意的是，方差分析的数据要求每一水平下的观察值分别服从正态分布，各总体具有方差齐性（各样本组内观察值总体方差相等）。

【执行方式】
- 菜单栏：选择菜单栏中的"分析"→"群组比较"→"单因素方差分析（非参数或混合）"命令。
- 功能区：单击"分析"功能区中的"比较三组或更多组：单因素方差分析、Kruskal Wallis 检验、Friedman 检验"按钮 。

【操作步骤】

执行此命令，弹出"分析数据"对话框，在左侧列表中选择指定的分析方法"单因素方差分析（非参数或混合）"。单击"确定"按钮，关闭该对话框，弹出"参数：单因素方差分析（非参数或混合）"对话框，如图 10.19 所示。

【选项说明】

下面介绍该对话框中的选项。

1. "实验设计"选项卡

（1）"实验设计"选项组：选中"无匹配或配对"单选按钮，输入的实验数据不包含成对值组成的重复数据。例如，对每个个体进行两次测量（如"治疗前"和"治疗后"）。

（2）"假定残差呈高斯分布？"选项组：残差是指实际观测值与模型预测值之间的差异或偏差。

可以观察残差的分布情况，如果残差的分布呈现出非正态性，则会存在一些异常值或离群点，需要进行处理。

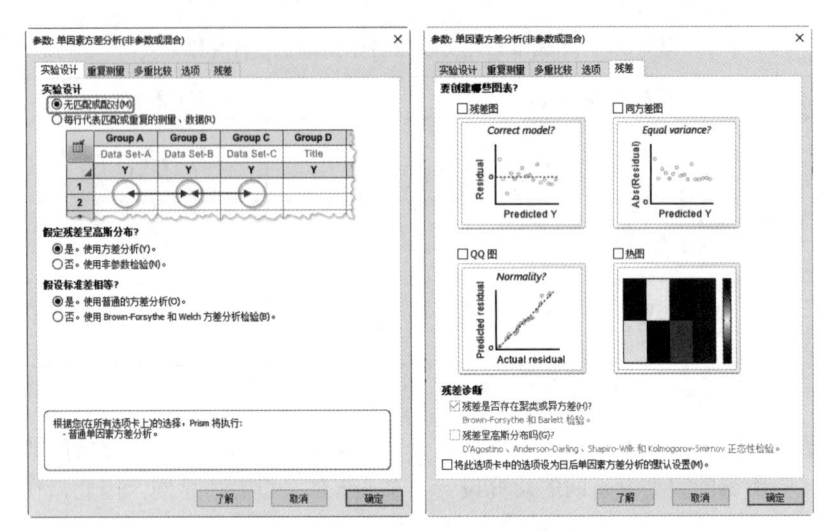

图 10.19　"参数：单因素方差分析（非参数或混合）"对话框

1）是。使用方差分析：选中该单选按钮，假设残差呈高斯分布（正态分布），使用方差分析。

2）否。使用非参数检验：选中该单选按钮，残差偏离正态，需要使用非参数检验转换数据，改善其正态性。

（3）"假设标准差相等？"选项组。

1）是。使用普通的方差分析：选中该单选按钮，默认方差齐性，使用普通方差分析。

2）否。使用 Brown-Forsythe 和 Welch 方差分析检验：当方差齐性不满足时，选中该单选按钮，可使用非参数检验 Brown-Forsythe（布朗福赛斯）检验和 Welch（韦尔奇）检验，避开方差齐性问题，检验结果优于方差分析结果。Brown-Forsythe 检验采用 Brown-Forsythe 分布的统计量进行各组均值是否相等的检验，适用于样本数小于 6 的情况；Welch 检验采用 Welch 分布统计量进行各组均值是否相等的检验。Welch 分布近似于 F 分布。

2. "残差"选项卡

（1）"要创建哪些图表？"选项组。

1）残差图：X 轴是预测值（或拟合值），重复数据的平均值；Y 轴是残差。该图可以发现比其余部分大得多或小得多的残差。

2）同方差图：X 轴是预测值（或拟合值），重复数据的平均值（重复测量）；Y 轴是残差的绝对值。该图可以检查较大的值是否与较大的残差（大的绝对值）相关联。

3）QQ 图：X 轴是实际残差；Y 轴是预测残差，根据残差的百分位数（在所有残差中）计算得到，并假设从高斯分布群体中抽样得到。方差分析假设残差服从高斯分布，该图表用于检查该假设。

4）热图：热图是对实验数据分布情况进行分析的直观可视化方法。

（2）"残差诊断"选项组。

1）残差是否存在聚类或异方差？：方差分析假设每个样本从具有相同标准偏差的群体中随机抽

样得到。勾选该复选框，通过 Brown-Forsythe 和 Barlett 检验验证方差齐性。

2）残差呈高斯分布吗？：勾选该复选框，通过 D'Agostino、Anderson-Darling、Shapiro-Wilk 和 Kolmogorov-Smirnov 四次正态性检验验证残差是否呈正态分布。

★动手学——单因素方差分析郁金对小鼠存活时间的影响

为研究郁金对低张性缺氧小鼠存活时间的影响，将 36 只小鼠随机分为 A、B、C 三组，每组 12 只，雌雄各半，分别以 10g/kg、20g/kg、40g/kg 三种不同剂量的郁金灌胃。各组小鼠均同时置于放有钠石灰的 250mL 密闭广口瓶中，观察并记录小鼠的存活时间。数据见表 10.3。问：在不同剂量的郁金下小鼠的存活时间是否相同。

表 10.3　在不同剂量的郁金下小鼠的存活时间　　　　　　　　　单位：min

编号	A 组	B 组	C 组
1	47.7	49.7	84.4
2	34.5	57.2	70.1
3	41.6	48.3	68.0
4	34.1	59.1	73.7
5	36.3	47.7	75.5
6	45.2	57.5	80.3
7	49.2	56.6	82.9
8	34.0	50.5	79.1
9	44.2	56.7	63.2
10	40.5	43.5	71.1
11	41.5	51.8	69.6
12	32.2	56.9	72.4

建立检验假设：

H_0：$\mu_1 = \mu_2$，郁金的剂量对小鼠的存活时间无影响，在不同剂量（10g/kg、20g/kg、40g/kg）的郁金下小鼠的存活时间相同（无差别）。

H_1：$\mu_1 \neq \mu_2$，郁金的剂量对小鼠的存活时间有影响，在不同剂量（10g/kg、20g/kg、40g/kg）的郁金下小鼠的存活时间不同（有差别）。

操作步骤

1. 设置工作环境

（1）双击"开始"菜单中的 GraphPad Prism 10 图标，启动 GraphPad Prism 10，自动弹出"欢迎使用 GraphPad Prism"对话框。

（2）在"创建"选项组中默认选择"列"选择，在右侧界面的"数据表"选项组中选中"将数据输入或导入到新表"单选按钮；在"选项"选项组中选中"输入重复值，并堆叠到列中"单选按钮。单击"创建"按钮，创建项目文件，同时该项目下自动创建一个数据表"数据 1"和关联的图表"数据 1"，重命名数据表为"小鼠存活时间"。

(3)选择菜单栏中的"文件"→"另存为"命令,或选择"文件"功能区中"保存命令"按钮下的"另存为"命令,弹出"保存"对话框,输入项目名称"单因素方差分析郁金对小鼠存活时间的影响"。单击"保存"按钮,保存项目。

2. 输入数据

在导航器中单击选择"小鼠存活时间",根据表 10.3 中的数据在数据区输入数据、列标题和行标题,结果如图 10.20 所示。

3. 单因素方差分析

(1)单击"分析"功能区中的"比较三组或更多组:单因素方差分析、Kruskal Wallis 检验、Friedman 检验"按钮,弹出"参数:单因素方差分析(非参数或混合)"对话框。打开"实验设计"选项卡,如图 10.21 (a)所示。

(2)由于输入的实验数据不包含成对值组成的重复数据,在"实验设计"选项组中选中"无匹配或配对"单选按钮。

(3)由于输入的实验数据服从正态分布,在"假定残差呈高斯分布?"选项组中选中"是。使用方差分析"单选按钮。

(4)假设数据方差齐性,在"假定标准差相等?"选项组中选中"是。使用普通的方差分析"单选按钮。

(5)打开"残差"选项卡,勾选"残差图""同方差图"和"QQ 图"复选框,如图 10.21(b)所示。通过图表检查数据是否可以进行方差分析。

(6)勾选"残差是否存在聚类或异方差?"复选框,进行 Brown-Forsythe 和 Barlett 检验,检验数据方差齐性。

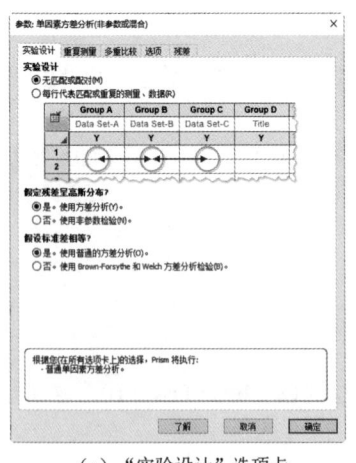

图 10.20　输入数据

(a)"实验设计"选项卡　　　　(b)"残差"选项卡

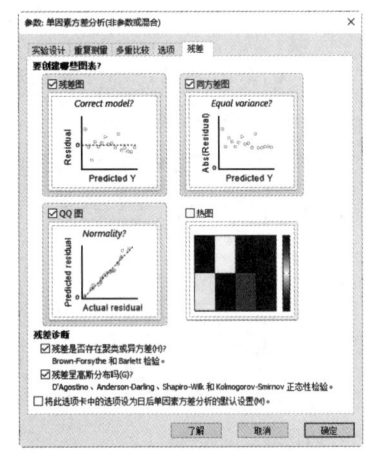

图 10.21　"参数:单因素方差分析(非参数或混合)"对话框

(7)勾选"残差呈高斯分布吗?"复选框,进行 D'Agostino-Pearson 综合检验、Anderson-Darling、Shapiro-Wilk 和 Kolmogorov-Smirnov 正态性检验,检验数据正态性。

(8) 单击"确定"按钮，关闭该对话框，输出结果表"普通单因素方差分析/小鼠存活时间"，如图 10.22 所示。

图 10.22　普通单因素方差分析结果

4. 结果分析

（1）在"残差正态性"选项组中检验残差正态性。P 值均大于 0.05，表示数据服从正态分布，可以使用参数检验。若四种检验结果不同，则主要观察 Shapiro-Wilk (W)检验结果。

（2）在"Brown-Forsythe 检验""Bartlett 检验"选项组中检验数据方差齐性。两组 P 值均大于 0.05，表示方差差异不显著，具有方差齐性，可以使用简单的方差分析（参数检验）。

（3）打开图表"残差图：普通单因素方差分析/小鼠存活时间"，显示预测 Y 值的残差图，比较直观地检查回归线的异常点，如图 10.23 所示。

（4）打开图表"同方差图：普通单因素方差分析/小鼠存活时间"，显示预测 Y 值的残差绝对值图，如图 10.24 所示。残差的分布具有相似的扩散程度，说明数据满足同方差性（方差齐性）假设。

（5）打开图表"QQ 图：普通单因素方差分析/小鼠存活时间"，显示实际残差-预测残差图，如图 10.25 所示。点的大致趋势明显集中在从原点出发的一条 45°直线上，认为误差的正态性假设是合理的。

图 10.23　残差图　　　　图 10.24　同方差图　　　　图 10.25　QQ 图

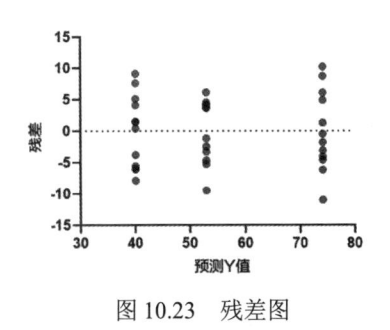

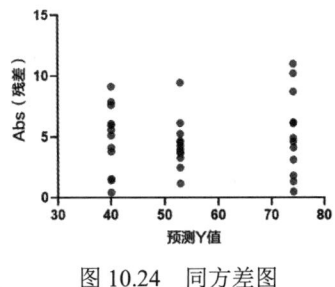

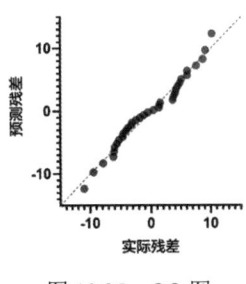

（6）经过上面的分析，数据服从正态分布、方差齐性，可以使用普通方差分析，通过"方差分析表"中的参数分析变量的显著性关系。

1）平方和度量了自变量对因变量的影响效应，只要自变量的平方和（列间）不等于 0，就表明两个变量之间有关系（无法判断是否显著）。当自变量的平方和（列间）比残差平方和（列内部）大，而且大到一定程度时，就意味着两个变量之间的关系显著，大得越多，表明它们之间的关系就越强。反之，当自变量（治疗）的平方和比残差平方和小时，就意味着两个变量之间的关系不显著，小得越多，表明它们之间的关系就越弱。本实例中，治疗（列间）（自变量的平方和）比残差平方和（列内部）大，表明剂量与存活时间之间的关系显著。

2）F 检验：分析"治疗（列间）" F 统计值（要查表，扫描左侧二维码获取）和 P 值。

- 方差分析表中，$F(2,33) = 107.0$。查 F 统计值表得知，临界值 $F_{0.95}(2,33) = 3.28$（显著性水平 $\alpha = 0.05$），$F > F_{0.95}$，则拒绝原假设 H_0，可以认为不同剂量（10g/kg、20g/kg、40g/kg）的郁金对小鼠的存活时间有显著性影响，不同剂量下的小鼠存活时间不同。
- 显著性 P 值小于 0.0001，各组之间存在极显著差异，即不同剂量（10g/kg、20g/kg、40g/kg）的郁金对小鼠的存活时间有极显著性影响。直接对比显著性 P 值即可得出显著性结果。

5. 保存项目

单击"文件"功能区中的"保存"按钮，或按 Ctrl+S 组合键，保存项目文件。

★动手学——大鼠心肌 I 型胶原蛋白非参数检验方差分析

某实验者欲研究参芪扶正注射液对心力衰竭大鼠心肌纤维化的影响，选取了 40 只雄性大鼠，随机分为四组：模型组（A 组）、参芪小剂量组（B 组）、参芪中剂量组（C 组）及参芪大剂量组（D 组）。实验开始后第 1 天腹膜内注射阿霉素。药物干预 8 周后，将大鼠麻醉处死，迅速取心脏标本。用免疫组化法检测心肌 I 型胶原蛋白表达，结果见表 10.4。试问：四组大鼠心肌 I 型胶原蛋白相对表达量（IOD 值）是否有差异？

表 10.4　各组大鼠心肌 I 型胶原蛋白相对表达量（基于 IOD 值）

A 组	B 组	C 组	D 组
1789.1	1185.1	998.2	1757.4
1779	1189.3	979.1	1768.3
1800.1	1167.7	986.5	1779.9
1801.3	1195.9	959.3	1739.8
1799.7	1209.5	1081.4	1601.3
1796.5	1192.3	988.6	1780.1
1788.1	1185.4	981.1	1674.4
1800.9	1188.8	996.7	1783.2
1797.4	1207.9	977.8	1770.2
1791.8	1180.1	969.9	1775.5

建立检验假设：

H_0：$\mu_1 = \mu_2$，四组大鼠心肌 I 型胶原蛋白相对表达量（基于 IOD 值）无差别，参芪扶正注射液对心力衰竭大鼠心肌纤维化没有影响。

H_1：$\mu_1 \neq \mu_2$，四组大鼠心肌 I 型胶原蛋白相对表达量（基于 IOD 值）有差别，参芪扶正注射液对心力衰竭大鼠心肌纤维化有影响。

操作步骤

1. 设置工作环境

（1）双击"开始"菜单中的 GraphPad Prism 10 图标，启动 GraphPad Prism 10，自动弹出"欢迎使用 GraphPad Prism"对话框。

（2）在"创建"选项组中默认选择"列"选项，在右侧界面的"数据表"选项组中选中"输入或导入数据到新表"单选按钮；在"选项"选项组中选中"输入重复值，并堆叠到列中"单选按钮。单击"创建"按钮，创建项目文件，同时该项目下自动创建一个数据表"数据1"和关联的图表"数据1"，重命名数据表为"心肌Ⅰ型胶原蛋白 IOD 值"。

（3）选择菜单栏中的"文件"→"另存为"命令，或单击"文件"功能区中"保存命令"按钮下的"另存为"命令，弹出"保存"对话框，输入项目名称"大鼠心肌Ⅰ型胶原蛋白非参数检验方差分析.prism"。单击"保存"按钮，保存项目。

2. 输入数据

在导航器中单击选择"心肌Ⅰ型胶原蛋白 IOD 值"，根据表 10.4 中的数据在数据区输入数据、列标题和行标题，结果如图 10.26 所示。

3. 正态性检验

（1）选择菜单栏中的"分析"→"数据探索和摘要"→"正态性与对数正态性检验"命令，弹出"分析数据"对话框，在左侧列表中选择指定的分析方法"正态性与对数正态性检验"。单击"确定"按钮，关闭该对话框，弹出"参数：正态性和对数正态性检验"对话框，如图 10.27 所示。

1）在"要检验哪些分布？"选项组中选择检验数据是否服从正态（高斯）分布。

2）由于实验数据样本数小于等于 50，适合小样本数据的检验方法，在"检验分布的方法"选项组中选中"Shapiro-Wilk 正态性检验"（夏皮罗维尔克检验法）。

（2）单击"确定"按钮，关闭该对话框，输出结果表"正态性与对数正态性检验/心肌Ⅰ型胶原蛋白 IOD 值"，如图 10.28 所示。

图 10.26 输入数据

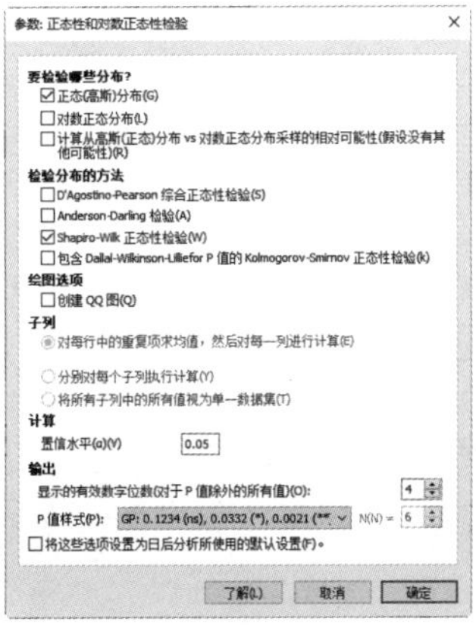

图 10.27 "参数：正态性和对数正态性检验"对话框

图 10.28 正态性检验结果

(3) 查看正态分布检验表中 Shapiro-Wilk 检验 (夏皮罗维尔克检验法) 显著性检验结果。A 组、B 组数据显著性值均大于 0.05, 数据服从正态分布; C 组、D 组数据显著性值均小于 0.05, 数据不服从正态分布。因此进行单因素方差分析时, 不能使用参数检验的方法, 需要使用非参数检验的方法进行 Kruskal-Wallis 检验 (克鲁斯卡尔-沃利斯检验, 也称 K-W 检验、H 检验)。

4. Kruskal-Wallis 检验

Kruskal-Wallis 检验是一种非参数检验, 不假设数据有特定的分布, 用于比较两个或多个连续或离散变量的组, 类似于单因素方差分析。

(1) 单击 "分析" 功能区中的 "比较三组或更多组: 单因素方差分析、Kruskal Wallis 检验、Friedman 检验" 按钮, 弹出 "参数: 单因素方差分析 (非参数或混合)" 对话框。打开 "实验设计" 选项卡, 如图 10.29 所示。

(2) 由于输入的实验数据不包含成对值组成的重复数据, 在 "实验设计" 选项组中选中 "无匹配或配对" 单选按钮。

(3) 由于输入的实验数据服从正态分布, 在 "假定残差呈高斯分布?" 选项组中选中 "否。使用非参数检验" 单选按钮。

(4) 单击 "确定" 按钮, 关闭该对话框, 输出结果表 "Kruskal-Wallis 检验/心肌 I 型胶原蛋白 IOD 值", 如图 10.30 所示。

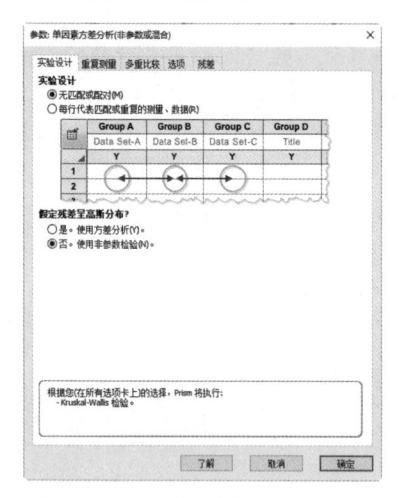

图 10.29 "参数: 单因素方差分析 (非参数或混合)" 对话框

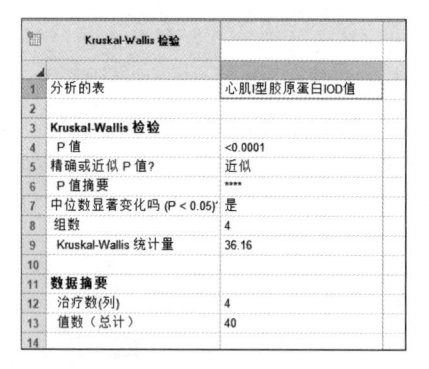

图 10.30 单因素方差分析结果

5. 结果分析

在 "Kruskal-Wallis 检验" 选项组中检验数据, 显著性 P 值小于 0.05, 各组之间存在显著差异。表明四组大鼠心肌 I 型胶原蛋白相对表达量 (IOD 值) 有差别, 参芪扶正注射液对心力衰竭大鼠心肌纤维化有影响。

6. 保存项目

单击 "文件" 功能区中的 "保存" 按钮, 或按 Ctrl+S 组合键, 保存项目文件。

10.3.3 多重比较

方差分析的结果只说明多组数据之间存在差异，但并不能明确计算出哪两组之间存在差异。因此，需要两两进行比较，即事后多重比较，以找出多组中哪两组之间存在差异。

为了明确不同处理组平均数之间的差异是否显著，每个处理组的平均数都要与其他处理组的平均数进行比较，这种差异显著性的检验称为多重比较。

【执行方式】

打开"参数：单因素方差分析（非参数或混合）"对话框中的"多重比较"选项卡和"选项"选项卡，如图 10.31 和图 10.32 所示。

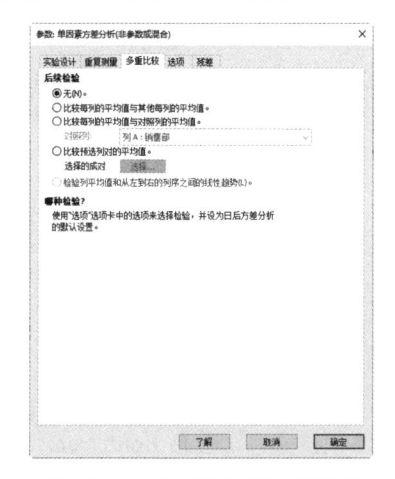

图 10.31 "多重比较"选项卡

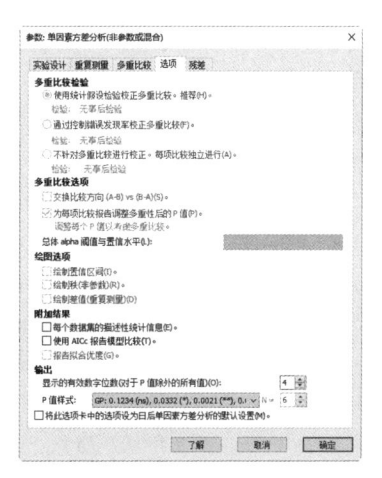

图 10.32 "选项"选项卡

【选项说明】

下面介绍选项卡中的选项。

1. "多重比较"选项卡

在该选项卡中选择后续检验（事后多重比较）的方法。

（1）无：选中该单选按钮，不进行事后多重比较。

（2）比较每列的平均值与其他每列的平均值：最常用的多重比较方法，比其他选择进行更多的比较，检测差异的检验力会更小。选中该单选按钮后可以在"选项"选项卡中选择确切的检验方法，但最常用的是 Tukey 检验（比较的组别大于等于 4）。比较的组别小于等于 3 时，可以使用 Tukey 检验和 Bonferroni 检验。

（3）比较每列的平均值与对照列的平均值：选中该单选按钮，将每个组与一个对照组作比较，而非与其他每个组作比较。这会大大减少比较次数（至少在有许多组的情况下），如此能够提高检测差异的检验力。选中该单选按钮后可以在"选项"选项卡中选择确切的检验方法，但最常用的是 Dunnett 检验。

（4）比较预选列对的平均值：选中该单选按钮，选择指定组别（最多 40 组），减少了比较次数，但也因此增加了检验力。推荐使用 Bonferroni 检验，也可以使用 Sidak 检验。

（5）检验列平均值和从左到右的列序之间的线性趋势：线性趋势检验是一种专用检验，仅当列按自然顺序排列（如剂量或时间）进行此检验时才有意义。在列之间从左向右移动时，检验是否存在列平均值趋向于增加（或减少）的趋势。其他多重比较检验完全不关注数据集的顺序。

2."选项"选项卡

（1）"多重比较检验"选项组。在"多重比较"选项卡中选择不同的后续检验方法，对应在该选项卡中选择具体的多重比较检验的方法。

1）使用统计假设检验校正多重比较：使用统计假设检验纠正多重比较。

① 比较每列的平均值与其他每列的平均值。

> 如果假设方差齐性（相等 SD），则在"检验"下拉列表中可选择的多重比较检验方法包括 Tukey 检验（推荐）、Bonferroni、Sidak、Holm-Sidak、Newman-Keuls。

> 如果不假设方差齐性（相等 SD），则可选择的多重比较检验方法包括 Games-Howell（建议用于大样本）、Dunnett T3（每组样本量小于 50）、Tamhane T2。以上三种方法均可以计算置信区间和多重性调整后 P 值。

② 比较每列的平均值与对照列的平均值。

> 如果假设方差齐性（相等 SD），则可选择的多重比较检验方法包括 Dunnett's（推荐）、Bonferroni、Sidak、Holm-Sidak。

> 如果不假设方差齐性（相等 SD），则可选择的多重比较检验方法包括 Dunnett T3（推荐）、Tamhane T2。

③ 比较预选列对的平均值。

> 如果假设方差齐性（相等 SD），则可选择的多重比较检验方法包括 Bonferroni（最常用）、Sidak（检验力更高）、Holm-Sidak（无法计算置信区间）。

> 如果不假设方差齐性（相等 SD），则可选择的多重比较检验方法包括 Games-Howell（推荐）、Dunnett T3、Tamhane T2。

2）通过控制错误发现率校正多重比较：通过控制假发现率（FDR）纠正多重比较。在"检验"下拉列表中显示可选择的检验方法。

> Benjamini、Krieger 和 Yekutieli 两阶段步进方法（推荐）：该方法基于与 Benjamini 和 Hochberg 方法相同的假设。首先检验 P 值的分布，以估计实际为真的零假设的分数。然后，决定一个 P 值何时低到足以被称为一个发现时，该方法使用这些信息来获得更多的检验力。其缺点是数学计算有点复杂。该方法比 Benjamini 和 Hochberg 方法的检验力更强，同时作出同样的假设，因此推荐这一方法。

> Benjamini 和 Hochberg 的原始 FDR 方法：该方法最早被开发出来，现在仍是标准。其假设"检验统计独立或正相关"。

> Benjamini 和 Yekutieli 校正方法（低次幂）：该方法无须假设各种比较如何相互关联。但这样做的代价是其检验力更低，因此将更少的比较视为一个发现。

3）不针对多重比较进行校正。每项比较独立进行：选择该方法，则 GraphPad Prism 将执行 Fisher 最小显著性差异（LSD）检验。该方法（Fisher LSD）检测差异的检验力更高。但该方法可能得出错误结论，即差异具有统计学显著性。纠正多重比较（Fisher LSD 不执行）时，显著性阈值（通常为5%或 0.05）适用于整个比较族。在使用 Fisher LSD 的情况下，该阈值分别适用于每项比较。

（2）"多重比较选项"选项组。

1）交换比较方向(A-B)vs(B-A)：勾选该复选框，改变所有报告的均值间差异的符号。例如，2.3的差异将为−2.3，−3.4 的差异将为 3.4。

2）为每项比较报告调整多重性后的 P 值。调整每个 P 值以考虑多重比较：如果选择 Bonferroni、Tukey 或 Dunnett 多重比较检验，则 GraphPad Prism 还可报告多重性调整后的 P 值。如果勾选该复选框，则 GraphPad Prism 会为每项比较报告调整后 P 值。这些计算不仅考虑到所比较的两组，还考虑到方差分析中的组总数（数据集列）以及所有组中的数据。在使用 Dunnett 检验的情况下，GraphPad Prism 只能在多重性调整后 P 值大于 0.0001 时报告该值。否则，GraphPad Prism 会报告"<0.0001"。多重性调整后 P 值适用于整个比较族的最小显著性阈值（α），在该阈值下，特定比较将声明为"统计学显著性"。

3）总体 alpha 阈值与置信水平：一般情况下，根据 95%置信水平计算置信区间，统计学显著性使用等于 0.05 的 α 进行定义。GraphPad Prism 也可以选择其他 α 值，从而计算置信水平（$1-\alpha$）。如果选择 FDR，则为 Q 选择一个值（百分比）。如果将 Q 设为 5%，则预计不超过 5%的"发现"为假阳性。

（3）"绘图选项"选项组。提供了创建一些额外图表的选项，每张图表均有自己的额外结果页面。

1）绘制置信区间：勾选该复选框，当选择了计算置信区间的多重比较方法（Tukey、Dunnett等）时，GraphPad Prism 可绘制这些置信区间。

2）绘制秩（非参数）：如果选择 Kruskal-Wallis 非参数检验，则 GraphPad Prism 可绘制每个值的秩，因为这是检验实际分析的对象。

3）绘制差值（重复测量）：对于普通方差分析，每个残差均为某个值与该组的平均值之间的差异。对于重复测量方差分析，每个残差计算为某个值与来自该特定个体（行）的所有值的平均值之间的差异。勾选该复选框，选择绘制残差。

（4）"附加结果"选项组。

1）每个数据集的描述性统计信息：勾选该复选框，选择额外的结果页面，显示每列的描述性统计，类似于列统计分析报告的内容。

2）使用 AICc 报告模型比较：勾选该复选框，输出总体方差分析比较，除了通常的 P 值外。

3）报告拟合优度：勾选该复选框，输出拟合优度。GraphPad Prism 将两个模型拟合至数据（一个是所有组均从具有相同平均值的总体中抽样，另一个是从具有不同平均值的群体中抽样），并表明每个模型均正确的可能性。

★动手练——多重比较郁金对小鼠存活时间的影响

本实例根据不同剂量（10g/kg、20g/kg、40g/kg）的郁金下小鼠的存活时间数据进行单因素多重比较方差分析，将在不同剂量的郁金下小鼠的存活时间两两进行比较，判断是否存在差异。

1. 提出假设

（1）H_0：$\mu_1=\mu_2$，H_1：$\mu_1 \neq \mu_2$，检验 10g/kg 与 20g/kg 郁金下小鼠的存活时间无/有影响。

（2）H_0: $\mu_1 = \mu_3$，H_1: $\mu_1 \neq \mu_3$，检验 10g/kg 与 40g/kg 郁金下小鼠的存活时间无/有影响。

（3）H_0: $\mu_2 = \mu_3$，H_1: $\mu_2 \neq \mu_3$，检验 20g/kg 与 40g/kg 郁金下小鼠的存活时间无/有影响。

2. 结果分析

"多重比较"选项卡中显示 Tukey 多重比较检验结果，如图 10.33 所示。P 值均小于 0.05，从而得出结论，A 组 vs B 组、A 组 vs C 组、B 组 vs C 组存在显著性差异。另外，还可以得到每组之间均值差的标准误差、置信区间等信息。

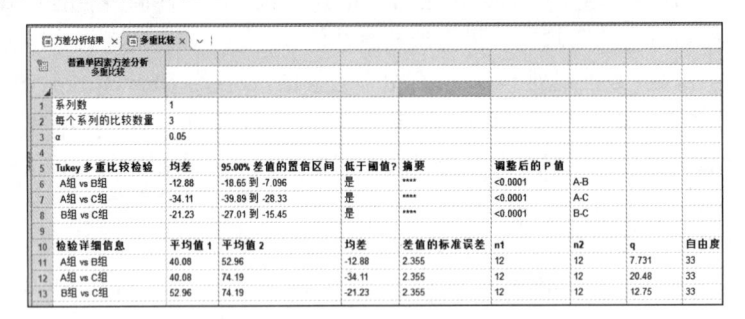

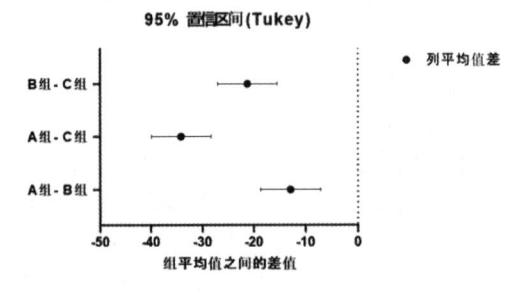

图 10.33 多重比较检验结果

思路点拨

源文件：源文件\10\单因素方差分析郁金对小鼠存活时间的影响.prism

（1）打开项目文件，激活结果表数据，打开参数对话框。

（2）打开"多重比较"选项卡，选中"比较每列的平均值与其他每列的平均值。"单选按钮，比较任意两个组别。

（3）打开"选项"选项卡，选中"使用统计假设检验校正多重比较。推荐"下的"Tukey（推荐）"，勾选"绘制置信区间"复选框。

（4）保存项目文件为"多重比较郁金对小鼠存活时间的影响.prism"。

10.3.4 重复测量单因素方差分析

针对同一观测变量，使用同一组被试样本在不同时间点进行两次或两次以上的测量，每位被试参与所有测量条件，得到的测量数据都来自相同的样本。基于这种研究设计而进行的方差分析，称为重复测量方差分析。

单因素重复测量是指在不同的时间点对同一对象的同一观察指标进行多次（一般三次或三次以上）测量；某统计策略要求组内变量至少为三个水平，并且这些水平需满足正态性、方差齐性和球形假设。如果不满足正态性，则采用转换数据或非参数检验；如果不满足方差齐性，则采用非参数检验，如 Friedman 检验；如果不满足球形假设，则采用一元校正 Greenhouse-Geisser 或多变量检验方法。

球形检验主要用于检验数据的分布，以及各个变量间的独立情况。按照理想情况，如果有一个变量，则所有的数据都在一条线上；如果有两个完全独立的变量，则所有的数据在两条垂直的线上；如果有三个完全独立的变量，则所有的数据在三条相互垂直的线上；如果有 n 个变量，则所有的数据就会在 n 条相互垂直的线上。在每个变量取值范围大致相等的情况下（常见于各种调查问卷的题目），所有的数据分布就像在一个球形体里面。

对数据分布进行球形检验，原假设：各个变量在一定程度上相互独立。

如果不满足球形检验的假设（P 值<0.05），则表明变量间相关。若仍然使用一般的方差分析方法，会导致一类错误率增加，所以当球形假设不满足时，要对检验方法进行校正。

【执行方式】

打开"参数：单因素方差分析（非参数或混合）"对话框，在"实验设计"选项卡的"实验设计"选项组中选中"每行代表匹配或重复的测量、数据"单选按钮。

【操作步骤】

执行此命令，对同一因变量进行重复测量的试验设计。"实验设计"选项卡中的选项发生变化，如图 10.34 所示；激活"重复测量"选项卡中的选项，如图 10.35 所示。

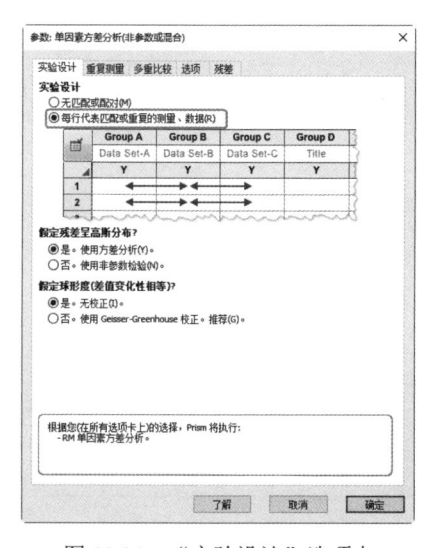

图 10.34 "实验设计"选项卡

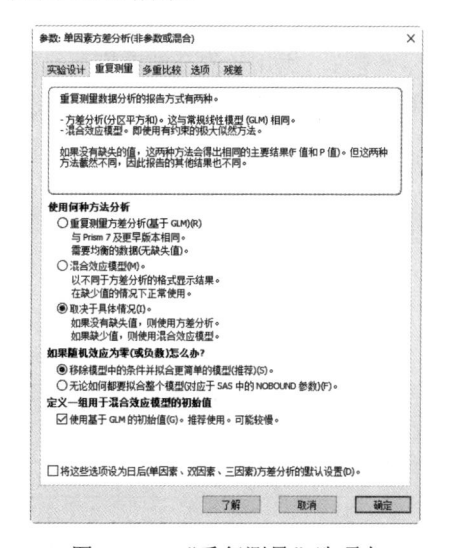

图 10.35 "重复测量"选项卡

【选项说明】

下面介绍该选项卡中的选项。

1. "实验设计"选项卡

（1）"实验设计"选项组：若实验数据包含重复测量数据，则选中"每行代表匹配或重复的测量、数据"单选按钮,对同一因变量进行重复测量。

(2)"假定残差呈高斯分布?"选项组:观察残差的分布是否呈现出非正态性。

1)是。使用方差分析:选中该单选按钮,假设残差呈高斯分布(正态分布),使用方差分析。

2)否。使用非参数检验:选中该单选按钮,残差偏离正态,需要使用非参数检验转换数据,改善其正态性。

(3)"假定球形度(差值变化性相等)?"选项组:重复测量方差分析需满足球形假设。

1)是。无校正:选中该单选按钮,默认满足球形假设。

2)否。使用 Geisser-Greenhouse 校正:如果不满足球形假设条件,方差分析的 F 值会出现偏差,增大第 1 类错误的概率(即"弃真",拒绝了实际上成立的假设),这时就需要进行校正。

2."重复测量"选项卡

(1)"使用何种方法分析"选项组:GraphPad Prism 可通过两种方式分析重复测量数据。

1)重复测量方差分析(基于 GLM):无缺失值时使用。

2)混合效应模型:在有缺少值的情况下正常使用。

3)取决于具体情况:如果没有缺失值,则使用方差分析。如果缺少值,则使用混合效应模型。

(2)"如果随机效应为零(或负数)怎么办?"选项组。

1)移除模型中的条件并拟合更简单的模型(推荐):选中该单选按钮,移除模型中的缺失值后再进行分析。

2)无论如何都要拟合整个模型(对应于 SAS 中的 NOBOUND 参数):选中该单选按钮,使用包含缺失值的数据集拟合一个混合模型。

(3)"定义一组用于混合效应模型的初始值"选项组。

使用基于 GLM 的初始值:勾选该复选框,基于广义线性模型定义初始值。

★动手学——血清载脂蛋白重复测量单因素方差分析

高密度脂蛋白中胆固醇含量在动脉粥样硬化、冠心病等疾病研究中具有重要意义。为了解其测量误差,选择具有代表性的 20 名受试者分别进行了 3 次测量(间隔一定时间),结果见表 10.5。试说明该指标的重复测量是否有误差。

表 10.5 血清载脂蛋白的 3 次测量结果   单位:mg/dL

编号	第1次测量	第2次测量	第3次测量	编号	第1次测量	第2次测量	第3次测量
1	29	34	32	11	50	52	44
2	30	34	31	12	52	41	50
3	33	36	31	13	55	55	51
4	37	45	32	14	57	54	55
5	38	43	41	15	60	55	60
6	40	44	40	16	63	81	65
7	43	30	31	17	66	66	64
8	44	42	32	18	68	73	71
9	44	59	52	19	72	78	74
10	46	48	41	20	87	93	91

建立检验假设：

H_0：$\mu_1=\mu_2$，3 次测量（间隔一定时间）血清载脂蛋白无显著性差异，该指标的重复测量无误差。

H_1：$\mu_1 \neq \mu_2$，3 次测量（间隔一定时间）血清载脂蛋白有显著性差异，该指标的重复测量有误差。

操作步骤

1. 设置工作环境

（1）双击“开始”菜单中的 GraphPad Prism 10 图标，启动 GraphPad Prism 10，自动弹出“欢迎使用 GraphPad Prism”对话框。

（2）在“创建”选项组中默认选择“列”选项，在右侧界面的“数据表”选项组中选中“将数据输入或导入到新表”单选按钮；在“选项”选项组中选中“输入成对的或重复的测量数据-每个主题位于单独的一行”单选按钮。单击“创建”按钮，创建项目文件，同时该项目下自动创建一个数据表“数据 1”和关联的图表“数据 1”，重命名数据表为“血清载脂蛋白 3 次测量”。

（3）选择菜单栏中的“文件”→“另存为”命令，或选择“文件”功能区中的“保存命令”按钮下的“另存为”命令，弹出“保存”对话框，输入项目名称“血清载脂蛋白重复测量单因素方差分析.prism”。单击“保存”按钮，保存项目。

2. 输入数据

在导航器中单击选择“血清载脂蛋白的 3 次测量”，根据表 10.5 中的数据在数据区输入数据、列标题和行标题，结果如图 10.36 所示。

3. 正态性检验

（1）选择菜单栏中的“分析”→“数据探索和摘要”→“正态性与对数正态性检验”命令，弹出“分析数据”对话框，在左侧列表中选择指定的分析方法“正态性与对数正态性检验”。单击“确定”按钮，关闭该对话框，弹出“参数：正态性和对数正态性检验”对话框。

1）在“要检验哪些分布？”选项组中勾选“正态（高斯）分布”复选框。

2）由于实验数据样本数小于等于 50，适合小样本数据的检验方法，在“检验分布的方法”选项组中勾选“Shapiro-Wilk 正态性检验”复选框。

（2）单击“确定”按钮，关闭该对话框，输出结果表“正态性与对数正态性检验/血清载脂蛋白 3 次测量”，如图 10.37 所示。

表格式:列		第 A 组 第1次测量	第 B 组 第2次测量	第 C 组 第3次测量
1	1	29	34	32
2	2	30	34	31
3	3	33	36	31
4	4	37	45	32
5	5	38	43	41
6	6	40	44	40
7	7	43	30	31
8	8	44	42	32
9	9	44	59	52
10	10	46	48	41
11	11	50	52	44
12	12	52	41	50
13	13	55	55	51
14	14	57	54	55
15	15	60	55	60
16	16	63	81	65
17	17	66	66	64
18	18	68	73	71
19	19	72	78	74
20	20	87	93	91

图 10.36 输入数据

表结果

	正态性与对数正态性检验 表结果	A 第1次测量	B 第2次测量	C 第3次测量
4	P 值	0.5935	0.1593	0.0593
5	通过了正态检验 (α =0.05)'	是	是	是
6	P 值摘要	ns	ns	ns
7				
8	值的数量	20	20	20
9				

图 10.37 正态性检验结果

(3)查看正态分布检验表中 Shapiro-wilk 检验显著性检验结果。血清载脂蛋白 3 次测量数据显著性值均大于 0.05,因此认为 3 次测量数据服从正态分布,使用参数检验判断数据的差异性。

4. 单因素方差分析

(1)单击"分析"功能区中的"比较三组或更多组:单因素方差分析、Kruskal Wallis 检验、Friedman 检验"按钮,弹出"参数:单因素方差分析(非参数或混合)"对话框。打开"实验设计"选项卡,如图 10.38 所示。

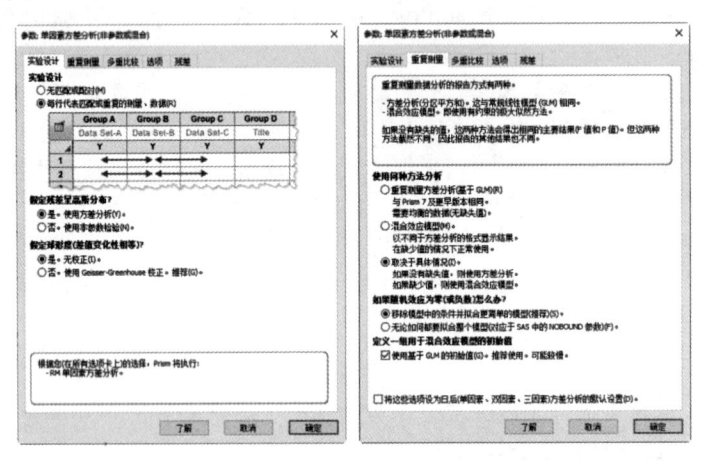

图 10.38 "参数:单因素方差分析(非参数或混合)"对话框

(2)由于输入的实验数据包含成对值组成的重复数据,在"实验设计"选项组中选中"每行代表匹配或重复的测量、数据"单选按钮。

(3)由于输入的实验数据服从正态分布,在"假定残差呈高斯分布?"选项组中选中"是。使用方差分析"单选按钮。

(4)假设数据满足球形假设,在"假定球形度(差值变化性相等)?"选项组中选中"是。无校正"单选按钮。

(5)打开"重复测量"选项卡,在"使用何种方法分析"选项组中选中"取决于具体情况"单选按钮。

(6)单击"确定"按钮,关闭该对话框,输出结果表"RM 单因素方差分析/血清载脂蛋白 3 次测量",如图 10.39 所示。

图 10.39 RM 单因素方差分析结果

5. 结果分析

(1) 在"匹配是否有效"选项组中检验残差齐性：P 值小于 0.05，表示方差具有显著性差异，不满足方差齐性。

(2) 在"重复测量方差分析摘要"选项组中进行球形检验：P 值小于 0.05，不满足球形检验的假设，表明变量间存在相关性，要对检验方法进行校正。

6. Friedman 检验

(1) 当方差齐性不满足时，可使用非参数检验 Friedman 检验方法避开方差齐性问题，检验结果优于方差分析结果。Friedman 检验即"弗里德曼双向秩方差分析"，是多个（相关）样本齐性的统计检验。

(2) 在结果表左上角单击 按钮，或单击"分析"功能区中的"更改分析参数"按钮 ，弹出"参数：单因素方差分析（非参数或混合）"对话框。打开"实验设计"选项卡，在"假定残差呈高斯分布？"选项组中选中"否。使用非参数检验"单选按钮，如图 10.40 所示。

(3) 单击"确定"按钮，关闭该对话框，在结果表"Friedman 检验/血清载脂蛋白 3 次测量"中更新分析结果，如图 10.41 所示。

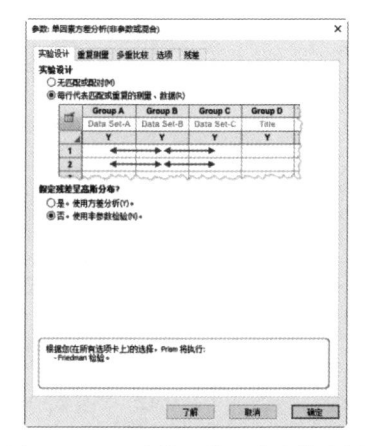

图 10.40 "参数：单因素方差分析（非参数或混合）"对话框

图 10.41 Friedman 检验分析结果

7. 结果分析

在"Friedman 检验"选项组中，显著性 P 值小于 0.05，各组之间存在显著性差异，即不同时间点的测量次数对血清载脂蛋白有显著性影响。

8. 保存项目

单击"文件"功能区中的"保存"按钮 ，或按 Ctrl+S 组合键，保存项目文件。

10.4 诊断分析

诊断分析是一种统计方法，用于评估和解释诊断测试的结果。它可以帮助医生确定患者是否患有某种疾病，或者评估某种治疗方法的有效性。

10.4.1　Bland-Altman 方法比较

在临床检测中，经常需要对一种新的检测技术和一种成熟的检测技术进行比较，以评估它们之间的一致性是否足够高，从而决定新检测技术是否可以替代旧技术，Bland-Altman 方法应运而生。Bland-Altman 方法是一种用于比较两种定量数据测量结果一致性的工具，如两位医生对 10 位患者心率测量值的一致性。

【执行方式】

菜单栏：选择菜单栏中的"分析"→"群组比较"→"Bland-Altman 方法比较"命令。

【操作步骤】

执行此命令，弹出"分析数据"对话框，在左侧列表中选择指定的分析方法"Bland-Altman 方法比较"。单击"确定"按钮，关闭该对话框，弹出"参数：Bland-Altman"对话框，如图 10.42 所示。

【选项说明】

下面介绍该对话框中的选项。

1．"数据集"选项组

选择采用方法 A、方法 B 的数据集。

2．"计算"选项组

选择描述测量结果的差值分布的统计量。

（1）差值（A-B）vs 均值。
（2）比率（A/B）vs 均值。
（3）%差值（100*(A-B)/均值）vs 均值。
（4）差值（B-A）vs 均值。
（5）比率（B/A）vs 均值。
（6）%差值（100*(B-A)/均值）vs 均值。

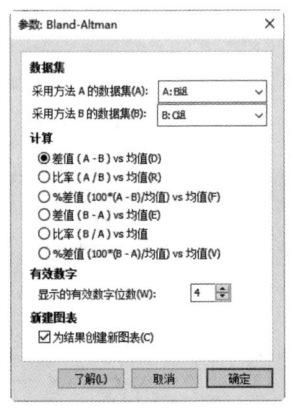

图 10.42　"参数：Bland-Altman" 对话框

3．"有效数字"选项组

显示的有效数字位数：显示差值和平均值有效数字位数。

4．"新建图表"选项组

为结果创建新图表：创建 Bland-Altman 图，在 Y 轴上绘制两个测量值之间的差值，在 X 轴上绘制两个测量值的平均值。图中的两条虚线表示 95%一致性界限。

★动手学——大鼠急性炎症的疗效一致性比较

源文件：源文件\10\大鼠急性炎症的疗效.xlsx

为研究喹啉酸对大鼠急性炎症的疗效，对 40 只体重为（200±20）g 的雄性 Wistar 大鼠（正常 20 只，患病 20 只）进行腹腔注射生理盐水和喹啉酸处理，观察其白细胞计数（WBC）值。实验结果见表 10.6。

表 10.6 不同药物处理下的大鼠 WBC 值

编 号	诊 断	生理盐水处理	喹啉酸处理
1	正常	21.3	15.8
2	正常	21.9	8.7
3	正常	11.1	9.4
4	正常	16.3	5.3
5	正常	17.9	8.3
6	正常	18.8	11.0
7	正常	13.5	12.8
8	正常	22.6	12.5
9	正常	17.1	9.3
10	正常	14.6	11.0
11	患病	19.0	13.9
12	患病	25.2	15.8
13	患病	22.9	18.3
14	患病	19.8	13.0
15	患病	22.7	14.0
16	患病	23.0	19.0
17	患病	22.8	15.3
18	患病	17.8	19.2
19	患病	24.6	18.2
20	患病	25.3	17.3

本实例通过比较注射生理盐水和喹啉酸处理后大鼠的 WBC 值的一致性来评估两种治疗方法。采用 Bland-Altman 方法计算出两种治疗方法结果的一致性界限，并用图形直观地反映一致性界限和两种治疗方法测量差距的分布情况。最后，结合临床经验，分析两种治疗方法是否具有一致性。

操作步骤

1. 设置工作环境

（1）双击"开始"菜单中的 GraphPad Prism 10 图标，启动 GraphPad Prism 10，自动弹出"欢迎使用 GraphPad Prism"对话框。

（2）在"创建"选项组中默认选择"列"选项，在右侧界面的"数据表"选项组中选中"将数据输入或导入到新表"单选按钮；在"选项"选项组中选中"输入重复值，并堆叠到列中"单选按钮。单击"创建"按钮，创建项目文件"项目 1"，同时该项目下自动创建一个数据表"数据 1"和关联的图表"数据 1"，重命名数据表为"大鼠 WBC 值"。

（3）选择菜单栏中的"文件"→"另存为"命令，或单击"文件"功能区中"保存命令"按钮下的"另存为"命令，弹出"保存"对话框，输入项目名称"大鼠急性炎症的疗效一致性比较.prism"。

单击"保存"按钮,保存项目。

2. 输入数据

(1) 在导航器中单击选择"大鼠 WBC 值",根据"大鼠急性炎症的疗效.xlsx"中的数据,在数据区复制两列数据:生理盐水处理和喹啉酸处理。

(2) 单击"更改"功能区中的"突出显示选定的单元格"按钮 ,设置数据集颜色。将第 A 组(生理盐水处理)设置为蓝色,第 B 组(喹啉酸处理)设置为红色,结果如图 10.43 所示。

3. Bland-Altman 方法比较

(1) 打开数据表,选择菜单栏中的"分析"→"群组比较"→"Bland-Altman 方法比较"命令,弹出"分析数据"对话框。单击"确定"按钮,关闭该对话框,弹出"参数:Bland-Altman"对话框,自动识别采用方法 A、方法 B 的数据集。在"计算"选项组中选中"比率(A/B) vs 均值"单选按钮,默认勾选"为结果创建新图表"复选框,如图 10.44 所示。

(2) 单击"确定"按钮,关闭该对话框,输出分析结果表和图表,如图 10.45 所示。

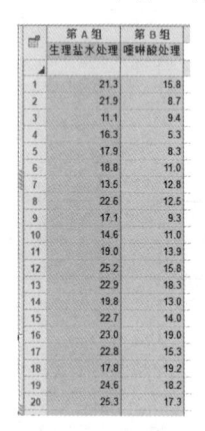

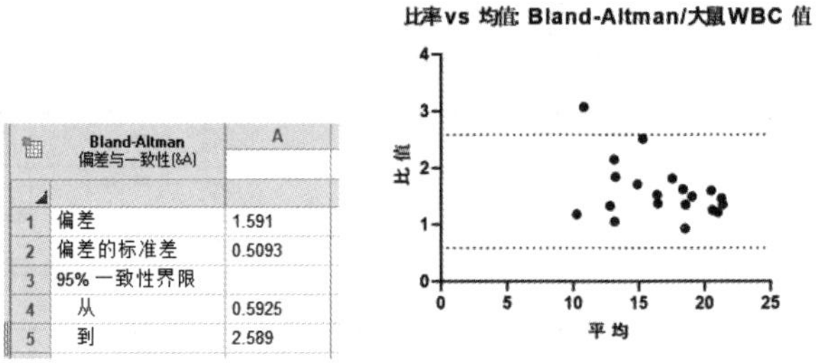

图 10.43　复制数据　　图 10.44　"参数:Bland-Altman"对话框　　图 10.45　Bland-Altman 检验分析结果

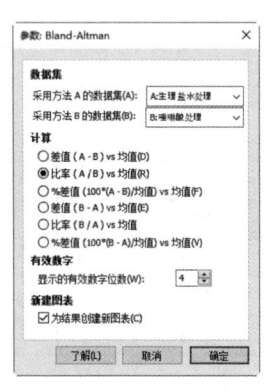

4. 结果分析

(1) 在结果表"Bland-Altman/大鼠 WBC 值"中显示分析结果:两种治疗结果差值的均值、两种治疗结果差值的标准差、95%一致性界限内范围。

(2) 在图表"比率 vs 均值:Bland-Altman/大鼠 WBC 值"中可以直观地看出两种治疗效果的差异。水平的两条虚线为95%一致性界限,若均值数据点位于界限(最小值、最大值)之间,则表示两种治疗有较好的一致性。

5. 美化图表

(1) 双击图表中的左 Y 轴,弹出"设置坐标轴格式"对话框。打开"坐标框与原点"选项卡,在"坐标框样式"下拉列表中选择"普通坐标框"选项,设置坐标轴颜色为蓝色,如图 10.46 所示。

(2) 打开"左 Y 轴"选项卡,在"其他刻度与网格线"选项组中添加刻度 1.591,在 Bland-Altman 图的 Y 轴上添加两个测量值之间差值的均值(1.591),如图 10.47 所示。

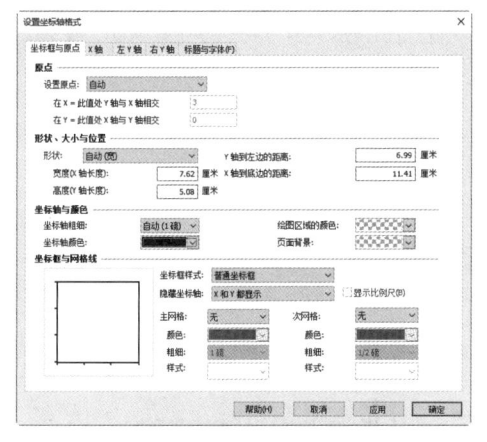

图 10.46 "坐标框与原点"选项卡　　　　图 10.47 "左 Y 轴"选项卡

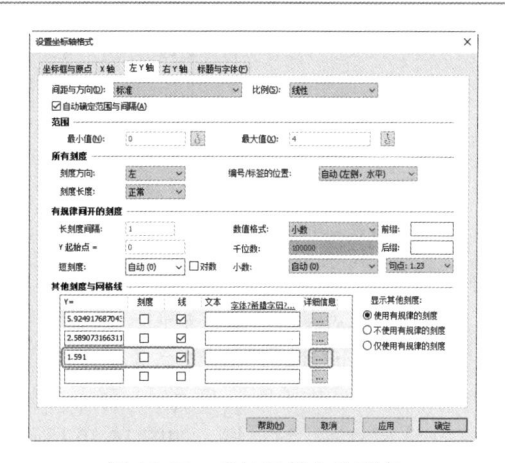

（3）单击刻度 1.591 右侧的 ... 按钮，弹出"设置其他刻度和网格的格式"对话框。在"Y="列表中选择刻度 1.591，勾选"显示网格线"复选框，设置粗细为 2 磅；选择其余两个刻度，在"显示网格线"选项组中设置颜色为红色，如图 10.48 所示。

（4）单击"确定"按钮，更新图表显示样式，表示 95%一致性界限的为红色虚线，两个测量值之间差值的均值线为蓝色虚线，如图 10.49 所示。

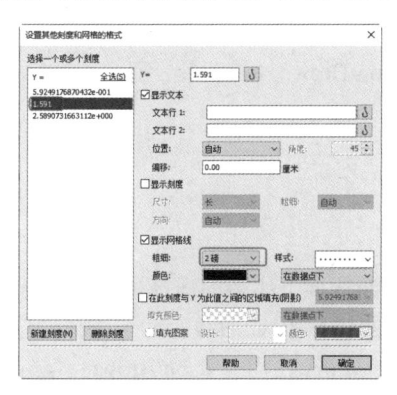

图 10.48 "设置其他刻度和网格的格式"对话框　　　　图 10.49 图表显示样式

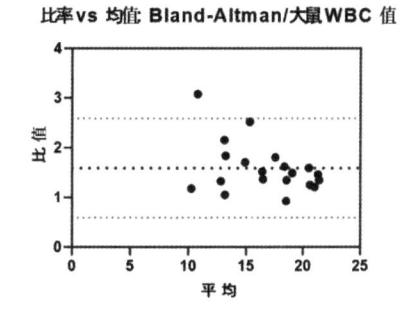

6. 保存项目

单击"文件"功能区中的"保存"按钮，或按 **Ctrl+S** 组合键，保存项目文件。

10.4.2 受试者工作特征曲线

在创建诊断试验时，受试者工作特征曲线（ROC 曲线）有助于在"正常"与"异常"状态之间划定分界线。对于"正常"与"异常"状态之间的各个可能界限，ROC 图显示了灵敏度（检测疾病的能力）和特异性（检测未患有疾病的能力）之间的权衡。

将 ROC 曲线绘制在同一坐标系中，可以直观比较两种或两种以上不同诊断试验对疾病识别能力的差异，从而鉴别出优劣。在 ROC 图中，越靠近左上角的曲线所代表的受试者工作特征越准确。也可通过分别计算各个试验的 ROC 曲线下的面积（AUC）进行比较，哪一种试验的 AUC 最大，则其诊断价值最佳。

【执行方式】

菜单栏：选择菜单栏中的"分析"→"群组比较"→"受试者工作特征曲线"命令。

【操作步骤】

执行此命令，弹出"分析数据"对话框，在左侧列表中选择指定的分析方法"受试者工作特征曲线"。单击"确定"按钮，关闭该对话框，弹出"参数：受试者工作特征曲线"对话框，如图 10.50 所示。

【选项说明】

下面介绍该对话框中的选项。

1. 数据集

指定哪些列具有对照结果和患者结果。

图 10.50 "参数：受试者工作特征曲线"对话框

2. 置信区间

（1）置信区间：选择置信水平，默认值为 95%。
（2）方法：选择计算置信区间的方法，默认选择 Wilson/Brown（推荐）。

3. 结果

受试者工作特征曲线的报告形式：以分数或百分比表示结果。

★动手练——大鼠急性炎症的疗效 ROC 曲线比较

ROC 曲线是指在特定刺激条件下，以被试者在不同判断标准下所得的虚报概率 P（y/N）为横坐标，以击中概率 P（y/SN）为纵坐标，连接各点所绘制的曲线。ROC 曲线有助于选择最佳的阈值。

本实例根据大鼠正常及患病后的 WBC 值数据进行诊断分析，使用 Wilson/Brown 方法计算 ROC 曲线，判断两种治疗方法（注射生理盐水和喹啉酸处理）的疗效，结果如图 10.51 所示。

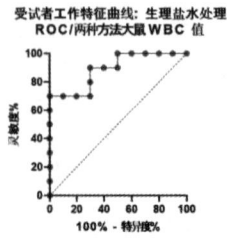

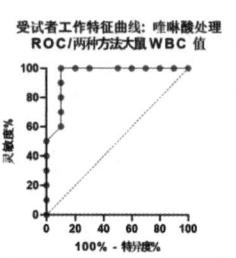

（a）注射生理盐水　　　　　　　　　　　　（b）喹啉酸处理

图 10.51　ROC 曲线比较分析结果

结果分析：ROC 曲线越靠近左上角，模型的准确性越高。最靠近左上角的 ROC 曲线上的点是分类错误最少的最好阈值，其假正例和假反例总数最少。本实例中，喹啉酸处理 ROC 曲线更靠近左上角，模型的准确性更高。

思路点拨

源文件：源文件\10\大鼠急性炎症的疗效一致性比较.prism

（1）新建项目文件，在数据表"两种方法大鼠 WBC 值"中复制第 A 组、第 B 组、第 C 组、第 D 组数据，如图 10.52 所示。

（2）选择"受试者工作特征曲线"命令，选择 Wilson/Brown 方法对第 A 组、第 B 组数据进行分析。

（3）选择"受试者工作特征曲线"命令，选择 Wilson/Brown 方法对第 C 组、第 D 组数据进行分析。

（4）保存项目文件为"大鼠急性炎症的疗效 ROC 曲线比较.prism"。

	第 A 组 生理盐水正常	第 B 组 生理盐水患病	第 C 组 喹啉酸正常	第 D 组 喹啉酸患病
1	21.3	19.0	15.8	13.9
2	21.9	25.2	8.7	15.8
3	11.1	22.9	9.4	18.3
4	16.3	19.8	5.3	13.0
5	17.9	22.7	8.3	14.0
6	18.8	23.0	11.0	19.0
7	13.5	22.8	12.8	15.3
8	22.6	17.8	12.5	19.2
9	17.1	24.6	9.3	18.2
10	14.6	25.3	11.0	17.3

图 10.52　复制数据

第 11 章　分组表数据统计分析

内容简介

GraphPad Prism 中的分组表也称为行列分组表，根据行、列方向按两个分组变量组织成组的数据（如女性对照组 vs 女性治疗组 vs 男性对照组 vs 男性治疗组）。分组表统计分析通常使用行统计、多因素方差分析和多重 t 检验。

内容要点

- 生成分组数据
- 分组图表绘图
- 多重 t 检验
- 多因素方差分析

11.1　生成分组数据

分组数据就是把具有某种共同属性或特征的数据归并在一起，通过其类别的属性或特征对数据进行区分，最终目的是统计数据。

11.1.1　创建分组表

分组数据表类似于列数据表，但设计的数据用于两个或两个以上的分组变量。

【执行方式】

在"创建"选项组中选择"分组"选项，在右侧选项中显示该类型下的数据表和图表的预览图，如图 11.1 所示。

【操作步骤】

选择此选项，在"数据表"中显示两种创建分组数据表的方法。

（1）将数据输入或导入到新表：选中该单选按钮，通过"选项"选项组中的选项定义数据表。下面介绍"选项"选项组中的选项。

1）为每个点输入一个 Y 值并绘图：选中该单选按钮，创建多个数据组列（第 A 组、第 B 组，……，第 Z 组，第 AA 组），每列表示一个类别。

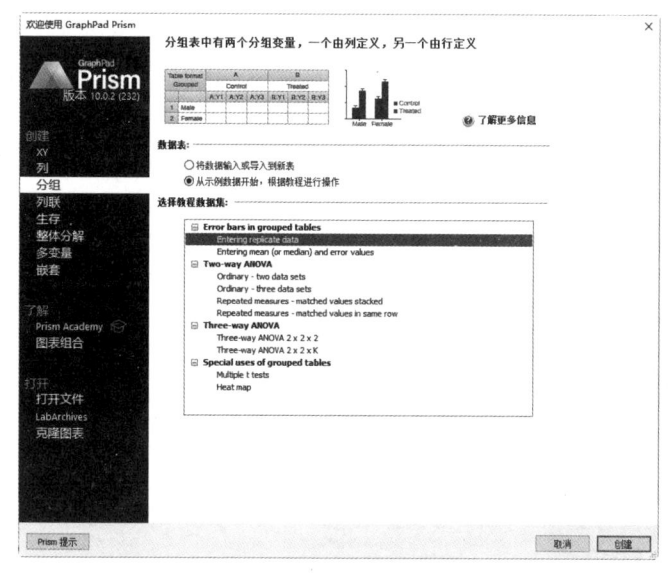

图 11.1 选择"分组"选项

2）输入 2 个重复值在并排的子列中：选中该单选按钮，在数据列下创建两组子列（第 A 组下为 A：1、A：B），用于定义分组数据。

3）输入并绘制已经在其他位置计算得出的误差值：选中该单选按钮，直接创建包含子列（平均值、标准差、N）的数据组。通过"输入"下拉列表定义子列显示的数据类型。

（2）从示例数据开始，根据教程进行操作：选中该单选按钮，通过"选择教程数据集"选项组中的数据集模板定义分组表。

★动手学——生长菌落数分组数据表

源文件：源文件\11\生长菌落数据表.xlsx

将白细胞悬液和经血液调理过后的细菌混合后，隔一段时间（120min、60min、30min、6min）取定量培养物，接种固体培养基进行培养。37℃培养 18h 后计算生长菌落数，每个实验组处理 4 个培养皿，测得生长菌落数据见表 11.1。本实例使该数据创建分组数据表。

表 11.1　生长菌落测量数据

编号	A_1	A_2	A_3	A_4	A_5
1	430	610	650	930	950
2	780	730	830	870	880
3	320	420	860	720	1140
4	650	410	820	1010	780

操作步骤

1. 设置工作环境

（1）双击"开始"菜单中的 GraphPad Prism 10 图标，启动 GraphPad Prism 10，自动弹出"欢迎

使用 GraphPad Prism"对话框。

（2）在"创建"选项组中选择"分组"选项，在右侧界面的"数据表"选项组中选中"将数据输入或导入到新表"单选按钮；在"选项"选项组中选中"为每个点输入一个 Y 值并绘图"单选按钮，如图 11.2 所示。

（3）单击"创建"按钮，创建项目文件，同时该项目下自动创建一个数据表"数据 1"和关联的图表"数据 1"。重命名数据表为"生长菌落数"。

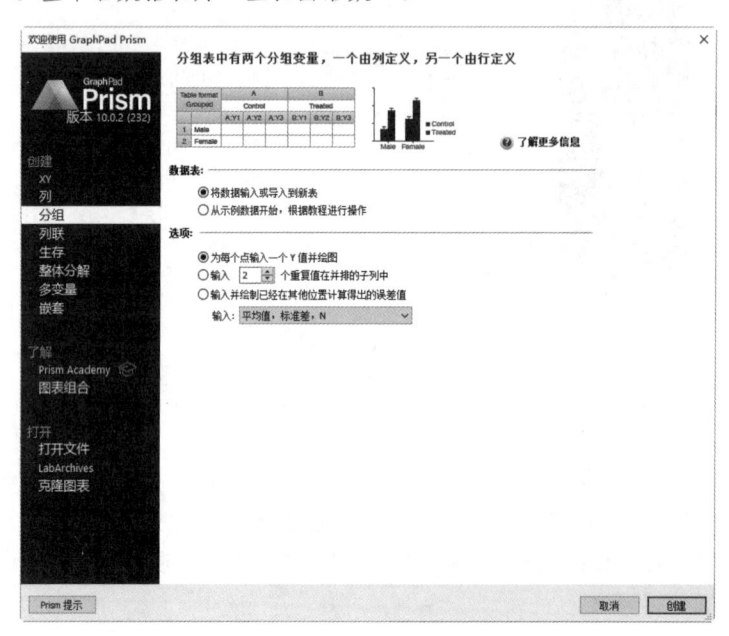

图 11.2　"欢迎使用 GraphPad Prism"对话框

2. 输入数据

（1）在分组数据表中，列数据为培养时间（A_1、A_2、A_3、A_4、A_5），行数据为培养皿（1、2、3、4）。

（2）在导航器中单击选择"生长菌落数"，将"生长菌落数据表.xlsx"中的数据复制到数据区，结果如图 11.3 所示。

（3）单击行标题 1 上面的空白区域，选择行标题列单元格，在功能区的"更改"选项卡中选择"突出显示选定的单元格"按钮下的"橙色"命令，将选中行的行标题列单元格背景色设置为橙色。

（4）同样的方法，分别设置第 A 组、第 B 组、第 C 组、第 D 组、第 E 组数据列单元格颜色为黄色、红色、蓝色、绿色、紫色，结果如图 11.4 所示。

表格式：分组	第 A 组 A_1	第 B 组 A_2	第 C 组 A_3	第 D 组 A_4	第 E 组 A_5
1　1	430	610	650	930	950
2　2	780	730	830	870	880
3　3	320	420	860	720	1140
4　4	650	410	820	1010	780

图 11.3　复制数据

表格式：分组	第 A 组 A_1	第 B 组 A_2	第 C 组 A_3	第 D 组 A_4	第 E 组 A_5
1　1	430	610	650	930	950
2　2	780	730	830	870	880
3　3	320	420	860	720	1140
4　4	650	410	820	1010	780

图 11.4　设置列数据颜色

3. 保存项目

选择菜单栏中的"文件"→"另存为"命令,或选择"文件"功能区中"保存命令"按钮下的"另存为"命令,弹出"保存"对话框,输入项目名称"生长菌落数分组表.prism"。单击"保存"按钮,保存项目。

★动手学——血红蛋白数据分组数据表

某医院用 A、B、C 三种血红蛋白测定仪器检测了健康男青年空腹状态下的血红蛋白含量(g/L),检测结果见表 11.2。本实例创建包含不同空腹时间(1h、2h、3h、4h)下不同仪器(仪器 A、仪器 B、仪器 C)的检测结果(血红蛋白含量)的分组数据表。

表 11.2　血红蛋白检测数据　　　　　　　　　　　　　　　单位:g/L

空腹时间	仪器 A 第1次测量	第2次测量	第3次测量	仪器 B 第1次测量	第2次测量	第3次测量	仪器 C 第1次测量	第2次测量	第3次测量
1h	113	115	118	115	118	120	105	102	100
2h	125	116	120	120	122	125	100	102	101
3h	126	119	120	120	119	118	110	112	114
4h	120	125	122	122	120	118	102	100	108

操作步骤

1. 设置工作环境

(1)双击"开始"菜单中的 GraphPad Prism 10 图标,启动 GraphPad Prism 10,自动弹出"欢迎使用 GraphPad Prism"对话框。

(2)在"创建"选项组中选择"分组"选项,在右侧界面的"数据表"选项组中选中"将数据输入或导入到新表"单选按钮;在"选项"选项组中选中"输入 3 个重复值在并排的子列中"单选按钮。单击"创建"按钮,创建项目文件,同时该项目下自动创建一个数据表"数据 1"和关联的图表"数据 1"。重命名数据表为"血红蛋白"。

(3)选择菜单栏中的"文件"→"另存为"命令,或选择"文件"功能区中"保存命令"按钮下的"另存为"命令,弹出"保存"对话框,输入项目名称"血红蛋白数据分组表.prism"。单击"保存"按钮,保存项目。

2. 输入数据

在导航器中单击选择"血红蛋白",将"仪器检测血红蛋白数据表.xlsx"中的数据复制到数据区,结果如图 11.5 所示。

图 11.5　复制数据

3. 格式化图表

(1) 单击工作区左上角的"表格式"单元格，弹出"格式化数据表"对话框。打开"子列标题"选项卡，勾选"为所有数据集输入一组子列标题"复选框，显示所有列组的子列标题。在 A:1、A:2、A:3 行输入子列标题：第 1 次测量、第 2 次测量、第 3 次测量。单击"确定"按钮，关闭该对话框，在数据表中显示表格格式设置结果。删除第 1 行空白行，结果如图 11.6 所示。

图 11.6　设置子列标题名

(2) 单击行号 1，选择第 1 行单元格，在功能区的"更改"选项卡中选择"突出显示选定的单元格"按钮下的"黄色"命令，将选中行单元格背景色设置为黄色。

(3) 同样的方法，分别设置第 2 行、第 3 行、第 4 行单元格颜色为红色、蓝色、绿色，结果如图 11.7 所示。

图 11.7　设置行数据颜色

4. 保存项目

单击"文件"功能区中的"保存"按钮，或按 Ctrl+S 组合键，保存项目文件。

11.1.2　行统计

XY 数据表的描述统计是对列数据进行统计，行统计是按照行数据计算统计量，包含带 SD 或 SEM 的数据。

【执行方式】

 > 菜单栏：选择菜单栏中的"分析"→"数据探索和摘要"→"行统计"命令。
 > 功能区：单击"分析"功能区中的"行统计"按钮。

【操作步骤】

执行此命令，弹出"分析数据"对话框，在左侧列表中选择指定的分析方法"行统计"。单击"确定"按钮，关闭该对话框，弹出"参数：行统计"对话框，显示数据集的基本参数统计值，如图 11.8 所示。

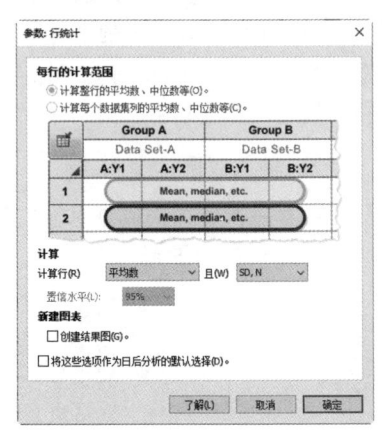

图 11.8　"参数：行统计"对话框

【选项说明】

下面介绍该对话框中的选项。

1. 每行的计算范围

当数据输入到多个数据集中，同时每个数据集包含多个子列时，GraphPad Prism 会根据每个数据集的总数/平均值/中位数等对该行进行汇总计算。

（1）计算整行的平均数、中位数等：选中该单选按钮，GraphPad Prism 将首先计算每个数据集的平均值，然后计算这些平均值的总平均值（以及相应的标准偏差）。

（2）计算每个数据集列的平均数、中位数等，选中该单选按钮，GraphPad Prism 计算每个数据集中每行的单独平均值（或中位数、总数等）。

2. 计算

（1）计算行：选择需要计算的值和计算的误差。

1）总计：无计算误差。
2）平均数：计算误差包括无误差、SD,N、SEM,N、%CV,N、置信区间。
3）中位数：计算误差包括无误差、四分位数、最小值/最大值、百分位数。
4）几何均值：计算误差包括无误差、几何标准差、置信区间。

（2）置信水平：选择置信水平。

★动手练——血红蛋白数据行统计

本实例根据不同空腹时间（1h、2h、3h、4h）下不同仪器（仪器 A、仪器 B、仪器 C）的检测结果（血红蛋白含量）的数据，利用行统计命令，计算不同空腹时间、不同仪器下的统计值，结果如图 11.9 所示。

行统计	仪器A 平均值	仪器A 标准差	N	仪器B 平均值	仪器B 标准差	N	仪器C 平均值	仪器C 标准差	N
1 1h	115.333	2.517	3	117.667	2.517	3	102.333	2.517	3
2 2h	120.333	4.509	3	122.333	2.517	3	101.000	1.000	3
3 3h	121.667	3.786	3	119.000	1.000	3	112.000	2.000	3
4 4h	122.333	2.517	3	120.000	2.000	3	103.333	4.163	3

图 11.9 行统计结果

思路点拨

源文件：源文件\11\血红蛋白数据分组表.prism
（1）打开项目文件中的数据表"血红蛋白"。
（2）选择"行统计"命令，选择 Wilson/Brown 方法对第 A 组、第 B 组进行分析。
（3）选择"受试者工作特征曲线"命令，计算每个数据集列的平均数、中位数等。
（4）保存项目文件为"血红蛋白数据行统计.prism"。

11.2 分组图表绘图

GraphPad Prism 中包含专门的图表命令,可以直观地利用图形描述分组数据的分布情况。对于多组表数据,一般通过散点图、符号图和柱形图展示二维数据,显示分类变量及每个类别的定量值。

【执行方式】

- ➢ 菜单栏：选择菜单栏中的"插入"→"新建现有数据的图表"命令。
- ➢ 导航器：在导航器的"图表"选项卡下单击"新建图表"按钮⊕。
- ➢ 功能区：单击"表"功能区中的"根据现有数据创建新图"按钮。

【操作步骤】

执行此命令，打开"创建新图表"对话框，在"图表类型"选项组的"显示"下拉列表中选择"分组"选项。可以使用分组数据绘制的图表类型如图 11.10 所示。

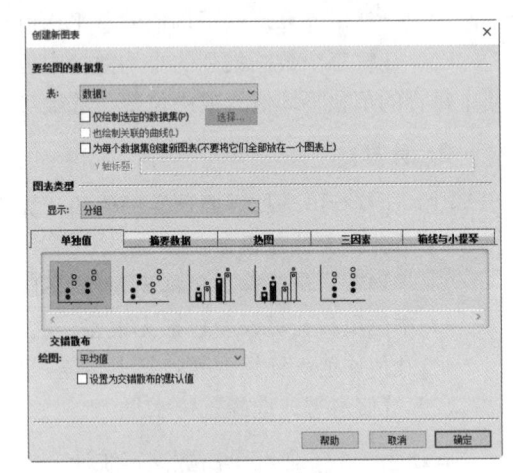

图 11.10 选择"分组"选项

【选项说明】

在"显示"下拉列表中选择"分组"选项后，显示 5 个选项卡，每个选项卡下包含不同类型的图表模板。

（1）"单独值"选项卡中的图表模板以散点图或柱形图的形式来显示数据点，如图 11.11 所示。

（2）"摘要数据"选项卡中的图表模板以符号图或柱形图的形式来显示数据的统计值，如平均值、误差值、中位数等，如图 11.12 所示。

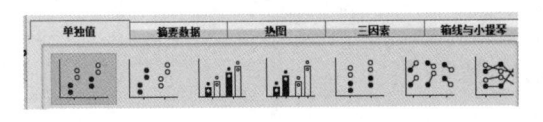

图 11.11 "单独值"选项卡

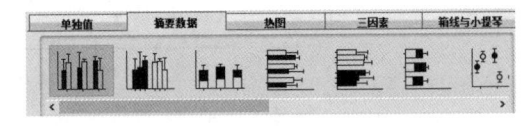

图 11.12 "摘要数据"选项卡

（3）"热图"选项卡中的图表模板以颜色的变化来显示表格中的数据信息，通过颜色的深浅直观地显示数据的大小，如图 11.13 所示。

（4）"三因素"选项卡中的图表模板以符号图或柱形图的形式来显示数据三因素分析结果，如图 11.14 所示。

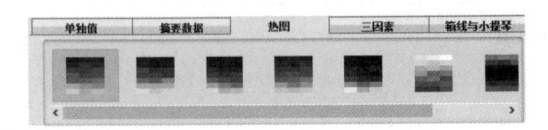

图 11.13 "热图"选项卡

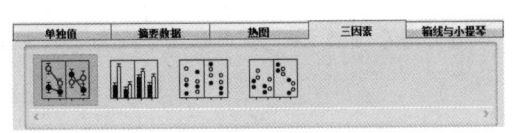

图 11.14 "三因素"选项卡

（5）"箱线与小提琴"选项卡中的图表模板以箱线图或小提琴图的形式来显示重复测量数据的分布形状，如图 11.15 所示。

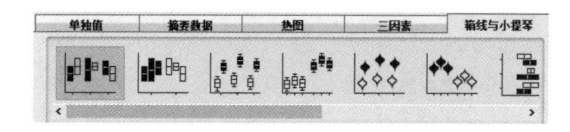

图 11.15 "箱线与小提琴"选项卡

11.2.1 交错柱形图

柱形图以长度为变量，通过一系列高度不一的条形展示数据分布的情况，用于比较两个或两个以上的数值（如不同时间或者不同条件）。

交错柱形图属于柱形图的一种，它使用宽度相同的长方形条形来表示不同分组的长度，每个分组中的条形使用不同的颜色或者相同颜色不同透明度区别各个分组，各个分组之间需要保持间隔。交错柱形图不适用于表达分组过多的、数据量较大的数据，同时无法直观地展示各维度总和的对比与数据的趋势。

交错柱形图的 X 轴显示分类数据（按照行划分类别），Y 轴显示每个类别的定量值，可以直观清晰地展示不同维度下相同分类的数据。

★动手学——血红蛋白数据交错柱形图

源文件：源文件\11\血红蛋白数据分组表.prism

本实例通过交错柱形图比较不同空腹时间（1h、2h、3h、4h）下不同仪器（仪器 A、仪器 B、仪器 C）测量的血红蛋白含量数据。

操作步骤

1. 设置工作环境

（1）双击"开始"菜单中的 GraphPad Prism 10 图标，启动 GraphPad Prism 10。

（2）选择菜单栏中的"文件"→"打开"命令，或选择 Prism 功能区中的"打开项目文件"命令，或单击"文件"功能区中的"打开项目文件"按钮，或按 Ctrl+O 组合键，弹出"打开"对话框。选择需要打开的文件"血红蛋白数据分组表.prism"，单击"打开"按钮，即可打开项目文件。

（3）选择菜单栏中的"文件"→"另存为"命令，或选择"文件"功能区中"保存命令"按钮下的"另存为"命令，弹出"保存"对话框，输入项目名称"血红蛋白数据交错柱形图.prism"。单击"保存"按钮，保存项目。

2. 绘制交错散点图

（1）在分组数据表中，根据行数据空腹时间（1h、2h、3h、4h）进行分组，显示仪器 A、仪器 B、仪器 C 的测量数据（三次测量）。

（2）在导航器的"图表"选项卡下单击"新建图表"按钮，打开"创建新图表"对话框。在"图表类型"选项组的"显示"下拉列表中选择"分组"选项，在"单独值"选项卡中选择"交错散布"选项，在"绘图"下拉列表中选择"平均值"选项，如图11.16所示。

（3）单击"确定"按钮，关闭对话框，在导航器的"图表"选项卡下创建"血红蛋白"图表。重命名为"血红蛋白（交错散点图）"，如图11.17所示。

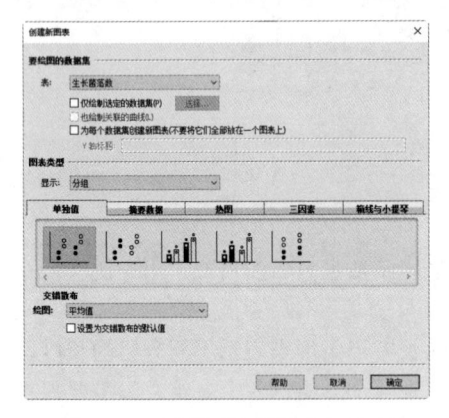

图11.16　选择"交错散布"选项

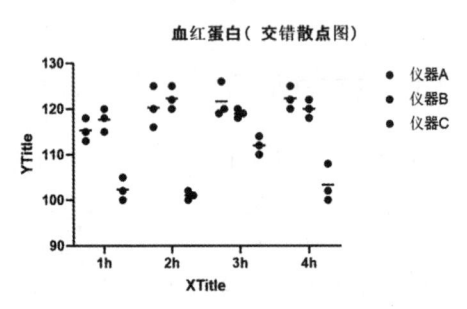

图11.17　绘制交错散点图

3. 绘制条形交错散布图

（1）在导航器的"图表"选项卡下单击"新建图表"按钮⊕，打开"创建新图表"对话框。在"图表类型"选项组的"显示"下拉列表中选择"分组"选项，在"单独值"选项卡中选择"条形交错散布图"选项，在"绘图"下拉列表中选择"包含标准差的平均值"选项。

（2）单击"确定"按钮，关闭对话框，在导航器的"图表"选项卡下创建"血红蛋白"图表。重命名为"血红蛋白（条形交错散布图）"，如图11.18所示。

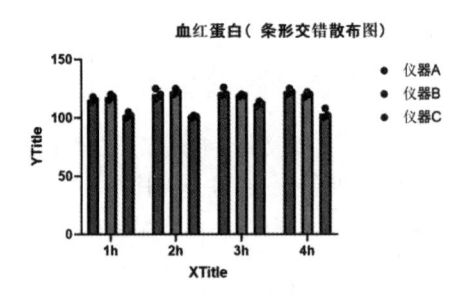

图11.18　绘制条形交错散布图

4. 绘制交错柱形图

（1）在导航器的"图表"选项卡下单击"新建图表"按钮⊕，打开"创建新图表"对话框。在"图表类型"选项组的"显示"下拉列表中选择"分组"选项，在"摘要数据"选项卡中选择"交错条形"选项，在"绘图"下拉列表中选择"包含标准差的平均值"选项，如图11.19所示。

（2）单击"确定"按钮，关闭对话框，在导航器的"图表"选项卡下创建"血红蛋白"图表。重命名为"血红蛋白（交错柱形图）"，如图11.20所示。

5. 编辑交错柱形图

（1）在导航器的"图表"选项卡下选择"血红蛋白（交错柱形图）"图表，修改X轴标题为"空腹时间"，Y轴标题为"血红蛋白值"，设置颜色为红色（3E）。

（2）选择"更改"功能区中"更改颜色"按钮下的"Prism浅色"命令，自动更新图表柱形颜色。

（3）选择图表标题，设置字体为"华文楷体"，大小为18，颜色为红色（3E），结果如图11.21所示。

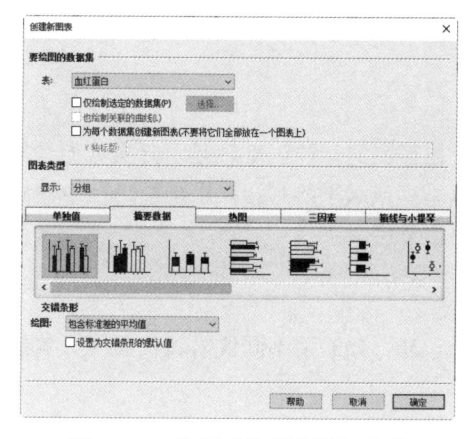

图 11.19 选择"条形交错"选项

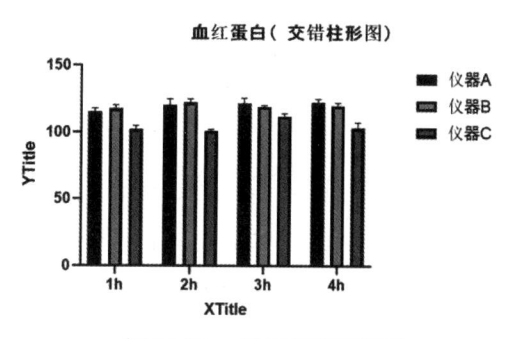

图 11.20 绘制交错柱形图

6. 美化条形交错散布图

（1）在导航器的"图表"选项卡下选择"血红蛋白（条形交错散布图）"图表，单击"更改"功能区中的"魔法"按钮，弹出""魔法"步骤 1-选择图表作为示例"对话框，选择"本项目"下的模板图表"表：血红蛋白（交错柱形图）"。单击"下一步"按钮，弹出""魔法"步骤 2-选择要应用的示例图表的属性"对话框，设置模板图表的属性，如图 11.22 所示。

（2）单击"确定"按钮，关闭对话框，按照模板更新图表格式，如图 11.23 所示。

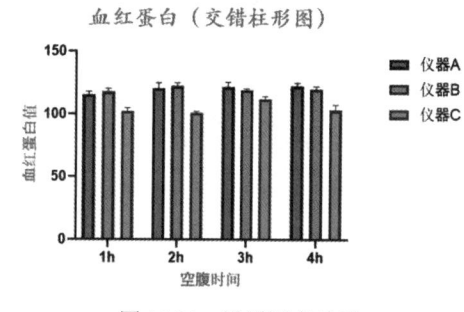

图 11.21 设置图表结果

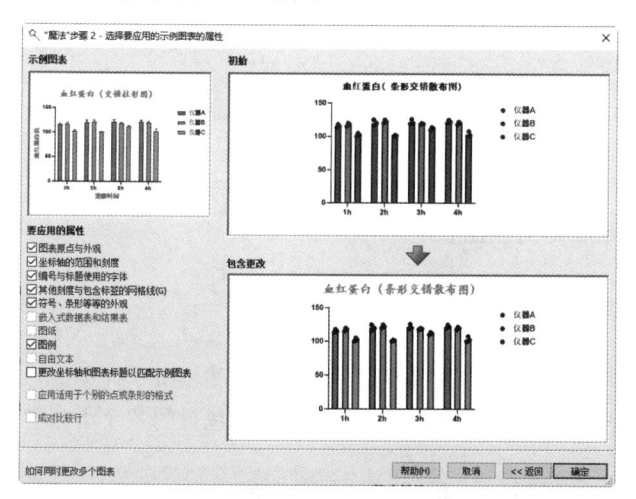

图 11.22 ""魔法"步骤2-选择要应用的示例图表的属性"对话框

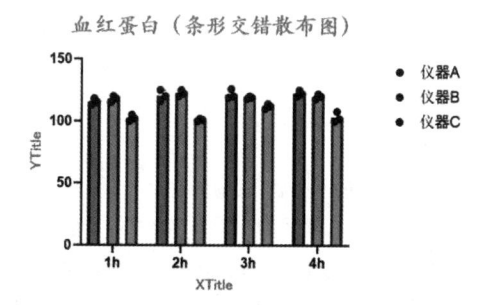

图 11.23 美化条形交错散布图

7. 保存项目

单击"文件"功能区中"保存"按钮，或按 **Ctrl+S** 组合键，保存项目文件。

11.2.2 分割柱形图

分割柱形图也称为簇状柱形图、分组柱形图，属于柱形图的一种。X 轴显示分类数据（按照列划分类别），Y 轴显示每个类别的定量值。柱形图可以垂直或水平绘制。在水平柱形图中，Y 轴显示分类数据（按照行划分类别），X 轴显示每个类别的定量值。

★动手练——血红蛋白数据分割柱形图

本实例通过分割柱形图比较不同空腹时间（1h、2h、3h、4h）下不同仪器（仪器 A、仪器 B、仪器 C）测量的血红蛋白含量数据，结果如图 11.24 所示。

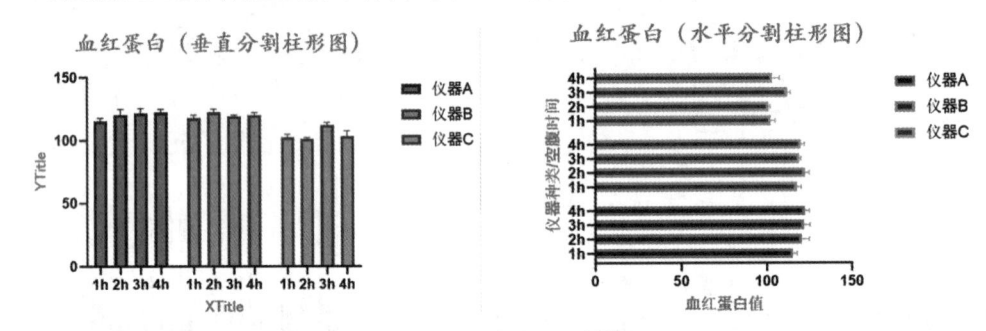

图 11.24　分割柱形图结果

思路点拨

源文件：源文件\11\血红蛋白数据交错柱形图.prism
（1）打开项目文件下的数据表"血红蛋白"。
（2）单击"新建图表"按钮，选择创建水平方向和垂直方向的分割条形图。
（3）使用魔棒工具按照图表"血红蛋白（交错柱形图）"美化图表"血红蛋白（垂直分割柱形图）"。
（4）使用编辑命令美化图表"血红蛋白（水平分割柱形图）"，配色方案为"Prism 深色"。
（5）保存项目文件为"血红蛋白数据分割柱形图.prism"。

11.2.3 堆叠柱形图

堆叠柱形图属于柱形图的一种，与并排显示的分组柱形图不同，堆叠柱形图将每个柱子进行分割以显示相同类型下各个数据的大小。堆叠柱形图可以形象地展示一个大分类包含的各个小分类的数据，或者是各个小分类占总分类的对比。

堆叠柱形图可以分为一般堆叠柱形图和百分比堆叠柱形图，可以直观观察数据总体情况的走势或者对比，也可查看总体数据对应的组成情况。

★动手学——生长菌落数堆叠柱形图

源文件：源文件\11\生长菌落数分组表.prism

本实例通过堆叠柱形图显示不同培养时间（A_1、A_2、A_3、A_4、A_5）、不同培养皿（1、2、3、4）中的生长菌落数。

操作步骤

1. 设置工作环境

（1）双击"开始"菜单中的 GraphPad Prism 10 图标，启动 GraphPad Prism 10。

（2）选择菜单栏中的"文件"→"打开"命令，或选择 Prism 功能区中的"打开项目文件"命令，或单击"文件"功能区中的"打开项目文件"按钮，或按 Ctrl+O 组合键，弹出"打开"对话框。选择需要打开的文件"生长菌落数分组表.prism"，单击"打开"按钮，即可打开项目文件。

（3）选择菜单栏中的"文件"→"另存为"命令，或选择"文件"功能区中"保存命令"按钮下的"另存为"命令，弹出"保存"对话框，输入项目名称"生长菌落数堆叠柱形图.prism"。单击"保存"按钮，保存项目。

2. 绘制堆叠柱形图

（1）在分组数据表中，根据列数据为培养时间（A_1、A_2、A_3、A_4、A_5）分组，显示培养皿（1、2、3、4）的平均值。

（2）在导航器的"图表"选项卡下单击"新建图表"按钮，打开"创建新图表"对话框。在"图表类型"选项组的"显示"下拉列表中选择"分组"选项，在"摘要数据"选项卡中选择"堆叠条形"选项，如图 11.25 所示。

（3）单击"确定"按钮，关闭对话框，在导航器的"图表"选项卡下创建"生长菌落数"图表。重命名该图表名称为"生长菌落数（堆叠柱形图）"，此时，图表标题自动更新为图表文件名，如图 11.26 所示。

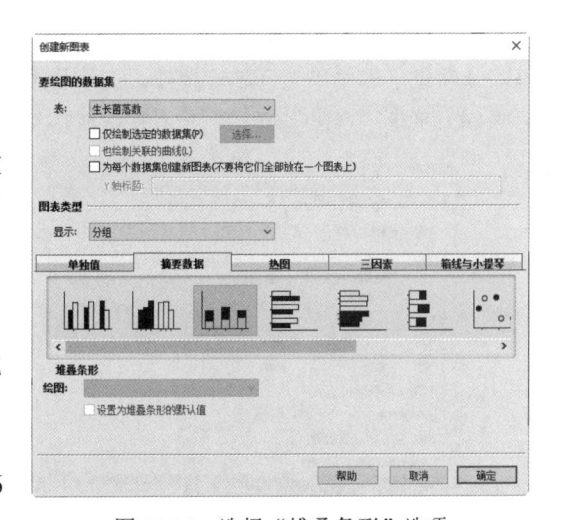

图 11.25　选择"堆叠条形"选项

3. 编辑堆叠柱形图外观

（1）在导航器的"图表"选项卡下选择"生长菌落数（堆叠柱形图）"图表，在绘图区单击选择 X 轴并向右拖动，调整 X 轴与其中图形的大小。修改 X 轴标题为"培养皿"，Y 轴标题为"生长菌落数"，设置字体颜色为红色（3E）。

（2）选择图表标题，设置字体为"华文楷体"，大小为 18，颜色为红色（3E）。

（3）选择"更改"功能区中"更改颜色"按钮下的"翠绿（半透明）"命令，自动更新图表颜色，如图 11.27 所示。

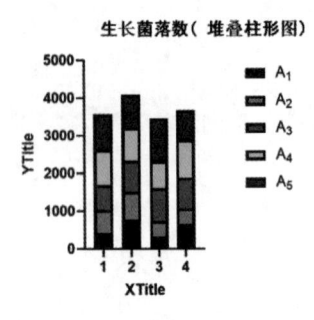

图 11.26　绘制堆叠柱形图　　　　　　　　图 11.27　设置图表结果

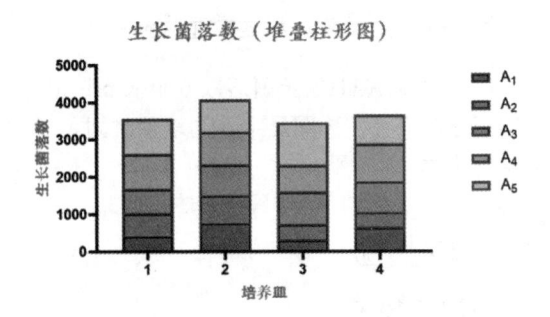

4．编辑堆叠柱形图符号

（1）双击绘图区空白处，或单击"更改"功能区中的"设置图表格式（符号、条形图、误差条等）"按钮，弹出"格式化图表"对话框。打开"注解"选项卡，打开"在条形中-顶部"子选项卡，在"显示"选项组中选择"绘图的值（平均值，中位数…）"单选按钮，在"方向"下拉列表中选择"水平"选项，如图 11.28 所示。

（2）取消勾选"自动确定字体"复选框，单击"字体"按钮，弹出"字体"对话框。设置字体大小为 9，单击"确定"按钮，返回主对话框。

（3）打开"外观"选项卡，在"数据集"下拉列表中选中"更改所有数据集"单选按钮，在"边框"选项组下选中"无"单选按钮，取消柱形的边框。

（4）单击"确定"按钮，关闭对话框，更新图表，如图 11.29 所示。

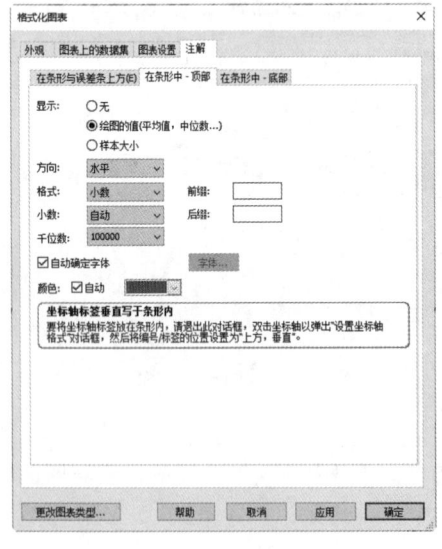

图 11.28　"注解"选项卡　　　　　　　　图 11.29　更新图表

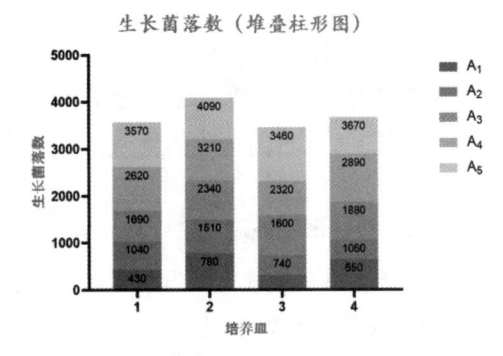

📢 **注意：**

设置标注字体后，由于堆叠的柱子太小，有些注解无法显示，需要向上拖动 Y 轴，调整 Y 轴大小，从而得到合适的图形。

5. 编辑堆叠柱形图网格线

双击任意坐标轴，或单击"更改"功能区中的"设置坐标轴格式"按钮，弹出"设置坐标轴格式"对话框。打开"坐标轴与原点"选项卡，在"坐标框与网格线"选项组中设置"主网格"为Y轴，"颜色"为浅灰色（1B），"粗细"为1/2磅，如图11.30所示。单击"确定"按钮，关闭对话框，更新图表，如图11.31所示。

6. 保存项目

单击"文件"功能区中的"保存"按钮，或按 Ctrl+S 组合键，保存项目文件。

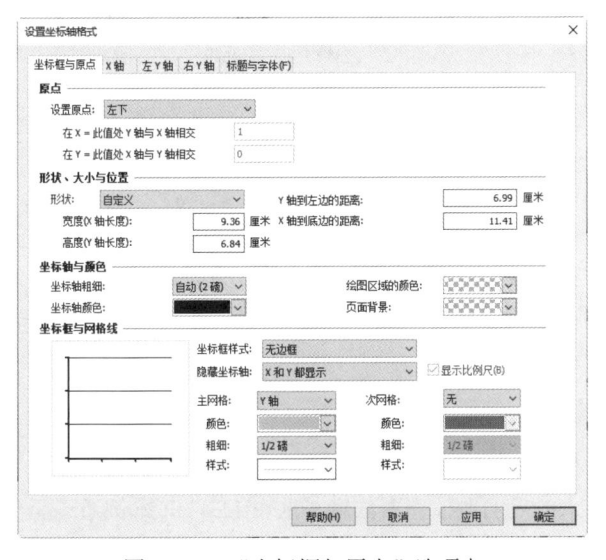

图 11.30 "坐标框与原点"选项卡

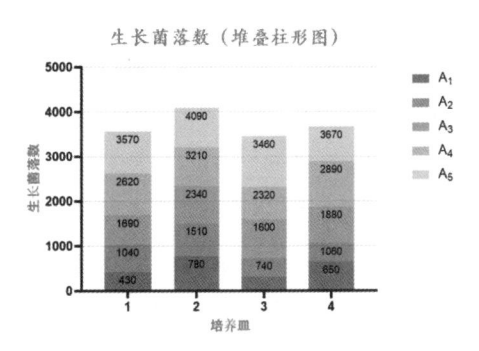

图 11.31 更新图表

★动手练——临床试验药物占比百分比堆叠柱形图

百分比堆叠柱形图属于堆叠柱形图的一种，是指将每个柱子进行分割以显示相同类型下各个数据的占比大小情况。百分比堆叠柱形图上柱子的各个层表示该类别数据占该分组总体数据的百分比，每个分组展示的数据都是100%。

百分比堆叠柱形图适用于对比不同分组内同个分类的数据大小或者对比各分组总数的大小。若同一个变量下数据分类过多，则会造成柱子上的分层太密集，不利于观察数据。

现有三年内新药临床试验数据（见表11.3），分为生物制品、化学药物和中药。本实例根据表中数据，利用百分比堆叠柱形图显示三年间不同药物类型新药临床试验占比变化，如图11.32所示。

表 11.3　不同药物类型新药临床试验占比变化　　　　　　　　　　　　　　　%

药物类型	2019 年	2020 年	2021 年
生物制品	36.6	41.1	43.6
化学药物	56.8	54.4	52.6
中药	6.6	4.5	3.8

思路点拨

（1）新建项目文件，在"临床试验药物占比"数据表中输入数据。

（2）编辑图表，选择图表类型为"堆叠条形"。

（3）设置坐标轴边框为"普通坐标框"，左 Y 轴最大值为 100。

（4）在条形底部添加注解，添加后缀%。

（5）设置 X 轴标签成角度显示（10°），取消显示 X 轴标题，修改 Y 轴标题为"百分比（%）"。

（6）保存项目文件为"临床试验药物占比百分比堆叠柱形图.prism"。

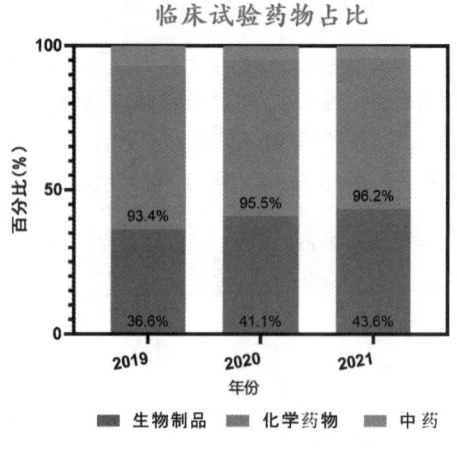

图 11.32　百分比堆叠柱形图

11.2.4　正负柱形图

正负柱形图是一种将正负数值同时展示在同一个坐标轴上的柱形图，可以直观地展示两维度信息数据的对比情况、趋势变化信息。对于分组数据，多用于对比具有相反含义的数据，如病患状态（正常、患病）数据的对比。

★动手学——手术前后血催乳素浓度正负柱形图

源文件：源文件\11\不同城市手术前后的血催乳素浓度数据表.xlsx

根据 16 个城市垂体催乳素微腺瘤的患者手术前后的血催乳素浓度（见表 11.4），本例通过正负分组柱状图分析手术前后数据的差异。

表 11.4　16 个城市患者手术前后的血催乳素浓度　　　　　　　单位：ng/mL

城市编号	术前	术后
城市 A	276	41
城市 B	880	110
城市 C	1600	280
城市 D	324	61
城市 E	398	105
城市 F	266	43
城市 G	500	25
城市 H	1760	300
城市 I	500	215
城市 J	220	92
城市 K	550	120
城市 L	590	163
城市 M	600	59
城市 N	820	86

续表

城市编号	术前	术后
城市 O	670	49
城市 P	420	83

操作步骤

1. 设置工作环境

（1）双击"开始"菜单中的 GraphPad Prism 10 图标，启动 GraphPad Prism 10，自动弹出"欢迎使用 GraphPad Prism"对话框。

（2）在"创建"选项组中选择"分组"选项，在右侧界面的"数据表"选项组中选中"将数据输入或导入到新表"单选按钮；在"选项"选项组中选中"为每个点输入一个 Y 值并绘图"单选按钮。单击"创建"按钮，创建项目文件，同时该项目下自动创建一个数据表"数据 1"和关联的图表"数据 1"，重命名数据表为"血催乳素浓度"。

（3）选择菜单栏中的"文件"→"另存为"命令，或选择"文件"功能区中"保存命令"按钮下的"另存为"命令，弹出"保存"对话框，输入项目名称"手术前后血催乳素浓度正负柱形图.prism"。单击"保存"按钮，保存项目。

2. 输入数据

在导航器中单击选择"血催乳素浓度"，将"不同城市手术前后的血催乳素浓度数据表"文件中的数据复制到数据区，结果如图 11.33 所示。

3. 数据转换

（1）选择菜单栏中的"分析"→"数据处理"→"变换"命令，弹出"分析数据"对话框，在左侧列表中选择指定的分析方法"变换"。单击"确定"按钮，关闭该对话框，弹出"参数：变换"对话框。在"函数列表"下选择"标准函数"，勾选"以此变换 Y 值"复选框，在下拉列表中选择 K*Y 选项；选择"每个数据集的 K 不同"选项，"术前"K=1，"术后"K=–1；勾选"为结果创建图表"复选框。

（2）单击"确定"按钮，关闭该对话框。在结果表"变换/血催乳素浓度"中创建标准函数计算的数据，自动根据变换数据创建分组散点图，如图 11.34 所示。

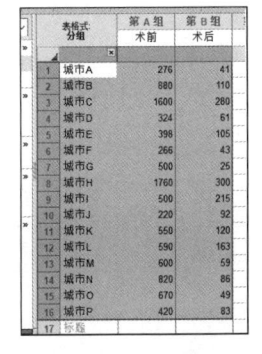

图 11.33　复制数据

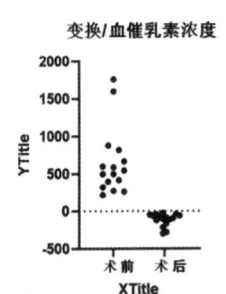

图 11.34　结果表和图表

4. 绘制堆叠条形图

（1）在导航器的"图表"选项卡下单击打开"变换/血催乳素浓度"。

（2）单击"更改"功能区中的"选择其他类型的图表"按钮 ，打开"更改图表类型"对话框。在"图表系列"下拉列表中选择"分组"选项，在"摘要数据"选项卡中选择"堆叠条形"选项，如图11.35所示。

（3）单击"确定"按钮，关闭对话框，自动更新图表。重命名为"血催乳素浓度（正负柱形图）"，如图11.36所示。

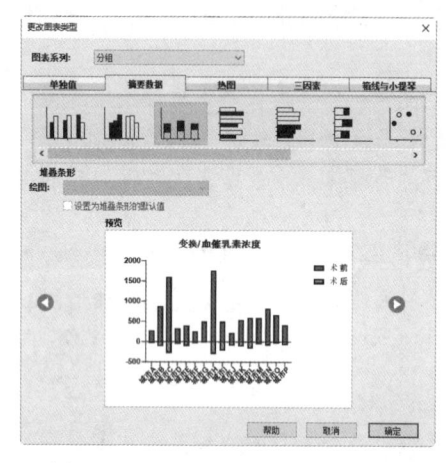

图11.35　"更改图表类型"对话框

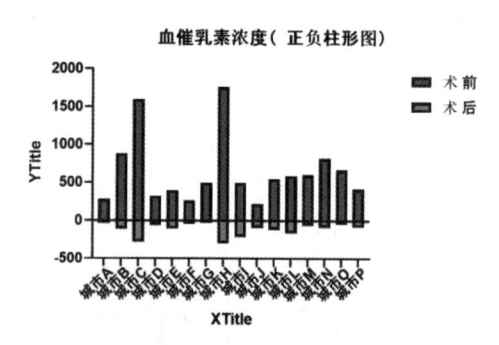

图11.36　血催乳素浓度（正负柱形图）

5. 编辑图表

（1）在导航器的"图表"选项卡下选择"血催乳素浓度（正负柱形图）"图表，单击"更改"功能区中的"魔法"按钮 ，弹出""魔法"步骤1-选择图表作为示例"对话框。选择模板图表"文件：生长菌落数堆叠柱形图.prism 表：生长菌落数（堆叠柱形图）"。单击"下一步"按钮，弹出""魔法"步骤2-选择要应用的示例图表的属性"对话框，设置模板图表的属性，如图11.37所示。

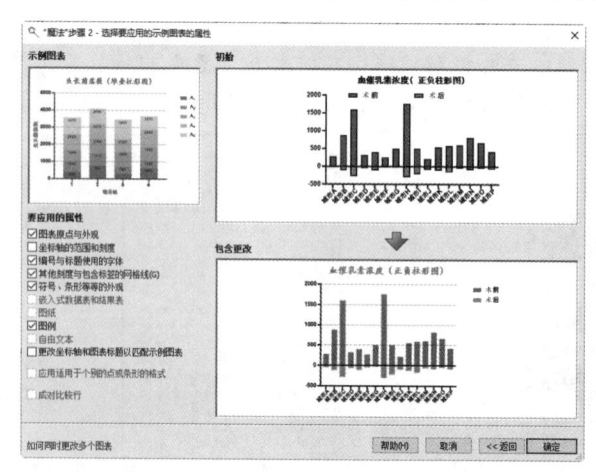

图11.37　""魔法"步骤2-选择要应用的示例图表的属性"对话框

（2）单击"确定"按钮，关闭对话框，按照模板更新图表格式，如图 11.38 所示。

（3）移动图例位置到 X 轴下方，删除 X 轴标题，修改 Y 轴标题为"血催乳素浓度"，结果如图 11.39 所示。

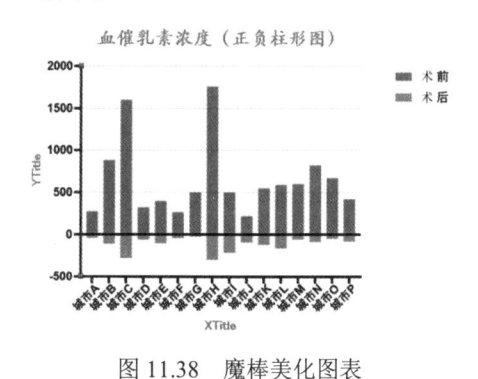

图 11.38　魔棒美化图表

图 11.39　设置图表结果

6．保存项目

单击"文件"功能区中的"保存"按钮，或按 Ctrl+S 组合键，保存项目文件。

11.2.5　热图

热图使用颜色编码系统来表示行列分组数据的不同值，对于不习惯阅读大量数据的人来说也非常友好，比传统数据格式更具视觉可访问性。

热图是分析和可视化多维数据集的有用工具，通常用于研究具有高通量基因表达数据的样本。它主要用于定位分析基因中的隐藏群体，观察和比较不同样本或实验条件下基因表达的变化模式。热图的颜色编码可显示基因表达水平的差异，帮助研究人员发现在不同生物学条件下受调控的基因。

★动手练——基因器官表达量热图

本实例通过 XML 文件中的数据绘制热图，分析不同基因在不同器官中的表达量，如图 11.40 所示。

思路点拨

源文件：源文件\11\基因器官表达量热图.xml

（1）打开 XML 文件，新建图表，选择图表类型为"Magma 热图"。

（2）在"格式化图表"对话框中打开"标题"选项卡，显示图表标题、行标签标题和列标签标题。

（3）打开"标签"选项卡，勾选"使用其值标记每个单元格"复选框，行标签为"行标题"，列标签为"列标题"，倾斜 45°显示。

（4）保存项目文件为"基因器官表达量热图.prism"。

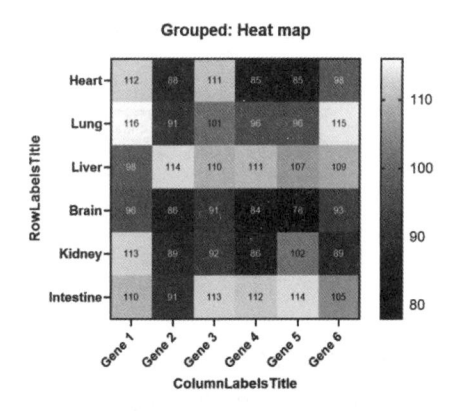

图 11.40　热图结果

11.3 多重 t 检验

t 检验旨在比较两组数据的差异性，多重 t 检验分析可一次性执行多项 t 检验。t 检验得到的最重要的结果就是 P 值，P 值小于 0.05 表示差异性显著，否则差异性不显著。

11.3.1 多重 t 检验（和非参数检验）

在 GraphPad Prism 中，多重 t 检验（和非参数检验）要求输入原始数据（并排的重复项），或输入包含样本大小的平均数据。输入不含样本大小的错误信息（SD 或 SEM）时，无法进行多重 t 检验计算。

【执行方式】

- 菜单栏：选择菜单栏中的"分析"→"群组比较"→"多重 t 检验（和非参数检验）"命令。
- 功能区：单击"分析"功能区中的"多重 t 检验（和非参数检验）-每行一个"按钮。

【操作步骤】

执行此命令，弹出"分析数据"对话框，在左侧列表中选择指定的分析方法"多重 t 检验（和非参数检验）"。单击"确定"按钮，关闭该对话框，弹出"参数：多重 t 检验（和非参数检验）"对话框，如图 11.41 所示。

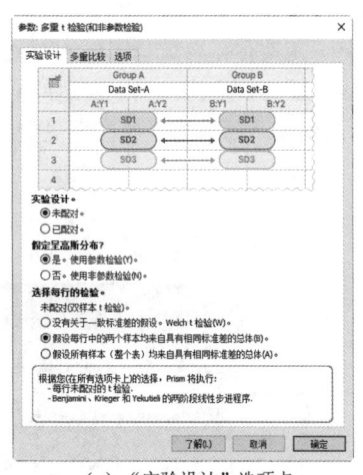

(a) "实验设计"选项卡　　　　　(b) "选项"选项卡

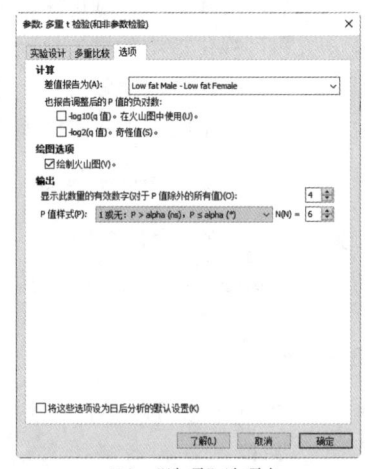

图 11.41 "参数：多重 t 检验（和非参数检验）"对话框

【选项说明】

下面介绍该对话框中的选项。

1. "实验设计"选项卡

（1）实验设计：决定数据集中正在比较的变量是否匹配。

（2）假定呈高斯分布？直接指定使用参数检验或非参数检验。

（3）选择每行的检验：根据数据集是否匹配选择参数检验或非参数检验，显示不同的检验方法，具体见表 11.5。

表 11.5 选择每行的检验

实验设计	高斯分布	选择检验	说明
未配对	参数检验	未配对（双样本 t 检验）	没有关于一致标准差的假设。Welch t 检验
			假设每行中的两个样本均来自具有相同标准差的总体
			假设所有样本（整个表）均来自具有相同标准差的总体
	非参数检验	Mann-Whitney 检验	比较秩，检验中值变化的检验力
		Kolmogorov-Smirnov 检验	比较累积分布，检验分布形状差异的检验力
已配对	参数检验	配对 t 检验	配对值之间的差异一致
		比值配对 t 检验	配对值的比值一致
	非参数检验	Wilcoxon 配对符号秩检验	对配对资料的差值采用符号秩方法来检验

2. "选项"选项卡

（1）计算。

1）差值报告为：选择分析中两组的比较顺序。该操作不会改变检验的总体结果，只会改变差异的"符号"。

2）也报告调整后的 P 值的负对数：选择报告计算得出的 P 值的两种基于对数的转换。

- –log10（q 值）。在火山图中使用：在创建结果的火山图时使用该转换，该选项可用于生成一张包含这些结果的表格，有助于在绘制火山图的同时进行报告。
- –log2（q 值）。奇怪值：计算得出的 P 值的基于 2 的对数，提供了一种思考 P 值的直观方法。应用该转换将产生一个值。

（2）绘图选项。

绘制火山图：勾选该复选框，绘制数据的火山图。图中，X 轴表示每行的均值之间的差异，Y 轴绘制 P 值的转换。GarphPad Prism 会自动将垂直网格线放在 X=0（无差异）处，将水平网格线放在 Y=–log(α)处。水平网格线上方的点的 P 值小于选择的 α 值。

★动手学——t 检验饲料对鼠肝中铁的含量的影响

源文件：源文件\11\大鼠急性炎症的疗效.xlsx

随机抽取 40 只小鼠（公母各半）分配到 A、B 两个不同的饲料组，每组 20 只（公母各半），在喂养一定时间后，测得鼠肝中铁的含量（ug/g）数据如下。问：不同饲料对鼠肝中铁的含量有无影响？

A 组（公鼠）：3.59　0.96　3.89　1.23　1.61　2.94　1.96　3.68　1.54　2.59
A 组（母鼠）：3.22　0.90　3.49　1.03　1.65　2.58　1.88　3.68　1.36　2.57
B 组（公鼠）：2.23　1.14　2.63　1.00　1.35　2.01　1.64　1.13　1.01　1.70
B 组（母鼠）：2.20　1.03　2.60　1.05　1.30　2.11　1.34　1.05　1.20　1.59

操作步骤

1. 设置工作环境

(1) 双击"开始"菜单中的 GraphPad Prism 10 图标,启动 GraphPad Prism 10,自动弹出"欢迎使用 GraphPad Prism"对话框。

(2) 在"创建"选项组中选择"分组"选项,在右侧界面的"数据表"选项组中选中"将数据输入或导入到新表"单选按钮;在"选项"选项组中选中"输入 2 个重复值在并排的子列中"单选按钮,如图 11.42 所示。

图 11.42 "欢迎使用 GraphPad Prism"对话框

(3) 单击"创建"按钮,创建项目文件,同时该项目下自动创建一个数据表"数据 1"和关联的图表"数据 1"。重命名数据表为"铁的含量"。

(4) 选择菜单栏中的"文件"→"另存为"命令,或选择"文件"功能区中"保存命令"按钮下的"另存为"命令,弹出"保存"对话框,输入项目名称"t 检验饲料对鼠肝中铁的含量的影响.prism"。单击"保存"按钮,保存项目。

2. 输入数据

在导航器中单击选择"铁的含量",根据题目中给出的数据在数据区输入数据,结果如图 11.43 所示。

3. 正态性检验

(1) 选择菜单栏中的"分析"→"数据探索和摘要"→"正态性与对数正态性检验"命令,弹出"分析数据"对话框。单击"确定"按钮,关闭该对话框,弹出"参数:正态性和对数正态性检验"对话框。

1）在"要检验哪些分布？"选项组中选择检验数据是否服从正态（高斯）分布。

2）由于实验数据样本数小于等于50，适合小样本数据的检验方法，在"检验分布的方法"选项组中选中"Shapiro-Wilk 正态性检验"单选按钮。

（2）单击"确定"按钮，关闭该对话框，输出结果表"正态性与对数正态性检验/铁的含量"，如图 11.44 所示。

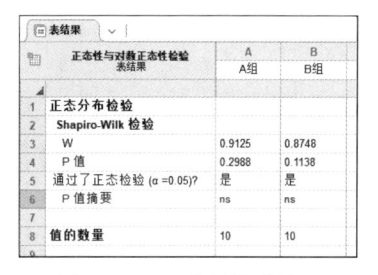

图 11.43　输入数据　　　　　　图 11.44　正态性检验结果

（3）查看正态分布检验表中 Shapiro-Wilk 检验显著性检验结果：A 组、B 组中铁的含量数据 P 值均大于 0.05，因此认为铁的含量数据服从正态分布，使用参数检验判断数据的差异性。

4. 多重 t 检验

（1）本实例判断不同饲料（A 组、B 组）对鼠肝中铁的含量有无影响，选择配对检验，则 A 列的"公鼠"子列中的值将与 B 列的"公鼠"子列中的值相匹配。

（2）单击"分析"功能区中的"多重 t 检验（和非参数检验）-每行一个"按钮，弹出"参数：多重t 检验（和非参数检验）"对话框。在"实验设计"选项组中选中"已配对"单选按钮，"假定呈高斯分布？"选项组中选中"是。使用参数检验"单选按钮，"选择每行的检验"选项组中选中"配对 t 检验（配对值之间的差异一致）"单选按钮，如图 11.45 所示。

（3）单击"确定"按钮，关闭该对话框，输出分析结果表和图表，如图 11.46 所示。

5. 结果分析

（1）打开结果表"多重未配对 t 检验/铁的含量"，"分析摘要"选项卡中显示配对 t 检验分析结果；"配对 t 检验"选项卡中显示每一行的 P 值、平均值 A 组、平均值 B 组、差值、差值标准误差、t 比值、df（自由度）和 q 值。

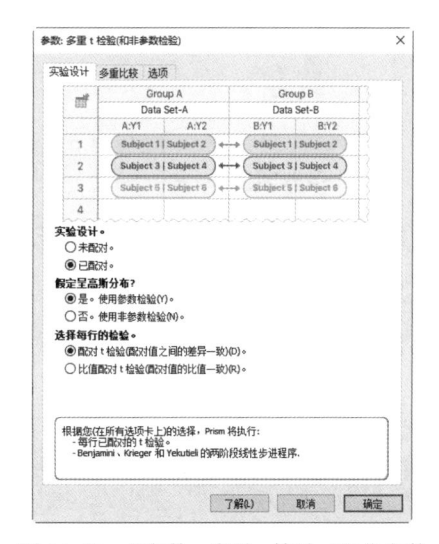

图 11.45　"参数：多重t 检验（和非参数检验）"对话框

（2）"发现"列中显示 A 组、B 组数据是否有显著性差异，"否"表示没有显著性差异。从而得出结论：不同饲料（A 组、B 组）对鼠肝中铁的含量无影响。

（3）在图表"火山图：多重未配对 t 检验/铁的含量"中可以直观地展示出 A 组、B 组的组间差异。

（4）横坐标为差值，表示两个分组之间的差异；纵坐标为−log10（P-value）值，表示某个基因在比较分组之间的表达差异是否足够显著。每个点代表数据表中的一行，X 轴绘制平均值之间的差值。在 X＝0 处显示一条点网格线，表示没有差值。

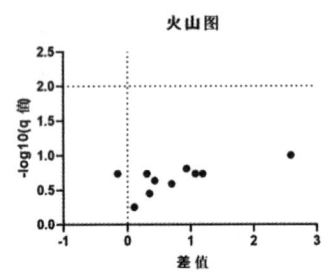

图 11.46　多重 t 检验分析结果

6．保存项目

单击"文件"功能区中的"保存"按钮，或按 Ctrl+S 组合键，保存项目文件。

11.3.2　多重比较

多组样本均数间的两两比较又称为多重比较，若采用 t 检验的方法，则会使犯第一类错误的概率增大。本小节通过校正双尾 P 值（尽量小），探讨多组样本均数间的两两比较是否适用于 t 检验。

【执行方式】

在"参数：多重 t 检验（和非参数检验）"对话框中打开"多重比较"选项卡，如图 11.47 所示。

【选项说明】

下面介绍该选项卡中的选项。

GraphPad Prism 提供了两种校正方法来确定双尾 P 值何时足够小，使得该比较值在进行多次 t 检验（和非参数

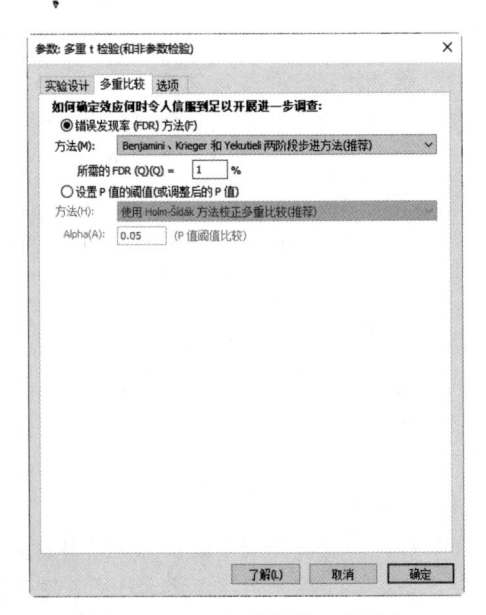

图 11.47　"多重比较"选项卡

检验）分析之后可以进一步研究。

（1）错误发现率（FDR）方法：通过控制错误发现率（FDR）校正多重比较。

（2）设置 P 值的阈值（或调整后的 P 值）：选择该方法，基于统计学显著性的方法对多重比较作出其他决定。

1）使用 Holm-Šidák 法校正多重比较（推荐）：指定用于整个 P 值比较系列的置信水平 α。如果零假设实际上对于每个行的比较而言是正确的，则指定的 α 值表示获得一项或多项比较的"显著"P 值的概率。

2）使用 Bonferroni-Dunn 方法校正多重比较：Bonferroni-Dunn 与 Šidák-Bonferroni 方法之间的主要差异在于，Šidák-Bonferroni 方法假设每项比较均独立于其他比较，而 Bonferroni-Dunn 方法未作出独立性假设。Šidák-Bonferroni 方法的检验力略高于 Bonferroni-Dunn 方法。

3）使用 Šidák-Bonferroni 方法校正多重比较：Šidák-Bonferroni 方法通常简称为 Sidák 方法，比普通 Bonferroni-Dunn 方法的检验力更高。

4）不要校正多重比较：如果 P 值小于 α，则认为这项比较具有"统计学显著性"。Alpha 可为显著性水平设定一个值，通常为 0.05，该值用作与 P 值进行比较的阈值。

★动手练——饲料对鼠肝中铁的含量影响多重比较

本实例通过给定 FDR 的控制置信水平，根据不同饲料对公鼠、母鼠鼠肝中铁的含量数据进行多重比较，结果如图 11.48 所示。

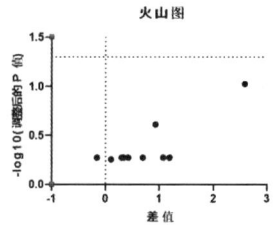

图 11.48 多重比较分析结果

结果分析：上一实例中创建的火山图中 P 值为 0.01，则对数（以 10 为底数）是–2，且在 Y 轴上绘制的值是 2.0。本实例中，P 值为 0.05，则对数（以 10 为底数）是–1.303，且在 Y 轴上绘制的值是 1.303。

结果表中，一般认为 p-value<0.05 为显著，调整后的 P 值均大于 0.05，则认为不同饲料（A 组、B 组）对鼠肝中铁的含量无影响。

思路点拨

源文件：源文件\11\t 检验饲料对鼠肝中铁的含量的影响.prism

（1）打开项目文件"t 检验饲料对鼠肝中铁的含量的影响.prism"。

（2）选择"多重比较"选项卡，使用 Holm-Šidák 方法校正多重比较（推荐）。指定用于整个 P 值比较系列的置信水平为 0.05。

（3）保存项目文件为"饲料对鼠肝中铁的含量影响多重比较.prism"。

11.4 多因素方差分析

单因素方差分析用于分析单个控制因素取不同水平时因变量的均值是否存在显著性差异。单因素方差分析用于分析定类数据与定量数据之间的关系情况，如研究人员想知道三组学生的智商平均值是否存在显著性差异。

11.4.1 双因素方差分析（或混合模型）

在许多实际问题中，常常要研究几个因素同时变化时的方差分析，控制一些无关的因素、找到影响最显著的因素、得出起显著作用的因素在什么时候的影响作用最好，这就需要用到双因素方差分析。

【执行方式】

➢ 菜单栏：选择菜单栏中的"分析"→"群组比较"→"双因素方差分析（或混合模型）"命令。

➢ 功能区：单击"分析"功能区中的"双因素方差分析（或混合模型）"按钮。

【操作步骤】

执行此命令，弹出"分析数据"对话框，在左侧列表中选择指定的分析方法"双因素方差分析（或混合模型）"。单击"确定"按钮，关闭该对话框，弹出"参数：双因素方差分析（或混合模型）"对话框，包含 6 个选项卡，如图 11.49 所示。

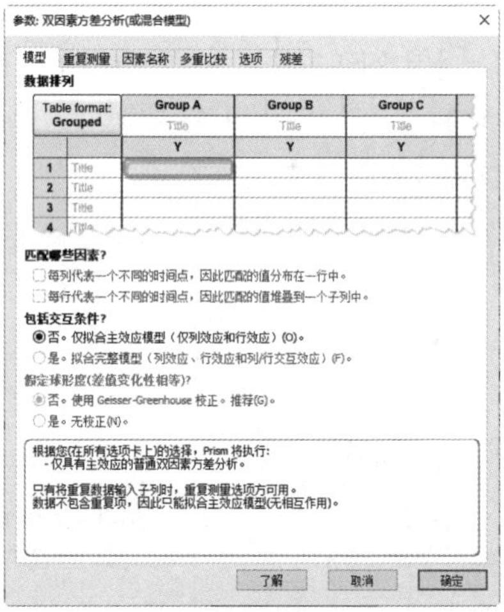

【选项说明】

下面介绍"模型"选项卡和"因素名称"选项卡，其余选项卡中的选项与单因素方差分析类似，这里不再赘述。

图 11.49 "参数：双因素方差分析（或混合模型）"对话框

1. "模型"选项卡

（1）匹配哪些因素？

当数据相匹配时，则选择的两个因素中可能出现下面三种情况：非重复测量；有一个是重复测量，另一个不是；两个因素均为重复测量。如果一个因素是重复测量，另一个不是，则该分析又称为"混合效应模型方差分析"。

1）不勾选任何一个复选框，使用常规的双因素方差分析（非重复测量），在下面的表格缩略图中显示数据集中两项因素（因素 A、因素 B）的数据排列方式。默认情况下，每个数据集（列）代

表一项因素（因素 A）的不同级别，每行代表另一项因素的不同级别。列下面的每个子列代表一项因素（因素 B），如图 11.50 所示。

2）每列代表一个不同的时间点，因此匹配的值分布在一行中：勾选该复选框，两个因素中的至少有一个是重复测量，每列代表重复测量的不同次数。

3）每行代表一个不同的时间点，因此匹配的值堆叠到一个子列中：勾选该复选框，两个因素中的至少有一个是重复测量，重复测量的不同次数叠加在一个子列中显示。

4）同时勾选两个复选框，表示两个因素都是重复测量。

(a) 非重复测量　　(b) 行重复测量

(c) 列重复测量　　(d) 两个重复测量

图 11.50　数据排列

（2）包括交互条件？

选择方差分析模型是否包含两个因素的交互影响。

1）否。仅拟合主效应模型（仅列效应和行效应）。

2）是。拟合完整模型（列效应、行效应和列/行交互效应）。

（3）假设球形度（差值变化性相等）？

重复测量方差分析需满足球形假设，在该选项组中选择是否假设球形度。如果不假设球形度，GraphPad Prism 则会使用 Geisser-Greenhouse 修正，并计算 ε。

2."因素名称"选项卡

在该选项卡中定义两个因素的描述性名称，使其更容易解释分析结果，如图 11.51 所示。

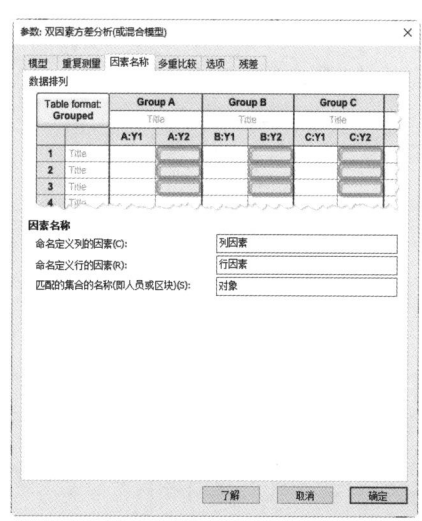

图 11.51　"因素名称"选项卡

★动手学——生长菌落数双因素方差分析

源文件：源文件\11\生长菌落数分组表.prism

为了考查培养时间（120min、60min、30min、6min）对生长菌落数是否有影响，选用 5 个不同培养时间的实验组，分别用 A_1、A_2、A_3、A_4、A_5 表示，每个实验组处 4 个培养皿。试对其进行双因素方差分析，判断培养时间与培养皿对生长菌落数的影响。

操作步骤

1. 设置工作环境

(1) 双击"开始"菜单中的 GraphPad Prism 10 图标,启动 GraphPad Prism 10。

(2) 选择菜单栏中的"文件"→"打开"命令,或选择 Prism 功能区中的"打开项目文件"命令,或单击"文件"功能区中的"打开项目文件"按钮,或按 Ctrl+O 组合键,弹出"打开"对话框。选择需要打开的文件"生长菌落数分组表.prism",单击"打开"按钮,即可打开项目文件。

(3) 选择菜单栏中的"文件"→"另存为"命令,或选择"文件"功能区中"保存命令"按钮下的"另存为"命令,弹出"保存"对话框,输入项目名称"生长菌落数双因素方差分析.prism"。单击"保存"按钮,保存项目。

2. 双因素方差分析

本实例不包含重复数据,因此使用常规的双因素方差分析,仅拟合主效应模型、列效应和行效应。

(1) 单击"分析"功能区中的"双因素方差分析(或混合模型)"按钮,弹出"参数:双因素方差分析(或混合模型)"对话框。

(2) 打开"模型"选项卡,在"包括交互条件?"选项组中选中"否。仅拟合主效应模型(仅列效应和行效应)"单选按钮,如图 11.52 所示。

(3) 打开"因素名称"选项卡,修改"因素名称"下的列因素为培养时间因素,行因素为培养皿因素,如图 11.53 所示。

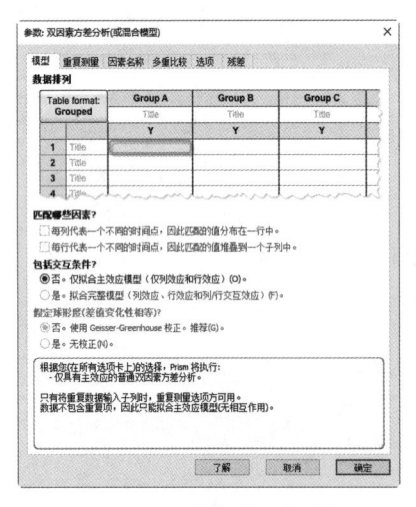

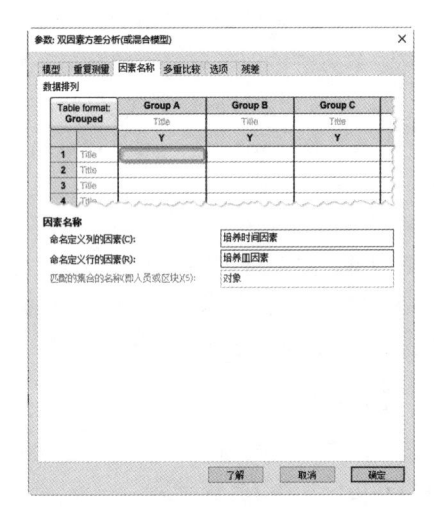

图 11.52 "模型"选项卡　　　　图 11.53 "因素名称"选项卡

(4) 打开"残差"选项卡,勾选"QQ 图"复选框,通过图表检查数据是否可以进行方差分析。勾选"Spearman 异方差性秩相关检验"复选框,检验数据方差齐性。勾选"残差呈高斯分布吗?"复选框,进行 D'Agostino、Anderson-Darling、Shapiro-Wilk 和 Kolmogorov-Smirnov 正态性检验,检验数据正态性。

(5) 单击"确定"按钮,关闭该对话框,输出分析结果表和图表,如图 11.54 所示。

图 11.54　双因素方差分析结果

3. 结果分析

（1）在"残差正态性"选项组中检验残差正态性。P 值大于 0.05，表示数据服从正态分布。

（2）在"Spearman 异方差性检验"选项组中检验数据方差齐性。P 值大于 0.05，表示方差差异性不显著，满足方差齐性。

（3）打开图表"QQ 图：双因素方差分析/生长菌落数"，显示实际残差-预测残差图，如图 11.55 所示。点的大致趋势明显地集中在从原点出发的一条 45° 直线上，因此认为误差的正态性假设是合理的。

（4）经过上面的分析，数据服从正态分布，满足方差齐性，可以使用双因素方差分析。

没有重复试验的双因素方差分析包括方差分析数据，见表 11.6。

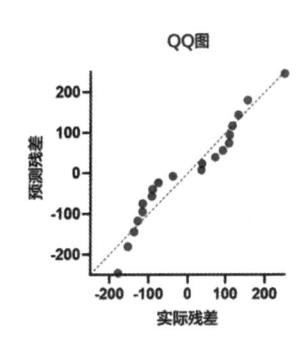

图 11.55　QQ 图

表 11.6　无重复双因素方差分析表

方差来源	平方和 S	自由度 f	均方差 $\bar{S}$	F 值
因素 A 的影响	$S_A = q \sum_{i=1}^{p}(\bar{x}_{i\bullet} - \bar{x})^2$	$p-1$	$\bar{S}_A = \dfrac{S_A}{p-1}$	$F = \dfrac{\bar{S}_A}{\bar{S}_E}$
因素 B 的影响	$S_B = p \sum_{j=1}^{q}(\bar{x}_{\bullet j} - \bar{x})^2$	$q-1$	$\bar{S}_A = \dfrac{S_B}{q-1}$	$F = \dfrac{\bar{S}_B}{\bar{S}_E}$
误差	$S_E = \sum_{i=1}^{p}\sum_{j=1}^{q}(x_{ij} - \bar{x}_{i\bullet} - \bar{x}_{\bullet j} + \bar{x})^2$	$(p-1)(q-1)$	$\bar{S}_E = \dfrac{S_E}{(p-1)(q-1)}$	—
总和	$S_T = \sum_{i=1}^{p}\sum_{j=1}^{q}(x_{ij} - \bar{x})^2$	$pq-1$	—	—

（5）在“双因素方差分析”中得出结论。

1）行因素（培养皿因素）显著性P值大于0.05，各组之间不存在显著性差异，即培养皿对生长菌落数无影响。

2）列因素（培养时间因素）显著性P值小于0.05，各组之间存在显著性差异，即培养时间对生长菌落数有显著影响。

4. 保存项目

单击“文件”功能区中的“保存”按钮，或按Ctrl+S组合键，保存项目文件。

★动手练——多重比较生长菌落数的影响因素

当自变量有3个以上的水平，并且自变量主效应显著时，为了区分究竟是自变量的哪两个水平之间存在显著性差异，可以进行多重比较（成对比较）。

本实例根据不同培养时间、不同培养皿检测的生长菌落数数据，进行多重比较，判断5个培养时间（A_1、A_2、A_3、A_4、A_5）和4个培养皿的差别，结果如图11.56所示。

	双因素方差分析 多重比较					
1	比较列平均值(主要列效应)					
2						
3	系列数	1				
4	每个系列的比较数量	10				
5	α	0.05				
6						
7	**Tukey 多重比较检验**	**均差**	**95.00% 差值的置信区间**	**低于阈值?**	**摘要**	**调整后的 P 值**
8						
9	A_1 vs A_2	2.500	-352.8 到 357.8	否	ns	>0.9999
10	A_1 vs A_3	-245.0	-600.3 到 110.3	否	ns	0.2443
11	A_1 vs A_4	-337.5	-692.8 到 17.81	否	ns	0.0655
12	A_1 vs A_5	-392.5	-747.8 到 -37.19	是	*	0.0283
13	A_2 vs A_3	-247.5	-602.8 到 107.8	否	ns	0.2365
14	A_2 vs A_4	-340.0	-695.3 到 15.31	否	ns	0.0631
15	A_2 vs A_5	-395.0	-750.3 到 -39.69	是	*	0.0272
16	A_3 vs A_4	-92.50	-447.8 到 262.8	否	ns	0.9162
17	A_3 vs A_5	-147.5	-502.8 到 207.8	否	ns	0.6831
18	A_4 vs A_5	-55.00	-410.3 到 300.3	否	ns	0.9865

（a）比较列平均值（主要列效应）

	双因素方差分析 多重比较					
1	比较行平均值(主要行效果)					
2						
3	系列数	1				
4	每个系列的比较数量	6				
5	α	0.05				
6						
7	**Tukey 多重比较检验**	**均差**	**95.00% 差值的置信区间**	**低于阈值?**	**摘要**	**调整后的 P 值**
8						
9	1 vs 2	-104.0	-400.0 到 192.0	否	ns	0.7285
10	1 vs 3	22.00	-274.0 到 318.0	否	ns	0.9960
11	1 vs 4	-20.00	-316.0 到 276.0	否	ns	0.9970
12	2 vs 3	126.0	-170.0 到 422.0	否	ns	0.6011
13	2 vs 4	84.00	-212.0 到 380.0	否	ns	0.8334
14	3 vs 4	-42.00	-338.0 到 254.0	否	ns	0.9738

（b）比较行平均值（主要行效果）

图11.56 多重比较分析结果

结果分析：

（1）在“培养时间多重比较/生长菌落数”结果表中，5个水平两两比较，A_1与A_5、A_2与A_5显著性（调整后的P值）低于0.05，表示培养时间（A_1与A_5、A_2与A_5）有显著关系；其余培养时间之间没有显著关系。

（2）在"培养皿多重比较/生长菌落数"结果表中，4个水平两两比较，显著性高于0.05，表示每个培养皿之间没有显著关系。

思路点拨

源文件：源文件\11\生长菌落数双因素方差分析.prism

（1）打开项目文件。

（2）复制结果表，打开"参数：双因素方差分析（或混合模型）"对话框，在"多重比较"选项卡中选中"比较列平均值（主要列效应）"单选按钮，默认使用 Tukey 检验，判断5个培养时间（A_1、A_2、A_3、A_4、A_5）中生长菌落数的差别。

（3）复制结果表，打开"参数：双因素方差分析（或混合模型）"对话框，在"多重比较"选项卡中选中"比较行平均值（主要行效果）"单选按钮，默认使用 Tukey 检验，判断4个培养皿中生长菌落数的差别。

（4）保存项目文件为"多重比较生长菌落数的影响因素.prism"。

★动手学——血红蛋白全模型双因素重复测量方差分析

源文件：源文件\11\血红蛋白数据分组表.prism

本实例根据某医院三种仪器检测的血红蛋白含量（g/L），判断不同空腹时间（1h、2h、3h、4h）下不同仪器（仪器A、仪器B、仪器C）的检测结果（血红蛋白含量）是否有差别（每个仪器测量三次）。

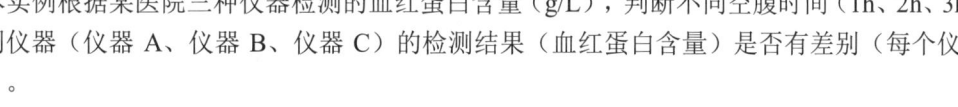

扫一扫，看视频

操作步骤

1. 设置工作环境

（1）双击"开始"菜单中的 GraphPad Prism 10 图标，启动 GraphPad Prism 10。

（2）选择菜单栏中的"文件"→"打开"命令，或选择 Prism 功能区中的"打开项目文件"命令，或单击"文件"功能区中的"打开项目文件"按钮，或按 Ctrl+O 组合键，弹出"打开"对话框，选择需要打开的文件"血红蛋白数据分组表.prism"，单击"打开"按钮，即可打开项目文件。

（3）选择菜单栏中的"文件"→"另存为"命令，或单击"文件"功能区中"保存命令"按钮下的"另存为"命令，弹出"保存"对话框，输入项目名称"血红蛋白全模型双因素重复测量方差分析.prism"。单击"保存"按钮，保存项目。

2. 双因素方差分析

本实例中，行因素（空腹时间）不是重复测量，列因素（仪器种类）是重复测量，则进行混合效应模型方差分析。

（1）单击"分析"功能区中的"双因素方差分析（或混合模型）"按钮，弹出"参数：双因素方差分析（或混合模型）"对话框，如图11.57所示。

(a) "模型"选项卡　　　　　(b) "重复测量"选项卡　　　　　(c) "因素名称"选项卡

图 11.57　"参数：双因素方差分析（或混合模型）"对话框

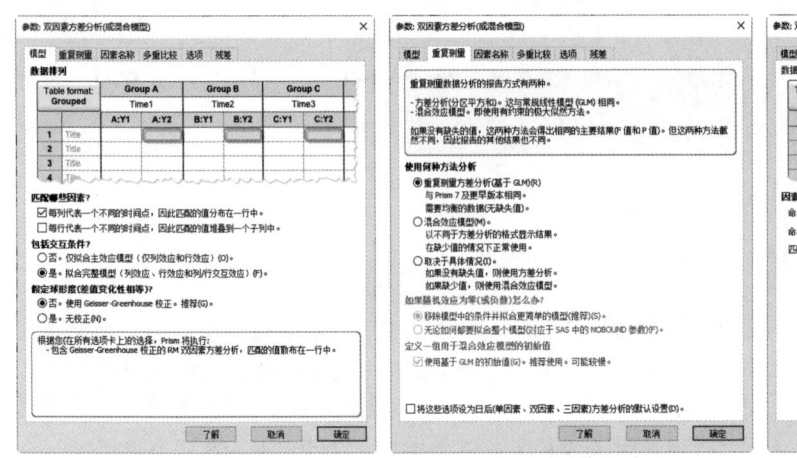

（2）方差分析全模型包括所有因素的主效应和所有的交互效应，双因素变量全模型包括两个因素的主效应（因素 A、因素 B）、两两的交互效应（A×B）。

（3）打开"模型"选项卡，在"匹配哪些因素？"选项组中勾选"每列代表一个不同的时间点，因此匹配的值分布在一行中"复选框，仪器重复测量的不同次数在子列中显示。在"包括交互条件？"选项组中选中"是。拟合完整模型（列效应、行效应和列/行交互效应）"单选按钮。在"假定球形度（差值变化性相等）？"选项组中选中"否。使用 Geisser-Greenhouse 校正。推荐"单选按钮。

（4）打开"重复测量"选项卡，在"使用何种方法分析"选项组中选中"重复测量方差分析（基于 GLM）"单选按钮。

（5）打开"因素名称"选项卡，修改"因素名称"下的因素为仪器因素、空腹时间因素、对象。

（6）单击"确定"按钮，关闭该对话框，输出分析结果表和图表，如图 11.58 所示。

图 11.58　双因素方差分析结果

3. 结果分析

（1）具有相等重复试验次数的双因素方差分析数据见表 11.7。

表 11.7 相等重复双因素方差分析表（r 为试验次数）

方差来源	平方和 S	自由度 f	均方差 $\bar{S}$	F 值
因素 A 的影响	$S_A = qr\sum_{i=1}^{p}(\bar{x}_{i\bullet} - \bar{x})^2$	$p-1$	$\bar{S}_A = \dfrac{S_A}{p-1}$	$F_A = \dfrac{\bar{S}_A}{\bar{S}_E}$
因素 B 的影响	$S_B = pr\sum_{j=1}^{q}(\bar{x}_{\bullet j} - \bar{x})^2$	$q-1$	$\bar{S}_A = \dfrac{S_B}{q-1}$	$F_B = \dfrac{\bar{S}_B}{\bar{S}_E}$
A×B	$S_{A\times B} = r\sum_{i=1}^{p}\sum_{j=1}^{q}(x_{ij} - \bar{x}_{i\bullet\bullet} - \bar{x}_{\bullet j\bullet} + \bar{x})^2$	$(p-1)(q-1)$	$\bar{S}_{A\times B} = \dfrac{S_{A\times B}}{(p-1)(q-1)}$	$F_{A\times B} = \dfrac{\bar{S}_{A\times B}}{\bar{S}_E}$
误差	$S_E = \sum_{k=1}^{r}\sum_{i=1}^{p}\sum_{j=1}^{q}(x_{ijk} - \bar{x}_{ij\bullet})^2$	$pq(r-1)$	$\bar{S}_E = \dfrac{S_E}{pq(r-1)}$	

（2）在“方差分析表”中分析全模型效果，得出结论。

1）空腹时间因素×仪器因素：P 值小于 0.05，各组之间存在显著性差异，即不同空腹时间（1h、2h、3h、4h）下不同仪器（仪器 A、仪器 B、仪器 C）检测的血红蛋白值有显著差别。

2）空腹时间因素（列因素）：P 值小于 0.05，各组之间存在显著性差异，即不同空腹时间（1h、2h、3h、4h）检测的血红蛋白值有显著差别。

3）仪器因素（行因素）：P 值小于 0.0001，各组之间存在显著性差异，即不同仪器（仪器 A、仪器 B、仪器 C）检测的血红蛋白值有极其显著的差别。

4．保存项目

单击“文件”功能区中的“保存”按钮，或按 Ctrl+S 组合键，保存项目文件。

★动手练——血红蛋白混合效应模型方差分析

方差分析中主要有三种模型，依照因子的特性不同分为三种形态：固定效应方差分析、随机效应方差分析与混合效应方差分析。混合效应方差分析是固定效应方差分析和随机效应方差分析的混合。

本实例根据不同空腹时间（1h、2h、3h、4h）下不同仪器（仪器 A、仪器 B、仪器 C）检测的血红蛋白数据，进行混合效应模型方差分析，结果如图 11.59 所示。

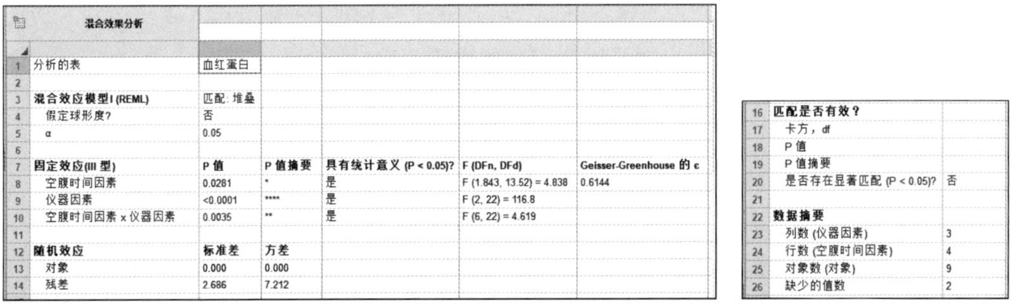

混合效果分析						
1	分析的表	血红蛋白				
2						
3	混合效应模型I (REML)	匹配: 堆叠				
4	假定球形度?	否				
5	α	0.05				
6						
7	固定效应(III 型)	P 值	P 值摘要	具有统计意义 (P < 0.05)?	F (DFn, DFd)	Geisser-Greenhouse 的 ε
8	空腹时间因素	0.0281	*	是	F (1.843, 13.52) = 4.838	0.6144
9	仪器因素	<0.0001	****	是	F (2, 22) = 116.8	
10	空腹时间因素 x 仪器因素	0.0035	**	是	F (6, 22) = 4.619	
11						
12	随机效应	标准差	方差			
13	对象	0.000	0.000			
14	残差	2.686	7.212			

16	匹配是否有效？	
17	卡方，df	
18	P 值	
19	P 值摘要	
20	是否存在显著匹配 (P < 0.05)?	否
21		
22	数据摘要	
23	列数 (仪器因素)	3
24	行数 (空腹时间因素)	4
25	对象数 (对象)	9
26	缺少的值数	2

图 11.59 混合效应模型方差分析结果

结果分析：

（1）“混合效果分析/血红蛋白”结果表的“固定效应”选项组中显示固定效应方差分析结果。

1）空腹时间因素：P 值小于 0.05，表明不同空腹时间（1h、2h、3h、4h）下不同仪器（仪器 A、仪器 B、仪器 C）检测的血红蛋白值有显著差别。

2）仪器因素：P 值小于 0.0001，表明不同仪器（仪器 A、仪器 B、仪器 C）检测的血红蛋白值有极其显著差别。

3）空腹时间因素×仪器因素：P 值小于 0.05，表明不同空腹时间（1h、2h、3h、4h）下不同仪器（仪器 A、仪器 B、仪器 C）检测的血红蛋白值有显著差别。

（2）"混合效果分析/血红蛋白"结果表的"固定效应"选项组中显示随机效应方差分析结果：标准差为 0 的随机效应排除在此模型之外。

思路点拨

源文件：源文件\11\血红蛋白全模型双因素重复测量方差分析.prism

（1）打开项目文件，删除两个数据，得到包含缺失值的数据，如图 11.60 所示。

（2）打开"参数：双因素方差分析（或混合模型）"对话框，在"重复测量"选项卡中选中"混合效应模型（M）"单选按钮。

（3）保存项目文件为"血红蛋白混合效应模型方差分析.prism"。

表格式 分组	第 A 组 仪器A			第 B 组 仪器B			第 C 组 仪器C		
	第1次测量	第2次测量	第3次测量	第1次测量	第2次测量	第3次测量	第1次测量	第2次测量	第3次测量
1 1h	113	115	118	115	118	120	105	102	100
2 2h	125	116	120	120	122	125	100	102	101
3 3h			120	120	119	118	110	112	114
4 4h	120	125	122	122	120	118	102	105	108

图 11.60 包含缺失值的数据

11.4.2 三因素方差分析（或混合模型）

三因素方差分析可决定一个反应如何受到三个因素的影响。例如，可在两个时间点比较男性和女性对药物和安慰剂的反应。药物治疗是一个因素，性别是另一个因素，时间是第三个因素。药物是否影响反应？按性别？按时间？这三者是否交织在一起？这是三因素方差分析可回答的问题。

三因素方差分析非常复杂，检验七个零假设，因此报告七个 P 值，其中三个 P 值检验主要效果。

（1）零假设 1：平均而言，男性和女性的测量值相同。

（2）零假设 2：平均而言，治疗组和对照组的测量值相同。

（3）零假设 3：平均而言，采用低剂量或高剂量预处理时，测量值相同。

另外三个 P 值检验双因素交互，以及一个 P 值检验三因素交互。以下是零假设。

（1）零假设 4：汇总男性和女性，低剂量和高剂量预处理的治疗效果与对照组相同。

（2）零假设 5：汇总治疗组和对照组，低剂量和高剂量预处理对男性和女性的影响相同。

（3）零假设 6：汇总低剂量和高剂量预处理，男性和女性受试者治疗组与对照组的效果相同。

（4）零假设 7：所有这三项因素之间不存在三因素交互。

【执行方式】

菜单栏：选择菜单栏中的"分析"→"群组比较"→"三因素方差分析（或混合模型）"命令。

【操作步骤】

执行此命令,弹出"分析数据"对话框,在左侧列表中选择指定的分析方法"三因素方差分析(或混合模型)"。单击"确定"按钮,关闭该对话框,弹出"参数:三因素方差分析(或混合模型)"对话框,包含七个选项卡,如图 11.61 所示。

【选项说明】

下面介绍"RM 设计"选项卡和"合并数据"选项卡,其余选项卡中的选项与单因素方差分析、双因素方差分析类似,这里不再赘述。

1. "RM 设计"选项卡

三因素方差分析可以处理重复测量。在"匹配哪些因素?选项组中,可以指定哪些因素是或不是重复测量。当选择或取消选择这些选项时,查看"数据排列"选项组中的图形。

2. "合并数据"选项卡

该选项卡用于将三项数据合并成一个双因素表,如图 11.62 所示。

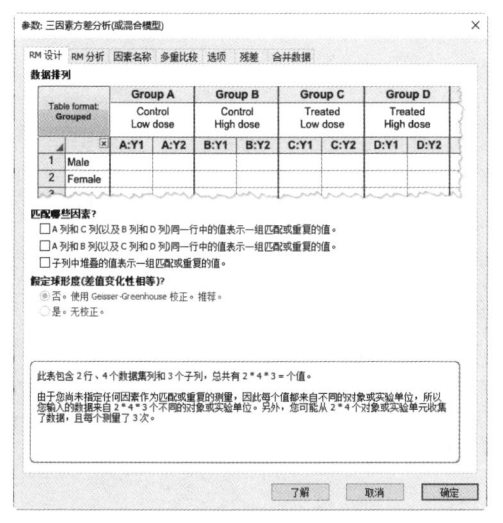

图 11.61 "参数:三因素方差分析(或混合模型)"对话框

图 11.62 "合并数据"选项卡

(1)不为双因素方差分析创建新的合并表:选中该单选按钮,列数据中显示因素 A 和因素 B,子列数据中显示因素 C。

(2)合并 A 列和 B 列,也合并 C 列和 D 列:合并列时,数值保持不变,但得到更多子列。选中该单选按钮,列数据中显示因素 A,子列数据中显示因素 B 和因素 C。因此,如果选择合并 A 列和 B 列(以及 C 列和 D 列),则将得到一半数量的数据集列,每列均有两倍数量的子列。B 列的 Y1 子列成为新 A 列的 Y3 子列。

(3)合并 A 列和 C 列,也合并 B 列和 D 列:选中该单选按钮,列数据中显示因素 B,子列数据中显示因素 A 和因素 C。

★动手学——感冒患者平均体温多因素方差分析

源文件：源文件\11\感冒患者平均体温表.xlsx

混合模型包括所有因素的主效应和所有的交互效应，如有三个因素变量，全模型包括三个因素的主效应、两两的交互效应和三个因素的高级交互效应。

某医生对感冒患者进行连续观察 60h，测量患者的平均体温数据见表 11.8。本实例通过多因素方差分析检验：性别、体重、年龄对平均体温的影响。

表 11.8　患者的平均体温　　　　　　　　　　　　　　　　　　　　　单位：℃

年龄	<18			18～50			>50		
正常女性	38.5	38.6	38.9	38	38	38.2	38.9	38.6	38.7
正常男性	38.5	38.4	38.4	37.9	37.8	37.5	38	38.2	38.5
超重女性	38.9	38.9	38.8	38.5	38.5	38.4	38	38.2	38.3
超重男性	37.9	37.6	38.9	38.1	38.2	38.2	38.5	38.6	38.9

操作步骤

1. 设置工作环境

（1）双击"开始"菜单中的 GraphPad Prism 10 图标，启动 GraphPad Prism 10，自动弹出"欢迎使用 GraphPad Prism"对话框。

（2）在"创建"选项组中选择"分组"选项，在右侧界面的"数据表"选项组中选中"将数据输入或导入到新表"单选按钮；在"选项"选项组中选中"输入 3 个重复值在并排的子列中"单选按钮。单击"创建"按钮，创建项目文件，同时该项目下自动创建一个数据表"数据 1"和关联的图表"数据 1"。重命名数据表为"平均体温"。

（3）选择菜单栏中的"文件"→"另存为"命令，或选择"文件"功能区中"保存命令"按钮下的"另存为"命令，弹出"保存"对话框，输入项目名称"感冒患者平均体温多因素方差分析.prism"。单击"保存"按钮，保存项目。

2. 复制数据

在导航器中单击选择数据表"平均体温"，将"感冒患者平均体温表.xlsx"中的数据复制到数据区，结果如图 11.63 所示。

图 11.63　复制数据

3. 三因素方差分析

（1）本实例中，A 列和 C 列（B 列和 D 列）比较性别因素（女性、男性），A 列和 B 列（C 列和 D 列）比较体重因素（正常、超重），子列包含重复数据，行因素为年龄因素（<18、18～50、>50）。

（2）选择菜单栏中的"分析"→"群组比较"→"三因素方差分析（或混合模型）"命令，弹出"分析数据"对话框，在左侧列表中选择指定的分析方法"三因素方差分析（或混合模型）"。单击"确定"按钮，关闭该对话框，弹出"参数：三因素方差分析（或混合模型）"对话框，如图11.64所示。

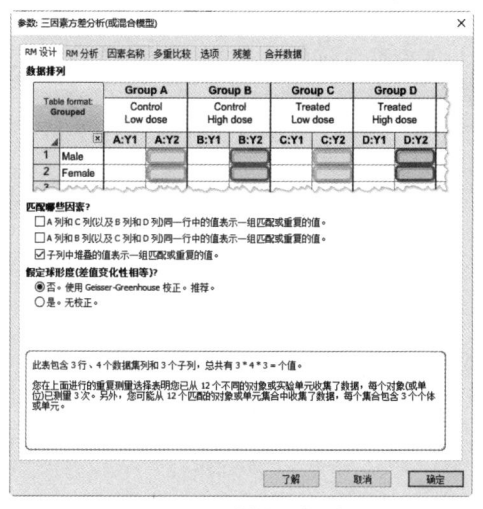

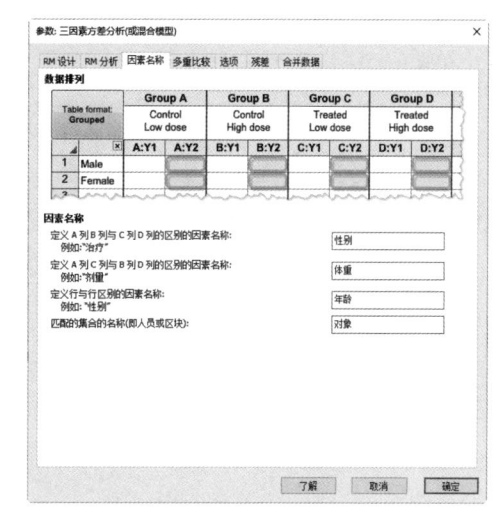

(a) "RM 设计"选项卡　　　　　　　　(b) "因素名称"选项卡

图 11.64　"参数：三因素方差分析（或混合模型）"对话框

（3）打开"RM 设计"选项卡，在"匹配哪些因素？"选项组中勾选"子列中堆叠的值表示一组匹配或重复的值。"复选框；在"假定球形度（差值变化性相等）？"选项组中选中"否。使用 Geisser-Greenhouse 校正。推荐。"单选按钮。

（4）打开"RM 分析"选项卡，在"使用何种方法分析"选项组中选中"重复测量方差分析（基于 GLM）"单选按钮。

（5）打开"因素名称"选项卡，修改"因素名称"下的因素名称。

（6）单击"确定"按钮，关闭该对话框，输出分析结果表和图表，如图11.65所示。

图 11.65　三因素方差分析结果

4. 结果分析

（1）三因素方差分析检验七个零假设，报告七个 P 值。其中三个 P 值检验主要效果。

1）零假设1：平均而言，小于18、18~50、大于50的受试者测量值相同。
2）零假设2：平均而言，男性和女性的受试者测量值相同。
3）零假设3：平均而言，正常体重或超重的受试者测量值相同。
（2）另外三个P值检验双因素交互、一个P值检验三因素交互。以下是零假设。
1）零假设4：汇总小于18、18~50、大于50，男性和女性的受试者测量值相同。
2）零假设5：汇总小于18、18~50、大于50，正常体重或超重的受试者测量值相同。
3）零假设6：汇总男性和女性、正常体重或超重的受试者测量值相同。
4）零假设7：所有这三项因素之间不存在三因素交互。
（3）通过"方差分析表"中的参数：平方和、自由度和MS，得出以下结论：
1）年龄、体重因素P值小于0.05，各组之间存在显著性差异，年龄、体重对平均体温有显著影响。
2）年龄、性别之间存在交互作用，年龄、性别对平均体温有显著影响。

5. 保存项目

单击"文件"功能区中的"保存"按钮,或按 Ctrl+S 组合键，保存项目文件。

第 12 章 列联表数据统计分析

内容简介

GraphPad Prism 中的列联表是按两个分组变量（治疗组与对照组、阳性结果与阴性结果）分组的频数分布表。在实际分析中，当问题涉及多个变量时，不仅要了解单个变量的分布特征，还要分析多个变量在不同取值下的分布。可以借助列联表分析变量之间的相互影响和关系。

在本章中，列联表分析的是判明所检验的各属性之间有无关联，即是否独立，使用卡方检验和 Fisher's（费希尔）精确检验来比较两个分组变量并刻画其关联程度。

内容要点

➢ 生成列联表数据
➢ 列联表绘图
➢ 列联表卡方检验

12.1 生成列联表数据

列联表是观测数据按两个或多个（定型变量）进行分类时所列出的频数表。这种数据通常称为交叉分类数据。

12.1.1 列联表的结构

列联表又称为交互分类表。所谓交互分类，是指同时依据两个变量的值，将所研究的个案分类。交互分类的目的是将两变量分组，然后比较各组的分布状况，以寻找变量间的关系。按两个变量交叉分类的列联表称为两维列联表（R×C 列联表），如图 12.1 所示。

列(c_j) 行(r_i)	$j=1$	$j=1$	合计
$i=1$	f_{11}	f_{12}	$f_{11}+f_{12}$
$i=2$	f_{21}	f_{22}	$f_{21}+f_{22}$
合计	$f_{11}+f_{21}$	$f_{12}+f_{22}$	n

列(c_j) 行(r_i)	$j=1$	$j=2$	...	合计
$i=1$	f_{11}	f_{12}	...	r_1
$i=2$	f_{21}	f_{22}	...	r_2
:	:	:	:	:
合计	c_1	c_2	...	n

图 12.1 两维列联表

列联表分析基于列联表所进行的相关统计分析与推断。在判定变量之间存在关联性后，可用多种定量指标来刻画其关联程度。

列联表检验是对列联表中两分类变量是否独立的检验，也是假设检验的一个重要内容，称为列联表分析或列联表检验。列联表检验的目的如下。

（1）确定因素间是否存在关联性：列联表检验可以帮助研究人员确定两个或多个分类变量之间是否存在相关性。

（2）分析影响结果的相关因素：通过列联表检验，研究人员可以分析多种影响结果的相关因素，进而制定更为有效的诊疗方案。

（3）帮助进行决策：列联表检验能够为研究人员提供审慎的决策依据，从而在医疗领域中得到更好的应用。

12.1.2 列联表数据

对一组受试者进行列联表研究时，根据两个标准（行和列）对其进行分类。例如，研究电磁场（EMF）与白血病之间的关系。

下面介绍列联表中研究数据的目的。

1. 现况研究

在现况研究中，对于一组受试者，根据两个标准（行和列）对其进行分类。为对 EMF 与白血病之间的联系进行一项现况研究，选取大量样本进行研究。受试者是否暴露于高水平的 EMF 定义了两行，检查受试者是否患有白血病定义了两列。如果根据 EMF 暴露或白血病的患病情况来选择受试者，则其不属于现况研究。

2. 前瞻性研究

研究从潜在风险因素开始，并期待看到各组受试者会发生的情况。为对 EMF 与白血病之间的联系开展一项前瞻性研究，可以选择一组具有低 EMF 暴露的受试者和一组具有高 EMF 暴露的受试者。这两个组定义了表格的两行。然后，将所有受试者中白血病患者列成表格：白血病患者列成一列，其余列成另一列。对于来自前瞻性和实验性的研究数据，数据分布形式见表 12.1。

表 12.1 前瞻性和实验性研究数据的分布形式

分 类	患病人数	未患病人数
暴露于风险因素或治疗		
对照		

前瞻性研究可以计算各组人群的发病率，因而可直接估计相对危险度（RR）。也就是两个人群发病率的比值，通常为暴露人群的发病率与非暴露人群（或指定的参照人群）的发病率之比。

3. 回顾性研究

回顾研究从所研究的病情开始，并回顾潜在原因。为对 EMF 与白血病之间的联系开展一项回顾性研究，选择一组患有白血病的受试者和一个未患有白血病但在其他方面类似的对照组。这些组定义了两列。然后评估所有受试者的 EMF 暴露，在一行输入具有低暴露的数量，并在另一行输入具有高暴露的数量。这种设计又称为"病例对照研究"。来自病例对照回顾性研究数据的分布形式见表12.2。

表 12.2　病例对照回顾性研究数据的分布形式

分　　类	病例	对照
暴露于风险因素中的人数		
未暴露的人数		

回顾性研究（病例对照研究）根据研究对象目前的状态（是否有病）将其分到病例组或对照组，然后回顾性地询问或调查研究对象过去的危险因素接触史，比较病例组和对照组中暴露者所占的比例。在这类研究中，通常要通过计算优势比或比数比（OR）来近似估计相对危险度。

4．实验设计

在一项试验中，从单组受试者开始。一半接受一种治疗，另一半接受另一种治疗（或不接受）。行表示替代治疗；列表示替代结果，如有进展与无进展、患病人数和未患病人数的增减等。数据分布形式见表12.3。

表 12.3　实验设计研究数据分布形式

分　　类	有进展	无进展
治疗		
未治疗		

5．诊断试验

列联表还可以评估诊断试验的准确性。选择两名受试者样本（是否患病），在另一行输入各个组。在一栏列出阳性试验结果，在另一栏中列出阴性试验结果。数据分布形式见表12.4。

表 12.4　诊断试验数据分布形式

分　　类	阳性（患病）	阴性（未患病）
受试者 A		
受试者 B		

12.1.3　创建列联表

列联表用于将属于由行和列定义的每个组的受试者（或观察结果）的实际数量制成表格。大多数列联表都有两行（两组）和两列（两种可能的结果），但 GraphPad Prism 可以输入任意数量的行和列的表。

列联表中可总结比较两组或多组结果，结果为分类变量（如疾病与无疾病、通过与失败、动脉通畅与动脉阻塞）。

【执行方式】

在"欢迎使用 GraphPad Prism"对话框的"创建"选项组中选择"列联"选项，如图 12.2 所示。

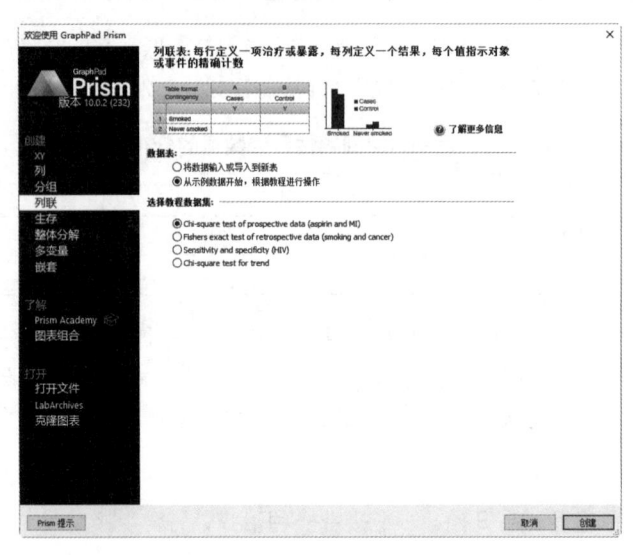

图 12.2 选择"列联"选项

【操作步骤】

执行此操作，在右侧"列联表"选项中显示该类型下的数据表和图表的预览图，如图 12.2 所示。

【选项说明】

在"数据表"选项组中显示两种创建列联表的方法。

（1）将数据输入或导入到新表：选中该单选按钮，直接从空数据表开始定义，列数据定义为结果 A，结果 B，……，结果 Z，结果 AA。

（2）从示例数据开始，根据教程进行操作：选中该单选按钮，通过"选择教程数据集"选项组中的数据集模板定义列联表。

★动手练——金黄色葡萄球菌阳性率列联表

金黄色葡萄球菌的传染源主要是感染者和携带病原菌的无症状感染者。本实例创建金黄色葡萄球菌阳性率数据列联表，进行前瞻性研究、病例对照研究和实验设计，结果如图 12.3 所示。

（a）现状研究　　　（b）前瞻性研究　　　（c）回顾性研究

（d）实验设计　　　（e）诊断试验

图 12.3　阳性率列联表

（1）金黄色葡萄球菌易感人群包括老年人、新生儿、严重烧伤患者、免疫缺陷患者、伤口暴露患者、手术后患者等。分别对某市指定医院易感人群检测结果进行统计，阳性和阴性数据见表12.5。

表 12.5 不同易感人群检出金黄色葡萄球菌人数

易感人群	阳性	阴性
老年人	230	1220
新生儿	104	1302
严重烧伤患者	1020	205
免疫缺陷患者	820	201
伤口暴露患者	505	635
手术后患者	502	80

（2）为对职业（是否为医务人员）与金黄色葡萄球菌检出阳性率之间的联系进行前瞻性研究，可以选择两组（每组1000人）受试者（医务人员、非医务人员）作为行数据；检测金黄色葡萄球菌的阳性和阴性人数作为列数据，数据分布见表12.6。

表 12.6 不同职业金黄色葡萄球菌检出人数

职业	阳性	阴性
医务人员	723	277
非医务人员	438	562

（3）为对患者是否进行过手术与金黄色葡萄球菌检出阳性率之间的联系开展一项回顾性研究，搜集一组感染金黄色葡萄球菌的受试者和一组未感染金黄色葡萄球菌的对照组受试者（每组 1000 人），评估所有受试者是否进行过手术。在一行输入进行过手术的数量，在另一行输入未进行过手术的数量。对于来自病例对照回顾性研究数据，数据分布见表12.7。

表 12.7 是否进行过手术的金黄色葡萄球菌检出人数

是否进行过手术	感染	无症状感染者（对照）
进行过手术	752	568
未进行过手术	248	432

（4）某科室使用血浆凝固酶试验、肠毒素分型检测金黄色葡萄球菌，实验设计数据见表12.8。

表 12.8 不同检测手段检出金黄色葡萄球菌检出人数

检测手段	阳性	阴性
血浆凝固酶试验	290	720
肠毒素分型检测	300	710

（5）为分析评估诊断试验的准确性，对一组感染者和无症状感染者进行金黄色葡萄球菌检测，检出阳性和阴性人数见表12.9。

表 12.9　阳性和阴性人数

试验人群	阳性	阴性
感染者	220	5
无症状感染者	3	250

思路点拨

（1）新建项目文件。

（2）打开"列联表"数据表"现状研究"，输入数据。

（3）打开"列联表"数据表"前瞻性研究"，输入数据。

（4）打开"列联表"数据表"回顾性研究"，输入数据。

（5）打开"列联表"数据表"实验设计"，输入数据。

（6）打开"列联表"数据表"诊断试验"，输入数据。

（7）保存项目文件为"金黄色葡萄球菌阳性率列联表.prism"。

12.1.4　模拟 2×2 列联表

GraphPad Prism 可以直接模拟 2×2 列联表，分析疾病和一些疾病相关因素（如年龄、性别、身体指标等）之间的关系，如研究吸烟与肺癌之间的关系。

【执行方式】

菜单栏：选择菜单栏中的"分析"→"模拟"→"模拟 2×2 列联表"命令。

【操作步骤】

执行此命令，弹出"参数：模拟列联表"对话框，如图 12.4 所示。

【选项说明】

下面介绍该对话框中的选项。

1．实验设计

（1）样本大小：选择总样本量，即列联表中所有四个单元格的进行总数。

（2）方法：选择样本采样方法。

1）横断面：在横断面研究中，在不考虑对象暴露或疾病的情况下对其进行采样。

2）前瞻性：在前瞻性研究中，根据行定义的风险因素选择对象。

3）实验：在实验研究中，将对象分配给定义这些行的治疗。

4）病例对照（回顾性）：在病例对照研究中，选择病例（患有疾病）和对照，然后回顾以确定风险因素暴露情况。

图 12.4　"参数：模拟列联表"对话框

2．行（风险因素）

定义第 1 行标题、第 2 行标题和对应风险因素的可能性。

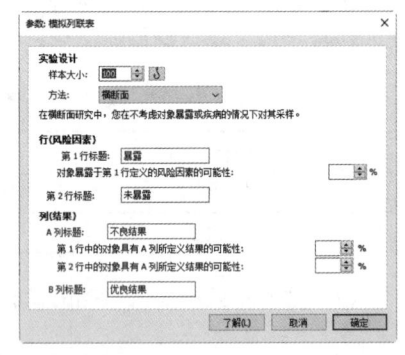

3. 列（结果）

定义第 A 列标题、第 B 行标题和对应结果的可能性。

★动手学——模拟男性大学生超重率列联表

为了解某地在校男性大学生肥胖与超重的患病情况，采用随机抽样的方法分别调查了该地一所文科大学和一所工科大学的部分在校男生。其中，文科大学调查了 1000 人，超重率为 6.9%；工科大学调查了 1000 人，超重率为 2.5%。本实例利用模拟数据命令生成实验数据。

操作步骤

1. 设置工作环境

双击 GraphPad Prism 10 图标，启动 GraphPad Prism。

2. 模拟数据

（1）选择菜单栏中的"分析"→"模拟"→"模拟 2×2 列联表"命令，弹出"参数：模拟列联表"对话框，如图 12.5 所示。

1）在"实验设计"选项组中设置"样本大小"为 2000，"方法"为"实验"。

2）在"行（治疗）"选项组中设置"第 1 行标题"为"文科大学"，"第 1 行定义的给予治疗的对象分数"为 0.5；"第 2 行标题"为"工科大学"。

3）在"列（结果）"选项组中设置"A 列标题"为"超重"，"第 1 行中的对象具有 A 列所定义结果的可能性"为 6.9%；"第 2 行中的对象具有 A 列所定义结果的可能性"为 2.5%。"B 列标题"为"正常"。

（2）单击"确定"按钮，关闭对话框，自动生成结果表"模拟 2×2 列联表"，如图 12.6 所示。

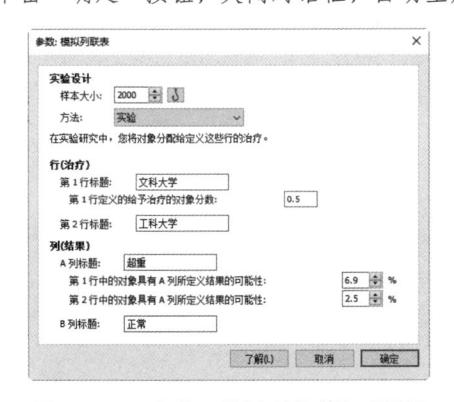

图 12.5　"参数：模拟列联表"对话框

图 12.6　结果表"模拟 2×2 列联表"

	A 超重	B 正常
1 文科大学	59	941
2 工科大学	18	982

3. 保存项目

选择菜单栏中的"文件"→"另存为"命令，或选择"文件"功能区中"保存命令"按钮下的"另存为"命令，弹出"保存"对话框，输入项目名称"模拟男性大学生超重率列联表.prism"。单击"保存"按钮，在源文件目录下保存项目文件。

12.1.5 占总数的比例

当某些实验有两种可能的结果时，使用比例来表示结果。由于数据通过随机抽样得到，因此在总体群体中的真实比例几乎肯定不同于所观察到的比例，通过计算95%置信区间量化了不确定性。

【执行方式】
- 菜单栏：选择菜单栏中的"分析"→"数据处理"→"占总数的比例"命令。
- 功能区：单击"分析"功能区中的"总计分数"按钮。

【操作步骤】

执行此命令，弹出"参数：总计分数"对话框，计算数据集占总数的比例，如图12.7所示。

【选项说明】

下面介绍该对话框中的选项。

1. 每个值除以其

（1）列总计：选中该单选按钮，通过数据表中的每个值除以列的总和计算。

（2）行总计：选中该单选按钮，通过数据表中的每个值除以行的总和计算。

（3）累计：选中该单选按钮，通过数据表中的每个值除以汇总的总和计算。

图12.7 "参数：总计分数"对话框

（4）以上都是：选中该单选按钮，通过三种方法（列总计、行总计、累计）进行结果计算。

2. 结果显示为

结果数据表中的数据包含两种显示形式：分数或百分比。

3. 置信区间

在输入到表中的每个值均为整数（代表计数的对象或事件的实际数量）时，置信区间的计算才有意义。

（1）勾选"计算"复选框，指定置信区间大小。

（2）在"方法"下拉列表中选择计算比例的置信区间的算法，默认为Wilson/Brown（推荐）。

★动手学——计算男性吸烟组和非吸烟组的冠心病年死亡率

某地某年龄组男性冠心病死亡数据见表12.10。试计算吸烟组和非吸烟组的冠心病年死亡率。

表12.10 某地某年龄组男性冠心病死亡数据

组别	死亡人数	存活人数
吸烟组	104	43144
非吸烟组	12	10661

操作步骤

1. 设置工作环境

（1）双击"开始"菜单中的 GraphPad Prism 10 图标，启动 GraphPad Prism 10，自动弹出"欢迎使用 GraphPad Prism"对话框。

（2）在"创建"选项组中选择"列联"选项，在右侧界面的"数据表"选项组中选中"将数据输入或导入到新表"单选按钮。单击"创建"按钮，创建项目文件，同时该项目下自动创建一个数据表"数据1"和关联的图表"数据1"。重命名数据表为"冠心病死亡数据"。

（3）选择菜单栏中的"文件"→"另存为"命令，或选择"文件"功能区中"保存命令"按钮下的"另存为"命令，弹出"保存"对话框，输入项目名称"计算男性吸烟组和非吸烟组的冠心病年死亡率.prism"。单击"保存"按钮，保存项目。

2. 输入数据

在导航器中单击选择"冠心病死亡数据"，根据表 12.10 中的数据在数据区输入数据，结果如图 12.8 所示。

3. 总计分数计算

（1）单击"分析"功能区中的"总计分数"按钮，弹出"参数：总计分数"对话框。在"每个值除以其"选项组中选中"行总计"单选按钮，在"结果显示为"选项组中选中"百分比"单选按钮，勾选"计算"复选框，指定95%置信区间，如图 12.9 所示。

（2）单击"确定"按钮，关闭该对话框，输出结果表"总计分数/冠心病死亡数据"，如图 12.10 所示。

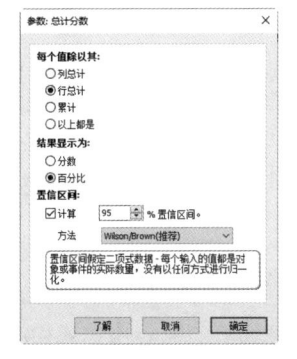

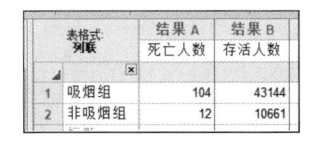

图 12.8 输入数据　　图 12.9 "参数：总计分数"对话框　　图 12.10 总计分数结果

（3）可以得出观察某地某年龄组男性冠心病患者吸烟组和非吸烟组的年死亡率（0.240%、0.112%）。

4. 保存项目

单击"文件"功能区中的"保存"按钮，或按 Ctrl+S 组合键，直接保存项目文件。

12.2 列联表绘图

列联表绘图是一种以条形图的形式同时描述两个或多个变量的联合分布的统计分析方法，反映了这些只有有限分类或取值的离散变量的联合分布。条形图是一种常见的基本统计图形，又可以分为竖直条形图和水平条形图。

【执行方式】

- 菜单栏：选择菜单栏中的"插入"→"新建现有数据的图表"命令。
- 导航器：在导航器的"图表"选项卡中单击"新建图表"按钮⊕。
- 功能区：单击"表"功能区中的"根据现有数据创建新图"按钮。

【操作步骤】

执行此命令，打开"创建新图表"对话框。在"图表类型"选项组的"显示"下拉列表中选择"列联"选项，使用列联表数据绘制图表，如图12.11所示。

【选项说明】

在"显示"下拉列表中选择"列联"选项，显示条形图模板，包括交错条形（水平）、分隔条形图（水平）、堆叠条形（水平）、交错条形（垂直）、分隔条形图（垂直）、堆叠条形（垂直）。

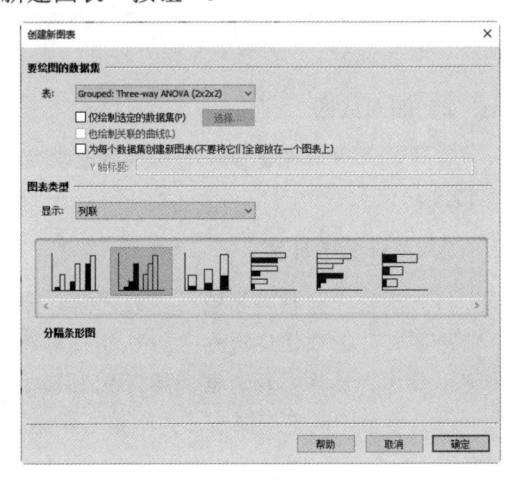

图 12.11　"列联"选项图表

12.2.1 垂直条形图

垂直条形图以单独的条柱显示离散数据，可以对彼此的量进行比较，并且表明数据的趋势，直观性很强。针对两种离散变量的条形图可以使用分割条形图、交错条形图和堆叠条形图。

列联表的条形图与分组表的柱形图不同，柱形图显示的是数据的统计值（如平均值、误差值、中位数等），条形图显示的是数据的值。

★动手学——男性冠心病吸烟死亡率垂直交错条形图

源文件：源文件\12\计算男性吸烟组和非吸烟组的冠心病年死亡率.prism
本实例根据某地某年龄组男性冠心病死亡资料，绘制垂直交错条形图，对死亡人数组和存活人数组进行比较，并且表明数据的趋势。

操作步骤

1. 设置工作环境

（1）双击"开始"菜单中的 GraphPad Prism 10 图标，启动 GraphPad Prism 10。
（2）选择菜单栏中的"文件"→"打开"命令，或选择 Prism 功能区中的"打开项目文件"命令，或单击"文件"功能区中的"打开项目文件"按钮，或按 Ctrl+O 组合键，弹出"打开"对话框。选择需要打开的文件"计算男性吸烟组和非吸烟组的冠心病年死亡率.prism"，单击"打开"按钮，即可打开项目文件。

（3）选择菜单栏中的"文件"→"另存为"命令，或选择"文件"功能区中"保存命令"按钮下的"另存为"命令，弹出"保存"对话框，输入项目名称"男性冠心病吸烟死亡率垂直交错条形图.prism"。单击"保存"按钮，保存项目。

2. 交错条形图分析

（1）打开导航器"图表"选项卡下的"冠心病死亡数据"，自动弹出"更改图表类型"对话框，默认选择"交错条形"选项，如图 12.12 所示。

（2）单击"确定"按钮，关闭该对话框，显示创建的条形图。可以直观地看出吸烟组和非吸烟组死亡率的差异，如图 12.13 所示。图中，吸烟组和非吸烟组展现不同数量级的数据，仅使用一个纵坐标轴很难将所有数据清晰展现，需要使用双 Y 轴。

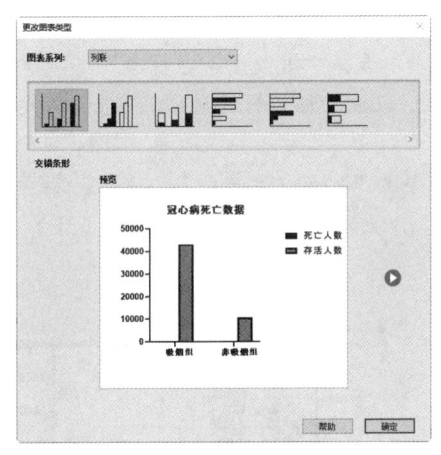

图 12.12 "更改图表类型"对话框

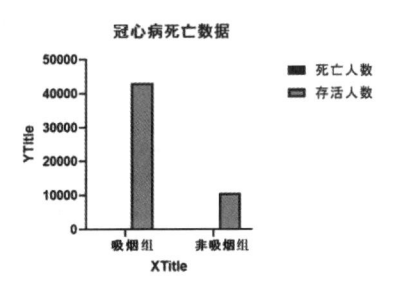

图 12.13 显示条形图

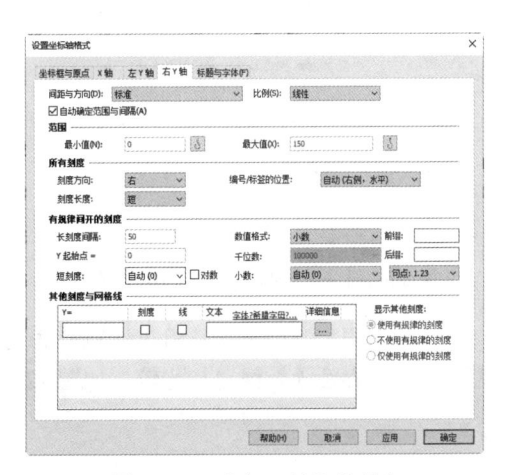

3. 编辑图表

（1）双击任意坐标轴，或单击"更改"功能区中的"设置坐标轴格式"按钮，弹出"设置坐标轴格式"对话框。打开"右 Y 轴"选项卡，在"间距与方向"下拉列表中选择"标准"选项，如图 12.14 所示。单击"确定"按钮，关闭对话框，更新图表，如图 12.15 所示。

（2）选择左右侧条形，右击，在弹出的快捷菜单中选择"绘制数据集于"→"右 Y 轴"命令，自动将数量级大的"存活人数"调整到右 Y 轴显示。为了方便显示，移动图例到 X 轴下方。单击坐标轴标题，修改左 Y 轴标题为"死亡人数"，右 Y 轴标题为"存活人数"，结果如图 12.16 所示。至此，图中两组数据显示完全，可

图 12.14 "右 Y 轴"选项卡

以进行有效的对比。

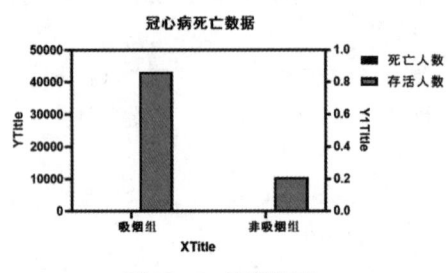

图 12.15　更新图表 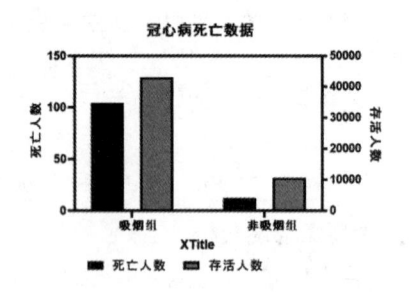　　　　　　　　图 12.16　设置坐标轴结果

（3）双击绘图区空白处，或单击"更改"功能区中的"设置图表格式（符号、条形图、误差条等）"按钮，弹出"格式化图表"对话框。打开"注解"选项卡，打开"在条形与误差条上方"子选项卡，在"显示"选项下选择"绘图的值（平均值，中位数…）"选项，在"方向"选项组中选中"水平"单选按钮。

（4）打开"外观"选项卡，在"数据集"下拉列表中选择"更改所有数据集"选项，在"条形与框"选项组中的"边框"下拉列表中选择"无"选项，取消条形边框的显示。单击"确定"按钮，关闭对话框，更新图表符号，如图 12.17 所示。

（5）选择"更改"功能区中"更改颜色"按钮下的"彩色（半透明）"命令，即可自动更新图表颜色。选择图表标题，设置字体为"华文楷体"，大小为 22，颜色为红色（3E）。结果如图 12.18 所示。

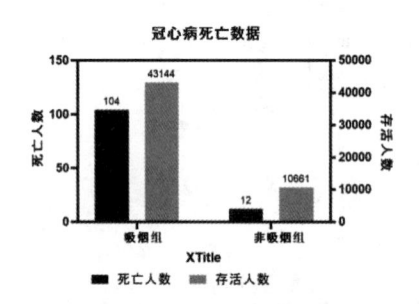

图 12.17　更新图表符号结果 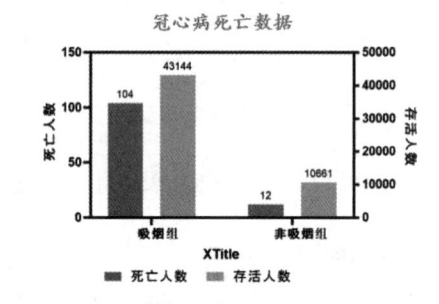　　　　　图 12.18　更新图表符号颜色

4．保存项目

单击"文件"功能区中的"保存"按钮，或按 Ctrl+S 组合键，保存项目文件。

★动手练——男性冠心病吸烟死亡率垂直条形图

本实例根据某地某年龄组男性冠心病死亡资料，绘制垂直分割条形图和垂直堆叠条形图，对死亡人数组和存活人数组进行比较，如图 12.19 所示。

(a)垂直分割条形图　　　　　　(b)垂直堆叠条形图

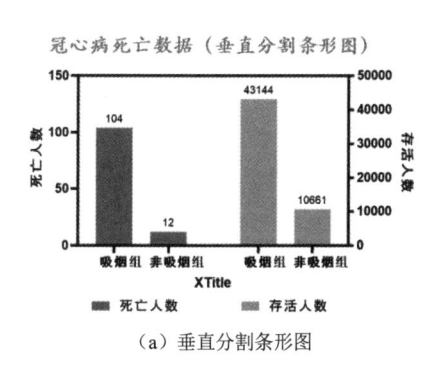

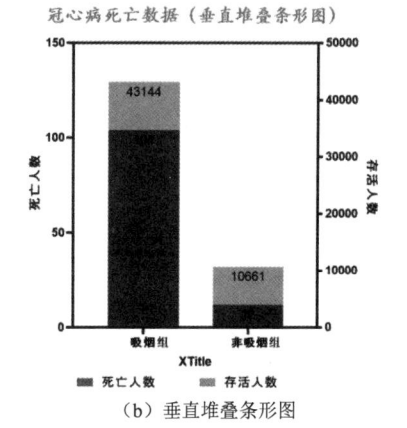

图 12.19　垂直条形图

思路点拨

源文件：源文件\12\男性冠心病吸烟死亡率垂直交错条形图.prism
（1）打开项目文件下的数据表"冠心病死亡数据"。
（2）将图表"冠心病死亡数据"重命名为"冠心病死亡数据（垂直交错条形图）"。
（3）单击"新建图表"按钮，选择创建分割条形图（垂直），创建"冠心病死亡数据"图表，重命名为"冠心病死亡数据（垂直分割条形图）"。使用魔棒工具，选择"冠心病死亡数据（垂直交错条形图）"图表为模板，美化图表。
（4）单击"新建图表"按钮，选择创建堆叠条形图（垂直），创建"冠心病死亡数据"图表，重命名为"冠心病死亡数据（垂直堆叠条形图）"。使用魔棒工具，选择"冠心病死亡数据（垂直交错条形图）"图表为模板，美化图表。
（5）保存项目文件为"男性冠心病吸烟死亡率垂直条形图.prism"。

12.2.2　水平条形图

水平条形图是一种将条形横向放置的图，通过比较不同类别条形的长短，可以直观地看出各类别在数量上的差异。

★动手学——发病率随着时间的变化水平条形图

表 12.11 中显示 2018—2022 年某种疾病在某地区的发病率数据，本实例通过水平条形图显示某种疾病在该地区的发病率随着时间的变化趋势。

表 12.11　某种疾病在某地区的发病率数据　　　　　　　　　　%

年份	异常	正常
2018	20	80
2019	25	75
2020	31	69

续表

年份	异常	正常
2021	30	70
2022	35	65

操作步骤

1. 设置工作环境

（1）双击“开始”菜单中的 GraphPad Prism 10 图标，启动 GraphPad Prism 10，自动弹出“欢迎使用 GraphPad Prism”对话框。

（2）在“创建”选项组中选择“列联”选项，在右侧界面的“数据表”选项组中选中“将数据输入或导入到新表”单选按钮。单击“创建”按钮，创建项目文件，同时该项目下自动创建一个数据表“数据 1”和关联的图表“数据 1”。重命名数据表为“发病率数据”。

（3）选择菜单栏中的“文件”→“另存为”命令，或选择“文件”功能区中“保存命令”按钮下的“另存为”命令，弹出“保存”对话框，输入项目名称“发病率随着时间的变化水平条形图.prism”。单击“保存”按钮，保存项目。

2. 输入数据

在导航器中单击选择“发病率数据”，根据表 12.11 中的数据在数据区输入数据，结果如图 12.20 所示。

3. 总计分数计算

（1）单击“分析”功能区中的“总计分数”按钮，弹出“参数：总计分数”对话框。在“每个值除以其”选项组中选中“行总计”单选按钮，在“结果显示为”选项组中选中“百分比”单选按钮。

（2）单击“确定”按钮，关闭该对话框，输出结果表“总计分数/发病率数据”，可以得出某种疾病在该地区五年间的发病率（异常），如图 12.21 所示。

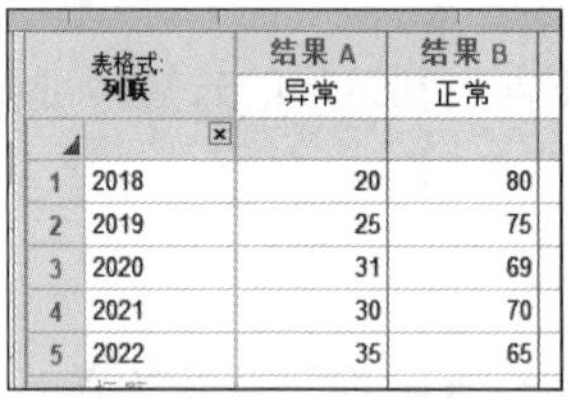

表格式:列联	结果 A 异常	结果 B 正常
1 2018	20	80
2 2019	25	75
3 2020	31	69
4 2021	30	70
5 2022	35	65

图 12.20　输入数据

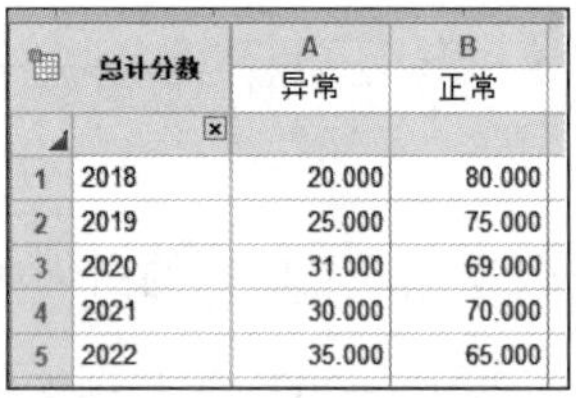

总计分数	A 异常	B 正常
1 2018	20.000	80.000
2 2019	25.000	75.000
3 2020	31.000	69.000
4 2021	30.000	70.000
5 2022	35.000	65.000

图 12.21　总计分数结果

4. 创建水平堆叠条形图

（1）打开导航器“图表”选项卡下的“发病率数据”，自动弹出“更改图表类型”对话框。默认选择“堆叠条形”（水平）选项，如图 12.22 所示。

（2）单击“确定”按钮，关闭该对话框，显示创建的条形图。可以直观地看出展示异常组和正常组的差异，如图 12.23 所示。

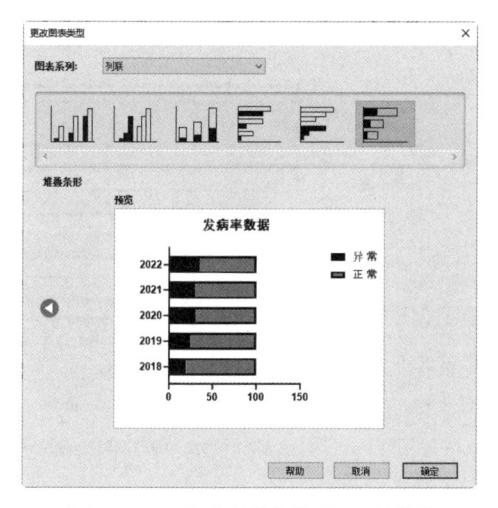

图 12.22　"更改图表类型"对话框

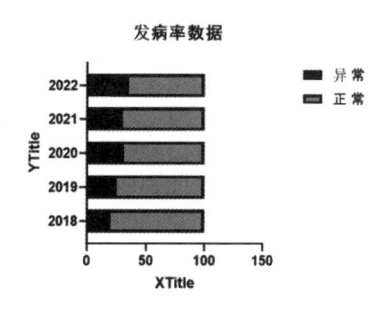

图 12.23　显示水平堆叠条形图

5. 编辑图表

（1）双击任意坐标轴，或单击"更改"功能区中的"设置坐标轴格式"按钮，弹出"设置坐标轴格式"对话框。打开"坐标框与原点"选项卡，在"坐标框与网格线"选项组的"坐标框样式"下拉列表中选择"普通坐标框"选项，设置"主网格"为"X轴"，"颜色"为浅灰色（1D），"粗细"为 1/2 磅，如图 12.24 所示。

（2）打开"X轴"选项卡，取消勾选"自动确定范围与间隔"复选框，设置"最大值"为 100，"长刻度间隔"为 10。单击"确定"按钮，关闭对话框，更新图表坐标轴，如图 12.25 所示。

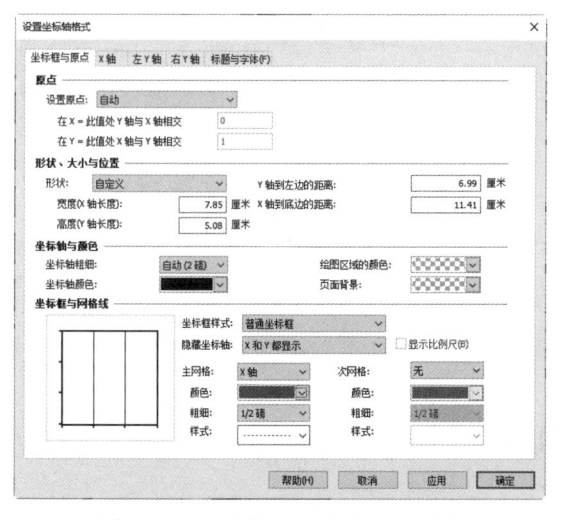

图 12.24　"坐标框与原点"选项卡

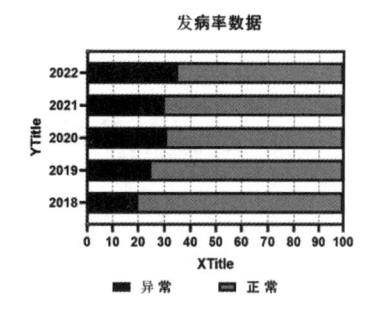

图 12.25　更新图表坐标轴

（3）选择"更改"功能区中"更改颜色"按钮下的"花卉（半透明）"命令，即可自动更新图表颜色。选择图表标题，设置字体为"华文楷体"，大小为 22，颜色为红色（3E）。结果如图 12.26 所示。

（4）双击绘图区空白处，或单击"更改"功能区中的"设置图表格式（符号、条形图、误差条等）"按钮，弹出"格式化图表"对话框。

1）打开"注解"选项卡，打开"在条形中-顶部"子选项卡，在"显示"选项组中选中"绘图的值（平均值、中位数…）"单选按钮，在"方向"选项组中选中"垂直"单选按钮，在"后缀"文本框内输入"%"。

2）打开"外观"选项卡，在"数据集"下拉列表中选择"发病率数据：A：异常"选项，勾选"条形与框"选项组中的"填充图案"复选框，选择第 11 个图案，如图 12.27 所示。

（5）单击"确定"按钮，关闭对话框，添加图表数值标签，如图 12.28 所示。

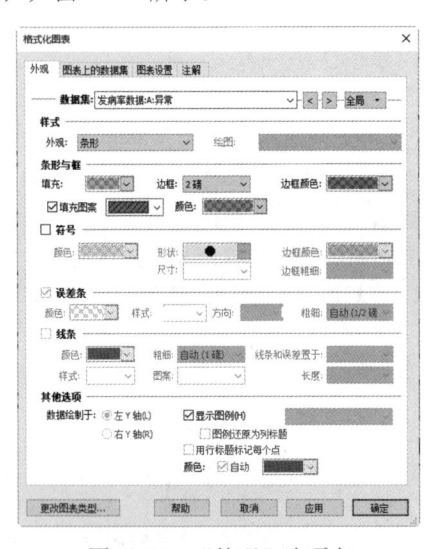

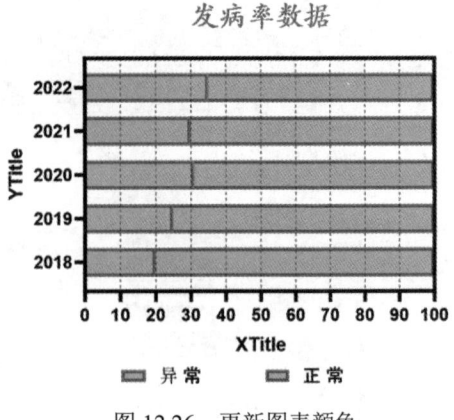

图 12.26　更新图表颜色

图 12.27　"外观"选项卡

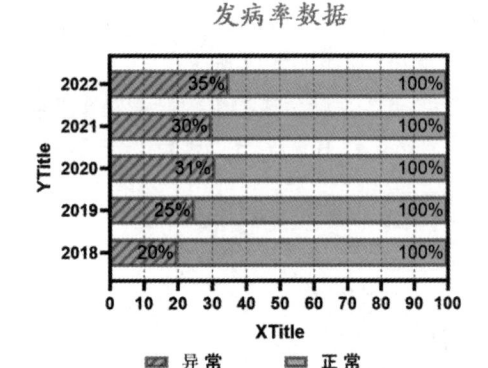

图 12.28　添加图表数值标签

6．保存项目

单击"文件"功能区中的"保存"按钮，或按 Ctrl+S 组合键，保存项目文件。

12.3　列联表卡方检验

在医学统计学中，列联表检验可以帮助研究人员检验两种或多种治疗方法是否具有显著性差异。对于二维列联表，可进行卡方检验。卡方检验原假设 H_0：列联表中的两个变量之间没有显著相关性。

在进行卡方检验时，需要用到理论频数 T 和实际频数 A。其中，理论频数 T 是根据假设和样本数据计算得出的期望频数，而实际频数 A 是实际观察到的频数 f_{ij}（列联表中第 i 行第 j 列的观察频数）。

12.3.1 皮尔森卡方检验

皮尔森卡方检验可以用于寻找列联表中两个分类变量间的相关性，如性别、疾病状态等，适用于总样本量 $n \geqslant 40$ 的大样本数据。在使用卡方检验时需要注意避免样本数据之间的相关性。对于超过两行或多列的列联表，GraphPad Prism 总是计算卡方检验。

【执行方式】

> 菜单栏：选择菜单栏中的"分析"→"群组比较"→"卡方（和 Fisher 精确）检验"命令。
> 功能区：单击"分析"功能区中的"卡方检验或 Fisher 检验"按钮 x^2。

【操作步骤】

执行此命令，弹出"参数：卡方（和 Fisher 精确）检验"对话框，在"P 值计算方法"选项组中选中"卡方检验"单选按钮，执行基于 χ^2 分布的假设检验方法，适用于 $n \geqslant 40$ 且 $T \geqslant 5$ 的情况，如图 12.29 所示。

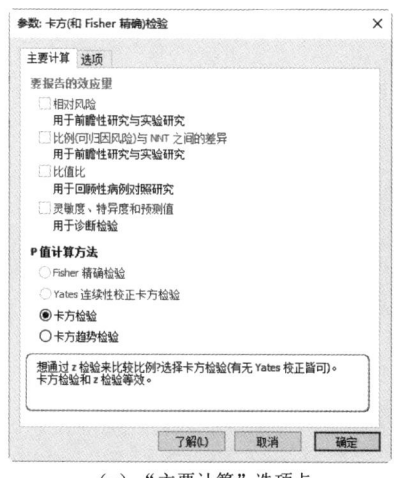

（a）"主要计算"选项卡 　　　　　　　（b）"选项"选项卡

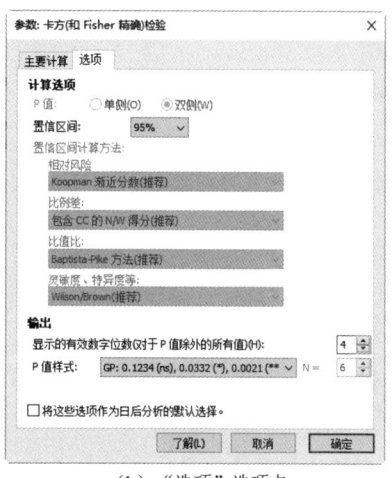

图 12.29 "参数：卡方（和 Fisher 精确）检验"对话框

【选项说明】

1. "主要计算"选项卡

要报告的效应量：效应量是指方差分析中由于因素引起的差别，是衡量处理效应大小的指标。下面介绍卡方检验的效应量，仅适用于 2×2 表格。

（1）相对风险：计算两个占总数比例的比值，用于前瞻性研究与实验研究。若需要保持与早期 GraphPad Prism 版本的分析兼容性，勾选该复选框，否则不建议使用。

（2）比例（可归因风险）与 NNT 之间的差异：计算两个占总数比例之差，用于前瞻性研究与实验研究。除非考虑兼容性，否则不建议使用。

（3）比值比：两个因素比例的比值，用于回顾性病例对照研究。

（4）灵敏度、特异度和预测值：表示检测的特性，用于诊断检验。除非考虑兼容性，否则不建议使用。

2."选项"选项卡

（1）P值：选择P值的计算方法。

1）单侧：单侧检验，强调某一方向的检验称为单尾检验。当要检验的是样本所取自的总体参数值大于或小于某个特定值时，采用单侧检验方法。

2）双侧：只强调差异不强调方向性（如大小、多少）的检验为双侧检验，也称为双尾检验。当检验样本和总体均值有无差异，或样本数之间有无差异时，采用双侧检验方法。对于双侧检验，它的目的是检测A、B两组有无差异，而不管是A大于B还是B大于A。

（2）置信区间：选择置信水平，默认值为95%。

（3）置信区间计算方法。

1）相对风险：选择计算相对风险的置信区间的方法，默认选择Koopman渐近分数（推荐）。

2）比例差：早期GraphPad Prism版本采用的渐进方法，是一种近似法。

3）比值比：GraphPad Prism 6和早期版本采用的Woolf方法，是一种近似法。默认选择Baptista-Pike方法（推荐）。

4）灵敏度、特异度等：Clopper和Pearson"精确法"产生广泛的置信区间。默认选择Wilson/Brown（推荐）。

★动手学——卡方检验估计吸烟的相对危险度

源文件：源文件\12\计算男性吸烟组和非吸烟组的冠心病年死亡率.prism

根据某地某年龄组男性冠心病死亡资料（见表12.10），试估计吸烟的相对危险度并推断总体相对危险度的95%可信区间。

操作步骤

1. 设置工作环境

（1）双击"开始"菜单中的GraphPad Prism 10图标，启动GraphPad Prism 10。

（2）选择菜单栏中的"文件"→"打开"命令，或选择Prism功能区中的"打开项目文件"命令，或单击"文件"功能区中的"打开项目文件"按钮，或按Ctrl+O组合键，弹出"打开"对话框。选择需要打开的文件"计算男性吸烟组和非吸烟组的冠心病年死亡率.prism"，单击"打开"按钮，即可打开项目文件。

（3）选择菜单栏中的"文件"→"另存为"命令，或选择"文件"功能区中"保存命令"按钮下的"另存为"命令，弹出"保存"对话框，输入项目名称"估计吸烟的相对危险度.prism"。单击"保存"按钮，保存项目。

2. 卡方检验

本实例中的数据集属于大样本数据，因此使用卡方检验进行分析。

（1）单击"分析"功能区中的"卡方检验或Fisher检验"按钮 x^2，弹出"参数：卡方（和Fisher

精确）检验"对话框。打开"主要计算"选项卡，如图 12.30 所示。

1）在"要报告的效应量"选项组中勾选"相对风险"复选框，计算男性冠心病死亡率与存活率之比。

2）在"P 值计算方法"选项组中选中"卡方检验"单选按钮，针对样本数大于等于 40 的数据集。

3）打开"选项"选项卡，P 值计算默认使用"双侧"，表示原假设 H_0：吸烟对男性冠心病死亡率没有显著的影响。

（2）单击"确定"按钮，关闭该对话框，输出结果表"列联/冠心病死亡数据"，如图 12.31 所示。

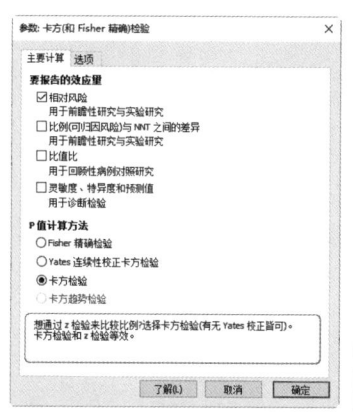

图 12.30　"主要计算"选项卡

图 12.31　结果表"列联/冠心病死亡数据"

3．结果分析

（1）查看"P 值与统计显著性"选项组中的卡方检验显著性结果：P 值=0.0106）<0.05，"具有统计意义（P<0.05）？"结果为"是"。因此，认为某年龄组男性冠心病患者吸烟组和非吸烟组年死亡率有极其显著差异，具有统计学意义。

（2）在"效应量"选项组中显示相对风险，即吸烟组和非吸烟组死亡率之比为 2.139，男性吸烟的冠心病死亡率是非吸烟的 2.139 倍，总体相对危险度 95%CI 值为(1.187,3.854)。可得出结论：吸烟可考虑为冠心病死亡的危险因素。

（3）"分析的数据"选项组中显示行列总计值，"行总计百分比"选项组中显示行百分比，"列总计百分比"选项组中显示列百分比。

（4）执行卡方检验后，创建一个注释文本，显示提示警告信息，如图 12.32 所示。系统建议本实例使用 Fisher 检验代替卡方检验，可以计算精确的 P 值。

图 12.32　注释文本

4．保存项目

单击"文件"功能区中的"保存"按钮，或按 Ctrl+S 组合键，保存项目文件。

12.3.2　Fisher 精确概率检验

Fisher 精确概率检验亦称"四格表的确切概率法",主要用于总体样本数 $n<40$ 时的独立性检验。

【执行方式】

打开"参数:卡方(和 Fisher 精确)检验"对话框,在"主要计算"选项卡的"P 值计算方法"选项组中进行选择。

【操作步骤】

执行此命令,在"P 值计算方法"选项组中选中"Fisher 精确检验"单选按钮,进行 Fisher 精确概率检验,评估两组或两个变量关系的统计检验方法。

★ 动手练——Fisher 精确检验估计吸烟的相对危险度

本实例根据某地某年龄组男性冠心病死亡数据,使用 Fisher 精确检验估计吸烟的相对危险度并推断总体相对危险度的 95%可信区间,结果如图 12.33 所示。

分析的表	冠心病死亡数据	
P 值与统计显著性		
检验	Fisher 精确检验	
P 值	0.0098	
P 值摘要	**	
单侧或双侧	双侧	
具有统计意义 (P < 0.05)?	是	
效应量	值	95% CI
相对风险	2.139	1.187 至 3.854
相对风险的倒数	0.4675	0.2595 至 0.8421
用于计算置信区间的方法		
相对风险	Koopman 渐近分数	

分析的数据	死亡人数	存活人数	总计
吸烟组	104	43144	43248
非吸烟组	12	10661	10673
总计	116	53805	53921
行总计百分比	死亡人数	存活人数	
吸烟组	0.24%	99.76%	
非吸烟组	0.11%	99.89%	
列总计百分比	死亡人数	存活人数	
吸烟组	89.66%	80.19%	
非吸烟组	10.34%	19.81%	
合计百分比	死亡人数	存活人数	
吸烟组	0.19%	80.01%	
非吸烟组	0.02%	19.77%	

图 12.33　Fisher 精确检验估计结果

分析结果:使用 Fisher 精确检验的结果与卡方检验结果的 P 值不同,效应量结果相同。

思路点拨

源文件:源文件\12\估计吸烟的相对危险.prism

(1)打开项目文件下的结果表"列联/冠心病死亡数据"。

(2)选择"更改分析参数"命令,选择 P 值计算方法为"Fisher 精确检验"。

(3)保存项目文件为"Fisher 精确检验估计吸烟的相对危险度.prism"。

12.3.3　Yates 连续性校正卡方检验

Yates 连续性校正卡方检验是一种在特定条件下有用的统计工具,它能够帮助研究者更准确地评估两个分类变量之间的关联性。Yates 连续性校正卡方检验仅适用于 2×2 四格表。

【执行方式】

打开"参数：卡方（和 Fisher 精确）检验"对话框的"主要计算"选项卡。

【操作步骤】

执行此操作，在"P 值计算方法"选项组中选中"Yates 连续性校正卡方检验"单选按钮，执行基于卡方分布的检验方法。

★动手学——大学男生超重率校正卡方检验

源文件：源文件\12\模拟男性大学生超重率列联表.prism

本实例根据某地在校男性大学生肥胖与超重的患病数据，试比较两所大学男生的超重检出率有无差别。

建立假设，确定检验标准（$\alpha=0.05$）：

H_0：$\mu_1=\mu_2$，两所大学男生超重率相等。

H_1：$\mu_1 \neq \mu_2$，两所大学男生超重率不等。

操作步骤

1. 设置工作环境

（1）双击"开始"菜单中的 GraphPad Prism 10 图标，启动 GraphPad Prism 10。

（2）选择菜单栏中的"文件"→"打开"命令，或选择 Prism 功能区中的"打开项目文件"命令，或单击"文件"功能区中的"打开项目文件"按钮，或按 Ctrl+O 组合键，弹出"打开"对话框。选择需要打开的文件"模拟男性大学生超重率列联表.prism"，单击"打开"按钮，即可打开项目文件。

（3）选择菜单栏中的"文件"→"另存为"命令，或选择"文件"功能区中"保存命令"按钮下的"另存为"命令，弹出"保存"对话框，输入项目名称"大学男生超重率校正卡方检验.prism"。单击"保存"按钮，保存项目。

2. 校正卡方检验

（1）单击"分析"功能区中的"卡方（和 Fisher 精确检验）"按钮 x^2，弹出"参数：卡方（和 Fisher 精确）检验"对话框。打开"主要计算"选项卡，勾选"相对风险"复选框，在"P 值计算方法"选项组中选中"Yates 连续性校正卡方检验"，如图 12.34 所示。

（2）单击"确定"按钮，关闭该对话框，输出结果表"列联/模拟 2×2 列联表"，如图 12.35 所示。

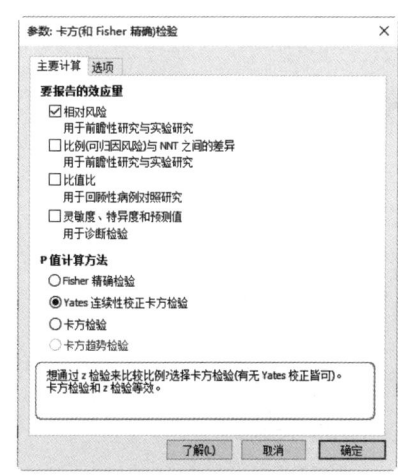

图 12.34 "主要计算"选项卡

3. 结果分析

（1）查看"P 值与统计显著性"选项卡中卡方检验显著性检验结果：P 值＜0.0001，"具有统计意义（P<0.05）？"结果为"是"。因此认为两所大学男生超重率不等，两所大学男生的超重检出率有极其显著差异，具有统计意义。

（2）在"效应量"选项卡中显示相对风险，即文科大学和工科大学超重率之比为 3，文科大学超重率是工科大学的 3 倍，总体相对危险度 95%CI 值为(1.877,4.805)。

	分析的表	模拟 2x2 列联表			分析的数据	超重	正常	总计
1				19				
2				20	文科大学	66	934	1000
3	P 值与统计显著性			21	工科大学	22	978	1000
4	检验	采用 Yates 校正的卡方检验		22	总计	88	1912	2000
5	卡方, df	21.98, 1		23				
6	z	4.688		24	行总计百分比	超重	正常	
7	P 值	<0.0001		25	文科大学	6.60%	93.40%	
8	P 值摘要	****		26	工科大学	2.20%	97.80%	
9	单侧或双侧	双侧		27				
10	具有统计意义(P < 0.05)?	是		28	列总计百分比	超重	正常	
11				29	文科大学	75.00%	48.85%	
12	效应量	值	95% CI	30	工科大学	25.00%	51.15%	
13	相对风险	3.000	1.877 至 4.805	31				
14	相对风险的倒数	0.3333	0.2081 至 0.5328	32	合计百分比	超重	正常	
				33	文科大学	3.30%	46.70%	
				34	工科大学	1.10%	48.90%	

图 12.35　结果表"列联/模拟 2×2 列联表"

（3）"分析的数据"选项卡中显示行列总计值，"行总计百分比"选项卡中显示行百分比，"列总计百分比"选项卡中显示列百分比。

4．保存项目

单击"文件"功能区中的"保存"按钮，或按 Ctrl+S 组合键，保存项目文件。

12.3.4　趋势卡方检验

趋势卡方检验主要用于检验两组等级资料内部构成之间的差别是否具有显著性，以及两组变量间有无相关关系等。趋势卡方检验可以帮助确定分类变量之间是否存在某种有序的关系，在多个变量相比较时尤为有用。

提示：

> 统计资料的类型有三种：计量资料、计数资料和等级资料。其中，等级资料是指有一定级别的数据，如临床疗效分为治愈、显效、好转、无效；临床检验结果分为–、+、++、+++；疼痛等症状的严重程度分为 0（无疼痛）、1（轻度）、2（中度）、3（重度）等。等级资料又称为半定量资料。

【执行方式】

打开"参数：卡方（和 Fisher 精确）检验"对话框，在"主要计算"选项卡的"P 值计算方法"选项组中选择。

【操作步骤】

执行此操作，在"P 值计算方法"选项组中选中"卡方趋势检验"单选按钮，检验两个变量之间是否存在线性趋势。

★动手学——胃病患病程度对高血压的患病率的影响

在某医院治疗的原发性高血压患者有 64 例（病例组），同时选取健康者 30 例作为对照组，观察患胃病不同严重程度的人数，数据见表 12.12。问胃病患病程度与高血压的患病率是否存在线性关系？

表 12.12　高血压的患病率数据　　　　　　　　　　　　　　　　　　　　　%

程度	高血压患者	对照组
胃病较重	12	8
胃病一般	13	7
胃病较轻	9	15

操作步骤

1．设置工作环境

（1）双击"开始"菜单中的 GraphPad Prism 10 图标，启动 GraphPad Prism 10，自动弹出"欢迎使用 GraphPad Prism"对话框。

（2）在"创建"选项组中选择"列联"选项，在右侧界面的"数据表"选项组中选中"将数据输入或导入到新表"单选按钮。单击"创建"按钮，创建项目文件，同时该项目下自动创建一个数据表"数据 1"和关联的图表"数据 1"，重命名数据表为"高血压的患病率"。

（3）选择菜单栏中的"文件"→"另存为"命令，或选择"文件"功能区中"保存命令"按钮下的"另存为"命令，弹出"保存"对话框，输入项目名称"胃病患病程度对高血压的患病率的影响.prism"。单击"保存"按钮，保存项目。

2．输入数据

在导航器中单击选择"高血压的患病率"，根据表 12.12 中的数据在数据区输入数据，结果如图 12.36 所示。

图 12.36　输入数据

3．卡方检验

本实例中数据集属于大样本数据，因此使用卡方检验进行分析。

（1）单击"分析"功能区中的"卡方（或 Fisher 精确）检验"按钮 x^2，弹出"参数：卡方（和 Fisher 精确）检验"对话框。打开"主要计算"选项卡，在"P 值计算方法"选项组中选中"卡方趋势检验"单选按钮，针对超过两行或两列的数据集，如图 12.37 所示。

（2）单击"确定"按钮，关闭该对话框，输出结果表"列联/高血压的患病率"，如图 12.38 所示。

4．结果分析

（1）卡方趋势检验零假设。H_0：在系列中并无趋势；H_1：有增长或减少趋势。

（2）在"P 值与统计显著性"选项卡中，卡方趋势检验显著性检验结果如下：P 值=0.1205>0.05，"具有统计意义（P<0.05）？"结果为"否"。因此认为患高血压病与胃病患病程度并无线性趋势，不具有统计学意义。

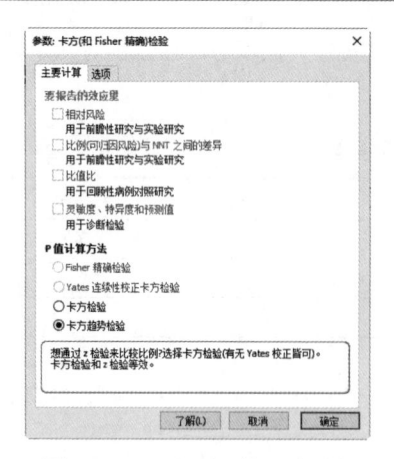

图 12.37 "主要计算"选项卡　　图 12.38 结果表"列联/高血压的患病率"

（3）需要注意的是，趋势卡方检验只能说明存在线性关系，但不能给出这种线性相关的强度和方向。要判断线性相关的强度和方向，需要查看 Pearson 相关系数。

5. 保存项目

单击"文件"功能区中的"保存"按钮，或按 Ctrl+S 组合键，保存项目文件。

第 13 章 生存表数据统计分析

内容简介

GraphPad Prism 中的生存表类似 XY 数据表，用于记录在临床试验研究中对慢性病、恶性肿瘤等患者的随访观察数据，以比较和评价临床疗效。生存分析是指对某给定事件发生的时间进行分析和推断，研究生存时间和结局与预后因子之间的关系及其影响程度的方法，是一种处理删失数据的数据分析技术，也称为生存率分析或存活率分析。

本章首先创建生存表数据，包含各研究组中的个体生存时间与疗效数据；然后通过 Kaplan-Meier 生存分析和 Cox 比例风险模型进行生存分析，检验新治疗方法的效果。

内容要点

- 生存分析的基本概念
- 生存表数据
- 生存表绘图
- Kaplan-Meier 生存分析

13.1 生存分析的基本概念

1. 生存时间

生存时间是指从患者发病到死亡所经历的时间跨度。广义上，可定义为从某个规定的观察起点到某终点事件发生所经过的时间长度。观察起点可能是发病时间、首次确诊时间或开始接受治疗的时间等，终点事件可以是某种疾病的发生、复发、死亡或某种治疗的反应等。例如，在临床研究中，急性白血病患者从骨髓移植治疗开始到复发之间的时间间隔，冠心病患者出现心肌梗死所经历的时间；在流行病学研究中，从开始接触某危险因素到发病所经历的时间；在动物实验研究中，从给药到动物死亡所经历的时间等。在计算生存时间时，为了便于分析和比较，需要明确规定时间的起点、终点以及测量单位。

2. 生存数据

生存数据包括完全数据和删失数据，完全数据提供的是准确的生存时间；删失数据也称截尾数据，是由于某种原因而无法准确观测到生存时间的数据。

3. 生存分析常用统计指标

（1）生存率。生存率又称为生存函数，表示观察对象的生存时间 T 大于某时刻 t 的概率，常用 $S(t)$ 表示，其估计值为

$$\hat{S}(t) = \hat{P}(T > t) = \frac{t\text{时刻仍存活的例数}}{\text{观察总例数}}$$

上式是无删失数据时估计生存率的公式。若含有删失数据，则需要分时段计算生存率。假设观察对象在各个时段的生存事件独立，$S(t)$ 的估计公式为

$$S(t) = P(T > t_k) = p_1 p_2 \cdots p_k = S(t_{k-1}) p_k$$

式中，$p_i (i=1,2,\cdots,k)$ 为各分时段的生存率，故生存率又称为累积生存概率。

（2）中位生存期。50%的个体尚存活的时间称为中位生存期，又称为半数生存期。中位生存期越长，表示疾病的预后越好；反之，中位生存期越短，预后越差。中位生存期可以根据生存率曲线得到，生存率曲线纵轴生存率为50%时所对应的横轴生存时间即中位生存期。

4. 风险函数

生存时间已达到 t 的观察对象在时刻 t 的瞬时死亡率称为风险函数，又称为危险率函数。常用 $h(t)$ 表示，即

$$h(t) = \lim_{\Delta t \to 0} \frac{p(t \leq T < t + \Delta t | T \geq t)}{\Delta t}$$

当 $\Delta t = 1$ 时，$h(t) \approx p(t \leq T < t+1 | T \geq t)$，即 $h(t)$ 近似等于 t 时刻存活的个体在此后一个单位时段内的死亡概率。

风险函数随时间的延长可呈现递增、递减或其他波动形式。当风险函数为常数时，表示死亡速率不随时间而加速。如果风险函数随时间上升，则表示死亡速率随时间而加速，反之亦然。

13.2　生存表数据

为了评价某种治疗方法对这些疾病的效果，生存表中的数据不仅要看是否包含某种结局（如有效、治愈、死亡等）的结局变量，还要考虑包含这些结局所经历的时间长短，即生存时间。

13.2.1　生成生存表

生存表中的每行代表不同的受试者或个体。X 列用于输入经过的生存时间，Y 列用于输入单个分组变量的不同组的结局（事件或删失）。

【执行方式】

在"创建"选项组中选择"生存"选项。

【操作步骤】

执行此操作，在右侧的"生存表"面板中显示该类型下的数据表和图表的预览图，如图 13.1 所示。

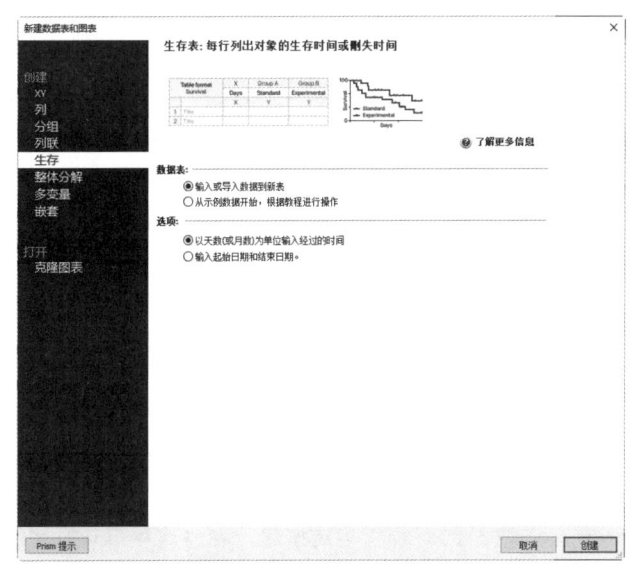

图 13.1　选择生存选项

【选项说明】

在"数据表"选项组中显示两种创建生存数据表的方法。

1．输入或导入数据到新表

通过"选项"选项组中的选项定义数据表的方法。下面介绍"选项"选项组中的选项。

（1）以天数（或月数）为单位输入经过的时间：选中该单选按钮，创建多个数据组列（第 A 组、第 B 组，……，第 Z 组，第 AA 组），每列表示一个类别。

（2）输入起始日期和结束日期：选中该单选按钮，创建一个 X 列和多个 Y 数据组列，X 列下包含两个子列（开始日期、结束日期），Y 列从第 A 组开始定义，直到第 Z 组、第 AA 组。

2．从示例数据开始，根据教程进行操作

选中该单选按钮，通过"选择教程数据集"选项组中的数据集模板定义生存表。

★动手学——百草枯患者生存分析

某医院收集了治疗 10 例误饮百草枯患者的生存时间（天）数据，见表 13.1。本实例通过创建生存表数据，自动进行生存分析。

表 13.1　误饮百草枯患者生存时间数据

入院时间	死亡时间	生存时间（天）
2018/5/1	2018/5/11	10
2018/10/1	2018/10/8	7
2018/6/1	2018/6/15	14
2018/12/11	2018/12/20	9
2019/3/1	2019/3/12	11

续表

入院时间	死亡时间	生存时间（天）
2022/4/5	2022/4/18	13
2021/5/13	2021/5/20	7
2023/2/1	2023/2/13	12
2022/3/20	2022/3/28	8
2020/12/3	2020/12/21	18

操作步骤

1. 设置工作环境

（1）双击"开始"菜单中的 GraphPad Prism 10 图标，启动 GraphPad Prism 10，自动弹出"欢迎使用 GraphPad Prism"对话框。在"创建"选项组中默认选择"生存"选项，在右侧界面的"数据表"选项组中选中"输入或导入数据到新表"单选按钮，在"选项"选项组中选中"以天数（或月数）为单位输入经过的时间"单选按钮，如图 13.2 所示。

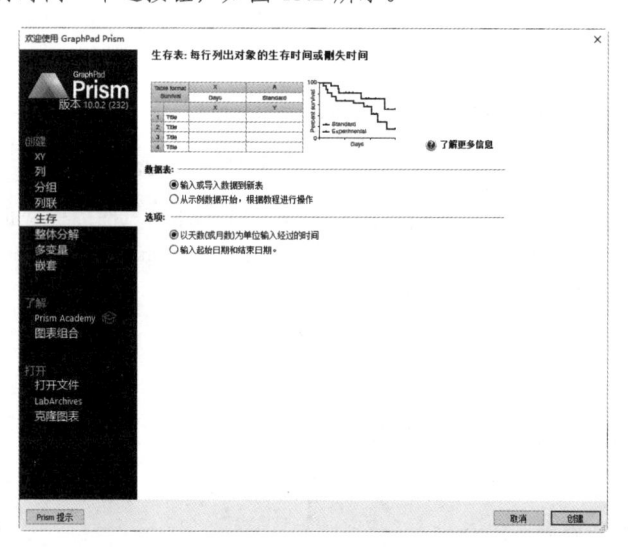

图 13.2　"欢迎使用 GraphPad Prism"对话框

（2）单击"创建"按钮，创建项目文件，同时该项目下自动创建一个数据表"数据 1"和关联的结果表"生存/数据 1"、图表"数据 1"，重命名数据表为"生存时间（日期）"。

（3）在导航器的"数据表"下单击"新建数据表和图表"按钮，弹出"新建数据表和图表"对话框，在"创建"选项组下默认选择"生存"选项，在右侧界面的"数据表"选项组中选中"输入或导入数据到新表"单选按钮。单击"创建"按钮，创建项目文件，同时该项目下自动创建一个数据表"数据 2"和关联的结果表"生存/数据 2"、图表"数据 2"，重命名数据表为"生存时间（天数）"。

（4）选择菜单栏中的"文件"→"另存为"命令，或选择"文件"功能区中"保存命令"按钮下的"另存为"命令，弹出"保存"对话框，输入项目名称"百草枯药患者生存分析.prism"。单击"保存"按钮，保存项目文件，结果如图 13.3 所示。

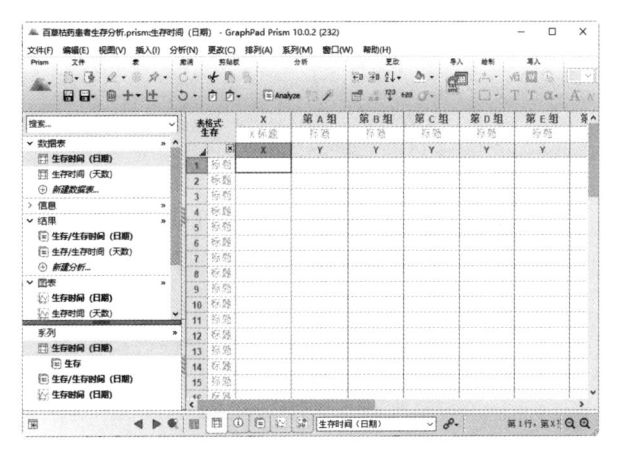

图 13.3　保存项目文件

2. 输入生存时间（日期）

（1）在导航器中单击打开"生存时间（日期）"。

（2）在数据区单击左上角的"表格式：生存"，弹出"格式化数据表"对话框。打开"表格式"选项卡，在 X 选项组中选中"输入起始日期和结束日期"单选按钮，在"单位"下拉列表中选择"自动（现为天）"选项，如图 13.4 所示。

（3）打开"列标题"选项卡，在 A 列输入"误饮百草枯患者"，单击"确定"按钮，关闭该对话框，更改生存表格式，如图 13.5 所示。

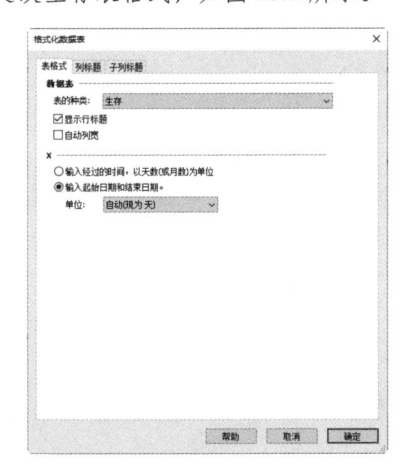

图 13.4　"表格式"选项卡　　　　图 13.5　更改生存表格式

（4）打开"误饮百草枯患者生存时间.xlsx"文件，在 X 列复制"入院时间"和"死亡时间"列中的数据，结果如图 13.6 所示。

（5）右下角注释窗口中显示"X 值表示两个日期之间经过的时间，单位为 周"，与要求不符。

（6）在数据区单击左上角的"表格式：生存"，弹出"格式化数据表"对话框，打开"表格式"选项卡，在"单位"下拉列表中选择"天"，结果如图 13.7 所示。

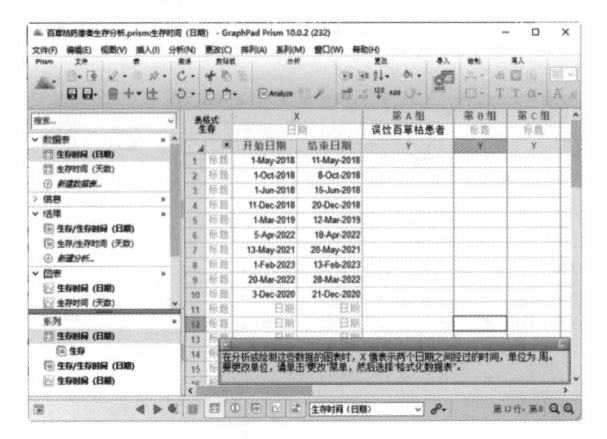

图 13.6 复制数据

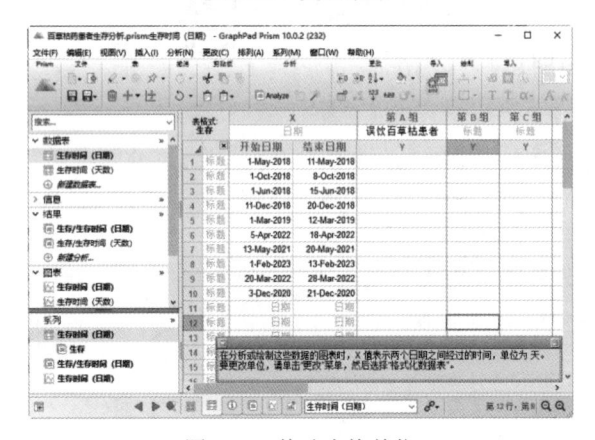

图 13.7 修改表格单位

（7）在 Y 列"误饮百草枯患者"下输入结果变量（患者死亡结果变量为 1），结果如图 13.8 所示。

3. 输入生存时间（天数）

（1）在导航器中单击打开"生存时间（天数）"，在 Y 列标题中输入"误饮百草枯患者"。

（2）打开"误饮百草枯患者生存时间.xlsx"文件，在 X 列复制"生存时间（天）"列中的数据，结果如图 13.9 所示。

（3）在 Y 列"误饮百草枯患者"下输入结果变量（患者死亡结果变量为 1），结果如图 13.10 所示。

图 13.8 输入结果变量　　图 13.9 输入生存时间　　图 13.10 输入结果变量

4. 生存分析

（1）输入生存表数据后，不需要点击分析按钮进行生存分析，系统自动进行 Kaplan-Meier 生存分析，在结果表中分析生存数据。

（2）结果表"生存/生存时间（日期）"和"生存/生存时间（天数）"内容相同，这里只介绍一个结果表中的数据即可。

（3）单击打开结果表"生存/生存时间（日期）"，包含三个选项卡：生存比例、存在风险、数据摘要，如图 13.11 所示。

（a）"生存比例"选项卡　　（b）"存在风险"选项卡　　（c）"数据摘要"选项卡

图 13.11　结果表

5. 结果分析

（1）"生存比例"选项卡中显示 GraphPad Prism 使用 Kaplan-Meier 方法计算生存比例。对于每个 X 值（时间），GraphPad Prism 报告尚未发生感兴趣事件（死亡）的观察对象的分数（或百分比）。这些值是创建生存率（或累积发生率）与时间之间关系图所需的值。

（2）"存在风险"选项卡显示（在任何事件可能发生之前）尚有多少个体尚未发生感兴趣事件（死亡）。可以发现，除非个体发生感兴趣事件（死亡）或进行删失，否则有风险人数不会改变。

（3）"数据摘要"选项卡中显示生存表中数据的基本统计参数：空行数、#包含不可能数据的行、#删失对象、#死亡/事件和中位生存期。

6. 保存项目

单击"文件"功能区中的"保存"按钮，或按 Ctrl+S 组合键，直接保存项目文件。

★动手练——创建治疗组的生存表

本实例演示如何利用模板创建不同的 Days（生存天数）下 Control（控制）和 Treated A（治疗 A）、Treated B（治疗 B）三组比较的生存表，如图 13.12 所示。

思路点拨

（1）在"选择教程数据集"选项组中选择 Three groups 选项。

（2）保存项目文件为"创建治疗组的生存表.prism"。

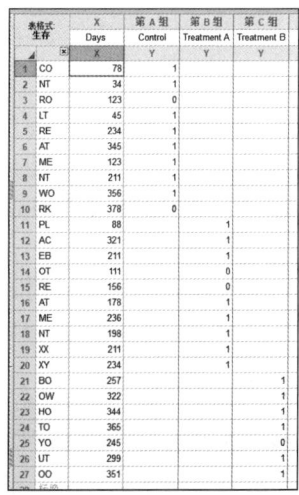

图 13.12　创建治疗组的生存表

13.2.2 删失数据

在随访研究中，由于某种原因未能观察到随访对象发生事先定义的终点事件，无法得知随访对象的确切生存时间，这种现象被称为删失或终检，包含删失的数据称为不完全数据。

GraphPad Prism 中的生存分析使用右删失，即由于终点事件无法按照事先规定去观察而造成的删失。生存分析中一些特有的方法可以充分利用这种不完全信息，而不是在数据分析时简单地将它们删除，从而避免信息的浪费。为了便于叙述，以下将右删失简称为删失，右删失值简称为删失值。

生存时间与结局变量是构成生存资料的两个基本要素，生存资料常常含有删失值，且生存时间的分布也并非常见的正态分布，因此需要有分析这类数据的特殊统计方法。

★动手学——两种疗法生存分析

某医师收集了用甲、乙两种疗法治疗 20 例红斑狼疮患者的生存时间（周）数据，见表 13.2。本实例试估计两种疗法的生存率并绘制生存曲线。

表 13.2　两种疗法的生存时间数据　　　　　　　　　　单位：周

甲疗法组	5	6	8	9*	12	15	19	26*	28	35	42*	50*
乙疗法组	1	2	4	6	10	11	15	18	20	22*		

注："*"表示删失数据。

建立假设，确定检验标准（$\alpha=0.05$）：

H_0：$\mu_1=\mu_2$，两种疗法生存率相等。

H_1：$\mu_1 \neq \mu_2$，两种疗法生存率不相等。

操作步骤

1. 设置工作环境

（1）双击"开始"菜单中的 GraphPad Prism 10 图标，启动 GraphPad Prism 10，自动弹出"欢迎使用 GraphPad Prism"对话框。

（2）在"创建"选项组中默认选择"生存"选项，在右侧界面的"数据表"选项组中选中"输入或导入数据到新表"单选按钮，在"选项"选项组中选中"以天数（或月数）为单位输入经过的时间"单选按钮。

（3）单击"创建"按钮，创建项目文件，同时该项目下自动创建一个数据表"数据 1"和关联的结果表"数据 1"、图表"数据 1"，重命名数据表为"红斑狼疮患者生存时间"。

◁》注意：

生存分析的特殊之处在于，不需要点击分析按钮，系统自动在结果表中分析生存数据，得到统计量。

（4）选择菜单栏中的"文件"→"另存为"命令，或选择"文件"功能区中"保存命令"按钮🖫下的"另存为"命令，弹出"保存"对话框，输入项目名称"两种疗法生存分析.prism"。单击"保

2. 输入数据

（1）在导航器中单击选择"红斑狼疮患者生存时间"，在列标题中分别输入生存时间、甲疗法组和乙疗法组。

（2）根据表 13.2 中的数据在"生存时间"列输入数据，结果如图 13.13 所示。

（3）表 13.2 中加*数据表示受试者因某种原因退出试验，为删失数据。在甲疗法组、乙疗法组中分别输入结果变量。删失数据结果变量为 0，其余受试者结果变量为 1，如图 13.14 所示。

图 13.13　输入"生存时间"列数据

图 13.14　输入结果变量数据

3. 生存分析

单击打开结果表"生存/红斑狼疮患者生存时间"，包含三个选项卡：存在风险、曲线比较、数据摘要，如图 13.15 所示。

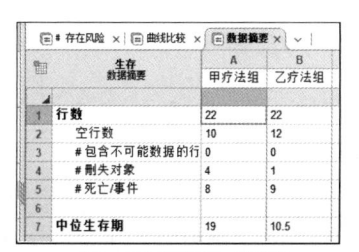

（a）"存在风险"选项卡

（b）"数据摘要"选项卡

图 13.15　结果表

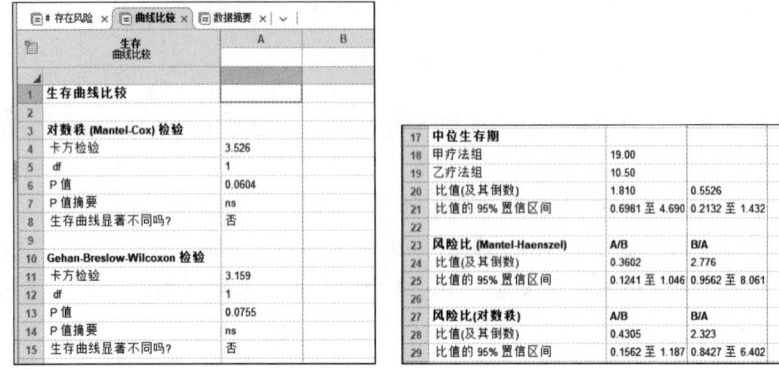

(c)"曲线比较"选项卡

图 13.15（续）

4．结果分析

（1）"存在风险"选项卡中显示（在任何事件可能发生之前）尚有多少个体尚未发生感兴趣事件（死亡）。

（2）"数据摘要"选项卡中显示生存表中数据的基本统计参数：空行数、#包含不可能数据的行、#删除对象、#死亡/事件和中位生存期。

（3）"曲线比较"选项卡中显示 GraphPad Prism 使用 Kaplan-Meier（乘积极限）方法计算生存比例。

1）"对数秩（Mantel-Cox）检验"和"Gehan-Breslow-Wilcoxon 检验"的 P 值＞0.05，"生存曲线显著不同吗？"结果为否。因此认为甲、乙两种疗法治疗红斑狼疮患者的生存时间没有显著不同。

2）"中位生存期"中显示中位生存期之比以及该比率的 95%置信区间和倒数。GraphPad Prism 计算中位生存时间比的置信区间时（比较两个研究组时），并未单独计算各研究组的中位生存时间本身的 95%置信区间。

3）"风险比（Mantel-Haenszel）"和"风险比（对数秩）"中显示风险比和 95%置信区间。风险比是甲、乙两种疗法的风险比较。

5．保存项目

单击"文件"功能区中的"保存"按钮，或按 Ctrl+S 组合键，保存项目文件。

13.3 生存表绘图

除了使用统计量对生存表进行分析外，图示方法是更加直观的统计描述手段。通过生存表绘图从而得到生存曲线。

【执行方式】

- 菜单栏：选择菜单栏中的"插入"→"新建现有数据的图表"命令。
- 导航器：在导航器的"图表"选项卡下单击"新建图表"按钮。

➢ 功能区：单击"表"功能区中的"根据现有数据创建新图"按钮 。

【操作步骤】

执行此命令，打开"创建新图表"对话框，在"显示"下拉列表中选择"生存"选项，显示阶梯图和散点图的图表模板，如图13.16所示。

【选项说明】

（1）"图表类型"选项组：选择"生存"系列图表类型。阶梯图就像阶梯一样，体现出数据步步变化的过程，在体现数据趋势的同时，又通过阶梯的高低体现出每个阶段数据变化的具体量。阶梯图其实是散点图的一种变形。

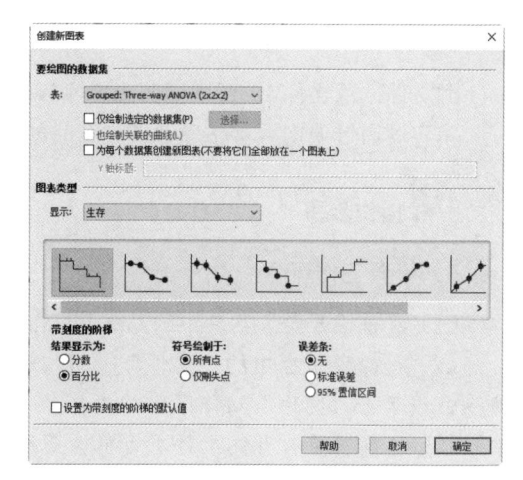

图13.16 "生存"系列图表模板

（2）在"结果显示为"选项组中显示图表中数据的显示形式：分数或百分比。

（3）在"符号绘制于"选项组中以所有点或仅删失点显示符号。

（4）在"误差条"选项组中选择是否绘制误差线。

1）无：选中该单选按钮，绘制的阶梯图不包含误差数据。

2）标准误差：选中该单选按钮，在阶梯图的每个符号点处添加竖直线，表示误差数据（标准误差）。

3）95%置信区间：选中该单选按钮，在阶梯图的每个符号点处添加竖直线，表示误差数据（95%置信区间的标准误差）。

（5）勾选"设置为带刻度的阶梯的默认值"复选框，默认绘制该类型的阶梯图。

13.3.1 自定义生存图

输入生存数据表的数据，GraphPad Prism将自动生成Kaplan-Meier生存曲线的自定义生存图表。

通常，自定义绘制生存曲线来表示随时间推移（从时间零点开始）的生存概率。这些曲线将从100%开始（如果以分数形式显示生存率，则为1），并随着时间的推移而减少。在时间零点，当生存曲线处于100%时，表明感兴趣事件尚未发生的可能性为100%。

自定义生存图包含以下四种。

（1）带刻度的阶梯图：以阶梯形式的连接线绘制生存曲线，该阶梯上的每个下降代表该研究组中的感兴趣事件（或者多种事件）的发生率。

（2）点到点，无误差条：不带误差条的生存曲线，以连接每个点的直线绘制生存曲线。

（3）点到点，误差条：表示带有误差条的折线生存曲线，误差线表示包含生存概率95%置信区间的阶梯误差。

（4）阶梯，点，无误差条：表示带有误差条的阶梯生存曲线，生存曲线显示误差线或包络使其表达的信息更丰富，但也更混乱，有时更难阅读。

★动手学——百草枯患者生存曲线

源文件：源文件\13\百草枯药患者生存分析.prism

本实例通过误饮百草枯患者的生存时间（天）数据，自动绘制生存曲线。

操作步骤

1. 设置工作环境

（1）双击"开始"菜单中的 GraphPad Prism 10 图标，启动 GraphPad Prism 10。

（2）选择菜单栏中的"文件"→"打开"命令，或选择 Prism 功能区中的"打开项目文件"命令，或单击"文件"功能区中的"打开项目文件"按钮，或按 Ctrl+O 组合键，弹出"打开"对话框。选择需要打开的文件"百草枯药患者生存分析.prism"，单击"打开"按钮，即可打开项目文件。

（3）选择菜单栏中的"文件"→"另存为"命令，或选择"文件"功能区中"保存命令"按钮下的"另存为"命令，弹出"保存"对话框，输入项目名称"百草枯患者生存曲线.prism"。单击"保存"按钮，保存项目。

2. 生存曲线分析

（1）输入生存表数据后，系统自动进行 Kaplan-Meier 生存分析，在导航器的"图表"选项组中显示生存曲线。

（2）图表"生存/生存时间（日期）"和"生存/生存时间（天数）"图形相同，这里只介绍其中一个图表中的分析即可。

（3）单击图表"生存/生存时间（日期）"，自动弹出"更改图表类型"对话框，选择"带刻度的阶梯"选项，如图 13.17 所示。单击"确定"按钮，关闭该对话框，创建阶梯模式的生存曲线，生存率绘制为百分比（0～100%）的形式，如图 13.18 所示。

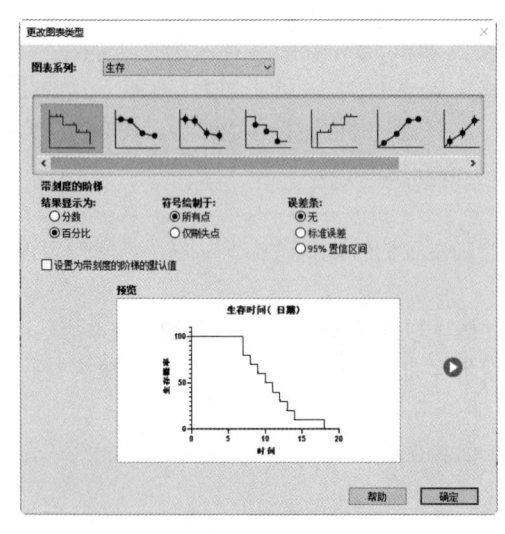

图 13.17 "更改图表类型"对话框

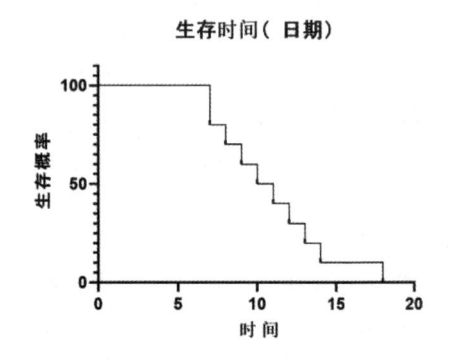

图 13.18 创建生存曲线

（4）根据计算出的不同时间点的生存率，将随访时间作为横坐标，生存率作为纵坐标，将各个时间点的生存率连接在一起绘制生存曲线。随时间的增加，生存曲线一般呈下降趋势。

3. 绘制带误差条图表

（1）默认情况下，Kaplan-Meier 生存曲线不显示误差。但可以选择在每个时间点显示标准误差的误差线，或者将95%置信区间显示为每条曲线的上部和下部。

（2）单击"更改"功能区中的"选择其他类型的图表"按钮，弹出"更改图表类型"对话框。在"误差条"选项组中选中"标准误差"单选按钮，如图 13.19 所示。单击"确定"按钮，关闭该对话框，创建带误差条的生存曲线，如图 13.20 所示。

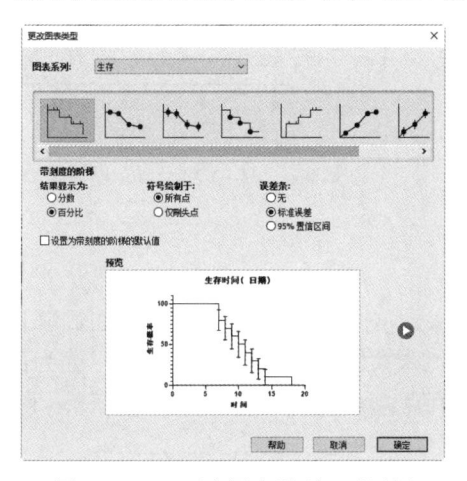

图 13.19　"更改图表类型"对话框

图 13.20　创建带误差条的生存曲线

4. 带置信区间的生存曲线

单击"更改"功能区中的"选择其他类型的图表"按钮，弹出"更改图表类型"对话框，在"误差条"选项组中选中"95%置信区间"单选按钮。单击"确定"按钮，关闭该对话框，创建带 95%置信区间的生存曲线，如图 13.21 所示。

5. 编辑图表

（1）双击绘图区空白处，或单击"更改"功能区中的"设置图表格式（符号、条形图、误差条等）"按钮，弹出"格式化图表"对话框。打开"外观"选项卡，勾选"显示区域填充"复选框，在"填充颜色"下拉列表中选择"几乎透明（75%）"中的紫色，在"位置"下拉列表中选择"在误差带内"选项，如图 13.22 所示。

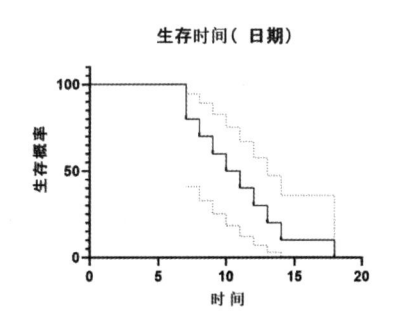

图 13.21　创建带 95%置信区间的生存曲线

（2）单击"确定"按钮，关闭对话框，在图表误差带中填充颜色，如图 13.23 所示。

6. 保存项目

单击"文件"功能区中的"保存"按钮，或按 **Ctrl+S** 组合键，保存项目文件。

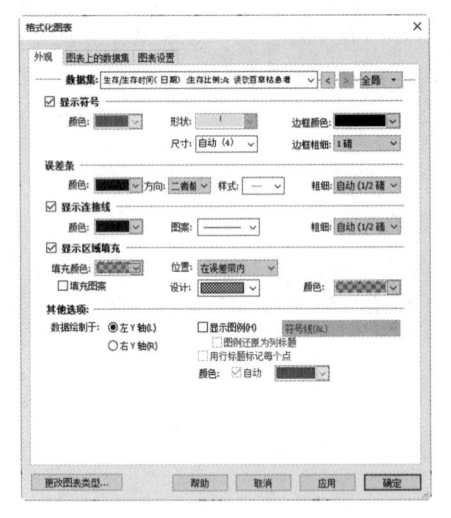

图 13.22 "外观"选项卡　　　　　图 13.23 填充误差带

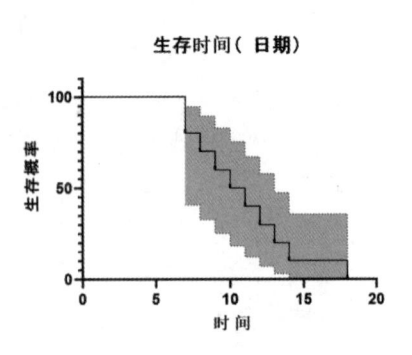

13.3.2 累积发生率图

累积发生率图提供了在给定时间 t 之前发生感兴趣事件（死亡）的概率。这在数学上可以描述为"1-生存概率"。因此，这些图表从 0 开始，增加到最大值 1（作为分数）或 100（作为百分比）。

累积发生率图也包含四种：带刻度的阶梯；点到点，无误差条；点到点，误差条；阶梯，点，无误差条。

★动手学——两种疗法生存曲线

源文件：源文件\13\两种疗法生存分析.prism

本实例以甲、乙两种疗法治疗 20 例红斑狼疮患者的生存时间（周）数据绘制生存曲线。

操作步骤

1. 设置工作环境

（1）双击"开始"菜单中的 GraphPad Prism 10 图标，启动 GraphPad Prism 10。

（2）选择菜单栏中的"文件"→"打开"命令，或选择 Prism 功能区中的"打开项目文件"命令，或单击"文件"功能区中的"打开项目文件"按钮，或按 Ctrl+O 组合键，弹出"打开"对话框。选择需要打开的文件"两种疗法生存分析.prism"，单击"打开"按钮，即可打开项目文件。

（3）选择菜单栏中的"文件"→"另存为"命令，或选择"文件"功能区中"保存命令"按钮下的"另存为"命令，弹出"保存"对话框，输入项目名称"两种疗法累积生存曲线.prism"。单击"保存"按钮，保存项目。

2. 累积生存曲线

（1）单击打开图表"红斑狼疮患者生存时间"，自动弹出"更改图表类型"对话框。选择"点到点，无误差条"选项，在"结果显示为"选项组中选中"分数"单选按钮，如图 13.24 所示。

（2）单击"确定"按钮，关闭该对话框，创建折线散点模式的累积生存曲线，生存率绘制成 0-1 形式，如图 13.25 所示。随时间的增加，累积生存曲线一般呈上升趋势。

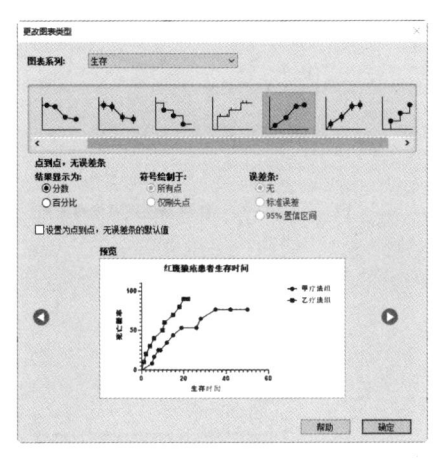

图 13.24 "更改图表类型"对话框

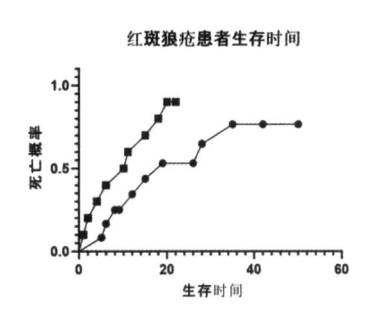

图 13.25 创建累积生存曲线

3. 编辑图表

（1）双击任意坐标轴，或单击"更改"功能区中的"设置坐标轴格式"按钮，弹出"设置坐标轴格式"对话框。打开"左 Y 轴"选项卡，取消勾选"自动确定范围与间隔"复选框，设置"长刻度间隔"为 0.1，如图 13.26 所示。单击"确定"按钮，关闭对话框，更新图表坐标轴，如图 13.27 所示。

（2）选择"更改"功能区中"更改颜色"按钮下的"彩色（半透明）"命令，即可自动更新图表颜色，如图 13.28 所示。

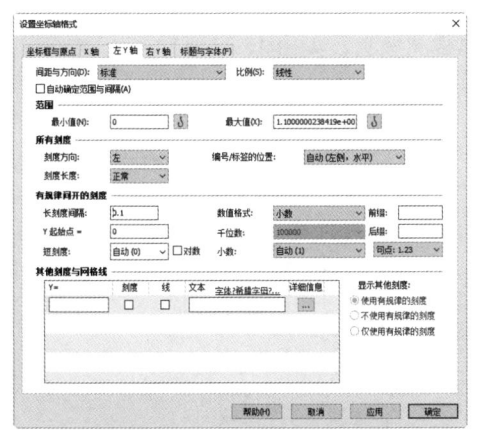

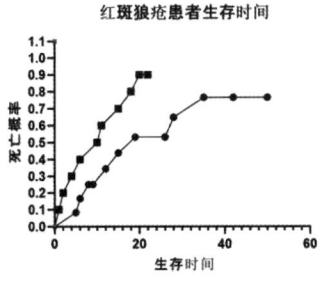

图 13.26 "左 Y 轴"选项卡   图 13.27 更新图表坐标轴   图 13.28 更新图表颜色

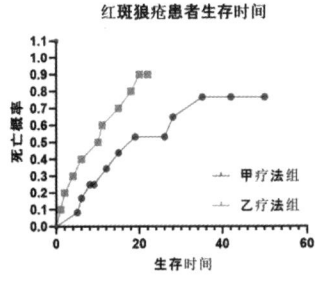

4. 创建带置信区间的累积生存曲线

（1）单击"更改"功能区中的"选择其他类型的图表"按钮，弹出"更改图表类型"对话框。在"误差条"选项组中选中"95%置信区间"单选按钮，如图 13.29 所示。单击"确定"按钮，关闭该对话框，创建带95%置信区间的累积生存曲线，如图13.30所示。

（2）双击绘图区空白处，或单击"更改"功能区中的"设置图表格式（符号、条形图、误差条等）"按钮，弹出"格式化图表"对话框，打开"外观"选项卡。

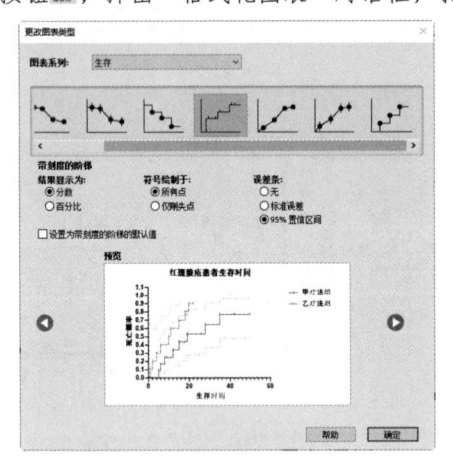

图13.29　"更改图表类型"对话框

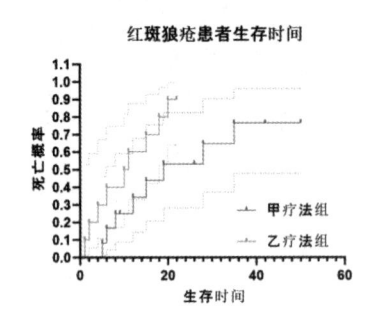

图13.30　创建带95%置信区间的生存曲线

（3）在"数据集"下拉列表中选择"生存/红斑狼疮患者生存时间：生存比例：A：甲疗法组"；勾选"显示区域填充"复选框；在"填充颜色"下拉列表中选择"几乎透明（75%）"中的蓝色；在"位置"下拉列表中选择"在误差带内"选项。

（4）在"数据集"下拉列表中选择"生存/红斑狼疮患者生存时间：生存比例：B：乙疗法组"选项，勾选"显示区域填充"复选框；在"填充颜色"下拉列表中选择"几乎透明（75%）"中的绿色；在"位置"下拉列表中选择"在误差带内"选项；勾选"填充图案"复选框，选择设计样式（第1个）和颜色（黄色）。

（5）单击"确定"按钮，关闭对话框，在图表误差带中填充颜色，如图13.31所示。

5. 添加中位线

双击任意坐标轴，或单击"更改"功能区中的"设置坐标轴格式"按钮，弹出"设置坐标轴格式"对话框。打开"左Y轴"选项卡，在"其他刻度与网格线"列表框中设置Y=0.5。单击"确定"按钮，关闭对话框，更新图表坐标轴，如图13.32所示。在Y=0.5处添加一条中位线，显示中位生存期。

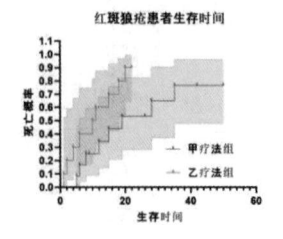

图13.31　填充误差带

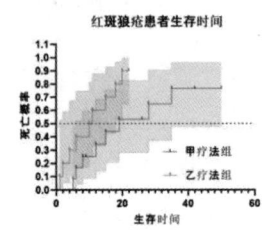

图13.32　添加中位线

6. 保存项目

单击"文件"功能区中的"保存"按钮，或按Ctrl+S组合键，保存项目文件。

13.4 Kaplan-Meier 生存分析

Kaplan-Meier 估计又称为乘积限制估计，用于根据生命周期数据估计生存函数，比较生存率。

生存率的非参数检验包括 Log-Rank 检验和 Breslow 检验两种方法。两种方法的应用条件相同，即各组生存曲线呈比例风险关系，生存曲线不能交叉。通常，在生存曲线有交叉时，不适合进行生存曲线的整体比较。

13.4.1 Log-Rank 检验

Log-Rank 检验又称为 Mantel-Cox 检验，其基本思想是，当检验假设 H_0（即比较组间生存率相同）成立时，根据在各个时刻尚存活的患者数和实际死亡数计算理论死亡数，然后将各组实际死亡数与理论死亡数进行比较。

【执行方式】

菜单栏：选择菜单栏中的"分析"→"群组比较"→"简单生存分析（Kaplan-Meier）"命令。

【操作步骤】

执行此命令，弹出"分析数据"对话框，在左侧列表中选择指定的分析方法"简单生存分析（Kaplan-Meier）"。单击"确定"按钮，关闭该对话框，弹出"参数：简单生存分析（Kaplan-Meier）"对话框，包含 4 个选项组，如图 13.33 所示。

【选项说明】

下面介绍该对话框中的选项。

1. "输入"选项组

默认选项为使用代码 1 表示感兴趣事件发生，使用代码 0 表示已删失的观察结果。在 GraphPad Prism 中，X 值表示时间，可手动指定 Y 值代码（死亡/事件、删失对象），代码必须为整数值。

2. "曲线比较"选项组

GraphPad Prism 提供两种比较两条、三条或更多比较生存曲线的方法。

图 13.33 "参数：简单生存分析（Kaplan-Meier）"对话框

（1）用于比较两组的计算：选择对数秩（Mantel-Cox 检验），GraphPad Prism 使用 Mantel-Haenszel 方法和 Mantel-Cox 方法来计算该检验。这两种方法几乎相等，但在如何处理同时发生的多例事件上可能有所不同。

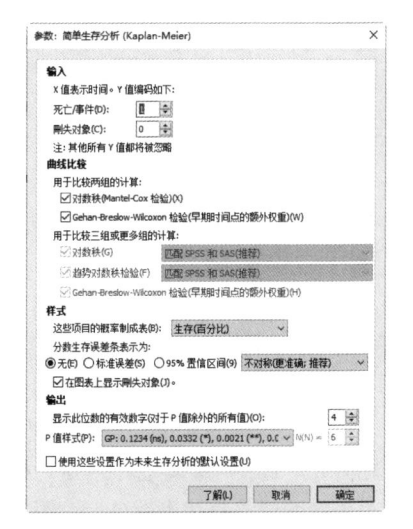

（2）用于比较三组或更多组的计算。

1）对数秩：该检验最常用于比较三条或更多曲线。

2）趋势对数秩检验：仅当研究组顺序（由数据表中的数据集列定义）符合逻辑时，该检验才相关。

3. "样式"选项组

（1）这些项目的概率制成表：指定计算和显示结果的方式，包括生存（百分比）、死亡（百分比）、生存（分数）、死亡（分数）。

（2）分数生存误差条表示为。

1）无：不添加分数生存误差条。

2）标准误差：将标准误差作为分数生存误差条。

3）95%置信区间：GraphPad Prism 提供对称和不对称两种选项。默认选择"不对称"变换方法，其将绘制不对称置信区间。选择"对称"表示选择对称 Greenwood 区间。不对称区间更有效。

（3）在图表上显示删失对象：设置是否绘制经过审查的观察结果。

★动手学——恶性肿瘤三种疗法对数秩检验

使用某中药结合化疗（中、西治疗组）和化疗组（对照组）三种疗法治疗某种恶性肿瘤后，随访记录各观察对象的生存时间数据（月）见表 13.3，"*"表示删失数据。试用 Kaplen-Meier 法估计三种疗法的生存率，并比较三种疗法生存率是否有差别。

表 13.3　观察对象的生存时间数据　　　　　　　　　　单位：月

中药组	24	2*	25*	19	18	6*	19*	26	9*	8	6*	23*	9	4
西药组	27*	29*	30	26*	28	23*	29	24	30	40				
对照组	12	13	7*	8*	6*	1	11	3	15	7				

操作步骤

1. 设置工作环境

（1）双击"开始"菜单中的 GraphPad Prism 10 图标，启动 GraphPad Prism 10，自动弹出"欢迎使用 GraphPad Prism"对话框。

（2）在"创建"选项组中默认选择"生存"选项，在右侧界面的"数据表"选项组中选中"输入或导入数据到新表"单选按钮，在"选项"选项组中选中"以天数（或月数）为单位输入经过的时间"单选按钮。单击"创建"按钮，创建项目文件，同时该项目下自动创建一个数据表"数据1"和关联的结果表"数据1"、图表"数据1"，重命名数据表为"恶性肿瘤患者生存时间"。

（3）选择菜单栏中的"文件"→"另存为"命令，或选择"文件"功能区中"保存命令"按钮🖫下的"另存为"命令，弹出"保存"对话框，输入项目名称"恶性肿瘤生存时间对数秩检验.prism"。单击"保存"按钮，保存项目。

2. 输入数据

（1）在导航器中单击选择"恶性肿瘤患者生存时间"，在列标题中分别输入"生存时间（月）""中药组""西药组""对照组"。

（2）根据题中数据，在"生存时间（月）"列输入数据，结果如图 13.34 所示。加*数据表示受试者因某种原因退出试验，为删失数据。删失数据结果变量为 0，其余受试者结果变量为 1。

图13.34 输入数据

3. 生存分析

(1) 单击打开结果表"生存/恶性肿瘤患者生存时间",包含三个选项卡:存在风险、曲线比较、数据摘要。

(2) 单击结果表左上角的"更改分析参数"按钮,或单击"分析"功能区中的"更改分析参数"按钮,弹出"参数:简单生存分析(Kaplan-Meier)"对话框,如图13.35所示。

1) 在"曲线比较"选项组中取消勾选"趋势对数秩检验""Gehan-Breslow-Wilcoxon检验(早期时间点的额外权重)"复选框。

2) 在"样式"选项组中选中"95%置信区间"单选按钮。

(3) 单击"确定"按钮,关闭该对话框,输出图表"曲线比较"选项卡中显示对数秩(Mantel-Cox)检验结果,如图13.36所示。

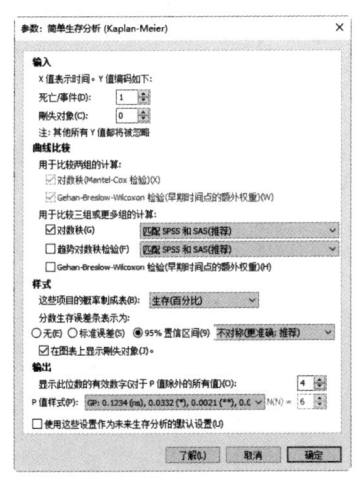

图13.35 "参数:简单生存分析(Kaplan-Meier)"对话框

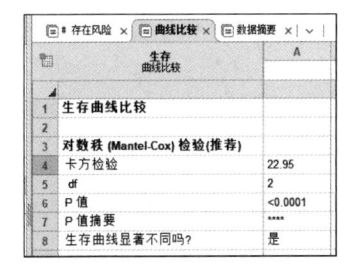

图13.36 对数秩检验结果

4. 结果分析

"曲线比较"选项卡中显示对数秩(Mantel-Cox)检验的P值<0.05,"生存曲线显著不同吗?"结果为是。因此认为三种疗法治疗恶性肿瘤患者的生存时间显著不同。

5. 生存曲线分析

单击图表"恶性肿瘤患者生存时间",自动弹出"更改图表类型"对话框,选择"带刻度的阶梯"选项,如图 13.37 所示。单击"确定"按钮,关闭该对话框,创建阶梯模式的生存曲线,生存率绘制成百分比(0~100%)的形式,如图 13.38 所示。

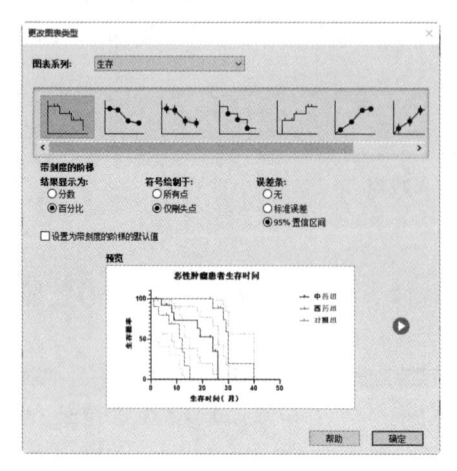

图 13.37 "更改图表类型"对话框

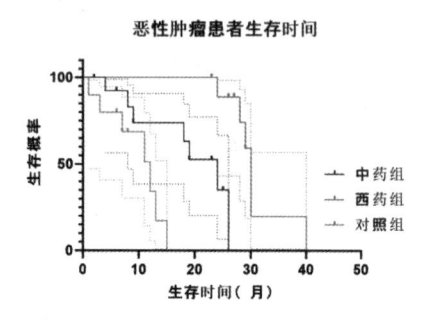

图 13.38 创建阶梯模式的生存曲线

6. 编辑图表

(1)单击"更改"功能区中的"设置图表格式(符号、条形图、误差条等)"按钮,弹出"格式化图表"对话框。打开"外观"选项卡,在"数据集"下拉列表中选择"更改所有数据集"选项;勾选"显示区域填充"复选框;在"填充颜色"下拉列表中选择"几乎透明(75%)"中的紫色;在"位置"下拉列表中选择"在误差带内"选项。

(2)单击"确定"按钮,关闭对话框,在图表误差带中填充颜色,如图 13.39 所示。图中很好地表示出了实际生存数据,就像一个楼梯。但在每个研究组中,生存率和误差包络的重叠曲线基本重叠,使之难以阅读。

图 13.39 填充误差带

7. 保存项目

单击"文件"功能区中的"保存"按钮,或按 Ctrl+S 组合键,保存项目文件。

★动手练——恶性肿瘤生存时间趋势对数秩检验

如果研究组之间存在不同的年龄、疾病严重程度或药物剂量的差异,则应以某种逻辑顺序(升序或降序)组织每个研究组的数据。GraphPad Prism 中从左至右的数据集顺序必须对应于等间距的有序类别。如果数据集无序(或者间距不相等),则对趋势进行对数秩检验没有意义。

本实例假设三种疗法治疗某种恶性肿瘤的观察对象,其生存时间(月)已按年龄顺序排列。试用趋势对数秩检验估计三种疗法的生存率,如图 13.40 所示。

结果分析：

线性趋势的零假设：研究组顺序与中位生存时间之间不存在线性趋势。

计算趋势的对数秩检验需要为每个组分配一个代码（列号），然后检验研究组代码与生存之间的趋势。趋势对数秩检验结果所得 P 值大于预指定阈值（通常为 0.05），则不可拒绝该零假设，表示研究组顺序与中位生存时间之间不存在线性趋势。

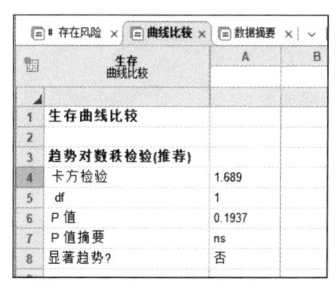

生存曲线比较	A	B
生存曲线比较		
趋势对数秩检验(推荐)		
卡方检验	1.689	
df	1	
P 值	0.1937	
P 值摘要	ns	
显著趋势？	否	

图 13.40　趋势对数秩检验结果

思路点拨

源文件：源文件\13\恶性肿瘤生存时间对数秩检验.prism

（1）打开项目文件中的结果表"生存/恶性肿瘤患者生存时间"。

（2）单击"更改分析参数"按钮，弹出"参数：简单生存分析（Kaplan-Meier）"对话框，在"曲线比较"选项组下勾选"趋势对数秩检验（F）"复选框。

（3）保存项目文件为"恶性肿瘤生存时间趋势对数秩检验.prism"。

13.4.2　Breslow 检验

Breslow 检验又称为广义 Wilcoxon 检验或 Gehan 比分检验，在 Log Rank 检验的基础上增加了权重，设置权重为每个时间点开始时存活的人数。

【执行方式】

打开"参数：简单生存分析（Kaplan-Meier）"对话框。

【操作步骤】

执行此操作，在"曲线比较"选项组中选择比较两条、三条或更多生存曲线的方法。

（1）用于比较两组的计算：选择 Gehan-Breslow-Wilcoxon 检验（早期时间点的额外权重），对发生时间较早的事件给予更多权重。但在早期删失很大一部分研究参与者时，该检验的结果可能会产生误导。相比之下，对数秩检验给所有时间点的观察结果赋予相同的权重。该方法不要求一致的风险比，但要求一组的风险始终比另一组高。

（2）用于比较三组或更多组的计算：选择 Gehan-Breslow-Wilcoxon 检验，给早期时间点提供更多权重。

★动手练——恶性肿瘤生存时间 Gehan-Breslow-Wilcoxon 检验

本实例假设三种疗法治疗某种恶性肿瘤的观察对象，其生存时间（月）已按年龄顺序排序。试用 Gehan-Breslow-Wilcoxon 检验估计三种疗法的生存率关系，如图 13.41 所示。

结果分析：

Log-Rank 检验没有显著差异，而 Gehan-Breslow-Wilcoxon 检验有差异，可以解释为在开始时生存率有差异，随着时间的推移生存率差异消失。

图 13.41　趋势对数秩检验结果

思路点拨

源文件：源文件\13\恶性肿瘤生存时间对数秩检验.prism
（1）打开项目文件中的结果表"生存/恶性肿瘤患者生存时间"。
（2）单击"更改分析参数"按钮，弹出"参数：简单生存分析（Kaplan-Meier）"对话框，在"曲线比较"选项组中勾选"Gehan-Breslow-Wilcoxon（早期时间点的额外权重）"复选框。
（3）保存项目文件为"恶性肿瘤生存时间 Gehan-Breslow-Wilcoxon 检验.prism"。

第 14 章　整体分解表数据统计分析

内容简介

在实际生活中，经常遇到这种问题：每个数值占总数的比例为多少？为了解决这种问题，引入了整体分解表。在 GraphPad Prism 中，整体分解表常用于描述构成比情况，这种表格经常用于制作饼形图以分析比例问题。

内容要点

- 整体分解表数据和图表
- 比较观察到的分布与预期分布

14.1　整体分解表数据和图表

临床研究中经常统计患者资料以分析疾病与年龄、性别、职业等因素之间的关系。然而，通常所计算的相对数一般都是构成比。为了描述构成比的问题，可以使用整体分解表数据和图表来展示数据。

14.1.1　整体分解表

整体分解表中的分类资料是将观察单位按某种属性或类别进行分组，汇总各组观察单位数后得到的资料。例如，观察人群的血型分布，结果可为 A 型、B 型、AB 型与 O 型四个类别。

【执行方式】

在"创建"选项组中选择"整体分解"选项。

【操作步骤】

执行此操作，在"欢迎使用 GraphPad Prism"对话框右侧的"整体分解表"面板中显示该类型下的数据表和图表的预览图，如图 14.1 所示。

【选项说明】

在"数据表"中显示两种创建整体分解表的方法。

（1）输入或导入数据到新表：选中该单选按钮，直接从空数据表开始定义，列数据定义为 A，B，…，Z，AA。

（2）从示例数据开始，根据教程进行操作：选中该单选按钮，通过"选择教程数据集"选项组中的数据集模板定义列联表，如图 14.1 所示。

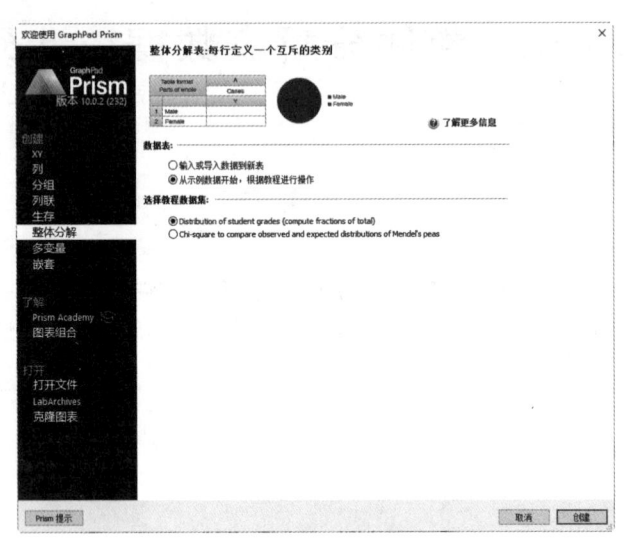

图 14.1 选择"整体分解"选项

★动手学——疫苗超敏反应整体分解表

源文件：源文件\14\疫苗超敏反应数据表.xlsx

某项临床试验研究疫苗接种超敏的发生率，现有几种常用疫苗的超敏反应数据见表 14.1，本实例根据表中数据创建整体分解表。

表 14.1 常用疫苗的超敏反应数据

疫　苗	接 种 次 数	病　例　数
流感疫苗	1119652	7
破伤风疫苗	8830935	4
甲肝疫苗	1197047	4
乙肝疫苗	1287074	0
百白破三联疫苗	1449370	3
水痘疫苗	866129	6
狂犬病疫苗	18041	1
HPV 疫苗	775833	2
麻腮风+水痘疫苗	100897	7

操作步骤

1. 设置工作环境

（1）双击"开始"菜单中的 GraphPad Prism 10 图标，启动 GraphPad Prism 10，自动弹出"欢迎使用 GraphPad Prism"对话框。

（2）在"创建"选项组中选择"整体分解"选项，在右侧界面的"数据表"选项组中选中"输入或导入数据到新表"单选按钮。单击"创建"按钮，创建项目文件，同时该项目下自动创建一个数据表"数据1"和关联的图表"数据1"，重命名数据表为"疫苗的超敏反应"。

（3）选择菜单栏中的"文件"→"另存为"命令，或选择"文件"功能区中"保存命令"按钮下的"另存为"命令，弹出"保存"对话框，输入项目名称"疫苗超敏反应整体分解表.prism"。单击"保存"按钮，保存项目，如图14.2所示。

2．输入数据

在导航器中单击选择"疫苗的超敏反应"，将"疫苗超敏反应数据表.xlsx"中的数据复制到数据区，结果如图14.3所示。

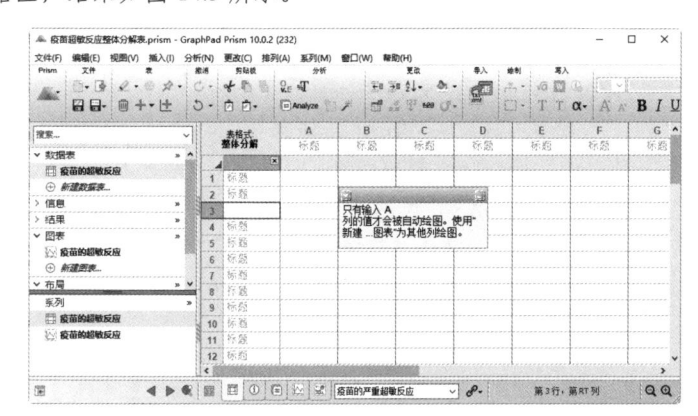

图14.2　创建项目文件　　　　　　　图14.3　复制数据

3．保存项目

单击"文件"功能区中的"保存"按钮，或按 Ctrl+S 组合键，保存项目文件。

14.1.2　整体分解图表

整体分解图表常用于描述构成比资料。其中，饼图和百分条图是两种常见的构成图。饼图通过将圆的总面积设定为100%表示事物的全部，而圆内各个扇形区域则表示整体中各部分所占的比例。百分条图则是用矩形条的长度表示100%，而用其中分割的各段表示各构成部分的百分比。

【执行方式】

- 菜单栏：选择菜单栏中的"插入"→"新建现有数据的图表"命令。
- 导航器：在导航器的"图表"选项卡下单击"新建图表"按钮。
- 功能区：单击"表"功能区中的"根据现有数据创建新图"按钮。

【操作步骤】

执行此命令，打开"创建新图表"对话框。在"显示"下拉列表中选择"整体分解"选项，显示图表模板，包括饼（饼图）、甜甜圈（环形图）、水平切片、垂直切片、10×10点图，如图14.4所示。

★动手学——疫苗超敏反应整体饼图

源文件：源文件\14\疫苗超敏反应整体分解表.prism

本实例通过几种常用疫苗的超敏反应数据绘制饼图。饼图适用于描述计数资料的构成比，以圆内扇形面积的大小表示不同构成部分的构成比，在图例中显示每部分扇形的标注（包括百分比）。

操作步骤

1. 设置工作环境

（1）双击"开始"菜单中的 GraphPad Prism 10 图标，启动 GraphPad Prism 10。

图 14.4　"整体分解"系列图表

（2）选择菜单栏中的"文件"→"打开"命令，或单击 Prism 功能区中的"打开项目文件"命令，或单击"文件"功能区中的"打开项目文件"按钮，或按 Ctrl+O 组合键，弹出"打开"对话框。选择需要打开的文件"疫苗超敏反应整体分解表.prism"，单击"打开"按钮，即可打开项目文件。

（3）选择菜单栏中的"文件"→"另存为"命令，或选择"文件"功能区中"保存命令"按钮下的"另存为"命令，弹出"保存"对话框，输入项目名称"疫苗超敏反应整体饼图.prism"。单击"保存"按钮，保存项目。

2. 绘制图表

单击打开图表"疫苗的超敏反应"，自动弹出"更改图表类型"对话框，选择"饼"选项，如图 14.5 所示。单击"确定"按钮，关闭该对话框，创建表示不同疫苗 A 列接种例数的饼图，如图 14.6 所示。

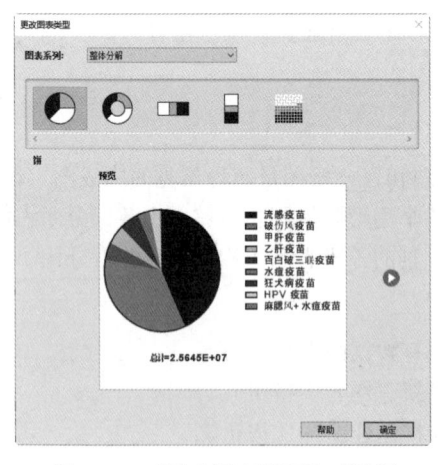

图 14.5　"更改图表类型"对话框

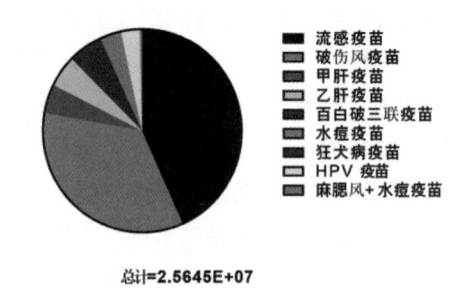

图 14.6　创建接种例数的饼图

3. 编辑图表

（1）双击绘图区空白处，或单击"更改"功能区中的"设置图表格式（符号、条形图、误差条等）"按钮，弹出"格式化图表"对话框。打开"外观"选项卡，如图 14.7 所示。

1）在"颜色与图例"下拉列表中选择"更改所有类别"选项，在"切片"下拉列表中选择"爆炸"选项，勾选"显示图例"下的"百分比"复选框。

2）在"标题"选项组中勾选"显示图表标题"复选框，在"后缀"文本框后输入"例"。

（2）单击"确定"按钮，关闭对话框，更新图表格式，如图 14.8 所示。

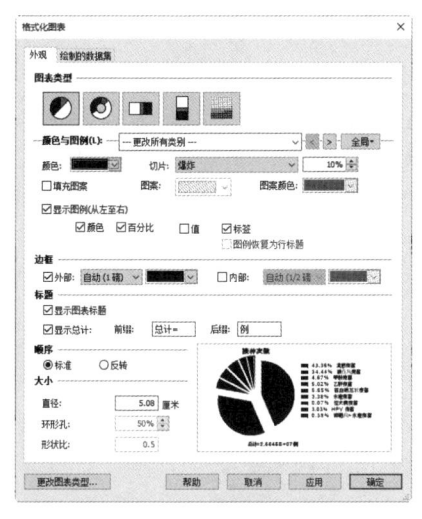

图 14.7 "外观"选项卡

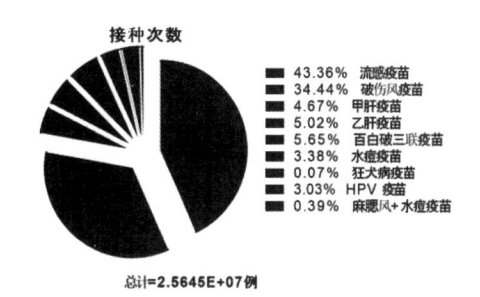

图 14.8 更新图表格式

（3）选择"更改"功能区中"更改颜色"按钮下的"花卉"命令，即可自动更新图表颜色，如图 14.9 所示。

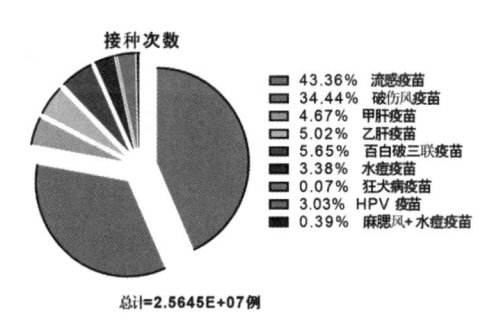

图 14.9 设置图表颜色结果

4．保存项目

单击"文件"功能区中的"保存"按钮，或按 Ctrl+S 组合键，保存项目文件。

★动手学——疫苗超敏反应整体环形图

源文件：源文件\14\疫苗超敏反应整体饼图.prism

本实例根据几种常用疫苗的超敏反应数据绘制环形图。环形图是一种使用频率非常高的图表，有着饼图一样的圆，但又比饼图多一个圆，是"最节省空间"的饼图，中部多了一部分空间可以用于补充说明数据的相关信息。

操作步骤

1. 设置工作环境

（1）双击"开始"菜单中的 GraphPad Prism 10 图标，启动 GraphPad Prism 10。

（2）选择菜单栏中的"文件"→"打开"命令，或选择 Prism 功能区中的"打开项目文件"命令，或单击"文件"功能区中的"打开项目文件"按钮，或按 Ctrl+O 组合键，弹出"打开"对话框。选择需要打开的文件"疫苗超敏反应整体饼图.prism"，单击"打开"按钮，即可打开项目文件。

（3）选择菜单栏中的"文件"→"另存为"命令，或选择"文件"功能区中"保存命令"按钮下的"另存为"命令，弹出"保存"对话框，输入项目名称"疫苗超敏反应整体环形图.prism"。单击"保存"按钮，保存项目。

2. 绘制图表

单击导航器"图表"下的"新建图表"按钮，弹出"创建新图表"对话框。在"表"下拉列表中默认选择"疫苗的超敏反应"选项，在"图表类型"选项组中选择"甜甜圈"选项，如图 14.10 所示。单击"确定"按钮，关闭该对话框，创建两个环形图"疫苗的超敏反应[接种次数]"和"疫苗的超敏反应[病例数]"，分别代表两个 Y 数据集，如图 14.11 所示。

图 14.10 "创建新图表"对话框

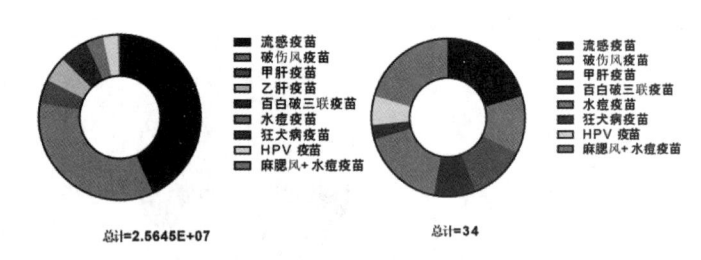

图 14.11 创建环形图

3. 编辑图表

（1）双击绘图区空白处，或单击"更改"功能区中的"设置图表格式（符号、条形图、误差条等）"按钮，弹出"格式化图表"对话框。打开"外观"选项卡，如图 14.12 所示。

1）在"颜色与图例"下拉列表中选择"更改所有类别"选项，在"切片"下拉列表中选择"正常"选项，勾选"显示图例"下的"百分比"复选框。

2）在"标题"选项组中勾选"显示图表标题"复选框。

3）在"大小"选项组中的"环形孔"文本框中输入 80%。

（2）单击"确定"按钮，关闭对话框，更新图表格式，如图 14.13 所示。

（3）选择"更改"功能区中"更改颜色"按钮下的"彩色（半透明）"命令，即可自动更新图表颜色，如图 14.14 所示。

（4）单击"写入"功能区中的"文本"按钮**T**，在圆环内输入注释性文字"疫苗超敏反应"，设置字体为"华文楷体"，大小为 16，颜色为红色（3E），结果如图 14.15 所示。

4．保存项目

单击"文件"功能区中的"保存"按钮，或按 Ctrl+S 组合键，保存项目文件。

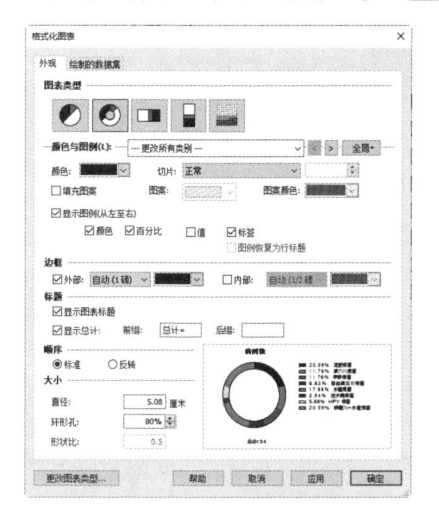

图 14.12　"外观"选项卡

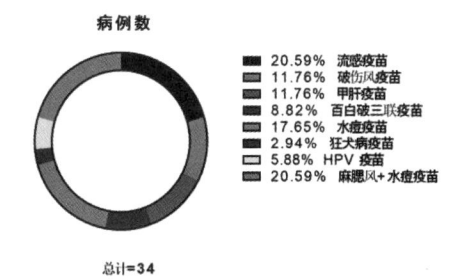

图 14.13　更新图表格式

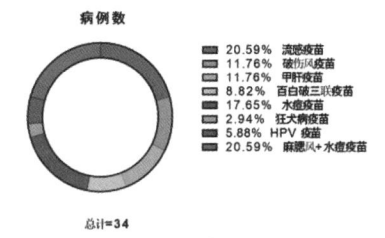

图 14.14　设置图表颜色结果

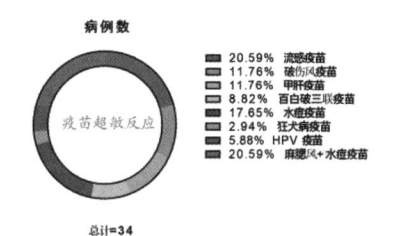

图 14.15　设置图表文字

★动手练——疫苗超敏反应整体切片图

本实例根据几种常用疫苗的超敏反应数据绘制切片图，如图 14.16 所示。切片图适用于描述一个计数资料的构成比或比较多个计数资料的构成比。垂直切片图中横坐标是组别，纵坐标是百分数；水平切片图中纵坐标是组别，横坐标是百分数。

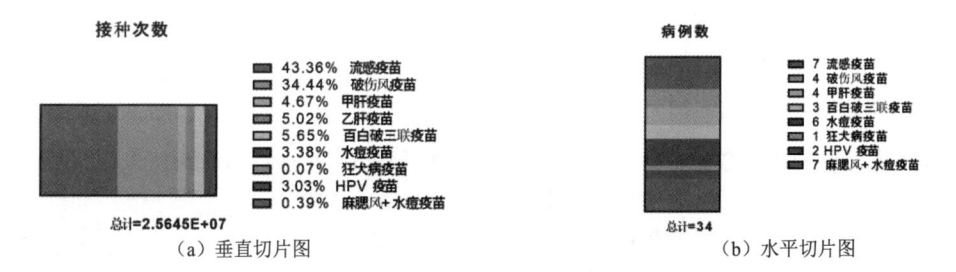

（a）垂直切片图　　　　　　　　　　　　　　（b）水平切片图

图 14.16　整体切片图

思路点拨

源文件：源文件\14\疫苗超敏反应整体饼图.prism

（1）打开项目文件。

（2）新建图表，"接种次数"为水平切片图，"病例数"为处置切片图。

（3）保存项目文件为"疫苗超敏反应整体切片图.prism"。

14.2 比较观察到的分布与预期分布

"比较观察到的分布与预期分布"命令，通过卡方检验和二项式检验将观察到的离散类别数据的分布与理论预期的分布进行比较。需要注意的是，输入的预期计数之和应该等于观测的计数之和。

14.2.1 二项式检验

二项式检验是一种精确检验，当只有两个类别时（因此只输入了两行数据），将观察到的分布与预期的分布进行比较。该检验针对只有两个类别的数据，超过两个类别的数据不适用该方法。

【执行方式】

> 菜单栏：选择菜单栏中的"分析"→"数据探索和摘要"→"比较观察到的分布与预期分布"命令。

> 功能区：单击"分析"功能区中的"比较观察到的分布与预期分布"按钮 。

【操作步骤】

执行此命令，弹出"分析数据"对话框，在左侧列表中选择指定的分析方法"比较观察到的分布与预期分布"。单击"确定"按钮，关闭该对话框，弹出"参数：比较观测到的分布与预期分布"对话框，在"使用两行执行"选项组中选中"二项式检验（推荐）"单选按钮，如图14.17所示。

【选项说明】

下面介绍该对话框中的选项。

1."要分析的数据集"选项组

选择要进行分析比较的数据集。

2."输入预期值作为"选项组

（1）对象或事件的实际数量：选中该单选按钮，选择输入每个类别中预期的受试者或事件的实际数量，预期值的总和必须等于在数据表中输入的观察数据的总和。

（2）百分比：选中该单选按钮，预期值的总和必须为100。

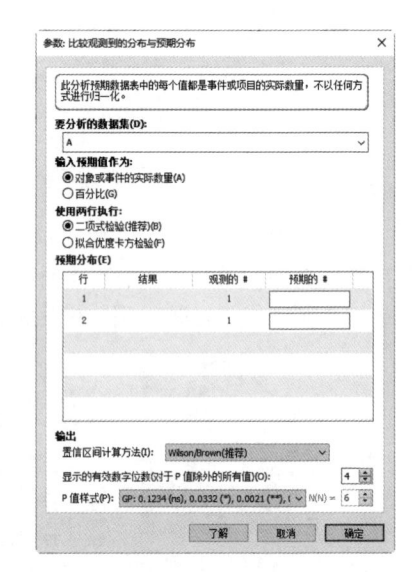

图 14.17 "参数：比较观测到的分布与预期分布"对话框

在任何情况下，都可以输入分数值。

3. "预期分布"选项组

在"预期的#"列中输入与原始数据进行比较的预期值。

4. "输出"选项组

置信区间计算方法：选择置信区间的计算方法，默认选择 Wilson/Brown。

★动手学——血清甘油三酯含量二项式检验

某生化实验室测定了 200 人的血清甘油三酯含量（mg/dL），合格和不合格数据见表 14.2。本实例对当前测量数据进行二项式检验，试分析比较测量结果与正常值是否存在差异。

表 14.2　血清甘油三酯含量数据　　　　　　　　　　　单位：mg/dL

是否合格	正常值	测量值
合格	100	116
不合格	100	84

操作步骤

1. 设置工作环境

（1）双击 GraphPad Prism 10 图标，启动 GraphPad Prism，自动弹出"欢迎使用 GraphPad Prism"对话框。在"创建"选项组中选择"整体分解"选项，在"数据表"选项组中默认选中"输入或导入数据到新表"单选按钮。

（2）单击"创建"按钮，创建项目文件，同时该项目下自动创建一个数据表"数据 1"和关联的图表"数据 1"。

（3）选择菜单栏中的"文件"→"另存为"命令，或选择"文件"功能区中"保存命令"按钮下的"另存为"命令，弹出"保存"对话框，输入项目名称"血清甘油三酯含量二项式检验"。单击"保存"按钮，在源文件目录下自动创建项目文件。

2. 输入数据

根据表 14.2 中的数据在数据区输入数据，结果如图 14.18 所示。

3. 二项式检验

（1）单击"分析"功能区中的"比较观察到的分布与预期分布"按钮，弹出"参数：比较观测到的分布与预期分布"对话框。在"要分析的数据集"下拉列表中选择"B：测量值"选项，在"使用两行执行"选项组中选中"二项式检验（推荐）"单选按钮，在"预期分布"列表框的"预期的#"列中输入与原始数据进行比较的预期值，在"置信区间计算方法"下拉列表中选择"Wilson/Brown（推荐）"选项，如图 14.19 所示。

（2）单击"确定"按钮，关闭该对话框，在结果表"O vs E/数据 1"中显示二项式检验结果，如图 14.20 所示。

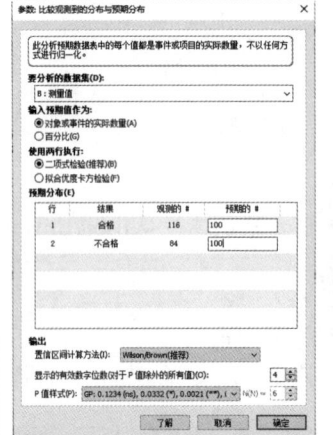

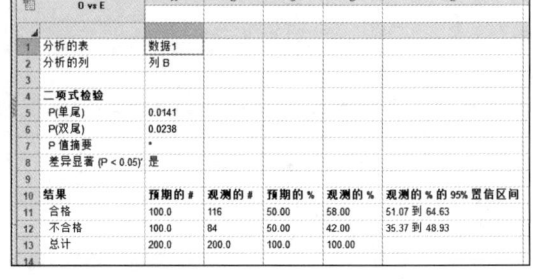

图 14.18 输入数据　　图 14.19 "参数：比较观测到的分布与预期分布"对话框　　图 14.20 二项式检验结果

（3）使用 α=0.05 的显著性水平，P＜0.05。得出结论：本次测量结果与正常值相比，有统计学上的显著性差异。

14.2.2 卡方检验拟合优度

卡方检验是指将观察到的离散类别数据的分布与理论预期值进行比较，该检验对数据行列数无要求。

【执行方式】

打开"参数：比较观测到的分布与预期分布"对话框。

【操作步骤】

执行此操作，在"使用两行执行"选项组中选中"拟合优度卡方检验"单选按钮，GraphPad Prism 将执行卡方拟合优度检验。

★动手学——芹菜籽提取物临床实验卡方检验

芹菜籽提取物可不同程度地降低黄嘌呤氧化酶活性，对小鼠关节炎有明显抑制作用，某实验室临床实验数据见表 14.3。本实例对当前测量数据进行卡方检验，结合理论期望值与临床实验值，判断两者之间的差异。

表 14.3　临床实验数据

效　果	理论期望值	临床实验值
临床治愈	60	112
显效	77	22
有效	51	60
无效	12	6

🖱️ **操作步骤**

1. 设置工作环境

（1）双击 GraphPad Prism 10 图标，启动 GraphPad Prism，自动弹出"欢迎使用 GraphPad Prism"对话框。在"创建"选项组中选择"整体分解"选项，在"数据表"选项组中默认选中"输入或导入数据到新表"单选按钮。

（2）单击"创建"按钮，创建项目文件，同时该项目下自动创建一个数据表"数据 1"和关联的图表"数据 1"。

（3）选择菜单栏中的"文件"→"另存为"命令，或选择"文件"功能区中"保存命令"按钮 💾 下的"另存为"命令，弹出"保存"对话框，输入项目名称"芹菜籽提取物临床实验卡方检验"。单击"保存"按钮，在源文件目录下自动创建项目文件。

2. 输入数据

根据表 14.3 中的数据在数据区输入数据，结果如图 14.21 所示。

3. 卡方检验

零假设是指观察数据从具有预期频率的群体中抽样得到。

（1）单击"分析"功能区中的"比较观察到的分布与预期分布"按钮，弹出"参数：比较观测到的分布与预期分布"对话框。在"要分析的数据集"下拉列表中选择"B：临床实验值"，在"使用两行执行"选项组中选中"拟合优度卡方检验"单选按钮，在"预期分布"列表框的"预期的#"列中输入与原始数据进行比较的预期值（输入表中的"理论期望值"），如图 14.22 所示。

（2）单击"确定"按钮，关闭该对话框，在结果表"O vs E/数据 1"中显示卡方检验结果，如图 14.23 所示。

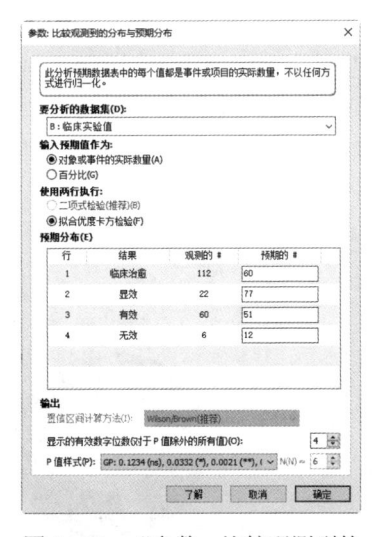

图 14.21　输入数据

图 14.22　"参数：比较观测到的分布与预期分布"对话框

图 14.23　卡方检验结果

(3) 使用 α=0.05 的显著性水平，P<0.05。得出结论：鉴于样本量，本次临床实验结果与理论期望值相比，有统计学上的显著差异。

4. 绘制图表

单击导航器"图表"选项组中的"新建图表"按钮，弹出"创建新图表"对话框。在"表"下拉列表中默认选择"数据 1"，在"图表类型"选项组下选择"甜甜圈"选项，如图 14.24 所示。单击"确定"按钮，关闭该对话框，创建环形图，如图 14.25 所示。

图 14.24 "更改图表类型"对话框　　　　图 14.25 创建环形图

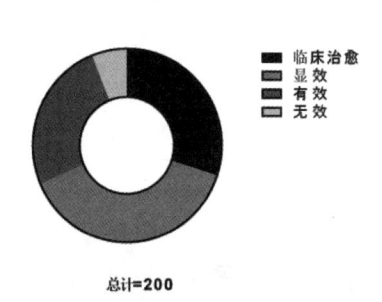

5. 编辑图表

（1）双击绘图区空白处，或单击"更改"功能区中的"设置图表格式（符号、条形图、误差条等）"按钮，弹出"格式化图表"对话框。

（2）打开"绘制的数据集"选项卡，显示当前使用数据集为"数据 1：B：临床实验值"，单击"应用"按钮，将环形图使用的数据集更改为"临床实验值"，如图 14.26 所示。

（3）打开"外观"选项卡，在"颜色与图例"下拉列表中选择"临床治愈"选项；在"切片"下拉列表中选择"爆炸"选项；勾选"显示图例"选项组中的"百分比""值"复选框；在"标题"选项组中勾选"显示图表标题"复选框。单击"确定"按钮，关闭对话框，更新图表格式，如图 14.27 所示。

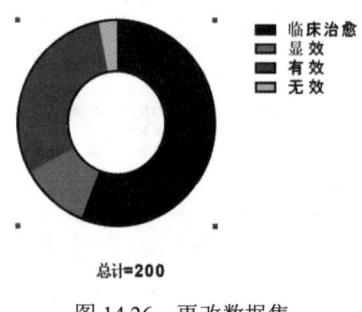

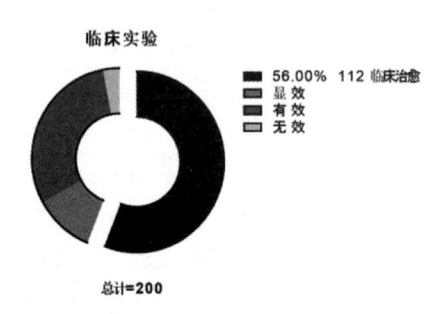

图 14.26 更改数据集　　　　图 14.27 更新图表格式

（4）选择"更改"功能区中"更改颜色"按钮下的"花卉"命令，即可自动更新图表颜色，如图 14.28 所示。

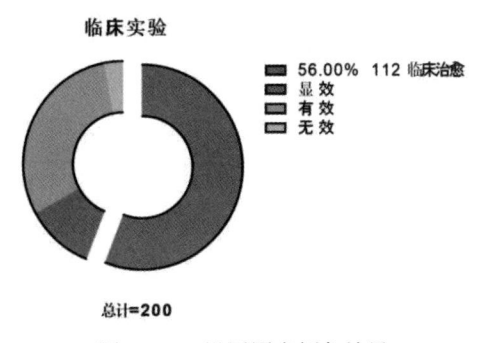

图 14.28 设置图表颜色结果

6．保存项目

单击"文件"功能区中的"保存"按钮，或按 Ctrl+S 组合键，保存项目文件。

第 15 章　多变量表数据统计分析

内容简介

多变量分析是一种同时考虑多个变量之间的关系和相互作用的分析方法，其可以探索多个变量之间的相互关系和交互效应，从而更深入地解释和分析复杂的现象和问题。例如，在新药临床试验中，可以使用多变量分析来研究小白鼠的体重、身高、食量等因素对临床疗效的影响，以制定更有效的实验策略。

本章将主要介绍使用 GraphPad Prism 创建多变量表、进行多变量表图表分析，并介绍如何运用多元线性回归、Cox 回归、相关矩阵、主成分分析等统计方法进行分析。

内容要点

- 多变量表
- 多元相关分析
- 多重回归分析
- Cox 比例风险回归分析

15.1　多 变 量 表

多变量表的每一行数据是不同的观测值，每一列是不同的变量，多变量表支持文本值。

在多变量表中，变量可以是连续变量、分类变量或标号变量，分类变量和标号变量的值可作为文本输入。例如，变量表示 Sex（性别），数据包括 Female（女性）、Male（男性），GraphPad Prism 无须对分类数据进行编码，即不需要将它们输入为“0”和“1”。GraphPad Prism 可以直接对这些数据进行分析，如图 15.1 所示。

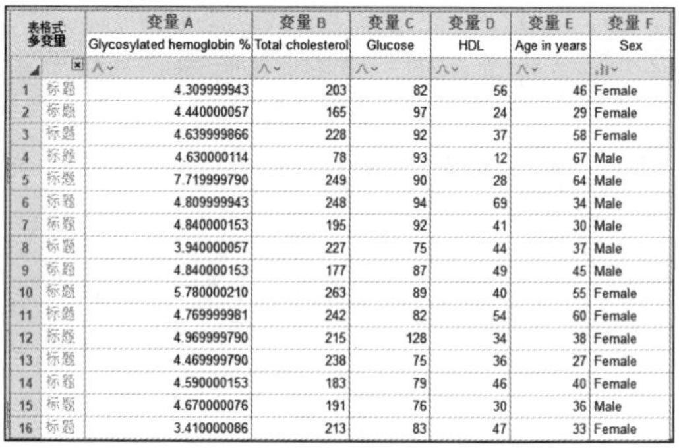

表格式:多变量		变量 A	变量 B	变量 C	变量 D	变量 E	变量 F
		Glycosylated hemoglobin %	Total cholesterol	Glucose	HDL	Age in years	Sex
1	标题	4.309999943	203	82	56	46	Female
2	标题	4.440000057	165	97	24	29	Female
3	标题	4.639999866	228	92	37	58	Female
4	标题	4.630000114	78	93	12	67	Male
5	标题	7.719999790	249	90	28	64	Male
6	标题	4.809999943	248	94	69	34	Male
7	标题	4.840000153	195	92	41	30	Male
8	标题	3.940000057	227	75	44	37	Male
9	标题	4.840000153	177	87	49	45	Male
10	标题	5.780000210	263	89	40	55	Female
11	标题	4.769999981	242	82	54	60	Female
12	标题	4.969999790	215	128	34	38	Female
13	标题	4.469999790	238	75	36	27	Female
14	标题	4.590000153	183	79	46	40	Female
15	标题	4.670000076	191	76	30	36	Male
16	标题	3.410000086	213	83	47	33	Female

图 15.1　多变量表

15.1.1　创建多变量表

多变量表的排列方式与大多数统计程序组织数据的排列方式相同，即每行均为不同的观察结果或"病例"（实验、动物等）；每列代表一个不同的变量。

【执行方式】

在"创建"选项组中选择"多变量"选项。

【操作步骤】

执行此操作，在"欢迎使用 GraphPad Prism"对话框右侧的"多个变量表"面板中显示该类型下的数据表和图表的预览图，如图 15.2 所示。

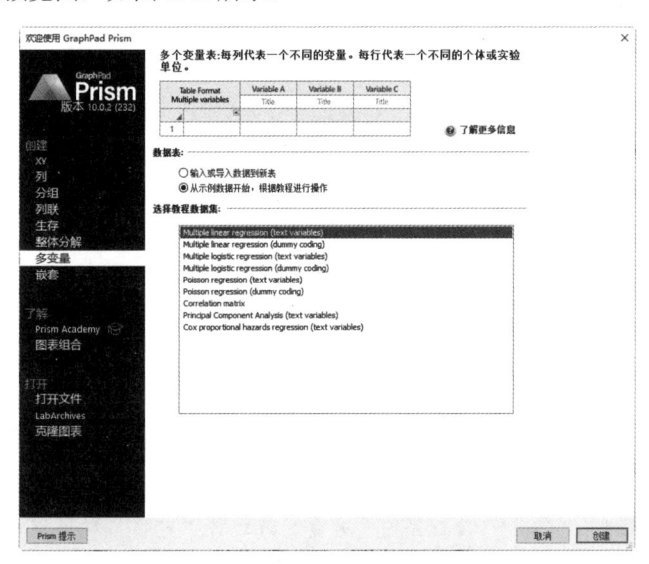

图 15.2 选择"多变量"选项

【选项说明】

在"数据表"中显示两种创建多变量表的方法。

（1）输入或导入数据到新表：选中该单选按钮，直接从空数据表开始定义，列数据定义为变量 A，变量 B，……，变量 Z，变量 AA。

（2）从示例数据开始，根据教程进行操作：选中该单选按钮，通过"选择教程数据集"选项组中的数据集模板定义列联表。

★动手学——重金属中毒检测指数多变量表

源文件：源文件\15\重金属中毒检测指数数据表.xlsx

本实例根据表 15.1 中的某冶金厂工人重金属中毒检测数据（5 个重金属指标、7 个患者）创建多变量表。

表 15.1 重金属中毒检测指数数据   单位：mg/L

患者	Zn	Cu	Cd	Hg	Pb
S1	0.305	0.087	0.117	0.01	0.071
S2	0.077	0.044	0.043	0.007	0.138

续表

患者	Zn	Cu	Cd	Hg	Pb
S3	0.132	0.023	0.033	0.007	0.071
S4	0.213	0.029	0.046	0.003	0.111
S5	0.135	0.01	0.015	0.003	0.015
S6	0.141	0.023	0.032	0.003	0.077
S7	0.106	0.016	0.028	0.003	0.055

操作步骤

1. 设置工作环境

（1）双击 GraphPad Prism 10 图标，启动 GraphPad Prism，自动弹出"欢迎使用 GraphPad Prism"对话框。在"创建"选项组中选择"多变量"选项，在"数据表"选项组中默认选中"输入或导入数据到新表"单选按钮。

（2）单击"创建"按钮，创建项目文件，同时该项目下自动创建一个数据表"数据 1"，重命名数据表为"检测指数"。

注意：

创建多变量表时，不创建与之关联的图表。

（3）选择菜单栏中的"文件"→"另存为"命令，或选择"文件"功能区中"保存命令"按钮下的"另存为"命令，弹出"保存"对话框，输入项目名称"重金属中毒检测指数多变量表.prism"。单击"保存"按钮，在源文件目录下自动创建项目文件，如图 15.3 所示。

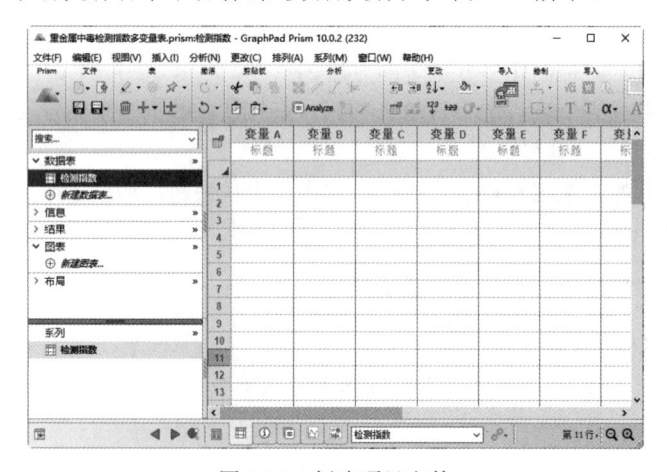

图 15.3　创建项目文件

2. 数据录入

（1）打开"检测指数"数据表，单击数据表左上角的 按钮，弹出"格式化数据表"对话框。打开"表格式"选项卡，勾选"显示行标题"复选框。单击"确定"按钮，关闭该对话框，在"变量A"列左侧添加行标题列，如图15.4所示。

（2）打开"重金属中毒检测指数数据表.xlsx"文件，复制数据并粘贴到"检测指数"数据表中，结果如图15.5所示。

图15.4 添加行标题列　　　　　　　　　图15.5 粘贴数据

3. 保存项目

单击"文件"功能区中的"保存"按钮，或按 Ctrl+S 组合键，保存项目文件。

15.1.2 选择与变换

"选择与变换"命令用于在现有多变量表的基础上创建一份新的多变量表，可以只选择表的一部分，通过变换来生成新变量。这样，可以对新创建的表进行多元回归（或者显示相关矩阵）。

【执行方式】

菜单栏：选择菜单栏中的"分析"→"数据处理"→"选择与变换"命令。

【操作步骤】

执行此命令，弹出"分析数据"对话框，在左侧列表中选择指定的分析方法"选择与变换"。单击"确定"按钮，关闭该对话框，弹出"参数：选择与变换"对话框，包含三个选项卡，如图15.6所示。

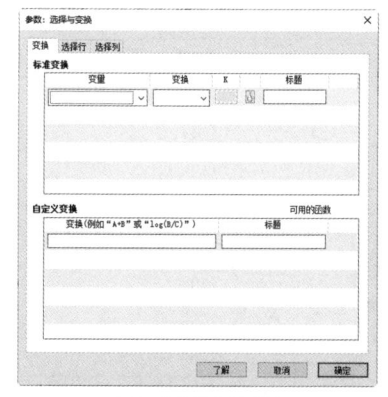

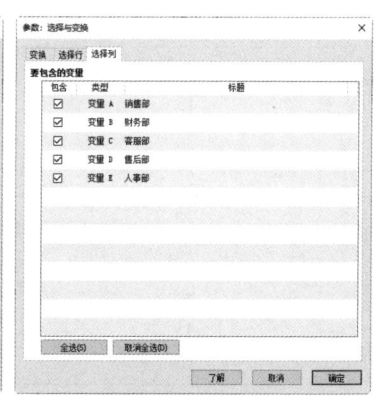

（a）"变换"选项卡　　　　（b）"选择行"选项卡　　　　（c）"选择列"选项卡

图15.6 "参数：选择与变换"对话框

【选项说明】

下面介绍该对话框中的选项。

1. "变换"选项卡

（1）标准变换：指定变量的变换（如对数或倒数或更改单位，定义参数 K 和标题名），将结果放置在新列中。

（2）自定义变换：通过在"变换"列中输入新列的方程，组合两列或多列。

2. "选择行"选项卡

根据下面的条件进行设置，新表中只会出现符合指定的所有条件的行。

（1）所有行：勾选该复选框，选择所有数据行。

（2）行：勾选该复选框，指定行号范围。

（3）变量 vs 值：勾选该复选框，输出特定列（变量列）中的值大于（或小于或等于）指定值的行。

（4）变量 vs 变量：勾选该复选框，输出某列（变量列）中的值大于（或小于）另一列（变量列）中的值的行。

3. "选择列"选项卡

在列表中选择需包含在新表中的变量（列）。

★动手学——居民寿命数据计算

源文件：源文件\15\居民简略寿命表.xlsx

本实例根据表 15.2 某年某市居民简略寿命表中的人口数和实际死亡人数计算死亡率。

表 15.2　某年某市居民简略寿命表

年龄组	人口数	实际死亡数
0	23852	276
1	48297	67
5	83361	46
10	107396	61
15	123766	103
20	139367	144
25	129731	142
30	108544	108
35	83157	99
40	65137	150
45	72625	269
50	60436	389
55	48368	746
60	36354	969
65	32142	1115
70	20421	1038
75	11223	1089
80	9826	1114

操作步骤

1. 设置工作环境

（1）双击 GraphPad Prism 10 图标，启动 GraphPad Prism，自动弹出"欢迎使用 GraphPad Prism"对话框。在"创建"选项组中选择"多变量"选项，在"数据表"选项组中默认选中"输入或导入数据到新表"单选按钮。

（2）单击"创建"按钮，创建项目文件，同时该项目下自动创建一个数据表"数据 1"，重命名数据表为"寿命表"。

（3）选择菜单栏中的"文件"→"另存为"命令，或选择"文件"功能区中"保存命令"按钮下的"另存为"命令，弹出"保存"对话框，输入项目名称"居民寿命数据多变量表.prism"。单击"保存"按钮，在源文件目录下自动创建项目文件。

图 15.7　粘贴数据

2. 输入数据

打开"居民简略寿命表.xlsx"文件，复制数据并粘贴到"寿命表"数据表中，结果如图 15.7 所示。

3. 计算死亡率

（1）选择菜单栏中的"分析"→"数据处理"→"选择与变换"命令，弹出"分析数据"对话框，在左侧列表中选择指定的分析方法"选择与变换"。单击"确定"按钮，关闭该对话框，弹出"参数：选择与变换"对话框。打开"变换"选项卡，在"自定义变换"列表框的"变换"列中输入新列的方程 C/B，新列标题为"死亡率"，如图 15.8 所示。

（2）单击"确定"按钮，在结果表"选择与变换/寿命表"中输出包含计算结果的数据表，如图 15.9 所示。

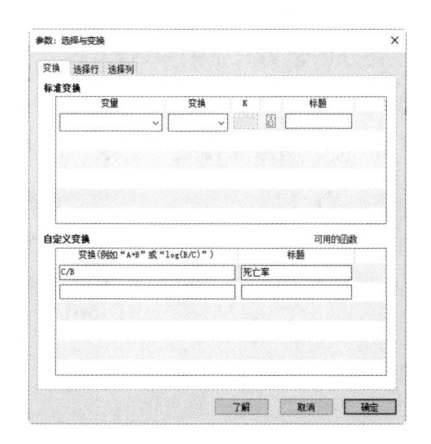

图 15.8　"参数：选择与变换"对话框

图 15.9　结果表"选择与变换/寿命表"

4. 设置小数格式

（1）打开结果表"选择与变换/寿命表"，选中要编辑的列（D 列）。选择菜单栏中的"更改"→

“小数格式”命令，或在功能区的“更改”选项卡中单击“更改小数格式（小数点后的位数）”按钮，或右击，在弹出的快捷菜单中选择“小数格式”命令，弹出“小数格式”对话框，设置“最小位数”为 5。单击“确定”按钮，关闭该对话框，设置 D 列中数据的小数位数为 5，如图 15.10 所示。

（2）打开结果表“选择与变换/寿命表”，选中 D 列，按 Ctrl+C 组合键，复制该列数据。

（3）打开数据表“寿命表”，选中 D 列标题，按 Ctrl+V 组合键，将数据粘贴到该列，结果如图 15.11 所示。

选择与变换		A 年龄组	B 人口数	C 实际死亡数	D 死亡率
1		0.000	23852.000	276.000	0.01157
2		1.000	48297.000	67.000	0.00139
3		5.000	83361.000	46.000	0.00055
4		10.000	107396.000	61.000	0.00057
5		15.000	123766.000	103.000	0.00083
6		20.000	139367.000	144.000	0.00103
7		25.000	129731.000	142.000	0.00109
8		30.000	108544.000	108.000	0.00099
9		35.000	83157.000	99.000	0.00119
10		40.000	65137.000	150.000	0.00230
11		45.000	72625.000	269.000	0.00370
12		50.000	60436.000	389.000	0.00644
13		55.000	48368.000	746.000	0.01542
14		60.000	36354.000	969.000	0.02665
15		65.000	32142.000	1115.000	0.03469
16		70.000	20421.000	1038.000	0.05083
17		75.000	11223.000	1089.000	0.09703
18		80.000	9826.000	1114.000	0.11337

图 15.10　设置数据格式

	变量 A 年龄组	变量 B 人口数	变量 C 实际死亡数	变量 D 死亡率
1	0	23852	276	0.01157
2	1	48297	67	0.00139
3	5	83361	46	0.00055
4	10	107396	61	0.00057
5	15	123766	103	0.00083
6	20	139367	144	0.00103
7	25	129731	142	0.00109
8	30	108544	108	0.00099
9	35	83157	99	0.00119
10	40	65137	150	0.00230
11	45	72625	269	0.00370
12	50	60436	389	0.00644
13	55	48368	746	0.01542
14	60	36354	969	0.02665
15	65	32142	1115	0.03469
16	70	20421	1038	0.05083
17	75	11223	1089	0.09703
18	80	9826	1114	0.11337

图 15.11　粘贴数据

5. 保存项目

单击“文件”功能区中的“保存”按钮，或按 Ctrl+S 组合键，保存项目文件。

15.1.3　提取与重新排列

“提取与重新排列”命令用于从一张多变量表中提取数据子集，创建另一张不同类型的表（如 XY 表、柱形表、分组表或列联表）。一般不推荐使用该命令创建另一张多变量表。

【执行方式】

菜单栏：选择菜单栏中的“分析”→“数据处理”→“提取与重新排列”命令。

【操作步骤】

执行此命令，弹出“分析数据”对话框，在左侧列表中选择指定的分析方法“提取与重新排列”。单击“确定”按钮，关闭该对话框，弹出“参数：提取与重新排列”对话框，包含两个选项卡，如图 15.12 所示。

【选项说明】

下面介绍该对话框中的选项。

1. “结果表的格式”选项卡

（1）将数据提取到此类表中：选择创建哪种类型的表。

1）XY 用于线性和非线性回归：选中该单选按钮，创建 XY 表。

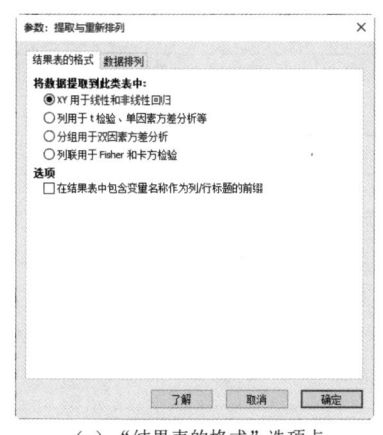

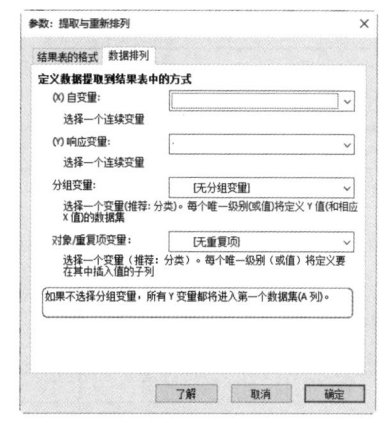

(a)"结果表的格式"选项卡　　　　(b)"数据排列"选项卡

图15.12 "参数：提取与重新排列"对话框

2）列用于 t 检验、单因素方差分析等：选中该单选按钮，创建列表格（柱形表）。

3）分组用于双因素方差分析：选中该单选按钮，创建分组表。

4）列联用于 Fisher 和卡方检验：选中该单选按钮，创建列联表。

（2）"选项"选项组。在结果表中包含变量名称作为列/行标题的前缀：勾选该复选框，在表类型的转换过程中，将多变量数据表的变量名称转换为其余数据表的列/行标题的前缀。

2. "数据排列"选项卡

多变量表中只包含变量列，转换为其他数据表后，需要定义数据表中的列。

（1）(X)自变量：若创建 XY 表，则需要选择将哪一列作为填写 Y 值的 X 列。

（2）(Y)响应变量：若创建列表格，则需要选择哪一列填入将列入新列的所有值，以及哪一列（仅限整数）用于定义数据集。

（3）分组变量：若创建分组表，则需要选择哪一列填入将列入新列的所有值，哪一列（仅限整数）用于确定列入哪个数据集，以及哪一列用于确定每个值列入哪个行。

（4）对象/重复项变量：若创建列联表，则需要选择哪一列用于确定结果（列），哪一个数据集定义暴露或治疗（行）。输入表中的任何值均不会列入新表格。相反，新表格是交叉列表表格。通常，输入表中的每一行均会在创建的表中确定一个特定单元格（由行和列定义）的增量。或者，可在输入表上定义另一列，用于定义增量的尺寸。

★动手练——野生大豆抗感反应数据排列

在表 15.3 中，野生大豆对大豆疫霉根腐病的抗感反应研究数据包含 5 个指标：来源、叶形、茸毛、粒形、抗感反应，该项试验共进行了 10 次观测。本实例通过指标数据创建多变量表，并根据抗感反应排列编号，如图 15.13 所示。

表 15.3 野生大豆对大豆疫霉根腐病的抗感反应研究数据

编号	代号	来源	叶形	茸毛	粒形	抗感反应
1	ZYD00225	黑龙江	椭圆	灰色	小形	1

续表

编号	代号	来源	叶形	茸毛	粒形	抗感反应
2	ZYD01914	辽宁	椭圆	灰色	小形	1
3	ZYD03803	陕西	椭圆	灰色	小形	1
4	ZYD04437	浙江	椭圆	灰色	小形	1
5	ZYD00434	黑龙江	椭圆	灰色	小形	1
6	ZYD02025	辽宁	椭圆	棕色	大形	0
7	ZYD04320	四川	长叶	灰色	大形	0
8	ZYD03804	陕西	椭圆	灰色	小形	0
9	ZYD02413	辽宁	椭圆	灰色	小形	0
10	ZYD017240	辽宁	椭圆	灰色	小形	0

思路点拨

源文件：源文件\15\野生大豆对大豆疫霉根腐病的抗感反应结果.xlsx

（1）新建项目文件，在数据表"抗感反应指标"中复制数据。

（2）执行"提取与重新排列"命令，提取"列用于t检验、单因素方差分析等"，"响应变量"为"[A]编号"，"分组变量"为"[G]抗感反应"。

（3）保存项目文件为"野生大豆抗感反应数据排列.prism"。

图 15.13 结果表"编号 提取自抗感反应指标"

15.1.4 多变量图表

多变量图表为选择使用多变量表绘制的图表类型。

【执行方式】

- 菜单栏：选择菜单栏中的"插入"→"新建现有数据的图表"命令。
- 导航器：在导航器的"图表"选项卡下单击"新建图表"按钮⊕。
- 功能区：单击"表"功能区中的"根据现有数据创建新图"按钮。

【操作步骤】

执行此命令，弹出"创建新图表"对话框。在"显示"下拉列表中选择"多变量"选项，显示图表模板"气泡图"，如图 15.14 所示。

图 15.14 "多变量"系列图表

【选项说明】

- X 轴变量：选择 X 轴中绘制的数据，默认为变量 A。

- Y 轴变量：选择 Y 轴中绘制的数据，默认为变量 B。
- 气泡颜色（组）：选择定义气泡颜色的选项，可以选择"单一颜色"，也可以选择指定变量。通过变量的大小定义对应气泡的颜色。
- 气泡大小（面积）：选择定义气泡大小的选项，可以选择"单一尺寸"，也可以选择指定变量。通过变量的大小定义对应气泡的大小。

★动手学——居民寿命数据气泡图

源文件：源文件\15\居民寿命数据多变量表.prism

气泡图与散点图相似，不同之处在于，气泡图可以在图表中额外加入两个表示颜色、大小的变量。实际上，这就像以二维方式绘制包含 4 个变量的图表一样。

本实例根据某年某市居民简略寿命表绘制气泡图。图中包含 4 个变量：实际死亡数、年龄组、人口数和死亡率。

操作步骤

1. 设置工作环境

（1）双击"开始"菜单中的 GraphPad Prism 10 图标，启动 GraphPad Prism 10。

（2）选择菜单栏中的"文件"→"打开"命令，或选择 Prism 功能区中的"打开项目文件"命令，或单击"文件"功能区中的"打开项目文件"按钮，或按 Ctrl+O 组合键，弹出"打开"对话框。选择需要打开的文件"居民寿命数据多变量表.prism"，单击"打开"按钮，即可打开项目文件。

（3）选择菜单栏中的"文件"→"另存为"命令，或单击"文件"功能区中"保存命令"按钮下的"另存为"命令，弹出"保存"对话框，输入项目名称"居民寿命数据气泡图.prism"。单击"保存"按钮，在源文件目录下自动创建项目文件。

2. 绘制图表

（1）单击导航器"图表"下的"新建图表"按钮，弹出"创建新图表"对话框，在"显示"下拉列表中选择"多变量"选项，在下方选择"气泡图"选项，如图 15.15 所示。单击"确定"按钮，关闭该对话框，创建气泡图，如图 15.16 所示。包含 4 个变量：年龄组（X 轴）、实际死亡数（Y 轴）、人口数（表示气泡颜色）和死亡率（表示气泡大小）。

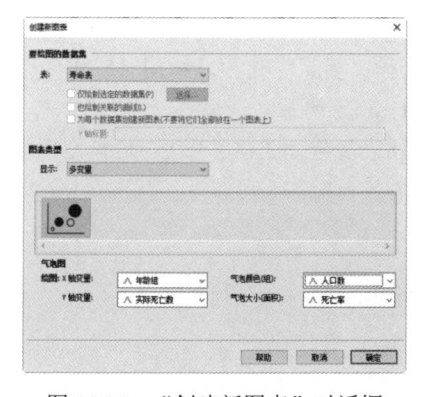

图 15.15　"创建新图表"对话框　　　　图 15.16　创建气泡图

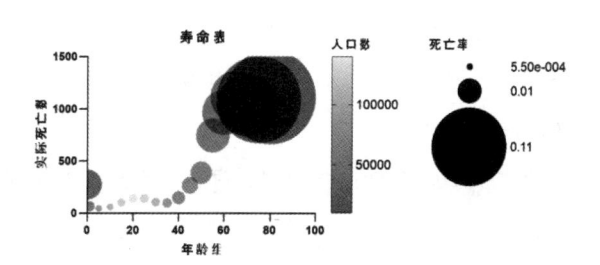

（2）从图15.15中可以看出，40岁之后，气泡逐步变大，表示死亡率随年龄（40岁之后）增长而增大；0岁的人口死亡率也较高；20岁左右气泡颜色为黄色，表示20岁左右的人口数量最多。

3. 编辑图表

（1）在图表窗口中，图表右侧自动显示图表编辑面板。其中包含数据、轴、图例、形状和页面。

（2）打开"数据"→"颜色"选项卡，在"配色方案"下拉列表中选择"血浆"选项，勾选"符号边框"和"符号标签"复选框，如图15.17所示。此时，图表左侧气泡图自动根据设置结果进行更新，结果如图15.18所示。

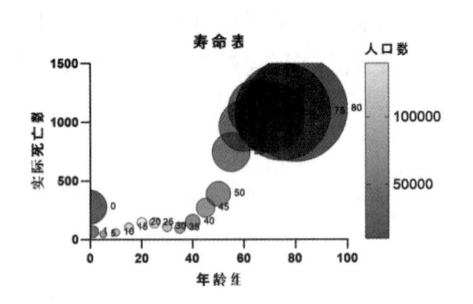

图15.17　"颜色"选项卡　　　　图15.18　图表颜色更新结果

（3）打开"轴"→"X轴"选项卡，在"范围和间隔"选项组中取消勾选"自动范围和间隔"复选框，设置"最大"为80，"间隔"为10。在"标题"选项组中勾选"显示标题"复选框，在下拉列表中选择"华文楷体"选项。在"数字"选项组的"位置"下拉列表中选择"倾斜靠下"选项，在"线条"选项组中设置颜色为红色，如图15.19所示。此时，图表左侧气泡图自动根据设置更新X轴格式，结果如图15.20所示。

（4）打开"轴"→"Y轴"选项卡，在"标题"选项组中勾选"显示标题"复选框，在下拉列表中选择"华文楷体"选项。此时，图表左侧气泡图自动根据设置更新Y轴格式，结果如图15.21所示。

（5）打开"图例"→"颜色"选项卡，在"方向"下拉列表中选择"水平"选项，在"比例"选项组中勾选"反转方向"复选框，如图15.22所示。此时，图表左侧气泡图自动根据设置更新图例格式，结果如图15.23所示。

（6）打开"页面"选项卡，在"配色方案"列表框中选择"夏日"选项，如图15.24所示。此时，图表左侧气泡图自动根据设置更新图表背景，结果如图15.25所示。

（7）选择图表标题，设置字体为"华文楷体"，大小为18，颜色为红色（3E）。选择图例标题，设置字体为"华文楷体"，结果如图15.26所示。

4. 保存项目

单击"文件"功能区中的"保存"按钮 ，或按Ctrl+S组合键，保存项目文件。

图 15.19 "X 轴"选项卡 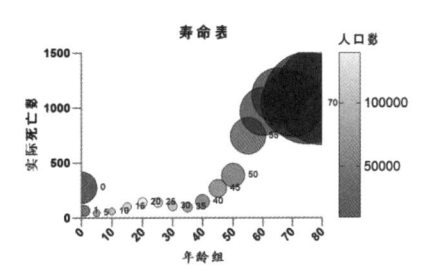　　　图 15.20 图表 X 轴格式更新结果

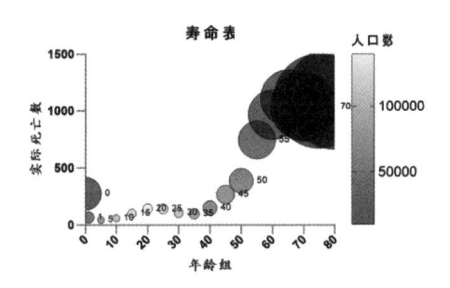

图 15.21 图表 Y 轴格式更新结果 　　图 15.22 "图例"选项卡 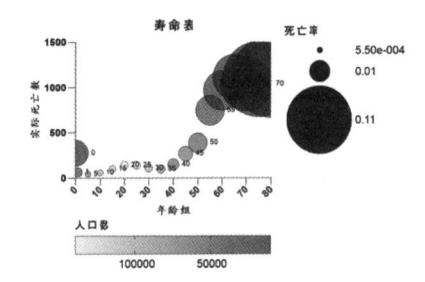　　图 15.23 图表图例格式更新结果

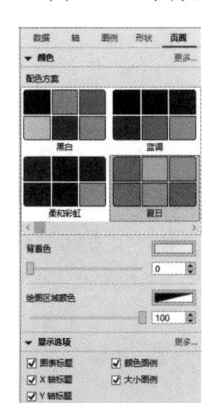

图 15.24 "页面"选项卡 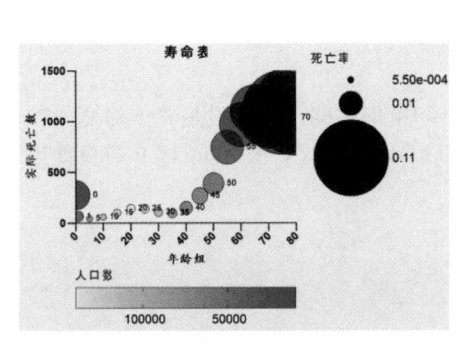　　图 15.25 图表背景颜色更新结果 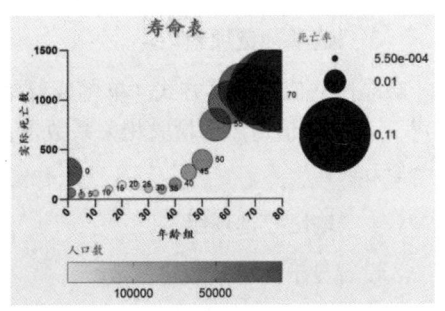　　图 15.26 更新图表标题字体格式

15.2 多元相关分析

多元相关分析主要是研究多向量之间的相互依赖关系，比较实用的主要有相关矩阵分析、主成分分析和典型相关分析。

15.2.1 相关矩阵分析

要衡量和对比多组变量相关性的密切程度，需要使用相关系数组成的相关矩阵。相关系数可以用于描述定量数据之间的关系。

【执行方式】

功能区：单击"分析"功能区中的"相关矩阵"按钮。

【操作步骤】

执行此操作，弹出"参数：相关性"对话框，GraphPad Prism 可根据 XY、列和多变量表执行相关分析，如图 15.27 所示。

【选项说明】

下面介绍该对话框中的选项。

1. "计算哪几对列之间的相关性？"选项组

（1）为每对 Y 数据集（相关矩阵）计算 r：计算所有列之间的相关系数。"如果缺少或排除了某个值，请在计算中移除整行"选项用于处理缺失值。

图 15.27 "参数：相关性"对话框

（2）针对每个数据集与对照数据集计算 r：计算每列与对照数据集之间的相关系数。

（3）在两个选定的数据集之间计算 r：计算两个特定列之间的相关系数。

2. "假定数据是从高斯分布中采样？"选项组

根据数据是否服从正态分布，选择计算 Pearson 相关系数或 Spearman 相关系数。

3. "选项"选项组

选择 P 值的计算方式（单尾或双尾）和置信区间。零假设是"一对变量的真实总体相关系数为 0"。双尾 P 值可用于检验相关系数是否同时大于或小于 0，而单尾 P 值只能用于检验一个方向或另一个方向。

4. "输出"选项组

设置显示的有效数字位数。

5. "绘图"选项组

选择是否输出相关矩阵的热图，默认输出。

★动手学——重金属中毒检测指数数据相关性分析

源文件：源文件\15\重金属中毒检测指数多变量表.prism

现有某冶金厂工人重金属中毒检测数据（5 个重金属指标、7 个患者），本实例试利用相关矩阵进行相关性分析。

操作步骤

1. 设置工作环境

（1）双击"开始"菜单中的 GraphPad Prism 10 图标，启动 GraphPad Prism 10。

（2）选择菜单栏中的"文件"→"打开"命令，或选择 Prism 功能区中的"打开项目文件"命令，或单击"文件"功能区中的"打开项目文件"按钮，或按 Ctrl+O 组合键，弹出"打开"对话框。选择需要打开的文件"重金属中毒检测指数多变量表.prism"，单击"打开"按钮，即可打开项目文件。

（3）选择菜单栏中的"文件"→"另存为"命令，或单击"文件"功能区中"保存命令"按钮下的"另存为"命令，弹出"保存"对话框，输入项目名称"重金属中毒检测指数数据相关性分析.prism"。单击"保存"按钮，在源文件目录下自动创建项目文件。

2. 正态性检验

（1）选择菜单栏中的"分析"→"数据探索和摘要"→"正态性与对数正态性检验"命令，弹出"分析数据"对话框，在左侧列表中选择指定的分析方法"正态性与对数正态性检验"。单击"确定"按钮，关闭该对话框，弹出"参数：正态性和对数正态性检验"对话框，如图 15.28 所示。

1）在"要检验哪些分布？"选项组中勾选"正态（高斯）分布"复选框，检验数据是否服从正态（高斯）分布。

2）由于实验数据样本数小于等于 50，适合小样本数据的检验方法，在"检验分布的方法"选项组中勾选"Shapiro-Wilk 正态性检验"。

（2）单击"确定"按钮，关闭该对话框，输出结果表"正态性与对数正态性检验/检测指数"，如图 15.29 所示。

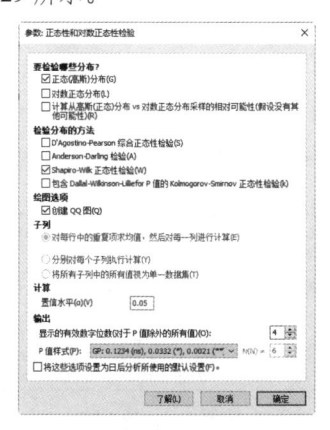

图 15.28　"参数：正态性和对数正态性检验"对话框

图 15.29　正态性检验结果

正态性与对数正态性检验表结果	A Zn	B Cu	C Cd	D Hg	E Pb
正态分布检验					
Shapiro-Wilk 检验					
W	0.8736	0.8068	0.7442	0.7712	0.9618
P 值	0.1997	0.0478	0.0110	0.0210	0.8339
通过了正态检验 (α =0.05)?	是	否	否	否	是
P 值摘要	ns	*	*	*	ns
值的数量	7	7	7	7	7

（3）查看正态分布检验表中 Shapiro-Wilk 检验显著性检验结果。A 组、E 组数据 P 值均大于 0.05，数据服从正态分布；B 组、C 组、D 组数据 P 值均小于 0.05，数据不服从正态分布。因此进行相关矩阵分析时，不能使用参数检验的 Pearson 相关系数，需要使用非参数检验的 Spearman 相关系数。

3．相关性分析

（1）单击“分析”功能区中的“相关矩阵”按钮，弹出“参数：相关性”对话框。在“计算哪几对列之间的相关性？”选项组中默认选中“为每对 Y 数据集（相关矩阵）计算 r”单选按钮，在“假定数据是从高斯分布中采样？”选项组中选中“否。计算非参数 Spearman 相关性”单选按钮。其余参数选择默认值，如图 15.30 所示。

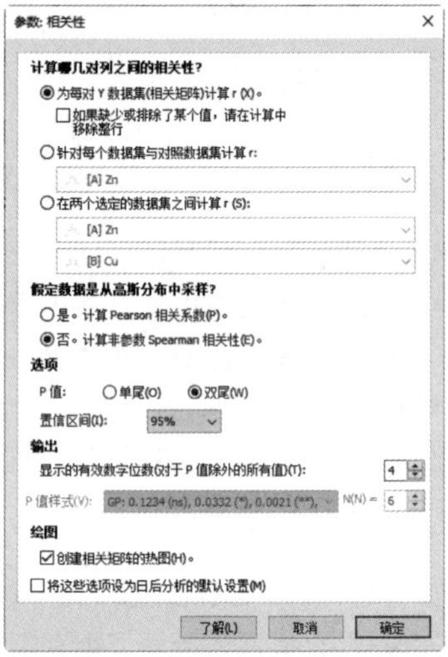

图 15.30 “参数：相关性”对话框

（2）单击“确定”按钮，关闭该对话框，输出结果表“相关性/检测指数”和图表“Spearman r：相关性/检测指数”，如图 15.31 所示。

（3）Spearman r 选项卡中显示两种检测指标之间的相关系数。红色对角线上下数值是对称的，因此只观察对角线一侧的数值即可。从图 15.31 中可以看到，矩形框内 Cd 与 Cu 的相关系数为 0.955，有较强的线性正相关趋势，其余数据相关性更弱。

（4）“P 值”选项卡显示计算得到的各相关系数的 P 值。

（5）“P 值类型”选项卡显示是否计算每个相关系数的精确或近似 P 值。在分析结果中，每个计算 P 值对于 Spearman 相关系数是精确的。

（6）“样本大小”选项卡显示每个相关系数的值对数量。

（7）“rs 的置信区间”选项卡显示矩阵中每个相关系数的置信区间。

（8）图表“Spearman r：相关性/检测指数”为根据相关矩阵制作热图。

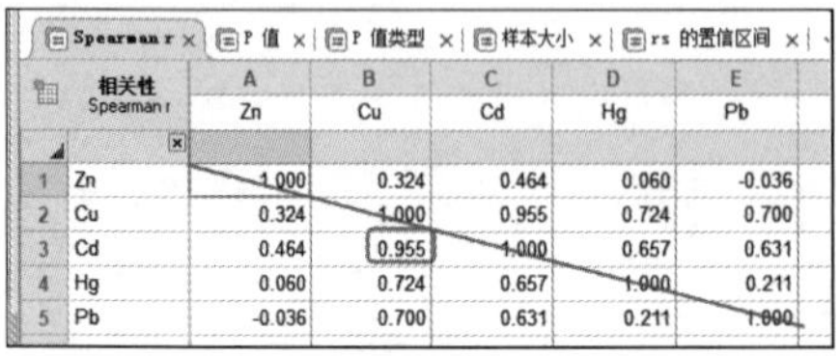

相关性 Spearman r	A Zn	B Cu	C Cd	D Hg	E Pb
1 Zn	1.000	0.324	0.464	0.060	-0.036
2 Cu	0.324	1.000	0.955	0.724	0.700
3 Cd	0.464	0.955	1.000	0.657	0.631
4 Hg	0.060	0.724	0.657	1.000	0.211
5 Pb	-0.036	0.700	0.631	0.211	1.000

（a）Spearman r 选项卡

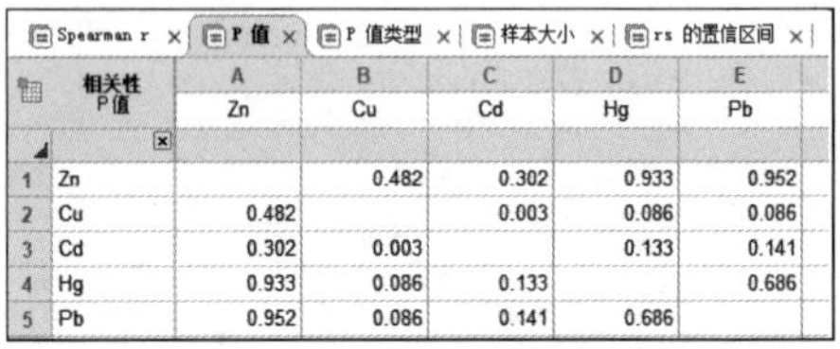

相关性 P值	A Zn	B Cu	C Cd	D Hg	E Pb
1 Zn		0.482	0.302	0.933	0.952
2 Cu	0.482		0.003	0.086	0.086
3 Cd	0.302	0.003		0.133	0.141
4 Hg	0.933	0.086	0.133		0.686
5 Pb	0.952	0.086	0.141	0.686	

（b）“P 值”选项卡

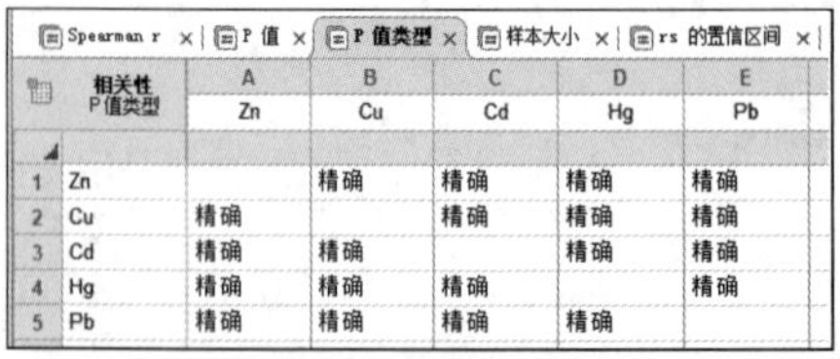

相关性 P值类型	A Zn	B Cu	C Cd	D Hg	E Pb
1 Zn		精确	精确	精确	精确
2 Cu	精确		精确	精确	精确
3 Cd	精确	精确		精确	精确
4 Hg	精确	精确	精确		精确
5 Pb	精确	精确	精确	精确	

（c）“P 值类型”选项卡

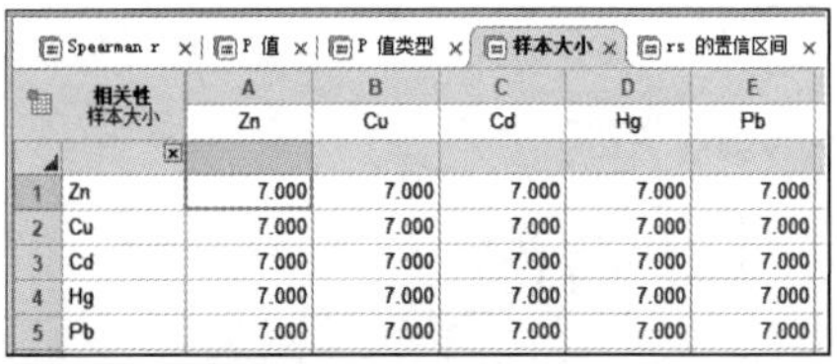

相关性 样本大小	A Zn	B Cu	C Cd	D Hg	E Pb
1 Zn	7.000	7.000	7.000	7.000	7.000
2 Cu	7.000	7.000	7.000	7.000	7.000
3 Cd	7.000	7.000	7.000	7.000	7.000
4 Hg	7.000	7.000	7.000	7.000	7.000
5 Pb	7.000	7.000	7.000	7.000	7.000

（d）“样本大小”选项卡

图 15.31 相关性分析结果

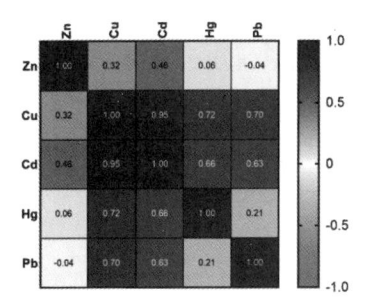

(e)"rs 的置信区间"选项卡　　　　　(f)图表"Spearman r: 相关性/检测指数"

图 15.31（续）

4. 编辑图表

(1) 打开图表"Spearman r: 相关性/检测指数"，双击绘图区空白处，或单击"更改"功能区中的"设置图表格式（符号、条形图、误差条等）"按钮，弹出"格式化图表"对话框。

1) 打开"图表设置"选项卡，取消勾选"单元格边框""热图边框"复选框。

2) 打开"标题"选项卡，勾选"显示图表标题"复选框。

3) 打开"标签"选项卡，在"列标签"选项组中设置"位置"为"下面"，"标"为"水平"。

(2) 单击"确定"按钮，关闭对话框，更新图表格式，如图 15.32 所示。

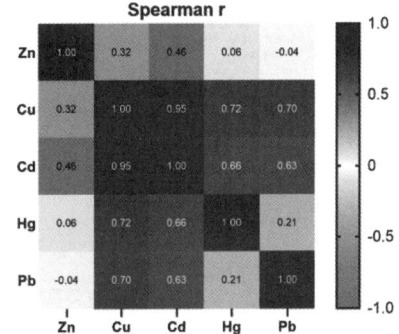

图 15.32　更新图表格式

5. 保存项目

单击"文件"功能区中的"保存"按钮，或按 Ctrl+S 组合键，保存项目文件。

15.2.2　主成分分析

主成分分析（PCA）是一种多元数据处理技术，它能够通过正交变换将一组可能存在相关性的变量转换为一组线性不相关的变量，转换后的这组变量称为主成分。

【执行方式】
- 菜单栏：选择菜单栏中的"分析"→"数据探索和摘要"→"主成分分析（PCA）"命令。
- 功能区：单击"分析"功能区中的"主成分分析"按钮。

【操作步骤】

执行此命令，弹出"分析数据"对话框，在左侧列表中选择指定的分析方法"主成分分析（PCA）"。单击"确定"按钮，关闭该对话框，弹出"参数：主成分分析（PCA）"对话框，该对话框包含 4 个选项卡，如图 15.33 所示。

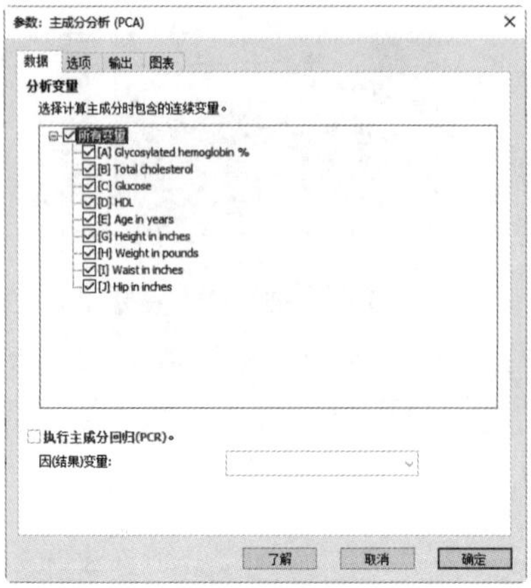

(a)"数据"选项卡

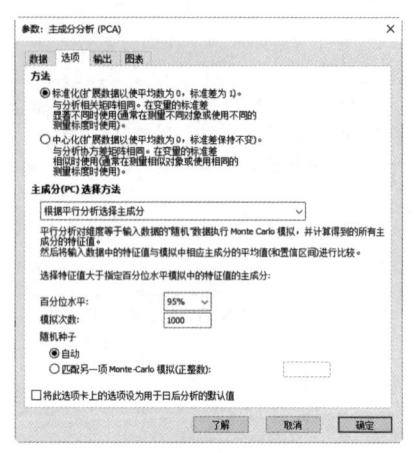

(b)"选项"选项卡

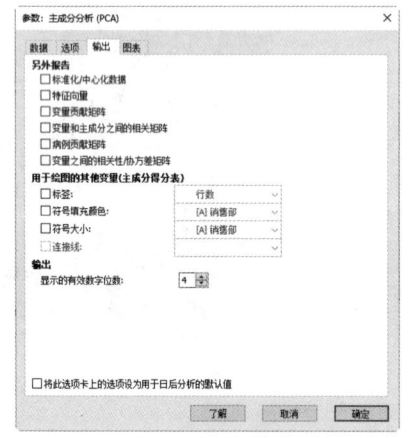

(c)"输出"选项卡

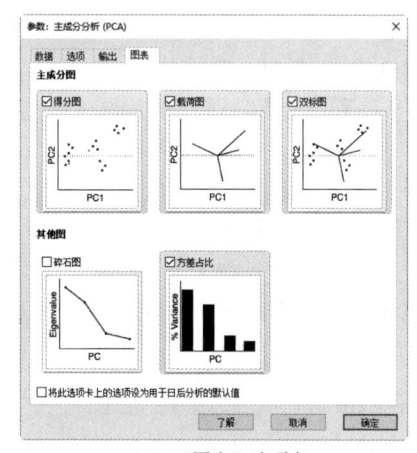

(d)"图表"选项卡

图 15.33 "参数：主成分分析（PCA）"对话框

【选项说明】

下面介绍该对话框中的选项。

1. "数据"选项卡

指定用于主成分分析的被测变量（也称为"预测变量"或"X 变量"），选择至少两个连续变量。其中，分类变量不能使用主成分分析。

2. "选项"选项卡

选择如何标准化列，以及如何确定要保留的主成分数量。

（1）方法：对标准化或居中数据进行 PCA。

1）标准化：Xstandardized=(Xraw − $\bar{X}$)/sx，其中，$\bar{X}$ 是平均值，sx 是变量值的标准偏差。

2）中心化：Xcentered=(Xraw − $\bar{X}$)，其中，$\bar{X}$ 是变量值的平均值。

（2）主成分（PC）选择方法：GraphPad Prism 提供四种选择主成分数量的方法。

1）根据平行分析选择主成分：通过确定主成分与模拟噪声所产生的无法区分的点选择要包含的主成分数量。

2）根据特征值选择主成分：按照典型做法，选择特征值大于 1 的主成分，称为"Kaiser 准则"。

3）根据总解释方差的占比选择主成分：保留具有最大特征值的主成分，这些特征值累计解释了总方差的指定百分比。总方差目标百分比的常见选择是 75%和 80%。

4）选择所有主成分：不推荐，仅用于探索目的。

3. "输出"选项卡

自定义报告的输出，用于绘图的附加变量（如符号颜色、尺寸、标签等）。

（1）另外报告。

1）标准化/中心化数据：实际输入主成分分析计算的转换数据。

2）特征向量：定义每个主成分的变量线性组合相关系数。

3）变量贡献矩阵：每行表示一个变量，每列表示一个主成分。单一列中的值表示由每个变量贡献的主成分解释的总方差评分。因此，这些值的总和为 1.0（主成分解释的方差的 100%）。数值上，这些值是特征向量表格中对应值的平方。

4）变量和主成分之间的相关矩阵：每行表示一个变量，每列表示一个主成分。每个数值均为对应的相关系数。对于标准化数据，该表格将与载荷矩阵相同。

5）病例贡献矩阵：每行表示一个案例（原始数据表中的一行），每列表示一个主成分。单一列中的值表示由每个案例贡献的主成分解释的总方差评分。因此，这些值的总和为 1.0（主成分解释的方差的 100%）。

6）变量之间的相关性/协方差矩阵：每行表示一个变量，每列也表示一个变量。如果将数据标准化，则每个数值是两个变量之间的相关系数。对角线（行和列是相同的变量）始终为 1.0。

（2）用于绘图的其他变量（主成分得分表）：选择可选变量来细化图表。

1）标签：行标识符（如行号、名称或 ID 号），放置在每个数据点的旁边。

2）符号填充颜色：选择分类或连续变量。

3）符号大小：用于缩放气泡图上点的尺寸（分类或连续）。

4）连接线：用于在气泡图上绘制不同点组之间的连接线（仅限分类）。

（3）输出：显示的有效数字位数，默认值为 4。

4. "图表"选项卡

选择 GraphPad Prism 要输出的图表。

（1）主成分图。

1）得分图：得分图是最常用的主成分分析图。对于一些较好的结果，能够将不同的散点进行聚集并将同类型的散点看作一个整体。

2）载荷图：载荷图是指通过主成分分析得出的主要主成分的载荷绘制的多维坐标图，作用则是观察它们如何解释原变量。

3）双标图：双标图是主成分分析的常用图表，通过一个乘数来缩放载荷，以便可以在相同图表上绘制主成分评分和载荷。

（2）其他图。

1）碎石图：碎石图用于确定主成分分析期间要包含的主成分数量，在碎石图上给出每个主成分的特征值。

2）方差占比：方差占比图类似于碎石图，但不是绘制特征值，而是绘制每个主成分解释的方差比例。该方差比例等于该主成分的特征值除以所有主成分的特征值之和（报告为百分比）。此外，其还包括一个累计总数的条形图。

★动手学——水体健康理化指标主成分分析

源文件：源文件\15\水体健康理化指标表.xlsx

为检验对水体健康状况有直接影响因素的水体理化指标，包括水温、pH、透明度、溶解氧、总氮、总磷、氨氮数据（见表15.4），本实例对其进行主成分分析。

表 15.4 水体理化指标数据

时间	水温（℃）	pH	透明度(m)	溶解氧(mg/L)	总氮(mg/L)	总磷(mg/L)	氨氮(mg/L)	水体健康状况
4月	19.6	8.23	2.57	7.23	0.81	0.15	0.54	0
5月	18.5	8.32	2.51	7.78	2.83	0.36	1.11	1
6月	28.1	7.84	2.56	5.71	0.64	0.38	0.65	0
7月	28.7	8.16	1.32	5.85	0.55	0.12	0.63	0
8月	21.4	8.11	1.54	6.89	0.78	0.26	0.55	0
9月	18.5	9.96	2.82	7.28	2.43	0.32	1.21	1
10月	16.6	8.02	1.84	6.86	0.56	0.06	0.36	0
11月	11.1	8.33	1.88	6.58	0.13	0.02	0.64	0

注：0表示受污染；1表示未污染。

操作步骤

1. 设置工作环境

（1）双击 GraphPad Prism 10 图标，启动 GraphPad Prism，自动弹出"欢迎使用 GraphPad Prism"对话框。在"创建"选项组中选择"多变量"选项，在"数据表"选项组中默认选中"输入或导入数据到新表"单选按钮。

（2）单击"创建"按钮，创建项目文件，同时该项目下自动创建一个数据表"数据1"，重命名数据表为"水体理化指标"。

（3）选择菜单栏中的"文件"→"另存为"命令，或选择"文件"功能区中"保存命令"按钮下的"另存为"命令，弹出"保存"对话框，输入项目名称"水体健康理化指标主成分分析"。单击"保存"按钮，在源文件目录下自动创建项目文件。

2. 数据录入

（1）打开"水体理化指标"数据表，单击数据表左上角的按钮，弹出"格式化数据表"对话框，打开"表格式"选项卡，勾选"显示行标题"复选框。单击"确定"按钮，关闭该对话框，在变量A列左侧添加行标题列。

(2)打开"水体健康理化指标表.xlsx"文件,复制数据并粘贴到"水体理化指标"数据表中,结果如图 15.34 所示。

表格式 多变量	变量 A 水温（℃）	变量 B pH	变量 C 透明度（m）	变量 D 溶解氧（mg/L）	变量 E 总氮（mg/L）	变量 F 总磷（mg/L）	变量 G 氨氮（mg/L）	变量 H 水体健康状况
1	4月	19.6	8.23	2.57	7.23	0.81	0.15	0.54	0
2	5月	18.5	8.32	2.51	7.78	2.83	0.36	1.11	1
3	6月	28.1	7.84	2.56	5.71	0.64	0.08	0.65	0
4	7月	28.7	8.16	1.32	5.85	0.55	0.12	0.63	0
5	8月	21.4	8.11	1.54	6.89	0.78	0.06	0.55	0
6	9月	18.5	9.96	2.82	7.28	2.43	0.32	1.21	1
7	10月	16.6	8.02	1.84	6.86	0.56	0.06	0.36	0
8	11月	11.1	8.33	1.88	6.58	0.13	0.02	0.64	0

图 15.34 粘贴数据

3. 主成分分析

(1)单击"分析"功能区中的"主成分分析"按钮 ，弹出"参数：主成分分析（PCA）"对话框。

(2)打开"数据"选项卡,在"所有变量"选项组下取消勾选"[H]水体健康状况"复选框,勾选"执行主成分回归（PCR）"复选框,自动选择"因（结果）变量"为"[H]水体健康状况",如图 15.35 所示。

(3)打开"选项"选项卡,在"方法"选项组中默认选中"标准化"选项,在"主成分（PC）选择方法"下拉列表中选择"根据特征值选择主成分"选项,设置"选择特征值大于 1.0 的主成分（Kaiser 规则）"选项。

(4)打开"输出"选项卡,在"另外报告"选项组中勾选"特征向量""变量之间的相关性/协方差矩阵"复选框。

(5)打开"图表"选项卡,默认勾选"得分图""载荷图""双标图""碎石图"复选框。

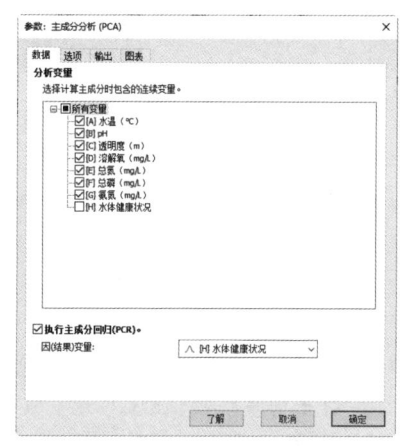

图 15.35 "数据"选项卡

(6)单击"确定"按钮,关闭该对话框,输出结果表和图表。

4. 结果分析

(1)在结果表"主成分分析/水体理化指标"的"表结果"选项卡中显示分析的结果,包括特征值、解释的方差比例和选择的成分的数量（主成分 1、主成分 2）,如图 15.36 所示。

	A	B	C	D	E	F	G
1	分析的表	水体理化指标					
2							
3	主成分摘要	主成分 1	主成分 2	主成分 3	主成分 4	主成分 5	主成分 6	主成分 7
4	特征值	3.833	1.696	0.6536	0.5088	0.1808	0.1095	0.01880
5	方差占比	54.75%	24.22%	9.34%	7.27%	2.58%	1.56%	0.27%
6	累积方差比例	54.75%	78.98%	88.32%	95.58%	98.17%	99.73%	100.00%
7	成分选择	已选择	已选择					
8								
9	数据摘要							
10	变量总数	7						
11	成分总数	7						
12	成分选择方法	特征值大于 1.0 的 PC(Kaise						
13	选定的成分数	2						
14	表中的行	8						
15	跳过的行（缺少数据）	0						
16	分析的行（案例数）	8						

图 15.36 "表结果"选项卡

（2）在"PCR 结果"选项卡中显示选择两个主成分作为自变量的多元回归模型分析结果，所有 7 个自变量加上截距的系数，如图 15.37 所示。本实例中，"方差分析"表显示回归模型的 P 值=0.0025＜0.05，模型具有统计学意义；"参数估计"表显示 β 系数估计值和 P 值等，β1 的 P 值=0.4625＞0.05，水温（℃）无统计学意义；"拟合优度"表显示 R 平方为 0.9090，表示模型数据拟合效果好。

主成分分析 PCR结果	A	B	C	D	E	F	G
1 分析的表	水体理化指标						
2 因变量	H：水体健康状况						
3 回归类型	最小二乘						
4 模型							
5 方差分析	平方和	自由度	MS	F (DFn, DFd)	P 值		
7 回归	1.363	2	0.6817	F (2, 5) = 24.96	P=0.0025		
8 残差	0.1366	5	0.02731				
9 总计	1.500	7					
11 参数估计	变量	估计	标准误差	95% 置信区间（渐近）	N	P 值	P 值摘要
12 β0	截距	-2.364	0.3852	-3.354 到 -1.374	6.138	0.0017	**
13 β1	水温（℃）	-0.004718	0.005932	-0.01997 到 0.01053	7.954	0.4625	ns
14 β2	pH	0.1317	0.02131	0.07694 到 0.1865	6.181	0.0016	**
15 β3	透明度 (m)	0.1585	0.02345	0.09822 到 0.2188	6.759	0.0011	**
16 β4	溶解氧 (mg/L)	0.1160	0.03257	0.03229 到 0.1997	3.562	0.0162	*
17 β5	总氮 (mg/L)	0.1106	0.01602	0.06943 到 0.1518	6.903	0.0010	***
18 β6	总磷 (mg/L)	0.5180	0.1937	0.02013 到 1.016	2.675	0.0441	*
19 β7	氨氮 (mg/L)	0.3588	0.05346	0.2214 到 0.4963	6.713	0.0011	**

21 拟合优度	
22 自由度	5
23 R 平方	0.9090
24 平方和	0.1366
25 Sy.x	0.1653
27 数据摘要	
28 变量总数	7
29 成分总数	7
30 成分选择方法	特征值大于 1.0 的 PC("Kaiser 规则")
31 选定的成分数	2
32 表中的行	8
33 跳过的行（缺少数据）	0
34 分析的行（案例数）	8

图 15.37　"PCR 结果"选项卡

（3）在"特征值"选项卡中量化每个主成分解释的方差量，如图 15.38 所示。表中数据按降序排列，因此 PC1 可解释最大方差，PC2 可解释第二大方差，以此类推。所有特征值之和等于成分数，成分数也等于变量数（只要数据的观测值多于变量）。

（4）在"Loadings（载荷）"选项卡中显示每个主成分的载荷值，如图 15.39 所示。分析标准化数据时，每个载荷值对应一个变量和一个单一成分，两者均仅为一组值。载荷代表变量值与成分计算值之间的相关性。分析中心化（而非标准化）数据时，载荷表示变量与特征向量之间关系的强度。载荷=特征向量×（特征值）开平方根。

（5）在"特征向量"选项卡中显示变量的特定线性组合（主成分向量），如图 15.40 所示。每个主成分的特征向量对于每个原始变量有一个值（一个数字），表示用于确定主成分的变量线性组合中的系数。

（6）在 PC scores 选项卡中显示主成分评分，计算方法是将标准化或居中数据乘以特征向量，如图 15.41 所示。

主成分分析 特征值	A 特征值
1 主成分1	3.833
2 主成分2	1.696
3 主成分3	0.654
4 主成分4	0.509
5 主成分5	0.181
6 主成分6	0.110
7 主成分7	0.019

主成分分析 变量	A	B 主成分1	C 主成分2
1	水温（℃）	0.200	-0.935
2	pH	-0.749	0.192
3	透明度 (m)	-0.767	-0.097
4	溶解氧 (mg/L)	-0.692	0.547
5	总氮 (mg/L)	-0.943	-0.083
6	总磷 (mg/L)	-0.656	-0.674
7	氨氮 (mg/L)	-0.919	-0.125

主成分分析 特征向量	A	B 主成分1	C 主成分2
1	水温（℃）	0.102	-0.718
2	pH	-0.383	0.147
3	透明度 (m)	-0.392	-0.074
4	溶解氧 (mg/L)	-0.353	0.420
5	总氮 (mg/L)	-0.482	-0.064
6	总磷 (mg/L)	-0.335	-0.517
7	氨氮 (mg/L)	-0.469	-0.096

	A 主成分1	B 主成分2
1	0.084	0.561
2	-2.631	-0.048
3	0.579	-2.350
4	1.911	-1.127
5	0.817	-0.160
6	-3.416	0.121
7	1.480	1.171
8	1.175	1.831

图 15.38　"特征值"选项卡　　图 15.39　"Loadings（载荷）"选项卡　　图 15.40　"特征向量"选项卡　　图 15.41　PC scores 选项卡

（7）在"相关矩阵"选项卡中显示数据输入列的相关系数（或协方差）矩阵，如图 15.42 所示。

主成分分析相关矩阵	A 水温（℃）	B pH	C 透明度（m）	D 溶解氧（mg/L）	E 总氮（mg/L）	F 总磷（mg/L）	G 氨氮（mg/L）
1 水温（℃）	1.000	-0.266	-0.131	-0.605	-0.074	0.439	-0.073
2 pH	-0.266	1.000	0.477	0.425	0.605	0.235	0.747
3 透明度（m）	-0.131	0.477	1.000	0.428	0.602	0.580	0.593
4 溶解氧（mg/L）	-0.605	0.425	0.428	1.000	0.697	0.161	0.468
5 总氮（mg/L）	-0.074	0.605	0.602	0.697	1.000	0.674	0.890
6 总磷（mg/L）	0.439	0.235	0.580	0.161	0.674	1.000	0.629
7 氨氮（mg/L）	-0.073	0.747	0.593	0.468	0.890	0.629	1.000

图 15.42 "相关矩阵"选项卡

（8）图表"Loadings: 主成分分析/水体理化指标"显示载荷图，绘制指定主要成分载荷矩阵的数值，如图 15.43 所示。

（9）图表"PC scores: 主成分分析/水体理化指标"显示评分图，沿所选主成分轴绘制数据行，如图 15.44 所示。将光标悬停在感兴趣的点上，获得指向数据表中相关行或列的链接。

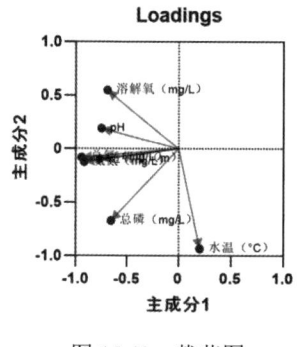

图 15.43　载荷图　　　　　　　　　图 15.44　评分图

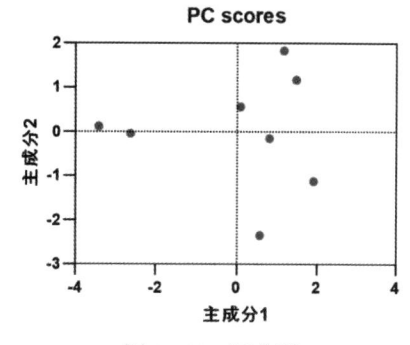

（10）图表"双标图：主成分分析/水体理化指标"显示双标图，通过一个乘数缩放载荷，以便可以在相同图表上绘制主成分评分和载荷，如图 15.45 所示。在大多数情况下，选择分别绘制载荷和主成分评分。

（11）图表"特征值：主成分分析/水体理化指标"显示碎石图，确定主成分期间要包含的主成分数量（给出每个主成分的特征值），如图 15.46 所示。在碎石图上可直观地确定特征值结束陡降并开始变平的点，在曲线开始变平之前，保留曲线上的所有主成分，但不包括曲线从"陡峭"变为"水平"的主成分。选择使用"Kaiser 准则"指定的特征值阈值，则 GraphPad Prism 将在碎石图上包含一条指示该阈值的水平线。

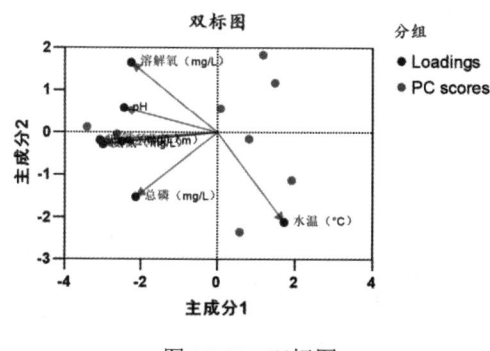

图 15.45　双标图　　　　　　　　　图 15.46　碎石图

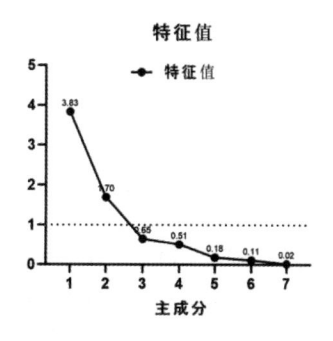

5. 保存项目

单击"文件"功能区中的"保存"按钮，或按 Ctrl+S 组合键，保存项目文件。

★**动手练——水体理化指标方差占比图**

本实例根据水体理化指标（7 个），对其进行主成分分析，输出方差占比图，如图 15.47 所示。

结果分析：

图表"方差占比：主成分分析/水体理化指标"显示方差占比图，绘制每个主成分解释的方差比例。方差比例等于该主成分的特征值除以所有主成分的特征值之和（报告为百分比）。

如果选择通过设置总解释方差的阈值（通常为总解释方差的 75%或 80%）来选择主成分，则 GraphPad Prism 将在方差比例图上包含一条指示该阈值的水平线。

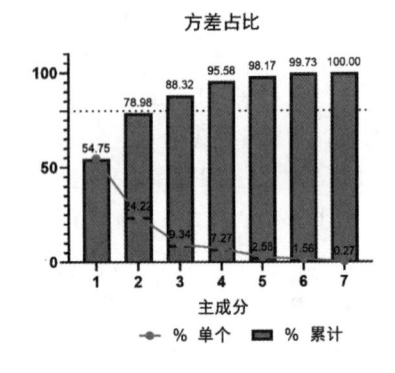

图 15.47　方差占比图

思路点拨

源文件：源文件\15\水体健康理化指标主成分分析.prism

（1）打开项目文件中的结果表"主成分分析/水体理化指标"。

（2）执行"更改分析参数"命令，打开"图表"选项卡，勾选"方差占比图"复选框。

（3）设置图表配色方案，设置注解文字大小，添加刻度线（80%阈值）。

（4）保存项目文件为"水体理化指标方差占比图.prism"。

15.3　多重回归分析

多重回归分析是指在相关变量中将一个变量视为因变量（Y），其他一个或多个变量视为自变量（X），建立多个变量之间线性或非线性数学模型数量关系式并利用样本数据进行分析的统计分析方法。

> **注意：**
> 多重线性回归是指一个模型基于多个自变量预测单一因变量，而多元线性回归是指一个模型同时预测多个因变量。虽然两者都涉及多个变量，但关键区别在于预测的因变量的数量：多重线性回归预测一个变量，多元线性回归预测多个变量。

15.3.1　多重线性回归分析

多重线性回归是简单线性回归的推广，研究一个因变量与多个自变量之间的数量依存关系。当有 p 个自变量 $x_1, x_2, \cdots, x_p$ 时，多重线性回归的理论模型为

$$y = \beta_0 + \beta_1 x_1 + \cdots + \beta_p x_p + \varepsilon$$

其中，ε 是随机误差，$E(\varepsilon)=0$。

【执行方式】

- 菜单栏：选择菜单栏中的"分析"→"回归和曲线"→"多重线性回归"命令。
- 功能区：单击"分析"功能区中的"多重线性回归"按钮。

【操作步骤】

执行此命令，弹出"分析数据"对话框，在左侧列表中选择指定的分析方法"多重线性回归"。单击"确定"按钮，关闭该对话框，弹出"参数：多重线性回归"对话框，设置多重线性回归模型参数，如图 15.48 所示。

【选项说明】

下面介绍该对话框中的选项。

1. "模型"选项卡

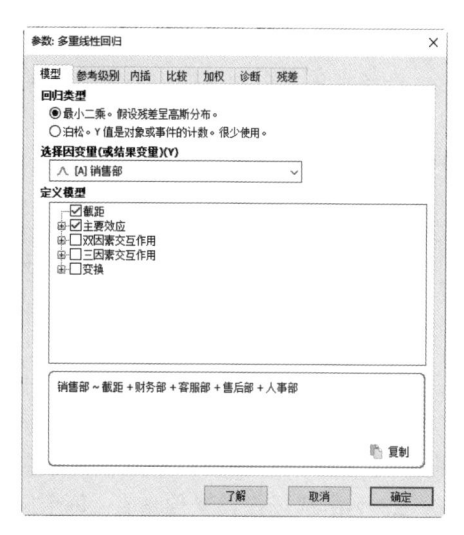

图 15.48 "参数：多重线性回归"对话框

GraphPad Prism 目前提供三种不同的多重回归模型框架：线性、泊松和逻辑。下面介绍用于线性和泊松的选项。

（1）回归类型。

1）最小二乘：GraphPad Prism 进行回归分析时，会尽可能减少数据点和曲线之间垂直距离的平方和，这种方法通常被称为最小二乘法。当假设残差的分布（点到预测值的距离）为高斯分布时选择该方法。

2）泊松：在每个 Y 值都是对象或事件的一个计数（0,1,2,…）时使用。这些 Y 值必须是实际的计数，而不是任何形式的标准化。如果 Y 值是标准化计数，而非实际计数，则不应选择泊松回归。

（2）选择因变量（或结果变量）：在下拉列表中选择多重线性回归模型中的因变量为 Y。

（3）定义模型：GraphPad Prism 要求精确指定想要拟合的回归模型，将变量的交互作用纳入范围。多重线性回归的模型为

$$y = \beta_0 + \beta_1 x_1 + \beta_2 x_2 + \beta_3 x_1 x_2 + \cdots + \varepsilon$$

其中，ε 为随机误差，$x_1 x_2$ 代表交互项（双因素）。

1）截距：所有连续预测因子变量均等于 0 且分类预测因子变量均设为其参考水平时，截距为结果变量的值。

2）主要效应：每个主要效应将一项参数乘以一个回归系数（参数）。一般模型中包含所有主要效应。对于各项连续预测因子变量，仅需一个系数。分类预测因子变量所需的系数数量等于分类变量水平的数量减一（受变量编码过程的影响）。如果取消选中其中一个主要效应，则该预测因子变量基本上不会成为分析的一部分（除非该变量是交互作用或转换的一部分）。

3）双因素相互作用：每个双因素交互作用将两项参数相乘，并将乘积乘以一个回归系数（参数）。

4）三因素交互作用：每个三因素交互作用将三项参数相乘，并将乘积乘以一个回归系数（参数）。三因素交互作用比双因素交互作用更不常用。

5）变换：GraphPad Prism 定义多元回归模型时，可以转换使用模型中任何连续预测因子变量的平方、立方或平方根。

2. "参考级别"选项卡

在该选项卡中为模型中的每个分类变量指定"参考级别"或"参考值"，参考通常用于指示此变量的"基准"或"常规"值。默认情况下，GraphPad Prism 将每个分类变量的参考设置为数据表中列出的该变量的第一级。

3. "内插"选项卡

在该选项卡中定义插值点。GraphPad Prism 可以通过两种不同的方式对结果变量进行插值。
（1）数据表中结果变量为空/缺失的行：输入数据表中的点。
（2）以下所列场景的预测变量值：GraphPad Prism 创建自定义插值点。
当多元线性回归的输入数据更改时，GraphPad Prism 将自动重新计算指定模型的回归系数。
1）指定场景数：使用向上/向下箭头指定要添加的插值点数，指定每个预测变量的值。在"场景标签"列为每个插值点添加一个名称/标签。
2）为所选场景设置预测值：每个插值点必须为模型中的每个预测变量定义值。在不更改预测变量的任何默认值的情况下，结果变量的插值将等于截距。对于连续变量，GraphPad Prism 提供了通过数据表中最小值、最大值或该变量的平均值进行插值的选项。对于分类变量，GraphPad Prism 提供了使用数据表中该变量的第一级、最后一级、最频繁级或最不频繁级进行插值的选项。
（3）报告内插值的置信区间：勾选该复选框，输出结果变量内插值的置信区间。

4. "比较"选项卡

在该选项卡中选择是否对两种不同信号的拟合度进行比较。

5. "加权"选项卡

在该选项卡中对数据点进行不同加权操作，包含四种选择：不加权、权重为 1/Y、权重为 1/Y^2、权重为 1/Y^K。

6. "诊断"选项卡

在该选项卡中设置参数的诊断选项。
（1）"有关每个参数的更多信息"选项组：拟合回归模型后，GraphPad Prism 将输出模型中每个预测变量的标准误差、置信区间 P 值。
（2）"变量是交错还是冗余？"选项组：GraphPad Prism 分析结果中提供参数协方差矩阵的选项，以显示每项参数与其他参数的相关程度。
1）多重共线性：检测多重共线性的方法有多种，其中最简单的一种方法是计算模型中各对自变量之间的相关系数，并对各相关系数进行显著性检验。勾选该复选框，GraphPad Prism 可以输出"多重共线性"选项组中的 β 系数，即每个变量可以从其他变量预测的程度。
2）相关矩阵：勾选该复选框，将生成带有参数相关性的附加结果选项卡。
（3）"如何量化拟合优度"选项组：选择输出评估回归模型优劣的拟合优度。调整后的 R 平方较 R 平方的精度测算更准确。在回归分析尤其是多重回归中，通常使用调整后的 R 平方对回归模型

（4）"正态性检验"选项组：选择四种检验方法判断残差是否呈高斯分布。

（5）"计算"选项组：选择置信水平，一般选择置信度 $α=0.05$，置信水平为95%。

（6）"输出"选项组：指定 GraphPad Prism 在结果中报告的有效位数（除 P 值外的所有值），并指定在结果中报告 P 值时使用的样式。

7."残差"选项卡

在该选项卡中选择绘制残差的方式：残差图、同方差图、QQ 图、残差图 vs 顺序图。

★动手学——胆固醇含量多重线性回归分析

源文件：源文件\15\30名动脉硬化疑似患者数据表.xlsx

有学者认为,血清中低密度脂蛋白增高和高密度脂蛋白降低,是引起动脉硬化的一个重要原因。现测量了 30 名动脉硬化疑似患者的载脂蛋白 AI、载脂蛋白 B、载脂蛋白 E、载脂蛋白 C、低密度脂蛋白中的胆固醇含量、高密度脂蛋白中的胆固醇含量,见表 15.5。

试作 Y 和 X_1、X_2、X_3、X_4 的多重线性回归分析。其中,X_1 表示自变量载脂蛋白 AI,X_2 表示自变量载脂蛋白 B,X_3 表示自变量载脂蛋白 E,X_4 表示自变量载脂蛋白 C。

表 15.5 30 名动脉硬化疑似患者的测量数据   单位：mg/dL

序号	载脂蛋白 AI	载脂蛋白 B	载脂蛋白 E	载脂蛋白 C	低密度脂蛋白	高密度脂蛋白
1	173	106	7.0	14.7	137	62
2	139	132	6.4	17.8	162	43
3	198	112	6.9	16.7	134	81
4	118	138	7.1	15.7	188	39
5	139	94	8.6	13.6	138	51
6	175	160	12.1	20.3	215	65
7	131	154	11.2	21.5	171	40
8	158	141	9.7	29.6	148	42
9	158	137	7.4	18.2	197	56
10	132	151	7.5	17.2	113	37
11	162	110	6.0	15.9	145	70
12	144	113	10.1	42.8	81	41
13	162	137	7.2	20.7	185	56
14	169	129	8.5	16.7	157	58
15	129	138	6.3	10.1	197	47
16	166	148	11.5	33.4	156	49
17	185	118	6.0	17.5	156	69
18	155	121	6.1	20.4	154	57
19	175	111	4.1	27.2	144	74
20	136	110	9.4	26.0	90	39

续表

序号	载脂蛋白 AI	载脂蛋白 B	载脂蛋白 E	载脂蛋白 C	低密度脂蛋白	高密度脂蛋白
21	153	133	8.5	16.9	215	65
22	110	149	9.5	24.7	184	40
23	160	86	5.3	10.8	118	57
24	112	123	8.0	16.6	127	34
25	147	110	8.5	18.4	137	54
26	204	122	6.1	21.0	126	72
27	131	102	6.6	13.4	130	51
28	170	127	8.4	24.7	135	62
29	173	123	8.7	19.0	188	85
30	132	131	13.8	29.2	122	38

操作步骤

1. 设置工作环境

（1）双击 GraphPad Prism 10 图标，启动 GraphPad Prism，自动弹出"欢迎使用 GraphPad Prism"对话框。在"创建"选项组中选择"多变量"选项，在"数据表"选项组中默认选中"输入或导入数据到新表"单选按钮。

（2）单击"创建"按钮，创建项目文件，同时该项目下自动创建一个数据表"数据 1"，重命名数据表为"胆固醇含量"。

（3）选择菜单栏中的"文件"→"另存为"命令，或选择"文件"功能区中"保存命令"按钮下的"另存为"命令，弹出"保存"对话框，输入项目名称"胆固醇含量多重线性回归分析"。单击"保存"按钮，在源文件目录下自动创建项目文件。

2. 复制数据

打开"30 名动脉硬化疑似患者数据表.xlsx"文件，复制 B1:G31 单元格中的数据，粘贴到"胆固醇含量"中，结果如图 15.49 所示。

图 15.49　粘贴数据

3. 多重线性回归分析

假设残差 ε 的分布为高斯分布，选择最小二乘法进行回归分析。只考虑主效应的多重线性回归模型为

$$y = \beta_0 + \beta_1 x_1 + \beta_2 x_2 + \beta_3 x_3 + \cdots + \varepsilon$$

（1）单击"分析"功能区中的"多重线性回归"按钮，弹出"参数：多重线性回归"对话框。

（2）打开"模型"选项卡。在"回归类型"选项组中选中"最小二乘。假设残差呈高斯分布。"

单选按钮,在"选择因变量(或结果变量)"下拉列表中选择"[F]高密度脂蛋白",在"定义模型"列表框中选择"截距"和"主要效应",如图 15.50 所示。

(3)打开"内插"选项卡,取消勾选"数据表中结果变量为空/缺失的行"复选框。

(4)打开"诊断"选项卡,在"变量是交错还是冗余?"选项组中取消勾选复选框;在"如何量化拟合优度?"选项组中勾选"调整后的 R 平方"复选框;在"正态性检验。残差呈高斯分布吗?"选项组中勾选"Shapiro-Wilk 正态性检验"复选框,其余参数设置为默认,如图 15.51 所示。

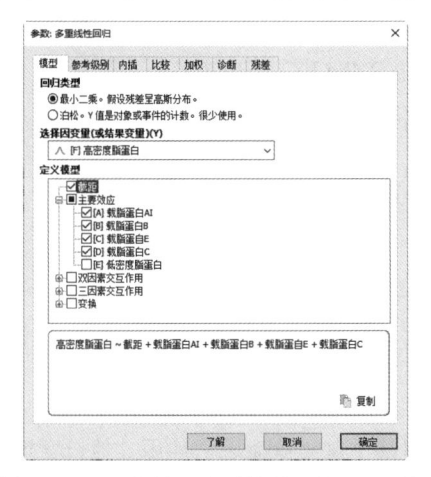

图 15.50 "参数:多重线性回归"对话框   图 15.51 "诊断"选项卡

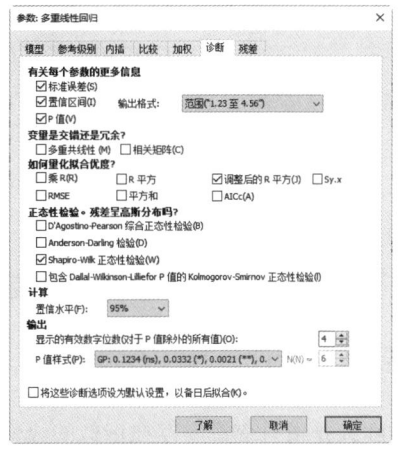

(5)打开"残差"选项卡,取消勾选"残差图 复选框。
(6)单击"确定"按钮,关闭该对话框,输出结果表和图表。同时,自动弹出注释窗口,如图 15.52 所示。

图 15.52 注释窗口

4. 结果分析

多重线性回归方程的假设检验分为模型检验和单个回归系数检验。在进行回归系数检验之前,需对所建立的多重回归方程进行假设检验,以判断它是否具有统计学意义。

(1)在结果表"多重线性回归/胆固醇含量"中包含"表结果"选项卡,如图 15.53 所示。

图 15.53 多重线性回归结果

(2) 在"残差正态性"选项组中显示 Shapiro-Wilk (W)检验的 P 值>0.05，表示残差通过了正态性检验，本实例中的数据可以使用最小二乘法进行回归模型分析。

(3) 由"方差分析"表可见，"回归"行的 $F_{(4,25)}=10.65$，$P<0.0001$，此回归方程具有统计学意义。自变量载脂蛋白 AI 按 $\alpha=0.05$ 水平具有统计学意义，但载脂蛋白 B、载脂蛋白 E 和载脂蛋白 C 无统计学意义。

(4) 在"参数估计"选项组中显示回归方程各参数估计值、95%置信区间（渐近）、|t|、P 值和 P 值摘要。根据回归系数估计值可得回归方程为

$$\hat{Y} = 23.70+0.4080X_1 - 0.04384X_2 - 2.484X_3 - 0.2996X_4$$

其中，X_1 表示自变量载脂蛋白 AI，X_2 表示自变量载脂蛋白 B，X_3 表示自变量载脂蛋白 E；X_4 表示自变量载脂蛋白 C。

(5) 在"拟合优度"选项组中显示调整后的 R 平方为 0.5710，建立的多元回归方程拟合效果一般。

5. 保存项目

单击"文件"功能区中的"保存"按钮 🖫，或按 Ctrl+S 组合键，保存项目文件。

15.3.2 多重共线性分析

多重共线性是指自变量间存在近似的线性关系，即某个自变量能近似地用其他自变量的线性函数来描述。

检测多重共线性最简单的一种办法是计算模型中各对自变量之间的相关系数 VIF（方差膨胀因子，容差的倒数），并对各相关系数进行显著性检验。当 0<VIF<10 时，不存在多重共线性；当 10≤VIF<100 时，存在较强的多重共线性；当 VIF≥100 时，存在严重多重共线性。

如果有一个或多个相关系数是显著的，就表示模型中所使用的自变量之间相关，因此存在多重共线性问题。

在实际问题中，自变量之间存在相关关系是一种很平常的情况，但是在回归分析中存在多重共线性时，可能会造成回归的结果混乱。一旦发现模型中多重共线性问题，就应采取解决措施。具体的解决对策如下：

(1) 将一个或多个相关的自变量从模型中剔除，使保留的自变量尽可能不相关。

(2) 增大样本量，可部分解决共线性问题。

(3) 采用多种自变量筛选方法相结合的方式，建立一个最优的逐步回归方程。从专业的角度加以判断，人为去除在专业上比较次要的，或者缺失值比较多，测量误差比较大的共线性因子。

(4) 进行主成分分析，用提取的因子代替原变量进行回归分析。

(5) 进行岭回归分析，它可以有效地解决多重共线性问题。

(6) 进行通径分析，它可以对因自变量间的关系加以精细的刻画。

★动手练——胆固醇含量多重共线性分析

本实例对通过 30 名动脉硬化疑似患者的胆固醇含量数据得到的回归模型进行分析，判断模型中是否存在多重共线性，结果如图 15.54 所示。

结果分析：

在结果表"多重共线性"选项组中可以看到，0<VIF<10，表示不存在多重共线性。

思路点拨

26	多重共线性	变量	VIF	R2与其他变量
27	β0	Intercept		
28	β1	载脂蛋白AI	1.092	0.08449
29	β2	载脂蛋白B	1.180	0.1522
30	β3	载脂蛋白E	1.600	0.3751
31	β4	载脂蛋白C	1.506	0.3358

图 15.54　多重共线性分析结果

源文件：源文件\15\胆固醇含量多重线性回归分析.prism

（1）打开项目文件结果表。

（2）打开参数对话框，在"诊断"选项卡中勾选"多重共线性"复选框，更改结果表参数。

（3）保存项目文件为"胆固醇含量多重共线性分析.prism"。

15.3.3　多重逻辑回归分析

当在医学研究中需要研究二分类因变量的影响因素时，不适合用线性回归分析，这时可以采用多重逻辑回归分析。多重逻辑回归属于概率型非线性回归，是研究二分类（可以扩展到多分类）因变量与多个影响因素之间关系的一种多变量分析方法。

多重逻辑回归中所有统计推断都建立在大样本的基础上，因此其应用的一个基本条件是要求有足够的样本量，样本量越大分析结果越可靠。

【执行方式】

➢ 菜单栏：选择菜单栏中的"分析"→"回归和曲线"→"多重逻辑回归"命令。

➢ 功能区：单击"分析"功能区中的"多重逻辑回归"按钮 。

【操作步骤】

执行此命令，弹出"分析数据"对话框，在左侧列表中选择指定的分析方法"多重逻辑回归"。单击"确定"按钮，关闭该对话框，弹出"参数：多重逻辑回归"对话框，包含6个选项卡：模型、参考级别、比较、选项、拟合优度、图表，如图15.55所示。

【选项说明】

下面介绍该对话框中的选项。

1. "模型"选项卡

（1）选择因变量（或结果变量）：多变量表识别文本变量，在该选项组中定义文本变量的负向结果值和正向结果值。若表中的数据为数值（0、1），则不需要指定变量值。

（2）定义模型：指定想要拟合的回归模型，包括截距、主要效应、双因素相互作用、三因素交互作用、变换。

2. "参考级别"选项卡

在该选项卡中为模型中的每个分类变量指定"参考级别"或"参考值"。

3. "比较"选项卡

在该选项卡中指定是否比较两个模型（指定模型与零模型）的拟合度。零模型是一个不包含预测变量的模型，与分析中指定的模型进行比较时，可用于确定包含在指定模型中的预测变量的相对重要性，或者评估指定模型的总体"拟合度"。

4. "选项"选项卡

在该选项卡中指定 GraphPad Prism 结果表中输出的结果，如图 15.56 所示。

图 15.55 "参数：多重逻辑回归"对话框

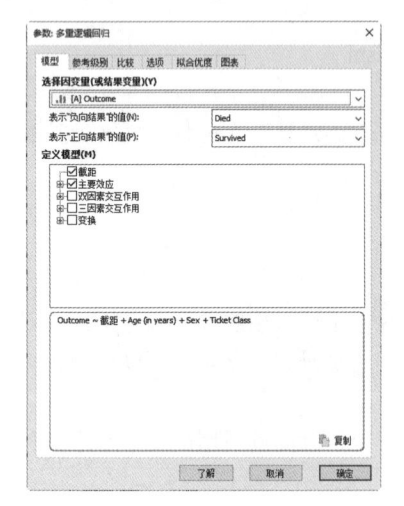

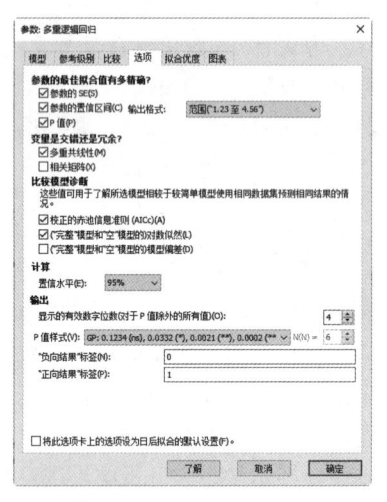

图 15.56 "选项"选项卡

（1）参数的最佳拟合值有多精确？GraphPad Prism 输出评估系数估计值稳定性的统计量。

1）参数的 SE：勾选该复选框，输出 β 系数的标准误差。

2）参数的置信区间：勾选该复选框，输出系数和风险比的置信区间，定义置信区间的输出格式。

3）P 值：勾选该复选框，输出每个预测值的 P 值，给定参数系数的 P 值与相关风险比的 P 值相同。

（2）变量是交错还是冗余？GraphPad Prism 分析结果中提供参数协方差矩阵的选项，以显示每项参数与其他参数的相关程度。

1）多重共线性：检测多重共线性的方法有多种，其中最简单的一种办法是计算模型中各对自变量之间的相关系数，并对各相关系数进行显著性检验。勾选该复选框，GraphPad Prism 可以输出"多重共线性"选项组中的 β 系数，即每个变量可以从其他变量预测的程度。

2）相关矩阵：勾选该复选框，则 GraphPad Prism 将生成带有参数相关性的附加结果选项卡，还将生成相关性的热图。

（3）比较模型诊断：这些值可用于了解所选模型相较于较简单模型使用相同数据集预测相同结果的情况。

1）校正的赤池信息准则（AICc）：AICc 是一种信息论方法，使用 Akaike 准则的修正版本。该方法考虑到每个模型的模型偏差，确定数据对每个模型的支持程度。

2）（"完整"模型和"空"模型的）对数似然：在逻辑回归模型中，回归系数的估计通常使用最大似然法。

3）（"完整"模型和"空"模型的）模型偏差：似然比检验（LRT）使用模型偏差来确定哪个

模型是首选的。

5. "拟合优度"选项卡

输出评估逻辑回归模型优劣的拟合优度。

（1）"分类和预测方法"选项组。

1）受试者工作特征曲线下面积：选中该单选按钮，计算 ROC 曲线下面积。其中面积为 0.5 表示模型预测的结果将是 1 或 0，面积为 1 表示模型完美预测。

2）分类表（比较观测分类和预测分类的 2×2 表）：选中该单选按钮，输出 2×2 的分类表，显示了在用户指定临界值点处正确分类的值的数量。该表有 4 个表项：预测值 0、预测值 1、观察值 0、观察值 1。

- 观测的（输入）0 的总数=A+B。
- 观测的（输入）1 的总数=C+D。
- 预测的 0 的总数=A+C。
- 预测的 1 的总数=B+D。
- %正确分类（观测 0 的百分比）=(A/(A+B))*100。
- %正确分类（观测 1 的百分比）=(D/(C+D))*100。
- 正确分类的（总计，所有观测结果的百分比）=((A+D)/(A+B+C+D))*100。
- 负预测能力（%）=(A/(A+C))*100。
- 正向预测能力（%）=(D/(B+D))*100。

3）每个对象（每行）的预测概率：选中该单选按钮，生成包含两列的附加表。第一列包含在数据表中找到的所选因变量（Y）列中的值副本；第二列包含由对应于第一列中每个表项（每行）的模型生成的预测概率。

（2）"伪 R 平方"选项组：选择输出评估逻辑回归模型优劣的拟合优度，这些参数类似 R 平方，因此统称为"伪 R 平方"。

1）Tjur R 平方：计算每个因变量输入值的预测概率，Tjur R 平方=|0 的平均预测值−1 的平均预测值|。对于每个因变量类别（0 和 1），计算平均预测概率，然后计算这两个平均值之差的绝对值。

2）McFadden R 平方：1 减去指定模型的对数似然比和相应的"仅截距"模型的比值。较小的比率（该值接近于 1）表明指定模型优于仅截距模型。

3）Cox-Snell R 平方（"广义" R 平方）：使用似然比来计算该值，Cox-Snell 的 R 平方的最大值小于 1。

4）Nagelkerke R 平方：与 Cox-Snell 的 R 平方类似，主要区别在于该值可调整 Cox-Snell 的 R 平方，使其最大值为 1。

（3）"假设检验（P 值）"选项组：GraphPad Prism 提供了两个假设检验来评估模型与输入数据的拟合程度。

1）Hosmer-Lemeshow 拟合优度检验（常用，但备受批评）：此检验使用指定模型正确的零假设——指定模型是正确的（拟合良好）。与许多检验相反，P 值较小，表明模型与数据的拟合较差。模型中可能缺少一些额外的因素、交互作用或转换。

2）似然比检验（也称为对数似然比检验、G 检验或 G 平方检验）：零假设——仅截距模型是正确的。该检验是一种经典检验，比较所选模型与仅截距模型的拟合程度。较小的 P 值表示拒绝该零假设（或指定模型优于仅截距模型）。

6. "图表"选项卡

（1）预测 vs 观测：实际值与预测值图生成两组小提琴图。一组包含输入至数据表中的观察值，相关（Y）值为 0，且另一组值为 1。一般将预测值（来自模型）绘制成小提琴图。

（2）受试者工作特征曲线：通过 ROC 曲线评价分类性能，ROC 曲线使用灵敏度和特异性作为评估真阳性和真阴性比例的两项指标。灵敏度是使用特定临界值或真阳性率正确识别为 1 的 1 的比例；特异性是正确识别为 0 的 0 比例，或者真阴性率。灵敏度=（正确识别的 1 的数量）/（观察到的 1 的总数）；特异性=（正确识别的 0 的数量）/（观察到的 0 的总数）

（3）逻辑图：仅当模型中包含单个预测（X）变量时，该选项才可用。这将生成典型的 S 曲线（或 S 曲线的一部分），代表给定 X 值下 Y=1 的预测概率。如果比较两个模型，仅当两个模型除截距项之外仅包含一个预测因子（主要效应）时，该选项才可用。

（4）比例校正 vs 截断：比例校正与截断值图表是观察 ROC 曲线的替代方法。与 ROC 曲线相似，其推导出每个可能的临界值（该图表的 X 轴），并绘制出观察结果的相应比例，这些观察结果针对该临界值进行正确分类。

（5）绘图选项：选择是否绘制逻辑图的渐近置信带。

★动手学——体重关系多重逻辑回归分析

源文件：源文件\15\性别饮酒吸烟和体重关系表.xlsx

表 15.6 所列为一个研究性别（X）、吸烟（X）、饮酒（X）与体重（Y）关系数据（100 组），试作多重逻辑回归分析。

表 15.6 性别、吸烟、饮酒与体重关系数据

性别	吸烟	饮酒	体重
1	0	0	1
1	1	0	0
1	0	1	0
0	0	1	0
0	1	1	0
0	0	0	1
0	1	0	0
0	0	1	1
0	1	1	0
0	0	0	1
0	1	0	0
0	1	1	0
0	0	0	1

操作步骤

1. 设置工作环境

（1）双击 GraphPad Prism 10 图标，启动 GraphPad Prism，自动弹出“欢迎使用 GraphPad Prism”对话框。在“创建”选项组中选择“多变量”选项，在“数据表”选项组中默认选中“输入或导入数据到新表”单选按钮。

（2）单击“创建”按钮，创建项目文件，同时该项目下自动创建一个数据表“数据 1”，重命名数据表为“体重关系表”。

（3）选择菜单栏中的“文件”→“另存为”命令，或选择“文件”功能区中“保存命令”按钮下的“另存为”命令，弹出“保存”对话框，输入项目名称“体重关系多重逻辑回归分析”。单击“保存”按钮，在源文件目录下自动创建项目文件。

2. 复制数据

（1）如果自变量是二分类定性变量，可以使用 0 或 1 进行编码；如果是多分类变量，则需要转化变量。本实例中各变量赋值情况如下：

$$X_1=\begin{cases}1,\ 男性\\0,\ 女性\end{cases},\quad X_2=\begin{cases}1,\ 吸烟\\0,\ 不吸烟\end{cases},\quad X_3=\begin{cases}1,\ 饮酒\\0,\ 不饮酒\end{cases},\quad Y=\begin{cases}1,\ 超重\\0,\ 正常\end{cases}$$

（2）打开“性别饮酒吸烟和体重关系表.xlsx”文件，复制 A1:D101 单元格中的数据，粘贴到“体重关系表”中，结果如图 15.57 所示。由于数据过多，这里只显示部分数据。

	变量 A 性别	变量 B 吸烟	变量 C 饮酒	变量 D 体重
1	1	0	0	1
2	1	1	0	0
3	1	0	1	0
4	0	0	1	0
5	0	1	1	0
6	0	0	0	1
7	0	1	0	0
8	0	0	1	1
9	0	1	1	0
10	0	0	0	1

图 15.57　粘贴数据

3. 多重逻辑回归分析

（1）单击“分析”功能区中的“多重逻辑回归”按钮，弹出“参数：多重逻辑回归”对话框。打开“模型”选项卡，在“选择因变量（或结果变量）”选项组中选择因变量 Y 为“[D]体重”，如图 15.58 所示。

（2）打开“选项”选项卡，在“参数的最佳拟合值有多精确？”选项组中勾选“P 值”复选框，在“变量是交错还是冗余？”选项组中勾选“多重共线性”复选框，在“比较模型诊断”选项组中勾选“(“完整”模型和“空”模型的)对数似然”复选框。

（3）打开“拟合优度”选项卡，在“分类和预测方法”选项组中取消勾选“每个对象（每行）的预测概率”复选框，在“伪 R 平方”选项组中勾选“Tjur R 平方”复选框，在“假设检验（P 值）”选项组中勾选“Hosmer-Lemeshow 拟合优度检验（常用，但备受批评）”“似然比检验（也称为对数似然比检验、G 检验或 G 平方检验）”复选框。

（4）打开“图表”选项卡，勾选“预测 vs 观测”“受试者工作特征曲线”复选框。

（5）单击“确定”按钮，关闭该对话框，输出结果表和图表。同时，自动弹出注释窗口，显示多重逻辑回归模型的方程为体重 ~ 截距 + 性别 + 吸烟 + 饮酒。

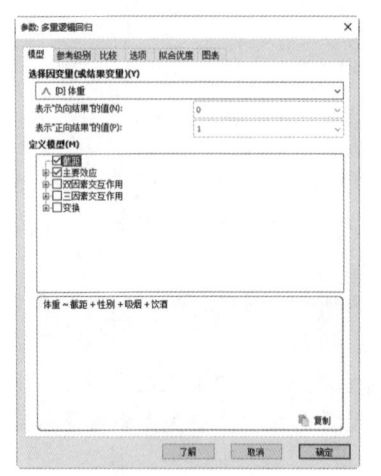

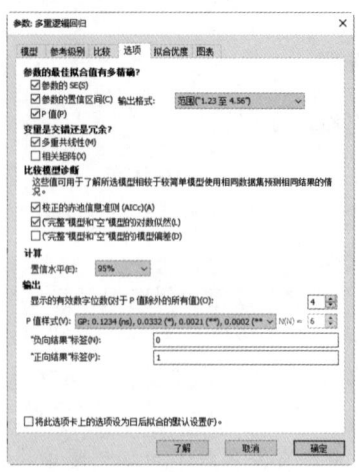

(a)"模型"选项卡 (b)"选项"选项卡

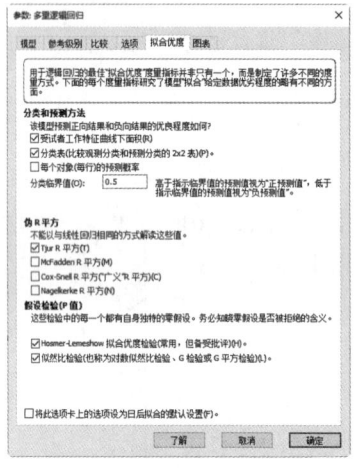

(c)"拟合优度"选项卡 (d)"图表"选项卡

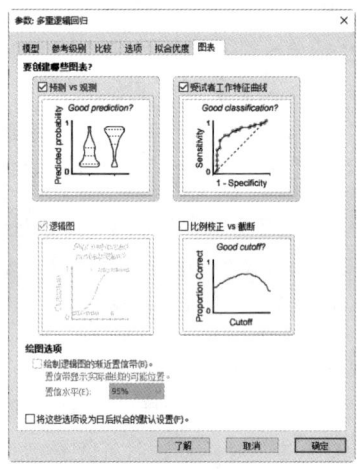

图 15.58 "参数：多重逻辑回归"对话框

4. 数据结果分析

（1）在结果表"多重逻辑回归/体重关系表"中包含"表结果"选项卡，如图 15.59 所示。

图 15.59 多重逻辑回归分析结果

34	受试者工作特征曲线下面积				
35	面积	0.7197			
36	标准误	0.05236			
37	95%置信区间	0.6170 到 0.8223			
38	P值	0.0002			
40	分类表		预测 0	预测 1	总计	% 正确分类
41	观测 0	56	6	62	90.32
42	观测 1	23	15	38	39.47
43	总计	79	21	100	71.00
45	负预测力 (%)	70.89			
46	正向预测力 (%)	71.43			
48	分类截断点	0.5			

50	伪 R 平方					
51	Tjur R 平方	0.1406				
53	假设检验	统计	P 值	零假设	拒绝零假设?	P 值摘要
54	Hosmer-Lemeshow	8.968	0.3450	所选模型正确	否	ns
55	对数似然比 (G平方)	14.59	0.0022	简单(仅截距)模型正确	是	**
57	数据摘要					
58	表中的行	100				
59	跳过的行 (缺少数据)	0				
60	分析的行 (#观测)	100				
61	数量1	38				
62	数量0	62				
63	参数估计数	4				
64	#观测/#参数	25.0				
65	#数量1/#参数	9.5				
66	#数量0/#参数	15.5				

图 15.59（续）

（2）在"参数估计"选项组中显示 β 系数估计值。其中"吸烟"估计值 $\beta2=-1.111$，表示当所有其他 X 值保持不变时，X1=1（吸烟），则其对数优势降低了 1.111。比值比=成功概率/失败概率。

（3）在"比值比"选项组中显示逻辑回归转换模型 Odds 的参数估计。将"参数估计"中 β 系数指数化，得到该选项组中的估计值。该选项组中还提供了比值比参数的置信区间，95%的置信度认为 lowerVal 和 upperVal 之间的范围包括了该参数的真正比值比。其中"性别"估计值 $\beta1=1.421$，表示当所有其他 X 值保持不变时，X1 增加 1，则其优势比变为 1.421 倍。

多重逻辑回归拟合的方程的标准形式如下。

"参数估计"选项组：$\ln[P(Y=1)/P(Y=0)] = \beta0 + \beta1*X1 + \beta2*X2 + \cdots$

"比值比"选项组：$\ln(Odds) = \beta0 + \beta1*X1 + \beta2*X2 + \cdots$

（4）在"与零显著不同？"选项组中显示评估逻辑回归模型的每项 β 系数的 P 值。|Z|为系数估计值除以其标准误差。检验的零假设：系数/参数为 0 的真实群体值。P<0.05，表示此回归方程系数估计值具有统计学意义。本实例中，回归方程系数 $\beta2$、$\beta3$ 估计值具有统计学意义。

（5）在"模型诊断"选项组中显示 AICc、负对数似然值以及指定模型和仅截距模型的模型偏差。

1）较小 AICc 的模型表示更好"拟合"。在 AICc 列，仅截距模型 AICc 值为 134.9，选择的模型 AICc 值为 126.6，表示选择的模型在描述观察数据方面做得更好。

2）在比较两个模型拟合到相同数据时，具有较大对数似然值（较小负对数似然值）的模型被认为更好"拟合"。仅截距模型负对数似然值为 66.41，选择的模型负对数似然值为 59.11，表示选择的模型在描述观察数据方面做得更好。

（6）在"多重共线性"选项组中显示 β 系数中的 VIF <10，表示回归模型不存在多重共线性。其中，使用逻辑回归模型前提之一是不存在多重共线性。

（7）在"受试者工作特征曲线下面积"选项组中显示面积（AUC）。面积是评估模型预测能力的一种手段，表示模型如何正确地使用所有可能的临界值对 0 和 1 进行分类。面积值的范围为 0.5~1，越高越好。本实例中，面积为 0.7197，表示模型分类潜力较好。

（8）在"分类表"选项组中显示了在用户指定的临界值点处正确分类的值的数量。本实例中，观测的体重正常人数为 62，超重人数为 38，预测的体重正常人数为 56，超重人数为 23。

（9）在"伪 R 平方"选项下显示 Tjur 的 R 平方值：该值接近 1 表示模拟数据拟合效果较好，0 和 1 的预测值之间存在明显的分离。本实例中，Tjur R 平方=0.1406，表示 Hosmer-Lemeshow 检验得出所选模型正确。

（10）在"假设检验"选项组中显示 Hosmer-Lemeshow、对数似然比（G平方）检验结果。

1）Hosmer-Lemeshow 检验的 P 值>0.05，表示所选模型正确，此回归方程模型与数据的拟合好。

2）对数似然比（G平方）检验的P值<0.05，表示此回归方程模型优于仅截距模型。

（11）在"数据摘要"选项组中显示多重逻辑回归的汇总数据，包括数据表中的行数、跳过的行数以及在分析中提供的观察数的两个值的差值。

5. 图表结果分析

（1）在导航器"图表"选项组中输出两个图表，即受试者工作特征曲线:多重逻辑回归/体重关系表和预测 vs 观测:多重逻辑回归/体重关系表，如图15.60所示。

(a) 受试者工作特征曲线　　(b) 预测 vs 观测

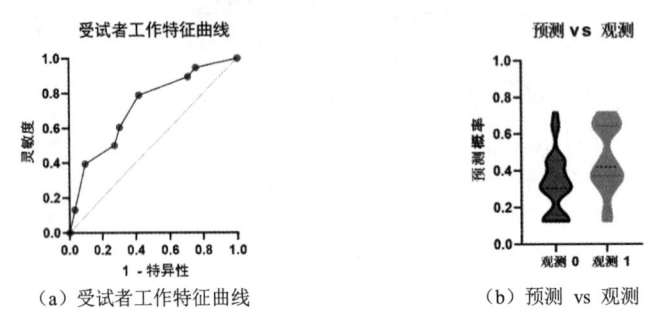

图15.60　图表结果

（2）逻辑回归中的ROC曲线用于确定预测新观察结果是"正常"（0）还是"超重"（1）的最佳临界值。Y轴是灵敏度（或真阳性率），X轴是1-特异性。理想情况下，会获得接近100%灵敏度和特异性的临界值，表示在所有情况下均能完美地预测。曲线越接近左上角，表示模型预测值效果越好。

（3）预测 vs 观测图中显示了两个小提琴图：观测0（体重正常）和观测1（体重超重）。内部小提琴显示了主要的数据分布，外部形状提供了总体数据分布的信息。在本实例中，可以看到体重正常人数的预测概率低于0.5；体重超重的人数分布更均匀。

6. 保存项目

单击"文件"功能区中的"保存"按钮■，或按Ctrl+S组合键，保存项目文件。

15.3.4　变量间的交互作用

当某一自变量对因变量Y的作用大小与另一个自变量的取值有关时，表示两个自变量有交互作用。为了检验两个自变量是否具有交互作用，普遍的做法是在方程中加入它们的乘积项。

★动手练——体重关系多重逻辑回归交互作用分析

本实例通过100名受试者的性别（X）、吸烟（X）、饮酒（X）与体重（Y）关系数据，进行双因素交互作用分析，结果如图15.61所示。

结果分析：

在结果表"与零显著不同？"选项组中，"性别：吸烟"结果Z显著（P值=0.3861），说明性别和吸烟之间没有交互作用；"性别：饮酒"结果Z显著（P= 0.0150），说明性别和饮酒之间有交互作用。

第 15 章 多变量表数据统计分析

58	伪R平方					
59	Tjur R 平方	0.2196				
60						
61	假设检验	统计	P值	零假设	拒绝零假设?	P值摘要
62	Hosmer-Lemeshow	0.2657	>0.9999	所选模型正确	否	ns
63	对数似然比（G平方）	22.97	0.0003	简单(仅截距)模型正确	是	***

22	与零显著不同?	变量	β	P值	P值摘要
23		β0	1.606	0.1083	ns
24		β1	性别	0.1370	0.8910	ns
25		β2	吸烟	1.226	0.2201	ns
26		β3	饮酒	3.677	0.0002	***
27		β4	性别:吸烟	0.8666	0.3861	ns
28		β5	性别:饮酒	2.433	0.0150	*

（a）"表结果"选项卡

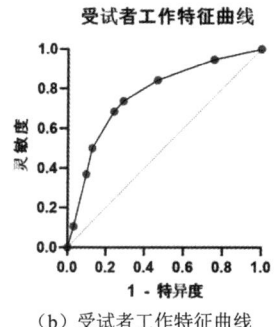

（b）受试者工作特征曲线

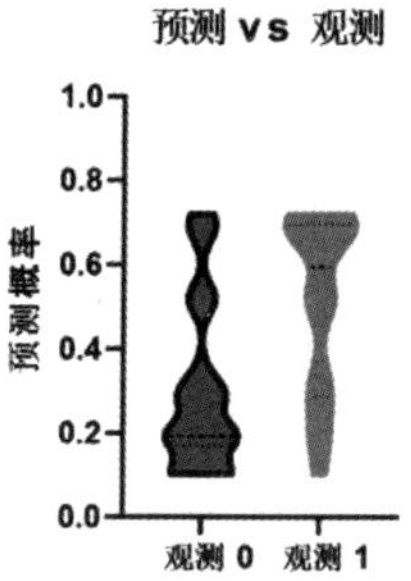

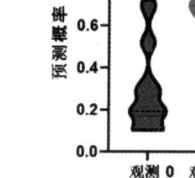

（c）预测 vs 观测

图 15.61　多重逻辑回归交互作用分析结果

思路点拨

源文件：源文件\15\体重关系多重逻辑回归分析.prism

（1）打开项目文件结果表"多重逻辑回归/体重关系表"。
（2）打开参数对话框，勾选"双因素交互作用"选项组中的"[A]性别"复选框，更新结果表参数。
（3）保存项目文件为"体重关系多重逻辑回归交互作用分析.prism"。

★动手练——体重关系多重逻辑回归逻辑图分析

本实例对通过 100 名受试者的饮酒（X）与体重（Y）关系数据，利用逻辑图进行多重逻辑回归分析，结果如图 15.62 所示。

45	假设检验	统计	P值	零假设	拒绝零假设?	P值摘要
46	Hosmer-Lemeshow	3.393e-029	>0.9999	所选模型正确	否	ns
47	对数似然比（G平方）	8.470	0.0036	简单(仅截距)模型正确	是	**
48						

（a）"表结果"选项卡

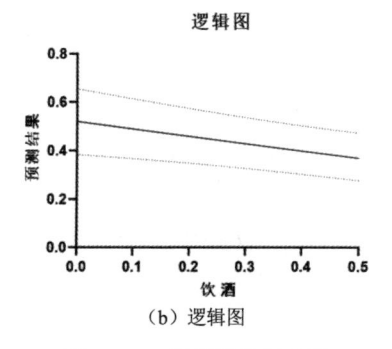

（b）逻辑图

图 15.62　逻辑图分析结果

结果分析：

（1）结果表"假设检验"选项组中显示 Hosmer-Lemeshow、对数似然比（G 平方）检验结果。Hosmer-Lemeshow 检验的 P 值＞0.05，表示所选模型正确，此回归方程模型与数据的拟合好；对数似然比（G 平方）检验的 P 值＜0.05，表示此回归方程模型优于仅截距模型。

（2）逻辑图显示给定 X 值的情况下 Y=1 的预测概率。

思路点拨

源文件：源文件\15\体重关系多重逻辑回归交互作用分析.prism

（1）打开项目文件结果表"多重逻辑回归/体重关系表"。

（2）打开参数对话框，勾选"主要效应"选项组中的"[C]饮酒"复选框，更新结果表参数。

（3）保存项目文件为"体重关系多重逻辑回归逻辑图分析.prism"。

15.4 Cox 比例风险回归分析

Cox 比例风险回归分析以生存结局和生存时间为因变量，可同时分析众多因素对生存期的影响，能分析带有截尾生存时间的资料，且不要求估计资料的生存分布类型。

15.4.1 Cox 回归模型

Cox 回归模型可以表示为

$$h(t,X) = h_0(t)\exp(\beta_1 X_1 + \beta_2 X_2 + \cdots + \beta_m X_m)$$

其中，$h(t,X)$ 为观察对象生存到 t 时刻的风险函数；$X = (X_1, X_2, \cdots, X_m)$ 为可能与生存时间有关的 m 个自变量；$h_0(t)$ 为 $X_1 = X_2 = \cdots = X_m = 0$ 时在 t 时刻的风险函数，称为基础风险函数；$\beta = (\beta_1, \beta_2, \cdots, \beta_m)$ 为 Cox 模型的回归系数，是一组待估计的参数。

【执行方式】

菜单栏：选择菜单栏中的"分析"→"群组比较"→"Cox 比例风险回归"命令。

【操作步骤】

执行此命令，弹出"分析数据"对话框，在左侧列表中选择指定的分析方法"Cox 比例风险回归"。单击"确定"按钮，关闭该对话框，弹出"参数：Cox 比例风险回归"对话框，包含 8 个选项卡，如图 15.63 所示。

【选项说明】

下面介绍该对话框中的选项。

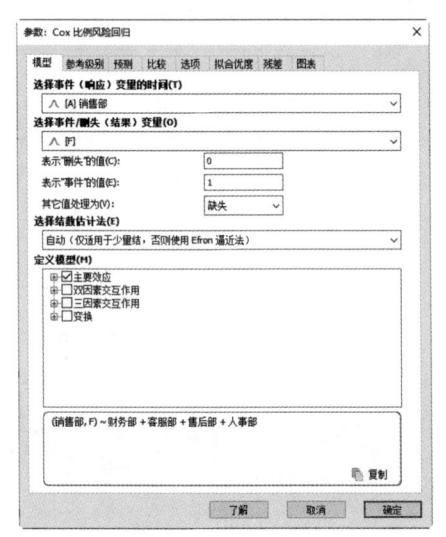

图 15.63 "参数：Cox 比例风险回归"对话框

1. "模型"选项卡

进行 Cox 比例风险回归分析所必需的参数包括指定分析的事件（响应）发生时间变量和结果（事件/删失）变量。

（1）选择事件（响应）变量的时间：指定哪个值（或水平）代表包含"事件"的观察对象。

（2）选择事件/删失（结果）变量：选择如何处理所选变量的任何其他值或水平。通过数值表明个体/观察结果是否发生感兴趣事件或进行过删失的变量。变量可以是连续变量，也可以是分类变量。通常，将该信息编码为连续变量。

1）表示"删失"的值：值为 0 代表进行删失的个体。

2）表示"事件"的值：值为 1 代表发生感兴趣事件的个体。

3）其他值处理为：指定 GraphPad Prism 如何处理所选变量中的任何其他值。

➢ 缺失：选择该选项，GraphPad Prism 会将所含数值不同于"删失"和"事件"指定值的行视为该行中根本没有该变量值。因此，将这些行从分析中省略。

➢ 删失：选择该选项，所含数值不同于"删失"和"事件"指定值的行将视为删失观察结果。

➢ 死亡/事件：选择该选项，所含数值不同于"删失"和"事件"指定值的行将视为事件。仅当只关注研究所有事件的概率，而非事件之间的差异时，才选择该选项。例如，如果正在研究一般生存概率，可以处理"车祸死亡"和"心脏病发作死亡"；但在一项检验实验治疗对心力衰竭的影响的研究中，不适合同等对待这两者（在此情况下，"车祸死亡"可能会视为删失观察结果）。

（3）选择结数估计法：Cox 比例风险回归模型要求记录每个观察结果事件发生前的时间信息，当事件观察结果具有相同历时（要么归因于数据收集方式，要么归因于事件的具体顺序未知）时，这些观察结果称为"关联"（结），且分析可采用各种方式来处理关联（结）。

1）自动（仅适用于少量结，否则使用 Efron 逼近法）：默认情况下，GraphPad Prism 会自动选择处理关联的最佳方法。

2）Breslow 逼近法：仅用于匹配其他应用程序生成的结果，一般不建议使用。

3）Efron 近似值：该方法通常视为最精确，且在执行所需的计算时考虑关联事件排序的所有可能排列。

4）精确：随着数据集中关联的数量增加，排列的总数迅速增加，导致计算时间急剧增加。为解决该问题，开发了一些精确方法的近似方法。

（4）定义模型：选择包含在模型中的预测变量、交互和变换（X2、X3、sqrt(X)、In(X)、log(X)、exp(X)、10(X)）。

1）主要效应：主要效应可以是正在研究的变量（如治疗组或基因型），也可以是正进行简单纠正的变量（如年龄、性别、体重等协变量）。尽管对这些变量的解释可能不同，但从模型定义的角度来看并无区别。

在该选项下选择指定模型中需要包含的预测变量。拟合模型时，GraphPad Prism 将为模型中每个选定的主效应估计一个回归系数（β 系数）。包括分类预测变量时，为该预测量估计的回归系数的数量等于分类变量的水平数量减 1（如具有四个水平的分类预测变量将生成三个估计的回归系数）。另外，还将为模型中包含的各交互和变换估计回归系数。

2）交互：展开包含的交互（两因素或三因素）列表，GraphPad Prism 在模型中选择进行任意数量独立预测变量的两因素或三因素交互。

3）变换：除交互外，GraphPad Prism 还可以在模型中指定将哪些预测变量变换为分析模型的一部分，包含任何预测变量的平方、立方、平方根、对数或指数。

2. "参考级别"选项卡

在分类预测变量作为预测因子纳入回归模型中时，GraphPad Prism 会使用"虚拟编码"自动对该变量进行编码。在该选项卡中可以为指定模型中的任何分类预测变量设定参考水平，即分类变量的"基准"或"常规"水平。

3. "预测"选项卡

在该选项卡中利用 GraphPad Prism 估计的 Cox 比例风险回归拟合模型，使用每个预测变量的值以及指定历时来预测生存概率曲线。

4. "比较"选项卡

在该选项卡中指定是否比较两个模型（指定模型与零模型）的拟合度。零模型是一个不包含预测变量的模型，与分析中指定的模型进行比较时，可用于确定包含在指定模型中的预测变量的相对重要性，或者评估指定模型的总体"拟合度"。

5. "选项"选项卡

在该选项卡中指定 GraphPad Prism 结果表中输出的结果（"拟合优度""残差"和"图表"选项卡还包含自定义此分析结果输出的重要选项），如图 15.64 所示。

（1）参数的最佳拟合值有多精确？拟合 Cox 比例风险回归模型后，GraphPad Prism 将输出模型中每个预测变量的估计回归系数（β 系数）、风险比（指数化 β 系数）和评估系数估计值稳定性的统计量：参数的 SE、参数的置信区间和 P 值。

（2）变量是交错还是冗余？GraphPad Prism 分析结果中提供参数协方差矩阵的选项，以显示每项参数与其他参数的相关程度。

1）多重共线性：检测多重共线性的方法有多种，其中最简单的一种办法是计算模型中各对自变量之间的相关系数，并对各相关系数进行显著性检验。勾选该复选框，GraphPad Prism 可以输出"多重共线性"选项组中的 β 系数，即每个变量可以从其他变量预测的程度。

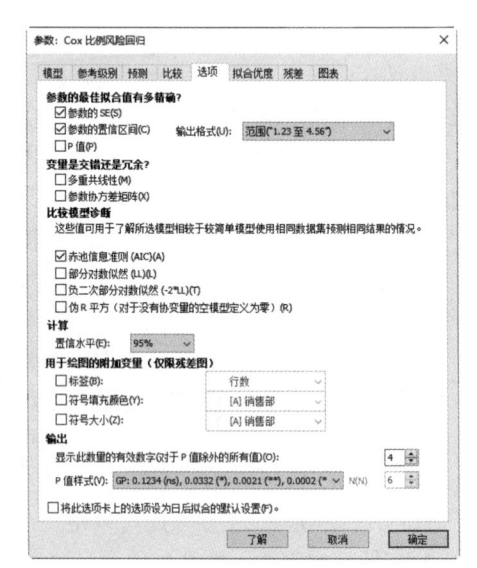

图 15.64 "选项"选项卡

2）参数协方差矩阵：勾选该复选框，则 GraphPad Prism 将生成协方差矩阵，包括描述两个变量相互影响的大小的参数。

（3）比较模型诊断：这些值可用于了解所选模型相较于较简单模型使用相同数据集预测相同结

果的情况。

1）赤池信息准则（AIC）：AIC 用于确定数据支持每个模型的程度，同时考虑每个模型的部分对数似然值以及每个模型中包含的参数数量。AIC 可用于比较相同数据集上的任意两个模型，用于计算 AIC 的公式：AIC=−2*（部分对数似然值）+2*k。其中，k 是模型参数量。

2）部分对数似然（LL）：当一个模型是另一个模型的缩减版本时，仅适用于似然比检验。该方法将检验统计量计算为简单模型（具有更少参数的模型）与复杂模型（具有更多参数的模型）之间部分对数似然检验的标度差值。LRT 统计量=−2*[部分对数似然值（简单模型）]−部分对数似然值（复杂模型）]。

3）负二次部分对数似然（−2*LL）：负对数似然，即对对数似然取负。−2 对数似然值代表了模型的拟合度，其值越小，表示拟合程度越好。

4）伪 R 平方（对于没有协变量的空模型定义为零）：勾选该复选框，将输出"模型"选项卡中指定的模型和零模型（无协变量/预测变量的模型）拟合到数据的选定诊断值。

（4）计算：指定计算结果中的值时使用的置信水平。

（5）用于绘图的附加变量（仅限残差图）：选择可选变量自定义 Cox 比例风险回归生成的残差图。

1）标签：行标识符（如行号、名称或 ID 号）。

2）符号填充颜色：每个符号的颜色由该变量的值决定，该变量通常不属于计算的一部分。

3）符号大小：用于缩放输出图表上的符号大小。

（6）输出：指定 GraphPad Prism 在结果中报告的有效位数（除 P 值外的所有值），并指定在结果中报告 P 值时使用的 P 值样式。

★动手学——术后生存时间 Cox 比例风险回归分析

源文件：源文件\15\心脏病患者术后生存时间影响因素.xlsx

某研究者拟研究影响心脏病患者术后生存时间的有关因素。观察了 26 名心脏病患者，记录的观测指标及观测值见表 15.7 和表 15.8，试进行 Cox 比例风险回归分析。

表 15.7　各指标数据赋值表

指　标	含　义	赋　值
X_1	年龄	岁
X_2	并发症	1=出血，2=心律失常，3=无
X_3	认知功能障碍程度	1=Ⅰ级，2=Ⅱ级，3=Ⅲ级
X_4	心肌标志物 Mb 分子量	kD
t	生存时间	月
Y	生存结局	0=删失，1=死亡

表 15.8　26 名心脏病患者生存时间及观察数据

编　号	X_1	X_2	X_3	X_4	t	Y
1	67	2	3	8.4	1	1
2	50	3	3	5.5	3	1
3	60	1	3	2.3	5	1

续表

编 号	X_1	X_2	X_3	X_4	t	Y
4	53	2	3	5.1	8	1
5	47	2	3	13.7	10	1
6	48	3	3	9.3	2	1
7	56	3	3	33.3	13	1
8	50	3	3	5.9	5	1
9	43	3	3	4.6	5	1
10	61	2	3	19.2	5	1
11	46	3	3	4.1	7	1
12	54	3	3	3.2	9	1
13	63	3	1	3.9	24	1
14	42	3	3	48	24	1
15	32	2	3	9.8	25	1
16	61	3	2	11.6	33	1
17	45	2	3	29.5	36	1
18	23	2	1	9.9	36	1
19	43	3	1	8.4	4.3	1
20	44	2	3	9.2	44	1
21	56	3	2	8.9	46	1
22	29	2	3	19.8	69	1
23	59	1	3	10.6	70	1
24	67	1	1	14.9	83	1
25	60	1	1	13.1	83	1
26	57	2	1	16.3	156	0

操作步骤

1. 设置工作环境

（1）双击 GraphPad Prism 10 图标，启动 GraphPad Prism，自动弹出"欢迎使用 GraphPad Prism"对话框。在"创建"选项组中选择"多变量"选项，在"数据表"选项组中默认选中"输入或导入数据到新表"单选按钮。

（2）单击"创建"按钮，创建项目文件，同时该项目下自动创建一个数据表"数据1"，重命名数据表为"心脏病患者"。

（3）选择菜单栏中的"文件"→"另存为"命令，或选择"文件"功能区中"保存命令"按钮 下的"另存为"命令，弹出"保存"对话框，输入项目名称"术后生存时间 Cox 比例风险回归分析.prism"。单击"保存"按钮，在源文件目录下自动创建项目文件。

2. 复制数据

打开"心脏病患者术后生存时间影响因素.xlsx"文件，复制 B1:G27 单元格中的数据，粘贴到"心脏病患者"数据表中，结果如图 15.65 所示。

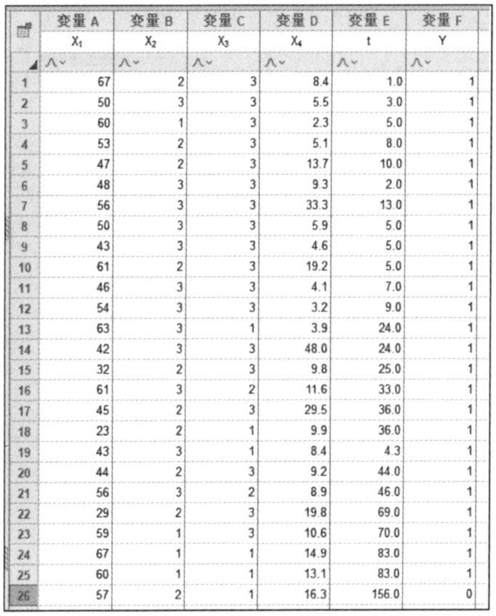

3. Cox 比例风险回归分析

（1）选择菜单栏中的"分析"→"生存分析"→"Cox 比例风险回归"命令，弹出"分析数据"对话框，在左侧列表中选择指定的分析方法"Cox 比例风险回归"。单击"确定"按钮，关闭该对话框，弹出"参数：Cox 比例风险回归"对话框。

（2）打开"模型"选项卡，在"选择事件（响应）变量的时间"下拉列表中选择"[E]t"选项，在"选择事件/删失（结果）变量"下拉列表中选择"[F]Y"选项，在"选择结数估计法"下拉列表中选择"自动（仅适用于少量结，否则使用 Efron 逼近法）"选项，在"定义模型"列表框中勾选"主要效应"复选框，如图 15.66（a）所示。

图 15.65　粘贴数据

（3）打开"选项"选项卡，在"参数的最佳拟合值有多精确？"选项组中勾选"P 值"复选框，在"变量是交错还是冗余？"选项组中勾选"多重共线性""参数协方差矩阵"复选框，如图 15.66（b）所示。

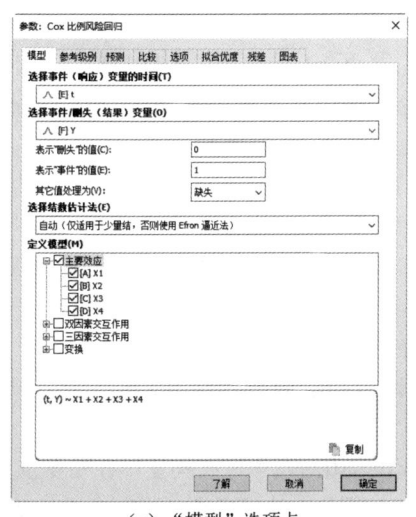

（a）"模型"选项卡 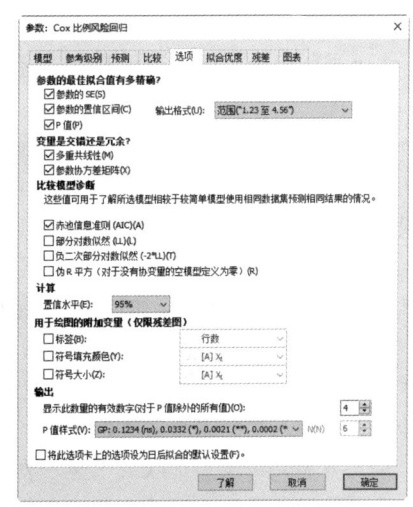　　　　　　　　　　（b）"选项"选项卡

图 15.66　"参数：Cox 比例风险回归"对话框

（4）打开"残差"选项卡，取消勾选所有复选框。

（5）单击"确定"按钮，关闭该对话框，输出结果表和图表。同时，自动弹出注释窗口，显示 Cox 回归模型的方程为(t, Y) ~ X1 + X2 + X3 + X4。

4. “表结果”结果分析

（1）在结果表“Cox 回归/心脏病患者”中包含“表结果”选项卡，如图 15.67 所示。

1	分析的表	心脏病患者			
2	时间变量	t			
3	删失/事件变量	Y			
4	回归类型	Cox 回归			
5	估计法	精确			
6					
7	**模型**				
8	**参数估计**	**变量**	**估计**	**标准误差**	**95% 置信区间(轮廓似然)**
9	β1	X1	0.01188	0.02391	-0.03256 至 0.06198
10	β2	X2	0.9566	0.3590	0.2899 至 1.715
11	β3	X3	1.048	0.4088	0.3376 至 1.970
12	β4	X4	-0.03819	0.02374	-0.09239 至 0.003376
13					
14	**风险比**	**变量**	**估计**	**95% 置信区间(轮廓似然)**	
15	exp(β1)	X1	1.012	0.9680 至 1.064	
16	exp(β2)	X2	2.603	1.336 至 5.559	
17	exp(β3)	X3	2.853	1.402 至 7.169	
18	exp(β4)	X4	0.9625	0.9117 至 1.003	

20	**与零显著不同?**	**变量**	**|Z|**	**P 值**	**P 值摘要**
21	β1	X1	0.4969	0.6192	ns
22	β2	X2	2.665	0.0077	**
23	β3	X3	2.564	0.0103	*
24	β4	X4	1.609	0.1077	ns
25					
26	**模型诊断**	**#参数**	AICc		
27	空模型（无协变量）	0	112.0		
28	选择的模型	4	101.9		
29					
30	**多重共线性**	**变量**	**VIF**	**R2 与其他变量**	
31	β1	X1	8.333	0.8800	
32	β2	X2	8.612	0.8839	
33	β3	X3	8.243	0.8787	
34	β4	X4	2.457	0.5930	

36	**数据摘要**	
37	表中的行	26
38	跳过的行(缺少数据)	0
39	分析的行(#观测)	26
40		
41	结数	10
42		
43	删失数	1
44	死亡/事件数	25
45	比值	0.0400
46		
47	删失数	1
48	观察次数	26
49	比值	0.0385
50		
51	死亡/事件数	25
52	参数估计数	4
53	比值	6.2500

图 15.67 “表结果”选项卡

（2）在“参数估计”选项组中显示 β 系数估计值。其中 X1 估计值 $\beta1$=0.01188，表示年龄每增加 1 岁，对数值（风险比）将增加 0.01188。参数估计值为正值时，表示该预测变量的增加会导致风险比增加，而负值则表示该预测变量的增加会导致风险比降低。

（3）在“风险比”选项组中显示给定参数对结果的“倍增效应”。变量 X1 参数的风险比是 1.012，则年龄增加 1 岁将使所有时间点的风险比变为原来的 1.012 倍。

（4）在“与零显著不同？”选项组中显示评估回归模型的每项 β 系数的 P 值，对每项参数估计值进行单独检验。本实例中，回归方程系数 $\beta1$、$\beta4$ 的 P 值摘要显示为 ns，表示不重要。

（5）在“模型诊断”选项组中显示使用 AICc 分析空模型和指定模型的模型偏差。较小 AICc 的模型表示更好“拟合”。在 AICc 列，空模型 AICc 值为 112.0，选择的模型 AICc 值为 101.9，表示选择的模型在描述观察数据方面做得更好。

（6）在“多重共线性”选项组中显示 β 系数中的 VIF <10，表示回归模型不存在多重共线性。

（7）在“数据摘要”选项组中显示数据的基本信息：行数、缺少行数、分析行数、删失数、观察次数、死亡/事件数、参数估计数等。

5. “单独值”结果分析

在结果表“Cox 回归/心脏病患者”中包含“单独值”选项卡，提供描述模型中的预测变量与估计风险比之间的关系的参数，如图 15.68 所示。

（1）线性预测器：该值表示个体观察结果的估计对数（风险比）相较于基线风险水平的变化程度 XB。

（2）风险比：线性预测因素（XB）的指数 exp（XB），用于根据基线风险比确定个体的风险比，或者根据基线累积生存率确定个体的累积生存率。

（3）累积风险：在给定的观察历时内，模型估计的个体累积风险 $H(t)$（截止时间 t 的总累积风险）。累积风险值越高，估计的累积生存概率值越低。累积风险与累积生存率之间的关系如下：

$$H(t) = -\ln(S(t))$$

（4）累积生存率：在给定的观察历时内，模型估计的个体生存率 $S(t)$。该值表示个体生存到此时间的概率，假设其每个预测变量的值与该观察结果相同。通过以下公式，运用基线生存函数，使用公式计算该值：

$$S(t) = S_0(t)^{\exp(XB)}$$

图 15.68　"单独值"选项卡

6. "基线函数" 结果分析

在结果表"Cox 回归/心脏病患者"中包含"基线函数"选项卡，预测受检群体中给定个体的生存概率，如图 15.69 所示。根据表中数值，绘制描述基线累积生存和基线累积风险曲线的图表"基线函数：Cox 回归/心脏病患者"，如图 15.70 所示。

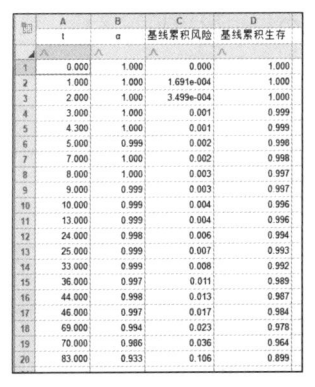

图 15.69　"基线函数"选项卡

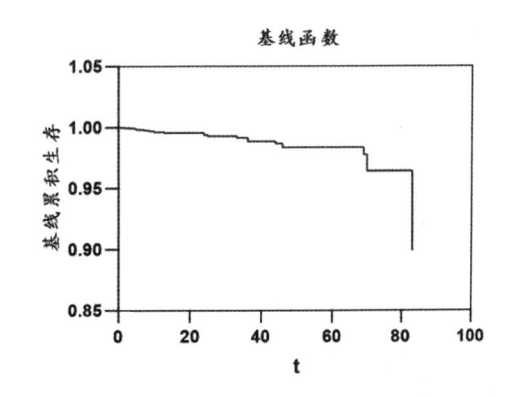

图 15.70　图表"基线函数：Cox 回归/心脏病患者"

7. "参数协方差" 结果分析

在结果表"Cox 回归/心脏病患者"中包含"参数协方差"选项卡，如图 15.71 所示。协方差的绝对值越大，则两个变量的相互影响越大。如果把这些参数标准化到[−1,1]之间，则称为相关系数。GraphPad Prism 还将生成相关性的热图：图表"参数协方差：Cox 回归/心脏病患者"，如图 15.72 所示。

8. 保存项目

单击"文件"功能区中的"保存"按钮，或按 **Ctrl+S** 组合键，保存项目文件。

图 15.71 "参数协方差"选项卡

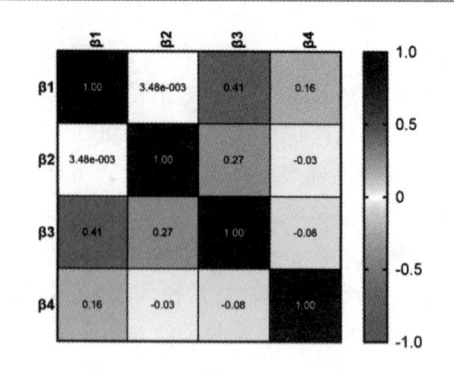

图 15.72 图表"参数协方差：Cox 回归/心脏病患者"

15.4.2 Cox 比例风险回归假设检验

进行 Cox 比例风险回归分析时，GraphPad Prism 提供了三种不同假设检验供选择，以评估指定模型与给定数据的拟合程度。

Cox 回归常用的假设检验方法有似然比检验、Wald 检验和 Score 计分检验。三种检验方法均为 χ^2 检验，自由度为模型中待检验的参数个数。

假设零假设 $H0: \hat{\beta} = \beta$，一般 $\beta = 0$（所有 β 值均为 0）为真。在零假设下，最佳拟合模型是预测变量的变化对风险比无影响的模型。

经 Cox 比例风险回归分析后，每项检验生成卡方统计量和相应的 P 值。该 P 值表示获得与计算值一样大或更大的检验统计量值的概率。对于这些检验，P 值小表示应该拒绝零值，或者零模型不足以描述观察的数据。

【执行方式】

打开"参数：Cox 比例风险回归"对话框。

【操作步骤】

执行此操作，打开"拟合优度"选项卡，在该选项卡中指定 GraphPad Prism 应输出哪些分析指标。每张图表均阐明了模型与给定数据之间的拟合程度，如图 15.73 所示。

【选项说明】

下面介绍该选项卡中的选项。

1. "假设检验（P 值）"选项组

GraphPad Prism 提供了许多不同的假设检验，下面介绍三假设检验的形式。

（1）偏似然比检验（也称为对数似然比检验或 G 检验）：表示引入某个参数后，似然函数的增量是否显著，结果服从一定自由度的卡方分布。若不显著，则表示增加的参数是无效的，可以剔除。似然比检验不仅可以检验一个参数，还可

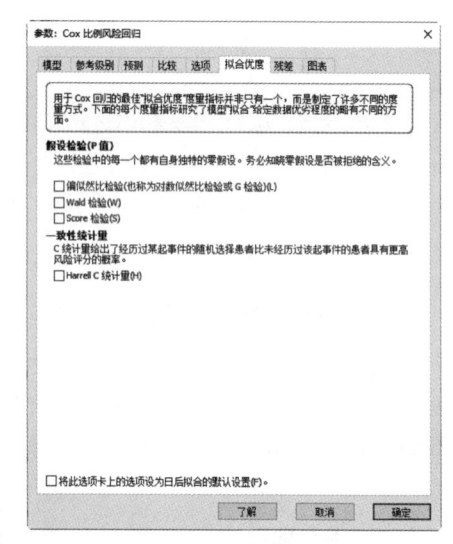

图 15.73 "拟合优度"选项卡

以检验两个嵌套模型的多个参数整体上是否为 0。

（2）Wald 检验：沃尔德检验。对一个假设进行检验时，使用 Wald 统计量作为检验统计量，根据 Wald 统计量的大小与一定的置信水平进行比较，得出假设是成立还是拒绝的结论。

（3）Score 检验：分值检验，与 Wald 检验类似，主要区别在于采用的标准误差不同。一般来说，Score 检验结果较 Wald 检验更可靠。在大样本下，Wald 检验和 Score 检验结果很接近。

2. "一致性统计量"选项组

GraphPad Prism 提供了报告 Harrell 的一致性 C 统计量的选项 "Harrell C 统计量"，指经历过某起事件的随机选择患者比未经历过该起事件的患者具有更高风险评分的概率。C 统计量可以取 0～1 之间的任何值。

（1）值为 1 表示模型正确预测每对观察结果的生存时间更长（风险比更小）。

（2）值为 0.5 表示模型仅正确预测 50% 的观察结果对，这意味着该模型并未优于随机概率（"翻硬币"）。

（3）值小于 0.5 表示模型比随机概率更差，可能需要重新考虑该模型中的一些约束。

★动手练——术后生存时间 Cox 回归假设检验

本实例对通过 26 名心脏病患者的术后生存时间的影响因素数据得到的回归模型进行假设检验和一致性检验，结果如图 15.74 所示。

36	假设检验	统计	P 值	零假设	拒绝零假设？	P 值摘要
37	对数似然比（G 平方）	18.14	0.0012	较简单(无协变量)模型是合适的	是	**
38	Wald 检验	12.70	0.0128	较简单(无协变量)模型是合适的	是	*
39	Score 检验	15.08	0.0045	较简单(无协变量)模型是合适的	是	**
40						
41	一致性概率					
42	Harrell C 统计量	0.7373				
43	95% 置信区间	0.6236 至 0.8511				

图 15.74　假设检验和一致性检验分析结果

结果分析：

在结果表的"假设检验"选项组中，P 值<0.05，拒绝零假设，认为较简单（无协变量）模型中预测变量的变化对风险比有影响。

在结果表的"一致性概率"选项组中，Harrell C 统计量表示一致配对的比例，为 0.7373，认为该模型具有较好的识别能力。C 统计量接近 1 表明模型具有更好的识别能力。C 统计量接近 0.5 的模型并未优于随机概率，C 统计量小于 0.5 的模型极为罕见。

思路点拨

源文件：源文件\15\术后生存时间 Cox 回归分析.prism

（1）打开项目文件结果表。

（2）打开参数对话框，勾选"拟合优度"选项卡中的"偏似然比检验（也称为对数似然比检验或 G 检验）""Wald 检验""Score 检验"复选框，更改结果表参数。

（3）保存项目文件为"术后生存时间 Cox 回归假设检验.prism"。

15.4.3 残差分析

Cox 比例风险回归的"残差"在数学上不同于线性回归的残差,只是用于检验关于通常利用标准残差的回归模型的假设。

【执行方式】

打开"参数:Cox 比例风险回归"对话框。

【操作步骤】

执行此操作,打开"残差"选项卡,在该选项卡中选择阐明了模型拟合质量的图表来分析残差,如图 15.75 所示。

【选项说明】

下面介绍该选项卡中的选项。

1. "比例风险假设是否有效?"选项组

GraphPad Prism 提供两张图表验证比例风险的假设是否有效。

(1)缩放的 Schoenfeld 残差 vs 时间/行序:如果比例风险假设成立,则这些残差应随机分布在以零点为中心的水平线附近。如果这些残差存在明显的趋势,则可能违反比例风险假设。对于删失观察,不存在缩放的 Schoenfeld 残差。

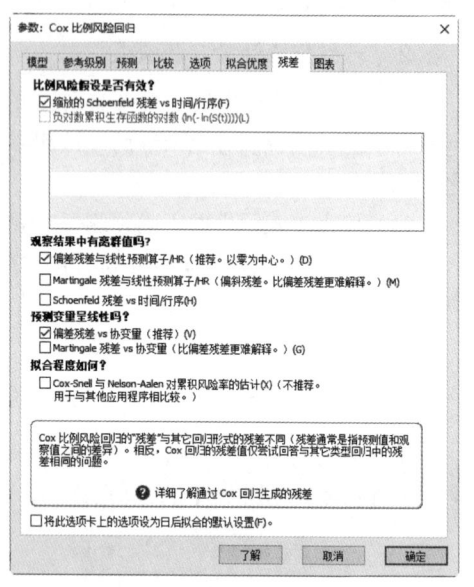

图 15.75 "残差"选项卡

(2)负对数累积生存函数的对数(ln(−ln(S(t)))):如果所指定的模型中包含分类变量,则在构建 LML 图时,该图表的选项会选择这些分类变量。该图表针对所选分类变量,为每个研究组(水平)生成一条曲线。为构建这些曲线,使用 Nelson-Aalen 风险估计计算各研究组的累积风险。其中累积风险函数 $H(t)=-\ln(S(t))$,取每个研究组 Nelson-Aalen 累积风险估计的自然对数,得到 $\ln(H(t))$ 或 $\ln(-\ln(S(t)))$。在 Y 轴上绘制"对数-负对数"值,在 X 轴上绘制 ln(时间)。如果比例风险假设有效,则对于单个分类预测变量,每个研究组(水平)的曲线将大致平行;如果单个分类预测变量组(水平)的曲线相互交叉,则很可能违反分析的比例风险假设。

2. "观察结果中有离群值吗?"选项组

为检测分析输入数据中的潜在异常值,提出了许多不同的 Cox 比例风险残差图。

(1)偏差残差与线性预测算子/HR(推荐。以零为中心。):该图表中的点应大致以零点为中心,而残差绝对值较大的点可能代表异常值。如果在这些图表中观察到某些趋势,则可能是样本量不足或观察结果中的删失模式导致的。

(2)Martingale 残差与线性预测算子/HR(偏斜残差。比偏差残差更难解释。):与偏差残差图类似,这些残差可用于发现数据中的潜在异常值。但图中这些残差呈偏斜趋势(不以零点为中心),事件观察结果的残差位于(−inf,1]范围内,而删失观察结果的残差位于(−inf,0]范围内。

(3)Schoenfeld 残差 vs 时间/行序:不同于偏差残差和鞅残差,这些残差用于确定观察结果对各回归系数的影响。勾选该复选框时，生成的图表用于检查每个不同变量系数的 Schoenfeld 残差。另外，该图表也可用于检验比例风险假设（如果这些图表显示非零斜率，则可能违反比例风险假设）。

3. "预测变量呈线性吗？"选项组

GraphPad Prism 提供了两张可用于评估预测变量对模型产生影响的线性度的图表。类似于检验是否存在潜在异常值的图表，可以使用偏差残差或鞅残差。

（1）偏差残差 vs 协变量（推荐）：将生成绘制偏差残差与模型中的每个连续预测变量的图表。预计偏差残差将随机以零点为中心，这些残差的趋势可能表明所选预测变量偏离线性度。

（2）Martingale 残差 vs 协变量（比偏差残差更难解释。）：这些残差呈偏斜趋势，落在(-inf,1]范围内，但平均值应该仍然为 0。这些残差的可视趋势可能表明所选预测变量偏离线性度。

4. "拟合程度如何？"选项组

Cox-Snell 与 Nelson-Aalen 对累积风险率的估计（不推荐。用于与其他应用程序相比较。）：该图表最初建议用于评估模型的整体拟合。拟合良好的回归将在该图表上生成一条点的近似直线，该直线穿过原点，斜率为 1。

5. "图表"选项卡

在该选项卡中利用 GraphPad Prism 估计的模型，根据模型中选定预测变量的值生成预测生存曲线，这些变量跨越了数据集中所有的观察时间点，如图 15.76 所示。

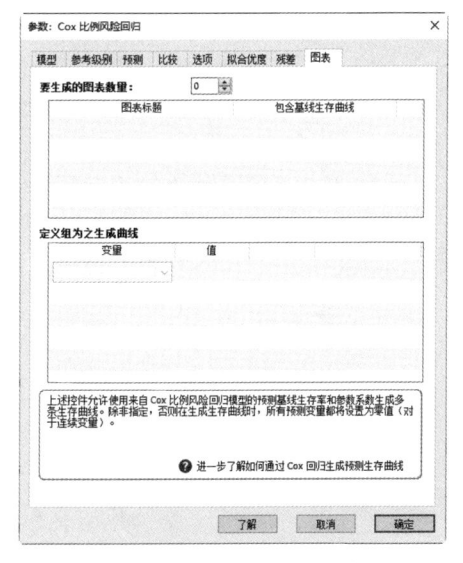

图 15.76　"图表"选项卡

★动手练——术后生存时间 Cox 回归残差分析

本实例对通过 26 名心脏病患者术后生存时间的影响因素数据得到的回归模型进行残差分析，结果如图 15.77 所示。

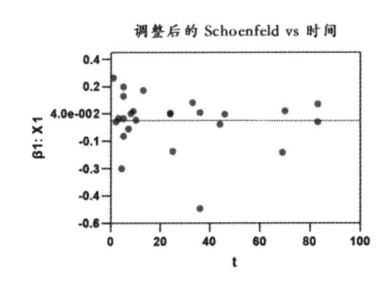

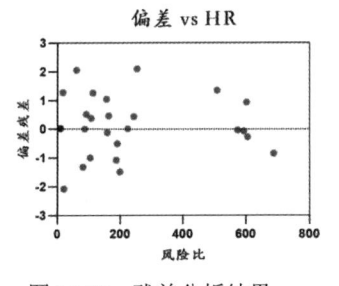

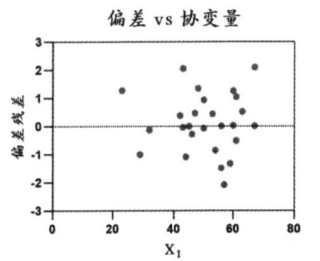

图 15.77　残差分析结果

结果分析：

（1）图表"调整后的 Schoenfeld vs 时间"用于检验指定模型的比例风险假设。对于模型中包含的每项参数（$\beta1\sim\beta4$）生成一组缩放的 Schoenfeld 残差。通过绘制这些残差（Y 轴）与时间（X 轴）

的关系图，预计在绘制的数据中无显著趋势。

（2）图表"偏差 vs HR：Cox 回归/心脏病患者"用于检验数据中可能存在的潜在异常值。

（3）图表"偏差 vs 协变量：Cox 回归/心脏病患者"用于检验各协变量的线性假设。在根据模型中的每个协变量绘制偏差残差时，预计这些残差将大致以零点为中心。

思路点拨

源文件：源文件\15\术后生存时间 Cox 回归假设检验.prism

（1）打开项目文件结果表。

（2）打开"参数：Cox 比例风险回归"对话框，勾选"残差"选项卡中的"缩放的 Schoenfeld 残差 vs 时间/行序""偏差残差与线性预测算子/HR""偏差残差 vs 协变量"复选框，更改结果表参数。

（3）保存项目文件为"术后生存时间 Cox 回归残差分析.prism"。

第 16 章 嵌套表数据统计分析

内容简介

嵌套表是一种数据表，它通过子列来包含子列的数据，从某种意义上说，它是在单一表中存储一对多关系的一种方式。以一个检验药物剂量实验影响因素的表格为例，为了避免随机误差，需要在不同剂量组下根据性别划分实验对象，即每组都需要两组实验对象。在一个严格的医学实验模型中，对于每个剂量实验列，都需要建立两个独立的子列来记录结果（第一次测量和第二次测量）。

本章将主要介绍使用 GraphPad Prism 嵌套表数据进行嵌套表图表分析、嵌套 t 检验或嵌套单因素方差分析的方法。

内容要点

- 嵌套表
- 嵌套表分析

16.1 嵌套表

嵌套表是某些行的集合，它在主表中表示为其中的一列。对主表中的每条记录，嵌套表可以包含多个行。存在两级嵌套或分层复制时，即可使用嵌套表。

16.1.1 嵌套表数据

假设正在比较两种教学方法，教学方法分别在 3 个独立教室中使用，每间教室中有 3~6 名学生。数据表中的值代表每间教室中个别学生的测量分数。每间教室仅使用一种教学方法，因此认为教室变量"嵌套"在教学方法变量中。

【执行方式】

在"创建"选项组中选择"嵌套"选项。

【操作步骤】

执行此操作，在"欢迎使用 GraphPad Prism"对话框右侧的"嵌套数据表"面板中显示该类型下的数据表和图表的预览图，如图 16.1 所示。

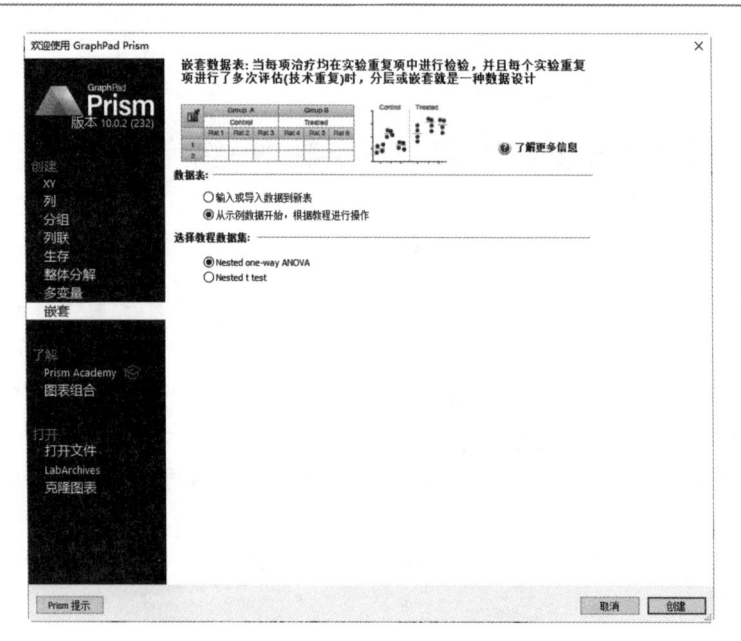

图 16.1 "欢迎使用 GraphPad Prism 10" 对话框

【选项说明】

在"数据表"选项组中显示两种创建整体分解数据表的方法。

(1)输入或导入数据到新表：选中该单选按钮，直接从空数据表开始定义，列数据定义为变量 A，变量 B，……，变量 Z，变量 AA。

(2)从示例数据开始，根据教程进行操作：选中该单选按钮，通过"选择教程数据集"选项组中的数据集模板定义列联表。

★动手学——新生儿出生体重嵌套表

源文件：源文件\16\新生儿出生体重表.xlsx

本实例研究孕妇补锌对胎儿生长发育的影响。将 192 名孕妇随机分为试验组和对照组，两组试验组在孕期不同时间按要求补锌，另外两组为对照组，数据见表 16.1。本实例创建一个嵌套表，包含四组孕妇所生新生儿（四家医院）出生体重。

表 16.1 新生儿出生体重数据　　　　　　　　　　　　　　　　　　　　单位：g

编号	补锌组		对照组		编号	补锌组		对照组	
	医院 A	医院 B	医院 C	医院 D		医院 A	医院 B	医院 C	医院 D
1	4513.9	3206.8	3425.9	3043.4	6	3470.2	3445.2	3182.5	4015.2
2	3620.0	3285.6	3168.3	2709.2	7	3904.1	3696.0	3436.1	3236.1
3	4439.9	3843.0	3232.5	3628.2	8	4191.9	4313.0	3473.4	3887.4
4	4589.9	4445.8	3111.9	3329.5	9	3628.1	3598.9	2564.2	2753.3
5	4171.6	3459.1	2785.5	2955.9	10	4233.0	4141.2	3287.0	3507.7

续表

编号	补锌组		对照组		编号	补锌组		对照组	
	医院 A	医院 B	医院 C	医院 D		医院 A	医院 B	医院 C	医院 D
11	4623.2	3207.3	3590.4	3229.6	30	4715.3	3470.1	4250.0	3495.9
12	3931.8	3453.5	3573.8	3444.1	31	4137.8	3514.1	2808.5	3199.8
13	4153.6	3576.1	2845.5	2430.0	32	4027.4	4588.5	2918.2	3357.8
14	4047.1	3971.1	2883.5	2998.6	33	4721.9	4685.6	2591.2	3290.0
15	4281.0	3790.2	3228.7	2834.5	34	3753.0	4486.9	2326.4	3699.0
16	3822.6	3909.2	2524.6	2473.4	35	4349.3	3692.3	3225.9	3513.4
17	4184.6	3871.3	2405.6	3778.6	36	4591.2	3662.1	2621.8	3128.6
18	4056.3	4095.9	3048.5	3676.1	37	3938.8	4347.8	2718.6	3436.7
19	5222.6	3898.2	3315.0	2743.9	38	3816.1	3208.2	3061.5	3711.4
20	3434.7	3787.2	2515.5	3261.9	39	3959.8	3291.7	3611.5	2855.3
21	3981.4	3752.6	2894.6	3805.2	40	4332.2	4817.7	3004.5	2416.6
22	4044.3	4142.0	2986.6	2229.6	41	4421.5	4055.6	2635.3	2868.7
23	4349.4	4077.0	3008.5	3074.5	42	3632.0	4100.1	2917.8	4424.4
24	4401.1	3627.3	3096.1	3319.7	43	3661.6	4140.0	2937.0	3067.3
25	4366.1	3860.6	3301.8	3551.1	44	3616.0	3474.5	3652.7	3045.8
26	3860.2	3794.9	3201.7	3017.8	45	4416.3	4119.7	2907.8	3327.4
27	3327.8	3735.2	3474.3	2680.6	46	3789.0	4100.1	3663.3	3112.5
28	4274.7	3590.5	2837.9	3341.5	47	5095.3	3922.5	3677.8	3770.0
29	4348.4	3560.6	2808.4	3367.5	48	4784.9	4425.6	3665.3	3205.9

操作步骤

1. 设置工作环境

（1）双击 GraphPad Prism 10 图标，启动 GraphPad Prism，自动弹出"欢迎使用 GraphPad Prism"对话框。在"创建"选项组中选择"嵌套"选项，在"数据表"选项组中默认选中"输入或导入数据到新表"单选按钮，在"选项"选项组中设置"创建此数量的子列"为 2，如图 16.2 所示。

（2）单击"创建"按钮，创建项目文件，同时该项目下自动创建一个数据表"数据 1"和关联的图表"数据 1"。重命名数据表为"新生儿出生体重"。

（3）选择菜单栏中的"文件"→"另存为"命令，或选择"文件"功能区中"保存命令"按钮下的"另存为"命令，弹出"保存"对话框，输入项目名称"新生儿出生体重嵌套表"。单击"保存"按钮，在源文件目录下自动创建项目文件。

2. 复制数据

打开"新生儿出生体重表.xlsx"文件，复制数据并粘贴到"新生儿出生体重"数据表中，结果如图 16.3 所示。由于数据过多，这里只显示部分数据。

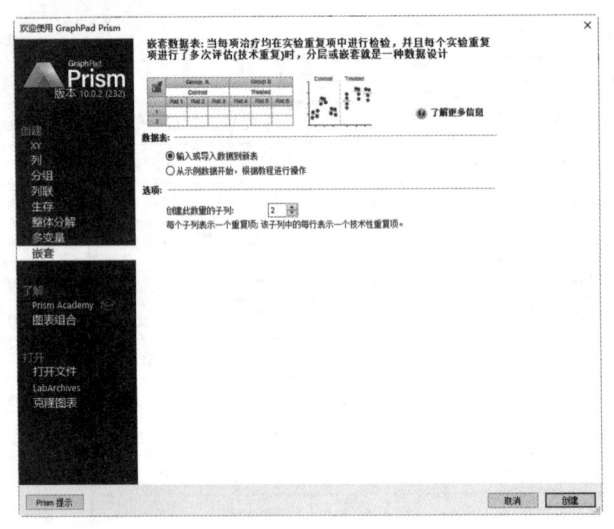

图16.2 选择"嵌套"选项

图16.3 粘贴数据

3. 格式化图表

（1）单击工作区左上角的"表格式"单元格，弹出"格式化数据表"对话框。打开"列标题"选项卡，在A、B行输入列标题：补锌组、对照组。

（2）打开"子列标题"选项卡，取消勾选"为所有数据集输入一组子列标题"复选框，显示所有列组的子列标题。输入子列标题：医院A、医院B、医院C、医院D。

（3）单击"确定"按钮，关闭该对话框，在数据表中显示表格格式设置结果，如图16.4所示。

图16.4 设置子列标题

4. 保存项目

单击"文件"功能区中的"保存"按钮，或按 **Ctrl+S** 组合键，保存项目文件。

16.1.2 嵌套表图表

【执行方式】

- ➤ 菜单栏：选择菜单栏中的"插入"→"新建现有数据的图表"命令。
- ➤ 导航器：在导航器的"图表"选项卡中单击"新建图表"按钮⊕。
- ➤ 功能区：单击"表"功能区中的"根据现有数据创建新图"按钮。

【操作步骤】

执行此操作，打开"创建新图表"对话框。在"显示"下拉列表中选择"嵌套"选项，显示图表模板，包括散布图、箱线图和小提琴图，如图 16.5 所示。

★动手练——新生儿出生体重嵌套图表

本实例通过嵌套图表比较四组孕妇所生新生儿（四家医院）出生体重数据，结果如图 16.6 所示。

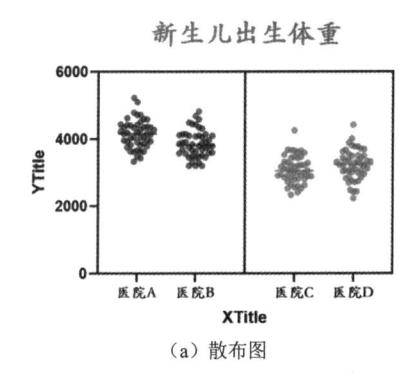

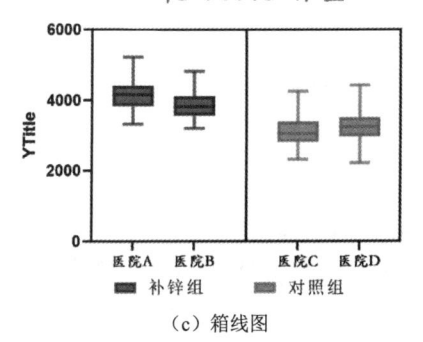

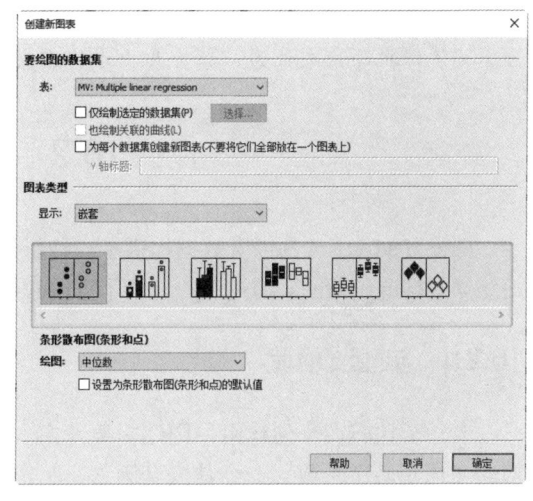

图 16.5 "嵌套"系列图表

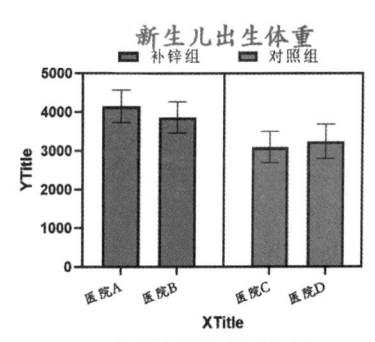

（a）散布图

（b）条形散布图（条形和点）

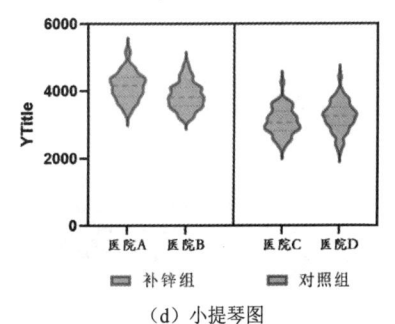

（c）箱线图

（d）小提琴图

图 16.6 嵌套图表结果

> **思路点拨**

源文件：源文件\16\新生儿出生体重嵌套表.prism
（1）打开项目文件中的数据表"新生儿出生体重"。
（2）单击"新建图表"按钮，新建散布图、条形散布图（条形和点）、箱线图和小提琴图。
（3）保存项目文件为"新生儿出生体重嵌套图表.prism"。

16.2 嵌套表分析

GraphPad Prism 为嵌套数据提供了一种新的数据表，其中每个子列中的值都是相关的，并可以创建这些数据的子列图。通过这些包含子列的数据表可以执行嵌套 t 检验及嵌套单因素方差分析。

16.2.1 嵌套 t 检验

若想要比较两个治疗组，则还需要考虑一个嵌套变量，GraphPad Prism 提供了嵌套 t 检验。该检验考虑了两个系数（一个是嵌套因素，另一个是嵌套变量），因此该检验也称为嵌套双因素方差分析。

【执行方式】

菜单栏：选择菜单栏中的"分析"→"群组比较"→"嵌套 t 检验"命令。

【操作步骤】

执行此命令，弹出"分析数据"对话框，在左侧列表中选择指定的分析方法"嵌套 t 检验"。单击"确定"按钮，关闭该对话框，弹出"参数：嵌套 t 检验"对话框，包含两个选项卡，如图 16.7 所示。

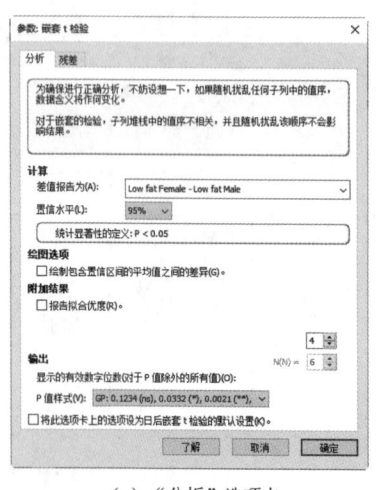

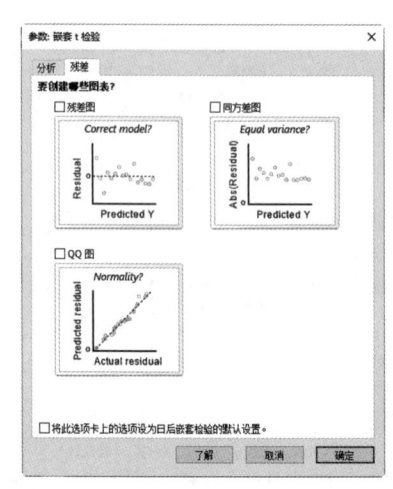

(a)"分析"选项卡　　　　　　(b)"残差"选项卡

图 16.7　"参数：嵌套 t 检验"对话框

【选项说明】

下面介绍该对话框中的选项。

1. "分析"选项卡

（1）"计算"选项组。

1）差值报告为：选择分析中两组的比较顺序。

2）置信水平：选择置信水平，默认值为 95%。统计显著性的定义：P<0.05。其中，0.05=（1−0.95）。

（2）"绘图选项"选项组。

绘制包含置信区间的平均值之间的差异：勾选该复选框，将创建显示差异列表的表格和图表。

（3）"附加结果"选项组。

报告拟合优度：勾选该复选框，GraphPad Prism 将报告拟合优度。

2. "残差"选项卡

GraphPad Prism 提供了三种基于嵌套 t 检验绘制残差的图表类型：残差图、同方差图和 QQ 图。

★动手学——补锌对胎儿生长发育影响嵌套 t 检验

源文件：源文件\16\新生儿出生体重嵌套表.prism

本实例根据四组孕妇所生新生儿（四家医院）出生体重，检验补锌对新生儿出生体重是否有影响。

（1）建立列之间的检验假设。

H_0：$\mu_1=\mu_2$，补锌组、对照组新生儿出生体重的平均数相等，即补锌对新生儿出生体重没有影响。

H_1：$\mu_1 \neq \mu_2$，补锌组、对照组新生儿出生体重的平均数不相等，即补锌对新生儿出生体重有影响。

（2）建立子列之间的检验假设。

H_0：$\mu_1=\mu_2$，不同医院数据的平均数相等，不同医院之间的数据不存在差异。

H_1：$\mu_1 \neq \mu_2$，不同医院数据的平均数不相等，不同医院之间的数据存在差异。

操作步骤

1. 设置工作环境

（1）双击"开始"菜单中的 GraphPad Prism 10 图标，启动 GraphPad Prism 10。

（2）选择菜单栏中的"文件"→"打开"命令，或单击 Prism 功能区中的"打开项目文件"命令，或单击"文件"功能区中的"打开项目文件"按钮，或按 Ctrl+O 组合键，弹出"打开"对话框。选择需要打开的文件"新生儿出生体重嵌套表.prism"，单击"打开"按钮，即可打开项目文件。

（3）选择菜单栏中的"文件"→"另存为"命令，或选择"文件"功能区中"保存命令"按钮下的"另存为"命令，弹出"保存"对话框，输入项目名称"补锌对胎儿生长发育影响嵌套 t 检验"。单击"保存"按钮，在源文件目录下自动创建项目文件。

2. 嵌套 t 检验

（1）选择菜单栏中的"分析"→"群组比较"→"嵌套 t 检验"命令，弹出"分析数据"对话框，在左侧列表中选择指定的分析方法"嵌套 t 检验"。单击"确定"按钮，关闭该对话框，弹出"参数：嵌套 t 检验"对话框。

（2）打开"分析"选项卡，勾选"绘制包含置信区间的平均值之间的差异""报告拟合优度"复选框，如图 16.8（a）所示。打开"残差"选项卡，勾选"QQ 图"复选框，如图 16.8（b）所示。

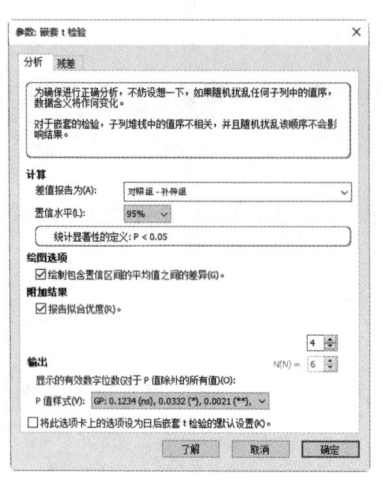

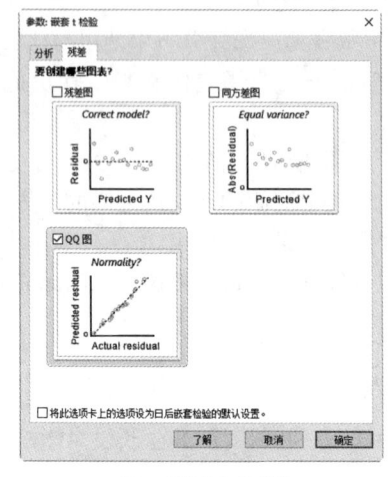

（a）"分析"选项卡　　　　　　　　　　（b）"残差"选项卡

图 16.8　"参数：嵌套 t 检验"对话框

（3）单击"确定"按钮，关闭该对话框，输出结果表和图表。

3. 数据结果分析

（1）在结果表"嵌套 t 检验/新生儿出生体重"中包含"表结果"选项卡，如图 16.9 所示。

（2）打开图表"QQ 图：嵌套 t 检验/新生儿出生体重"，显示实际残差-预测残差图，如图 16.10 所示。可以看到，点的大致趋势明显集中在从原点出发的一条 45° 直线上，因此认为误差的正态性假设是合理的。

图 16.9　嵌套 t 检验结果　　　　　　　　图 16.10　QQ 图

（3）"表结果"选项卡"嵌套 t 检验"选项组中 P=0.0353＜0.05，按 α=0.05 标准，拒绝原假设，即两组间差别具有统计学意义，认为补锌对新生儿出生体重有影响。

（4）在"子列（每列内部）是否不同？"选项组中显示判断不同医院差异性的 P 值。P=0.0042＜0.05，表示不同医院之间的数据存在差异。

4．保存项目

单击"文件"功能区中的"保存"按钮，或按 Ctrl+S 组合键，保存项目文件。

16.2.2　嵌套单因素方差分析

若有三个或更多数据集，则 GraphPad Prism 会提供嵌套单因素方差分析，嵌套方差分析属于层次方差分析。对于嵌套方差分析，子列堆栈中的值序不相关，并且随机扰乱该顺序不会影响结果。

【执行方式】

菜单栏：选择菜单栏中的"分析"→"群组比较"→"嵌套单因素方差分析"命令。

【操作步骤】

执行此命令，弹出"分析数据"对话框，在左侧列表中选择指定的分析方法"嵌套单因素方差分析"。单击"确定"按钮，关闭该对话框，弹出"参数：嵌套的单因素方差分析"对话框，包含 3 个选项卡，如图 16.11 所示。

【选项说明】

下面介绍该对话框中的选项。

1．"分析"选项卡

（1）"绘图选项"选项组。

为每个数据集绘制总平均值和 95%置信区间：勾选该复选框，GraphPad Prism 将绘制这些置信区间。

（2）"附加结果"选项组。

报告拟合优度：勾选该复选框，输出拟合优度，表明每个模型均正确的可能性。

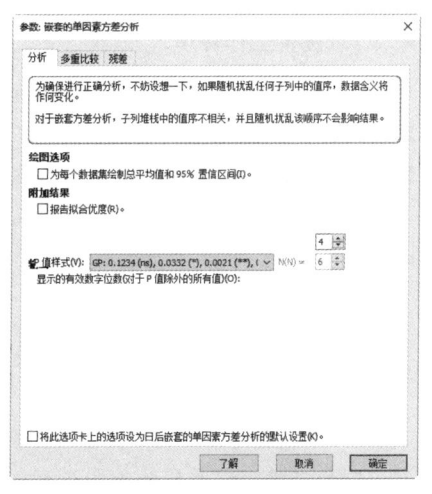

图 16.11　"参数：嵌套的单因素方差分析"对话框

2．"多重比较"选项卡

在该选项卡中设置方差分析多重比较的参数：多重比较次数、多重比较检验方法等。

3．"残差"选项卡

在该选项卡中选择 GraphPad Prism 可以绘制的残差图：残差图、同方差图、QQ 图。

★动手学——家兔肺纤维化影响因素嵌套方差分析

源文件：源文件\16\肾上腺素酚妥拉明对家兔肺系数的影响表.xlsx

本实例根据某实验室研究家兔肺纤维化的影响因素数据（见表 16.2），利用嵌套方差分析分析肾上腺素、酚妥拉明对家兔肺系数的影响。

表 16.2 肾上腺素、酚妥拉明对家兔肺系数的影响

编号	肾上腺素+酚妥拉明组			肾上腺素+生理盐水组			生理盐水组		
	实验室 1	实验室 2	实验室 3	实验室 4	实验室 5	实验室 6	实验室 7	实验室 8	实验室 9
1	18.46	17.68	19.50	18.33	19.19	10.32	11.25	12.35	13.63
2	13.33	12.76	20.19	24.29	25.64	21.71	12.63	10.16	14.25
3	13.23	11.17	7.72	11.85	11.17	9.50	14.64	10.45	14.00
4	8.00	7.71	18.36	10.45	18.92	20.64	8.33	12.14	13.56
5	9.58	9.41	15.57	17.10	26.27	18.44	11.20	11.94	10.65
6	21.30	15.22	20.57	17.82	17.76	25.03	14.62	14.39	12.32
7	12.40	4.16	21.39	17.22	20.70	21.37	8.70	10.10	15.26
8	13.48	14.90	16.43	16.25	17.60	13.45	14.50	11.76	10.67

操作步骤

1. 设置工作环境

（1）双击 GraphPad Prism 10 图标，启动 GraphPad Prism，自动弹出"欢迎使用 GraphPad Prism"对话框。在"创建"选项组中选择"嵌套"选项，在"数据表"选项组中默认选中"输入或导入数据到新表"单选按钮，在"选项"选项组中设置"创建此数量的子列"为 3。

（2）单击"创建"按钮，创建项目文件，同时该项目下自动创建一个数据表"数据 1"和关联的图表"数据 1"。重命名数据表为"肺系数"。

（3）选择菜单栏中的"文件"→"另存为"命令，或选择"文件"功能区中"保存命令"按钮下的"另存为"命令，弹出"保存"对话框，输入项目名称"家兔肺纤维化影响因素嵌套方差分析"。单击"保存"按钮，在源文件目录下自动创建项目文件。

2. 复制数据

打开"肾上腺素酚妥拉明对家兔肺系数的影响表.xlsx"文件，复制数据并粘贴到"肺系数"数据表中。结果如图 16.12 所示。

图 16.12 粘贴数据

3. 格式化图表

（1）单击工作区左上角的"表格式"单元格，弹出"格式化数据表"对话框。打开"子列标题"选项卡，取消勾选"为所有数据集输入一组子列标题"复选框，显示所有列组的子列标题。输入子列标题：实验室 1、实验室 2、实验室 3、实验室 4、实验室 5、实验室 6、实验室 7、实验室 8、实验室 9。

(2) 单击"确定"按钮,关闭该对话框,在数据表中显示表格格式设置结果,如图 16.13 所示。

| 第 A 组 |||第 B 组|||第 C 组|||
| 肾上腺素+酚妥拉明组 |||肾上腺素+生理盐水组|||生理盐水组|||
实验室1	实验室2	实验室3	实验室4	实验室5	实验室6	实验室7	实验室8	实验室9
18.46	17.68	19.50	18.33	19.19	10.32	11.25	12.35	13.63
13.33	12.76	20.19	24.29	25.64	21.71	12.63	10.16	14.25
13.23	11.17	7.72	11.85	11.17	9.50	14.64	10.45	14.00
8.00	7.71	18.36	18.92	20.64	20.64	8.33	12.14	13.51
9.58	9.41	15.57	17.10	26.27	18.44	11.20	11.94	10.65
21.30	15.22	20.57	17.82	17.76	25.03	14.62	14.39	12.32
12.40	4.16	21.39	17.20	20.70	21.37	8.70	10.10	5.00
13.48	14.90	16.43	16.25	17.60	13.45	14.50	11.76	10.67

图 16.13　设置子列标题

4. 嵌套单因素方差分析

(1) 选择菜单栏中的"分析"→"群组比较"→"嵌套单因素方差分析"命令,弹出"分析数据"对话框,在左侧列表中选择指定的分析方法"嵌套单因素方差分析"。单击"确定"按钮,关闭该对话框,弹出"参数:嵌套的单因素方差分析"对话框。

(2) 打开"多重比较"选项卡,在"比较次数"选项组中选中"比较每列平均值与对照列的平均值。"单选按钮,"对照列"选择"列 C:生理盐水组"选项,如图 16.14 所示。打开"残差"选项卡,勾选"QQ 图"复选框。

(3) 单击"确定"按钮,关闭该对话框,输出结果表和图表。

5. 数据结果分析

(1) 在结果表"嵌套单因素方差分析/肺系数"中包含"表结果""多重比较"选项卡,如图 16.15 所示。

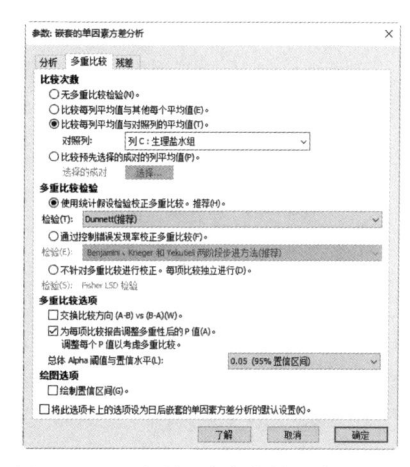

图 16.14　"参数:嵌套的单因素方差分析"对话框

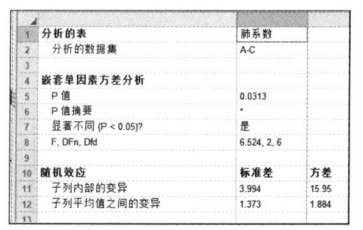

(a)"表结果"选项卡

(b)"多重比较"选项卡

图 16.15　嵌套单因素方差分析结果

(2) 打开图表 "QQ 图：嵌套单因素方差分析/肺系数"，显示实际残差-预测残差图，如图 16.16 所示。可以看到，点的大致趋势明显集中在从原点出发的一条 45°直线上，因此认为误差的正态性假设是合理的。

(3) "表结果"选项卡"嵌套单因素方差分析"选项组中 P=0.0313＜0.05，按 α=0.05 标准，拒绝原假设，即三组间差别具有统计学意义，认为肾上腺素、酚妥拉明对家兔肺系数有影响。

(4) 在"子列（每列内部）是否不同？"选项组中显示判断不同实验室结果差异性的 P 值。P=0.2274＞0.05，表示实验室结果之间存在差异。

(5) "多重比较"选项卡"Dunnett 多重比较检验"选项组中"生理盐水组 vs 肾上腺素+生理盐水组" P=0.0210＜0.05，认为肾上腺素对家兔肺系数有影响。

6. 嵌套图

在导航器的"图表"选项卡中打开"肺系数"小提琴图，如图 16.17 所示。

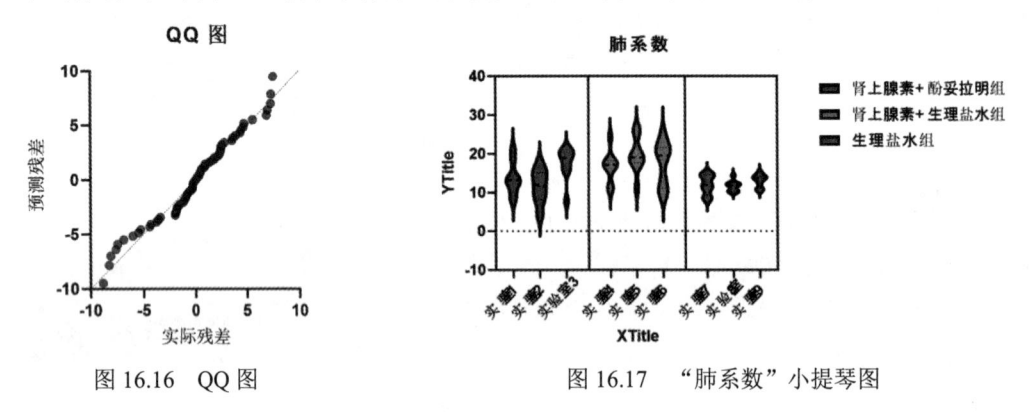

图 16.16　QQ 图

图 16.17　"肺系数"小提琴图

7. 编辑图表

(1) 选择图表标题，设置字体为"华文楷体"，大小为 20，颜色为红色（3E）。选择坐标轴标题，设置字体为"华文楷体"，移动图例到 X 轴下方。

(2) 选择"更改"功能区中"更改颜色"按钮 下的"彩色（半透明）"命令，即可自动更新图表颜色，结果如图 16.18 所示。

8. 保存项目

单击"文件"功能区中的"保存"按钮，或按 Ctrl+S 组合键，保存项目文件。

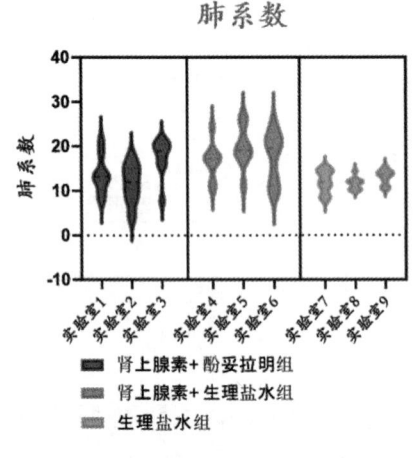

图 16.18　更新图表颜色

第 17 章 图形布局

内容简介

图形的布局与输出是 GraphPad Prism 计算机绘图的最后一个环节，正确的绘图设计需要正确的布局设置。

本章介绍布局表的创建，图形布局、对齐等功能，支持智能图形和图表等对象。通过设置图文布局，可以创建美观、图文并茂的版面。

内容要点

- 页面布局
- 布局设置
- 常用组合图

17.1 页 面 布 局

布局表可以在一张页面上组合多张图表，以及数据或结果表、文本、绘图和导入的图像等，再进行页面布局。

17.1.1 创建布局表

在 GraphPad Prism 中，有一类特定的版面布局设计窗口—布局窗口，可以在其中随意排列多个图形或表格。

【执行方式】
- 菜单栏：选择菜单栏中的"插入"→"新建布局"命令。
- 导航器：在导航器的"布局"选项卡中单击"新建布局"按钮⊕。
- 功能区：单击"表"功能区中的"新建布局"按钮。

【操作步骤】
执行此操作，弹出"创建新布局"对话框，如图 17.1 所示。

【选项说明】
下面介绍该对话框中的选项。

1. "页面选项"选项组

（1）方向：设置页面是横向显示还是纵向显示。

（2）背景色：单击 按钮，弹出颜色列表，设置布局表的页面颜色。

（3）页面顶部包含主标题：勾选该复选框，在新建的布局页面上显示标题。

2. "图表排列"选项组

（1）向页面中添加图表（或者使用拖放）：选中该单选按钮，向页面中添加一个图表。

（2）用于图纸和图像布局的空白布局：选中该单选按钮，创建一个空白布局表。

（3）图表数组：输入布局表中包含的行数和列数。

（4）标准排列：在列表中选择指定格式的排列模板（8个）。

图 17.1 "创建新布局"对话框

3. "图表或占位符"选项组

（1）仅占位符：首次创建布局页面时，需要选择占位符排列。以后一次添加一个图表。

（2）填充包含图表的布局，从下面开始：在列表中选择包含布局的模板。

★动手学——肺炎新药治疗前后退热天数组合图

源文件：源文件\17\肺炎新药治疗前后退热天数误差图.prism

在布局中添加图表最简单的方法是使用图表占位符，在图表占位符上插入图表。其中，图表可来自一个或多个 GraphPad Prism 项目。

本实例根据肺炎新药治疗前后退热天数绘制的图表，在布局中绘制组合图。

操作步骤

1. 设置工作环境

（1）双击 GraphPad Prism 10 图标，启动 GraphPad Prism。

（2）选择菜单栏中的"文件"→"打开"命令，或单击 Prism 功能区中的"打开项目文件"命令，或单击"文件"功能区中的"打开项目文件"按钮 ，或按 Ctrl+O 组合键，弹出"打开"对话框。选择需要打开的文件"肺炎新药治疗前后退热天数误差图.prism"，单击"打开"按钮，即可打开项目文件。

（3）选择菜单栏中的"文件"→"另存为"命令，或选择"文件"功能区中"保存命令"按钮 下的"另存为"命令，弹出"保存"对话框，输入项目名称"肺炎新药治疗前后退热天数组合图.prism"。单击"保存"按钮，保存项目。

2. 创建布局表

（1）单击导航器"布局"选项卡中的"新建布局"按钮，弹出"创建新布局"对话框。在"页面选项"选项组中选中"横向"单选按钮，勾选"页面顶部包含主标题"复选框，在"图表排列"选项组中选择两行三列的图表排列，如图 17.2 所示。

（2）单击"确定"按钮，关闭该对话框，创建包含两行三列的图表占位符的布局表，如图17.3所示。

图17.2 "创建新布局"对话框

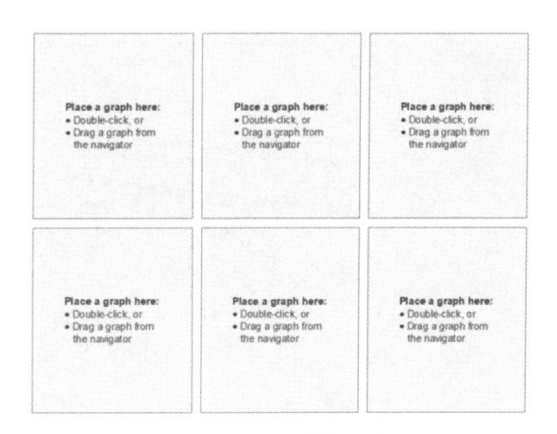

图17.3 创建布局表

3. 添加图表

（1）单击选中导航器"图表"下的"治疗前后退热天数（散布图）"，按住鼠标左键将其拖动到布局表左上角的第一个图表占位符上，如图17.4所示。松开鼠标左键后，自动将选中图表放置到布局表中，结果如图17.5所示。

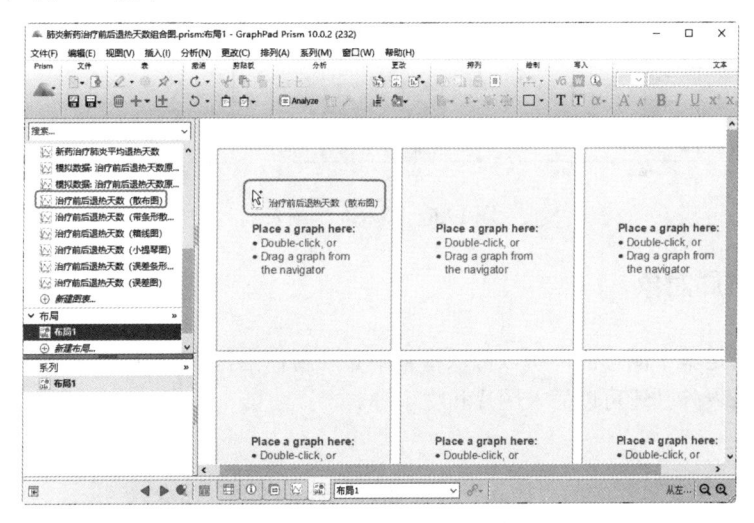

图17.4 拖动图表到布局表

（2）使用同样的方法，将图表"治疗前后退热天数（带条形散布图）""治疗前后退热天数（箱线图）""治疗前后退热天数（小提琴图）""治疗前后退热天数（误差条形图）""治疗前后退热天数（误差图）"拖动到布局表的其余图表占位符上，完成图表的导入，结果如图17.6所示。

4. 保存项目

单击"文件"功能区中的"保存"按钮，或按 Ctrl+S 组合键，保存项目文件。

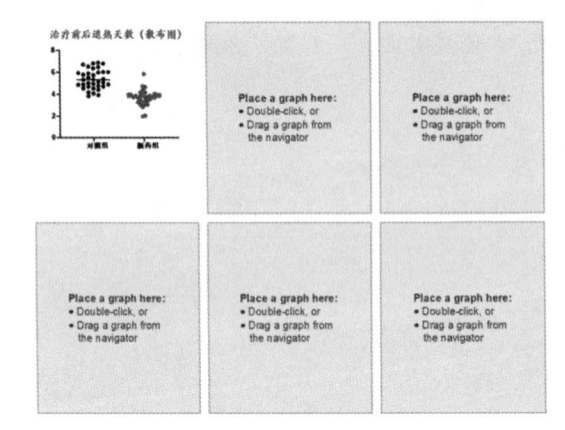

图 17.5　放置图表

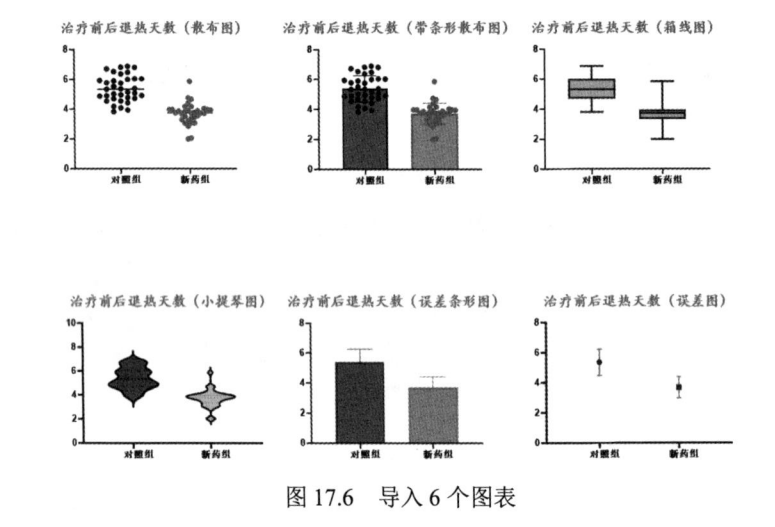

图 17.6　导入 6 个图表

17.1.2　添加布局对象

因为页面布局是基于图形的,所以可以将整个布局窗口当作一张白纸。布局的第一步是添加指定的对象,除了图表外,还可以插入图片和文本等。

【执行方式】

- ➢ 菜单栏:选择菜单栏中的"插入"→"插入 Prism 图表"命令。
- ➢ 快捷命令:在图表占位符上右击,在弹出的快捷菜单中选择"格式化图表"命令。
- ➢ 快捷操作:双击图表占位符,如图 17.7 所示。

【操作步骤】

执行上述操作,弹出"在布局中放置图表"对话框,如图 17.8 所示。

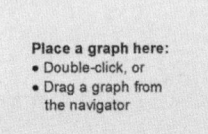

图 17.7　图表占位符

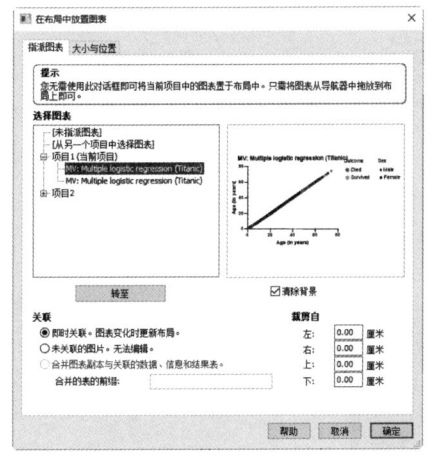

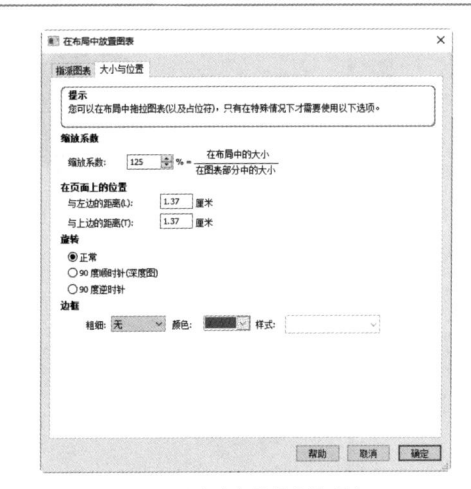

(a)"指派图表"选项卡　　　　　　　　(b)"大小与位置"选项卡

图 17.8　"在布局中放置图表"对话框

【选项说明】

下面介绍该对话框中的选项。

1."指派图表"选项卡

（1）选择图表：可从任何项目中选择一张图表。

（2）关联。

1）即时关联：选中该单选按钮，布局表中导入的图表与图表文件关联，图表变化时更新布局。

2）未关联的图片：选中该单选按钮，布局表中导入的图表与图表文件不关联，图表无法编辑。

3）合并图表副本与关联的数据、信息和结果表：选中该单选按钮，在布局表中导入图表时，合并图表副本与关联的数据、信息和结果表。还可以为合并的表添加前缀。

（3）裁剪自：设置页边距，包括调整左、右、上、下边距。

2."大小与位置"选项卡

（1）缩放系数：输入布局表与图表大小的比值。

（2）在页面上的位置：输入放置的图表与布局表页面左边、上边的距离。

（3）旋转：在布局表中放置图表后，可进行 90°顺时针旋转（深度图）、90°逆时针旋转。

（4）边框。

1）粗细：在下拉列表中选择边框粗细。

2）颜色：在下拉列表中选择边框颜色。

3）样式：在下拉列表中选择边框线型。

★动手练——疫苗超敏反应组合图

本实例通过几种常用疫苗的超敏反应数据绘制的切片图和环形图，在布局表中绘制组合图，结果如图 17.9 所示。

（a）接种次数组合图

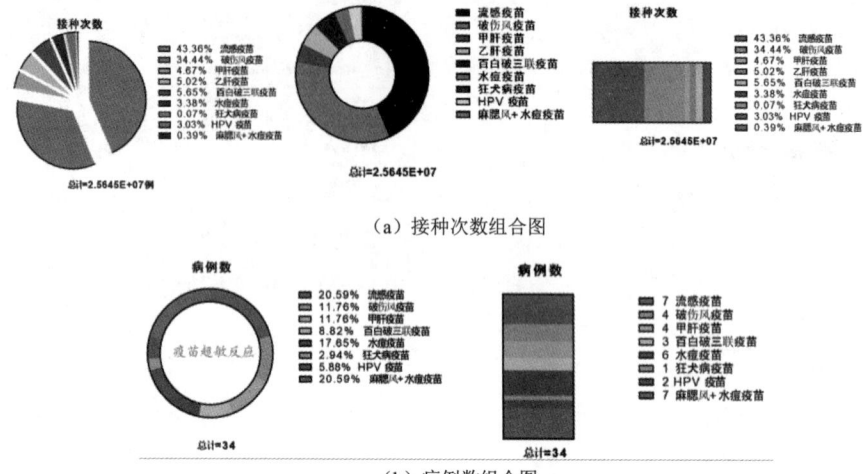

（b）病例数组合图

图17.9　组合图结果

思路点拨

源文件：源文件\17\疫苗超敏反应整体切片图.prism

（1）打开项目文件。

（2）新建"横向""3×1"的布局表"接种次数组合图"。

（3）选择"插入 Prism 图表"命令，选择当前项目下的图表：疫苗的超敏反应、疫苗的超敏反应[接种次数]、疫苗的超敏反应[接种次数]。

（4）新建"横向""2×1"的布局表"病例数组合图"。

（5）选择"插入 Prism 图表"命令，选择当前项目下的图表：疫苗的超敏反应[病例数]、疫苗的超敏反应[病例数]。

（6）保存项目文件为"疫苗超敏反应组合图.prism"。

17.2　布局设置

在布局表中导入布局对象后，根据需要，可以对布局对象进行重新排列、更改大小、横纵反转等操作。

17.2.1　设置布局方向

页面布局方向分为横向和纵向，系统默认的页面布局方向一般为纵向。根据需要可以灵活设置布局方向。

【执行方式】

➢ 菜单栏：选择菜单栏中的"更改"→"翻转到横向页面"命令。

➢ 功能区：单击"更改"功能区中的"翻转到横向页面"按钮。

【操作步骤】

执行此操作，纵向页面布局将直接转换为横向页面布局。

同样地，若当前页面布局方向为横向，则执行此操作后，横向页面布局将直接转换为纵向页面布局。

17.2.2 设置布局格式

布局格式用于设置页面中对象排列的方向、行数、列数等内容。

【执行方式】

➢ 菜单栏：选择菜单栏中的"更改"→"图标排列"命令。
➢ 功能区：单击"更改"功能区中的"更改图表或占位符的数量或排列"按钮。

【操作步骤】

执行此操作，弹出"设置布局格式"对话框，如图 17.10 所示。该对话框与"在布局中放置图表"对话框类似，这里不再赘述。

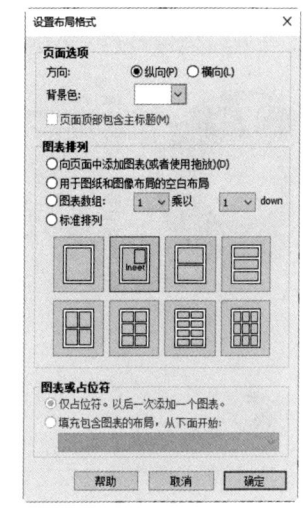

图 17.10　"设置布局格式"对话框

17.2.3 均衡缩放系数

缩放系数是指图表在布局上的尺寸与布局在图表上的尺寸之比，通过调整图表和布局的缩放比例，可以得到适当的尺寸。

【执行方式】

➢ 菜单栏：选择菜单栏中的"排列"→"均衡缩放系数"命令。
➢ 功能区：单击"更改"功能区中的"均衡缩放系数"按钮。

【操作步骤】

执行上述操作，弹出"均衡缩放系数"对话框，如图 17.11 所示。

【选项说明】

下面介绍该对话框中的选项。

1. "均衡以下对象的缩放系数"选项组

（1）布局中的所有图表：选中该单选按钮，对布局中的所有图表应用设置的缩放系数。

图 17.11　"均衡缩放系数"对话框

（2）仅选定的图表：选中该单选按钮，只对当前选中的图表应用设置的缩放系数。

2. "缩放系数更改为"选项组

（1）减小缩放系数以匹配最小尺寸（100%）：选中该单选按钮，减小比其他图表大的图表的比例因子。

（2）增大缩放系数以匹配最大尺寸（100%）：选中该单选按钮，增加过小图表的比例因子。
（3）所有缩放系数设置为：选中该单选按钮，使用相同尺寸的字体制成图表。

★动手练——疫苗超敏反应组合图布局

本实例对布局表中的组合图重新排列，结果如图 17.12 所示。

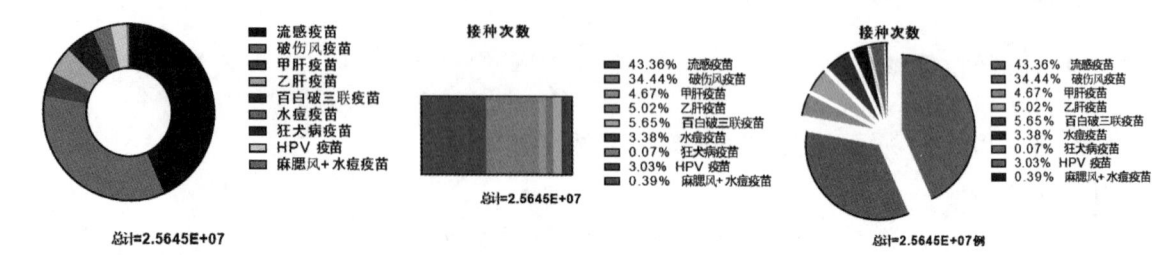

图 17.12　组合图结果

思路点拨

源文件：源文件\17\疫苗超敏反应组合图.prism
（1）打开项目文件。
（2）更改"接种次数组合图"排列为"2×1"。
（3）保存项目文件为"疫苗超敏反应组合图布局.prism"。

17.3　常用组合图

在进行医学图表分析时，需要组合使用布局表中的多个图表才能完整地表达数据之间的层关系。下面介绍几种常用的组合图。

17.3.1　重叠图

重叠图主要是指柱状图中的一个系列数据重复显示在另一系列数据上，可以更加直观地突出两系列数据的差异，与两系列数据并列显示相比更加直观，且占用空间小。

★动手学——新生儿出生体重重叠图

源文件：源文件\17\新生儿出生体重嵌套图表.prism

本实例绘制四组孕妇所生新生儿（四家医院）出生体重数据的散点图和小提琴图组合的重叠图。

操作步骤

1. 设置工作环境

（1）双击 GraphPad Prism 10 图标，启动 GraphPad Prism。

(2) 选择菜单栏中的"文件"→"打开"命令，或单击 Prism 功能区中的"打开项目文件"命令，或单击"文件"功能区中的"打开项目文件"按钮，或按 Ctrl+O 组合键，弹出"打开"对话框。选择需要打开的文件"新生儿出生体重嵌套图表.prism"，单击"打开"按钮，即可打开项目文件。

　　(3) 选择菜单栏中的"文件"→"另存为"命令，或选择"文件"功能区中"保存命令"按钮下的"另存为"命令，弹出"保存"对话框，输入项目名称"新生儿出生体重重叠图.prism"。单击"保存"按钮，保存项目。

2. 创建布局表

　　(1) 单击导航器"布局"选项卡中的"新建布局"按钮，弹出"创建新布局"对话框。在"页面选项"选项组中选中"纵向"单选按钮，在"图表排列"选项组中选择两行一列的图表排列，如图 17.13 所示。单击"确定"按钮，关闭该对话框，创建布局表。

　　(2) 单击选中导航器"图表"选项卡中的"新生儿出生体重（散点图）""新生儿出生体重（箱线图）"，将其拖动到布局表的图表占位符上，如图 17.14 所示。

　　(3) 单击"更改"功能区中的"均衡缩放系数"按钮，弹出"均衡缩放系数"对话框，选中"所有缩放系数设置为 100%"单选按钮。单击"确定"按钮，等比例显示两个图表，结果如图 17.15 所示。

　　(4) 选中两个图表，选择菜单栏中的"排列"→"对齐 Y 轴"命令，对齐垂直排列的图表 Y 轴。选择菜单栏中的"排列"→"对齐 X 轴"命令，对齐垂直排列的图表 X 轴，结果如图 17.16 所示。

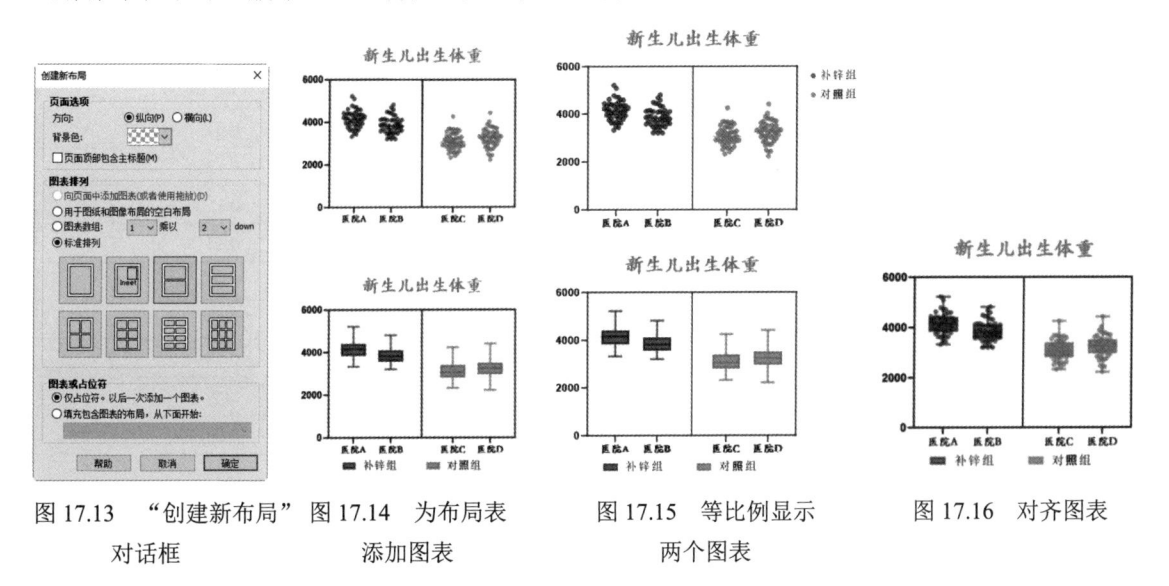

图 17.13　"创建新布局"对话框　　图 17.14　为布局表添加图表　　图 17.15　等比例显示两个图表　　图 17.16　对齐图表

3. 保存项目

　　单击"文件"功能区中的"保存"按钮，或按 Ctrl+S 组合键，保存项目文件。

17.3.2　边际图

　　边际图是指在 X 轴和 Y 轴边际中包含直方图、箱线图或点图的散点图。

（1）边际直方图具有沿 X 轴和 Y 轴变量的直方图，用于可视化 X 变量和 Y 变量之间的关系，以及 X 和 Y 各自的单变量分布。该图经常用于探索性数据分析（EDA）。

（2）边际箱线图是指一个在边际中包含 X 变量和 Y 变量的箱线图的散点图。

★动手学——风寒风热感冒的患病率边际图

源文件：源文件\17\风寒风热感冒的患病率数据表.xlsx

现统计某地区 20 年间风寒感冒、风热感冒的患病率（见表 17.1）。本实例通过边际图观察风寒感冒、风热感冒患病率的关系并分别研究这两种感冒的患病率，观察数据的分布情况。

表 17.1　某地区 20 年间风寒感冒、风热感冒的患病率　　　　　　　　　　　　　　%

时　间	风 寒 感 冒	风 热 感 冒
第 1 年	1.45	0.22
第 2 年	0.82	0.05
第 3 年	0.23	0.02
第 4 年	0.14	0.01
第 5 年	0.1	0.005
第 6 年	0.04	0.002
第 7 年	1.52	0.05
第 8 年	1.63	0.03
第 9 年	1.58	0.09
第 10 年	1.66	0.1
第 11 年	1.3	0.05
第 12 年	1.89	0.12
第 13 年	1.99	0.15
第 14 年	2.1	0.13
第 15 年	2.65	0.09
第 16 年	2.54	0.16
第 17 年	2.36	0.18
第 18 年	3	0.2
第 19 年	2.56	0.07
第 20 年	2.45	0.13

操作步骤

1. 设置工作环境

双击"开始"菜单中的 GraphPad Prism 10 图标，启动 GraphPad Prism 10，自动弹出"欢迎使用 GraphPad Prism"对话框。

2. 创建项目

（1）在"创建"选项组中默认选择 XY 选项，在右侧界面的"数据表"选项组中选中"输入或导入数据到新表"单选按钮，选择创建 XY 数据表。在"数据表"选项组中默认选中"输入或导入数据到新表"单选按钮；在"选项"选项组的 X 选项下默认选中"数值"单选按钮，Y 选项下选中"为每个点输入一个 Y 值并绘图"单选按钮。

（2）单击"创建"按钮，创建项目文件，同时该项目下自动创建一个数据表"数据 1"和关联的图表"数据 1"。重命名数据表为"风寒风热患病率"。

（3）选择菜单栏中的"文件"→"另存为"命令，或选择"文件"功能区中"保存命令"按钮 🖫 下的"另存为"命令，弹出"保存"对话框，输入项目名称"风寒风热感冒的患病率边际图.prism"。单击"保存"按钮，在源文件目录下保存新的项目文件。

3．粘贴数据

打开 Excel 数据文件"风寒风热感冒的患病率数据表.xlsx"，复制表中数据。在导航器中单击选择"风寒风热患病率"数据表，将数据粘贴到数据区，结果如图 17.17 所示。

4．新建列数据表

（1）在导航器的"数据表"选项卡中单击"新建数据表"按钮⊕，打开"新建数据表和图表"对话框。在"创建"选项组中选中"列"单选按钮，在"数据表"选项组中默认选中"将数据输入或导入到新表"单选按钮；在"选项"选项组中选中"输入重复值，并堆叠到列中"单选按钮。

（2）单击"创建"按钮，该项目下自动创建一个数据表"数据 2"和关联的图表"数据 2"。重命名数据表为"风寒患病率"。

（3）使用同样的方法，创建数据表"数据 3"，重命名数据表为"风热患病率"。

5．复制数据

（1）打开"风寒风热患病率"数据表，复制表中"风寒患病率"列数据，将数据粘贴到数据表"风寒患病率"的数据区，结果如图 17.18 所示。

（2）打开"风寒风热患病率"数据表，复制表中"风热患病率"列数据，将数据粘贴到数据表"风热患病率"的数据区，结果如图 17.19 所示。

图 17.17　粘贴数据

图 17.18　粘贴"风寒患病率"数据

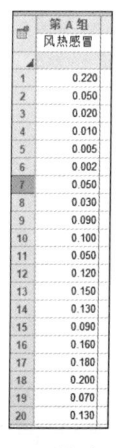

图 17.19　粘贴"风热患病率"数据

6. 绘制散点图和箱线图

（1）在导航器"图表"选项卡中单击"风寒风热患病率"，打开"更改图表类型"对话框，在"图表系列"选项组的XY选项下选择"仅点"。单击"确定"按钮，关闭对话框，绘制散点图，如图17.20所示。

（2）双击Y轴，弹出"设置坐标轴格式"对话框。打开"坐标框与原点"选项卡，在"坐标框样式"下拉列表中选择"普通坐标框"选项。单击"确定"按钮，关闭对话框，更新散点图，如图17.21所示。

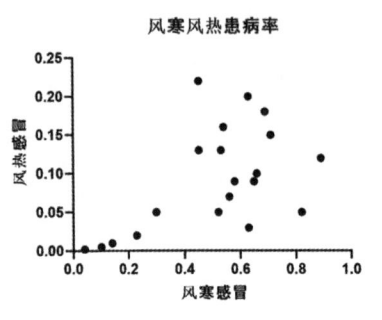

图17.20　绘制散点图　　　　　　　图17.21　更新散点图

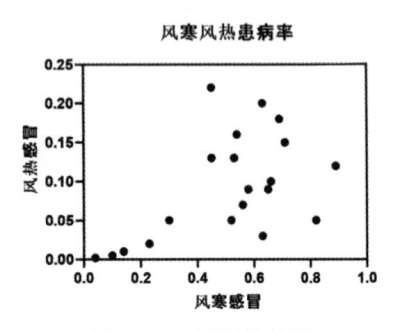

（3）单击导航器"图表"选项卡中的"风寒患病率"，打开"更改图表类型"对话框。在"图表系列"下拉列表中选择"列"选项，选择"箱线图"选项，如图17.22所示。单击"确定"按钮，关闭对话框，绘制水平箱线图，如图17.23所示。

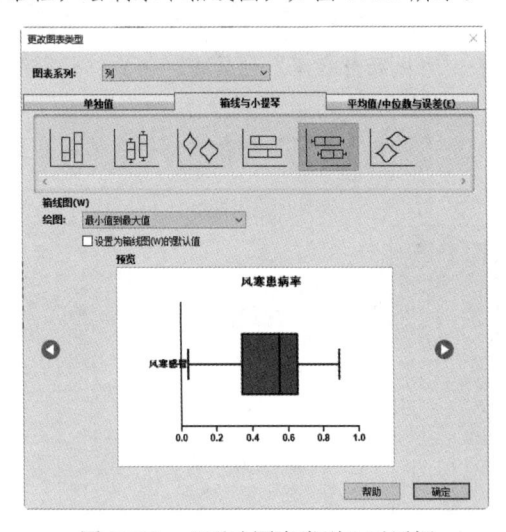

图17.22　"更改图表类型"对话框　　　　　　　图17.23　绘制水平箱线图

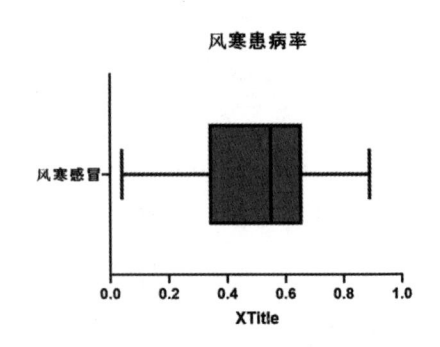

（4）在导航器的"图表"选项卡中单击"风热患病率"，打开"更改图表类型"对话框。在"图表系列"下拉列表中选择"列"选项，选择"箱线图"选项，如图17.24所示。单击"确定"按钮，关闭对话框，绘制垂直箱线图，如图17.25所示。

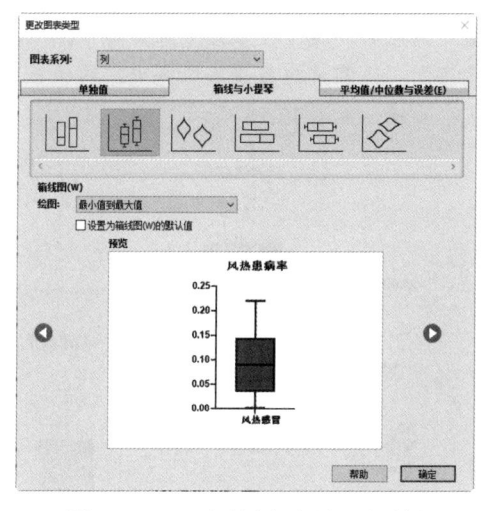

图 17.24 "更改图表类型"对话框

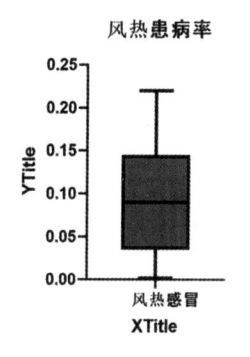

图 17.25 绘制垂直箱线图

7. 创建布局表

（1）单击导航器"布局"选项卡中的"新建布局"按钮，弹出"创建新布局"对话框。在"页面选项"选项组中选中"纵向"单选按钮，在"图表排列"选项组中选择三行两列的图表排列。单击"确定"按钮，关闭该对话框，创建三行两列的带图表占位符的布局表。

（2）单击选中导航器"图表"选项卡中的"风寒患病率""风寒风热患病率""风热患病率"，将其拖动到布局表的图表占位符上，如图 17.26 所示。

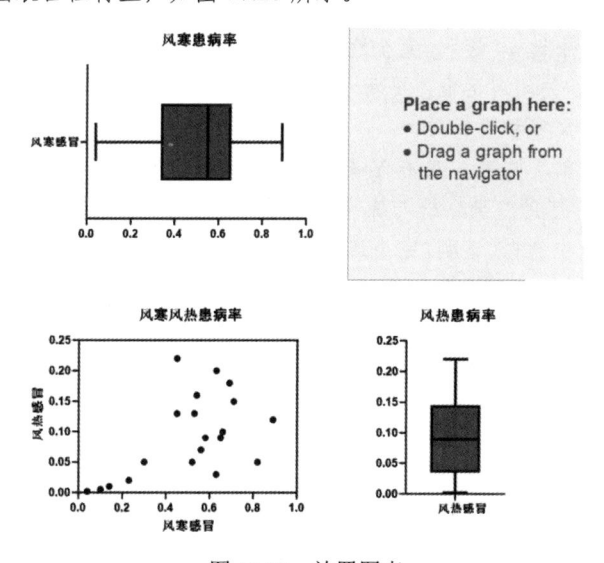

图 17.26 放置图表

（3）选中上方的"风寒患病率"图表，按键盘中的下方向键，使该图表原点与下方"风寒风热患病率"图表坐标框左上方重合。选中"风寒患病率""风寒风热患病率"图表，选择菜单栏中的"排列"→"对齐 Y 轴"命令，对齐垂直排列的图表 Y 轴，结果如图 17.27 所示。

(4)选中右侧的"风热患病率"图表,按键盘中的左方向键,使该图表原点与左侧"风寒风热患病率"图表坐标框右下方重合。选中"风热患病率""风寒风热患病率"图表,选择菜单栏中的"排列"→"对齐 X 轴"命令,对齐垂直排列的图表 X 轴,如图 17.28 所示。

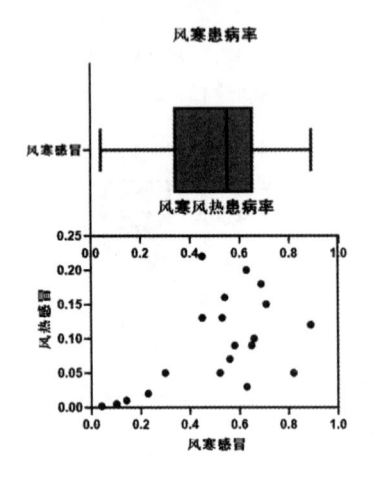

图 17.27 对齐"风寒患病率""风寒风热患病率"图表

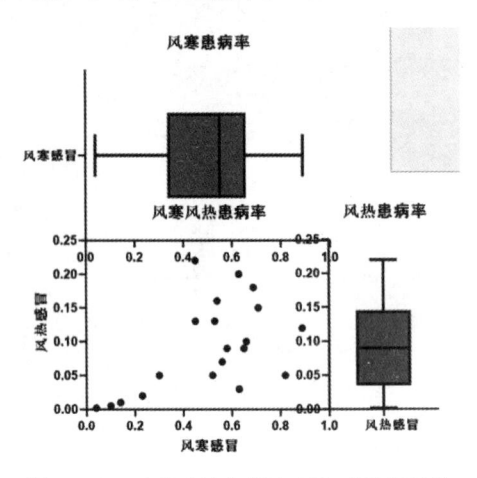

图 17.28 对齐"风热患病率""风寒风热患病率"图表

8. 编辑图表

(1)打开"风寒患病率"图表,双击 Y 轴,弹出"设置坐标轴格式"对话框。打开"坐标框与原点"选项卡,在"坐标轴颜色"下拉列表中选择"透明,完全透明(100%)"选项。单击"确定"按钮,关闭对话框,更新水平箱线图。隐藏图表中除了图形外的文字和坐标轴。

(2)打开"风热患病率"图表,双击 Y 轴,弹出"设置坐标轴格式"对话框。打开"坐标框与原点"选项卡,在"坐标轴颜色"下拉列表中选择"透明,完全透明(100%)"选项。单击"确定"按钮,关闭对话框,更新垂直箱线图。隐藏图表中除了图形外的文字和坐标轴。

(3)打开"布局1",更新与图表链接的布局图,结果如图 17.29 所示。

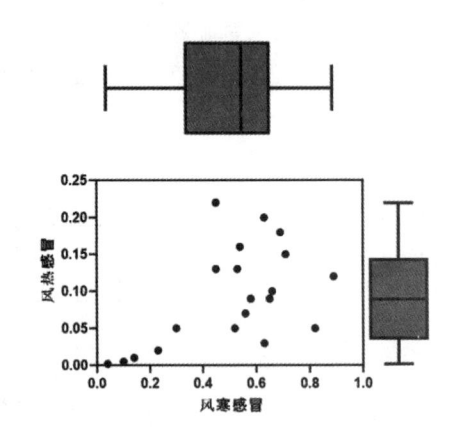

图 17.29 更新布局图

9. 保存项目

单击"文件"功能区中的"保存"按钮,或按 Ctrl+S 组合键,保存项目文件。